ENCYCLOPÉDIE DES TRAVAUX PUBLICS

ARCHITECTURE ET CONSTRUCTIONS CIVILES

CHARPENTE EN BOIS

ET

MENUISERIE

Tous les exemplaires de l'ouvrage de M. Denfer :

ARCHITECTURE ET CONSTRUCTIONS CIVILES

CHARPENTE EN BOIS ET MENUISERIE

devront être revêtus de la signature de l'auteur.

ENCYCLOPÉDIE
DES
TRAVAUX PUBLICS

Fondée par M.-C. LECHALAS Insp' gén¹ des Ponts et Chaussées

Médaille d'or à l'Exposition universelle de 1889

ARCHITECTURE ET CONSTRUCTIONS CIVILES

CHARPENTE EN BOIS

ET

MENUISERIE

PAR

J. DENFER

ARCHITECTE
PROFESSEUR A L'ÉCOLE CENTRALE

---

*LES BOIS. LEURS ASSEMBLAGES. — RÉSISTANCE DES BOIS.
TABLEAUX, CALCULS FAITS. — LINTEAUX ET PLANCHERS.
PANS DE BOIS. — COMBLES. — ETAIEMENTS, ECHAFAUDAGES,
APPAREILS DE LEVAGE, TRAVAUX HYDRAULIQUES, CINTRES.
PONTS ET PASSERELLES EN BOIS. — ESCALIERS.
MENUISERIE EN BOIS : PARQUETS, LAMBRIS, PORTES, CROISÉES,
PERSIENNES, DEVANTURES. DÉCORATION.*

PARIS

LIBRAIRIE POLYTECHNIQUE
BAUDRY ET Cⁱᵉ, LIBRAIRES-ÉDITEURS
15, RUE DES SAINTS-PÈRES

MÊME MAISON A LIÈGE

1892

TOUS DROITS RÉSERVÉS

CHAPITRE PREMIER

LES BOIS. LEURS ASSEMBLAGES.

§ 1. *Essences et propriétés des bois.*
§ 2. *Débit et conservation des bois.*
§ 3. *Travail des bois. Assemblages.*

SOMMAIRE :

§ 1ᵉʳ. *Essences et propriétés des bois :* 1. Des ouvrages en bois dans les constructions. — 2. Différentes essences employées le plus communément. — 3. Autres bois employés accidentellement. — 4. Classification de ces divers bois. — 5. Densité des bois. — 6. Décomposition des bois. — 7. Défauts des bois. — 8. Effets de l'eau sur la substance ligneuse. — 9. Action de l'air. — 10. Bois flotté.

§ 2. *Débit et conservation des bois :* 11. Débit des bois. — 12. Dimensions des bois du commerce. — 13. Cubage des bois. — 14. Divers procédés de conservation des bois. Immersion. — 15. Injection des bois, procédé Boucherie. — 16. Procédé par imbibition. — 17. Procédé par carbonisation. — 18. Goudronnage des bois. — 19. Peinture à l'huile. — 20. Dessiccation artificielle des bois. — 21. Procédés de courbure.

§ 3. *Travail des bois. Assemblages :* 22. Ouvriers employés dans le travail du bois. — 23. Principaux outils des charpentiers. — 24. Principaux outils de menuisiers. — 25. Transport des bois. — 26. Des assemblages en général. — 27. Assemblages de deux pièces horizontales perpendiculaires. — 28. Assemblage d'une pièce horizontale et d'une pièce verticale. — 29. Assemblages des pièces obliques. — 30. Assemblages des pièces parallèles. — 31. Assemblages des pièces bout à bout. — 32. Assemblages des planches et madriers. — 33. Constructions en charpente. Triangulation. — 34. Exécution des charpentes. Dessins. Epures. — 35. Etablissement des bois.

CHAPITRE PREMIER

LES BOIS. LEURS ASSEMBLAGES.

§ 1

ESSENCES ET PROPRIÉTÉS DES BOIS

1. Des ouvrages en bois dans les constructions. — On appelle *charpente* tout assemblage de pièces de fortes dimensions, en bois ou en métal, formant tout ou partie de nos constructions.

On fait en charpente les planchers, les pans de bois et de fer, les combles, les escaliers, les échafaudages, les étaiements, les cintres, les ponts, etc. On distingue, suivant la matière employée : la *charpente en bois* et la *charpente en fer*. Les menus ouvrages exécutés en bois prennent le nom de *menuiserie*. On range dans cette catégorie les croisées, les portes, les parquets, les escaliers légers, et tous les poteaux et huisseries n'excédant pas 0,15 de côté. Par extension on conserve le nom de menuiserie à ces mêmes ouvrages lorsqu'ils sont exécutés en fer.

Il ne sera question dans ce volume que de la charpente en bois et de la menuiserie de cette matière.

2. Différentes essences employées le plus communément. — Les bois dont on se sert le plus souvent dans les édifices sont le chêne, le pin et le sapin. Quelquefois le châtaignier, rarement le peuplier.

Les espèces de chêne sont peu nombreuses. On peut citer comme les principales : le *chêne pédonculé* à feuilles très découpées, à glands isolés portés sur de longs pédoncules, à écorce lisse dans sa jeunesse, crevassée ensuite. Ce chêne a des fibres droites élastiques et résistantes. Son bois est jaune clair passant au jaune rosé en vieillissant. Il pousse droit et ses premières branches sont à grande hauteur du sol. Ses fibres sont disposées de telle sorte que, débité dans certain sens, il présente des dessins irréguliers nommés *mailles* qui donnent un aspect décoratif.

Le *chêne rouvre* ou chêne commun de Bourgogne, dont les feuilles sont d'un vert plus foncé et les glands en bouquets serrés de cinq ou six. Son écorce est rugueuse, plus foncée que dans l'espèce précédente. Ses fibres sont moins élastiques, plus dures, un peu plus résistantes ; mais souvent entrelacées, elles forment alors ce qu'on nomme du bois *rebours*. Le bois du chêne rouvre a une couleur plus foncée ; il pousse moins droit que le chêne pédonculé et ses branches sont moins hautes. On l'emploie pour la charpente et aussi pour la menuiserie.

Le *chêne des Vosges*, à écorce rugueuse, à fibres relativement tendres, travaillant moins aux alternatives de sécheresse et d'humidité, est en général recherché dans la menuiserie.

Le *chêne noir* ou *Taurin*, qui pousse dans le Midi et dans l'Ouest, a une écorce rugueuse, des fibres rebours, un bois foncé ; il est classé en charpente parmi les bois inférieurs.

Le *chêne vert*, ou *Yeuse*, a un bois très dur, d'un brun clair ; son aubier est presque blanc. Il croît lentement, dans le Midi, et n'est pas employé en charpente.

La grande consommation de bois qui se fait de nos jours exige l'importation en France de chênes étrangers. La Hongrie notamment nous en envoie des quantités considérables. Le *chêne de Hongrie* est très droit et très beau, il présente peu de nœuds et fait des ouvrages de très belle apparence ; mais il est un peu creux et n'offre pas une grande résistance. On le réserve surtout pour les travaux de menuiserie dans lesquels la résistance joue un rôle secondaire.

La grande famille des conifères ou arbres résineux fournit à la charpente d'excellent bois de construction. Les *pins* et les *sapins*, qui conservent leurs feuilles l'hiver, ce qui leur a valu la dénomination d'arbres verts, sont les plus importants en raison de leur grande abondance.

Les *Pins* viennent principalement de Suède, de Norwège et d'Allemagne. La France en possède dans le Centre et dans les Landes. L'espèce la plus répandue est le Pin Sylvestre. Les troncs des pins poussent droits, leurs fibres sont parallèles et leur section diminue régulièrement de la base au sommet. Cette section présente des couches alternativement dures et tendres; les dures sont celles qui contiennent la résine.

Les pins donnent des bois précieux par leur grande longueur. Ils sont très employés dans une foule d'ouvrages de toutes sortes; on en fait même des pilotis pour les fondations profondes, par suite de la propriété, qu'ils partagent avec presque tous les bois, de se très bien conserver lorsqu'ils sont constamment immergés.

Les *Sapins*, dont les espèces les plus communes sont le *Sapin argenté* et l'*Epicea*, sont moins résineux que les pins. Leur bois est plus sonore, plus régulier, plus résistant; il est préférable au bois de pin dans la construction des charpentes.

Les *Mélèzes* sont également des arbres résineux, mais ils perdent leurs feuilles l'hiver. Leur bois est plus fin, plus serré que celui du sapin; il est aussi plus rouge. Comme lui, il présente des couches alternatives résineuses et dures, et exemptes de résine et tendres. Ce bois de mélèze est très apprécié en charpente.

Accidentellement on emploie aux mêmes usages les espèces plus rares de pins ainsi que les cèdres, lorsqu'on les a à sa disposition dans des conditions avantageuses.

Certains pays d'Amérique, et notamment la Floride et la Géorgie, nous envoient maintenant le bois d'un remarquable conifère, le *Pitchpin*.

Il se présente en très grandes dimensions, très droit avec très peu de défauts et de nœuds; lorsqu'il est raboté, il offre une surface chaudement colorée, sur laquelle se détachent agréablement les fibres parallèles de l'arbre. Sa couleur est d'un jaune orangé, ce qui lui fait donner le nom de *Yellow pine* dans son pays d'origine.

La résistance, très grande, atteint presque celle du chêne et dépasse notablement celle de nos bois de sapin.

La résine qui remplit son tissu le préserve des vers et de la pourriture.

Son prix, élevé jusqu'ici, le fait réserver pour les travaux de menuiserie ou certaines charpentes apparentes soignées.

Le *châtaignier* se rapproche du chêne, mais il a les fibres moins dures et plus flexibles ; son bois est d'un blanc jaunâtre, ne présente pas de rayons médullaires dans une coupe fraîche ; il donne des bois de fort équarrissage, mais sujets à la vermoulure ; à l'intérieur et au sec il se conserve bien et peut faire la matière première de charpentes et de menuiseries durables ; mais il est peu employé pour ces usages.

Le *Peuplier* est le plus mauvais des bois de charpente ; il est sujet à la vermoulure. De plus il s'échauffe facilement et pourrit à la moindre trace d'humidité ; on ne doit l'admettre que pour les gros ouvrages exécutés pour une durée très restreinte.

C'est un bois de nuance claire, à fibres régulières bien entremêlées, mais tendre et creux ; il est beaucoup moins résistant que les précédents, tout en se fendant moins facilement.

La meilleure de toutes les espèces de peupliers, au point de vue de la résistance dans les constructions, est celle que l'on nomme *grisard* ou *blanc de Hollande,* dont le grain est plus fin, plus régulier, plus serré ; la menuiserie en tire un bon parti pour certains ouvrages de remplissage. La couverture fait la plupart du temps ses voliges avec les diverses espèces de peupliers, et il s'en fait une grande consommation pour les emballages.

L'*Aulne* et l'*Acacia* servent souvent encore pour faire des pilotis de dimensions restreintes, très résistants, et parfois des pièces de charpente. L'acacia est très employé dans le charronnage. Ce sont des bois à grain assez fin et facilement reconnaissables à leur couleur : l'aulne est rouge et l'acacia d'un jaune pâle caractéristique. Ils offrent une grande résistance, surtout le dernier.

3. Autres bois employés accidentellement. — Indépendamment de ces bois, employés communément dans la construction, toutes les autres essences sont susceptibles d'être accidentellement utilisées, chacune trouvant son application en rapport avec ses propriétés.

Ainsi le *frêne*, dont les fibres blanches veinées de jaune sont résistantes et flexibles, offre un bois dur avec alternances de parties tendres ; ordinairement il est réservé pour la carrosserie, le charronnage ; sa propriété de se fendre difficilement le fait employer également pour confectionner des manches d'outils.

L'*orme* donne un bois rouge, offrant des propriétés un peu analogue à celles du frêne ; il est également employé en carrosserie. Une variété noueuse à fibres enchevêtrées, appelée l'*orme tortillar*, dest particulièrement réservée pour faire les moyeux de roues et toutes les pièces qui sont percées de nombreuses mortaises en tous sens.

Le *hêtre* pousse très droit et atteint de grandes dimensions ; son bois est jaune clair, reconnaissable à des veines brillantes qui se détachent en clair sur les parties rabotées. Il se conserve bien dans l'eau, mais à l'air ne se maintient convenablement bien qu'au sec. Il se laisse très bien couper à l'outil et est employé quelquefois en menuiserie, plus souvent en ébénisterie et pour des pièces de tour. Sous mince épaisseur, il se courbe avec facilité et sert à faire des vases, des tamis, des mesures de capacité.

Le *noyer*, que l'on trouve également en grandes dimensions, présente des fibres fines et serrées, très résistantes, et qui se coupent très facilement dans toutes les directions. Son bois est gris-brun, plus ou moins foncé. Il sert pour le modelage, et l'ébénisterie en emploie des quantités considérables.

Le bois de *teak*, arbre des Indes où il est très répandu, est maintenant importé en Europe en grande quantité et employé surtout en Angleterre dans les constructions navales.

Le *bouleau* est un bois bien plus tendre que les précédents ; un peu supérieur au peuplier, il peut le remplacer dans ses applications. D'ordinaire ses dimensions restreintes le font réserver pour le chauffage ; on l'employait autrefois exclusivement pour les fours de boulangers ; il partage maintenant cette application avec le bois de pin.

Le *tilleul* donne un bois blanc rougeâtre, léger, à grain fin et régulier, facile à travailler en tous sens et se tourmentant peu. On le réserve pour la confection des modèles et pièces sculptées.

Le *platane* ressemble au hêtre comme bois ; il se coupe facilement, mais ne résiste pas à la moindre trace d'humidité. Plongé sous l'eau, il se conserve très bien et peut faire d'excellents pieux. D'ordinaire on l'emploie en voliges ou en planches.

Le *charme* donne un bois blanc, dur ; il éclate facilement, mais ses fibres sont fines et serrées. Sa résistance le fait employer pour des cames, des vis, des maillets, souvent des manches d'outils.

L'*érable* est un bois assez tendre, reconnaissable à un grand nombre de petits nœuds qui se détachent sur sa face rabotée, ce qui le fait rechercher comme bois de placage en ébénisterie ; il peut également être débité en planches et voliges.

L'*ailante* donne un bois sans consistance quand il est jeune ; mais à un certain âge les fibres se resserrent et leurs intervalles sont remplis et soudés par une sorte de gomme ou de résine, qui lui donne beaucoup de résistance. En cet état et au sec, il peut faire des charpentes provisoires ; débité en planches, il se conserve assez bien dans les ouvrages mouillés.

Le *poirier* est un bois très fin et très dur, rarement de grandes dimensions ; sa couleur est d'un brun rosé ou rougeâtre ; il peut prendre le poli ; sert quelquefois en mécanique, et beaucoup en ébénisterie.

Le *pommier*, quoiqu'inférieur en qualité et de couleur moins accentuée, sert aux mêmes usages.

Le *sorbier* ou *cormier* a une couleur un peu analogue à celle du poirier ; mais le bois est plus fin, plus dur, et malgré cela se coupe très facilement. On en fait des manches d'outils, des dents d'engrenages et des pièces mécaniques exigeant de la dureté.

Le *merisier* ou le *cerisier* donne aussi un bois dur, susceptible de poli et d'une belle teinte rouge qu'on accentue encore par le contact de quelques produits chimiques ; il s'emploie quelquefois en charpente, mais le plus souvent en ébénisterie.

Le *cornouiller* est plus brun et plus dur que le cormier ; il se taille plus difficilement et sert aux mêmes usages.

4. Classification de ces divers bois. — Tous ces bois se rangent dans quatre catégories bien distinctes, en raison des propriétés qui viennent d'être énumérées :

1° Les bois durs, qui sont le chêne, le châtaignier, le hêtre, l'orme, le frêne et l'acacia.

2° Les bois blancs, qui comprennent les divers peupliers, l'aulne, le bouleau, le tilleul, le platane, le charme, l'érable et beaucoup d'arbres analogues.

3° Les bois résineux : pins, sapins, cèdres, pitchpin, mélèze.

4° Les bois fins : noyer, sorbier, poirier, pommier, merisier, cornouiller, buis, teak, gaïac.

5. Densité des bois. — La fibre ligneuse des végétaux a une densité qui paraît à peu près constante : 1.40 à 1.50 quelles que soient les espèces, mais la densité apparente de chaque nature de bois dépend du groupement des fibres et de la manière dont elles sont serrées ; elle varie aussi avec les diverses matières agglutinantes qui les accompagnent. Enfin, une des grandes causes de variation se trouve être la quantité d'eau contenue dans les échantillons et qui dépend du temps de coupe et du degré hygrométrique de l'air ambiant. Lorsqu'il est sec, le bois est presque toujours plus léger que l'eau, et il flotte à la surface de ce liquide au moins tant qu'il n'est pas imbibé.

Voici un tableau donnant quelques chiffres relatifs à la densité de plusieurs espèces de bois :

	Hauteur des arbres	Hauteur du tronc	Diam du tronc	Poids du m. cube compacte
Acacia, Robinia pseudo-acacia..	15 à 40	4 à 15	0.50	800 k.
Aulne, Betulus alnus...........	8 à 15	3 à 7	0.75	655
Bouleau, Bétulus, alba.........	15 à 40	5 à 15	0.80	702
Buis, Buxus sempervirens.....	8 à 15	3 à 7	0.25	910 à 1320
Cèdre, Pinus cedrus...........	15 à 40	12 à 40	1.00	603
Charme, Carpinus betulus......	8 à 15	3 à 7	0 54	760
Chataignier, Castanea vulgaris..	5 à 40	4 à 15	0.72	685
Chêne, Quercus robur..........	5 à 40	5 à 15	0.80	640 à 1050
Cormier, Sorbus domestica.....	15 à 40	4 à 12	0.45	910
Ebénier des Alpes, cytisus laburnum.................	8 à 12	2 à 4	»	940
Ebénier exotique..............	»	»	»	1120 à 1328
Epicea, abies picea............	15 à 40	8 à 30	0.30	570
Frêne, Fraxinus excelsior......	15 à 40	5 à 15	0.60	810 à 1050
Gaïac de Cayenne	»	»	»	1153 à 1213
Hêtre, Fagus sylvatica.........	15 à 40	5 à 15	0.75	650 à 720
Mélèze, Larix europæa	15 à 40	8 à 30	0.90	543 à 750
Noyer, Juglans regia...........	8 à 16	2 à 5	0.92	780 à 875
Orme, ulmus campestris.......	15 à 40	5 à 15	0.80	740 à 790
Peuplier blanc, populus alba....	15 à 40	6 à 20	0.80	525 à 625
Peuplier noir, populus nigra...	15 à 40	6 à 20	0.80	455
Pin sylvestre, Pinus sylvestris ..	15 à 49	5 à 15	0.85	621
Poirier sauvage, Pyrus sylvestris.	10 à 18	3 à 7	0.33	700
Pommier sauvage, Malus sylvatica..................	8 à 15	2 à 6	0.33	730
Sapin argenté, Pinus abies.....	15 à 40	8 à 30	1.20	486
Teak				700 à 1000
Tilleul, Tilia sylvestris.........	15 à 40	5 à 15	0.66	545

6. Décomposition des bois. — Les bois sont susceptibles de se décomposer sous diverses influences. Ils sont sujets à la *pourriture* lorsqu'ils sont soumis longtemps à des alternatives de sécheresse et d'humidité ; à l'*échauffement*, qui est une des formes de la pourriture, lorsqu'ils sont enfermés dans des maçonneries fraîches dont l'humidité fait fermenter leur sève.

§ 1. — ESSENCES ET PROPRIÉTÉS DES BOIS

— L'échauffement est caractérisé par des taches blanches ou de couleur, et une odeur de moisi.

La *vermoulure* est un autre genre de décomposition des fibres ligneuses ; elle est due à l'attaque d'insectes qui percent le bois en tous sens, et diminuent par leurs galeries la résistance de la pièce.

La *carie* est une pourriture locale, accompagnée de la présence de champignons parasites.

Enfin les arbres peuvent présenter des *ulcères* ou *chancres* dus à des amas ou à des épanchements de sève ; celle-ci s'altère à l'air et provoque la détérioration du bois.

7. Défauts des bois. — Indépendamment des causes de destruction qui viennent d'être indiquées, les bois sont susceptibles de présenter à l'emploi une série de défauts dont les principaux sont les suivants :

Les *gerces* ou *gerçures*, fentes parallèles ou perpendiculaires aux fibres et produites par le soleil, les hâles ou les fortes gelées.

La *roulure*, solution de continuité partielle ou totale entre deux couches concentriques du bois. Elle est attribuée à l'action des grands froids sur les couches superficielles, à un certain moment de la vie de l'arbre, ou peut-être aussi à la fatigue du tronc sous l'effort de grands vents persistants ; les couches une fois désunies n'ont pu se ressouder. Ce défaut est grave et compromet la résistance des pièces.

Les froids produisent encore les *gélivures*, qui se traduisent par des fentes radiales, et le *double aubier* qui sépare deux couches concentriques sans avoir pu passer à l'état parfait.

Le bois *rebours* est celui dont les fibres, au lieu d'être parallèles, se sont tordues sous l'action du vent sur un feuillage dissymétrique.

Le bois est *en retour* lorsqu'il a dépassé sa maturité et que la sève ne l'alimente plus convenablement. Ce défaut se reconnaît facilement à l'arbre sur pied par le dessèchement de sa cime.

Les *nœuds* dérangent le parallélisme des fibres ; ils correspondent à des branches auxquelles ils donnaient naissance.

Lorsque les branches sont mortes avant l'abattage, le bois des nœuds se trouve désorganisé et sans résistance : les nœuds sont dits vicieux. Dans le débit en planches les nœuds se séparent souvent ; les trous ainsi produits déprécient la valeur du bois ; de plus, les nœuds nombreux diminuent la résistance d'une pièce et rendent difficile le travail de façonnage.

L'*aubier* existe dans beaucoup d'arbres. C'est un bois qui n'est pas encore complètement formé ; il n'a pas de résistance et s'altère facilement, on doit le proscrire et l'enlever de toute pièce de construction.

Le bois *mort sur pied* doit être rejeté des constructions plus encore que le *bois en retour ;* c'est un bois passé qui ne tarde pas à tomber en poussière, et cela malgré une certaine ténacité initiale apparente. Il en est de même des bois restés trop longtemps en chantier ou en œuvre. Ils ont perdu leur cohésion et sont devenus très cassants ; on ne peut compter sur leur résistance.

L'aspect des bois rend compte de la plupart de ces défauts. La régularité des fibres, la disposition uniforme des rides de l'écorce, une odeur fraîche, une sonorité développée, une couleur uniforme et vive sont autant d'indices d'une bonne qualité du bois, ainsi que de l'absence de chancres, champignons, etc.

8. Effets de l'eau sur la substance ligneuse. — Le bois est très hygrométrique. Il absorbe de l'eau par les temps humides et la perd par dessication pendant les temps secs. Ces variations dans la quantité d'eau qu'il contient correspondent à des variations dans ses dimensions transversales. La longueur paraît le plus souvent invariable, mais latéralement le bois se gonfle en prenant de l'humidité, et se retraite en séchant. Le meilleur moyen de s'opposer en partie à ces mouvements consiste à isoler de l'air extérieur les surfaces des parements par des peintures convenables.

La première fois que le bois sèche après avoir été abattu, il perd une très notable partie de son poids ; souvent il se fend en même temps, et d'autant plus que la dessication est plus rapide.

Une bille de bois écorcé en vert, qui au moment de l'abattage pèse 100 kilogr., n'en pèse plus que 90 après six mois d'exposition à l'air. Au bout d'un an elle est réduite à 80 kilogr. et à 75 kilogr. au bout de deux ans ; puis son poids ne varie plus guère que suivant les alternatives de longues périodes sèches ou humides.

Complètement sèche, elle pèserait 70 kilogr. seulement[1].

On ne doit employer dans les bâtiments que du bois ayant deux années de coupe au moins et il ne doit pas contenir plus de 5 à 8 0/0 d'eau.

Le bois débité est plus vite sec que le bois en grume ou simplement équarri. Au bout d'un an de débit et de magasinage couvert, il est considéré comme bon à employer ; cependant, pour les panneaux et les parquets, on apprécie les bois plus anciennement débités.

9. Action de l'air. — L'air sec n'exerce sur le bois aucune autre action que la dessication. A son contact les fibres ligneuses se conservent indéfiniment. L'air humide confiné le décompose et lui fait subir une sorte de combustion lente qui le transforme en une sorte d'humus. La lumière aide encore à cette action désagrégeante.

Immergé dans l'eau d'une façon absolument continue, le bois se conserve indéfiniment, et toutes les essences paraissent jouir au même point de cette propriété. On a retrouvé dans ces dernières années, et exploité, des bois venant de forêts que l'on sait submergées depuis un millier d'années, et ces bois étaient de toute première qualité. Mais lorsque le bois subit des alternatives de submersion et de dessication, il est promptement décomposé et perd en peu d'années toute sa résistance.

10. Bois flotté. — La plupart des altérations du bois paraissent dues à la sève et aux matières solubles qu'il renferme, et qui favorisent la fermentation ; aussi un des bons moyens de conservation consiste à l'immerger dans une eau renouvelée qui enlève les parties solubles. Le transport par flottage

---

1. *Semaine des constructeurs*, 4ᵉ année, nᵒ 24.

produit le même effet si l'immersion est suffisamment prolongée. Il faut ensuite le faire sécher, en le posant sur des cales ou chantiers qui l'exhaussent et le soustraient à l'influence de l'humidité du sol.

Mais si le bois flotté se conserve mieux, il perd un peu de sa force de résistance, en raison de l'enlèvement par l'eau de matières gommeuses qui concouraient à agglomérer ses fibres.

§ 2

DÉBIT ET CONSERVATION DES BOIS

11. Débit des bois. — On distingue plusieurs sortes de bois dans le commerce : *les bois en grume non écorcés ; les bois en grume débités, sans équarrissage, en billes de différentes longueurs;* les bois *de brin* ou *de tige*, équarris à la hache ou qui sont apprêtés pour la grosse construction ; les *bois refendus* pour le charronnage et divers autres usages, tels que le merrain, les lattes et bardeaux ; les *bois de sciage* équarris à la scie, sous le nom de poutres, solives, madriers, plateaux, chevrons et planches diverses.

On abat les arbres en hiver et mieux en automne, soit à la cognée, ce qui est expéditif, mais perd du bois, soit au passe-partout, plus cher de façon, mais économisant le cube.

L'équarrissement à la cognée est très vite fait, mais ne produit que des débris nommés *ételles*. L'équarrissement à la scie est plus coûteux, mais produit des levées irrégulières nommées *dosses* dont on a souvent l'emploi, et qui peuvent payer largement l'excédent de main d'œuvre ; cet équarrissement dans les deux cas doit enlever l'écorce et l'aubier.

Le bois produit ne sont pas d'ordinaire exactement carrés de section ; il reste des flaches sur les angles. Aussi les nomme-t-on *bois flaches*, et, par opposition, on appelle *bois vifs* ceux qui sont équarris à arêtes vives.

La fig. 1 donne la section transversale des bois dans les deux cas qui viennent d'être indiqués.

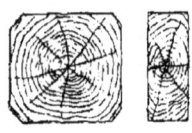

Le sciage des bois rentre dans la charpente. Pour les débiter en planches, le moyen qui paraît le plus simple consiste à les séparer par des traits de scie parallèles dans toute la section. Mais chaque planche ainsi obtenue présente l'inconvénient d'avoir les fibres d'une face sont plus serrées que celles de l'autre ; il en résulte plus de retrait ou de dilatation sur un côté, le bois se voile et *tire à cœur* comme disent les charpentiers.

On a longtemps débité suivant les rayons les chênes de France. Cette opération faite en Hollande produisait des bois très stables et maillés, qui étaient amenés et revendus en France sous le nom de *chêne de Hollande*. La valeur que donnaient les mailles ainsi obtenues compensait la perte, la façon et le double transport.

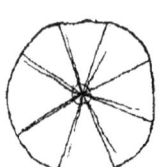

Fig. 2.

Ce procédé de coupe rayonnante est encore un peu en usage, mais on lui préfère les deux coupes de la fig. 3, qui, si elles ne donnent pas un aussi beau résultat, s'en approchent beaucoup et évitent bien du déchet.

On voit que par ce procédé les planches les plus larges correspondent le mieux aux mailles du bois. Ce sont celles qui s'approchent le plus du rayon.

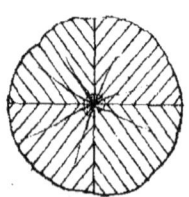 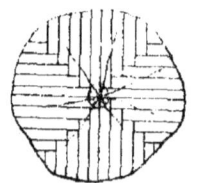

Fig. 3.

Les bois une fois sciés s'emmagasinent en plein air ; on les superpose ou formant des piles dont chaque assise est séparée des voisines par des lattes ou liteaux étroits, permettant partout le passage de l'air et par suite une dessiccation régulière. Ces piles doivent être préservées de la pluie ; aussi les couvret-on par des dosses inclinées formant toiture ; souvent même on les emmagasine dans des hangars ouverts seulement sur les côtés. Il faut éviter avec soin que les planches ne soient posées directement les unes sur les autres, tout contact immédiat étant sujet à retenir l'humidité et à produire l'échauffement.

12. Dimensions des bois du commerce. — Les gros bois destinés à la charpente ne sont pas débités suivant des dimensions fixes : les grumes sont utilisées telles qu'elles se présentent, de manière à donner le moins de déchet possible, elles sont écorcées puis équarries avec arêtes flacheuses. On les distingue en bois ordinaires et bois de qualité, d'après les dimensions de leur section transversale.

Pour le chêne, on a le bois ordinaire jusqu'à 0,29 de côté et jusqu'à 8 m. de longueur exclusivement ; au-dessus, le chêne de qualité. Celui-ci se distingue en plusieurs catégories :

Le *petit arrimage* contient les morceaux de 0,30 à 0,36 de grosseur ou de 8 m. de longueur et au dessus.

Le *moyen arrimage* comprend les billes de grosseur de 0,37 à 0,42 et de toutes longueurs.

Le *gros arrimage* comporte deux catégories : la première de 0,43 à 0,48 et la seconde de 0,49 et au dessus.

Le sapin de toutes longueurs est considéré comme bois ordinaire tant qu'il ne dépasse pas 0,29 de grosseur. Au-dessus c'est le sapin de qualité, comptant trois catégories de prix différents.

La première, de 0,30 à 0,41 de grosseur.

La seconde, de 0,42 à 0,50.

La troisième, de 0,51 et au dessus.

Le bois se vend encore dans le commerce débité à dimensions plus ou moins fixes, soit par le sciage, soit par l'action de la hache.

Les bois de sciage du commerce sont de dimensions différentes, suivant qu'il s'agit de chêne, de sapin ou d'autres essences.

Le chêne se débite en Champagne en longueur marchande ordinaire de 3,75, suivant des sections qui portent les noms suivants :

§ 2. — DÉBIT ET CONSERVATION DES BOIS

Chevrons,	0.08	× 0.08.
Gros battant,	0.11	× 0.32.
Membrure,	0.08	× 0.16.
Petit battant,	0.075	× 0.23.
Doublette,	0.054	× 0.32.
Echantillon,	0.041	× 0.21.
id.	0.034	× 0.23.
Entrevous,	0.027	× 0.23.
Feuillet,	0.020	× 0.23.
id.	0.013	× 0.23.

Tous ces bois se vendent aux cent mètres.

On trouve en outre des plateaux de 0.08, 0.10, 0.12 d'épaisseur, sur une largeur variable de 0.30 à 0.50 ; ils se vendent au stère.

On a également dans le commerce des frises pour parquets, toutes rainées et munies de languettes de 0.027 et de 0,034 d'épaisseur, et dont la largeur varie de 0,06 à 0,11.

Les longueurs dépassant 3,75 donnent lieu à des plus-values dans les prix des bois du commerce.

Le hêtre se débite en planches et en plateaux sans dimensions fixes.

Le sapin de Lorraine se trouve détaillé en planches et feuillets :

Les planches ont	0.027 × 0.32	⎫ Jusqu'à 4 mètres
ou	0.034 × 0.32	⎬ de longueur.
Les feuillets ont	0.013 × 0.32	⎭

Le sapin du nord se présente en toutes longueurs suivant les sections et dénominations suivantes :

Madriers blancs (sans résine)	0.08 × 0.22.
rouges (avec résine)	0.08 × 0.22.
Bastaings	0.065 × 0.17.

Puis des feuillets, planches et chevrons dont les dimensions sont tirées de celles des madriers, déduction faite des pertes d'épaisseur dues aux traits de scie (0,002 à 0,003 par trait) :

Chevrons,	0.08 × 0.08	2 traits bas.
Planches,	0.054 × 0.22	dites 1 trait haut.
id.	0.041 × 0.22	1 trait.

Planches,	0.034×0.22	1 trait.
id.	0.027×0.22	2 traits.
Feuillets,	0.018×0.22	3 traits.
id.	0.012×0.22	4 traits.
id.	0.010×0.22	5 traits.

Comme pour le chêne, on trouve des frises rainées pour parquets de 0.027 d'épaisseur (0.025 effectifs) et ordinairement de 0.11 de largeur.

Le peuplier est débité au sciage en planches de 0.027 et en voliges plus minces de 0,011 d'épaisseur ; ordinairement la longueur commerciale est de 2 m. On le trouve aussi en plateaux larges, d'une épaisseur variable.

C'est également en plateaux que se trouvent débités au sciage la plupart des autres bois que l'on rencontre dans le commerce.

Le bois débité autrement qu'à la scie, c'est-à-dire refendu suivant le sens des fibres, est ce que l'on appelle *bois de fente* ou *de refend*. Il a nécessairement peu de longueur, $1^m 33$ à 1,45, et forme soit des planches, que l'on connaît sous le nom de *merrain*, soit des lattes étroites.

Le merrain du chêne a une épaisseur de 0,033, 0,040, ou 0,047 sur 0,13 à 0.16 de largeur. Il sert dans le bâtiment à faire des parquets choisis et des panneaux, les bois de refend ne se débitent que dans les bois durs, chêne ou châtaignier.

La *latte* de chêne est ou la latte ordinaire ou la latte de cœur, suivant la qualité du bois qui la forme. Elle a 0.005 à 0.010 d'épaisseur, 0,04 de largeur et $1^m 33$ de longueur. Le *bardeau* est une latte qui n'a que $0^m 33$ de longueur.

La *latte de châtaignier* sert surtout à faire des treillages ; aussi la connaît-on souvent sous le nom de *treillage ;* dans la couverture en tuiles on la substitue quelquefois, faute de bois convenable, à la latte de chêne ; elle est supérieure à la latte d'aubier, mais ne vaut pas la latte de cœur.

13. Cubage des bois. — Faire le cubage des bois c'est déterminer le volume d'après lequel on évaluera le prix des divers morceaux. Ce volume correspond au cube réel pour les bois équarris à vives arêtes.

Pour les bois ronds, le cubage se rapporte plutôt à la détermination arbitraire et approximative du volume réellement utile que l'on peut tirer des billes. Voici les différentes manières d'effectuer ce mesurage :

Le *cubage en grume* tient compte du volume total du bois. Chaque arbre est tronçonné par la pensée en plusieurs troncs de cônes successifs, et chacun de ces derniers est mesuré en le considérant comme un cylindre ayant pour base la section circulaire au milieu de sa longueur. On mesure cette section en obtenant la circonférence C au moyen d'un ruban gradué, et le volume V du cylindre de longueur L est :

$$V = \frac{C^2}{4\pi} \times L$$

Lorsque les arbres sont d'une section irrégulière aplatie, on mesure au compas le plus grand et le plus petit diamètre de la section milieu ; puis on prend pour diamètre, dans le calcul, la moyenne des deux dimensions mesurées.

Le *cubage au quart sans déduction* donne un résultat correspondant au volume auquel serait réduit la pièce par un équarrissage imparfait. Cette méthode donne les 0,785 du cube total ; elle consiste à prendre pour côté de l'équarrissage le quart de la circonférence moyenne.

Le *cubage au cinquième déduit* donne le cube qu'aurait la pièce si elle était équarrie à vive arête sans aubier. Dans cette méthode on mesure la circonférence moyenne, on en retranche le cinquième et on prend pour côté de l'équarrissage le quart du restant. Le volume ainsi obtenu est environ la moitié du volume du bois en grume (0,503).

Le *cubage au sixième déduit* ne diffère du précédent qu'en ce qu'on retranche préalablement le sixième au lieu du cinquième de la circonférence. Il correspond à un équarrissage moins parfait et donne comme résultat les 0,545 du volume du bois en grume.

Le *cubage au dixième déduit* procède de la même façon, mais en ne retranchant que le dixième de la circonférence pour prendre le quart du restant comme côté d'équarrissage. C'est le mesurage adopté par l'octroi de Paris.

Cubage par pieds et pouces pleins. — Dans les chantiers des marchands de bois, où les arbres sont grossièrement équarris avec flaches sur les arêtes, le cube commercial fait abstraction des flaches et inégalités ; mais, pour tenir compte du cube manquant, l'usage est de ne mesurer les côtés d'équarrissage que de 3 en 3 centimètres, et la longueur par accroissements de 0,25. Tout ce qui excède les plus grands multiples de 0,03 pour les côtés de la section, tout ce qui dépasse le plus grand multiple de 0,25 pour la longueur, n'est pas compté, et par conséquent l'acheteur en bénéficie.

Cubage à la ficelle. — Un autre cubage, dit *à la ficelle*, est employé dans l'Est de la France : il consiste à prendre avec un ruban le contour de la section moyenne, en adoptant pour côté d'équarrissage le plus petit multiple de 0,02 ou de 0,03 contenu dans le quart de ce contour.

Cubage réel. — Le cubage géométrique réel s'applique aux bois débités à vives arêtes, soit pour la charpente, soit pour la menuiserie.

14. Divers procédés de conservation des bois. Immersion. — Un des meilleurs procédés de conservation des bois est encore l'immersion, et il a été employé avec avantage dans la marine, au temps où les constructions en fer n'avaient pas pris l'essor qu'elles ont eu depuis. On faisait de grands bassins, peu profonds, susceptibles d'être remplis d'eau ; on y déposait les bois et ils restaient immergés jusqu'au moment où il était bon de les faire sécher pour les mettre en œuvre.

L'eau d'immersion était l'eau douce ; l'eau de mer eût été peut-être préférable, à cause de l'antiseptie des chlorures alcalins ; mais elle eût amené les tarets, qui sont si redoutables aux bois.

15. Injection des bois. Procédé Boucherie. — Une autre méthode préconisée depuis une cinquantaine d'années est celle de l'*injection*. Elle consiste à faire pénétrer dans les parties les plus tendres et les plus attaquables du bois des matières antiseptiques, qui s'opposent à la fermentation de la sève et aussi aux attaques des insectes.

On prend pour l'injection des matières liquides assez facilement absorbées. Les principales sont :

La créosote brute provenant de la distillation des goudrons ;

Le chlorure de zinc ;
Le sulfate de cuivre ;
L'acide pyroligneux ;
Les huiles essentielles.

On a essayé le chlorure de sodium, mais il est déliquiescent et maintient trop hygrométrique la cellulose du bois ; de plus il amène immédiatement la rouille des ferrements qu'on applique aux pièces en œuvre. L'acide pyroligneux présente le même inconvénient.

Les premiers essais ont été faits par le docteur Boucherie ; ils l'ont conduit à se servir de la circulation même de la sève dans l'arbre sur pied, pour faire pénétrer les matières antiseptiques. Il faisait pratiquer autour des arbres désignés un trait de scie circulaire, au bas du tronc, et les enveloppait en ce point d'un manchon en étoffe imperméable, fortement ligaturée en haut et en bas avec une matière compressible, de manière à avoir deux joints étanches, et le manchon était mis en communication avec un réservoir contenant le liquide à injecter ; la respiration des feuilles attirait la sève qui était remplacée par le liquide ; au bout de quelque temps, lorsqu'on pouvait supposer que toutes les couches correspondant au trait de scie étaient injectées, on arrêtait l'opération.

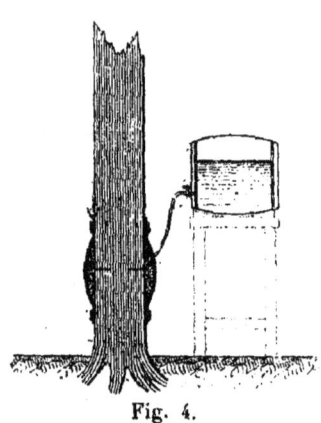

Fig. 4.

La fig. 4 représente la disposition adoptée par le Dr Boucherie au commencement de ses études pratiques sur ce sujet.

Quelque temps après, la méthode se modifia ; on découvrit que la sève conservait son mouvement ascensionnel après abattage complet lorsque le tronc était placé horizontalement, et l'on injecta les blocs dans cette position qui offrait plus de commodité.

Enfin on substitua bientôt la pression du liquide à la force ascensionnelle de la sève, ce qui donna de bien plus grandes facilités dans la conduite de l'opération.

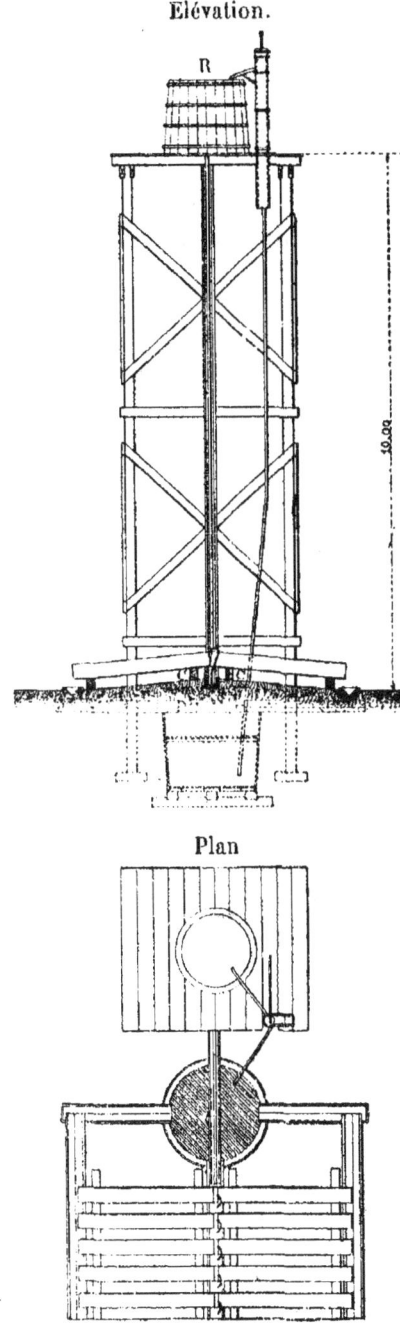

Elévation.

Plan

Fig. 5.

Au lieu d'injecter les arbres entiers, on les débite en billes de 5 à 6ᵐ de longueur; on donne un trait de scie partiel au milieu et on ouvre la fente par un léger soulèvement. On y insère de la corde goudronnée qui se trouve serrée et forme joint lorsque l'on décale la pièce. Il ne reste plus qu'à pratiquer un trou de mèche regagnant le trait de scie et à y introduire l'extrémité d'un tuyau amenant le liquide sous pression.

La fig. 5 donne, en élévation et en plan, l'ensemble et les détails de l'installation ; on remarquera la position d'une bille posée sur deux appuis et en communication avec le liquide venant d'un réservoir élevé ; enfin, la disposition d'une série de billes que l'on injecte simultanément.

Lorsque le liquide antiseptique sort par les sections libres extrêmes, l'opération est arrêtée et l'injection jugée suffisante.

C'est ainsi que l'on injecte au moyen du sulfate de cuivre les bois de hêtre destinés aux traverses de chemins de fer.

La pression doit être de

1 kg. 500 à 2 kg. par centimètre carré supérieure à la pression atmosphérique ; la dissolution doit être formée de 2 kg. de sulfate de cuivre pour 100 litres d'eau. L'opération dure de 50 à 60 heures et 1 mc. de bois absorbe en moyenne 5 à 6 kg. de sulfate.

Le bois ne doit pas être sec pour que le procédé réussisse et que l'injection soit aussi régulière que possible ; il ne doit pas avoir plus de 5 à 6 mois de coupe.

16. Procédé par imbibition. — On a proposé et essayé de faire pénétrer le liquide antiseptique par imbibition, le bois étant simplement immergé. Mais la pénétration est faible par suite de la résistance des gaz et liquides contenus dans le bois et qui sont déplacés difficilement. Ce procédé ne peut réussir que pour du bois léger et de faible équarrissage.

Il n'en est plus de même lorsque l'on fait préalablement agir la vapeur sous pression en vase clos, ce qui constitue le procédé de M. Bréant perfectionné par MM. Payn, Léger et Fleury-Pionnet. Ces inventeurs opèrent dans une grande chaudière de 1^m50 à 2^m de diamètre et de 15 à 20^m de longueur. Les bois sont amenés sur des wagons qui peuvent entrer dans la chaudière et la remplir. On la ferme alors, et on y fait arriver de la vapeur d'eau sous une pression de 4 à 5 atmosphères. Le bois chauffé ainsi ouvre ses pores, évapore son eau, laisse échapper les gaz qu'il contient et est apte à absorber le liquide. On fait communiquer la chaudière d'une part avec un condenseur à pompe à vide, et d'autre part avec un réservoir de matière antiseptique. Cette dernière remplit à son tour la chaudière et on l'y foule avec une pompe sous une pression de 6 à 10 atmosphères, que l'on maintient de 6 à 12 heures, selon la nature du bois à injecter.

On a obtenu avec cet appareil de très bons résultats, soit qu'on emploie du sulfate de cuivre, soit que le liquide antiseptique soit la créosote. Celle-ci est préférée en Angleterre. On peut même injecter par ce procédé des bois déjà secs, ce qui était impossible par le mode précédent.

M. Château a proposé de substituer au sulfate de cuivre et à la créosote la dissolution aqueuse d'acide phénique, dont les propriétés antiseptiques sont bien connues.

En Allemagne et en Angleterre, on emploie encore beaucoup le chlorure de zinc et les goudrons de bois et de houille, matières d'un très bon emploi mais d'un prix trop élevé en France.

D'après Château (*Technologie du bâtiment*, II, 70), le prix de revient pour un mètre cube de bois est le suivant pour les divers procédés :

Procédé Boucherie	12 à 15 fr.
Méthode Bréant perfectionnée, avec emploi de :	
Sulfate de cuivre	9 à 8 »
Huile créosotée	16 à 18 »
Chlorure de zinc	8
Goudron de bois et de houille	14 à 16 »
Sel ordinaire	4
Tannate de fer	8 à 12 »

17. Procédé par carbonisation. — La carbonisation a été depuis longtemps employée pour garantir de l'humidité et de la pourriture l'extrémité amincie des pieux et piquets que l'on enfonce en terre. On a adopté cette méthode en grand pour diverses applications, et notamment pour les traverses de chemins de fer. A la compagnie d'Orléans on a établi des foyers à bois ou à houille insufflés, produisant une flamme à laquelle on soumettait les faces des traverses ; le flambage atteignait ainsi 1 millim. d'épaisseur de bois bien régulièrement.

On a employé aussi pour cet objet un chalumeau alimenté par du gaz d'éclairage, soit le gaz ordinaire, soit le gaz portatif sous forte pression. Les résultats ont paru satisfaisants.

Dans la marine, on a appliqué ce procédé à toute la surface immergée des coques de navires.

18. Goudronnage des bois. — Pour goudronner les bois on se sert d'un mélange de brai sec et de brai liquide ou goudron, substances qui se produisent dans les distillations plus ou moins imparfaites du bois ; ce mélange forme une matière appelée *brai gras*, très adhérente aux surfaces sur lesquelles on l'applique.

On emploie aussi le *coaltar*, autre sorte de goudron que l'on obtient dans la distillation de la houille. On lui donne quelquefois le nom de goudron minéral.

Les faces à enduire sont parfaitement nettoyées, et chauffées s'il est possible, légèrement ; le goudron s'étend à l'état bouillant avec une brosse. On en met quelquefois plusieurs couches.

Le goudron convient pour les charpentes exposées à l'air, et il est bon d'en garnir tous les assemblages pour éviter l'accès de la pluie et l'action de l'humidité ; il convient aussi pour toutes les parties de charpente qui doivent être enfoncées sous terre.

Le goudron est longtemps liquide, ce qui présente souvent un inconvénient ; on accélère sa dessiccation en le mélangeant avec 5 à 10 pour cent de son poids de poudre de chaux ou de ciment. On fait cette addition dans le camion au moment de l'emploi.

19. Peinture à l'huile. — Le goudronnage n'est applicable qu'aux charpentes grossières exposées à l'air : ponts, estacades, travaux des ports, clôtures. Dans les habitations il est inadmissible et on le remplace par la peinture à l'huile.

Il est bon d'appliquer une première couche d'huile de lin pure, bouillante, qui pénètre dans toutes les fissures ; puis on rebouche au mastic d'huile tous les trous, toutes les irrégularités de la surface ; enfin on ajoute successivement deux autres couches d'huile, mélangée d'un peu d'essence et additionnée d'une substance siccative et de matières épaississantes, inertes.

Il est bon de ne peindre les bois que lorsqu'ils sont suffisamment secs ; si on y enfermait de l'humidité, ils pourriraient en peu de temps, quelquefois en moins d'un an.

20. Dessiccation artificielle des bois. — On accélère la dessiccation du bois en le soumettant dans des séchoirs ou étuves à l'action de l'air chaud. En même temps l'élévation de la température peut être assez forte pour détruire les insectes et les ferments, et diminuer d'autant les causes d'altération.

On a obtenu de très bons et très prompts résultats en soumettant les bois à l'action d'un courant de vapeur sous pression et en vase clos.

Il y a deux points à observer lorsqu'on emploie ces moyens artificiels :

1° Ils dépassent le but, dessèchent trop le bois qui reprend au contact de l'air, en se déformant, une partie de l'humidité qu'on lui avait fait perdre.

2° Le bois ainsi traité perd certainement à la fois de la flexibilité et de la résistance.

Malgré ces inconvénients on emploie dans bien des ateliers ce mode de dessiccation artificielle, en raison de la grande économie de temps qu'elle procure, comparativement aux procédés ordinaires.

21. Procédés de courbure. — On a souvent besoin, dans la pratique, d'employer des bois courbes. On peut les tailler dans des billes assez grosses ; c'est ainsi que l'on opère pour les limons d'escalier par exemple. Mais on est obligé, par économie, de limiter la longueur des pièces, et d'autre part les fibres sont tranchées en biais ou en travers et il en résulte une grande tendance au fendillement, en même temps qu'une grande diminution dans la résistance.

Lorsque les dimensions transversales de la pièce courbe à obtenir sont faibles, on a avantage à respecter les fibres et à courber directement le bois. On y arrive assez facilement.

Si l'épaisseur est faible, s'il s'agit de courber du merrain, par exemple, on peut le mouiller d'un côté et le dessécher en même temps sur la face opposée ; il se courbe de lui-même. Et en le laissant sécher tout en la maintenant dans la position courbe, il conserve une certaine partie du cintre obtenu.

Si l'épaisseur est un peu plus forte, comme celle d'un madrier, on imbibe la pièce de bois par immersion et on lui donne de force, peu à peu et par opérations successives, une courbure supérieure à celle qu'elle doit garder ; puis on la maintient au séchage sur des formes solides, reliées suivant les courbures nécessaires, comme celles des fig. 6 et 7, employées par le colonel Emy dans des travaux importants.

On peut encore préparer le bois en le plongeant un temps

suffisant, soit dans l'eau chaude, soit dans du sable chaud mouillé. Lorsqu'ils sont convenablement amollis on les passe

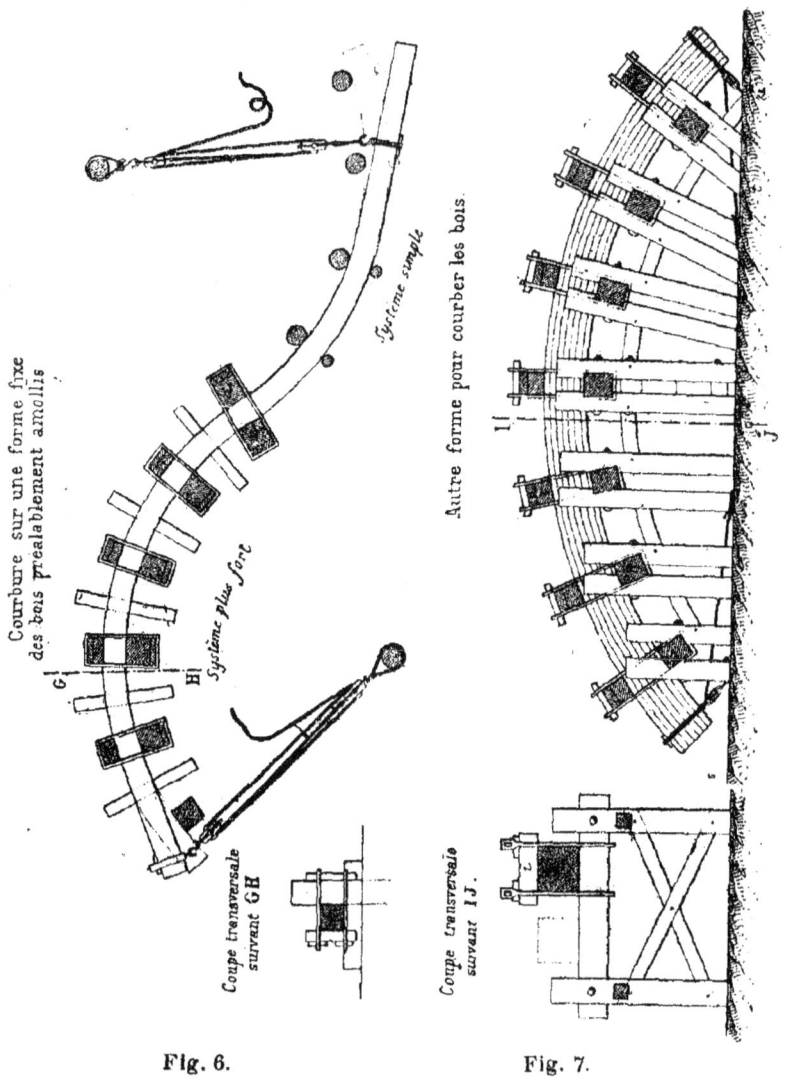

Fig. 6.   Fig. 7.

à la forme comme ci-dessus et on les y maintient jusqu'à dessication complète. En raison de l'élasticité du bois qui les ramène toujours d'une certaine quantité, on doit toujours dépasser la courbure définitive, et l'expérience indique les rayons à donner aux formes pour obtenir tel résultat désiré.

§ 3.

TRAVAIL DES BOIS. ASSEMBLAGES.

22. Ouvriers employés dans le travail des bois. — Les ouvriers qui emploient les bois de gros œuvre et de fort équarrissage sont les charpentiers. On distingue les maîtres charpentiers ou patrons, les chefs d'ateliers ou *gâcheurs* qui tracent les épures et les coupes de bois, les ouvriers charpentiers ou compagnons charpentiers qui exécutent le travail manuel de taille et de montage.

Les ouvriers qui emploient le bois de faible échantillon et qui font les menus ouvrages sont les menuisiers ; ils se divisent en mêmes catégories de maîtres menuisiers ou patrons, chefs d'ateliers et compagnons.

Des ouvriers spéciaux, dits parqueteurs, exécutent et posent les parquets ; d'autres, les rampistes, façonnent les mains courantes en bois des rampes d'escaliers.

23. Principaux outils des charpentiers. — Un chantier d'entrepreneur de charpente comprend un grand terrain pour le dépôt des bois et le levage partiel des charpentes exécutées. Ces dernières sont taillées généralement à couvert, dans de grands hangars bien ajourés dont le sol est formé d'une aire en salpêtre.

Le sol sert à la confection des épures que l'on trace, grandeur d'exécution, au moyen de cordeaux, fils à plomb, règles et de la *rainette* (fig. 8, n° 1), lame d'acier dont l'extrémité, recourbée en crochet court, est affûtée en tranchant ; cet outil sert aussi à faire les traits sur les faces du bois. C'est sur les épures que l'on détermine les dimensions des pièces ; on présente les billes sur l'épure elle-même pour tracer les coupes et préparer les assemblages.

Les outils propres à tailler le bois sont :

La *Hache* ou *Cognée* (fig. 8, n° 2), qui se compose d'une

§ 3. — TRAVAIL DES BOIS. ASSEMBLAGES

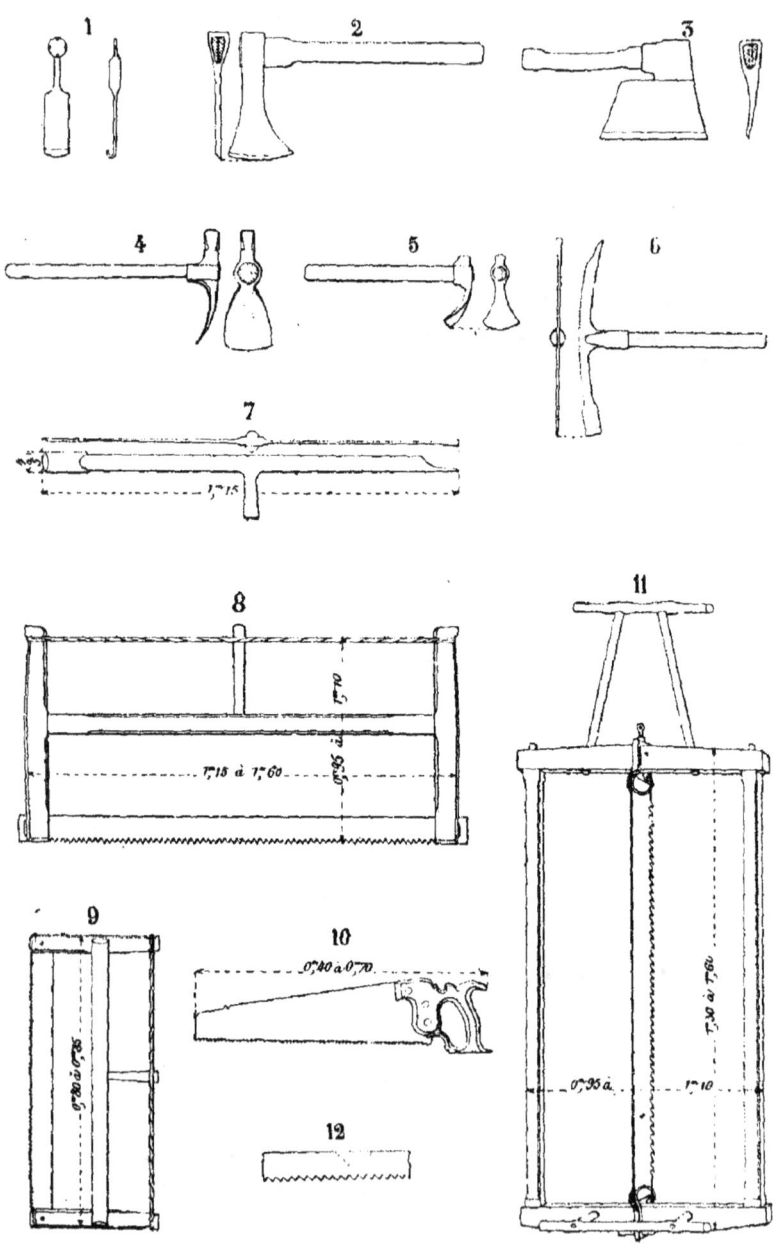

Fig. 8.

lame de fer aciéré tranchante sur l'arête et emmanchée ; il y en a de plusieurs grosseurs et de taillants plus ou moins larges. Cet outil agit par percussion et enlève de fortes ételles, lorsqu'on s'en sert pour dresser grossièrement la face d'une pièce.

On nomme *Doloire* (fig. 8, n°3) une hache spéciale à lame très large et biseautée d'un seul côté ; elle dresse les faces d'une façon plus parfaite que la hache.

L'*Herminette*, appelée aussi *Essette*, est une hache (fig. 8, n° 4) dont le tranchant est perpendiculaire au manche ; le biseau du taillant est à l'intérieur. Cet outil sert à dresser et planer les surfaces.

L'*Herminette à gouge* diffère de la précédente, parce qu'elle est concave et a son taillant courbe ; elle sert à régulariser le parement des surfaces creuses. On l'a représentée fig. 8, n° 5.

La *Besaiguë ou bisaiguë* (fig. 8, n° 7) est un outil de charpentier formé par une barre de 1^m15 de longueur et 0.04 de largeur, qui porte en son milieu une poignée perpendiculaire en fer. L'une des extrémités est un large ciseau plat à un seul biseau, qui sert à dresser le bois parallèlement à ses fibres. L'autre bout est terminé par une lame étroite, tranchante, fortement biseautée, formant ce que l'on appelle un bedane (voir les outils de menuiserie).

Le *Piochon* est une besaiguë légèrement cintrée et emmanchée en bois (fig. 8, n° 6).

Les *scies* de diverses formes, selon leurs usages, dont les principales sont :

La *Scie de long* (fig. 8, n° 11), destinée à débiter dans le sens de la longueur les grosses pièces de bois. Ces pièces sont établies sur de grands tréteaux et assujetties par des cordages ; la scie est manœuvrée par deux hommes au moins ; l'un, placé sur la pièce de bois, tient le manche supérieur de la scie, l'autre ou les autres sur le sol tenant le manche inférieur (fig. 9). Les dents sont inclinées vers le bas et elles sont écartées de la quantité nécessaire pour loger la sciure pendant le passage de la lame dans le bois. Les intervalles devront donc être d'autant plus grands que le bois à scier sera plus tendre et que les copeaux enlevés à chaque passe et qui forment la sciure seront plus volumineux.

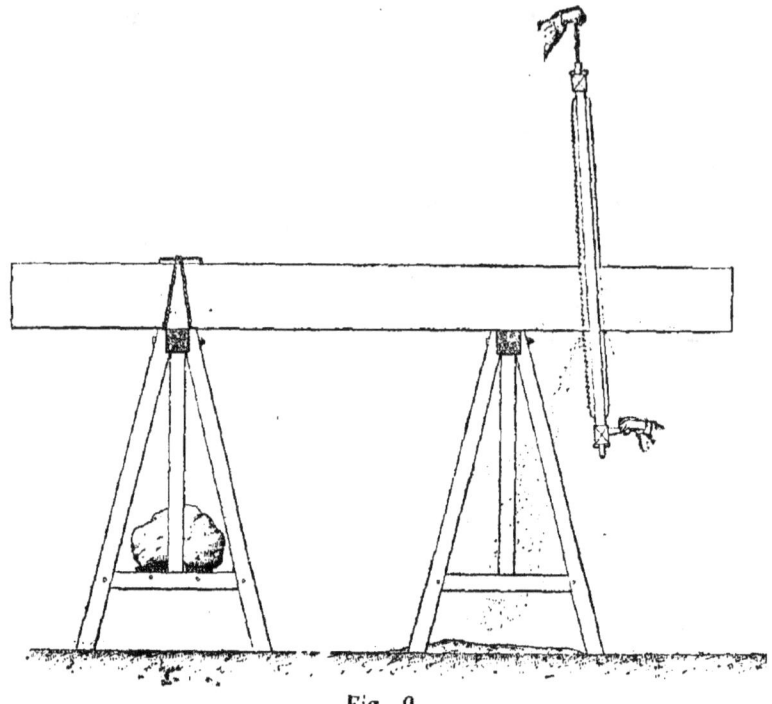

Fig. 9.

La *Scie de travers* (fig. 8, n° 8) est une grande scie de 1ᵐ15 à 1ᵐ60 de longueur de lame, sur 0,95 à 1.10 de hauteur de châssis ; elle a des dents régulières et symétriques, de manière à attaquer le bois dans les deux sens. Elle est manœuvrée par deux hommes, et sert à débiter les grosses pièces de bois dans le sens transversal.

La *Scie à débiter* (fig. 8, n° 9) est une scie plus petite, manœuvrée par un seul ouvrier, avec dents inclinées ; elle est destinée à tous les menus débits que les compagnons ont à faire dans la taille des charpentes.

Toutes ces scies ont besoin, pendant le travail, d'avoir leur lame très tendue dans leur chassis ; cette tension s'obtient soit avec une vis comme dans la scie de long, soit par une torsion de corde maintenue par un petit morceau de bois que l'on appelle *clef* ou *garrot*, qui s'arrête à volonté dans une mortaise de la traverse à chaque demi-tour. On ne serre la clef que pendant le travail, pour laisser à la monture de la scie toute son élasticité.

Il est important que la lame ne se trouve pas serrée dans le trait qu'elle tranche ; il faut que le trait soit plus large que son épaisseur ; on donne pour cela *de la voie* à la scie, c'est-à-dire qu'on écarte alternativement les dents à droite et à gauche, et la limite de cet écartement est l'épaisseur même de la lame. Le trait a alors une fois et demie à deux fois cette épaisseur, et la lame passe sans frotter latéralement.

On donne de la voie à une scie avec un *tourne à gauche* ; c'est un morceau de fer plat dans lequel sont pratiquées des entailles de 0.005 à 0.010 de profondeur, qui permettent de saisir les dents et de les forcer du côté où on veut les faire dévier. Ordinairement le manche de la rainette est façonné en tourne à gauche.

En dehors de ces scies les charpentiers se servent assez souvent de *scies à mains* (fig. 8, 10), formées de lames assez épaisses et résistantes, emmanchées d'un bout seulement, et qui travaillent en poussant. Elles ne sont pas tendues comme les précédentes, mais il faut toujours leur donner une voie convenable ; elles permettent sur le tas des coupes dans des endroits dificiles à atteindre, et que les scies ordinaires ne sauraient exécuter.

Une scie à deux mains nommée *passe partout* est formée d'une lame rigide, à denture large et légèrement cintrée, portant deux poignées extrêmes. Elle sert à débiter en travers soit de grosses pièces de charpente, soit des billes de bois en grume. Cette scie est représentée fig. 10, n° 1.

Enfin les charpentiers se servent quelquefois de la scie à chantourner des menuisiers.

Les *Tarières* sont de grandes vrilles que l'on manœuvre à deux mains et qui servent à percer des trous dans les bois. Elles sont formées d'une mèche et d'une traverse perpendiculaire formant manche. La mèche est en acier et peut affecter plusieurs formes :

La *tarière ordinaire* (fig. 10, n° 2) a sa mèche terminée par une cuillère en spirale, échancrée, dont la partie travaillante est taillée en biseau. Il faut amorcer le trou avec une gouge,

§ 3. — TRAVAIL DES BOIS. ASSEMBLAGES

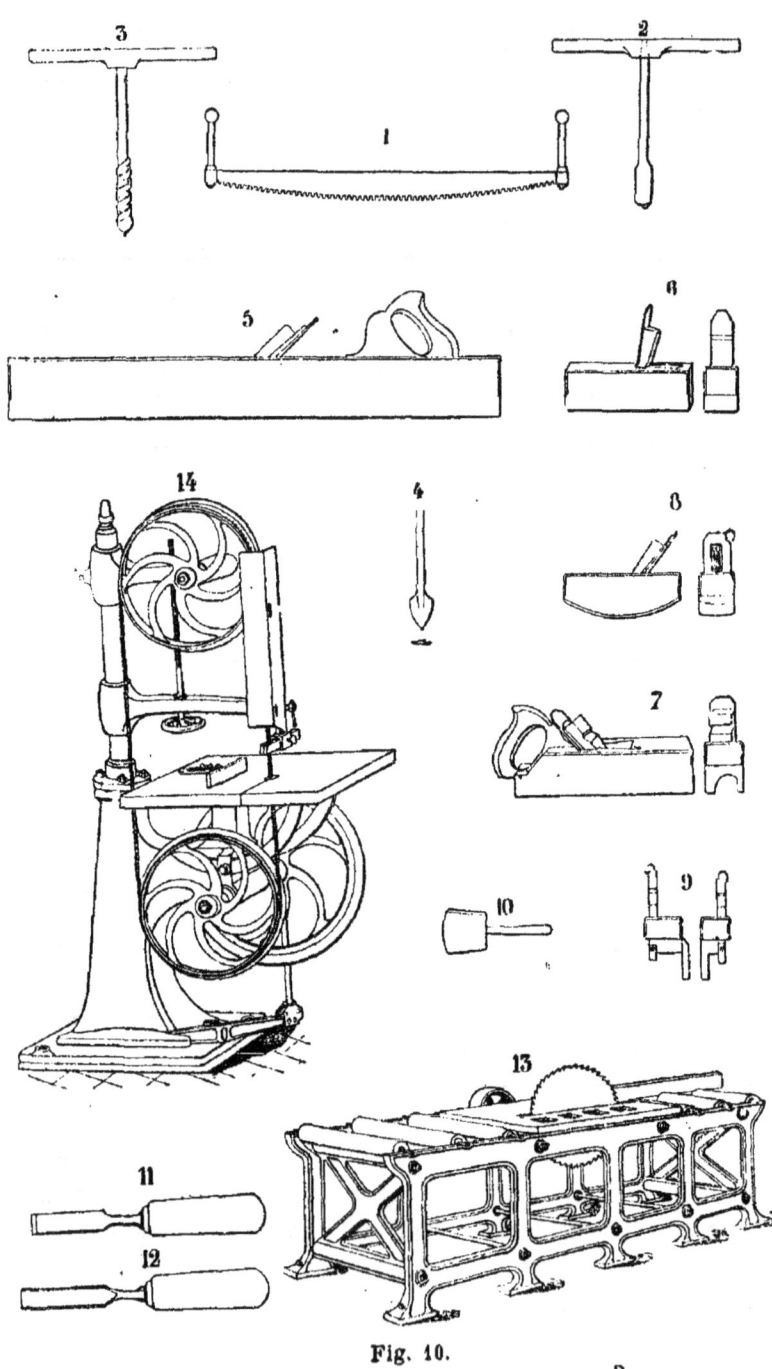

Fig. 10.

et tirer les copeaux du trou au fur et à mesure qu'ils se forment.

La *tarière anglaise* est formée d'une vis à filets carrés et à arêtes coupantes, terminée en forme de vrille. Cette tarière s'amorce elle-même et débourre ses copeaux; elle est représentée fig. 10, n° 3.

La *tarière à trépan* est élargie, présente deux taillants latéraux et est également terminée en vrille; elle s'amorce par sa vrille et sert pour les plus grands trous, fig. 10, n° 4.

Enfin des tarières plus petites, dites *lacerets*, servent à faire les trous de chevilles.

Les Rabots de divers genres comprenant principalement :

Les *affutages* ou *varlopes*, destinés à dresser les parements des ouvrages, à *blanchir*, à *refaire* les faces ; ce sont de grands outils dont le fut est très long, ce qui donne de l'élan pour enlever de longs copeaux et un bon guide pour obtenir de la régularité dans le travail ; la lame est légèrement cintrée pour mordre mieux la matière. Ces outils sont représentés fig. 10, n° 5.

Les *rabots* ordinaires, plus courts, à lame à taillant droit, et qui servent à parfaire le travail préparatoire de la varlope, fig. 10, n° 6.

Les *rabots spéciaux* pour nez de marches, fig. 10, n° 7.

Les *rabots cintrés* pour surfaces courbes, fig. 10, n° 8.

Les *bouvets à rainures* dont les coupes sont représentées, fig. 10, n° 9.

A ces outils il faut ajouter :

Les *maillets*, marteaux de bois servant à frapper sur les outils emmanchés en bois, fig. 10, n° 10.

Les *ciseaux*, lames de fer biseautées, tranchantes à l'extrémité et emmanchées en cormier, fig. 10, n° 11. Ceux à lame étroite et épaisse, destinés aux mortaises de petites dimensions se nomment des *bedanes*.

On frappe sur les ciseaux avec le maillet pour obtenir les entailles qu'on leur demande.

Les *gouges*, ciseaux à section creuse et arrondie pour faire des entailles courbes ou des amorces de trous, fig. 10, n° 12.

Tels sont les principaux outils qu'emploient les charpentiers.

Dans les chantiers importants, on installe des scieries mécaniques mues par des machines à vapeur, et qui permettent de faire le débit économique et rapide du bois. Ces ateliers sont des diminutifs des grandes usines hydrauliques ou à vapeur qui sont établies dans bien des pays et y débitent le bois soit à façon sur dimensions demandées, soit d'avance sur dimensions commerciales.

Les scies employées sont de deux sortes : les scies circulaires et les scies à rubans.

La *scie circulaire* consiste en un disque denté à la circonférence, monté solidement sur un arbre perpendiculaire auquel on donne le mouvement par une poulie et une courroie venant d'un moteur.

Cette scie est montée sur un établi qu'elle ne dépasse que d'une quantité plus petite que son rayon ; on lui donne une grande vitesse, quelques centaines de tours par minute, et un diamètre variable suivant les épaisseurs de bois à débiter. Ce diamètre est ordinairement compris entre 0,50 et 1 m.

La fig. 10 n° 13 représente une scie circulaire montée sur son bâti.

On distingue deux sortes de scies circulaires : les unes sont à axe fixe, elles dépassent toujours le bâti d'une même quantité et sont applicables à des débits de bois de dimensions constantes. Si on les applique à des échantillons plus faibles, il y a perte de force considérable due au passage de la lame dans le trait qui forme frein. Pour réduire ce passage de lame à son minimum, on fait des scies à axe mobile, ce qui permet de les abaisser pour les petites pièces et de ne laisser sortir au dessus de l'établi que la portion de lame strictement nécessaire.

Ces scies à axe mobile permettent aussi de limiter le trait lorsqu'il doit se réduire à de simples entailles pour des assemblages déterminés.

Les *scies à ruban* ou *scies sans fin* sont formées d'une lame sans fin s'enroulant sur deux poulies à l'une desquelles on transmet par courroie le mouvement d'un moteur. La fig. 10, n° 14, représente un des types de ces scies à rubans ; la lame passe avec vitesse dans la fente d'une table perpendiculaire, sur laquelle on place et on guide les bois à débiter.

Ces scies peuvent donner des traits-plans ; on donne à la lame pour cet usage une certaine largeur. Elles rendent surtout beaucoup de services dans les traits courbes et font facilement les *chantournements* ou découpages de bois suivant un profil courbe, et les *débillardements* ou débits courbes des grosses pièces destinées, par exemple, aux limons d'escaliers.

24. Principaux outils des menuisiers. — Le menuisier doit travailler des bois de petit échantillon et leur donner des formes très variées ; de là un nombre très considérable d'outils indispensables, dont nous allons passer en revue les principaux.

En premier lieu il faut à l'ouvrier une table, nommée *établi*, pour soutenir à hauteur convenable ses bois en œuvre. Cet établi, représenté fig. 11, n° 1, est formé d'un plateau épais de bois dur, orme ou hêtre, porté sur quatre montants en chêne bien assemblés formant pieds ; ces derniers sont reliés à petite distance du sol par des traverses avec un fond formant caisse. Un tiroir sert à ranger les menus outils.

Les pièces de bois à travailler n'ont pas une assez grande stabilité par elles-mêmes, il est nécessaire de les fixer provisoirement à l'établi. On le fait au moyen d'un étau à vis, en bois d'ordinaire, qui fait corps avec l'un des pieds et avec lequel on serre la pièce en laissant dépasser le parement en œuvre ou l'extrémité à façonner.

On a souvent besoin de serrer sur le plateau de l'établi un morceau de bois, une planche par exemple ; on se sert alors d'une pièce de fer nommée *valet*, fig. 11, n° 2, qui passe librement par sa tige verticale dans un trou plus large *a* du plateau, s'y coince et y reste pris lorsqu'on frappe sur la partie *n* avec un maillet ; l'extrémité *m* de l'équerre du valet serre alors fortement sur l'établi les pièces sur lesquelles il s'appuie, sans qu'aucun desserrage puisse se produire. Le valet est remarquable par sa simplicité, eu égard aux services qu'il rend.

Une petite pièce rectangulaire traverse à frottement dur le plateau de l'établi et porte un petit crochet en fer. On la

§ 3. — TRAVAIL DES BOIS. ASSEMBLAGES

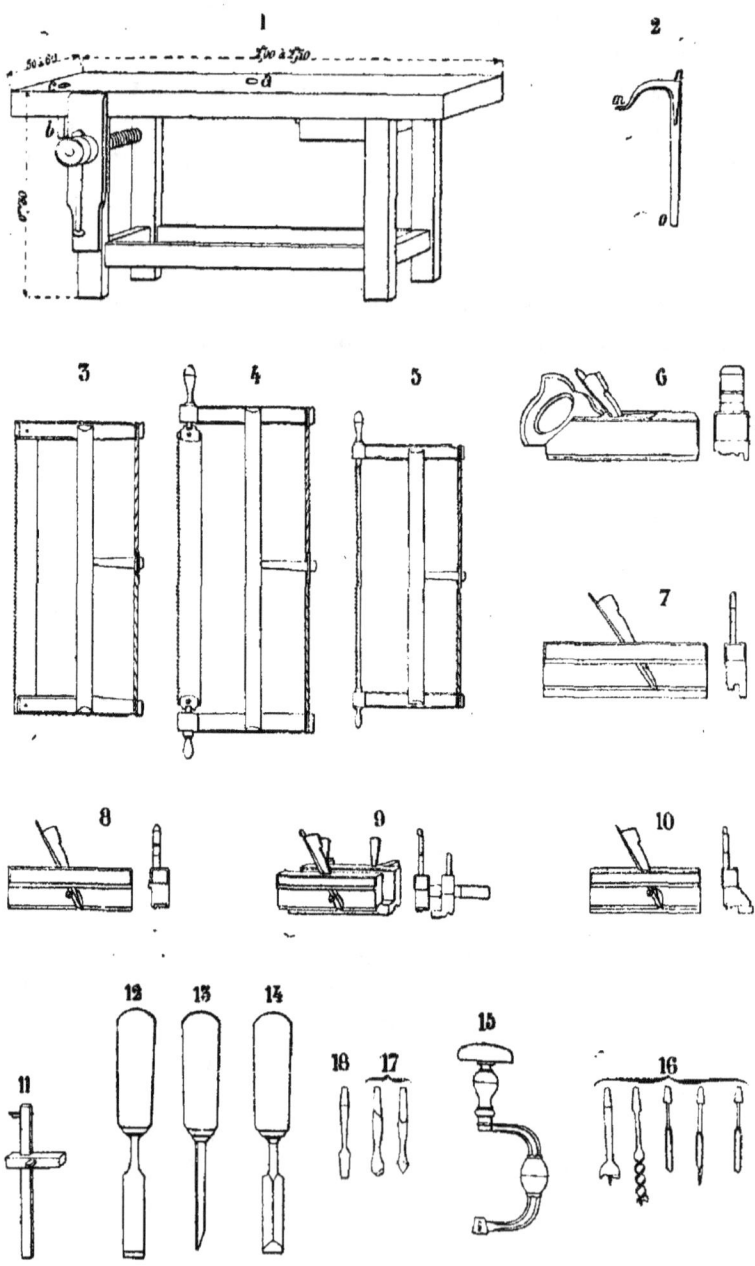

Fig. 11.

fait saillir à volonté pour permettre de faire buter les planches que l'on veut raboter.

Les menuisiers ont à débiter les bois ; ils se servent pour cela d'un certain nombre de scies plus petites et plus fines que celles des charpentiers. On distingue principalement :

La *scie ordinaire* ou à *tenons*, fig. 11, n° 3, est montée sur un châssis d'une manière fixe, et serrée par une corde tordue, maintenue par une clef.

La *scie allemande*, fig. 11, n° 4, est montée de la même façon, mais la lame peut incliner son plan à volonté sur celui du châssis au moyen de deux chaperons à tourillons.

La *scie à chantourner*, fig. 11, n° 5, ne diffère de la précédente que par l'étroitesse de la lame, qui lui permet de faire des coupes courbes dans les pièces de bois.

Les menuisiers ont à blanchir les surfaces et à leur donner une rectitude aussi parfaite que possible. Ils se servent pour cet usage d'une série de rabots :

Les *affutages et varlopes*, fig. 10, n° 5, à lames légèrement cintrées, servent à dégrossir ces surfaces.

Les *rabots ordinaires*, fig. 10, n° 6, terminent le travail.

Pour avoir un plus beau fini on n'a plus qu'à poncer au papier de verre.

Pour profiler des moulures, on a besoin de rabots spéciaux dits *rabots de moulures*, fig. 11, n° 6, dont la lame a la forme du contreprofil de la pièce à obtenir.

Les *bouvets*, fig. 11, n° 7, dont les lames sont très diverses servent à enlever parallèlement aux arêtes des feuillures, rainures, moulures partielles. On leur adjoint d'ordinaire une joue latérale, qui les guide contre une des rives préalablement dressée de la pièce de bois.

Les *tarabiscots* dont les lames, affleurant l'angle même du fût, servent à parfaire les angles rentrants ou à exécuter des feuillures sur l'angle, ou des dégagements entre moulures. Les copeaux débourrent sur le côté du fût. On distingue les tarabiscots *semelle en fer* (8), les tarabiscots *avec conduite* de guidage (9), et enfin les tarabiscots avec conduite à coulisse.

Les outils de traçage sont les règles, les compas et les *trusquins*. Ces derniers, représentés fig. 11, n° 11, servent à tracer des traits parallèles à des arêtes droites, soit pour débiter des bois dans le sens de la longueur de la scie, soit pour mettre des planches d'épaisseur au rabot.

Pour tailler les assemblages, on tranche le bois au moyen d'un certain nombre de ciseaux emmanchés en bois, et sur lesquels on frappe avec un maillet.

Le *ciseau ordinaire* de menuisier est représenté fig. 11, n° 12; il est formé d'une lame très large avec embase et prolongement pointu, nommé soie, pour fixer le manche.

D'autres ciseaux du même genre, mais plus étroits et plus petits, servent pour les entailles restreintes.

Le *bedane*, fig. 11, n° 13, épais et étroit, sert à terminer les fonds de mortaises.

Le *ciseau bedane*, fig. 11, n° 14, est intermédiaire entre les deux outils précédents.

Les *gouges de différentes grosseurs*, fig. 10, n° 12.

Si l'on ajoute à ces différents outils le *vilebrequin*, fig. 11, n° 15, qui sert à manœuvrer les *mèches* (16), les *fraises* (17) et les *tournevis* (18), les vrilles, les marteaux, les limes diverses et les râpes, les chasse-clous, le pot à colle et les serre-joints divers, on aura une idée de l'attirail du menuisier.

Dans les ateliers de menuiserie bien montés, on trouve une série de machines mues par moteur à vapeur, et destinées à faire régulièrement et économiquement certains débits ou certaines coupes ; il y a économie toutes les fois que l'on a à exécuter un grand nombre de pièces semblables.

Ces machines sont principalement les scies circulaires ou à ruban ; les toupies qui servent à faire les moulures et les rainures droites ou cintrées sur champ, et dont la lame tournant à très petit rayon fait 4 à 5.000 tours par minute ; les machines à mortaiser, percer, raboter, dresser, blanchir. Il y en a de bien des sortes et de bien des systèmes ; leur description sortirait du cadre de cet ouvrage.

25. Transport des bois. — Le transport des pièces de charpente de fort équarrissage, ainsi que des billes de bois en grume, s'effectuent au moyen de véhicules que l'on nomme des *fardiers* et dont l'un est représenté fig. 12.

Il se compose de deux limons horizontaux réunis par des traverses nommées *épars*.

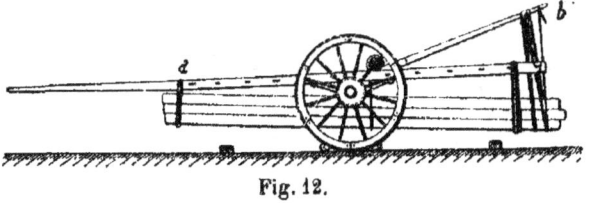

Fig. 12.

Cet ensemble repose par l'intermédiaire de pièces de bois mobiles sur un essieu dont on peut faire ainsi varier la position, ce qui permet d'équilibrer l'ensemble ; l'essieu porte sur le moyeu de deux grandes roues. Un treuil avec chaînes, permet de soulever une réunion de pièces au moyen d'un grand levier, et de les maintenir soulevées entre les deux roues en contrebas de l'essieu ; on consolide ce genre d'attache par une ligature en avant, en *a* aux limons, et en une ligature arrière *b*, au levier ou *flèche*. On a soin de laisser complète la place du cheval entre les deux limons. Ces fardiers sont traînés suivant le cube à transporter par un nombre de chevaux variant de 3 à 6.

Le diable (fig. 13) est un fardier plus petit, destiné à être manœuvré par des hommes ; il sert au transport de pièces un peu trop fortes pour être portées à l'épaule. Il se compose de deux grandes roues, d'un

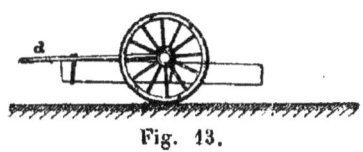

Fig. 13.

essieu et d'une flèche. On se sert de la flèche comme d'un levier pour soulever la pièce ; on la rabat et on fait une ligature en *a*. La flèche sert alors de limon pour le transport horizontal.

Le *Triqueballe* (fig. 14) est composé d'un diable dont la flèche vient poser par un axe vertical sur le milieu d'un avant-train ; la traction est un peu plus dure, mais la direction est plus facile lorsque le transport est un peu long et accidenté.

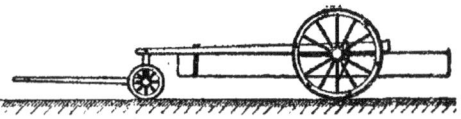

Fig. 14.

Lorsque les pièces sont longues, on combine **deux diables** pour faire une autre sorte de triqueballe (fig. 15); les bois

Fig. 15.

sont portés par leur extrémité arrière, directement sur l'essieu du premier diable; ils portent sur une sellette en bois ou en fer, articulée en son milieu avec l'essieu du second diable par un axe vertical. Cela permet un déplacement angulaire et par conséquent laisse franchir facilement les tournants. Le second diable reçoit la traction directe d'un ou plusieurs chevaux.

Dans les chantiers les bois sont transportés, *coltinés* à l'épaule, comme l'on dit, par une équipe d'hommes obéissant d'ensemble à un chef.

Quant au transport des bois de sciage, il s'effectue dans des charrettes. Lorsque ces bois sont longs, on les soulève en avant pour laisser la place du cheval au-dessus duquel ils passent. Ou bien on les met de travers, en diagonale, pour éviter le cheval sans avoir à les soulever.

26. Des assemblages en général. — Il y a un grand nombre de genres d'assemblages de deux pièces de bois; on ne peut les étudier que si on se rend compte des actions que ces deux pièces exercent mutuellement l'une sur l'autre. Tantôt ce seront des efforts de compression, tantôt des tensions qui tendront à les séparer, tantôt des glissements, tantôt enfin alternativement des efforts de ces divers genres. Le mode d'exécution d'un assemblage dépend de la nature et de la direction des efforts auxquels il est chargé de résister; il faut vérifier si les diverses parties de l'assemblage projeté sont en rapport avec les efforts produits en chaque point.

27. Assemblages de deux pièces horizontales per-

pendiculaires. Pièces superposées. — Deux pièces de

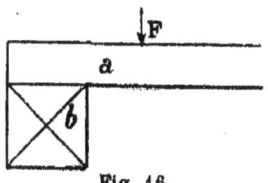

Fig. 16.

bois peuvent simplement poser l'une sur l'autre, celle-ci portant la première ; telles les deux pièces de la fig. 16. Cet assemblage se rencontre fréquemment dans les planchers, toutes les fois que les efforts F qui sollicitent la pièce a sont perpendiculaires à sa direction.

Assemblages à mi-bois. — On n'a pas toujours la hauteur nécessaire pour pouvoir sans inconvénient superposer les deux

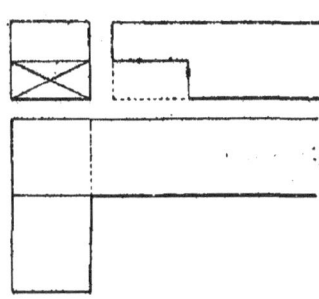

Fig. 17.

pièces ; si elles doivent se trouver comprises entre deux mêmes plans horizontaux, et que la pièce portante b puisse sans être trop affaiblie supporter de fortes entailles, on prendra l'assemblage à mi-bois fig. 17. Dans la pièce portante on fait une entaille de la moitié supérieure et d'une largeur égale à celle de la pièce portée ;

on fait l'entaille inverse dans cette dernière, et les deux pièces étant jointes s'arasent en haut et en bas, si elles ont même hauteur.

Assemblages à paume. — Si on craint d'affaiblir trop la

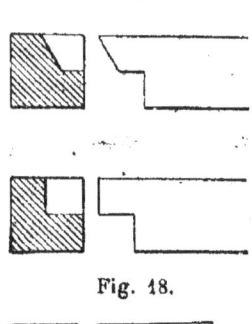

Fig. 18.

Fig. 19.

pièce b ; on remplace l'assemblage à mi-bois par l'un des deux assemblages ci-après. C'est l'assemblage à *paume*.— Le repos horizontal d'une pièce sur l'autre est *l'épaulement*. La paume peut être inclinée en bout, c'est la *paume grasse* ; elle peut être d'équerre, c'est la *paume droite*.

Si on craint d'affaiblir encore la pièce b, on réduit la paume à la partie inclinée et l'épaulement disparaît. C'est l'assemblage représenté dans la fig. 19 ; il détermine une poussée de la pièce a contre la pièce b, et celle-ci doit pouvoir y résister.

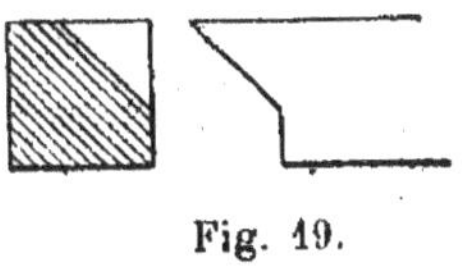

§ 3. — TRAVAIL DES BOIS. ASSEMBLAGES

Assemblage à tenon et mortaise. — Un assemblage dont le principe est très fréquemment employé est l'assemblage à tenon et mortaise, représenté fig. 20 ; la pièce *a* porte une saillie vers le milieu de sa hauteur ; cette saillie est le *tenon*, qui s'engage dans un trou correspondant, nommé *mortaise*, pratiqué dans la pièce *b*.

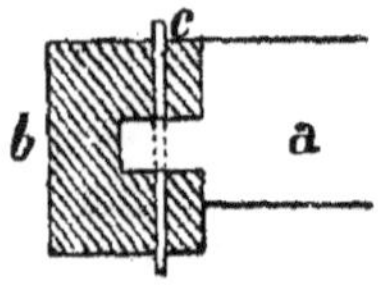

Fig. 20.

Quand il peut y avoir disjonction entre les deux pièces, on traverse l'assemblage par une broche ou cheville *c*, qui présente une certaine résistance.

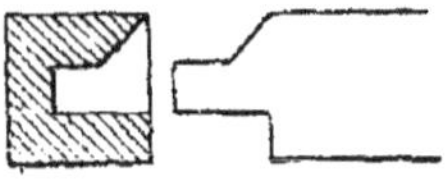

Assemblages à tenons renforcés. — Lorsque la pièce *a* est fortement chargée, la réaction de la pièce *b* sur le tenon de la pièce *a* pourrait casser ce tenon. On le renforce au moyen d'un épaulement supérieur, fig. 21. Le tenon peut être encore renforcé des deux façons indiquées, fig. 22. Ces trois dernières dispositions peuvent être, comme la précédente, consolidées par des chevilles ou broches qui empêchent les disjonctions.

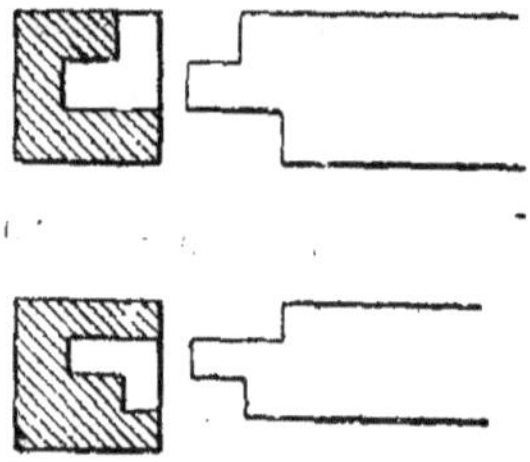

Fig. 21.

Fig. 22.

Assemblage à mi-bois et queue d'hironde. — Lorsque l'assemblage à mi-bois doit s'opposer à la disjonction des pièces, on peut donner à l'entaille, et aussi à la partie correspondante de la pièce *a*, une forme de trapèze disposé de telle sorte que la plus grande largeur soit à l'extrémité ; la forme même de l'assemblage est bien plus résistante qu'une simple cheville, qui maintiendrait mal l'assemblage à mi-bois. La fig. 23 rend compte de cette jonction qui porte le nom d'*assemblage à mi-bois et queue d'hironde*.

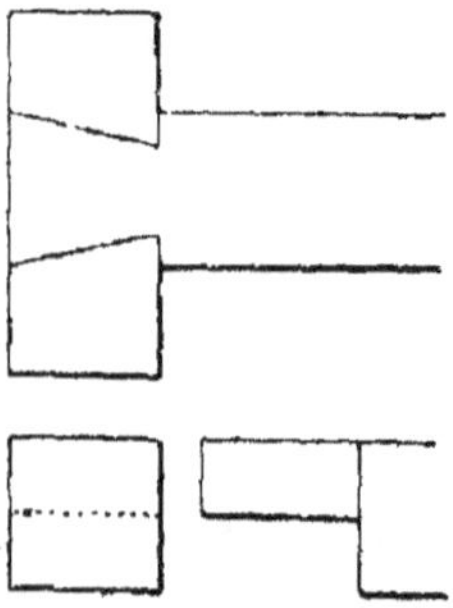

Fig. 23.

Assemblage à tenon, mortaise et queue d'hironde. — Ce même assemblage à *queue d'hironde* peut

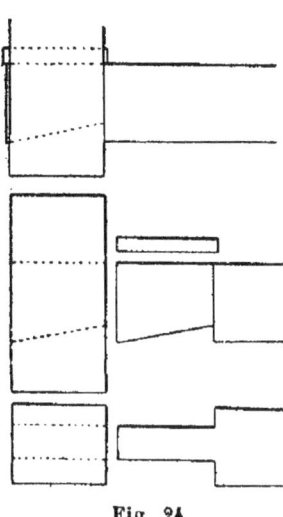

Fig. 24.

s'appliquer à un tenon et à une mortaise ; ainsi que le montre la fig. 24, le petit côté de la mortaise doit être au moins égal au grand côté du tenon, et quand les deux pièces sont assemblées il reste libre une partie de la mortaise, que l'on remplit avec un morceau de bois nommé *clef*. Une fois la clef en place, l'assemblage ne peut pas se disjoindre.

Assemblage d'angle à tenon et mortaise. — Les deux pièces horizontales à réunir peuvent s'arrêter à l'assemblage et former comme un retour de cadre ; il porte le nom d'*assemblage d'angle* ; on peut prendre un assemblage à tenon et mortaise dans lequel la mortaise est ouverte du côté extérieur, ainsi que le représente la fig. 25. Deux chevilles viennent consolider l'assemblage.

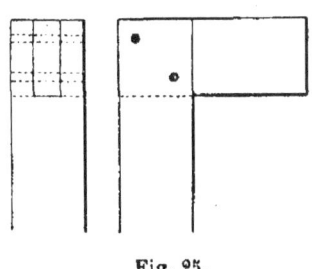

Fig. 25.

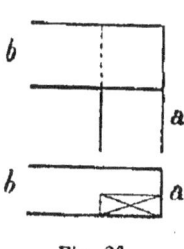

Fig. 26.

Assemblage d'angle à mi-bois. — L'assemblage d'angle, s'il ne tend pas à se déformer, peut être établi à mi-bois, comme celui représenté fig. 26.

Mais dans la plupart des cas on obtient un assemblage bien plus régulier, et plus solide, en dirigeant le joint suivant la diagonale partant de l'angle ; on forme ainsi des *assemblages d'onglet*.

Assemblage d'onglet à plat joint. — La fig. 27 montre un

assemblage à plat joint ; il est peu employé parce qu'il ne présente aucune solidité et que rien ne s'oppose à la disjonction des deux pièces.

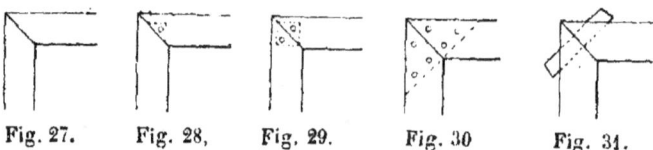

Fig. 27.   Fig. 28.   Fig. 29.   Fig. 30   Fig. 31.

Assemblage d'onglet à simple tenon. — La fig. 28 donne un meilleur assemblage ; c'est au moyen d'un tenon venu à l'une des pièces de l'onglet, et qui s'engage dans une mortaise triangulaire de l'autre pièce. Une cheville assure la rigidité de l'assemblage.

Assemblage d'onglet à double tenon. — La fig. 29 montre la même disposition, mais avec un double assemblage. Chacune des deux pièces porte à la fois un tenon saillant et une mortaise en creux. Cette disposition comporte deux chevilles.

Assemblage d'onglet avec pigeon. — La disposition que représente la fig. 30 est différente. Chaque pièce porte une grande mortaise qui s'étend en forme de triangle jusqu'à l'angle intérieur ; et dans les deux mortaises à la fois, on met une pièce triangulaire séparée, ordinairement en bois dur (qu'on nomme un pigeon). On assure la fixité de sa position par un certain nombre de chevilles.

Assemblage d'onglet avec clef. — Enfin la fig. 31 montre un assemblage dans lequel les deux mortaises, moins grandes, sont disposées pour recevoir un tenon mobile plus petit qui porte le nom de clef.

Assemblages de madriers et de planches à queue d'hironde.

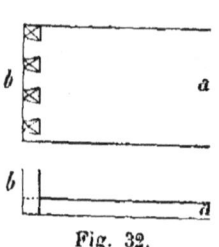

Fig. 32.

— Quand on a des madriers ou des planches à assembler d'équerre, comme l'indique la fig. 32, on se sert de l'appareil à queue d'hironde en multipliant les entailles ainsi qu'il est figuré. Les coupes sont faites de telle sorte que les pleins d'une planche correspondent aux creux de l'autre, et réciproquement. Il en résulte une série d'enchevêtrements qui, surtout s'ils sont collés, assurent une excellente liaison.

28. Assemblage d'une pièce horizontale et d'une pièce verticale. — *Joint à tenon et mortaise.* — Un premier cas se présente où c'est la pièce horizontale qui passe. Le plus simple assemblage en ce cas est celui par tenon et mortaise, le tenon étant nécessairement pris sur la pièce verticale. Si la pièce horizontale tend à se soulever, on consolide l'assemblage par une cheville, fig. 33.

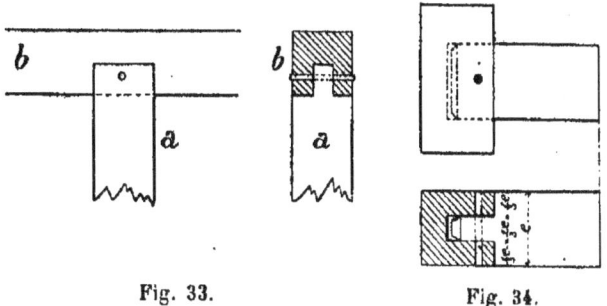

Fig. 33.   Fig. 34.

Si c'est la pièce verticale qui passe, on peut encore avoir recours à l'assemblage à tenon et mortaise. La mortaise dans les grandes pièces n'occupe qu'une partie de la largeur du montant ; dans les petites pièces, comme les poteaux d'huisserie, elle traverse toute l'épaisseur du bois. La fig. 34 rend compte de cette disposition.

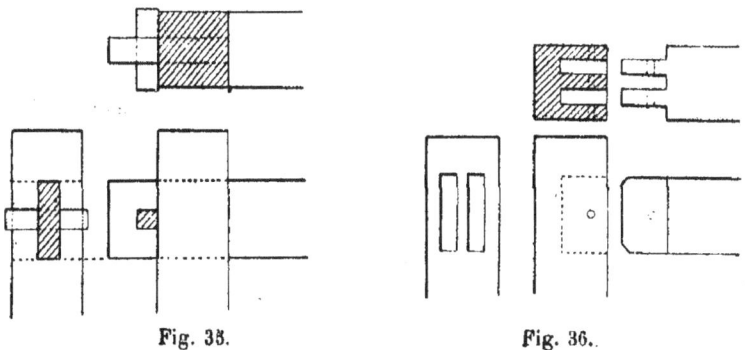

Fig. 35.   Fig. 36.

Joint à tenon passant. Lorsque la pièce qui porte le tenon est susceptible de recevoir une tension longitudinale, tendant à le faire sortir de l'assemblage, la cheville n'est plus suffisante pour la maintenir. On fait dépasser le tenon de l'autre

§ 3. — TRAVAIL DES BOIS. ASSEMBLAGES

côté de la pièce verticale, et on l'arrête par une véritable clef qui s'appuie sur la face arrière du montant. C'est la disposition de la fig. 35.

Lorsque l'assemblage est à soigner et que les pièces sont larges, on fait quelquefois usage d'un double tenon pénétrant dans une double mortaise correspondante. La même cheville réunit le tout et assure la fixité de l'assemblage, représenté fig. 36.

Assemblage à tenon, mortaise et encastrement. — Si la pièce horizontale a est fortement chargée, on cherche à soulager le tenon et à augmenter la surface de repos. On y arrive en faisant pénétrer la traverse a de 0.01 à 0.03 sur toute sa largeur dans le montant b, et ce n'est qu'après cet encastrement que le tenon se développe comme à l'ordinaire, fig. 37.

Assemblage à tenon, mortaise et embrèvement. — Comme dans ce cas le repos du bas sert seul à consolider la liaison des deux pièces, on coupe souvent la traverse a suivant la ligne biaise cd, qui conserve le repos de à la partie inférieure. On produit ce que l'on appelle un embrèvement, disposition très souvent usitée en charpente, fig. 38.

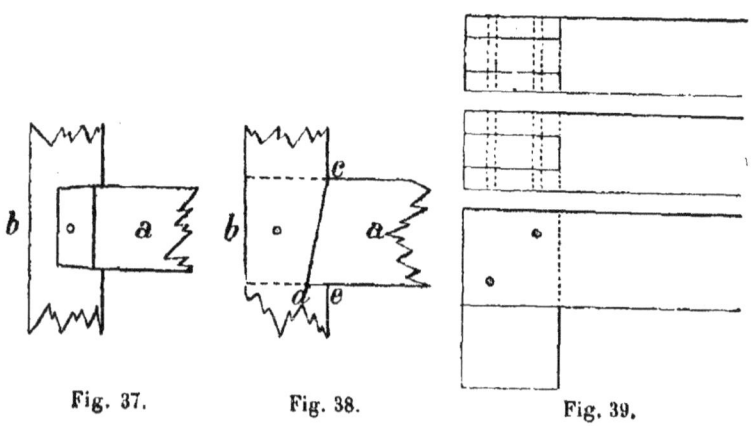

Fig. 37.   Fig. 38.   Fig. 39.

Assemblages d'angles. Assemblage à tenon. — Si les deux pièces s'arrêtent à l'assemblage pour former un assemblage d'angle, le plus simple est d'employer encore l'assemblage à tenon s'engageant dans une mortaise ouverte, formant une sorte d'enfourchement. La fig. 39 donne cette disposition déjà vue dans le numéro précédent pour les pièces horizontales.

D'ailleurs, dans beaucoup de cas, on peut appliquer aux pièces dont nous nous occupons la plupart des assemblages qui ont été décrits pour la liaison des pièces horizontales. Il y a lieu, dans la pratique, de discuter ces solutions au point de vue de la résistance à offrir, dans chaque cas particulier, aux efforts auxquels sont soumises les différentes pièces.

29. Assemblage des pièces obliques. — *Assemblage à tenon et mortaise*. — Pour relier entre elles les pièces obliques, l'assemblage le plus ordinaire est l'assemblage à tenon et mortaise. On le taille de manière à éviter les angles aigus, fig. 40 et 41.

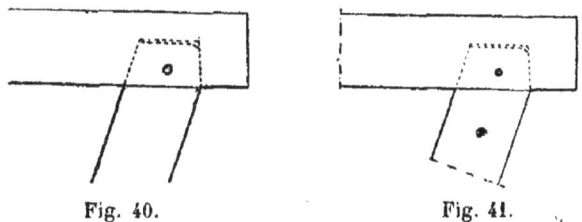

Fig. 40.   Fig. 41.

Le fond de la mortaise, au lieu de suivre l'obliquité de la 2ᵉ pièce, se retourne d'équerre pour éviter les coupes aiguës.

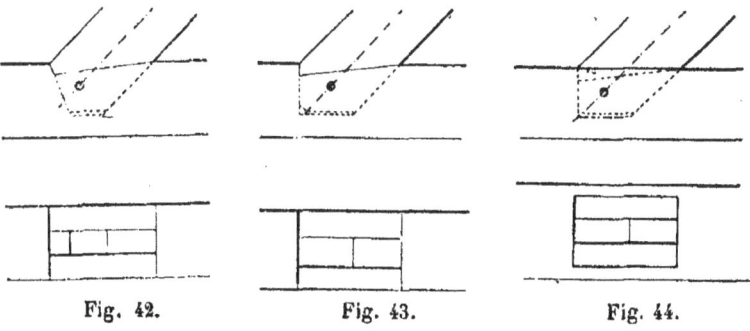

Fig. 42.   Fig. 43.   Fig. 44.

Assemblage à tenon, mortaise et embrèvement. — Lorsque la pièce oblique reçoit une compression longitudinale considérable, il y a à craindre que la composante de cette compression

§ 3. — TRAVAIL DES BOIS. ASSEMBLAGES   49

ne fasse glisser la pièce, par la rupture du tenon qui seul résiste à cette composante ; on renforce ce tenon en encastrant la pièce oblique sur toute sa largeur dans la seconde pièce avec une épaisseur de joint de 0.02 à 0.03. On forme ainsi un *embrèvement* qui augmente d'autant le nombre de centimètres carrés de contact s'opposant au glissement.

L'embrèvement peut être coupé perpendiculairement à la pièce oblique, fig. 42 ; il peut être arrêté perpendiculairement à la seconde pièce comme à la fig. 43 ; il peut être encastré comme à la fig. 44, lorsque la seconde pièce est plus large que la pièce oblique.

Joint anglais. — On fait quelquefois un assemblage à enfourchement dans lequel le tenon disparaît, tandis que les embrèvements prennent de chaque côté un développement plus considérable. On affame davantage la pièce maîtresse, mais on peut le faire sans inconvénients quand elle est suffisamment soutenue pour éviter toute flexion. La fig. 45 rend compte de cette disposition, que l'on rencontre dans quelques constructions, et que l'on désigne quelquefois sous le nom de *joint anglais.*

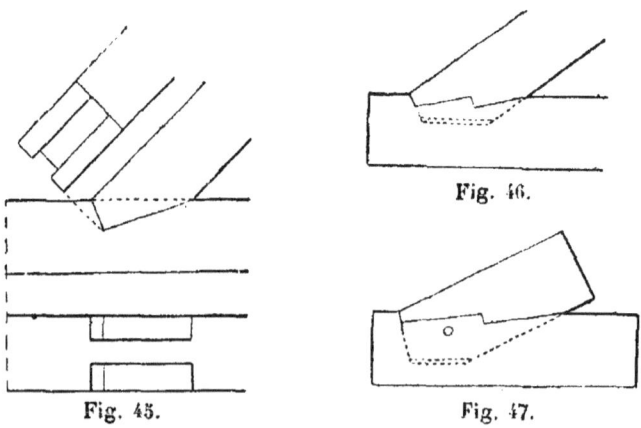

Fig. 45. Fig. 46. Fig. 47.

Assemblage à double embrèvement. — Lorsque les pièces sont très obliques l'une sur l'autre, on s'oppose avec plus de certitude au glissement en formant, non plus un embrèvement simple, mais un double embrèvement, comme le représente la fig. 46. Souvent les deux pièces tendent à s'appuyer l'une sur l'autre en raison des charges qui les sollicitent, et le tenon a peu de développement ; il ne sert qu'à retenir les deux pièces en empêchant un déplacement latéral.

Le plus souvent encore les pièces tendent à se disjoindre et on assure l'assemblage par un tenon plus fort et une cheville, fig. 47. Enfin, on complète dans bien des cas la liaison par des ferrements qui s'opposent absolument à l'écartement des deux bois.

Le double embrèvement est encore tout indiqué lorsque l'assemblage de la pièce oblique se fait tout près de l'extrémité de la maîtresse pièce. Le premier embrèvement peut enlever un éclat de cette pièce et ne présente pas de sécurité ; on la retrouve avec le second.

30. Assemblage des pièces parallèles. — *Poutres en deux pièces, assemblages à endents.* — Les pièces de bois parallèles que l'on a à assembler peuvent être en contact dans toute leur longueur. Ce cas se présente lorsqu'on a besoin d'une pièce de fort équarissage et que les bois dont on dispose ne permettent pas de l'exécuter d'un seul morceau. Les bois superposés doivent être reliés de telle sorte que les fibres en contact ne puissent absolument pas glisser l'une sur l'autre en cas de flexion.

L'assemblage se fait en enchevêtrant les pièces au moyen d'une série d'embrèvements que l'on nomme des *endents*. La fig. 48 représente une de ces dispositions ; l'enchevêtrement

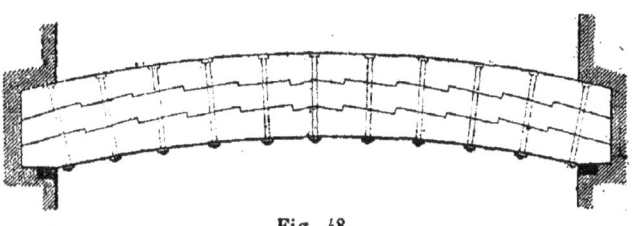

Fig. 48.

des endents doit être choisi de telle sorte que, dès que la pièce travaille et commence à se déformer, les endents se serrent et concourent par leur résistance à la rigidité de la poutre composée.

§ 3. — TRAVAIL DES BOIS. ASSEMBLAGE

Pour assurer une liaison suffisante des divers morceaux, on les maintient serrés les uns contre les autres au moyen d'une série de boulons en fer, à têtes et écrous apparents ou noyés, suivant les cas, agissant sur les parements par l'intermédiaire de rondelles d'une largeur convenable.

La fig. 49 représente une autre disposition de ces endents,

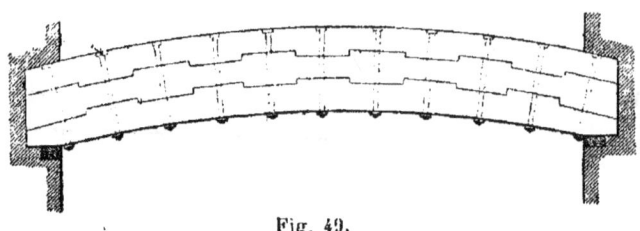

Fig. 49.

appliquée à la solution de cette même question. Il est très utile que les coupes de tous ces appareils soient exécutées avec la plus grande précision et qu'il n'existe absolument aucun jeu dans les endents.

Comme il est très difficile d'obtenir ce résultat malgré toute l'habileté que la pratique donne, et en même temps pour éviter la pénétration des fibres en bout aux points de contact, on a imaginé une disposition plus heureuse qui donne un bien meilleur résultat. Elle consiste à tracer les endents de telle sorte qu'ils laissent libre un intervalle de quelques centimètres, et, dans les entailles ainsi obtenues, on chasse fortement des coins doubles de bois dur ou même des coins en fer. On est assuré de cette façon que toutes les faces des endents sont

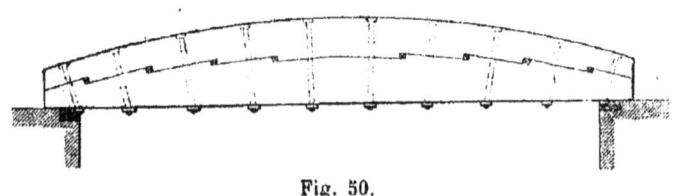

Fig. 50.

fortement serrées les unes contre les autres. Les coins de bois sont souvent appelés *clefs*.

Assemblages par moises. — Parmi les assemblages de pièces

parallèles se placent les *moises* ; une des dispositions les meilleures et le plus généralement employées dans les charpentes.

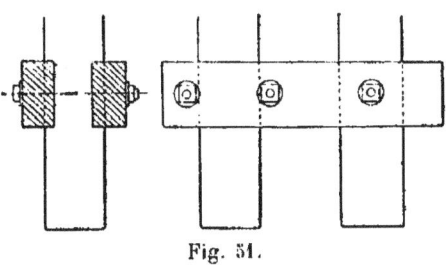

Fig. 51.

On nomme *moises*, deux pièces de bois parallèles espacées de 0.10 à 0.25 l'une de l'autre, comprenant entre elles d'autres pièces qu'elles sont chargées de relier. Aux croisements, les moises sont entaillées, à la demande, de quelques centimètres ; il en est de même des pièces rencontrées, et chaque point de jonction est maintenu par un boulon, quelquefois deux, ainsi que le représente en coupe verticale et en élévation la fig. 51.

La fig. 52 montre le plan de l'assemblage par moises ; on

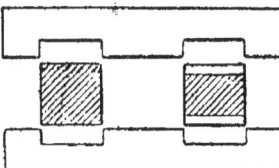

Fig. 52.

voit à gauche les moises seules, entaillées, et à droite, non seulement l'entaille des moises, mais encore celles des pièces moisées. C'est cette disposition qui est le plus généralement employée.

Dans quelques cas plus spéciaux, et notamment quand les moises ont à porter des charges con-

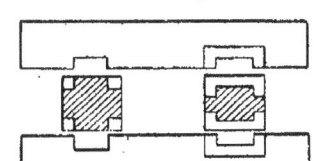

Fig. 53.

sidérables ou à résister à des chocs, on complique les entailles pour obtenir une plus forte liaison ; les deux cas représentés par la fig. 53 en sont des exemples. La profondeur et la forme de ces entailles varient avec les efforts extérieurs

qui agissent sur la charpente ; suivant les cas, la valeur et l'application de ces efforts exigent que la plus grande résistance réside tantôt dans les moises elles-mêmes, et tantôt dans les pièces moisées.

31. Assemblages des pièces bout à bout. — Les assemblages de pièces bout à bout portent le nom d'entures ; on les exécute de diverses manières suivant la nature des forces extérieures qui viennent s'appliquer aux charpentes.

Assemblage à mi-bois. — Deux pièces soutenues en tous leurs points se font suite ; on les assemble simplement à mi-bois ainsi que le représente la fig. 54.

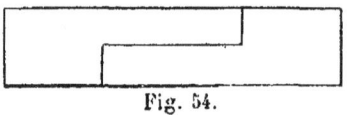

Fig. 54.

Si ces pièces recevaient une tension longitudinale qui pût les disjoindre, on les armerait de platebandes en fer dépassant l'assemblage des deux bouts ; ces platebandes seraient fortement assujetties par des tirefonds ou des boulons.

Si l'assemblage n'était pas soutenu et qu'une légère flexion fût possible, on relierait les parties assemblées par deux étriers qui pareraient aux effets de ce genre d'efforts.

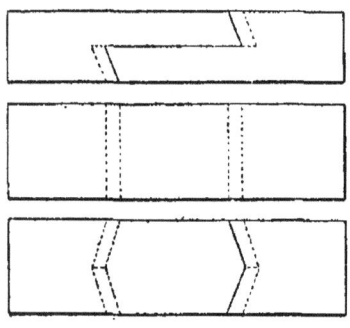

Fig. 55

On s'oppose encore aux disjonctions de cette nature en taillant en biais dans les deux sens les extrémités des coupes, comme le représente la fig. 55 ; on forme ainsi une sorte de queue d'aronde que l'on peut de même maintenir par des ferrements.

Assemblage à tenons et mortaises. — On fait quelquefois usage comme enture d'un assemblage à tenon et mortaise, fig. 56, quoique cette application soit peu recommandable parce que la mortaise est pratiquée dans du bois debout, et que le tenon tend à faire éclater l'extrémité de la pièce. On ne doit employer cette disposition que dans les cas où le point d'assemblage est parfaitement soutenu et qu'aucun déplacement latéral n'est possible.

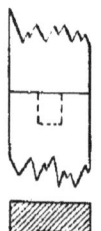

Fig. 56.

Assemblage en croix. — Deux pièces verticales qui se font suite sont mieux assemblées par une jonction en croix indiquée fig. 57. Si on divise le plan en deux sens, on forme quatre carrés suivant lesquels on débite les deux extrémités des pièces ; sur une longueur de 0,20 à 0,25, les deux carrés hachés dans un sens représentent deux tenons appartenant à l'une des pièces, les deux autres étant ceux de la pièce ajoutée. Mais, comme dans le cas précédent, cet assemblage ne saurait résister au moindre effort latéral.

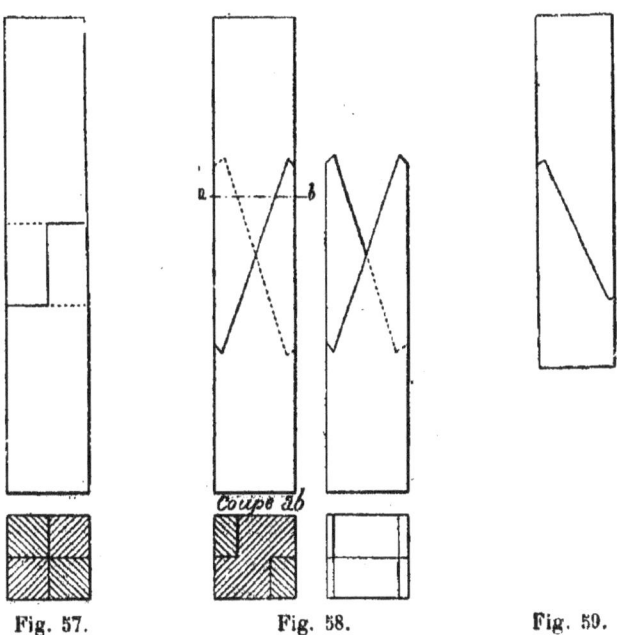

Fig. 57. Fig. 58. Fig. 59.

Assemblage à sifflet. — L'assemblage à sifflet résiste mieux aux efforts de flexion et moins bien aux compressions longitudinales. La coupe est faite (fig. 59) en plan incliné avec deux crossettes extrêmes perpendiculaires à la grande coupe, et cette dernière est allongée le plus possible.

Lorsque l'effort auquel on doit résister est considérable, on consolide le tout par deux platebandes en fer opposées et réunies par des boulons.

Assemblage à enfourchement. — On obtient l'assemblage à enfourchement en combinant deux assemblages à sifflet en sens inverse (fig. 58) ; on a ainsi une bien plus grande stabilité dans la jonction, et une meilleure résistance aux efforts latéraux. Cela n'empêche pas, si ces derniers sont considérables, de consolider le joint par des ferrements allongés et développés à la demande, ordinairement opposés deux à deux et reliés par des boulons.

Assemblage à fourreau. — Un assemblage qui emploie de la tôle comme jonction est fréquemment employé avec succès pour enter deux pièces verticales ; il est représenté fig. 60. On centre les deux pièces par un goujon en fer, puis on les calibre extérieurement pour les faire entrer dans un fourreau en tôle *a b*, auquel on donne d'autant plus de longueur que les efforts latéraux sont plus grands, et qui enserre chacune des deux pièces avec le jeu le plus réduit possible.

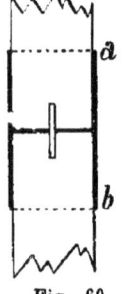

Fig. 60.

Assemblage à trait de Jupiter. — L'assemblage à trait de Jupiter, représenté fig. 61, peut remplacer avec avantage les assemblages précédents, et de plus il jouit de la propriété de résister à une tension longitudinale des deux pièces. Il consiste en deux coupes allongées séparées par une encoche et terminées par des crossettes d'équerre. La disposition des coupes est telle qu'un double coin de bois dur ou de métal, entré à force dans l'encoche, serre l'assemblage et tend à rapprocher les deux pièces. La jonction est d'autant plus solide que les traits sont plus allongés et le coin plus serré. Pour empêcher les deux pièces de dévier transversalement, on donne aux abouts la forme triangulaire. Enfin on consolide le tout au besoin au moyen de ferrures.

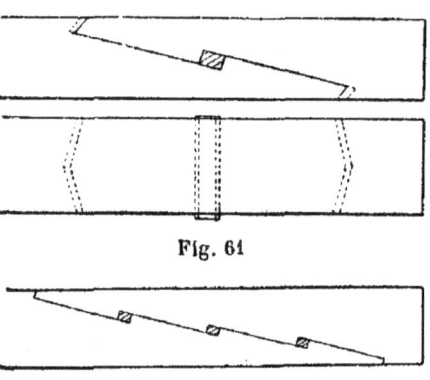

Fig. 61.

Fig. 62.

Quand les pièces sont très longues et ont à résister à de grands efforts de tension, on emploie les assemblages à deux et trois traits ; mais on ne dépasse jamais le nombre trois, fig. 62. Cette série d'assemblages ne laisse pas de présenter des difficultés pratiques d'exécution.

32. Assemblage des planches et madriers. — On a souvent à assembler côte à côte des madriers ou des planches d'épaisseurs diverses, pour constituer des surfaces en bois. L'assemblage le plus simple est le *plat joint*, fig. 63, n° 1 ; il s'emploie lorsque les bois sont maintenus suffisamment par un clouage et que la surface n'a pas besoin d'être bien unie ou bien régulière. Quand on ne veut pas qu'il y ait de jour par le retrait des bois, on emploie le *recouvrement* (2) ; mais bien plus généralement on assemble les pièces à *languette et rainure* (3) : la languette est une sorte de tenon longitudinal continu qui règne dans toute la longueur du bois et qui s'engage dans une mortaise de même forme, dite rainure.

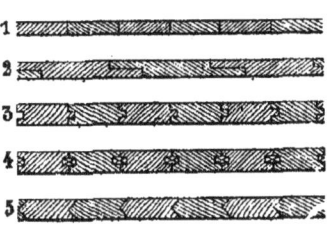

Fig. 63.

Lorsque les pièces sont épaisses, comme les madriers, on économise les bois en pratiquant des rainures dans toutes les rives à assembler et y engageant des *languettes rapportées* en bois dur, taillées dans des bois de plus petit échantillon ; il n'y a pas de perte de matière. Cet assemblage est représenté au n° 4 de la figure.

Dans bien des assemblages, de grosses planches ou de madriers, on se contente souvent d'un assemblage dit à *grain d'orge*, dans lequel la languette et la rainure ont la forme simplifiée d'un V (fig. 63, n° 5).

33. Constructions en charpente. Triangulation. — Les charpentes ont une dimension en longueur considérable par rapport à leurs dimensions transversales, en même temps qu'une faible densité ; par suite, lorsqu'elles ne sont pas parfaitement soutenues à leurs deux extrémités, elles n'ont aucune stabilité.

Il faut donc rendre leurs différentes parties parfaitement

solidaires, et c'est le rôle de la plupart des assemblages qui viennent d'être passés en revue.

Non seulement chaque partie de charpente devra être reliée aux voisines, mais elle devra elle-même être indéformable dans ses côtés et dans ses angles.

Or, toute figure polygonale autre qu'un triangle est déformable. Ce sera donc la forme triangulaire qui devra être adoptée, ou plutôt, quelle que soit la forme d'une charpente, il sera nécessaire de la composer de triangles assurant l'invariabilité des angles. Ces triangles s'obtiennent quelquefois au moyen des pièces mêmes de la construction, d'autres fois à l'aide des pièces additionnelles ; c'est ce que l'on nomme faire la triangulation de la charpente. Un rectangle abc sera triangulé par la diagonale bd (fig. 64), ou encore par deux pièces secondaires ef et gh, fig. 65.

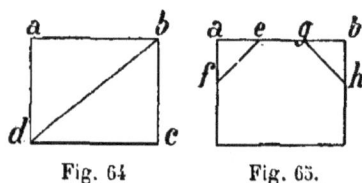

Fig. 64   Fig. 65

Non seulement on obtient par triangulation la rigidité des pans de charpente, mais c'est encore au moyen de triangles que l'on maintient invariables les angles dièdres que ces pans font entre eux.

34. Exécution des charpentes. Dessins. Epures. — Les charpentes s'exécutent d'après des dessins dits d'exécution, qui indiquent à petite échelle la disposition générale des pièces et permettent de déterminer les positions respectives de leurs axes. Ce dessin est livré au charpentier, qui commence par le reproduire en grandeur d'exécution sur une aire en salpêtre, quelquefois dressée par un véritable enduit en plâtre. Son tracé indique d'abord les axes des divers bois ; il est fait au cordeau au moyen d'une ligne enduite d'une matière colorante, généralement la *sanguine* ; il est fixé par des traits creux faits à la rainette. — Ce tracé du charpentier porte le nom d'*épure* et quelquefois d'*ételon*.

Lorsque sur l'épure on a marqué les axes, qui sont les données de la construction, on y trace les pièces de bois projetées avec leurs épaisseurs et dimensions ; au moyen d'une série de signes conventionnels, on marque les renseignements secondaires, les vides, les coupes, les arasements, les assemblages, les portées, les étages, les faces, et tous ces signes sont tracés sur les parements avec le ciseau, la bisaigue ou la rainette.

C'est en cet état que le gâcheur livre l'épure qu'il a tracée aux ouvriers chargés de l'établissement des bois. Souvent l'épure comprend plusieurs rabattements permettant de montrer en vraie grandeur toutes les dispositions de la charpente.

35. Établissement des bois. — La suite du travail, dont l'ensemble constitue l'établissement des bois, comprend les opérations suivantes :

1° *Le choix des bois* se fait, d'après l'épure, soit dans les approvisionnements du chantier, soit dans les dépôts des marchands ;

2° *La mise sur lignes*. On dit qu'on met une pièce sur lignes quand on la présente sur l'épure dans la position qu'elle occupe réellement par rapport aux plans de projection. Elle peut être soit *de niveau* soit de *dévers*. Cette présentation a pour but de relever les tracés de l'épure sur les faces du bois, et de tracer sur ce dernier tout le travail qu'il doit subir.

Ce tracé s'exécute au moyen : 1° du *piqué des bois*, points enfoncés au compas et relevés de l'épure ; 2° de la *contrejauge*, qui reporte sur les faces opposées les tracés de la mise sur lignes ; 3° de la *marque des bois*, report sur le bois des signes de l'épure ; 4° de la *rencontre des bois*, tracé des assemblages d'après les relevés précédents ;

3° *La mise sur chantiers* des pièces ainsi marquées, pour procéder à la taille de la charpente ; confection des tenons, mortaises, assemblages et coupes diverses ;

4° *L'assemblage provisoire* ou *mise dedans*, qui permet de compléter les tailles difficiles, de rectifier les assemblages, de terminer sur le bois tout le travail qu'il doit subir.

Il ne reste plus pour compléter le travail du charpentier qu'à faire la pose sur place.

La pose comprend les opérations suivantes :

1° Le *triage des bois*, après le transport, pour assortir les morceaux dans l'ordre où doit se faire le montage ;

2° Le *levage* qui a pour objet de procéder, à l'aide de cordages et d'engins, au montage de chaque pièce au niveau auquel elle doit arriver ;

3° La *mise en place*, ou emmanchement de chaque morceau.

On voit que, dans la succession de ces diverses opérations, le plus grand ordre est indispensable au chef de chantier, pour éviter les fausses manœuvres, les accidents, et arriver au but le plus économiquement possible.

CHAPITRE II

RÉSISTANCE DES BOIS

SOMMAIRE ;

36. — Divers genres d'efforts auxquels le bois peut être soumis. — 37. Travail à la compression longitudinale. — 38. Compression transversale. — 39. Résistance à l'extension longitudinale. — 40. Extension transversale. — 41. Résistance au glissement longitudinal des fibres. — 42. Résistance à la flexion. — Pièces posées sur deux appuis de niveau et soumises à une char e uniformément répartie. Tableau. — 43. Pièce posée sur deux appuis de niveau et chargée d'un poids P unique appliqué au milieu. — 44. Pièce en porte à faux avec charge totale uniformement répartie. — 45. Pièce en porte à faux avec charge unique appliquée à l'extrémité. 46. — Pièce encastrée aux appuis. — 47. Pièce quelconque dans le cas le plus général.

CHAPITRE II

RÉSISTANCE DES BOIS

36. Divers genres d'efforts auxquels le bois peut être soumis. — Pour pouvoir déterminer dans la pratique les dimensions qu'il faut donner aux diverses pièces d'une charpente et avoir une construction d'une résistance nécessaire et suffisante pour offrir toute sécurité, il est indispensable de se rendre compte préalablement des divers efforts auxquels elles sont soumises. L'étude mécanique du système permet cette détermination.

Il faut de plus connaître la résistance que chaque nature de bois peut offrir pratiquement à chacun des genres d'efforts possibles.

Ces efforts peuvent se ranger dans les catégories suivantes :
    Compression,
    Extension,
    Flexion,
    Glissement des fibres,
    Torsion.

La théorie ne peut donner les bases des diverses résistances des bois ; elle s'appuie sur des expériences pratiques. Nous allons successivement étudier, pour ces différentes manières de travailler, les résultats des expériences et les dimensions qui se déduisent du calcul.

37. Travail du bois à la compression longitudinale. — Le bois peut être soumis à des efforts de compression dans le sens des fibres ; il y aura à faire une distinction entre des pièces courtes, comme des dés ou des cales en bois debout, et des pièces longues comme des poteaux.

Si la pièce est courte et qu'on augmente constamment la charge qui tend à la comprimer, il arrivera un moment ou l'écrasement aura lieu sans qu'il y ait eu de déformation préalable par flexion.

Les expériences ne sont pas très nombreuses sur la résistance des divers bois à ces genres d'efforts ; elles sont surtout dues à Hodgkinson et à Rondelet. Elles sont consignées dans le tableau ci-après :

Tableau des charges produisant l'écrasement des cubes de bois.

Essences des bois	Charge, produisant l'écrasement par centimètre carré		Auteurs des expériences
	Bois à l'état ordinaire	Bois très sec	
Aune................	480k	489k	Rondelet
Frêne................	610	658	»
Laurier..............	528	528	»
Hêtre................	543	658	Hodgkinson
Bouleau d'Amérique.....	»	820	Rondelet
Bouleau d'Angleterre....	232	450	»
Cèdre................	399	412	»
Pommier sauvage.......	457	502	»
Sapin rouge...........	404	463	»
Sapin blanc...........	477	513	»
Sapin blanc...........	135	»	Rennie
Sapin................	462	538	Rondelet
Sureau...............	524	701	»
Orme................	»	726	Hodgkinson
Sapin de Prusse........	457	479	»
Horn beam...........	319	512	Rondelet
Acajou...............	576	576	»
Chêne de Québec.......	297	421	»
Chêne Anglais.........	456	707	Hodgkinson
Chêne de Dantzick......	»	543	Rondelet
Chêne de France.......	385	463	»
Pin résineux..........	477	477	»

Tableau des charges produisant l'écrasement des cubes de bois (Suite).

Essences des bois	Charge, produisant l'écrasement par centimètre carré		Auteurs des expériences
	Bois à l'état ordinaire	Bois très sec	
Pin jaune rempli de térébenthine	378	383	»
Pin rouge	379	528	Hodgkinson
Peuplier	218	360	»
Prunier	579	737	Rondelet
Sycomore	498	»	»
Teak	»	870	»
Larix	225	391	»
Noyer	426	508	Hodgkinson
Saule	203	431	Rondelet

En pratique il ne faut pas compter pouvoir charger les bois de charges aussi grandes, et pour tenir compte des défauts, du manque d'homogénéité, de la détérioration possible, on reste même assez loin de ces charges limites. — On admet que la limite de sécurité doit s'arrêter au *septième* et même au *dixième* des charges de rupture.

La limite de sécurité ainsi définie s'applique aux pièces courtes, c'est-à-dire pour lesquelles la longueur ne dépasse pas cinq à huit fois la plus petite des dimensions transversales.

Lorsque la longueur augmente, une nouvelle déformation se présente, qui vient diminuer encore la résistance que la pièce peut offrir ; c'est la flexion. Cette flexion a lieu, soit par défaut d'homogénéité du bois, par la plus grande compressibilité de certaines fibres, soit parce que la pièce n'est pas exactement chargée suivant son axe, et, plus la pièce fléchit, plus elle tend à fléchir ; elle se trouve dans une sorte d'équilibre instable sur lequel on ne peut compter.

Plus la longueur est grande, plus elle influe sur la flexion ; plus il faut réduire la limite de sécurité.

Rondelet a fait de nombreuses expériences de rupture sur de longues pièces comprimées longitudinalement et il en a déduit les résultats suivants :

Le rapport de la hauteur de la pièce au plus petit côté de la section transversale étant :

1 à 6, 12, 24, 36, 48, 60, 72

les résistance à la rupture sont :

1, 5/6, 1/2, 1/3, 1/6, 1/12, 1/24.

Hodgkinson est arrivé à des résultats analogues, un peu plus forts vers les rapports 30 à 45.

En admettant les résultats de Rondelet ci-dessus mentionnés, en prenant comme coefficient de résistance du chêne à la rupture le chiffre moyen de 420 kil., et enfin, supposant que le coefficient de sécurité soit le septième de la rupture, on a établi le tableau suivant qui donne les charges de sécurité dont on peut charger les poteaux en chêne à section carrée, à vives arêtes de diverses dimensions et de longueurs variées : le bois travaille dans ce tableau pour les pièces courtes à 0 k. 600 par millimètre carré.

Tableau des charges totales de sécurité que peuvent porter, pour les longueurs ci-après, des poteaux de chêne à section carrée des équarrissages suivants :

Équarrissage des poteaux	Section en millim. carrés	Charge de sécurité dont on peut charger les poteaux ci-contre, pour des longueurs de							
		1m,00	2.00	3.00	4.00	5.00	6.00	7.00	8.00
		k	k	k	k	k	k	k	k
0.08	6400	3.009	1.800	1.120	600	»	»	»	»
0.10	10000	5.400	3.500	2.450	1.600	900	»	»	»
0.12	14400	8.150	6.200	4.200	3.000	2.000	1.100	»	»
0.14	19600	11.200	8.800	6.700	5.000	3.950	2.500	1.700	»
0.16	25600	14.900	12.400	9.400	7.300	5.850	4.400	3.200	2.100
0.18	32400	19.200	16.000	13.300	10.500	8.500	6.900	5.400	4.000
0.20	40000	24.000	21.300	17.700	14.300	11.600	9.500	7.700	6.000
0.22	48400	29.000	26.500	22.600	18.600	15.400	12.900	10.700	9.000
0.24	57600	34.500	32.000	28.200	23.800	19.800	16.700	14.600	12.500
0.26	67600	40.500	38.000	34.600	29.000	24.600	21.000	18.000	15.600
0.28	78400	47.000	45.000	40.800	36.000	31.000	26.000	22.800	20.000
0.30	90000	54.000	52.000	48.000	42.400	36.400	31.600	27.600	24.600
0.32	102400	61.400	60.000	56.000	51.000	44.400	38.400	33.400	29.300
0.34	115600	69.000	68.800	64.000	58.500	51.600	45.400	39.800	35.200
0.36	129600	77.700	76.800	72.800	67.000	59.600	52.600	46.000	41.600
0.38	144400	86.600	85.000	81.000	74.000	66.000	59.000	53.000	47.000
0.40	160000	96.000	95.000	91.000	86.000	78.000	69.000	61.000	56.000

OBSERVATIONS. — Ces chiffres supposent que les cubes échantillon s'écraseraient sous une charge au moins égale à 420 kil. par cent. carré et que le coefficient de sécurité est pris égal au septième de la charge de rupture, soit 0,600 par millimètre carré.

Des chanfreins de 0.03 diminuent de 2,000 k. la résistance des poteaux.

Les chiffres de ce tableau s'appliquent principalement au bois de chêne ; on peut aussi les admettre pour les divers bois dont la résistance à la rupture est analogue.

Pour le sapin notamment, lorsqu'il est de bonne qualité, on peut les adopter avec la réserve que les assemblages seront étudiés avec soin pour présenter en leurs divers points une résistance en rapport avec les charges qui leur seront appliquées.

Pour les bois de plus faible texture, il y a lieu de réduire les chiffres de ce tableau dans le rapport entre leur coefficient de rupture et le nombre 420 qui a été pris pour base des calculs.

Si on avait à trouver la dimension d'un poteau de section circulaire, on pourrait supposer que par unité de surface la résistance est la même que celle d'un poteau carré de côté égal au diamètre ; cela revient à prendre les 3/4 de la résistance du poteau carré correspondant.

38. Compression transversale. — L'effort de compression, au lieu d'agir longitudinalement en tendant à raccourcir les fibres, peut agir sur l'une des faces du bois en tendant à les serrer les unes contre les autres. Il y a peu d'expériences à ce sujet et la résistance à ce genre d'efforts n'est pas accusée par des chiffres précis. Quelques auteurs admettent que les faces d'une pièce de chêne se refoulent sous un effort de 160 kil. par cent. carré ; Tredgold réduit ce chiffre à 108 kil. tandis que pour le sapin il n'indique que 70 kil.

Si on admet une charge de sécurité égale au dixième de la charge de rupture, on a comme limites à ne pas dépasser :

Chêne : 10 kil. par cent. carré
Sapin : 7 kil. par cent carré.

39. Résistance du bois à l'extension longitudinale.
— Bien des pièces de charpente ont à résister à des efforts d'extension longitudinale, les entraits de combles, par exemple. Il y a lieu de se rendre compte des efforts qui arrivent à rompre le bois lorsqu'il est tiré dans le sens de sa longueur ; les expériences faites se résument dans le tableau suivant (*Mécanique industrielle* de Poncelet) :

Résistance de divers bois à l'extension

Indication des bois	Traction de rupture par centimètre carré	Traction de sécurité par centimètre carré
Chêne............	600 à 800 kg	60 à 80 kg
Sapin............	800 à 900	80 à 90
Tremble..........	600 à 700	60 à 70
Frêne............	1200	120
Orme.............	1040	104
Hêtre............	800	80
Teak	1100	110
Buis.............	1400	140
Poirier...........	690	69
Acajou...........	560	56

La dernière colonne de ce tableau admet que la charge de sécurité est prise égale au $1/10^e$ de la charge de rupture.

Ici la longueur des pièces de bois n'a pas d'influence sur la résistance, et la seule vérification à faire, pour pouvoir appliquer les chiffres à des bois de sciage de bonne qualité, est de s'assurer si les traits de scie sont partout bien parallèles aux fibres et n'ont pas coupé en biais ces dernières dans une portion tortueuse de l'arbre.

Dans la pratique on prend ordinairement le coefficient de sécurité de 60 kgr. par cent. carré, ou de 0 k. 600 par millimètre carré ; il est applicable aux bois de chêne et de sapin, qui sont le plus généralement employés dans nos constructions.

Pour les bois à section carrée ou à section circulaire, les forces d'extension de sécurité sont les suivantes :

Tableau des efforts totaux de tension que peuvent supporter en toute sécurité des bois carrés ou ronds des dimensions suivantes :

BOIS CARRÉS			BOIS RONDS		
Côté du carré	Section en millimètres carrés	Tension de sécurité	Diamètre du bois	Section en millimètres carrés	Tension de sécurité
0.08	6.400	3.840	0.08	5.020	3.012
0.10	10.000	6.000	0.10	7.854	4.710
0.12	14.400	8.640	0.12	11.309	6.786
0.14	19.600	11.760	0.14	15.395	9.234
0.16	25.600	15.360	0.16	20.106	12.060
0.18	32.400	19.440	0.18	25.446	15.264
0.20	40.000	24.000	0.20	31.415	18.846
0.22	48.400	29.000	0.22	38.015	22.806
0.24	57.600	34.500	0.24	45.238	27.140
0.26	67.600	40.500	0.26	53.095	31.860
0.28	78.400	47.000	0.28	61.575	36.945
0.30	90.000	54.000	0.30	70.695	42.417
0.32	102.400	61.400	0.32	80.424	48.254
0.34	115.600	69.000	0.34	90.792	54.475
0.36	129.000	77.700	0.36	101.787	61.070
0.38	144.000	86.000	0.38	113.411	68.046
0.40	160.000	96.000	0.40	125.663	75.397

40. Résistance des bois à l'extension transversale. — Rarement les efforts d'extension sont appliqués aux bois dans le sens perpendiculaire aux fibres, c'est-à-dire en tendant à arracher les fibres d'une face latérale. Peu d'expériences ont été faites à ce sujet et elles sont résumées dans les quelques chiffres qui suivent (*Mécanique industrielle* de Poncelet).

Chêne, résistance perpendiculairement aux fibres, $1^k,60$ par millim. carré ; résistance de sécurité, $0^k,160$.

Peuplier, résistance perpendiculairement aux fibres, 1,25 par millim. carré ; résistance de sécurité, 0,125.

Larix, résistance perpendiculairement aux fibres, 0,94 par millim. carré ; résistance de sécurité, 0,094.

41. Résistance des bois au glissement longitudinal des fibres. — Il est intéressant dans certains assemblages de se rendre compte de l'adhérence des fibres, c'est-à-dire de leur résistance au glissement des unes sur les autres.

Pour le sapin, cette résistance a été trouvée égale à 41 kgr.
Pour le chêne, nous admettons le chiffre de 160 kgr.

Les résistances de sécurité, pouvant être prises égales au dixième des chiffres ci-dessus, seront respectivement :

Pour le sapin. . . . . 4 kg.
Pour le chêne . . . . 16 kg.

42. Résistance des bois à la flexion. — Pièces posées sur deux appuis et soumises à une charge uniformément répartie. — La plupart des pièces de charpente sont exposées à des efforts latéraux, obliques ou perpendiculaires, qui tendent à les fléchir. Il y a lieu de déterminer les dimensions de sécurité qu'il faut leur donner pour qu'elles puissent y résister.

Quand on examine la flexion plane d'une pièce de bois, la mécanique montre :

1° Que du moment qu'elle est chargée, une pièce de bois fléchit d'une façon peu sensible, mais effective.

2° Que si elle fléchit, il y a au milieu de la pièce ou vers le milieu. une fibre qui n'est ni allongée ni raccourcie, qui, par suite, quelle que soit la charge, ne change pas de longueur et qu'on appelle la *fibre neutre*.

3° Que toutes les fibres situées au-dessus (du côté de la charge) sont raccourcies par la déformation, comprimées par suite, et cela d'autant plus qu'elles sont plus éloignées de la fibre neutre.

4° Que toutes les fibres situées au-dessous (du côté opposé à la charge), sont allongées par la déformation, par suite tendues, et cela d'autant plus qu'elles sont plus éloignées de la fibre neutre.

5° Que, par suite, les fibres extérieures hautes et basses sont les plus fatiguées, soit par la compression soit par l'extension.

Il faut donc déterminer les dimensions des pièces de bois fléchies, de telle sorte que la compression ou l'extension des fibres extrêmes ne dépasse pas par unité de surface la limite de sécurité.

RÉSISTANCE DES BOIS

Or, la mécanique donne la formule suivante :

$$R = \frac{v\mu}{I}.$$

dans laquelle R représente la tension ou la compression d'une fibre quelconque,

v la distance de cette fibre au centre de gravité de la section transversale,

μ le moment fléchissant de la section que l'on va définir ci-après,

I le moment d'inertie de la section par rapport à un axe perpendiculaire au plan et passant par le centre de gravité de ladite section.[1]

On nomme *moment fléchissant* d'une pièce, en un point quelconque de sa longueur, la somme des moments par rapport à ce point de toutes les forces extérieures qui agissent sur la partie de pièce comprise entre ce point et l'une quelconque de ses extrémités.

D'après la formule $R = \frac{v\mu}{I}$, on voit que la fatigue d'une fibre donnée est proportionnelle au moment fléchissant, et il en est ainsi des fibres extrêmes. Cette fatigue est inversement proportionnelle, pour un moment fléchissant donné, au moment d'inertie de la section.

Dans les pièces de charpente en bois la section est constante et rectangulaire, et les côtés du rectangle étant b et c, fig. 66, le moment d'inertie

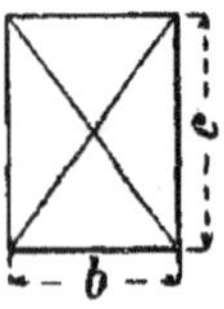

$$I = 1/12\ bc^3.$$

Fig. 66.

Remplaçant I par cette valeur dans la formule précédente, on a :

$$R = \frac{12v\mu}{bc^3}.$$

---

[1] Le moment d'inertie d'une surface par rapport à un axe est égal à la somme des produits qu'on obtient en multipliant chaque élément de surface $d\omega$ par le carré de sa distance v à l'axe : $I = \int v^2 d\omega$.

Si R représente la tention ou la compression des fibres extrêmes, $v = 1/2\ c$, et il vient :

$$R = \frac{6\mu}{bc^2}.$$

La fatigue d'une pièce de bois fléchie est en raison inverse de sa largeur, et aussi en raison inverse du carré de la hauteur. Autrement dit la résistance d'une pièce croît comme la première puissance de la largeur et comme le carré de la hauteur de la section.

Aussi, a-t-on tout avantage à augmenter cette hauteur, à faire travailler les pièces de champ.

Un exemple le montrera d'une façon bien évidente :

Une pièce carrée de section $0,13 \times 0,13$ peut supporter dans le cas d'une distance de 4 mètres entre les points d'appui . . . . 370 kilog.

Une pièce de 0,21 sur 0,08, dans les mêmes conditions de portée et de sécurité, soutiendrait à plat . . . . 189 —

Et cette même pièce de $0,21 \times 0,08$, posée de manière que le côté de 0,21 soit vertical . . . . 620 —

Et dans les trois cas le cube est le même, et la dépense qui est proportionnelle au cube reste la même. Suivant la manière dont le bois travaille, on peut donc avoir, pour un même cube, une résistance variable, une utilisation plus ou moins bonne, et la solution la plus avantageuse consiste à faire travailler la pièce de champ.

Mais il y a une limite pratique au rapport qui doit exister entre la hauteur et l'épaisseur, les pièces minces et hautes risquant de se déformer, de se voiler, et de perdre par là leur excès de résistance.

Les grosses pièces dépassent rarement en hauteur le double de leur épaisseur ; pour les petites pièces, on va jusqu'à tripler la largeur pour avoir la hauteur maximum admissible.

Lorsqu'on se sert de bois plus minces et plus hauts, on est obligé de prendre des précautions spéciales pour rendre tout voilement impossible.

Si maintenant on veut déterminer les dimensions d'une

pièce de bois posée sur deux appuis de niveau, supportant une charge totale P uniformément répartie, il faut commencer par calculer pour un point quelconque la valeur du moment fléchissant, puis chercher le maximum de ce moment fléchissant.

La pièce est posée sur deux appuis de niveau A et B. Les forces extérieures à la pièce sont : la charge P et les réactions Q_0 et Q_1 des appuis, chacune égale à $\frac{P}{2}$, fig. 67.

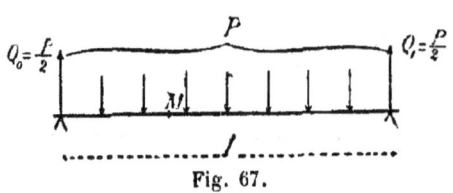

Fig. 67.

Le moment fléchissant en un point M quelconque situé à une distance x du point A est par définition la somme des moments, par rapport au point C, des forces extérieures qui agissent soit sur la portion MA soit sur la portion MB de la pièce.

Les forces extérieures qui agissent sur la portion MB sont : 1° la force $\frac{P}{2}$ appliqué en B, et, 2°, la force uniformément répartie $\frac{P}{l}(l-x)$ appliquée au milieu de MB. La somme algébrique des moments de ces forces est égale au moment fléchissant :

$$\mu = \frac{P}{2}(l-x) - \frac{P(l-x)}{l} \times \frac{l-x}{2}$$

$$\mu = \frac{P}{2}(l-x) - \frac{P}{2l}(l-x)^2 = \frac{Px}{2}\left(1 - \frac{x}{l}\right).$$

et le maximum a lieu pour $x = \frac{l}{2}$:

$$\mu = \frac{Pl}{8}.$$

C'est à la section milieu de la pièce que les fibres sont le plus fatiguées.

Si on remplace pl par sa valeur dans la valeur de R on a :

$$R = \frac{6Pl}{8bc^2}$$

et dans cette formule on peut déterminer les dimensions b et c de la section pour que, sous la charge P, la valeur de R ne dépasse pas soit à la tension, soit à la compression, la valeur de sécurité 0k.600 par millimètre carré.

On peut aussi, se donnant b et c, déterminer la charge P uniformément répartie qui donne à R la valeur de sécurité 0 k. 600 par millimètre carré.

C'est ainsi qu'on a calculé le tableau suivant qui donne, pour les dimensions des bois que l'on peut avoir à employer en pratique, les charges limites qui correspondent à la fatigue de sécurité, autrement dit à la résistance que l'on peut demander à la pièce.

La première colonne donne la hauteur de la pièce en centimètres, la seconde sa largeur également en centimètres, la troisième le moment d'inertie de la section dont on peut avoir besoin dans certains calculs, la quatrième le quotient $\frac{I}{v}$ souvent applicable aussi ; toutes les autres colonnes indiquent, enfin, les charges totales de sécurité *uniformément réparties* que l'on peut faire porter à la pièce pour des distances des points d'appui, variant de mètre en mètre, depuis 1 m. jusqu'à 8 m. de distance entre les points d'appui.

RÉSISTANCE DES BOIS

Charges totales uniformément réparties dont on peut charger les pièces de bois des dimensions suivantes :

Hauteur en centimètres	Largeur en centimètres	I Moment d'inertie de la section transversale	$\dfrac{I}{v}$	Charges totales de sécurité uniformément réparties pour les portées de							
				1m.	2m.	3m.	4m.	5m.	6m.	7m.	8m.
				k.	k.	k.	k.	k.	k.	k.	k.
6	1	0,000000180	0,000006	28	14	8	5	3	2	»	»
	2			56	28	16	10	6	4		
	3			84	42	24	15	9	6		
	4			112	56	32	20	12	8		
	5			140	70	40	25	15	10		
	6			168	84	48	30	18	12		
8	1	0,000000427	0,000010	47	22	14	9	6	3	1	»
	2			94	44	28	18	12	6	2	
	4			188	88	56	36	24	12	4	
	6			282	132	84	54	36	18	6	
	8			376	176	112	72	48	24	8	
10	1	0,000000833	0,000016	76	37	23	16	10	7	4	2
	2			152	74	46	32	20	14	8	4
	4			304	148	92	64	40	28	16	8
	6			456	222	138	96	60	42	24	12
	8			608	303	184	128	80	56	32	16
	10			760	370	230	160	100	70	40	20
12	1	0,000001440	0,000024	114	56	34	24	19	12	8	5
	2			228	112	68	48	38	24	16	10
	4			456	224	136	96	76	48	32	20
	6			684	336	204	134	114	72	48	30
	8			912	448	272	192	152	96	64	40
	10			1140	560	340	240	190	120	80	50
	12			1368	672	408	288	228	144	96	60
14	1	0,000002287	0,000032	152	74	47	32	24	17	12	8
	2			306	148	94	64	48	34	24	16
	4			632	298	188	128	96	68	48	32
	6			913	444	282	192	144	102	72	48
	8			1224	592	383	256	192	136	96	64
	10			1530	740	470	320	240	170	120	80
	12			1836	888	564	384	288	204	144	96
				2142	1036	658	448	336	238	168	112

Charges totales uniformément réparties dont on peut charger les pièces de bois des dimensions suivantes :

Hauteur en centimètres	Largeur en centimètres	I Moment d'inertie de la section transversale	$\dfrac{I}{v}$	Charges totales de sécurité uniformément réparties pour les portées de :							
				1m.	2m.	3m.	4m.	5m.	6m.	7m.	8m.
				k.	k.	k.	k.	k.	k.	k.	k.
16	1	0,000003413	0,000043	204	99	64	45	33	25	19	12
	2			408	198	128	70	66	50	38	24
	4			816	396	256	180	132	100	76	48
	6			1224	594	384	270	198	150	114	72
	8			1632	792	512	360	264	200	156	96
	10			2040	990	640	450	330	250	190	120
	12			2448	1188	768	540	396	300	228	144
	14			2856	1389	806	630	462	350	266	168
	16			3266	1584	1024	720	528	400	304	192
18	1	0,000004860	0,000054	257	125	81	58	43	32	24	19
	2			514	250	162	116	80	64	48	38
	4			1028	500	324	232	172	128	96	76
	6			1542	750	486	348	258	192	144	114
	8			2056	1000	648	464	344	256	192	152
	10			2570	1250	810	580	430	320	240	190
	12			3084	1500	972	676	516	384	288	228
	14			3598	1750	1134	812	602	443	336	266
	16			4112	2000	1296	928	688	512	384	304
	18			4626	2250	1458	1044	774	576	432	342
20	1	0,000006607	0,000054	319	157	101	72	54	41	32	24
	2			638	314	202	144	108	82	64	48
	4			1276	628	404	288	216	164	128	96
	6			1914	942	606	432	324	248	192	144
	8			2552	1250	808	576	432	326	256	192
	10			3190	1570	1010	721	540	410	320	240
	12			3828	1884	1212	864	648	492	384	288
	14			4466	2198	1414	1008	756	574	448	336
	16			5104	2512	1616	1152	864	656	512	384
	18			5742	2826	1818	1296	972	738	576	432
	20			6380	3140	2020	1440	1080	820	640	480
22	1	0,000008893	0,000080	382	188	121	87	66	51	40	30
	2			764	376	242	174	132	102	80	60
	4			1528	752	484	348	264	204	160	120
	6			2292	1128	720	522	396	306	240	180
	8			3056	1504	908	696	528	408	320	240

RÉSISTANCE DES BOIS

Charges totales uniformément réparties dont on peut charger les pièces de bois des dimensions suivantes :

Hauteur en centimètres	Largeur en centimètres	I Moment d'inertie de la section transversale	$\frac{I}{v}$	Charges totales de sécurité uniformément réparties pour les portées de :							
				1m.	2m.	3m.	4m.	5m.	6m.	7m.	8m.
				k.	k.	k.	k.	k.	k.	k.	k.
22	10			3820	1880	1210	870	660	510	400	300
	12			4584	2256	1452	1044	792	612	480	360
	14			5348	2632	1694	1218	924	714	560	420
	16			6114	3008	1936	1392	1056	816	640	480
	18			6870	3384	2178	1566	1188	918	720	540
	20			7640	3760	2420	1740	1320	1020	800	600
	22			8404	4136	2662	1914	1452	1122	880	660
24	1	0,000011520	0,000096	458	225	146	105	80	62	49	38
	2			916	450	292	210	160	124	98	76
	4			1832	900	584	420	320	248	196	152
	6			2748	1350	876	630	480	372	294	228
	8			3664	1800	1168	840	640	496	392	304
	10			4580	2250	1460	1050	800	620	490	380
	12			5496	2700	1752	1260	960	744	588	456
	14			6412	3150	2044	1470	1120	868	686	532
	16			7328	3600	2336	1680	1280	992	784	608
	18			8244	4050	2628	1890	1440	1110	882	684
	20			9160	4500	2920	2100	1600	1240	980	760
	22			10076	4950	3212	2310	1760	1364	1078	836
	24			10992	5400	3504	2520	1920	1488	1176	912
26	1	0,000014667	0,000113	539	266	173	115	95	74	61	46
	2			1078	532	346	230	190	148	122	92
	4			2156	1064	692	460	380	296	244	184
	6			3234	1596	1038	690	570	444	366	296
	8			4312	2128	1384	920	760	592	488	368
	10			5390	2660	1730	1150	950	740	610	460
	12			6468	3192	2076	1380	1140	888	732	552
	14			7546	3724	2422	1610	1330	1036	854	644
	16			8624	4256	2768	1840	1520	1184	976	736
	18			9702	4788	3114	2070	1710	1332	1098	828
	20			10780	5320	3460	2300	1900	1480	1220	920
	22			11858	5852	3806	2530	2090	1628	1342	1012
	24			12936	6384	4152	2760	2280	1776	1464	1104
	26			14014	6916	4498	2990	2470	1924	1586	1196

Charges totales uniformément réparties dont on peut charger les pièces de bois des dimensions suivantes :

Hauteur en centimètres	Largeur en centimètres	I Moment d'inertie de la section transversale	$\frac{I}{v}$	Charges totales de sécurité uniformément réparties pour des portées de :							
				1 m.	2 m.	3 m.	4 m.	5 m.	6 m.	7 m.	8 m.
28	1	0,000018293	0,000130	k. 621	k. 306	k. 200	k. 145	k. 111	k. 87	k. 70	k. 56
	2			1242	612	400	290	222	174	140	112
	4			2484	1224	800	580	444	348	280	224
	6			3726	1836	1200	870	666	522	420	336
	8			4968	2448	1600	1160	888	696	560	448
	10			6210	3060	2000	1450	1110	870	700	560
	12			7452	3672	2400	1740	1332	1044	840	672
	14			8694	4284	2800	2030	1554	1218	980	784
	16			9936	4896	3200	2320	1776	1392	1120	896
	18			11178	5508	3600	2610	1998	1566	1260	1008
	20			12420	6120	4000	2900	2220	1740	1400	1120
	22			13662	6732	4400	3190	2442	1914	1540	1232
	24			14904	7344	4800	3480	2664	2088	1680	1344
	26			16146	7956	5200	3770	2886	2262	1820	1456
	28			17388	8568	5600	4060	3108	2436	1960	1568
30	1	0,000022500	0,000150	717	354	231	168	129	102	82	66
	2			1434	708	462	336	258	204	164	132
	4			2868	1416	924	672	516	408	328	264
	6			4302	2124	1386	1008	774	612	492	396
	8			5736	2832	1848	1344	1032	816	656	528
	10			7170	3540	2310	1680	1290	1020	820	660
	12			8604	4248	2772	2016	1548	1224	984	792
	14			10038	4956	3234	2352	1806	1428	1148	924
	16			11472	5664	3696	2688	2064	1632	1312	1056
	18			12906	6312	4158	3024	2322	1836	1476	1188
	20			14340	7080	4620	3360	2580	2040	1640	1320
	22			15774	7788	5082	3696	2838	2244	1804	1452
	24			17208	8496	5544	4032	3096	2448	1968	1584
	26			18642	9204	6006	4368	3354	2652	2132	1716
	28			20076	9912	6468	4704	3612	2856	2296	1848
	30			21510	10620	6930	5040	3870	3060	2460	1980
32	1	0,000027307	0,000170	813	402	262	191	147	117	94	76
	2			1626	804	524	382	294	234	188	152
	4			3252	1608	1048	764	588	468	376	304
	6			4878	2412	1572	1146	882	702	564	456
	8			6504	3216	2096	1528	1176	936	752	608

RÉSISTANCE DES BOIS

Charges totales uniformément réparties dont on peut charger les pièces de bois des dimensions suivantes :

Hauteur en centimètres	Largeur en centimètres	I Moment d'inertie de la section transversale	$\frac{I}{v}$	Charges totales de sécurité uniformément réparties pour les portées de :							
				1m.	2m.	3m.	4m.	5m.	6m.	7m.	8m.
				k.	k.	k.	k.	k.	k.	k.	k.
32	10			8130	4020	2620	1910	1470	1170	940	760
	12			9756	4824	3144	2292	1764	1404	1128	912
	14			11382	5628	3668	2674	2058	1638	1316	1064
	16			13002	6432	4192	3056	2352	1872	1504	1216
	18			14634	7236	4716	3438	2646	2106	1692	1368
	20			16260	8040	5240	3820	2940	2340	1880	1520
	22			17886	8844	5764	4202	3234	2574	2068	1672
	24			19512	9648	6288	4584	3528	2808	2256	1824
	26			21138	10452	6812	4966	3822	3042	2444	1976
	28			22764	11256	7336	5348	4116	3276	2632	2128
	30			24390	12060	7860	5730	4410	3510	2880	2280
	32			26016	12864	8384	6112	4704	3744	3008	2432
34	1	0,000032753	0,000.93	923	456	298	218	168	134	108	89
	2			1846	912	596	436	336	268	216	178
	4			3692	1824	1192	872	672	536	432	356
	6			5538	2736	1788	1308	1008	804	648	534
	8			7384	3648	2384	1744	1344	1072	864	712
	10			9230	4560	2980	2180	1680	1340	1080	890
	12			11076	5472	3576	2616	2016	1608	1296	1068
	14			12922	6384	4172	3052	2352	1876	1512	1246
	16			14768	7296	4768	3488	2688	2144	1728	1424
	18			16614	8208	5364	3924	3024	2412	1944	1602
	20			18460	9120	5960	4360	3360	2680	2160	1780
	22			20306	10032	6556	4796	3696	2948	2376	1958
	24			22152	10944	7152	5232	4032	3216	2592	2136
	26			24000	11856	7748	5668	4368	3484	2808	2314
	28			25844	12768	8344	6104	4704	3752	3024	2492
	30			27690	13680	8940	6540	5040	4020	3240	2670
	32			29536	14597	9530	6976	5376	4288	3456	2848
	34			31382	15504	10132	7412	5712	4556	3672	3026
36	1	0,000038880	0,000216	1032	511	334	245	189	150	123	100
	4			4128	2044	1336	980	756	600	492	400
	8			8256	4088	2672	1960	1512	1200	984	800
	12			12384	6132	4008	2940	2268	1800	1476	1200
	16			16512	8176	5344	3920	3024	2400	1968	1600
	20			20640	10220	6680	4900	3780	3000	2460	2000

Charges totales uniformément réparties dont on peut charger les pièces de bois des dimensions suivantes :

Hauteur en centimètres	Largeur en centimètres	I Moment d'inertie de la section transversale	$\frac{I}{v}$	Charges totales de sécurité uniformément réparties pour les portées de :							
				1m.	2m.	3m.	4m.	5m.	6m.	7m.	8m.
				k.	k.	k.	k.	k.	k.	k.	k.
36	24			24768	12264	8016	5880	4536	3600	2952	2400
	28			28896	14308	9352	6860	5292	4200	3444	2800
	32			33024	16352	10688	7840	6048	4800	3936	3200
	36			37152	18395	12024	8820	6804	5400	4428	3600
38	1	0,000045727	0,000240	1150	570	370	270	210	170	140	110
	4			»	»	1480	1080	840	680	560	440
	8			»	»	2960	2160	1680	1360	1120	880
	12			»	»	4440	3240	2520	2040	1680	1320
	16			»	»	5920	4320	3360	2720	2240	1760
	20			»	»	7400	5400	4200	3400	2800	2200
	24			»	»	8880	6480	5040	4080	3360	2640
	28			»	»	10360	7560	5880	4760	3920	3080
	32			»	»	11840	8640	6720	5440	4480	3520
	36			»	»	13320	9720	7560	6120	5040	3960
	38			»	»	14060	10260	8000	6460	5320	4400
40	1	0,000053333	0,000266	1250	600	400	300	230	180	150	125
	4			»	«	1600	1200	920	920	600	500
	8			»	»	3200	2400	1840	1440	1200	1000
	12			»	»	4800	3600	2760	2100	1800	1500
	16			»	»	6400	4800	3680	2880	2400	2000
	20			»	»	8000	6000	4600	3600	3000	2500
	24			»	»	9600	7200	5520	4320	3600	3000
	28			»	»	11200	8400	6440	5040	4200	3500
	32			»	»	12800	9600	7360	5760	4800	4000
	36			»	»	14400	10800	8280	6480	5400	4500
	40			»	»	16000	12000	9200	7200	6000	5000
45	1	0,000075440	0,000337	1610	800	520	385	300	240	200	165
	5			»	»	2000	2925	1500	1200	1000	825
	10			»	»	5200	3850	3000	2400	2000	1650
	15			»	»	7800	5775	4500	3600	3000	2475
	20			»	»	10400	7700	6000	4800	4000	3300
	25			»	»	13000	9625	7500	6000	5000	4125
	30			»	»	15000	11550	9000	7200	6000	4950
	35			»	»	18200	13475	10500	8400	7000	5775
	40			»	»	20800	15400	12000	7600	8000	6600

Ce tableau permet de trouver immédiatement la charge que peut porter en toute sécurité une poutre dont les dimensions sont données. Il permet également, étant donnée une charge, de trouver soit la largeur d'une poutre dont on se donnerait la hauteur, soit les deux dimensions d'une série de poutres de hauteurs diverses satisfaisant au problème et entre lesquelles d'autres raisons permettent de faire un choix.

Si on prend un exemple numérique pour fixer les idées, et que l'on veuille, pour une distance de 4^{m}00 entre les points d'appui, faire porter par une pièce de charpente une charge uniformément répartie de 1500 kgr., le tableau donnera de suite les sections suivantes :

20/20. 22/18. 24/15. 26/13. 28/10. 30/9. 32/8.

entre lesquelles on choisira par des considérations ou de hauteur ou d'économie.

43. Pièce posée sur deux appuis de niveau et chargée d'un poids P unique appliqué au milieu. —

Le moment fléchissant le plus fort est au milieu de la pièce, fig. 68, et égal à

$$\frac{P}{2} \times \frac{l}{2} = \frac{Pl}{4}$$

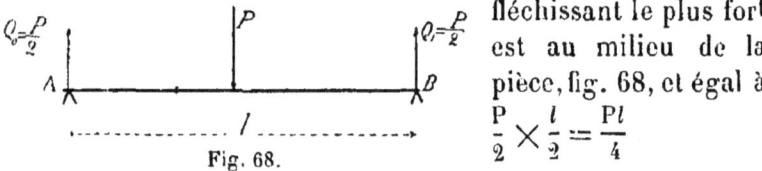

Fig. 68.

Si on le compare au précédent on trouve, que pour un même poids P, le moment fléchissant et par suite la fatigue est double.

Il en résulte que la pièce qui portera en toute sécurité un poids P appliqué au milieu aura la même section que celle qui portera une charge 2P uniformément répartie.

Pour avoir ses dimensions on doublera donc cette charge et on cherchera dans les tables précédentes, en considérant cette charge double comme uniformément répartie.

44. Pièce en porte à faux, avec charge totale P uniformément répartie. —

Le moment fléchissant maximum est au point A d'encastrement, fig. 69 ; il est égal à :

$$P \frac{l}{2}.$$

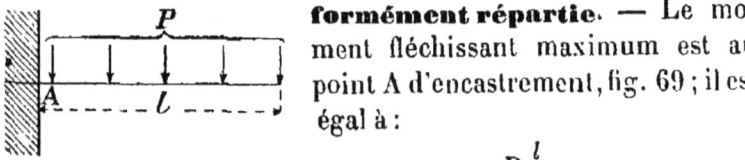

Fig. 69.

Il est le même que celui d'une poutre chargée d'un poids P uniformément réparti et qui aurait une portée quatre fois plus grande.

Donc, pour avoir les dimensions qui correspondent à ce cas, chercher dans les tables précédentes la pièce qui conviendrait si elle était chargée uniformément d'un poids total P et posée sur deux appuis écartés de quatre fois le porte à faux.

45. Pièce en porte à faux, avec une charge P unique appliquée à l'extrémité. — Le moment fléchissant, toujours maximum en A, est Pl, ng. 70. Si on le compare à celui d'une poutre uniformément chargée et posée sur deux appuis, on trouve que pour avoir même valeur il faudrait, toutes choses égales d'ailleurs, que la portée fût 8 fois la longueur l.

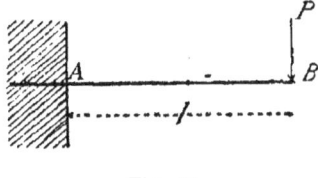

Fig. 70.

Autrement dit, pour trouver dans les tables précédentes les dimensions de la pièce, il faudra la supposer chargée de ce même poids P uniformément réparti, la distance des points d'appui étant prise égale à huit fois la longueur l.

46. Pièces posées sur des appuis et encastrées. — La mécanique permet également de se rendre compte de la valeur du moment fléchissant maximum dans le cas d'une pièce encastrée, soit par l'une soit par les deux extrémités ; le moment est alors notablement moins fort que celui qui, sous la même charge, affecte une pièce simplement posée.

Les encastrements favorisent donc la résistance des pièces ; autrement dit, ils permettent avec la même section de porter des charges plus fortes, ou de réduire la section pour correspondre à une charge donnée.

Mais, en pratique, il y a une telle difficulté à produire avec du bois un encastrement sérieux et durable qu'il ne faut compter sur l'excédant de résistance dû à un encastrement qu'avec la plus grande réserve.

Un scellement d'une pièce de bois de 0 m. 25 à 0 m. 30 de

profondeur, fig. 71, ne pourra jamais donner lieu au bénéfice d'un encastrement, et, si on se rend compte des pressions Q, Q, égales et de sens contraires, qu'il faudrait appliquer au bois en des points très voisins pour produire cet encastrement, on trouve que ces pressions dépasseraient énormément les pressions limites qu'il est permis d'appliquer aux faces du bois.

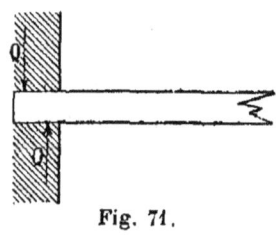

Fig. 71.

Pour commencer à produire un encastrement sérieux, il faut un scellement à toute épaisseur d'un mur de 0 m. 50 à 0 m. 60. Il faut de plus que la pression se transmette sur des surfaces parfaitement préparées, par l'intermédiaire de plaques métalliques. Il faut aussi que la poutre soit étayée pendant la pose, raidie au besoin, pour que l'encastrement commence dès que le bois se trouve chargé.

On doit enfin songer que les portées du bois dans les murs sont les parties qui en raison de l'humidité viennent à péricliter les premières, en sorte qu'on n'est pas sûr qu'au bout de quelques années on profite encore de l'excédant de résistance venant de l'encastrement.

Les seuls encastrements sur lesquels il soit permis de compter sont ceux qui sont formés par le logement suffisamment profond des extrémités de pièces de bois dans des alvéoles métalliques, généralement en fonte, à la condition que l'encastrement soit assuré par des coins ayant une surface suffisante pour exercer leur efforts sur une surface de bois qui donne toute sécurité.

On peut encore compter sur l'encastrement qui serait produit, sur une poutre scellée dans un mur, par un poteau ou un second mur qui viendrait la soutenir à une petite distance du scellement.

47. Pièce quelconque dans le cas le plus général. — Toutes les solutions qui viennent d'être énumérées ne sont que des cas particuliers qui se rencontrent à tout instant dans la pratique ; ce sont ceux qui peuvent sans calculs être ramenés par comparaison à la poutre posée sur deux appuis, et résolus par une simple inspection du tableau.

Lorsque la pièce est soumise soit à des encastrements, soit à des forces multiples ou irrégulièrement disposées, on ne peut plus se servir des tableaux et on est obligé de faire un calcul direct en appliquant la formule fondamentale déjà citée :

$$R = \frac{v\mu}{I},$$

ou, s'il y a des tensions ou compressions longitudinales, N, la section de la pièce étant Ω, en appliquant la formule plus générale :

$$R = \frac{v\mu}{I} \pm \frac{N}{\Omega}.$$

Au moyen des règles de la mécanique, on détermine le moment en chaque point, l'on en cherche le maximum qu'on introduit dans la formule. En affectant à R la valeur de la résistance de sécurité, on en dégagera le quotient $\frac{I}{v}$.

On pourra alors chercher dans les tables précédentes la section convenable de la poutre, le chiffre de la 4ᵉ colonne donnant, pour chaque hauteur de poutre, le $\frac{I}{v}$ correspondant à un centimètre de largeur.

Si on ne veut pas se servir du tableau, on prend le moment d'inertie de la pièce en fonction des dimensions b et c de sa section ; en se donnant le rapport de b à c, il n'y a plus qu'une inconnue que l'on calcule facilement.

CHAPITRE III

LINTEAUX ET PLANCHERS

§ 1. *Des linteaux.*
§ 2. *Des planchers en bois.*

SOMMAIRE :

§ 1ᵉʳ. *Des linteaux* : 48. Linteaux de baies ordinaires. — 49. Linteaux apparents. — 50. Poitrail de grande baie. — 51. Poitrail avec support intermédiaire.

§ 2. — *Des planchers en bois* : 52. Plancher en bois formé de solives parallèles. — 53. Détermination du poids d'un plancher. — 54. Quelques détails de construction d'un plancher simple, emploi des lambourdes. — 55. Chevêtres et solives d'enchevêtrure. — 56. Des cloisons à porter par les planchers. — 57. Emploi d'une crémaillère pour les solives longues. — 58. Règlements qui régissent les constructions en bois au point de vue des incendies. — 59. Dispositions spéciales des planchers pour éviter les incendies, distances du bois aux parements des murs, scellement dans des murs à cheminées. — 60. Dispositions des planchers au-dessous du foyer des cheminées. — Trémies. — 61. Disposition des planchers en bois avec enchevêtrures en fer au droit des cheminées. — 62. Planchers en bois avec toutes enchevêtrures en fer. — 63. Divers ferrements employés dans les planchers en bois. — 64. Planchers en bois avec poutres et solives. — 65. Quelques dimensions pratiques des poutres. — 66. Planchers à poutres et solives avec points d'appui intermédiaire. — 67. Poteaux avec chapeaux en fonte. — 68. Partie inférieure des poteaux. — 69. Poteaux superposés. — 70. Poteaux d'une seule pièce pour plusieurs étages. — 71. Redressement d'une poutre cintrée par un long usage. — 72. Poutres armées. — 73. Planchers spéciaux avec bois courts. — 74. Planchers à bois apparents, planchers ornés.

CHAPITRE III

LINTEAUX ET PLANCHERS

§ 1

DES LINTEAUX

48. Linteaux de baies ordinaires. — Lorsque les murs des édifices ne sont pas construits en pierres de taille, on n'a d'autres ressources pour fermer les baies à leur partie supérieure que l'emploi de voûtes ou de linteaux. Les voûtes cintrées, à défaut de platebandes qui ne sont pas sans inconvénients, obligent à une forme spéciale, les linteaux présentent l'avantage d'une fermeture horizontale solide ; on les fait en bois ou en fer, et, au point de vue de la manière dont les linteaux sont chargés, ces matériaux conviennent très bien puisqu'ils peuvent résister facilement à la flexion.

Le bois est inférieur au fer à cause de ses propriétés combustibles et de sa facile altération. Dans les murs de face, surtout s'ils sont exposés au Midi et à l'Ouest, l'emploi du bois pour les linteaux est à éviter, l'humidité le détériore trop vite. Et si l'on songe à la désorganisation que peut amener dans un bâtiment la destruction des linteaux par un incendie, on conclura à l'emploi exclusif du fer.

Malgré cela, dans bien des pays, l'usage du bois est tellement économique et général, que longtemps encore on fera usage des linteaux en bois.

La figure 72 montre en élévation et en coupe la disposition qu'on leur donne. Elle représente la partie supérieure d'une fenêtre ordinaire; sur les deux jambages ou piédroits arasés ou entaillés à hauteur convenable, on vient poser deux pièces de bois de 18/22 environ pour les dimensions courantes de ces baies. Ces deux pièces de bois ne sont pas au même niveau : celle qui se trouve vers l'extérieur correspond, à une épaisseur d'enduit près, à la ligne qui dans le projet représente l'arête de la baie. La seconde est remontée de la quantité nécessaire

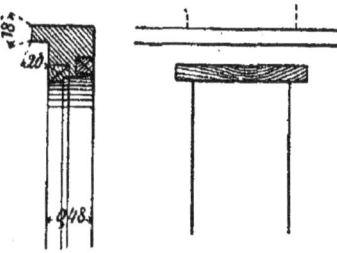

Fig. 72.

pour permettre de ménager en contre-haut la feuillure et l'ébrasement.

Les portées sur les piédroits sont de 0,20 à 0,25, et quand on le peut il est bon de les faire reposer bien d'aplomb sur une arase bien faite en briques, par l'intermédiaire de semelles en large fer plat.

Rarement ces linteaux sont apparents; presque toujours ils sont enduits, et l'enduit est retenu sur les parois du bois par des lattes clouées en biais, espacées tant plein que vide, et aussi par des clous à bateau enfoncés à moitié dans les intervalles. Préalablement on hache la surface du bois pour créer des rugosités et augmenter l'adhérence. C'est principalement dans les pays à gypse que l'on prend ces dispositions et les enduits sont en plâtre. C'est en effet le mortier qui a le plus d'adhérence sur le bois.

Quand on le peut, il est bon de relier par des platebandes en fer plat terminés par des crampons et tirefonnées avec soin les deux pièces d'un même linteau; et cela, d'abord à chacune des extrémités, puis au milieu si la baie est large.

La fig. 73, montre une variante de la disposition des piédroits. Le jambage de gauche est en pierre et le joint arrive à une faible distance du linteau. Cet intervalle est rempli par un calage en briques qui porte à son tour le linteau, alors que de la meulière et du moellon n'auraient pu s'y loger, et en tous cas n'auraient pas présenté la sécurité convenable. La brique présente l'avantage de donner des joints d'assises bien horizontaux. Le jambage de droite correspond au cas où le linteau peut s'appuyer sans calage sur le joint d'assise horizontal.

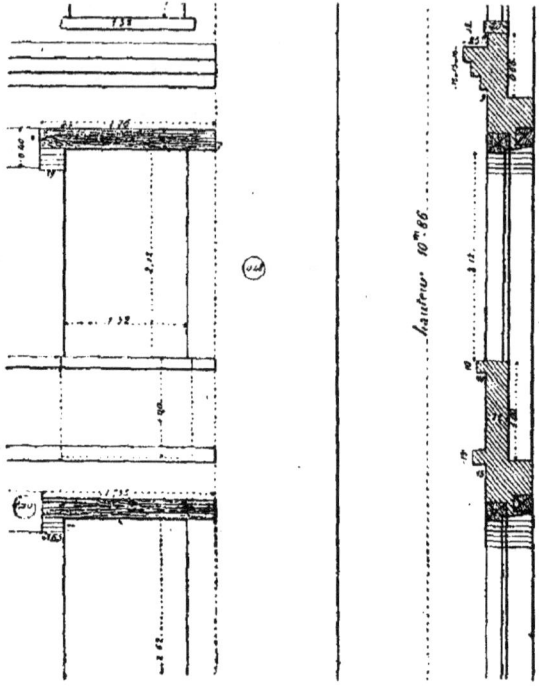

Fig. 73.

49. Linteaux apparents. — Si les linteaux sont exécutés en bois apparents dans une construction soignée, on les fait

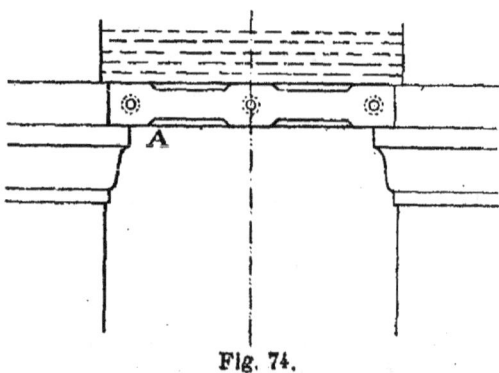

Fig. 74.

en bois de fort équarrissage formant en une ou deux pièces

l'épaisseur totale du mur. La feuillure et l'ébrasement sont taillés à plein bois; la pièce est à vives arêtes lavée à la scie et blanchie au rabot sur toutes ses faces, et des chanfreins, A, arrêtés avant les extrémités sont abattus sur les arêtes; s'il y a deux pièces, on les réunit par plusieurs boulons et les arrêts de chanfreins accusent la place des boulons, fig. 74.

Le linteau en bois apparent se porte généralement sur consoles ou corbeaux auxquels on donne une saillie et une force convenables ; la pièce arrière, la plus solide, porte d'ordinaire en plein mur.

70. Poitrail de grande baie. — Un linteau de grande baie se nomme un *poitrail*. S'il est un emploi peu convenable du bois c'est assurément la couverture d'une grande baie.

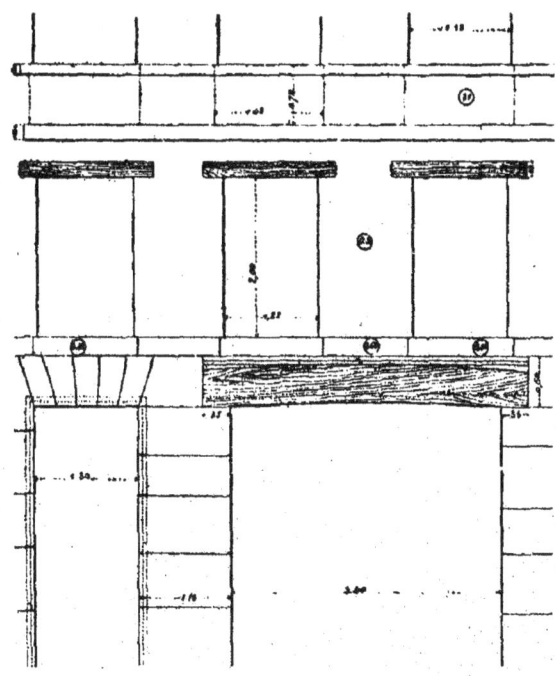

Fig. 75.

Cette pièce de premier ordre est très importante pour la solidité de la construction et, en raison des accidents qui peuvent arriver au bois, on a trop peu de sécurité au point de vue de la résistance et de la durée. Malgré cela on l'emploie encore dans les pays où il est très abondant. La première étude à faire est celle de la détermination des dimensions transversales de la pièce, et on y arrive facilement au moyen du tableau du n° 47, en se rendant compte de la portée entre points d'appui, de la charge et de la manière dont celle-ci est appliquée.

Il est bon de ne faire travailler le bois pour cet usage qu'à la moitié de la charge du tableau, c'est-à-dire à 0 k. 300 par c.m.q. On arrive d'ordinaire, même pour de faibles portées, à des équarrissages considérables, surtout si, comme dans la fig. 75, un trumeau ou partie pleine vient reposer sur le milieu de la pièce.

Au lieu de composer le poitrail d'une seule grosse pièce, qui peut ne pas être saine en son milieu et présenter un gros défaut caché qui infirmerait sa résistance, on donne un trait de scie vertical au milieu de la largeur du bois A, suivant ab, fig. 76, et on obtient les deux morceaux B, dont on connaît la valeur au point de vue de l'homogénéité et de la résistance.

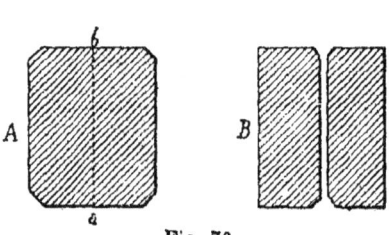

Fig. 76.

On met les morceaux côte à côte, en ménageant toutefois un léger intervalle et on tourne les faces de sciage en dehors. On a ainsi toute sécurité sans avoir diminué notablement la résistance du poitrail.

Les deux pièces sont mises à la largeur du mur à soutenir ; leur écartement est maintenu au moyen de cales et d'une série de boulons de 0 m. 020 à 0 m. 022, espacés de 0 m. 80 à 1 m. 00.

Lorsque le dessus du poitrail n'arase pas exactement le lit de l'assise de pierre correspondante, on regagne le niveau de cette assise au moyen d'un ou de plusieurs rangs de briques.

51. Poitrail avec support intermédiaire. — Les poitrails en bois ne peuvent facilement d'une seule portée franchir un intervalle de points d'appuis supérieur à 2 m. 00 ou 3 m. 00 ; lorsqu'on se rend compte de la charge et de la résistance, on arrive vite à dépasser des dimensions pratiques pour les bois au delà de ces portées.

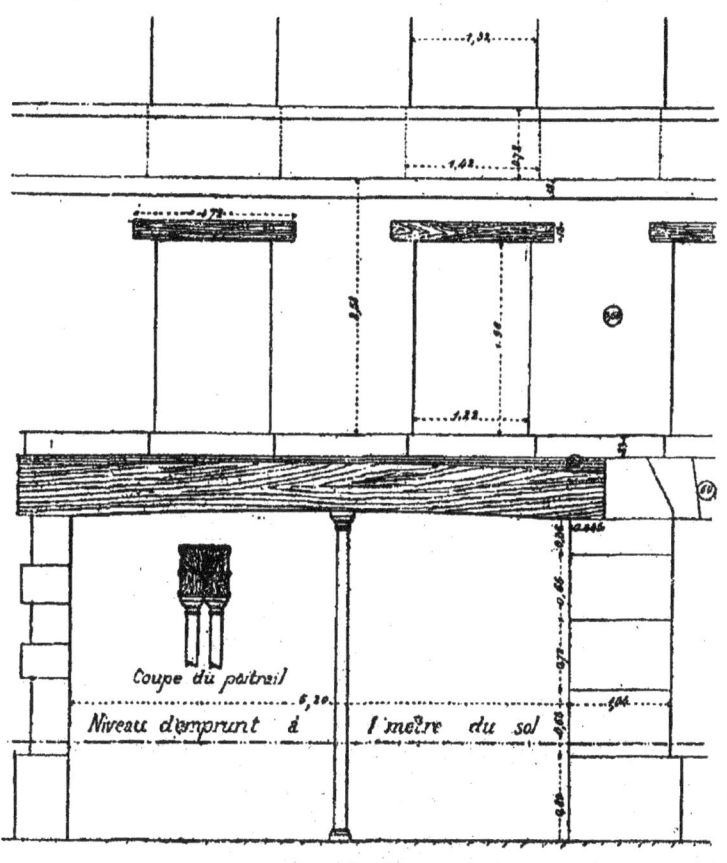

Fig. 77.

Lorsque la portée augmente il faut créer un point d'appui intermédiaire vers le milieu de la baie. La fig. 77 donne la disposition d'un poitrail de boutique, plus long, soutenu en son milieu par une colonne de gros diamètre, ou mieux par deux colonnes jumelées formant meilleur repos pour les deux morceaux qui le composent.

Une platebande en fer plat de 0 m. 02 à 0 m. 03 d'épaisseur, sur 0 m. 12 à 0 m. 16 de largeur, à talons relevés, réunit par dessous les deux parties du poitrail et vient poser sur les têtes de colonnes. Elle est percée des 2 trous nécessaires pour loger les goujons dont sont munis les chapiteaux et les retenir. Cette platebande est utile même si le linteau est d'une seule pièce.

Il est bon de faire reposer les extrémités du poitrail sur de larges platebandes de même forme, portées sur les piedroits bien dressés de la baie, et quelquefois on en met également sur la face supérieure pour empêcher le déversement, avant d'établir les briques d'arasement.

Les bois ne sont jamais absolument droits ; aussi s'arrange-t-on pour mettre en bas la face concave. Cela pare à une flexion possible et en même temps il en résulte l'apparence d'une plus grande légèreté pour la construction.

Il y a lieu dans l'établissement d'un poitrail de se rendre compte des dimensions qu'il faut adopter pour que la résistance soit suffisante en raison des charges supérieures et des réactions des points d'appui.

Lorsqu'il y a une colonne intermédiaire placée sous le milieu de la pièce et que la charge supérieure est uniformément répartie, la mécanique démontre que la colonne porte à elle seule les $\frac{5}{8}$ de la charge.

Il faut également se rendre compte de la surface de bois qui est engagée soit pour recevoir les charges soit pour éprouver l'application des réactions des appuis, de manière à ne pas dépasser, pour la pression moyenne, la limite de sécurité qui a été donnée au chapitre de la résistance.

§ 2.

PLANCHERS EN BOIS

52. Planchers en bois formés de solives parallèles.— Le plancher le plus simple est celui qui est appelé à couvrir l'espace compris entre deux murs parallèles faiblement espacés, à 3 ou 4 m. d'intervalle par exemple, ainsi qu'il est représenté en plan dans le croquis de la fig. 78.

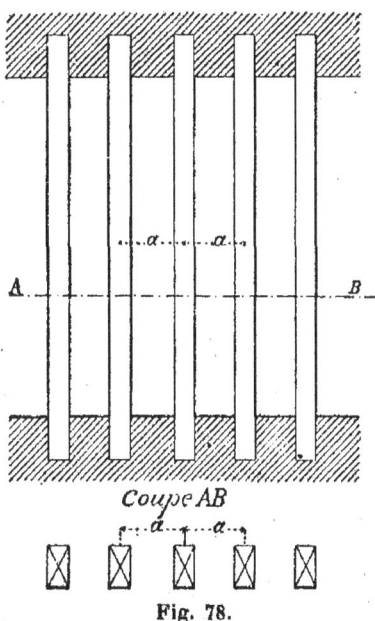

Fig. 78.

On le forme au moyen de pièces de bois de faibles dimensions appelées solives, mises de champ et espacés d'axe en axe d'une quantité a variable entre 0 m. 33 et 0 m. 50.

Pour des planchers d'habitation ordinaire et un espacement de 0 m. 33 d'axe en axe, on mettra des solives :

De 0,15 à 0,16 de haut, 0,06 à 0,11 d'épaisseur pour un écartement de mur de 3 m. 00 ;

De 0,16 à 0,18 de haut, 0,07 à 0,13 d'épaisseur pour un écartement de mur de 4 m. 00 ;

De 0,20 à 0,22 de haut, 0,08 à 0,15 d'épaisseur pour un écartement de mur de 5 m. 00.

Ces dimensions ne sont qu'approximatives et données pour fixer les idées ; dans chaque cas particulier on se rendra compte des charges à porter qui se composent :

1° Du poids propre du plancher par mètre carré ;

2° De la surcharge pour laquelle il est construit par mètre carré. C'est la variabilité de ce dernier élément qui motive le défaut de précision des chiffres ci-dessus.

La somme de ces deux poids donne la charge totale par unité de surface, et, en multipliant par la partie de surface correspondant à chaque solive, on a la charge uniformément répartie sur la pièce de bois. On trouve alors les dimensions de cette dernière dans le tableau de la page 75.

53. Détermination du poids d'un plancher. — Le poids propre du plancher dépend de la construction que l'on a adoptée et des matériaux employés. Un avant métré sommaire permet d'avoir le cube des bois ainsi que celui des différentes maçonneries de remplissage ; à chacun de ces matériaux correspond une densité spéciale pour laquelle on compte approximativement :

1000 kil. le mètre cube de bois.

1400 kil. pour la maçonnerie de platras et plâtre.

1800 à 2000 kil. pour la maçonnerie de briques, les carrelages, etc.

Quant à la surcharge, elle dépend de la destination même du plancher; bien souvent le programme de la construction donne en kilogrammes la surcharge à prévoir. Dans d'autres cas on se contente de déterminer l'usage que l'on devra faire du plancher, et l'on en déduit la surcharge.

Les surcharges habituellement admises comme correspondant le mieux aux circonstances pratiques sont les suivantes. [1]

Chambres d'habitation	100 kg. par mètre superficiel.
Pièces de réception, salons	200 »
Grands salons	300 »
Bureaux, salles de travail	200 »
Salles d'assemblées	320 »
Salons pour grandes réunions	420 »
Magasins de marchandises légères et encombrantes	450 »
Magasins pour marchandises lourdes	900 à 1200 »
Entrepôts, Docks, etc.	900 à 1200 »

1. De Martaing. *Résistance des matériaux*; 1874, p. 203.

Il y a lieu toutes les fois que les magasins ont une destination spéciale de se rendre compte directement par l'empilage maximum possible des marchandises de la surcharge dans chaque cas particulier.

Ainsi un plancher de moulin peut être fait pour supporter soit quatre sacs de farine par mètre carré, soit huit sacs si on doit les gerber en deux rangs.

Avec 4 sacs le poids serait, à 159 kg. par sac, 636 kg.
Avec 8 sacs — 1272 kg.

Et le plancher varie énormément de l'un à l'autre de ces ceux cas.

Les bois le plus généralement employés sont le chêne et le sapin et, en général, dans chaque pays, il est de notoriété que tels et tels bois conviennent pour les planchers exécutés dans la localité. Le chêne et les bois durs analogues seront adoptés pour les pièces qui doivent être noyées dans la maçonnerie et qui seront longtemps sans sécher, ou pour de grosses poutres scellées dans les murs extérieurs. Le sapin, au contraire, s'emploiera pour les planchers restant apparents et pour les constructions légères établies sans esprit de durée. Dans nos climats, il faut absolument proscrire le peuplier qui se pique aux vers et que la moindre humidité détruit rapidement.

54. Quelques détails de construction d'un plancher simple. Emploi des lambourdes. — Lorsque les planchers doivent être plafonnés en dessous, il faut employer des écartements d'axe en axe de 0 m. 30. Cet entraxe est choisi à cause de la longueur des lattes, 1 m. 30, qui est un multiple de l'ancien pied. Nous renvoyons à notre ouvrage sur la maçonnerie pour le détail des remplissages en hourdis et des plafonds.

Pour des constructions peu importantes, on donne à chaque solive un scellement de 0^{m}20 à 0,25 dans les murs.

Dans les édifices soignés on évite d'affaiblir ainsi les murs en les coupant par les scellements aussi rapprochés que les pièces de charpente. On se contente de sceller une solive de distance en distance, tous les 2^{m}00 par exemple ou à tous les axes des trumeaux, ce qui relie et entretoise bien la maçonnerie, et on porte toutes les solives intermédiaires, coupées au ras du parement des murs, par des pièces nommées *lambourdes* posées le long de la maçonnerie entre les solives scellées.

Ces lambourdes sont fixées souvent sur des consoles ou corbeaux en pierre, faisant partie des assises du mur ; elles sont représentées de profil et de face dans la fig. 79. Dans cette disposition la lambourde est posée en contrebas des solives et en saillie

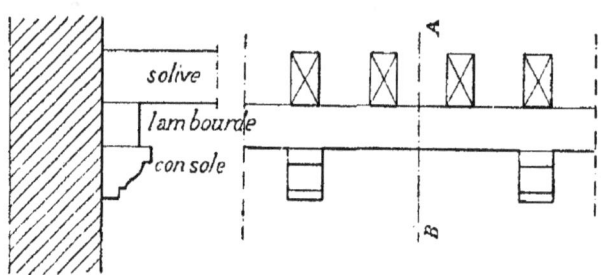

Fig 79.

sur le mur, et les corbeaux, visibles, quelquefois moulurés, sont répartis suivant une division régulière au plafond des pièces inférieures.

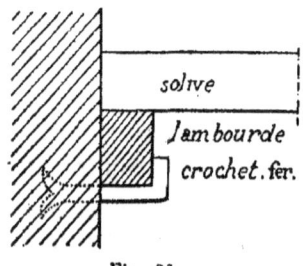

Fig. 80.

D'autres fois les corbeaux en pierre sont remplacés par des corbeaux en fer carré, coudés en crochets et munis d'une queue de carpe dans le scellement, comme le montre la figure 80. Le fer choisi est ordinairement du carré de 0,030 ou de 0,040.

Les corbeaux en fer sont souvent logés complètement dans des entailles de mêmes formes pratiquées dans la lambourde, de manière à ne faire aucune saillie et à ne pas paraître au dehors.

L'expression impropre usitée dans le bâtiment est celle de *corbeaux entaillés*, alors que c'est la lambourde qui est entaillée pour les recevoir.

CHAPITRE III. — LINTEAUX ET PLANCHERS

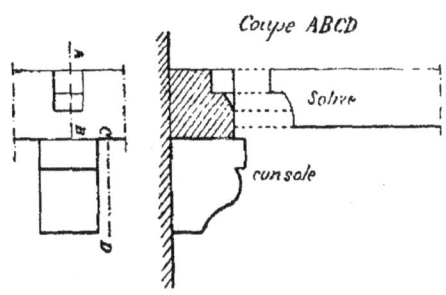

Fig. 81.

Lorsque l'on ne veut pas que la lambourde soit visible à l'étage inférieur, on la remonte dans l'épaisseur du plancher, fig. 81, et on assemble les solives avec un tenon renforcé, ou une jonction à paume, assemblages décrits au chapitre premier.

Les consoles elles-mêmes peuvent s'effacer ; rien n'apparaît au plafond inférieur si on les remplace par des corbeaux en fer entaillés.

La distance à laquelle on écarte les corbeaux dépend de la résistance que peut offrir la lambourde. Ordinairement on admet un écartement de 1^m25 à 1^m50, rarement 2^m00.

55. Chevêtres et solives d'enchevêtrure. — On remplit

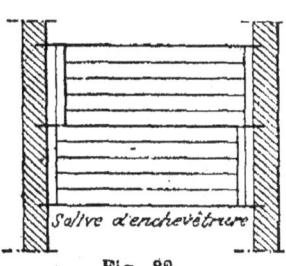

Fig. 82.

souvent le même but par une disposition un peu différente, dont l'emploi s'est fort généralisé. De distance en distance, tous les 1^m50 à 2^m00, on scelle dans les murs de grosses solives qui portent le nom de *solives d'enchevêtrures* ; on leur donne une bonne portée dans la maçonnerie (0,35 à 0,40) et on les y ancre comme on le verra plus loin, puis entre ces solives maîtresses on établit parallèlement aux parois d'autres pièces transversales. Ce sont les *chevêtres*. Enfin ces chevêtres portent à leur tour les solives intermédiaires du plancher.

L'ensemble de la disposition formée par deux solives d'enchevêtrure et un chevêtre intermédiaire porte le nom *d'enchevêtrure*, et la fig. 82 représente en plan deux enchevêtrures consécutives d'un même plancher.

Les chevêtres s'établissent le plus près possible des murs sans cependant les toucher ; on laisse au moins 0^m08 d'intervalle libre. Toutefois lorsque deux chevêtres aboutissent de part et d'autre à une même solive d'enchevêtrure, on évite de faire tomber les assemblages au même point pour ne pas trop affaiblir la maîtresse pièce, et on écarte l'un d'eux de 0^m30 à 0^m35. Mais en chevauchant ainsi les deux traverses, il reste entre la seconde et le mur un vide qu'il serait difficile de remplir en maçonnerie si, l'on n'y ajoutait une petite solive transversale supplémentaire appelée *faux chevêtre*, et dont l'extrémité n'exige pas une aussi grande entaille pour l'assemblage.

Les solives d'enchevêtrure doivent avoir un équarissage calculé non seulement en raison de la charge plus considérable qu'elles ont à porter, mais encore en tenant compte des fortes entailles que nécessitent les assemblages.

C'est presque toujours aux assemblages des chevêtres que l'on voit périr ces sortes de pièces dans les anciens planchers, malgré leur surcroît de résistance.

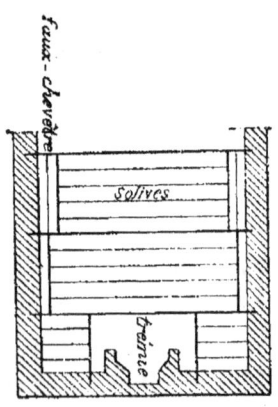

Fig. 83.

Dans la fig. 82, les solives comprises entre les chevêtres des deux façades étaient de même longueur pour les travées successives. Dans la fig. 83 au contraire en raison de la position différente des chevêtres, elles sont inégales. On prend celle des deux dispositions qui utilise le mieux le bois dont on dispose.

Les assemblages des diverses pièces d'une enchevêtrure se font de la manière suivante.

La solive d'enchevêtrure a dans le mur un scellement de 0,30 à 0,35. Le chevêtre s'assemble avec elle au moyen d'un tenon horizontal renforcé, comme le montre en coupe verticale et en plan la fig. 84.

Comme c'est de ces assemblages que dépend la solidité de toute la travée du plancher, et qu'on ne peut compter d'une façon absolue sur la résistance d'un simple tenon, fût-il renforcé, on consolide cet assemblage par un étrier en fer qui embrasse la solive d'enchevêtrure à sa partie supérieure et se coude latéralement pour former une sorte de selle sur laquelle vient reposer l'extrémité, entaillée à la demande, du chevêtre. *Toujours* les chevêtres sont ainsi soutenus à leurs extrémités par des étriers.

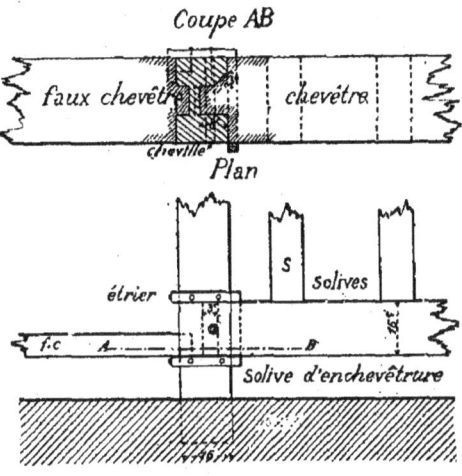

Fig. 84.

La même fig. 84, représente l'assemblage de même forme, mais beaucoup moins développé, du faux chevêtre sur l'autre face de la solive maîtresse. Comme cette pièce est de moindre importance, il n'y a pas lieu à emploi d'étrier supplémentaire en fer.

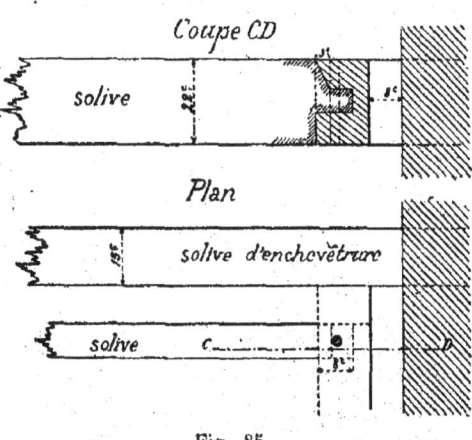

Fig. 85.

La fig. 85 représente, en coupe verticale et en plan, l'assemblage entre les solives courantes intermédiaires et le chevêtre. C'est toujours au moyen de tenons horizontaux renforcés que la liaison se fait. Seulement comme tous ces assemblages sont rapprochés et sur une même ligne horizontale, il faut choisir pour le chevêtre des bois qui n'aient pas tendance à se fendre au milieu, et de plus leur donner des dimensions bien supérieures à celles qui suffiraient pour la résistance.

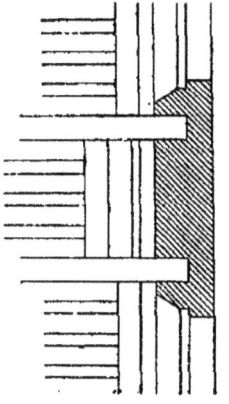

Fig. 86.

La disposition des planchers avec enchevêtrures permet de ne faire porter les pièces que sur les parties pleines des murs, et non sur les linteaux en bois ou sur les voussoirs des baies qu'il faut toujours éviter de charger, les premiers parce qu'étant susceptibles de pourrir à l'humidité ils ne présentent pas un repos assez fixe, les seconds parce qu'ils sont susceptibles de glisser sous le poids et d'amener des tassements et des crevasses dans les plafonds.

Les solives d'enchevêtrures se placent soit dans l'axe des trumeaux, soit sous les cloisons de séparation des pièces, soit enfin deux par trumeaux, comme il est représenté fig. 86. C'est cette dernière disposition qui est le plus généralement adoptée. Elle permet de réduire notablement la portée des chevêtres.

56. Des cloisons à porter par les planchers. — Il faut calculer avec soin l'excès de charge que peut apporter la construction d'une cloison sur une solive d'enchevêtrure et en tenir largement compte dans la fixation de ses dimensions transversales.

Il n'est pas rare de trouver dans des planchers en bois des désordres graves dûs à l'omission de cette considération. On découvre très souvent des solives maîtresses rompues sous la charge d'une cloison dont on n'avait tenu aucun compte.

Et on ne peut prétexter que les cloisons des étages successifs sont superposées pour dire qu'elles se portent de fond, sans surcharger la charpente. En effet, les cloisons légères de séparation doivent être considérées toujours comme essentiellement mobiles. On doit pouvoir modifier à son gré les distributions et supprimer l'une d'elles sans être obligé de remanier la charpente des divers planchers, et on doit poser comme principe que chaque plancher doit porter les cloisons de son étage et établir la cloison en conséquence.

Les cloisons peuvent porter sur une solive quelconque longitudinalement. On doit renforcer cette solive selon le poids. Si elles tombent dans l'intervalle de deux solives, on ajoute une solive supplémentaire spéciale. Si elles coupent la direction des solives, on se rend compte de l'excédent de fatigue qui en résulte, et on donne aux bois des sections en conséquence. Dans ce dernier cas on fait passer sur les solives et sous la cloison une semelle en bois bien calée, qui est chargée de recevoir cette dernière.

57. Emploi d'une crémaillère pour les solives longues. — Lorsque dans un plancher les solives sont longues et hautes, elles ont tendance à se tordre et à se voiler par la

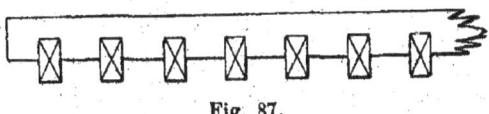

Fig. 87.

raison qu'elles sont bien maintenus à la partie inférieure par le lattis du plafond, mais que rien ne les retient à écartement régulier à leur partie supérieure. On évite le voilement en les maintenant sur le dessus au moyen d'une ou plusieurs crémaillères bien ajustées, comme celle représentée fig. 87. Cette crémaillère est formée d'une pièce de bois entaillée jusqu'en son milieu au droit des différentes solives et qui vient les recevoir dans les encoches ainsi ménagées.

Lorsqu'on dispose de la hauteur nécessaire pour les établir, l'emploi de ces pièces additionnelles donne un très bon entretoisement.

58. Règlements qui régissent les constructions en bois au point de vue des incendies. — L'un des grands inconvénients que présentent les constructions en bois est le danger d'incendie. Aussi de tous temps a-t-on cherché à établir des règlements pour prévenir ces accidents.

En France, « toutes les cheminées et tous les autres foyers ou
« appareils de chauffage, fixes ou mobiles, ainsi que leurs con-
« duits ou tuyaux de fumée, doivent être établis et disposés de
« manière à éviter les dangers de feu et à pouvoir être *visités*,
« nettoyés facilement, et entretenus en bon état.

« Il est interdit d'adosser les foyers de cheminées, les poêles,
« les fourneaux et autres appareils de chauffage à des pans de
« bois ou à des cloisons contenant du bois.

« On doit toujours laisser entre le parement extérieur du
« mur entourant ces foyers et les dits pan de bois et cloisons un
« isolement ou une charge de plâtre d'au moins 0^m16.

« Les foyers industriels et ceux d'une importance majeure
« doivent avoir des isolements ou charges de plâtre propor-
« tionnés à la chaleur produite et suffisants pour éviter tout
« danger de feu.

« Les foyers de cheminées et de tous les appareils fixes de
« chauffage sur plancher en charpente de bois doivent avoir,
« en dessous, des trémies en matériaux incombustibles.

« La longueur des trémies sera au moins égale à la largeur
« des cheminées y compris la moitié de l'épaisseur des jam-
« bages ; leur largeur sera de 1^m00 au moins à partir du foyer
« jusqu'au chevêtre.

« Cette prescription s'applique également aux autres appa-
« reils de chauffage.

« Les fourneaux potagers doivent être disposés de telle sorte
« que les cendres qui en proviennent soient retenues par des
« cendriers fixes construits en matériaux incombustibles, et ne
« puissent tomber sur les planchers. Ces fourneaux doivent
« être surmontés d'une hotte si le conduit de fumée n'aboutit
« pas au foyer.

« Les poêles mobiles et autres appareils de chauffage égale-
« ment mobiles doivent être posés sur une plateforme en ma-
« tériaux incombustibles dépassant d'au moins 0^m20 la face de
« l'ouverture du foyer, ils doivent de plus être élevés sur
« pieds de telle sorte que, au-dessus de la plateforme, il y ait
« un vide de 0^m08 au moins.

« Les conduits de fumée faisant partie de la construction et
« traversant les habitations doivent être construits conformé-
« ment aux lois, ordonnances et arrêtés en vigueur.

« Toute face intérieure de ces tuyaux doit être à 0^m16 au
« moins des bois de charpente.

« Quant aux conduits de fumée mobiles, en métal ou autres,
« existant dans le local où est le foyer et aux conduits de
« fumée montant extérieurement, ils doivent être dans tout
« leur parcours à 0^m17 au moins de tout bois de charpente,
« menuiserie ou autres.

« Les conduits de chaleur des calorifères et autres foyers
« sont soumis aux mêmes conditions d'isolement que les con-
« duits de fumée.

« Les fours, les forges et les foyers d'usines à feu, non com-
« pris dans la nomenclature des établissements classés, ne
« pourront être établis dans des locaux dont le sol, le plafond
« et les parois seraient en bois apparent. »

59. Dispositions spéciales des planchers pour éviter les incendies, distance des bois aux parements des murs, scellements dans des murs à cheminées. — Pour se conformer aux prescriptions précédentes, qui sont renouvelées des vieilles coutumes, il faut établir comme principes absolus dans la construction des planchers :

1° Que tout bois voisin d'un mur à tuyaux de fumée, et parallèle à son parement, doit être distant de ce parement de 0^m08 au moins, les 0^m08 s'ajoutant aux 0^m08 que doivent avoir les parois des tuyaux (épaisseur de poterie, renformis et enduit) forment les 0^m16 demandés comme distance minimum du parement intérieur des tuyaux au bois de charpente le plus voisin.

2° Que toute pièce de charpente se scellant dans un mur contenant des tuyaux doit éviter ces tuyaux ainsi que les vides qui peuvent les avoisiner, et être noyée dans une partie de maçonnerie pleine ayant au moins les 0^m16 demandés.

3° Que si l'about de la charpente vient se sceller près d'un foyer on doit laisser 0^m20 de maçonnerie pleine entre le bois et la partie extérieure de la maçonnerie qui contient le foyer.

4° Qu'il faut considérer un conduit de chaleur d'un calorifère à air chaud, comme aussi dangereux qu'un tuyau de fumée et assujettir la construction en bois voisine aux mêmes conditions d'isolement. La raison en est qu'un tel calorifère, dans les moments où le temps extérieur se réchauffe, peut fonctionner toutes bouches fermées et qu'alors l'air ne se renouvelant pas dans la chambre de l'appareil autour des surfaces surchauffées à et rouges, peut atteindre 500 à 600°; or, il suffit de porter le bois et les matières organiques qui composent nos constructions et notre ameublement à 360°, pour les enflammer. Nombre d'incendies sont produits, par les bouches de chaleur fermant mal et allumant ainsi des meubles et tentures voisines.

Toute infraction à ces dispositions est considérée comme un *vice de construction* dont est responsable soit l'entrepreneur qui le commet, soit le directeur des travaux qui le laisse commettre et cette responsabilité peut amener de très graves réparations des dommages produits.

60. Disposition des planchers au-dessous des foyers de cheminée. Trémies. — C'est également un vice grave de construction de laisser des bois passer trop près des foyers de cheminées. Au-dessous du foyer il ne doit y avoir dans les planchers aucun morceau de bois, mais une partie formée de matériaux incombustibles et que l'on nomme une *trémie*. Voici comment on construit cette trémie.

La fig. 88, représente une pièce d'habitation comprise entre quatre murs et qui doit être chauffée par une cheminée établie au milieu de l'un d'eux. Le plancher peut être construit de telle sorte que la direction des solives soit perpendiculaire au mur qui contient la cheminée.

On commence par établir deux solives d'enchevêtrure qui devront laisser entre leur parement intérieur et l'extérieur de la cheminée au moins 0 m. 20. S'il y a, en plus de la cheminée, des tuyaux venant des étages inférieurs, il faudra que les solives d'enchevêtrure soient au moins à 0 m. 16 de leur parement intérieur. La position de ces deux maîtresses solives étant une fois fixée, on établira, en travers de leur intervalle, un chevêtre qui doit être à 1 m. 00 de distance du fond du foyer, mais que par prudence on établit à 1 m. 00 du parement du mur. Ce chevêtre reçoit les abouts de toutes les solives du plancher qui se trouvent entre les deux solives d'enchevêtrure.

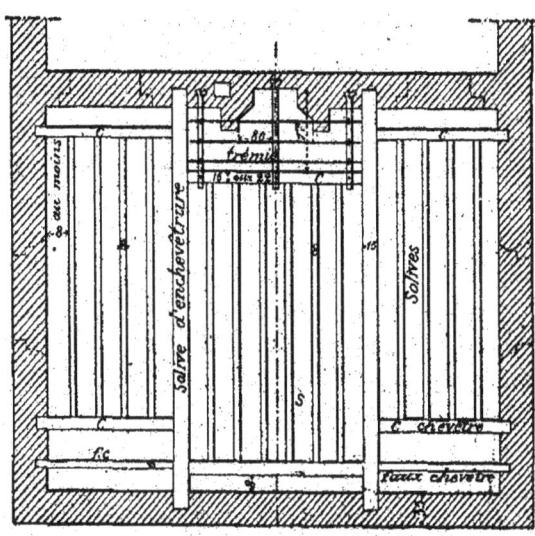

Fig. 88.

Le rectangle compris entre le mur à cheminée, le chevêtre et les deux maîtresses solives forme la *trémie*, et doit être rempli de maçonnerie. Pour la soutenir, on forme une paillasse composée d'entretoises et d'étriers en fer et de fers fentons transversaux. Les entretoises, auxquelles on donne souvent le nom de *bandes de trémie*, se posent quelquefois entre le chevêtre et le mur, comme le montre la fig. 89, coupant la trémie par un plan vertical perpendiculaire au chevêtre ; elles sont en fer carré de 0,030 à 0,050, suivant la portée, et sont coudées et contrecoudées du côté du bois pour y trouver un point d'appui convenable ; à l'autre bout, elles sont munies d'un scellement à queue de carpe. La figure montre en coupe les trois fers fentons ou carillons qui s'appuient sur les trois entretoises.

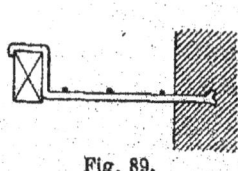

Fig. 89.

D'autres fois les bandes de trémie s'établiront dans le sens perpendiculaire et prendront appui sur les deux solives d'enchevêtrure, ainsi qu'il est représenté dans la figure 90. Elles

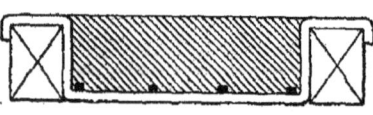

Fig. 90.

sont alors contrecoudées à leurs deux extrémités, et de la même façon que précédemment, pour former un étrier complet. Cette dernière disposition est préférable parce qu'elle est indépendante du chevêtre dont les assemblages peuvent baisser, et aussi parce qu'elle charge les pièces d'enchevêtrure plus près de leur portée, et par conséquent les fatigue moins.

Dans les trémies ainsi organisées, le chevêtre étant plus loin de la portée que dans les enchevêtrures ordinaires, on tiendra compte de la fatigue supplémentaire qui en résultera pour les solives maîtresses et on leur donnera des dimensions transversales calculées en conséquence.

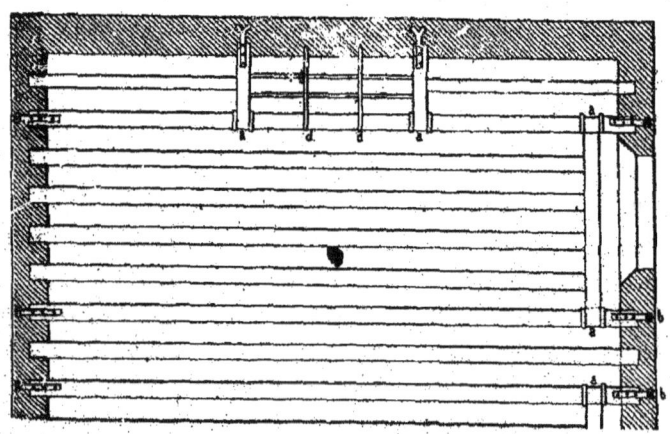

Fig. 91.

La figure 91 donne la disposition qu'on adopte lorsque les solives sont établies dans l'autre sens, c'est-à-dire sont parallèles au mur qui contient la cheminée. La maîtresse solive à laquelle on donne une section convenable s'établit à 1 m. 00 de distance du parement du mur. Elle reçoit deux chevêtres dont les autres extrémités sont scellées dans le mur à droite et à gauche de la cheminée. Ces chevêtres portent à leur tour des solives de remplissage appelées *solives boîteuses* parce qu'elles sont de l'autre bout scellées dans la maçonnerie.

Le cadre formé par la solive d'enchevêtrure, les deux chevêtres et le mur, réserve la trémie qui comporte la même paillasse en fer et le même remplissage que dans l'exemple précédent.

61. Dispositions des planchers en bois avec enchevêtrures en fer au droit des cheminées. — Dans nombre de localités on conserve l'usage des planchers en bois par raison d'économie, malgré leurs divers inconvénients, le prix des planchers en fer étant plus élevé. D'autre part, les enchevêtrures sont les parties qui périclitent les premières, et le prix de leur façon est élevé en raison de leurs assemblages, en même temps qu'on est obligé, pour remédier aux grandes entailles de jonction, de leur donner un cube considérable.

Les constructeurs trouvent, maintenant qu'ils ont à leur disposition des fers à planchers à bas prix, tout avantage à remplacer les dispositions qui viennent d'être décrites par une construction mixte d'une simplicité remarquable et en somme économique, tout en donnant une bien plus grande sécurité.

Le principe est de remplacer les portions compliquées de trémies des planchers en bois par des portions de planchers en fer ; cette construction rationnelle est représentée dans la fig. 92; elle est appliquée à l'exemple de la fig. 88.

C'est le cas le plus défavorable : les solives sont perpendiculaires au mur à cheminée, la première partie du plancher est composée de trois solives en fer au droit de la cheminée, reliées par des boulons à quatre écrous tous les 0 m. 80 à 1 m. 00, et leurs intervalles sont hourdées en maçonnerie pleine. C'est sur cette maçonnerie qu'est posée la cheminée, qui a alors une assise bien solide et incombustible. Les deux parties latérales, que la question d'économie fait construire en bois, sont formées de solives parallèles portant sur deux chevêtres extrêmes. Ces chevêtres sont soutenus d'une part par les dernières solives en fer; de l'autre, ils sont scellés dans les murs. Leur section est en rapport avec la portée, le nombre des entailles d'assemblages et la grandeur de ces entailles.

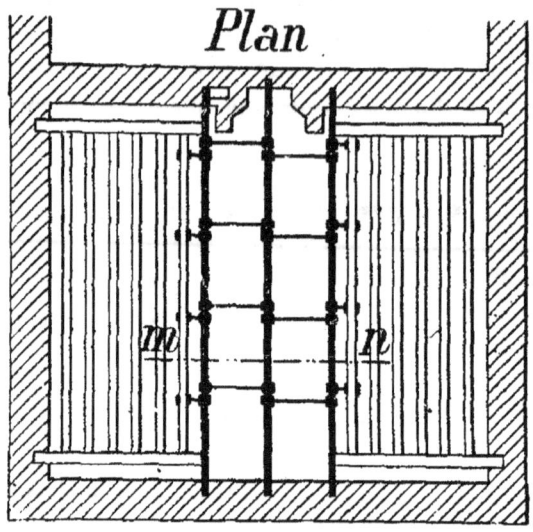

Fig. 92.

Pour éviter deux fentes longitudinales à l'endroit du plafond inférieur, il est bon de relier par des boulons à quatre écrous la première solive en bois avec la solive en fer voisine et de hourder plein l'intervalle entre fer et bois ainsi défini ; la coupe suivante *mn* de cette construction mixte se présente comme le montre la fig. 93. On voit le hourdis plein en maçonnerie s'étendre jusqu'au point *b*, comprenant les entrevous

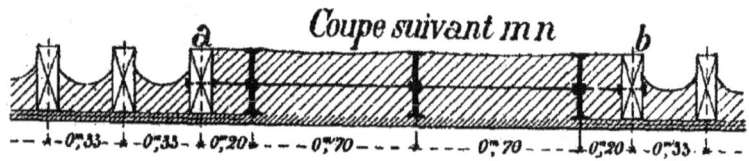

Fig. 93.

des fers ainsi que les deux entrevous mixtes voisins. Les travées latérales reprennent la forme de hourdis spéciale aux planchers en bois.

Les *chevêtres* latéraux, qui portent souvent le nom de *linçoirs* lorsqu'une de leurs extrémités est scellée, ont à s'assembler avec la première solive en fer. Cet assemblage se fait simplement en découpant l'about du bois suivant le profil latéral de la solive et le portant au moyen d'un étrier, entaillé à la partie basse de manière à ne pas dépasser le plafond. L'étrier ne s'opposant pas à la disjonction, on assemble en outre les deux pièces soit avec des équerres, soit plutôt avec des boulons à platebande et talon qui ont l'avantage de rappeler les deux pièces et de les serrer l'une contre l'autre.

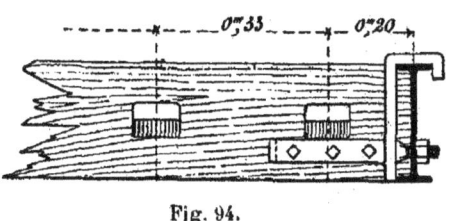

Fig. 94.

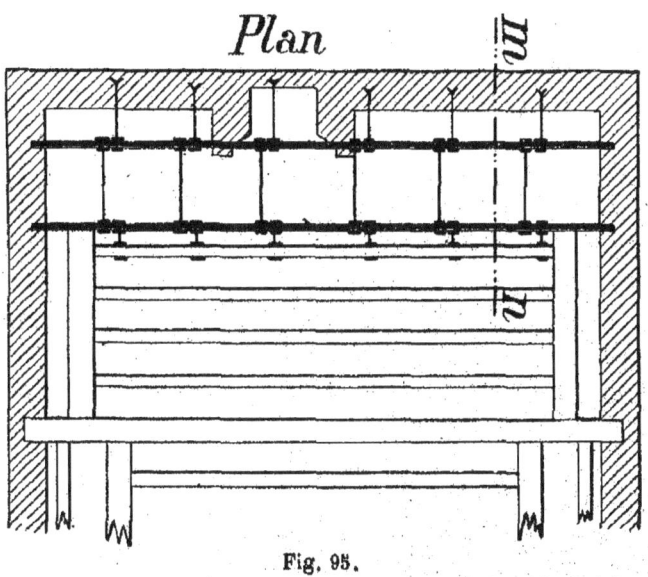

Fig. 95.

Un second exemple plus simple encore nous est fourni par le cas de la figure 94, où les solives se trouvent parallèles au mur à cheminée. La construction mixte correspondante est représentée par la fig. 95. La première partie est formée de deux solives en fer, l'une, près du mur, est distante de 0 m. 35 de son parement intérieur; l'autre est établie à 0 m. 70 plus loin. Il en résulte donc une trémie de toute la largeur de la pièce et de 1 m. 05 d'avancée. Cette dernière dimension n'est pas absolue elle dépend de l'importance de la cheminée.

Le restant est composé à la manière ordinaire des planchers en bois.

La coupe suivant *mn* est donnée fig. 96 ; la construction se fait d'après les mêmes règles que dans l'exemple précédent. Les

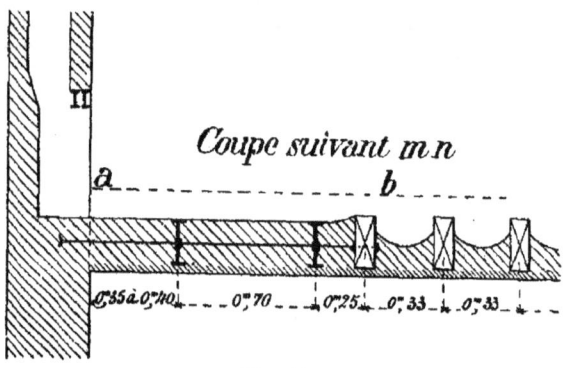

Fig. 96.

solives en fer sont reliées de mètre en mètre par des files de boulons à quatre écrous, qui comprennent également la première solive en bois ; le hourdis s'étend de *a* en *b*. L'intervalle de 0,35 à 0.40 laissé le long du mur jusqu'à la première solive a sa raison d'être, il permet de laisser passer les coffres adossés s'il y en a, ou de les établir plus tard s'il en est besoin, sans qu'il soit nécessaire de remanier la charpente.

63. Planchers en bois avec toutes enchevêtures en fer. — On a avantage, au double point de vue du prix et de la sécurité de la construction, à remplacer dans les planchers en bois *toutes* les enchevêtrures sans exception par des combinaisons de fers à planchers, réservant le bois pour les remplissages des intervalles.

Les solives d'enchevêtrure sont alors remplacées par de doubles solives de fer espacées de 0 m. 25, sur le hourdis desquelles on établit les cloisons s'il y a lieu ; les chevêtres sont également en fers à I, ailes ordinaires, doublées de pièces de bois boulonnées ou, mieux encore, en fers I à larges ailes recevant directement les solives en bois. Ils sont assemblés avec les faces latérales des solives d'enchevêture par des équerres en fer à la manière ordinaire, et ici on a tout avantage à les faire se correspondre au même point, l'assemblage y gagnant en simplicité tout en n'affamant pas la pièce portante.

Les solives viennent s'assembler, pour le premier cas, dans la doublure en bois du chevêtre à la manière ordinaire ; pour le second, elles trouvent sur la large table inférieure un repos suffisant, à la condition d'avoir leur about parfaitement taillé et d'être reliées au moins pour quelques-unes d'entre

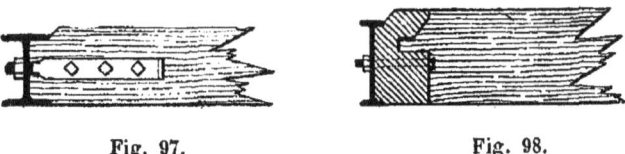

Fig. 97. Fig. 98.

elles par les boulons à platebande dont il a déjà été parlé. Ces deux assemblages sont représentés fig. 97 et fig. 98.

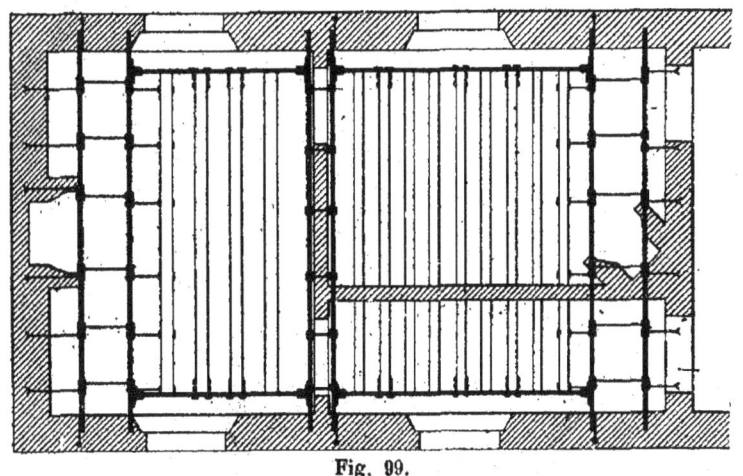

Fig. 99.

La construction mixte représentée fig. 99, dans laquelle toutes les enchevêtrures sont remplacées par du fer, est donc tout à fait recommandable ; elle donne toute sécurité comme solidité et danger de feu et si son exécution est bien comprise elle doit donner de l'économie ; l'emploi du fer permet de grands chevêtres, écarte par suite les maîtresses pièces et simplifie le tracé.

Bien entendu il faut se rendre compte des efforts qui sollicitent chaque pièce et prendre le profil correspondant à la résistance qu'on en attend.

Il faut ajouter que les murs sont bien mieux entretoisés par des pièces en fer que par des pièces en bois, et la seule précaution à prendre est de mettre des semelles en fer suffisamment étendues sous les portées chargées, pour répartir convenablement la pression sur la maçonnerie des murs.

63. Divers ferrements employés dans les planchers en bois. — Revenons au détail de planchers tout en bois. La défectuosité de leurs assemblages directs exige une consolidation au moyen de ferrements; les principaux et les plus généralement employés sont les suivants :

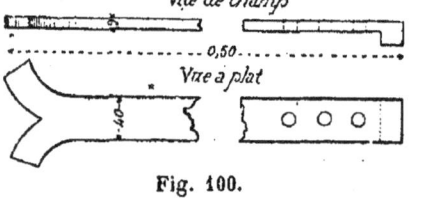

Fig. 100.

1° La *queue de carpe* représentée de champ et à plat fig. 100. C'est une platebande en fer plat généralement de $\dfrac{40}{9}$ et terminée d'un bout par un talon et de l'autre par un scellement dit queue de carpe qui lui a donné son nom; elle est percée de plusieurs trous qui permettent de la fixer à l'extrémité d'une solive ou d'un linçoir au moyen de *clous mariniers*, ou mieux de *tirefonds*, pour allonger son scellement et le mieux lier à la maçonnerie.

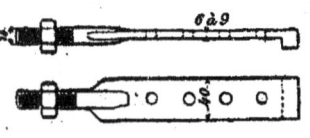

Fig. 101.

2° Le *boulon à platebande* dont il a déjà été parlé et qui réunit l'about d'une pièce de bois avec l'âme d'un fer à plancher. Il est représenté dans deux sens d'équerre par la fig. 101.

3° Les *chevêtres*. Souvent, lorsqu'ils sont courts, on remplace les chevêtres en bois par des chevêtres en fer carré qui présentent l'avantage de moins entailler les solives d'enchevêtrure et d'éviter la façon des tenons aux abouts des pièces de remplissage. Ces chevêtres se font, suivant la charge qu'ils reçoivent, en fer de 0,025, 0,030, 0,040 ou 0,050 de côté ; ils sont contournés, coudés et contrecoudés à la demande, et la forme la plus usitée d'un de leurs abouts est représentée fig. 102. La section carrée se maintient dans la branche horizontale et dans le coude vertical ; la partie qui repose sur la pièce maîtresse s'élargit et s'aplatit pour augmenter la surface de contact ; de plus, elle porte un talon d'équerre. La partie aplatie est ordinairement percée de trous pour le passage de deux ou trois tirefonds.

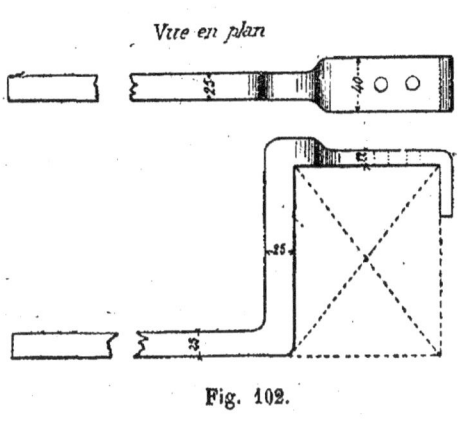

Fig. 102.

Lorsqu'un chevêtre porte sur deux pièces de bois, les deux extrémités sont identiques et symétriques ; lorsque le second about va en scellement dans un mur, il ne se coude pas et se termine tout droit ou par une queue de carpe.

Les *Bandes de trémie* ont exactement la même forme en raison de leur destination identique.

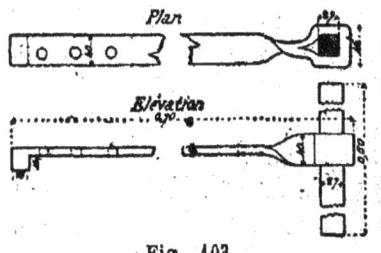

Fig. 103.

4° Les *Tirants à ancre*. On se sert des principales solives d'un plancher, notamment des solives d'enchevêtrure, comme moyen d'entretoisement des murs parallèles qui les portent, et cette liaison a surtout sa raison d'être au droit des trumeaux. D'autre part, on ne considère pas la liaison comme suffisamment établie par le simple scellement de la pièce de bois dans le mur, même lorsque ce scellement a 0^{m}25 à 0^{m}30, parce qu'avec ces dimensions il n'intéresse qu'un des parements du mur et que, si ce dernier était mal lié, il pourrait se dédoubler. On allonge le scellement dans toute l'épaisseur du mur par le ferrement dit *tirant à ancre*, fig. 103.

C'est une platebande dont la section a 40/6 ou 40/9; elle est armée d'un bout d'un talon et percée de trous pour les tirefonds d'assemblage, et de l'autre extrémité elle est terminée par un œil, chantourné ou non, recevant un morceau de fer carré transversal appelé ancre. L'ancre est ordinairement en fer carré de 0,025, et a environ 0,25 de longueur.

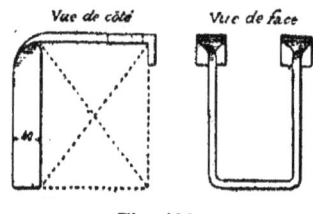

Fig. 104.

Il y a aussi des platebandes en fer à double talon qui servent à relier, dans l'épaisseur d'un mur ou autrement, les deux extrémités de deux pièces de bois qui se trouvent en contact et dont les directions sont en prolongement.

5° *Les étriers* sont des ferrements à deux branches qui servent à soutenir une pièce de bois soit inférieure soit latérale. Ils affectent des formes variées ; la fig. 104 donne le tracé de l'étrier le plus communément employé dans les planchers, celui qui supporte l'about d'un chevêtre sur la solive d'enchevêtrure qui doit le soutenir. C'est un fer de 0,040/9 coudé à plat pour s'appliquer en trois sens sur le chevêtre ; les deux branches verticales se chantournent à la partie haute pour appuyer sur la solive d'enchevêtrure, et se terminent par deux talons. Les branches horizontales sont percées de trous pour les tirefonds de liaison.

6° *Les harpons* n'ont qu'une seule branche ; ce sont des demi étriers.

Tous ces ferrements se forgent avec soin en raison de leur importance et on choisit pour les exécuter une bonne qualité de fer, du fer au bois presque toujours.

64. Planchers en bois avec poutres et solives. — Lorsque la portée d'un plancher dépasse 4 à 5^m il devient avantageux d'employer deux systèmes de pièces de bois : d'une part de grosses pièces, allant d'un mur à l'autre et formant ce que l'on nomme des *poutres*, et, d'autre part, des pièces plus faibles, prenant appui sur les poutres et remplissant l'intervalle : ce sont les solives. Les poutres, ayant un fort équarrissage et surtout une grande hauteur, peuvent avoir une résistance assez grande pour recevoir la charge de la totalité du plancher.

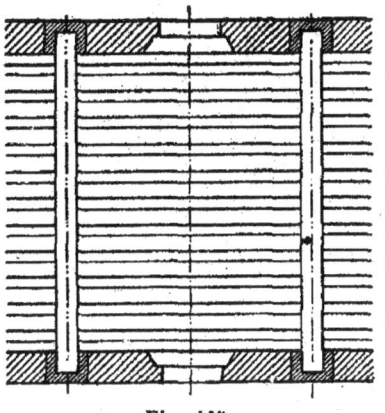

Fig. 105.

La fig. 105 donne la disposition que prend alors une travée de plancher dans un bâtiment simple en profondeur.

Les poutres étant les pièces principales doivent être bien saines sur toute leur longueur et leurs abouts, apportant dans des points déterminés des murs des poids considérables doivent porter d'abord par l'intermédiaire d'une surface de repos en rapport avec la pression latérale de sécurité qu'ils peuvent recevoir ; et, en second lieu si le mur est construit en petits matériaux, il est utile d'avoir sous les retombées de ces poutres soit une pile dosseret en pierre de taille comme l'exige la coutume de Paris, soit tout au moins une assise parpaigne de pierre de taille de 0^m50 de longueur et de 0,40 à 0,50 d'épaisseur, destinée à répartir la pression sur une surface suffisante de ces petits matériaux, et à s'opposer en ce point chargé au dédoublement du mur.

Trois dispositions peuvent alors se présenter :

1° Les solives seront simplement posées sur les poutres.

2° Les solives seront assemblées sur le côté des poutres, et l'excédant de hauteur de ces dernières sera seul apparent au-dessous.

3° Enfin, la poutre toute entière devra être logée dans l'épaisseur du plancher.

On va voir successivement les dispositifs d'assemblages afférents à ces trois cas.

1° *Les solives sont simplement posées sur les poutres.* Ce cas

§ 2. — PLANCHERS EN BOIS

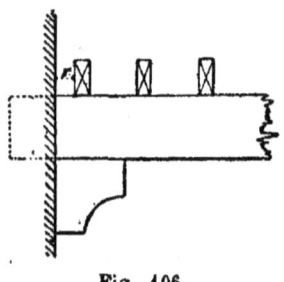

Fig. 106.

est celui de la fig. 106. La poutre est représentée en projection verticale ; elle vient reposer sur une assise de pierre qui forme souvent corbeau au plafond de la pièce du bas, ce qui présente le double avantage d'augmenter la surface de repos et de diminuer la portée. Au-dessus sont posées les différentes solives, la plus rapprochée du mur en étant distante d'au moins 0^m08.

Les solives, si elles sont hautes, peuvent avoir tendance à se déverser, on s'y oppose par des bouts de madriers ou de bastaings coupés de longueur à la dimension exacte des entrevous, que l'on intercale entre les abouts des solives, en les maintenant par de longs clous lardés en biais.

Lorsqu'on a une difficulté quelconque à se procurer de gros bois bien sains, on compose les poutres de deux morceaux parallèles, *jumelés* comme l'on dit en pratique, et que l'on sépare par un léger intervalle. On maintient cet intervalle régulier en boulonnant ensemble les deux pièces tous les mètres, les boulons traversant de petites cales d'écartement.

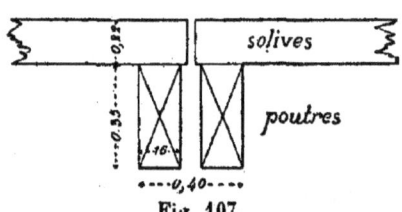

Fig. 107.

La fig. 107 montre, en coupe verticale perpendiculaire à la poutre, cette disposition, dans l'application qui en a été faite aux magasins généraux de la Villette, pour une portée de poutres de 3^m80 et une longueur de solives de 3^m90. Ces dernières ont une section de 0^m22 sur 0^m08 et sont espacées de 0^m33 d'axe en axe.

Lorsque les solives sont posées sur une seule poutre, elles peuvent être mises bout à bout, si cette dernière est suffisamment large, fig. 108 (1). On les met côte à côte dans le cas contraire, fig. 108 (2). Mais alors les files de solives ne se correspondent plus en prolongement dans les diverses travées successives ; lorsque les locaux sont importants, il en résulte un aspect désagréable. On y remédie par une troisième solution fig. 109, qui consiste à couper les solives en biais (en plan) avec une légère crossette pour éviter les angles trop aigus ; il y a une légère perte de bois, mais l'aspect est plus satisfaisant.

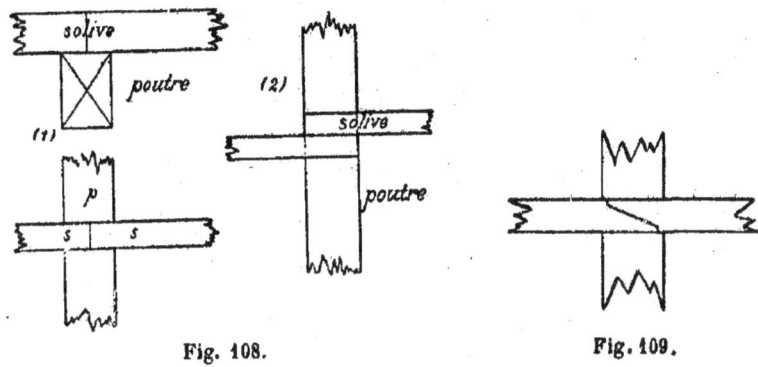

Fig. 108.   Fig. 109.

Il peut être intéressant d'entretoiser les poutres, lorsque leur portée est grande : on le fait en chaînant longitudinalement par des platebandes à double crampons plusieurs lignes de solives, et reliant ces solives chaînées aux poutres par quelques équerres tirefonnées.

2° *Les solives sont assemblées à la partie latérale supérieure des poutres.* — Cette seconde hypothèse se trouve réalisée à moitié par la disposition représentée fig. 110 ; les solives sont assemblées à mi-bois et à queue d'aronde, à la partie supérieure de la poutre ; il en résulte l'effet d'un chaînage longitudinal analogue à celui dont il vient d'être parlé.

Les solives peuvent également être assemblées dans toute leur hauteur avec la partie supérieure de la poutre, la liaison se fait alors par une paume renforcée fig. 111. Cet assemblage, s'il était fait avec la plus grande précision, remplaçant les fibres comprimées enlevées à la poutre par d'autres faisant partie des solives et pouvant recevoir et transmettre la même compression,

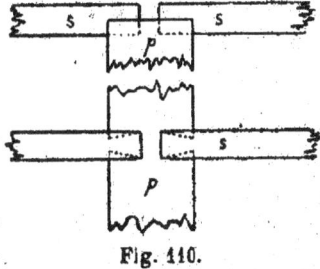

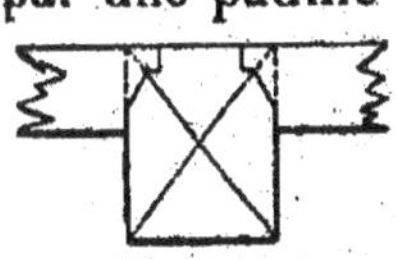

Fig. 110.

Fig. 111.

ne devrait pas affaiblir la poutre ; mais, dans la pratique, on ne doit pas compter sur l'effet d'un ajustement qui n'est jamais exécuté avec une précision suffisante, et, dans le calcul des dimensions de la poutre, il faut tenir compte de l'affaiblissement de résistance dû aux entailles.

Dans cette disposition, les solives des travées successives s'opposent au rapprochement des poutres, et il suffit de quelques platebandes doubles à la partie supérieure pour compléter le chaînage longitudinal.

On supprime quelquefois l'affaiblissement de la poutre causé par les entailles d'assemblage, en portant l'extrémité des solives

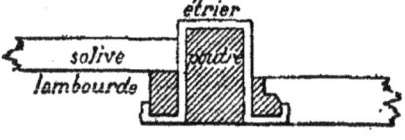

Fig. 112.

par des lambourdes longitudinales portées sur le flanc de la maîtresse pièce et soutenues tous les 1^m00 environ par des étriers en fer carré coudés et contrecoudés, comme le montre la partie gauche de la figure 112. Il est indispensable que la lambourde soit fixée à la poutre par de grandes broches complémentaires de 0^m16 qui assurent la liaison.

La lambourde pourrait même être remontée dans l'épaisseur des solives et ces dernières seraient assemblées à entailles avec elle suivant le tracé de la partie droite de cette même figure.

3° *Les poutres doivent être logées tout entières dans l'épaisseur du plancher.* La partie droite de la fig. 112 donne une des solutions de ce problème, la lambourde est maintenue à la partie basse des poutres et les solives sont assemblées à entailles avec elle.

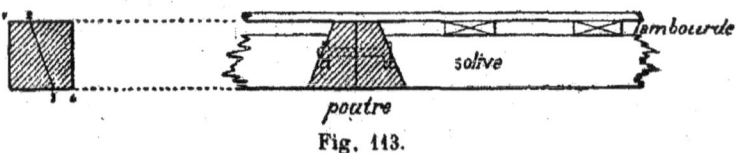

Fig. 113.

D'autres fois, la poutre est refendue par un trait de scie biais par rapport aux faces et qui la débite en deux morceaux ayant une section de trapèze, fig. 113. Ces deux morceaux sont adossés par leurs faces verticales et réunies par des boulons de 0,022 à 0,025 espacés de mètre en mètre. Les faces biaises se trouvent ainsi en dehors et reçoivent les assemblages des solives dont les bouts portent un tenon ; le biais consolide l'assemblage et remplae la lambourde saillante de l'exemple précédent.

Lorsque les portées des poutres restent longtemps humides dans des murs lents à sécher ou exposées aux vents de pluie, elles s'échauffent et subissent une pourriture qui les met rapidement hors de service. C'est pour éviter cet inconvénient que dans nombre de vieux bâtiments on trouve des chambres d'air communiquant avec le dehors par un ou plusieurs trous, et destinées à assécher la portée. C'est une bonne précaution à laquelle il serait bon de revenir, elle est représentée en coupe verticale fig. 114.

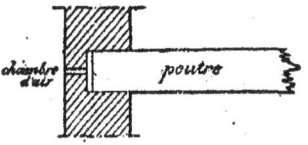

Fig. 114.

65. Quelques dimensions pratiques des poutres. — Dans chaque cas particulier on détermine les efforts auxquels sont soumises les poutres, on en déduit le moment fléchissant maximum et ce dernier sert à son tour à trouver les dimensions transversales qu'il convient d'adopter pour leur section. Lorsque les charges sont uniformément réparties et dans les cas simples où on peut les y ramener, on a avantage à se servir des tableaux de résistance de la page 75.

Voici, pour fixer les idées, quelques dimensions de poutres qui n'ont rien d'absolu, mais qui peuvent s'appliquer à des planchers ordinaires d'habitation :

				Dimensions des poutres hauteur largeur
Portée	4.00 à 4,50	Entr'axe	3,00	$0,33 \times 0,23$
»	4,00 à 4,50	»	4,00	$0,36 \times 0,26$
»	5,00	»	3,00	$0,37 \times 0,26$
»	5,00	»	4,00	$0,42 \times 0,30$
»	6,00	»	3,00	$0,44 \times 0,42$

Au delà, la disposition n'est plus pratique et il est indispensable de trouver pour les poutres des points d'appui intermédiaires, piles, poteaux ou colonnes, ou d'adopter la disposition spéciale dite des poutres armées.

Quant à la profondeur de la portée, on la fait aussi grande que possible et on lui donne au moins 0,40, plus, si l'on peut ; on ne laisse au parement extérieur que juste l'épaisseur nécessaire pour protéger l'about de l'humidité. Souvent dans les vieux bâtiments, on trouve cette protection établie au moyen de dalles logées au nu du parement extérieur du mur et portant des trous d'aérage.

66. Planchers à poutres et solives, avec point d'appui intermédiaire. — Le moyen le plus simple de créer un point d'appui intermédiaire entre les extrémités d'une poutre consiste à placer sous la poutre, en son milieu s'il est possible, un poteau vertical qui vient prendre une partie de la charge et la reporter par son extrémité inférieure sur une

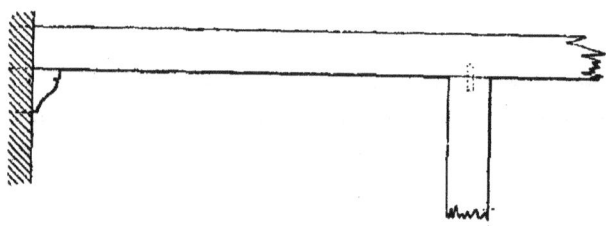

Fig. 115.

fondation convenablement établie. Le moindre tenon ou goujon fait tout l'assemblage et la disposition est représentée fig. 115.

On soulage beaucoup la poutre, lorsqu'elle a une grande portée et qu'elle est soumise à une charge considérable, en

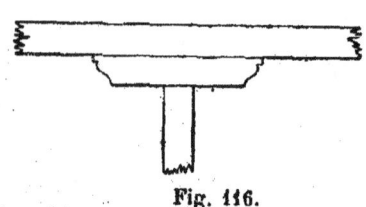

Fig. 116.

interposant entre elle et le poteau une pièce courte horizontale que l'on appelle une *sous-poutre*, fig. 116. La résistance à la flexion de cette sous-poutre concourt, avec celle de la poutre elle-même, à une plus grande rigidité. On remplace dans bien des cas la sous-poutre par deux pièces inclinées, représentées fig. 117, assemblées à tenon, mortaise et embrèvement avec le poteau, d'une part, et avec la poutre, de l'autre. Ces pièces nommées *écharpes* ou *contrefiches* élargissent la tête du poteau, diminuent la portée de la poutre, et augmentent beaucoup la résistance due à une section donnée.

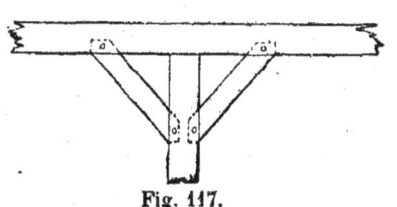

Fig. 117.

On peut combiner avantageusement la sous-poutre et les contrefiches, ainsi que le montre la fig. 118. La rigidité de l'ensemble est encore augmentée.

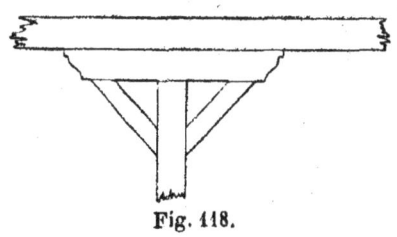

Fig. 118.

Dans ce genre de construction, il ne faut pas, pour réduire les dimensions des poutres, exagérer les dimensions des contrefiches, parce que les composantes horizontales de leurs pressions sur le flanc du poteau ne s'annulent que lorsque les travées voisines sont chargées également, ce qu'on ne peut admettre pour constant. Il ne faudrait pas que la contrefiche, correspondant à une travée chargée seule, pût donner lieu à une composante horizontale capable, par son intensité ou la position de son point d'application, de déterminer la rupture du poteau par flexion. On cite des accidents très graves, arrivés dans des magasins très importants, et qui n'ont eu d'autre cause que le développement exagéré des contrefiches dont on n'avait pas calculé l'effet.

Lorsque les bâtiments sont très larges, on ne se contente pas sous les poutres d'un seul poteau intermédiaire, on en multiplie le nombre de manière à réduire toujours les travées aux environs de 3 m. 50 à 4 m. Les poutres alors ne sont pas d'un seul morceau ; on aboute les pièces de bois et on s'arrange de manière que les assemblages à mi-bois, à traits de Jupiter ou autres, se trouvent toujours au droit d'un poteau, c'est-à-dire en un point où la flexion peut être nulle.

Il est toujours très facile de déterminer la charge que les poteaux ont à recevoir de la part des poutres qu'ils portent. Lorsqu'il n'y a qu'un poteau, c'est-à-dire deux travées dans la largeur du bâtiment, et que ces travées sont égales, si la poutre est d'un seul morceau et uniformément chargée, le poteau milieu reçoit une pression qui est les $\frac{5}{8}$ de la charge totale de la poutre. Si la poutre est en deux pièces avec assemblage sur le poteau, le moment fléchissant est nul en ce point, et le poteau ne porte plus que la moitié de la charge.

Pratiquement, au-delà de deux travées, le poteau ne reçoit comme pression que la charge des deux demi-travées voisines, parce que les poutres ne peuvent plus être exécutées d'une seule pièce.

La charge une fois déterminée, il faut chercher l'équarrissage du poteau et on le fait au moyen du tableau de la page 66, en corrigeant ce que le coefficient qui y est adopté peut avoir d'exagéré pour le bois dont on dispose.

S'il y a des contrefiches latérales au poteau, on cherche à se rendre compte de leur pression oblique, de la composante horizontale qui en résulte, du point d'application de cette force, et on donne au poteau un excédant de section capable de parer à la flexion.

On se rend compte, en troisième lieu, de la pression que le poteau exerce sur la face inférieure de la poutre. Au besoin, au moment du montage, on interpose entre le bois debout du poteau et la face de la poutre ou de la sous-poutre, une feuille métallique mince, du zinc n° 10 par exemple, et cette interposition suffit pour empêcher les fibres du poteau de s'imprimer dans la poutre.

67. Poteaux avec chapeaux en fonte. — Une disposition très rationnelle qui évite mieux encore cette pénétration, consiste à terminer le poteau par un chapeau ou chapiteau en fonte, qui vient le coiffer à sa partie haute et qui présente à l'appui de la poutre une surface suffisante pour offrir toute sécu-

124 CHAPITRE III. — LINTEAUX ET PLANCHERS

rité. La fig. 119 représente en vue latérale, vue debout, coupe longitudinale et plan vu par dessous, le modèle de chapeaux en

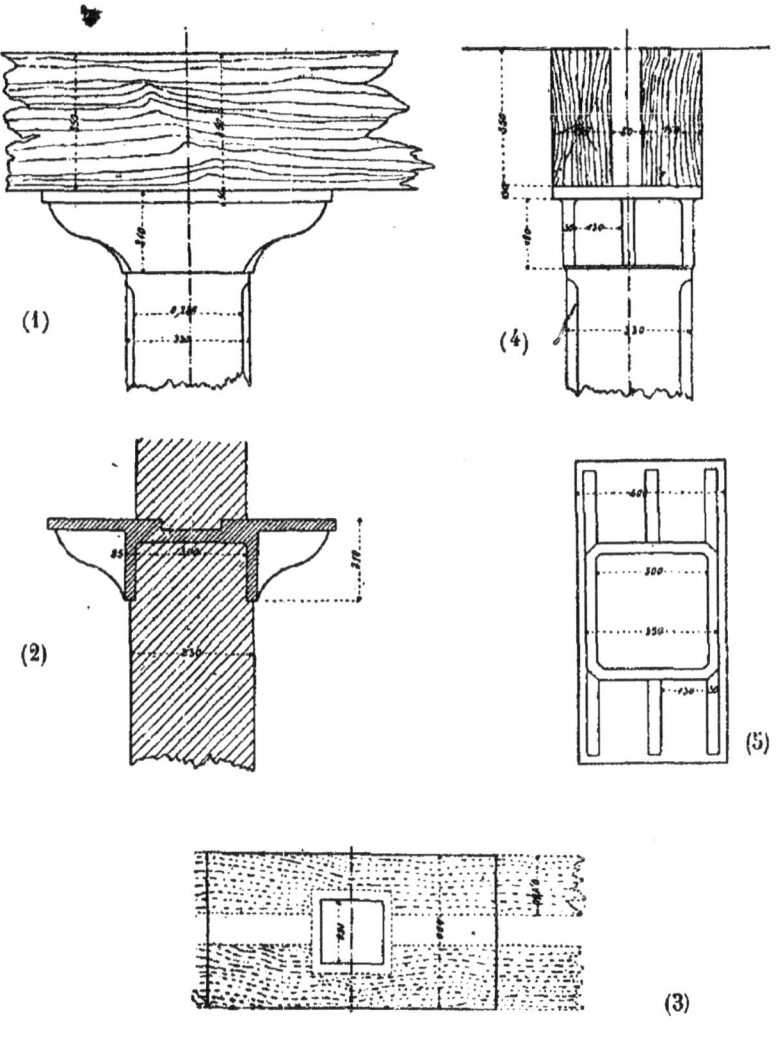

Fig. 119.

fonte employés par M. Vuigner aux Magasins généraux de la Villette. La tête du poteau se loge dans une alvéole qu'elle remplit, et on cherche à faire l'assemblage de telle façon que le chapeau porte bien sur toute la section supérieure du bois. La tablette supérieure déborde l'alvéole de la quantité nécessaire pour recevoir la face du dessous des deux poutres jumelées, et ce débord est accentué en avant et soutenu par trois consoles, de chaque côté, pour diminuer d'autant la portée des poutres.

68. Partie inférieure des poteaux. — La partie basse des poteaux à rez-de-chaussée doit reposer sur une fondation convenable, mais ne doit pas s'approcher du sol dont l'humidité lui serait nuisible. On arrête le bois à 0 m. 60 environ du sol et on le fait porter sur un dé en pierre qui a d'ordinaire la forme d'un tronc de pyramide quadrangulaire ; c'est ce dé qui porte sur la maçonnerie de fondation.

Une mauvaise méthode de jonction consiste à faire un tenon à la partie inférieure du bois et une mortaise dans la pierre, parce que cette mortaise sert de réceptacle à l'eau qui ne peut s'évaporer et pourrit bientôt le bois.

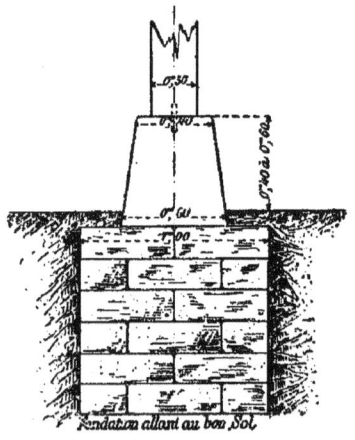

Fig. 128. — Fondation allant au bon sol.

Il vaut bien mieux percer un trou de mèche dans l'axe du poteau, et y introduire un goujon en fer galvanisé ou en bronze entré à force et dépassant de 0^m,10 environ. On fait un trou pareil dans la pierre et le goujon vient s'y engager de toute sa saillie ; la liaison est plus exacte et plus durable. Ce goujon s'oppose au déplacement latéral du poteau sous l'action de chocs extérieurs. On le fait en fer ou bronze de 0,022 à 0,025 de diamètre.

69. Poteaux superposés. — Lorsqu'un bâtiment a plusieurs étages et que les poutres ont un ou plusieurs points d'appui intermédiaires à chaque étage, il importe que ces points d'appui se correspondent bien verticalement. Ils forment donc des files verticales de poteaux se superposant, et dont la charge augmente du sommet jusqu'au sol.

Les dimensions des bois du commerce obligent d'ordinaire à avoir un poteau séparé et distinct par étage, et il y a lieu de se rendre compte de la façon dont les poteaux d'étages seront portés.

Si le nombre d'étages est restreint, la charge faible, on peut faire reposer le poteau du haut sur la poutre directement. Il est nécessaire de se rendre compte si cette pression ne dépasse pas la limite de sécurité de la charge que peut porter la face de la poutre, surtout si elle est d'un seul morceau et par suite déjà fléchie en A, fig. 121. Mais, si le nombre d'étages est important, cette solution est à rejeter et il faut absolument revenir aux chapeaux en fonte représentés fig. 119. Ils présentent, en effet, dans le cas qui nous occupe, le grand avantage de permettre de faire reposer les poteaux les uns sur les autres, directement, sans charger aucunement les poutres des planchers.

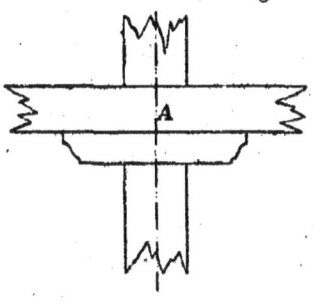

Fig. 121

Le croquis (2) de cette fig. 119 représente par une coupe verticale les deux poteaux reposant l'un sur l'autre par l'intermédiaire du chapeau en fonte; et le croquis n° 3 montre que l'entaille faite aux poutres, pour loger le poteau supérieur, leur laisse une surface suffisante de repos sur la tablette du chapeau, grâce à l'avancement longitudinal soutenu par les consoles.

Cette disposition oblige à avoir des poutres jumelées, ce qui ne peut que présenter des avantages. On s'assure ainsi que les bois sont sains, on facilite le repos des solives en leur donnant une assiette suffisante, enfin on diminue leur portée.

Les poteaux sont il est vrai *quillés*, comme l'on dit,

§ 2. — PLANCHERS EN BOIS

les uns sur les autres, et il faut que les murs présentent soit par leur épaisseur, soit par la disposition de leurs contreforts, une stabilité suffisante pour maintenir tout l'ensemble et s'opposer à toute déformation horizontale, au *roulement* du bâtiment, c'est le terme consacré.

La fig. 122 montre en coupe longitudinale la disposition d'un bâtiment de moulin ainsi composé : un rez-de-chaussée, cinq étages carrés et deux étages de comble. Les poteaux sont superposés comme il vient d'être dit, leur section varie à chaque étage en raison de la charge qui leur correspond, et à chaque étage aussi varie le modèle du chapeau.

Les poutres composées de plusieurs pièces bout à bout sont chaînées par des platebandes et les joints sont chevauchés de 2 en 2 points d'appui.

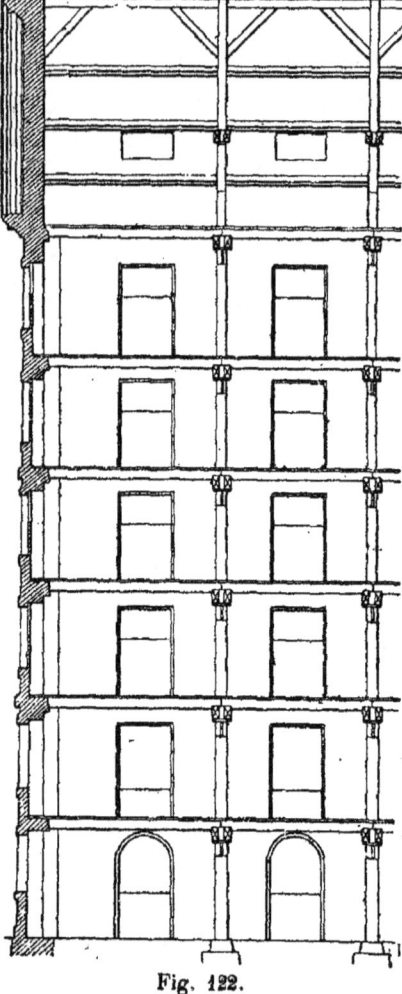

Fig. 122.

Le bois généralement employé pour les poteaux est le chêne, il présente les meilleures conditions de solidité et de durée.

70. Poteau d'une seule pièce pour plusieurs étages. — Pour les constructions plus légères ou dont la durée prévue est limitée, on fait quelquefois les poteaux en sapin et on peut avoir avantage à profiter de la grande longueur des bois pour faire les files de poteaux d'une seule pièce depuis le bas jusqu'au haut du bâtiment, ainsi que le montrent des lignes schématiques de la fig. 123. Les poutres des planchers sont des pièces jumelées passant de chaque côté des poteaux et soutenues aux points de croisement. C'est également en ces points que se font les jonctions bout à bout des pièces horizontales.

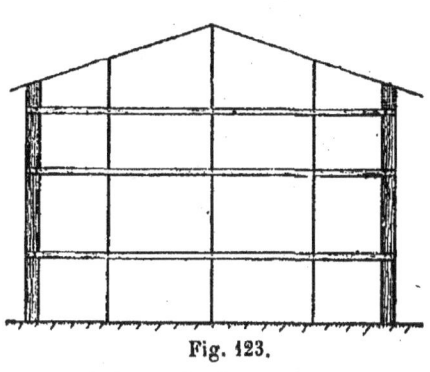
Fig. 123.

On obtient ainsi d'excellents bâtiments d'usine lorsque les bois ne sont sujets, par suite de la fabrication, à aucune humidité. Tous les étages sont parfaitement reliés et on rend les angles complètement invariables par l'emploi de contrefiches dans les deux sens : dans le sens transversal du bâtiment

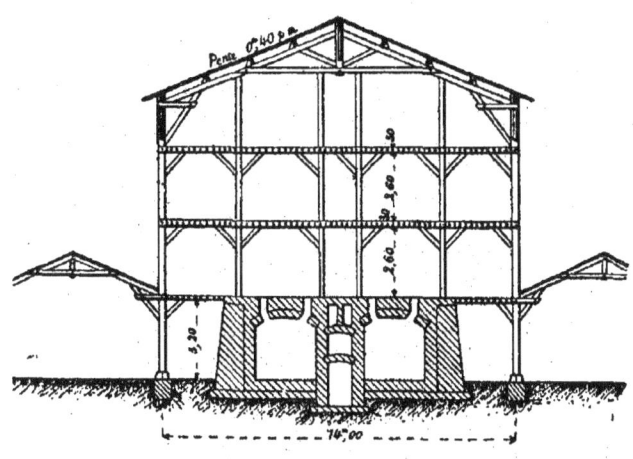
Fig. 124.

en les établissant entre poteau et poutre ; dans le sens longitudinal, entre le poteau et une solive principale, disposée spécialement pour cet usage et dont la présence facilite le montage et le réglage de l'ossature générale, avant la pose du restant des solives.

La fig. 124 donne un exemple d'un bâtiment de briqueterie construit d'après ce principe. Les poteaux extérieurs reposent sur le sol ; ceux de l'intérieur, sur les murs d'un grand four de cuisson ; l'entr'axe a été commandé par la position même de ces murs, d'où un écartement variable. Les poteaux montants sont en sapin et d'une seule pièce dans la hauteur du bâtiment. Ils se relient même à la charpente du comble, ce qui augmente encore la résistance au roulement.

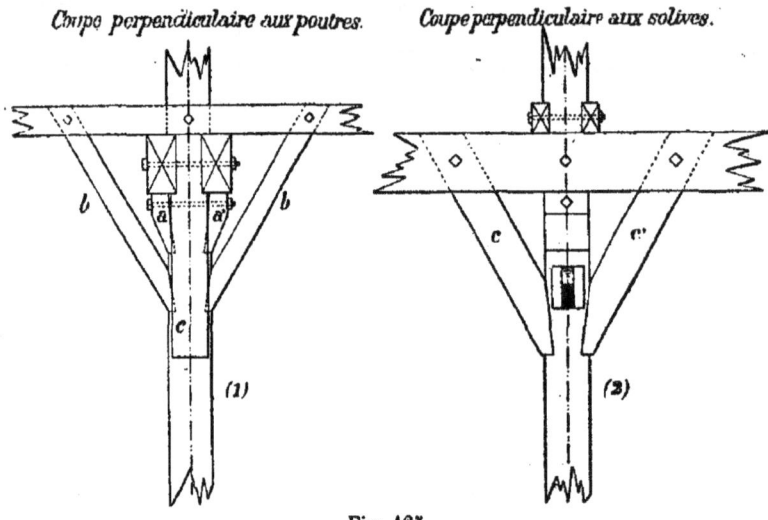

Fig. 125.

L'assemblage des poutres moisées avec les poteaux est représenté, fig. 125, par deux coupes verticales ; l'une (1), perpendiculaire aux poutres, montre le passage de ces poutres près du poteau, ainsi que la manière dont on a augmenté la surface de contact au moyen de deux petites pièces a et a', embrevées à leur partie basse, et maintenues à leur tête supérieure serrées contre le poteau par un fort boulon. Ces pièces portent le nom de *chantignolles*. La même coupe montre les deux contrefiches bb qui relient le poteau à la solive jumelée disposée d'un poteau à l'autre, perpendiculairement à la poutre.

L'autre croquis (2), dans lequel la contrefiche d'avant a été enlevée, représente une coupe perpendiculaire aux solives. La poutre est vue en élévation ainsi que les contrefiches c et

c', qui rendent invariable l'angle qu'elle fait avec le poteau, tout en diminuant sa portée ; elle montre également les chantignolles vue de face.

On remarquera que les 4 contrefiches qui forment la tête d'un poteau n'aboutissent pas au même point du celui-ci ; elles se trouvent étagées deux à deux de manière à éviter que les entailles d'assemblage, accumulées en un même point, n'affaiblissent pas par trop la résistance.

71. Redressement d'une poutre cintrée par un long usage. — La manière dont on a vu que les fibres du bois se comportent dans une pièce à section rectangulaire, soumise à la flexion, donne un moyen remarquable de redresser une poutre qu'une charge continue un peu forte et un long usage ont cintrée d'une façon définitive. Profitant de ce que les fibres supérieures, jusqu'à la fibre neutre, sont comprimées sous la charge,

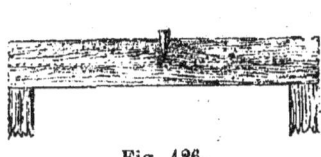

Fig. 126.

on donne à la poutre déchargée et mise à nu un trait de scie transversal au milieu de la portée, en tranchant les fibres comprimées. Cela fait, on étaie la poutre jusqu'à redressement complet, et même on dépasse un peu ce redressement en lui donnant un léger rond en sens inverse ; le trait de scie s'ouvre ; on y introduit à force un coin de bois dur ou même de fer, occupant toute la largeur de la pièce et ayant la forme de l'ouverture ; enfin on enlève les étais et la poutre se maintient redressée. La fig. 126 rend compte de la disposition de la poutre redressée.

On peut, au lieu d'un coin au milieu, en répartir deux ou trois dans la longueur si la poutre est très cintrée,

72. Poutres armées. — On donne le nom de *poutres armées* à des combinaisons de pièces permettant à une poutre de traverser, sans supports intermédiaires, de plus grands espaces que ne le comporte sa section transversale et sa résistance propre.

Cette armature de poutre peut s'appliquer soit à des consolidations de constructions existantes affaiblies, ou devant prendre un surcroît de charge, soit à des constructions neuves que l'on peut étudier et combiner d'avance.

Armatures par platebandes. — Lorsque l'on a à augmenter la résistance d'une poutre existante trop faible, on n'a d'autre ressource, si on ne veut augmenter le nombre de ses points d'appui, que de l'armer de platebandes en fer que l'on assemble sur les faces du bois par un nombre suffisant de tirefonds ou de boulons, répartis uniformément sur la surface en contact.

Fig. 172.

La première idée qui s'offre, en vue d'opérer économiquement la consolidation cherchée, consiste à mettre les platebandes dans la position verticale, et à les assembler sur les faces latérales du bois, comme le montre le croquis de la fig. 127. La plus grande résistance du fer se présentant de champ, on ajoute à la résistance du bois la résistance des deux platebandes agissant séparément. C'est du reste souvent la seule manière d'opérer lorsque les faces latérales du bois sont seules libres.

Il y a à remarquer que si l'on veut que le fer commence à travailler et à porter une partie de la charge avant que le bois soit par trop fatigué, il y a lieu, avant de boulonner les platebandes, de raidir fortement la poutre par un étai commandé par un cric ou un verrin.

Lorsque le bois est bien sain, et que les faces horizontales sont accessibles, on a plus d'avantage à adopter la seconde solution de la même figure 127 et à mettre les platebandes horizontales en haut et en bas de la poutre. Les fers travaillent à leur maximum en raison de leur distance verticale, à condition que l'assemblage soit suffisamment serré pour que le glissement sur le bois soit impossible. On a alors une poutre à double dont l'âme est formée par la pièce en bois. L'observation faite pour le premier exemple subsiste ; il est bon d'étayer le bois pour le raidir au moment de l'assemblage des fers.

Lorsque l'on doit déposer la poutre pour la faire servir à nouveau, on remplace souvent les platebandes verticales par deux fer à I du plus haut échantillon possible, cintrés légèrement sur champ, et dont on entaille les ailes dans les faces latérales du bois. Un nombre suffisant de boulons forme

Fig. 128.

la liaison des deux systèmes. Lorsque l'on adopte cette solution, qui est recommandable, il faut que les fers soient bien peints, et on interpose entre le fer et le bois une quantité suffisante de mastic de minium un peu dur, qui remplit l'intervalle et dont l'excédant reflue à l'extérieur par l'effet du serrage des boulons. La fig. 128 rend compte de cette construction mixte en représentant sa section transversale.

Armature par pièce de fer interposée. — Dans des constructions neuves, on modifie un peu la construction précédente lorsque l'on veut consolider avec du fer une poutre en bois. On

Fig. 129.

coupe la pièce de bois par un trait oblique pour la séparer en deux trapèzes, et on juxtapose les deux pièces par leurs faces d'équerre en y interposant un fer à plancher de fort échantillon. Le tout est serré, tous les 0m 50, par des boulons de 0,022 à 0,025. On emploie fréquemment cette disposition pour des portées de 6, 7 et 8 mètres.

Armature par pièces superposées. — On peut, pour la rendre plus résistante, augmenter la hauteur de la poutre par un second morceau de bois superposé au premier et assemblé à endents pour que les deux faces en contact ne puissent glisser l'une sur l'autre. On a vu au chapitre des assemblages que

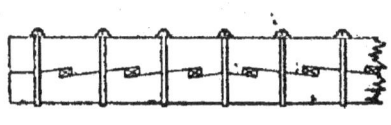

Fig. 130.

l'on obtenait une jonction complète par une série de coins en bois dur, et par un serrage vertical au moyen d'un nombre suffisant de boulons. Cet assemblage est représenté fig. 130.

Armatures par arbalétriers. — On peut augmenter la hauteur de la poutre en son milieu seulement, là où son moment fléchissant est maximum, là où sa section est le plus fatiguée

Fig. 121.

avec la forme ordinaire. On fait à sa partie supérieure les entailles nécessaires pour recevoir, (fig. 131), deux pièces de bois qui butent l'une contre l'autre au milieu et pressent à l'autre bout contre les extrémités de la pièce en tendant à les écarter. Ces deux bois additionnels qui forment une sorte d'arc de décharge portent le nom d'*Arbalétriers*.

Quand on dispose d'une hauteur plus grande, on a avantage à relever davantage les arbalétriers en leur milieu, fig. 132, et on

Fig. 132

les relie avec la poutre par une cale qui remplit l'intervalle; souvent aussi on les assujettit au point de jonction supérieur par deux platebandes en fer. Dans ce croquis la double entaille d'embrèvement est préférable à l'unique entaille de la figure précédente.

Fig. 133.

La fig. 133 représente une disposition plus résistante. La poutre est en deux pièces, et c'est entre ces deux pièces parallèles jumelées que viennent se loger les deux arbalétriers au moyen d'entailles appropriées. Ces derniers, au lieu de s'appuyer directement l'un sur l'autre, viennent buter contre les faces opposées d'un potelet vertical relié aux poutres et le tout est liaisonné par le serrage d'un nombre suffisant de boulons horizontaux. Les arbalétriers, dont les extrémités ne peuvent s'écarter, viennent par leur butée sur l'axe soutenir le haut du potelet qui prend le nom de *poinçon* ; le poinçon, à son tour, vient soutenir le milieu de la double poutre. Tout se passe comme si on avait créé un point d'appui au milieu de la poutre, et la résistance de cette dernière en est considérablement accrue.

La figure 134 donne un nouvel exemple de la disposition précédente pour le cas où la hauteur dont on dispose permet

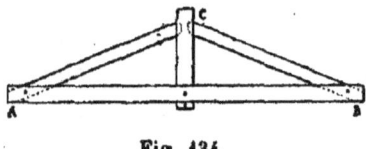

Fig. 134.

de relever davantage la partie milieu. Cet accroissement de hauteur détermine une forte augmentation correspondante dans la résistance.

La poutre horizontale, ordinairement moisée, prend alors le nom de *tirant* ou d'*entrait*. Elle comprend, serre et retient fortement les extrémités des arbalétriers, de manière à rendre impossible tout écartement. Les arbalétriers viennent buter contre le poinçon et en porter la partie supérieure, tandis que la base de ce dernier soutient le milieu de la poutre.

Celle-ci est donc portée véritablement en trois points : les deux extrêmes A et B sont les points d'appui donnés, et le point milieu qui est créé par le poinçon relié aux arbalétriers.

Cette disposition très rationnelle prend le nom de ferme de charpente.

Armature par bielle et sous-tendeur. — On peut armer une poutre en bois au moyen d'une disposition inverse conduisant au même résultat, quand c'est par dessous que l'on dispose de la place nécessaire. Deux tiges de fer sont fixées convenablement aux extrémités de

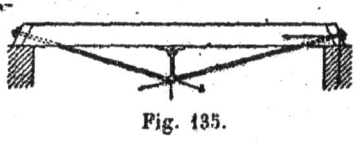
Fig. 135.

la pièce, fig. 135 ; elles sont inclinées, symétriques, se dirigent en contrebas et viennent concourir au bout inférieur d'un potelet qui soutient le milieu de la poutre. Les tiges de fer se nomment *sous-tendeurs* ; le potelet s'appelle la *bielle* ; et, au moyen de ces pièces on crée un point d'appui intermédiaire, le sommet de la bielle. La poutre a alors la résistance due à ses trois points d'appui. Pour les grandes portées ou les charges considérables on arme souvent les poutres par plusieurs bielles successives portées sur des sous-tendeurs convenablement disposés.

Armature américaine. — On peut former avec deux pièces de bois parallèles, écartées l'une de l'autre, une poutre dont la résistance pourra être très considérable (puisque l'on dispose de la hauteur), à condition de relier les deux pièces par une série d'autres, intermédiaires, et disposées de telle sorte, que l'ensemble de cette charpente puisse travailler comme s'il ne faisait qu'un

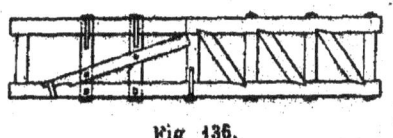
Fig. 136.

seul et même morceau. Toute la pièce supérieure résiste à la compression, et la pièce inférieure à l'extension.

La fig. 136 montre deux dispositions possibles des pièces de liaison pour obtenir ce résultat. On leur donne aussi très souvent la forme d'un treillis serré dont les barres travaillent, les à unes la compression, les autres à l'extension ; on les boulonne fortement à tous les points de croisement.

Ces poutres composées sont dites poutres américaines. Elles sont très employées dans les pays où les bois de construction sont très abondants. On a construit ainsi des poutres de très grands ponts, et on en verra les exemples avec détail dans le chapitre des ponts et passerelles développé plus loin.

73. Planchers spéciaux avec bois courts. — Nous terminerons ce chapitre relatif aux planchers par la disposition que l'on peut adopter pour couvrir avec des bois courts un espace donné. La solution est très variée, suivant les cas particuliers qui se présentent. La simplicité et l'économie de main d'œuvre sont sacrifiées. Mais la fig. 137 montre, par une des nombreuses combinaisons possibles, que le tracé au moins est facile. Dans la pratique, le nombre des assemblages biais qui se présentent ainsi, la précision que doit avoir la taille pour rendre le montage commode rendent ce genre de planchers inabordables par le prix, et, de plus en plus, l'emploi de la construction en fer suppléera avantageusement aux combinaisons classiques de ces tracés compliqués.

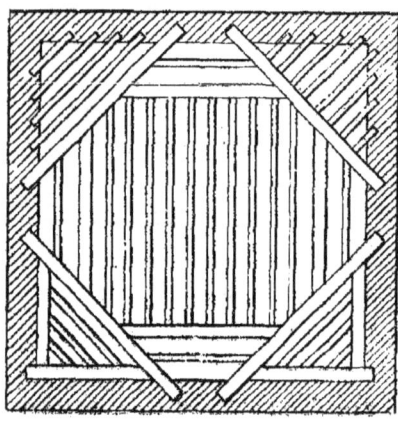

Fig. 137.

74. Planchers à bois apparents. Planchers ornés. — Les planchers ne sont pas toujours destinés à être enduits à leur sous-face. Quelquefois, les bois qui les composent restent apparents, soit que leur conservation soit ainsi mieux assurée, soit qu'on veuille éviter des enduits dans des circonstances où ils risqueraient de se crevasser ou de se détacher, soit enfin pour obtenir, au moyen d'une ossature apparente convenablement disposée, un moyen de décoration.

Les bois peuvent être apparents dans toute leur hauteur. C'est le cas de constructions économiques où les bois, réglés de hauteur, ont leur surface supérieure dans un même plan pour recevoir directement un plancher ; bien des magasins et ateliers sont ainsi disposés.

D'autres fois, les solives ne sont apparentes que sur une partie de leur hauteur, le reste du plancher est creux et fermé par des bardeaux ou plein et hourdé.

La fig. 138 représente la section de deux solives successives dont la partie inférieure seule est visible. Le bas des faces latérales porte des tasseaux en bois cloués, moulurés ou non,

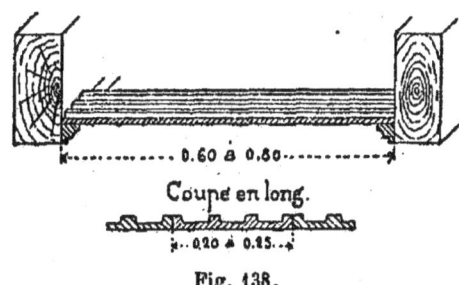

Fig. 138.

qui sont chargés de supporter des entrevous en terre cuite dont la coupe en long donne la forme. L'écartement ordinaire des solives peut être augmenté par économie et la longueur des pièces céramiques portée jusqu'à 0,60 à 0,80 ; mais cette dernière dimension est un maximum.

Lorsqu'on veut augmenter l'insonorité, on peut modifier cette disposition de la manière suivante, représentée fig. 139. A une certaine hauteur des faces verticales on cloue des tas-

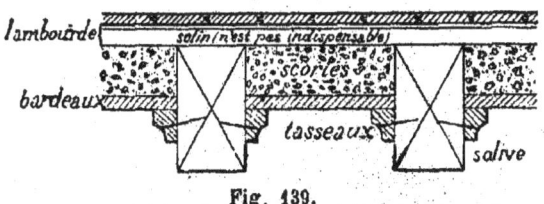

Fig. 139.

seaux et on leur fait porter des bardeaux en bois, ou des planches rainées établies bien horizontales, avec face vue bien régulière, puis, au-dessus, on fait un remblai de mâchefer ou de scories bien sèches jusqu'à affleurer les solives. Ces dernières ont leur face supérieure dans un même plan horizontal et reçoivent directement le brochage des lambourdes sur lesquelles est établi le parquet.

La fig. 140 donne une disposition un peu différente, sur les bardeaux, formé de lattes courtes espacées de 0,10 environ d'axe en axe, on vient poser les premiers matériaux d'un

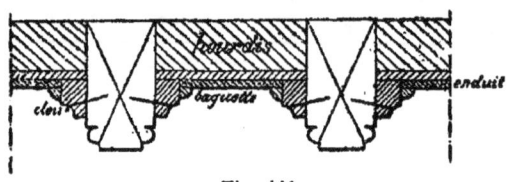

Fig. 140.

hourdis maçonné en plâtras et plâtre qui vient affleurer la partie supérieure des solives ; puis, au-dessous, dans les intervalles des solives, on fait de véritables plafonds partiels en plâtre, bien dressés et bien unis. On couvre le joint entre le plâtre et le bois par une petite baguette en bois clouée que l'on nomme une *parclose*. Cette disposition s'applique surtout à des planchers soignés.

Pour les planchers dans lesquels on compte sur l'arrangement des bois apparents pour former une décoration convenable, il est nécessaire qu'une certaine symétrie ou au moins une certaine régularité règne dans la disposition des pièces.

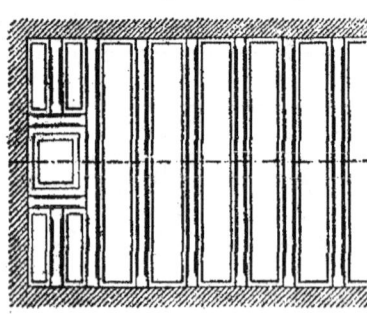

Fig. 141.

S'il y a des trémies, il est indispensable qu'elles soient disposées de manière à être axées. S'il y a des enchevêtrures, on les accuse et elles doivent marquer, par les arrangements réguliers de leurs bois, que le plus grand ordre a présidé à la composition de l'édifice.

La fig. 141 donne la disposition d'un plafond vu de dessous, formé par une série de solives parallèles apparentes ; à l'extrémité de gauche, une trémie bien accusée montre qu'à l'étage supérieur il y a une cheminée portée par le plancher. Les solives de ce plancher sont ou chanfreinées ou moulurées sur l'angle, dans le genre du profil de la figure 140, et, chanfreins ou moulures sont tous arrêtés au ciseau, à 0,10 ou 0,15 des extrémités ou des rencontres, ce qui produit un heureux effet. Les tasseaux d'entrevous sont moulurés et retournés le long des murs et de toutes les pièces et forment pour chaque plafond partiel une corniche d'encadrement.

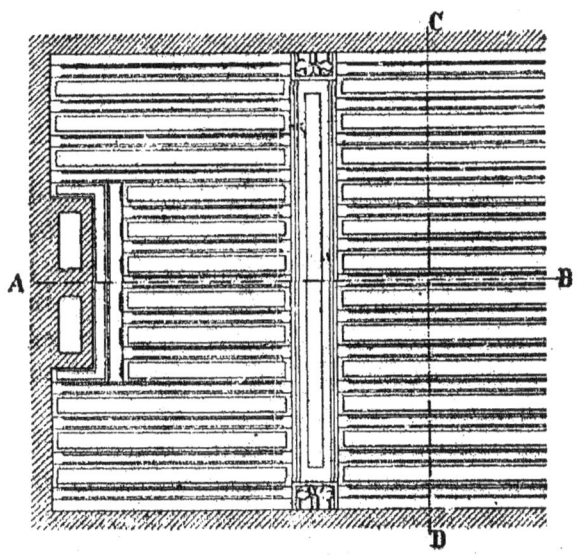

Fig. 142

L'élément décoratif est plus important encore lorsque le plancher est composé de poutres et de solives. Les solives sont alors ou posées sur la poutre ou assemblées à la partie supérieure de ses faces latérales.

La poutre fait ainsi sur les solives une saillie plus ou moins considérable, et elle est ornée de moulures sur les rives, de panneaux moulurés sur sa face inférieure, et enfin, quelquefois, de moulures latérales accusant des tasseaux sous les retombées des solives.

La figure 142 représente un plafond de ce genre ; la poutre

repose sur deux consoles en forme de corbeaux sculptés faisant partie du mur.

Quant aux solives, elles sont traitées comme celles dont il vient d'être parlé précédemment ; elles sont moulurées sur l'angle avec arrêts au ciseau et les deux plafonds partiels des entrevous sont entourés de cadres moulurés.

La peinture décorative vient encore ajouter à l'effet produit en donnant à la charpente la valeur de ton qui lui convient, et ajoutant le détail de ses filets et de ses ors aux diverses parties du plafond.

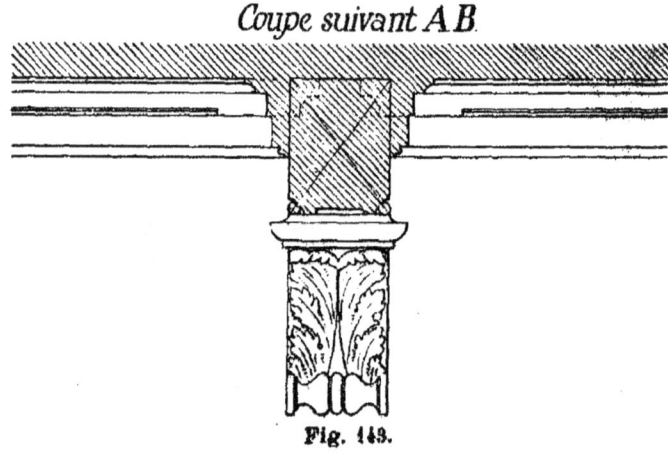

Fig. 143.

La fig. 143 donne une coupe partielle de ce plancher, faite par un plan vertical passant par le milieu de la salle, suivant l'axe AB du plan général. On voit la poutre en coupe, les solives en élévation latérale, et, en façade, le corbeau console de l'extrémité de la poutre. Une moitié seulement des solives est apparente, l'autre moitié est noyée dans l'épaisseur du plancher.

La coupe en question montre également les champs d'encadrement des plafonds partiels, ainsi que ceux qui, plus bas, sont spéciaux à chacun des grands caissons formés par deux poutres successives et les murs mêmes du bâtiment.

La fig. 144 donne la coupe de ce même plafond par un plan vertical perpendiculaire au premier et dont la trace sur le plan général est CD.

Les différentes solives coupées montrent leur profil, ainsi que les encadrements des entrevous ; la poutre est représentée en élévation latérale, et le corbeau console en vue de côté.

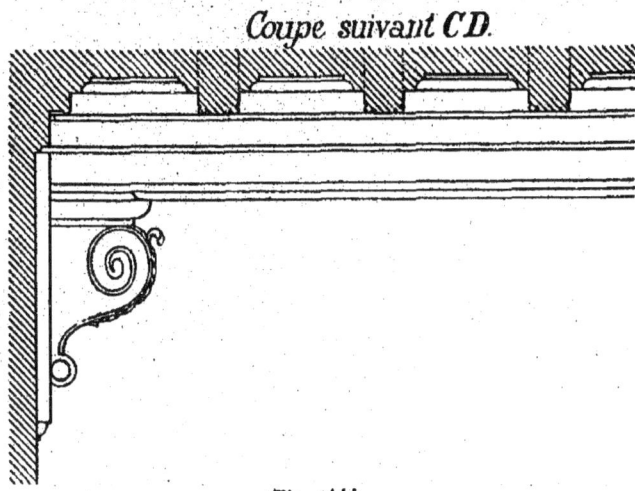

Fig. 144.

On remarquera la disposition qu'on peut prendre en adossant une solive directement le long des murs longitudinaux du bâtiment. Enfin, la fig. 142 montre l'arrangement de la charpente au passage d'un coffre saillant formée de tuyaux de fumée qu'elle doit éviter.

CHAPITRE IV

PANS DE BOIS

SOMMAIRE :

75. Pans de bois en général, définition. — 76. Des clôtures en bois à claire-voie. — 77. Clôtures pleines en bois. — 78. Pans de bois composés d'une suite de poteaux isolés. — 79. Pan de bois formé en planches. — 80. Pan de bois avec remplissage en briques. — 81. Pans de bois ornés. — 82. Pans de bois hourdés et enduits. — 83. Disposition du pan de bois à un passage de porte-cochère. — 84. Pan de bois lié à des murs. — 85. Ferrements des pans de bois. — 86. Principaux assemblages des pans de bois. — 87. Pans de bois de refend. — 88. Pan de bois en encorbellement. — 89. Instabilité de ces pans de bois. Roulement transversal. — 90. Pans de bois circulaires. — 91. Pans mixtes. — 92. Pans de bois à poteaux hauts et espacés. Triangulation par croix de St-André. — 93. Pans de bois largement ouverts. — 94. Cloisons de remplissage.

CHAPITRE IV

PANS DE BOIS

75. Des pans de bois en général : définition. — Nous nommerons *pan de bois* toute construction en bois pouvant remplacer une construction verticale en maçonnerie : pilier, mur ou cloison. Les murs de clôture peuvent être remplacés par des treillages, palissades ou clôtures en bois. Ces clôtures sont des pans de bois au même titre que les façades des bâtiments dont le bois forme l'ossature. Les files de poteaux intérieures ou extérieures des constructions, de même que les palées de ponts ou les pylones pour toutes destinations sont aussi des pans de bois.

76. Des clôtures en bois à claire-voie. — La plus élémentaire des clôtures est formée de treillages ; assemblage de lattes de chêne ou de châtaignier, liées ou clouées aux points de jonction et formant des mailles régulières comme le représentent

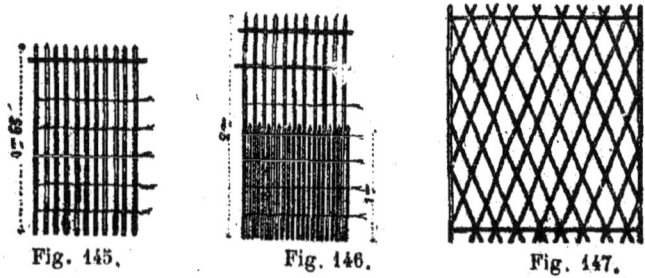

Fig. 145.   Fig. 146.   Fig. 147.

les figures 145, 146 et 147. Les panneaux de treillages ne peuvent avoir du raide dans le sens horizontal que par l'addition de cours de lattes de niveau, au nombre de un ou deux, dans la hauteur. Lorsque les lattes sont verticales et parallèles, on les double souvent à la partie basse pour produire une clôture plus serrée ; on les retient par quelques cours de torsades en fil de fer, à l'écartement régulier qu'elles doivent conserver.

Pour maintenir verticales ces clôtures, on se sert de pieux ronds, en frêne, en chêne ou en acacia, que l'on brûle par le bas après afûtage et que l'on goudronne ensuite. Ces pieux ont 0,08 à 0,10 de diamètre. On les enfonce en terre au maillet en les enterrant de 0,40 environ dans le sol.

Pour les treillages de 1 m. 00 à 1 m. 15 de hauteur, on espace les pieux de 1 m. 50 à 1 m. 30 ; pour ceux de 1 m. 30 à 1 m. 50, on les espace de 1 m. 30 ; pour les clôtures de 1 m. 55 à 2 m. 00, on les espace de 1 m. 00 à 1 m. 30.

Les cours horizontaux de lattes nommés lisses sont cloués sur les poteaux et un nombre suffisant de ligatures en fil de fer galvanisé complète l'assemblage sur le restant de la hauteur.

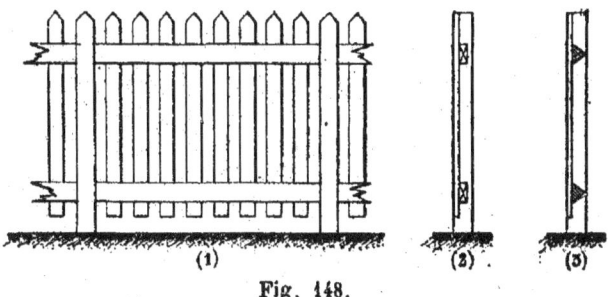

Fig. 148.

Les clôtures en treillage ont une grande flexibilité en raison du faible échantillon des lattes qui les composent ; quand on veut une paroi plus rigide, on prend des poteaux en bois équarris, ainsi que des lisses également de dimensions plus fortes ; ces dernières sont établies au nombre d'au moins deux, l'une près du sol, l'autre à une petite distance de la partie haute. Elles sont assemblées à tenons et mortaises avec les poteaux. Sur ces lisses on vient clouer des planches verticales minces, de 0 m. 015 à 0 m. 027, suivant la hauteur, et pour économiser le bois on les écarte les unes des autres d'une quantité constante. On s'arrange de manière que le poteau tienne lieu d'une planche pour ne pas nuire à l'aspect d'ensemble.

La fig. 148 donne la composition d'une telle clôture ; le croquis (1) donne l'élévation arrière; le croquis (2), la coupe verticale.

Ces palissades périssent par la pourriture du bois, soit aux pieds des poteaux, soit aux assemblages des lisses et des planches, soit enfin à la partie haute de ces dernières. On augmente leur durée en brûlant ou goudronnant le pied des poteaux, en abattant une pente sur la partie supérieure des lisses et en terminant en pointe la partie haute des planches.

Le croquis (3) donne une seconde coupe verticale montrant une section triangulaire pour les lisses. On les obtient toutes deux par un trait de scie diagonal donné dans un bois de section carrée. La forme est avantageuse au point de vue de l'écoulement immédiat de l'eau et de la conservation du bois.

Les palissades en planches se font ou en bois brut de sciage ou en bois blanchis au rabot, suivant leur destination.

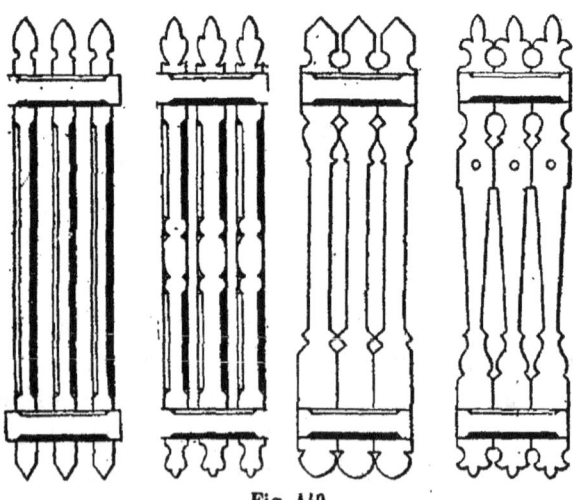

Fig. 149

Lorsque l'on veut leur donner un aspect décoratif, on peut chanfreiner les poteaux et les lisses, et découper les planches verticales suivant un profil étudié, les quatre croquis de la fig. 149 donnent des exemples de ces sortes de clôtures.

Toutes les clôtures se détériorent rapidement à l'air si l'on omet de les entretenir de peinture sur toutes leurs faces ; il faut avoir soin de bien reboucher les fissures de séparation des parties en contact.

Pour augmenter la durée des poteaux, on peut les former de fer et de bois en composant cette construction mixte de telle sorte que fer forme les scellements dans le sol. Le poteau en  bois est fendu en deux parties, et on rapproche celles-ci, convenablement entaillées, de chaque côté d'un fer à I qui se prolonge seul dans le sol ; les deux parties de bois, ainsi que le fer,

Fig. 150

sont reliés dans le sens de la hauteur par des boulons noyés dans le bois et espacés d'environ 0m.50 les uns des autres. On a soin avant le dressage d'interposer entre les faces en contact du mastic de minium, après peinture préalable. Ce mastic remplit tout le joint, le serrage du boulon faisant refluer tout l'excédent ; la fig. 150 montre la coupe horizontale d'un pareil poteau mixte.

77. Des clôtures pleines en bois — Toutes les clôtures à claire-voie dont il vient d'être parlé sont généralement basses : 1m.10 à 1m.50 au plus. Lorsque les clôtures doivent être plus protectrices, on les fait monter à une hauteur de 2.00 à 3m.00 et on les établit pleines. Ainsi comprises, elles sont formées de la même manière, de poteaux scellés dans le sol, d'une lisse haute et d'une lisse basse ; seulement les dimensions des bois sont plus fortes pour résister aux efforts latéraux et notamment au vent. Les poteaux et les lisses sont établis à l'intérieur, et les planches sont clouées jointives. Leur partie haute peut être arasée, ou taillée en pointe, ou enfin découpée suivant un profil approprié.

Les planches juxtaposées, quelque bien dressées qu'elles soient, laissent entre elles des vides qui s'accentuent par la dessiccation et qui rendent la clôture incomplète. On les supprime par l'emploi des couvre-joints *a*, fig. 151. Ce sont de petites tringles de 0m.04 à 0.05 de largeur que l'on cloue sur les planches à cheval sur l'intervalle ; on a soin de ne les fixer que sur l'une d'elles pour laisser libre le gonflement ou le retrait des bois, ainsi que le montre le détail (2) de cette même figure 151.

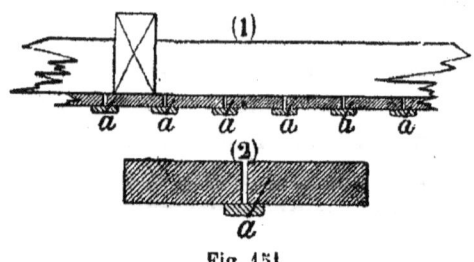

Fig. 151

Lorsque la clôture est exposée à des vents violents, ou qu'elle a une hauteur considérable, on consolide chaque poteau à l'intérieur au moyen d'une contrefiche inclinée, assemblée à tenon, mortaise et embrèvement, ou simplement fixée sur le poteau avec de longs clous de 0m.16 appelés broches. Cette contrefiche se nomme dans ce cas un *arc boutant* ; elle est entrée dans le sol de la quantité nécessaire pour la stabilité, et on consolide son pied comme celui du poteau par un scellement en maçonnerie (fig. 152). Le reste de la palissade s'exécute comme les précédentes.

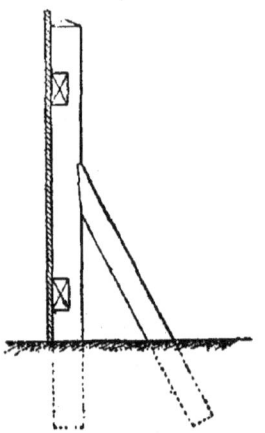

Fig. 152

Lorsque ces palissades sont brutes, on les goudronne à chaud pour augmenter leur durée et les préserver des intempéries ; lorsqu'elles sont blanchies au rabot, c'est au moyen de la peinture à l'huile qu'on les protège, et il faut préalablement bien reboucher les joints au mastic pour que l'eau ne les pénètre pas.

78. Pan de bois composé d'une suite de poteaux isolés. — Les pans de bois trouvent dans la construction des bâtiments de nombreuses applications. On les emploie lorsque l'exécution doit être rapide ou que les bois ne risquent pas d'être soumis à l'humidité. Ces sortes d'ouvrages peuvent être recouverts de maçonnerie, mais dans nombre de cas les bois restent apparents. Dans cette dernière condition, ils sont susceptibles d'une bien plus grande durée.

Le pan de bois le plus simple qu'on puisse rencontrer dans un bâtiment consiste en une suite de poteaux alignés, posés sur dés et supportant une pièce horizontale nommée *sablière*.

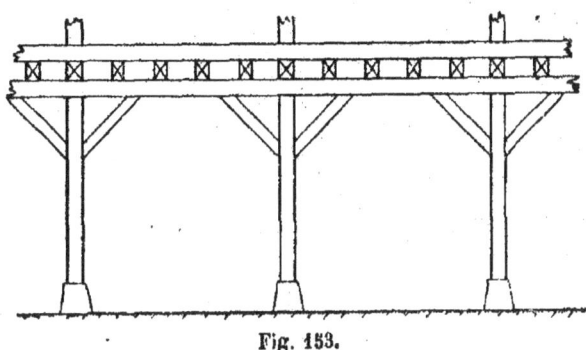

Fig. 153.

Cette sablière est destinée à son tour à soutenir les portées des solives du plancher de l'étage. L'élévation de ce pan de bois est représentée fig. 153. Les poteaux sont espacés suivant les besoins de 3 à 5 m. environ.

Cette construction ne doit pas pouvoir se déformer dans son plan. On s'oppose à toute déformation, on prévient le *roulement*, comme l'on dit, en rendant invariables les angles droits que les poteaux successifs font avec la sablière, et on obtient ce résultat en créant des triangles indéformables au moyen de *contrefiches* ou *liens*, pièces dont la direction s'approche de 45° et qui s'assemblent avec la sablière, d'une part, et avec le poteau de l'autre.

Non seulement le pan de bois doit être rigide dans son plan, mais comme en raison de sa faible épaisseur il n'a aucune stabilité dans le sens transversal, il y a lieu de le maintenir bien vertical d'autre façon. On cherche à former un triangle indéformable dans un plan perpendiculaire à la façade entre les poteaux et d'autres pièces de la construction. Pour cela, on s'arrange, dans l'étude du plancher, à faire correspondre avec chaque poteau une maîtresse solive et on la relie convenablement avec la sablière et le poteau, et c'est entre ce dernier et cette solive que l'on met un nouveau lien à 45° environ.

La fig. 154 donne la coupe de profil du pan de bois précédent ; elle montre l'un des poteaux, la coupe de la sablière et le lien qui réunit ces deux pièces. Puis, sur la sablière se montrent les solives qui se projettent les unes sur les autres, et, parmi elles, se trouve la solive maîtresse avec laquelle le lien se trouve assemblé.

Cette triangulation qui s'oppose à la déformation des combinaisons de charpentes porte le nom de *contreventement*. Il y a le contreventement dans le plan du pan de bois et le contreventement dans le sens perpendiculaire.

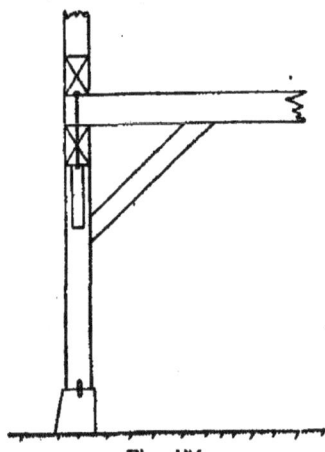

Fig. 154.

Lorsque les contreventements doivent s'opposer à des efforts latéraux considérables, ou augmente la dimension des triangles et on assure par des ferrements appropriés la fixité de leurs assemblages.

Si sur cette construction on veut ajouter un nouvel étage, on commence par mettre sur les portées de toutes les solives une nouvelle sablière horizontale dans le plan vertical de la première, et c'est sur cette sablière et dans l'axe des poteaux déjà placés que l'on établit une nouvelle file de supports.

79. Pan de bois fermé en planches. — Les intervalles des poteaux, au lieu de rester ouverts, peuvent être destinés à être clos. On a le choix entre une clôture en planches vivement faite et économique, et une clôture en maçonnerie plus solide, plus durable, plus hermétique, plus isolante de la chaleur mais aussi d'un prix plus élevé.

Pour établir la clôture en planches qui est le plus fréquemment employée dans les bâtiments industriels, il est nécessaire de poser préalablement, dans les entr'axes, d'autres pièces de remplissage en charpente, plus rapprochées et disposées convenablement pour permettre de clouer bien complètement les planches. Ces pièces doivent être à un écartement de 1ᵐ00 ou 1ᵐ50, rarement 2ᵐ00.

On commence par remplacer les dés par un muret en maçonnerie tout le long de la paroi à établir. Ce muret est destiné à isoler du sol la base du pan de bois. On lui donnera la plus grande hauteur possible, 1ᵐ00 si l'on peut, et les dés en forme de pyramides quadrangulaires des poteaux isolés seront remplacés par des morceaux de pierre à parois verticales, et formant parpaings dans le muret. Ces blocs reçoivent les pieds des poteaux, et ces derniers, régulièrement espacés et établis à leur véritable place, soutiennent la sablière et les solives du plancher comme précédemment.

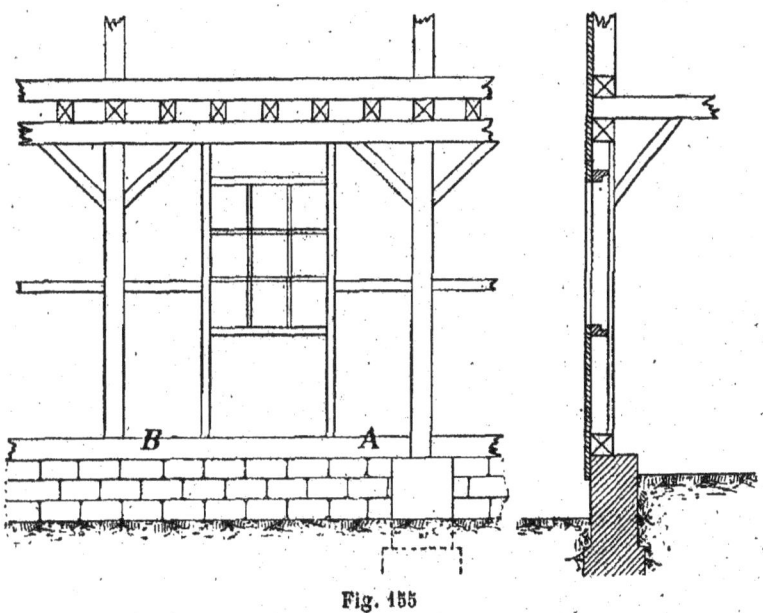

Fig. 155

Entre les poteaux et sur le mur de soubassement on établit une sablière horizontale de faible section, ainsi qu'il est indiqué en A, fig. 155. D'autres fois, comme en B, la sablière est un peu plus large ; elle passe sous les poteaux dont elle reçoit la section entière, et dispense des dés en pierre. Entre la sablière basse et la sablière supérieure, on vient placer ce que l'on appelle une *huisserie*. C'est un cadre en charpente composé de deux potelets et d'une ou deux traverses. Ces pièces sont assemblées d'équerre, et le rectangle vide qu'elles comprennent a la dimension de la fenêtre ou du chassis d'éclairage que l'on doit réserver dans la travée; une feuillure règne au pourtour pour recevoir la menuiserie qui fermera la baie. Les poteaux d'huisserie ont la hauteur de l'étage et s'assemblent avec les sablières. Entre l'huisserie et les poteaux du bâtiment on établit un ou plusieurs cours de pièces horizontales appelées *lisses*.

Les parements extérieurs de toutes les pièces de bois sont soigneusement établis dans un même plan vertical, qui s'arase avec le parement extérieur du mur de fondation.

La charpente est alors prête à recevoir les planches de revêtement. Ces planches ont d'ordinaire $0^m 22$ de largeur et 0,018 à 0,027 d'épaisseur; on les pose verticales, on les cloue jointives, et on recouvre les joints par des lattes dites *couvre-joints* à arêtes abattues, comme on l'a vu pour les clôtures en planches au n° 77.

Le revêtement en planches recouvre ainsi, non seulement tous les bois y compris la sablière inférieure, mais encore le mur au-dessous sur une certaine hauteur, empêchant ainsi toute humidité d'y pénétrer.

On termine les planches à leur partie basse par une découpure formant soit une série de triangles soit une suite de demi-cercles.

Quand toutes les charpentes ne peuvent être au même nu, on détermine plusieurs revêtements successifs de planches à des nus différents, les supérieures recouvrant les planches du dessous, de la même manière que celles-ci recouvrent le soubassement.

La fig. 156 représente la façade longitudinale d'un hangar ainsi clôturé par une paroi en planches, et, au-dessous, la charpente de ce même hangar, telle qu'elle a été préalablement disposée pour recevoir les dites planches.

Dans cet exemple le mur de soubassement a été exécuté en deux parties : l'une en maçonnerie de meulières avec dés pour recevoir les poteaux principaux de la construction, et la seconde au-dessus, formée d'une cloison en briques montée de 1^{m}00 entre les poteaux.

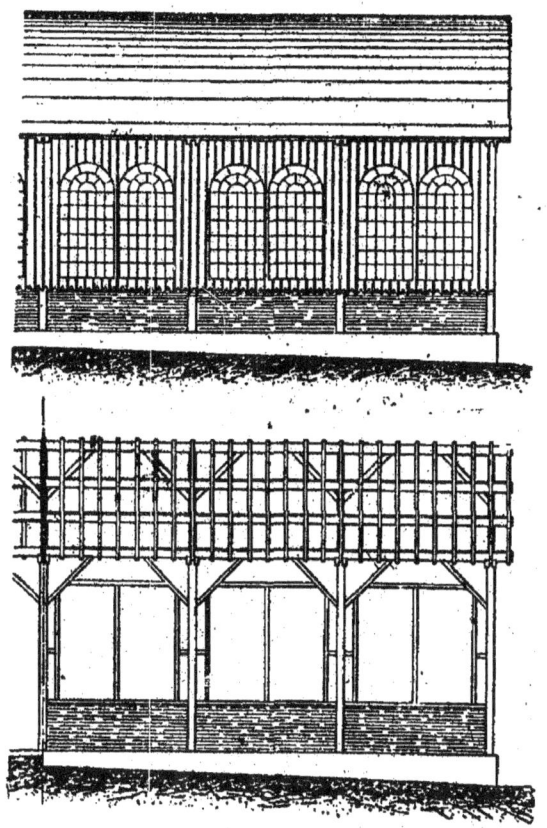

Fig. 156.

Sur cette cloison, dans chaque travée, on a mis une sablière à plat assemblée avec les poteaux et recevant les huisseries des fenêtres géminées ; de courtes lisses joignent les potelets extérieurs des huisseries aux poteaux dans le court intervalle qui les sépare. Enfin les planches sont clouées sur la sablière inférieure, la lisse, les contrefiches et le linteau de l'huisserie. Le même principe est appliqué au revêtement du pignon de ce même bâtiment qui est représenté fig. 157, en élévation à la partie supérieure et comme ossature au croquis du bas.

Les fig. 158 et 159 donnent l'exemple d'une disposition plus élégante mais qui offre aux bois une protection moins efficace.

Les bois qui forment le bâti de soutien pour les planches ne sont pas recouverts et restent apparents. Ils sont disposés suivant un dessin régulier et leurs parements blanchis au rabot; leurs arêtes sont chanfreinés et les chanfreins arrêtés au ciseau à une distance régulière des croisements. Ils déterminent des vides régulièrement disposés, destinés à être remplis par des planches. L'ensemble des planches, ou *frises*, destinées à remplir chacun de ces vides se nomme un *panneau*, et les panneaux sont assemblés avec les bâtis de deux façons différentes suivant la position relative des bois.

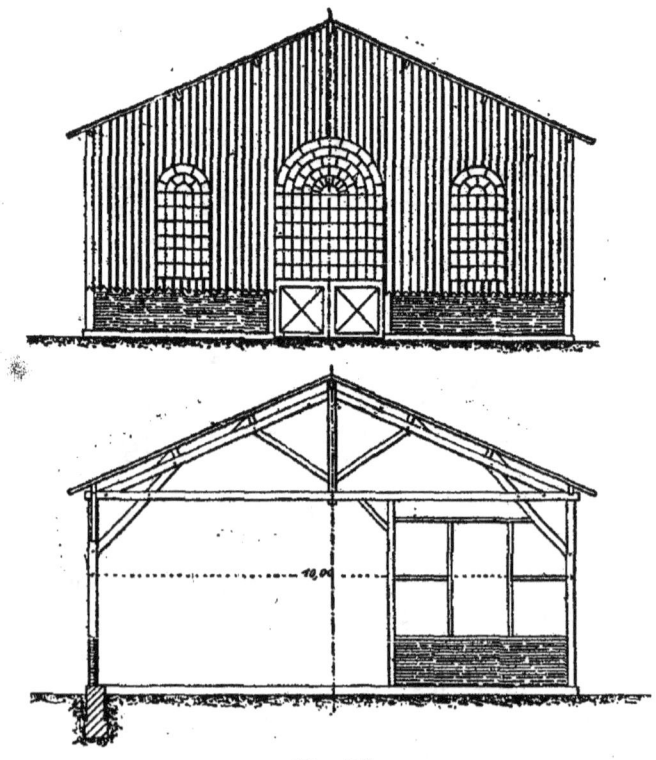

Fig. 157.

En haut et sur les côtés le panneau vient s'engager par sa rive dans une rainure ménagée dans le bâti. A la partie basse,

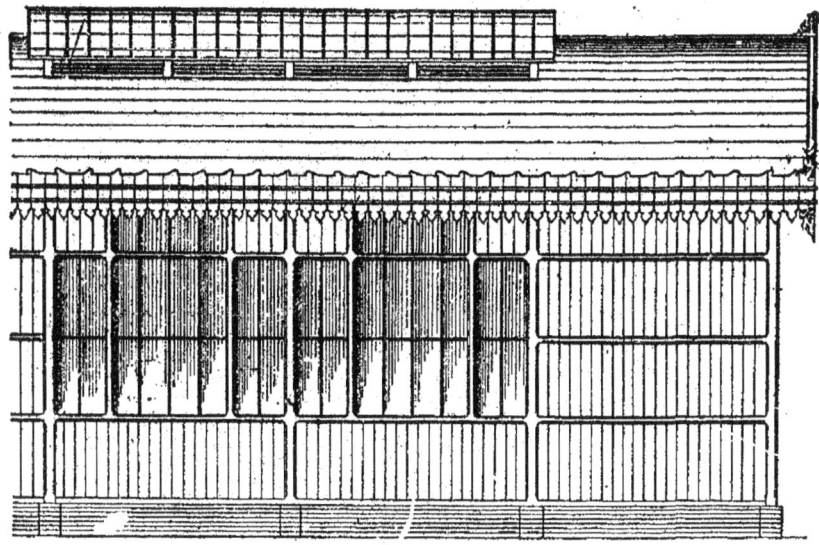

Fig. 158

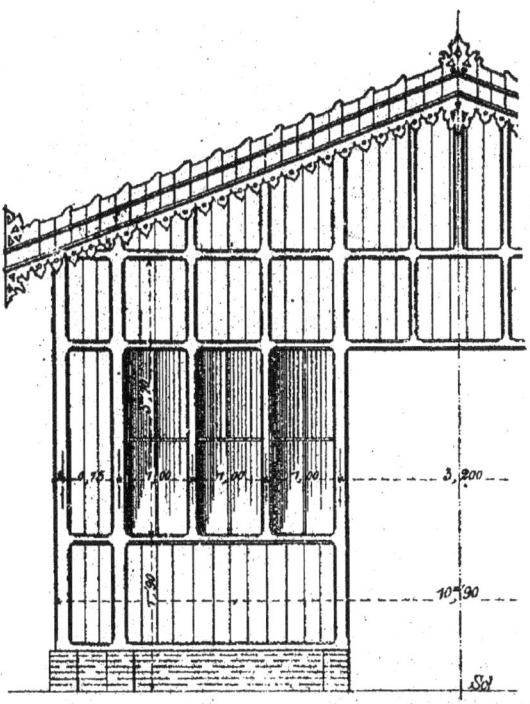

Fig. 159

on évite la rainure qui se remplirait d'eau et on loge la rive du panneau dans une feuillure ménagée d'avance dans la traverse ou sablière, ou formée par un tasseau rapporté à l'arrière.

D'autres fois, les frises sont clouées tout autour du vide dans une feuillure formée par un tasseau fixé à la face latérale de tous les bois du bâti.

Dans cette disposition on évite presque toujours le couvre-joint, et les différentes frises des panneaux sont assemblées à languette et rainure ; on prend le bois de faible largeur pour que le retrait par dessiccation ne fasse pas sortir la languette et que la clôture reste complète. On donne à chaque planche la section représentée par la fig.

Fig. 160

160. On accuse le joint de deux pièces successives en le doublant à petite distance et arrondissant l'entre deux. Cette forme du profil produit bon effet, on dit que les frises sont *rainées avec baguettes sur joints*.

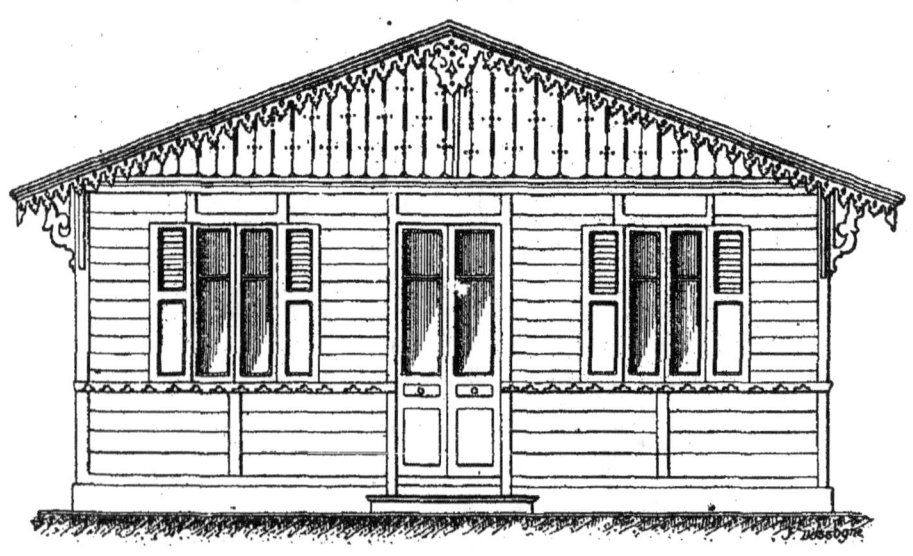

Fig. 161

Souvent encore, lorsque les panneaux ne sont pas très larges, on met les planches de revêtement horizontales. Elles sont ou assemblées à languette et rainure, cette dernière toujours en haut, ou bien imbriquées les unes sur les autres comme le montre la fig. 162, dont le détail se rapporte au petit chalet représenté fig. 161.

Il est bon que la planche du bas de chaque panneau avance assez et soit disposée de telle sorte qu'elle protège des eaux pluviales la face supérieure de la traverse qu'elle recouvre.

Lorsque l'on emploie le genre de construction représenté dans les figures 158 à 162, il faut un entretien soigné de peinture pour empêcher l'humidité de s'introduire dans les joints des bois et d'en causer la destruction.

Fig. 162

80. Pan de bois avec remplissage en briques. — Dans nombre de constructions qui, en raison de leur destination, n'admettent pas les remplissages en planches, les bois principaux restent apparents, et leurs intervalles sont remplis par des cloisons de maçonnerie mince, de la brique par exemple. La figure 163 donne un exemple de ce remplissage. Elle présente la façade longitudinale d'un bâtiment à rez-de-chaussée, surmonté d'un étage avec poteaux reposant sur murets et sablières horizontales. Les vides entre les bois de ces charpentes

Fig. 163

sont remplis par des cloisons de 0.22 que l'on réduit souvent à 0,11 d'épaisseur, et dans lesquelles sont percées les baies dont on a besoin. La maçonnerie de briques, lorsqu'elle est soignée et exécutée bien pleine, suffit la plupart du temps pour maintenir l'invariabilité des angles et par suite le roulement dans le plan même du pan de bois. Elle dispense de liens à la rencontre des sablières et des poteaux. Il est nécessaire, quand on supprime ces liens, de s'opposer par quelques étais aux déformations possibles de la charpente jusqu'à ce que les remplissages en maçonneries soit exécutés et suffisamment durcis. La fig. 164 donne à plus grande échelle la coupe transversale de ce bâtiment, indiquant la composition des planchers et les contre-fiches qui assurent l'invariabilité des angles des poteaux et des poutres. Cette coupe montre les sections des sablières du pan de bois de façade, en même temps que toute la construction intérieure.

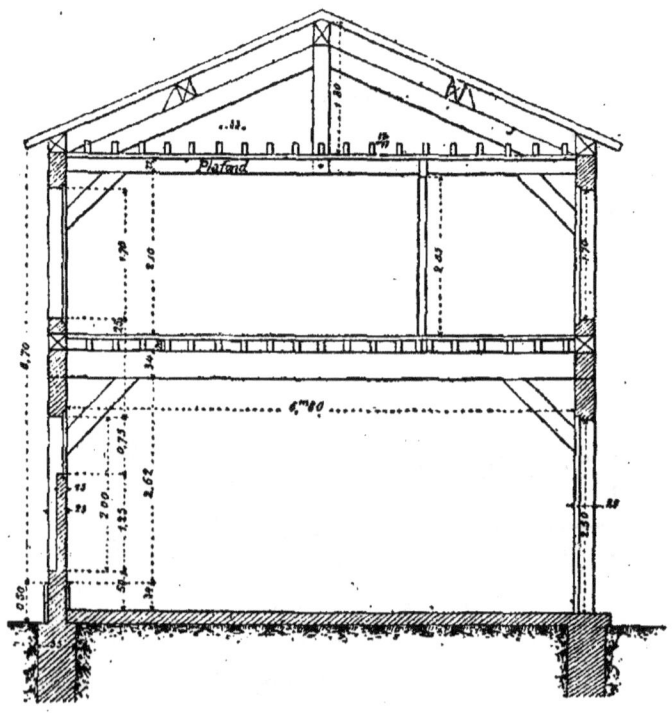

Fig. 164

Il est à noter que les hauteurs d'étage de ce bâtiment ne correspondent pas à des habitations, mais à des besoins industriels.

La figure 165 montre la disposition d'un pan de bois pour petit bâtiment léger.

Les bois sont blanchis, rabottés chanfreinés, pour être appa-

Fig. 165

rents, et les intervalles sont remplis avec de la brique également apparente.

Le parement de brique doit laisser dégagés en saillie les bois et leurs chanfreins, et pour cela être en retrait de 0^m03 à $0,04$ sur le nu extérieur des bois.

D'autres fois les remplissages apparents entre les bois sont simplement ou crépis ou enduits au nu convenable pour les faire ressortir au degré voulu.

La fig. 166[1] montre une façade de maison à bois apparents, formant pans sur toutes les faces et dont les entrevous sont ainsi remplis en maçonnerie enduite. L'ornementation est alors obtenue par la disposition des bois et leur coloration

1. Extrait de la *Construction moderne*, maison à Houlgate.

foncée par rapport à l'enduit en maçonnerie, qui conserve une teinte claire.

79. Pans de bois ornés. — Non seulement les pans de bois peuvent tirer leur décoration de la disposition des bois

Fig. 166.

comme dans la maison précédente, mais encore ces bois eux-mêmes peuvent être variés de formes et ornés de sculptures diverses.

La fig. 167[1] donne la façade d'un pan de bois ainsi orné et de plus en encorbellement en avant de la façade du rez-de-chaussée. Ce dernier est en pierre. Au-dessus, 3 sablières étagées sont soutenues par des poteaux sculptés, et l'ensemble donne un effet très intéressant par l'arrangement général et aussi par le travail artistique du bois.

80. Pans de bois hourdés et enduits. — Un autre genre de pans de bois a été fort employé pendant longtemps à Paris et dans nombre d'autres localités et peut encore dans certains cas rendre des services : c'est le pan de bois hourdé et enduit ; on l'exécute en bois dur, chêne ou analogues. Il se compose

---

1. Maison à Quimper, extraite du *Moniteur des architectes*.

d'une charpente qui, au moyen de pièces convenablement disposées, présente dans son plan toute la résistance voulue pour résister au roulement. On la rattache au restant de la cons-

Fig. 167.

truction pour lui donner la stabilité nécessaire, et le tout est hourdé avec de la maçonnerie économique, qu'on recouvre entièrement d'un enduit sur les deux faces.

L'avantage de cette construction, lorsqu'elle est établie dans de bonnes conditions, consiste dans la rapidité de son exécution, la résistance qu'elle présente aux charges verticales, et l'économie de place et de dépense qu'offre son emploi.

Les inconvénients sont : son peu de stabilité en raison de la faible épaisseur qu'on lui donne, sa combustibilité, son altération prompte sous l'influence de l'humidité, et enfin la faible protection qu'il donne contre les variations extrêmes de la température extérieure. Ces inconvénients le font remplacer presque toujours maintenant, dans les constructions importantes, par des murs en briques.

La principale application de ces sortes de pans de bois a été la construction des murs de maisons d'habitation de toutes hauteurs, à part les murs de face sur la voie publique pour lesquels ils sont prohibés dans nombre de localités.

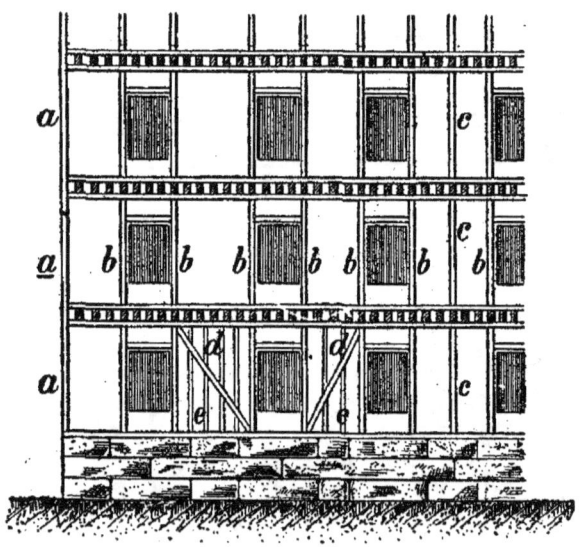

Fig. 168.

La figure 168 montre une façade de maison à loyer exécutée avec cette sorte de pan de bois. Les bois employés ont tous la même largeur dans toute la surface qui correspond à un même étage. Cette largeur de bois, mesurée transversalement au mur varie de 0^{m}20 à 0,22 à rez-de-chaussée, pour aboutir à 0,14 à 0,16 à la partie supérieure. Pour avoir les épaisseurs du pan de bois après son achèvement il faut, aux dimensions ci-dessus, ajouter les deux enduits, soit environ 0,06.

Le principe de la construction de ces pans de bois est mis en évidence dans le croquis qui précède ; il consiste à les composer de poteaux *corniers a* de fort équarissage, aux angles ; de véritables huisseries de baies *b, b* formées chacune de deux forts poteaux réunis par une traverse ; enfin de poteaux *c, c* intermédiaires, que l'on place seulement à la jonction avec les pans de bois de refend, ou dans le milieu des trumeaux et seulement lorsqu'ils sont très larges.

Dans chaque trumeau, la partie réellement résistante et portante est donc formée des deux poteaux des huisseries qui le bordent.

Tous ces poteaux d'huisseries viennent à chaque étage reposer sur les sablières, et on leur fait correspondre des solives maîtresses dans l'entre-deux des sablières d'un même plancher pour ne pas interrompre la ligne des supports.

Enfin, dans chaque trumeau ainsi préparé, on ajoute des pièces de remplissage ; les unes appelées *écharpes, dd*, inclinées dans divers sens, servent à s'opposer au roulement du pan de bois dans son plan ; les autres, *potelets* ou *tournisses e*, ne servent que de remplissage.

Le pan de bois, lorsque la charpente est achevée, présente environ la moitié de sa surface formée par les intervalles des pièces ; on hourde ces intervalles en maçonnerie et on fait un enduit sur chaque face. Telle est, d'une façon générale, la construction d'un pan de bois hourdé. Voyons maintenant les détails d'exécution.

La fig. 169 représente plus complètement la charpente de l'angle d'un bâtiment analogue au précédent. Le pan de bois est monté sur un soubassement de bonne maçonnerie qui l'isole de l'humidité du sol. Ce soubassement est presque toujours en pierre de taille, formé de parpaings de roche dure.

Sur ce soubassement, on monte à l'angle le poteau cornier qui d'ordinaire, pour plus de solidité et de liaison, a la hauteur de deux étages ; puis, horizontalement, on couche sur le mur une sablière qui s'étend sur toute sa longueur ; elle peut s'assembler à tenon et mortaise avec la face latérale du poteau cornier.

Chaque baie est limitée par son huisserie, formée des deux

poteaux *HH* et d'une ou deux traverses, et les poteaux sont calculés pour servir de partie résistante et portante au pan de bois. Les huisseries s'assemblent en bas avec la sablière inférieure, en haut avec la sablière haute de l'étage.

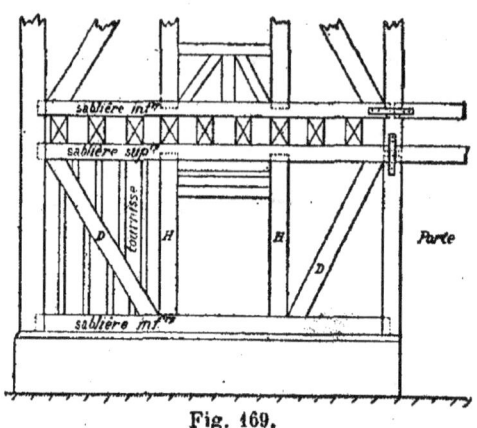

Fig. 169.

Cette dernière est placée immédiatement au-dessous du plancher et destinée à en porter directement les solives. On met toujours une solive maîtresse en prolongement des poteaux H.

L'intervalle entre les poteaux et les sablières, c'est-à-dire la partie pleine d'un trumeau est rempli par l'*écharpe* D et les *tournisses* de remplissage. Les écharpes inclinées, tantôt dans un sens, tantôt dans l'autre, s'opposent, ainsi qu'on l'a vu, au roulement longitudinal du pan de bois.

On remplit par quelques pièces de bois les vides situés au-dessus des linteaux des baies et les allèges sous les appuis.

Pour construire l'étage suivant, on pose sur les solives du plancher, auxquelles on a donné une hauteur bien régulière, une nouvelle sablière qui sera la sablière basse, et on recommence la construction comme celle du rez-de-chaussée. Autant que possible, on donne aux baies superposées la même largeur pour que les poteaux étagés soient bien en ligne et que la transmission des charges soit aussi directe que possible.

Lorsque l'ossature du pan de bois est ainsi faite, on latte la face extérieure à l'espacement de 0,10 environ, on cloue des bouts de lattes inclinés sur les faces vues des bois, et, par l'intérieur, on garnit les intervalles par un *hourdis creux* en plâtras et plâtre. On latte la face intérieure et on recouvre le tout par le crépis, puis par l'enduit qui doit former le parement définitif.

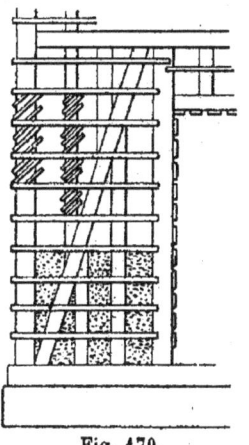

Fig. 170.

On prend un hourdis creux en plâtre pour éviter l'effet de poussée que le gonflement du plâtre, mis en trop grande quantité, exercerait sur les assemblages des bois, ce qui les fatiguerait. Il est évident qu'on peut remplacer cette maçonnerie par toute autre dans les localités où le plâtre revient trop cher.

La fig. 170 montre la disposition du lattis. Il faut qu'il y ait au moins 0,03 d'épaisseur d'enduit sur les parements de la charpente, pour que le revêtement soit suffisamment solide.

83. Disposition du pan de bois au passage d'une porte cochère. — La figure 171 donne, comme ensemble, la disposition spéciale que l'on prend pour le passage d'une porte cochère et son ouverture à la partie basse d'un pan de bois de maison à toute hauteur. La largeur qu'il est nécessaire de donner au vide est ordinairement de 3 m. à 3 m. 50.

Les piédroits de cette porte sont formés de deux forts poteaux qui se prolongent généralement jusqu'à la sablière haute du premier étage.

Au-dessus, et dans l'axe de la porte, se trouve une file verticale de fenêtres comprises entre leurs poteaux d'huisserie. Ces poteaux sont fortement chargés puisqu'on a vu qu'ils forment la partie portante de la charpente ; calculant le poids qui les presse, on peut arriver à 15 ou 20.000 kgr. à la base de ces files de poteaux. Or, comme cette base vient correspondre au vide de la porte cochère, il faut prendre une disposition spéciale pour les soutenir efficacement.

On arrête l'huisserie du premier étage sur une traverse ab

qui forme l'appui de la baie correspondante, et s'étend jusqu'aux poteaux de la porte. On soutient cette traverse en son

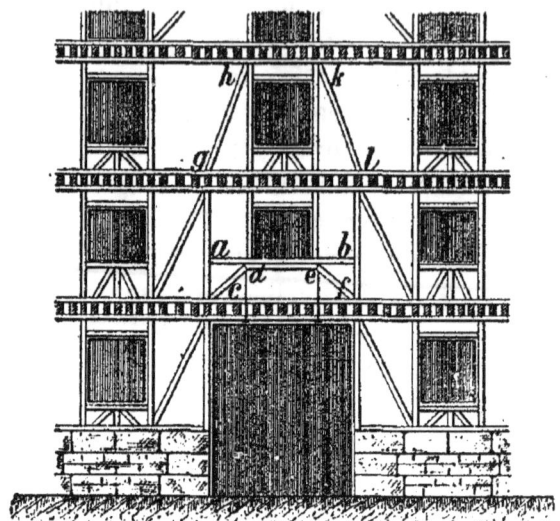

Fig. 171.

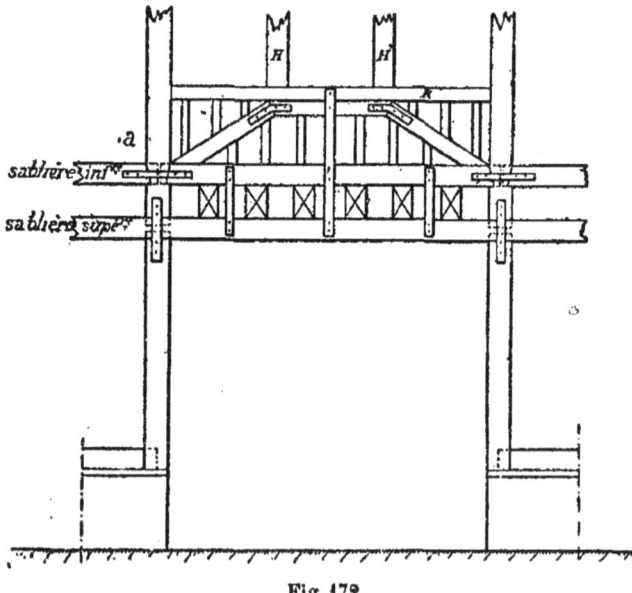

Fig. 172.

milieu par une sous-poutre dont les extrémités sont butées sur deux contrefiches; les trois pièces constituent un arc de décharge *cdef*, reportant les pressions sur les piédroits de la porte cochère. La sablière inférieure du premier étage sert de tirant à cet arc de décharge et l'empêche, si les assemblages sont bien étudiés, d'exercer des poussées latérales.

Des tournisses remplissent les vides des bois et permettent

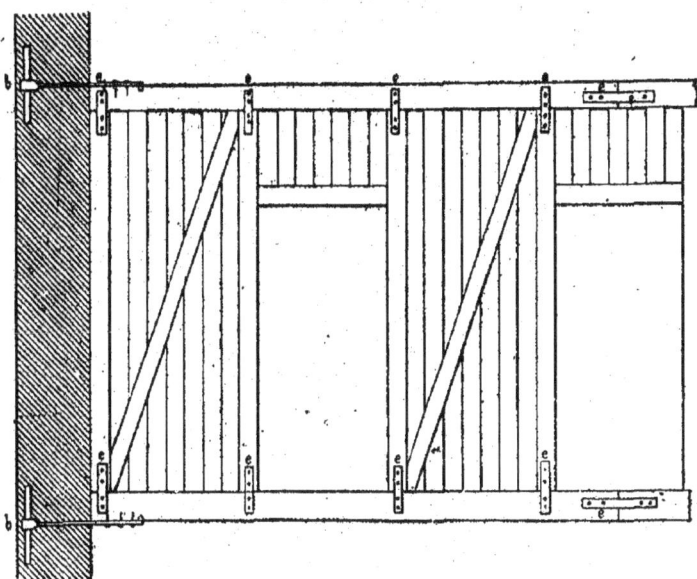

Fig. 173.

le hourdis de la charpente, comme il est dit plus haut. On profite de la résistance de cette sorte de ferme de charpente pour soutenir, au moyen de platebandes verticales partant des points *d* et *e*, la sablière haute du rez-de-chaussée, qui doit porter le plancher du premier étage dans la largeur de la porte.

On augmente encore la rigidité du pan de bois, et sa résistance au-dessus de la large ouverture de la porte, en disposant les écharpes, situées aux étages supérieurs, dans le sens voulu pour écarter les charges de l'axe et les éloigner le plus possible à droite et à gauche. Telles sont les pièces *gh*, *lk*. La figure 172 donne le détail de cette charpente et montre en même temps les platebandes en fer qui sont chargées de consolider les divers assemblages.

PANS DE BOIS

82. Pan de bois lié à des murs. — Les pans de bois ne font pas toujours le pourtour des constructions ; on les réserve prudemment pour les faces bien exposées, et ils ont alors à se relier soit à des murs de refend, soit à des pignons qui arrivent jusqu'au parement de leur façade.

On a soin, d'ailleurs, dans cette liaison de n'associer les pans de bois, qui n'ont pas de tassement sensible, qu'à des murs non susceptibles eux-mêmes de tasser d'une façon appréciable. La figure 173 montre, dans ce cas, le mode de liaison du pan de bois avec le mur en retour ; les sablières de chaque étage viennent au parement du mur, s'y engagent presque toujours d'une petite quantité et sont terminées par des tirants à ancres bien scellés.

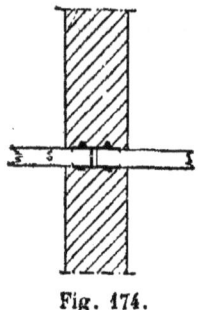

Fig. 174.

Si les sablières de deux pans de bois étaient en prolongement de part et d'autre d'un mur, on les relierait à travers le mur par une même platebande S double à deux talons telle que la représente la figure 174.

83. Ferrements des pans de bois. — Indépendamment des assemblages que l'on adopte pour les différentes pièces de la charpente d'un pan de bois, on les relie et on consolide les

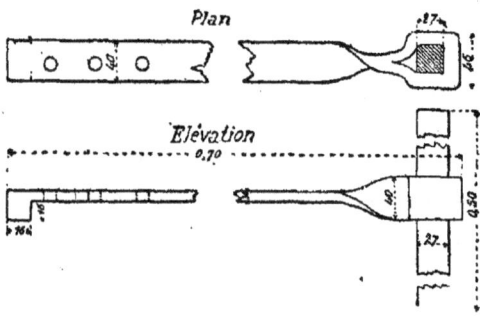

Fig. 175.

points de jonction principaux par une série de ferrements dont les principaux sont : les tirants à ancre, les platebandes et les équerres.

Les *tirants à ancre*, dont on a déjà parlé à propos des planchers, se font au fer au bois, et sont représentés en plan et en élévation, fig. 175. On en fait avec soin la forge et la soudure. Ils pèsent, tout compris, environ 6 kgs. Le tirant est en fer de 40/9 et porte un talon de 16/16, pour s'assembler avec le bois ; il est percé de trois trous pour recevoir les tirefonds qui le fixeront à la charpente. La longueur totale est de 0 m. 70 compris l'œil forgé dans lequel doit passer l'ancre. Cette dernière est en fer carré de 0,027 coupée à 0 m. 50 de longueur au plus.

Les *platebandes en fer*, fig. 176, sont destinées à relier deux pièces bout à bout, soit qu'elles se touchent directement, soit qu'elles se trouvent séparées par une pièce interposée. On fait, en général, ces platebandes en fer de 40/7 avec talon à chaque extrémité et les trous nécessaires sont ménagés pour recevoir les clous mariniers ou mieux les tirefonds qui doivent les fixer. Avec cette force de fer et une longueur de 0 m. 60, elles pèsent environ 1 k. 300.

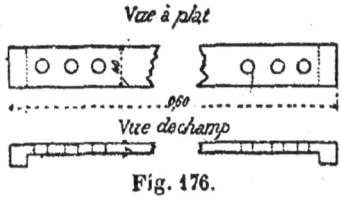

Fig. 176.

Les équerres sont faites avec ce même fer au bois de 40/7 de section ; elles sont coudées à plat, s'il s'agit de relier les sablières ou plateformes de deux pans de bois qui se rencontrent, ou de champ, si elles doivent fixer l'angle de deux pièces situées dans un même plan ; on leur forge un talon à chaque bout et on leur donne 0 m. 40 de branche environ. Comme les autres pièces, on les fixe par des tirefonds, et, plus communément mais moins bien, par de simples clous mariniers.

Les diverses figures de pans de bois qui précèdent montrent les ferrements qui accompagnent les pièces principales de leur charpente.

86. Principaux assemblages des pans de bois. — Nous allons détailler ci-après les principaux assemblages employés dans les pans de bois.

1° *Assemblages des poteaux d'huisserie et d'une sablière.* — Si le poteau est interrompu, chacune des extrémités vient s'assembler avec la sablière au moyen d'un tenon et d'une mortaise, fig. 177 (*b*).

Si, au contraire, c'est le poteau qui passe, chaque bout de sablière vient s'assembler latéralement à tenon et embrèvement; les deux portions de sablière sont alors chaînées au moyen d'une platebande (1).

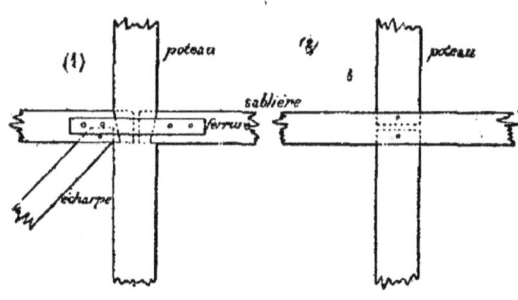

Fig. 177.

2° *Echarpe et sablière.* — L'écharpe s'assemble haut et bas à tenon et mortaise avec les sablières supérieure et inférieure. Si on compte sur cette pièce pour transmettre une charge importante on ajoute des embrèvements, qui empêchent le tenon d'être fatigué par leur obliquité.

3° *Poteau cornier et sablière.* — Le poteau cornier vient d'ordinaire poser sur la pierre d'angle du socle à laquelle il est relié par un goujon, et les sablières viennent s'assembler à tenon sur ses faces latérales, fig. 178 (1).

Une autre disposition que l'on emploie quelquefois consiste à assembler à mi-bois les deux sablières sur l'angle de rencontre, et à poser dessus le poteau cornier en lui ménageant un talon retourné d'équerre, fig. 178 (2).

Le poteau venant reporter une charge considérable sur deux bois posés à plat, superposés et affaiblis par l'entaille, risque de les diminuer de volume en les comprimant fortement, et cela indépendamment du bois de fil de leur extrémité. Pour cette raison, le poteau posé directement sur la pierre offre une sécurité plus grande.

Dans les constructions importantes, le poteau cornier est

d'un équarrissage plus grand que l'épaisseur du pan de bois. On lui fait alors un élégissement sur un angle pour correspondre à l'angle rentrant de la pièce.

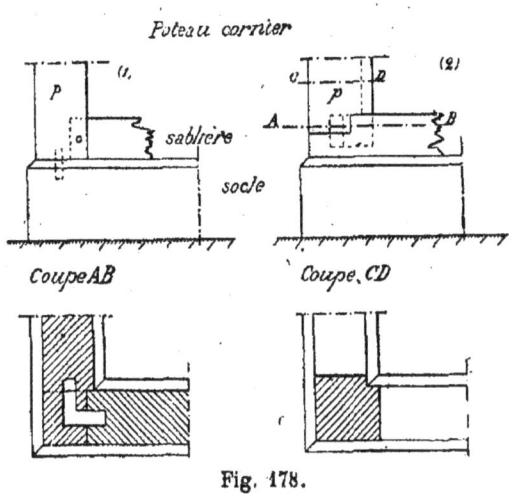

Fig. 178.

4° *Assemblage des tournisses.* — Les tournisses s'assemblent à tenon et mortaise à la partie supérieure ou inférieure dans la sablière, et le même assemblage s'emploie quelquefois à l'autre bout pour la liaison avec l'écharpe ; on y ajoute même dans quelques cas un embrèvement, fig. 179.

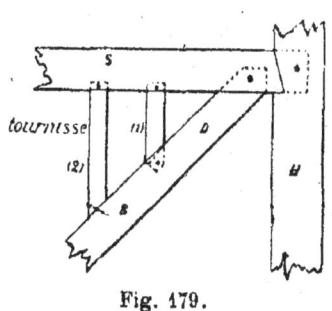

Fig. 179.

L'inconvénient de ces assemblages à tenon sur l'écharpe consiste à forcer de poser ces pièces secondaires en même temps que se fait le montage de l'ossature principale.

On préfère terminer la tournisse par une coupe biaise en sifflet et la clouer sur l'écharpe, ce qui permet de la fixer après coup lorsque toutes les pièces principales sont montées.

87. Pans de bois de refend. — On fait souvent, maintenant encore, des murs de refend longitudinaux en pans de

PANS DE BOIS

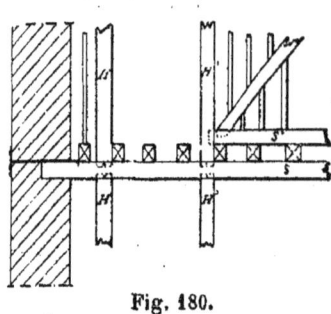

Fig. 180.

bois. Ils ont à porter les solives des planchers, tantôt d'une seule travée, tantôt de deux, suivant le sens des solives. Ces pans de refend longitudinaux viennent rencontrer les murs pignons extrêmes des bâtiments. On interrompt la sablière basse au droit des portes, et c'est la sablière haute de chaque étage que l'on scelle et que l'on ancre dans le mur rencontré, fig. 180.

88. Pans de bois en encorbellement. — Au moyen âge on construisait souvent des maisons dont l'étage supérieur avançait sur le rez-de-chaussée. On obtenait ce résultat de la façon suivante : à chacun des poteaux de façade que l'on rapprochait le plus possible correspondait une poutre de forte dimension. Cette poutre s'appuyait sur le poteau par l'intermédiaire d'une sablière haute, fig. 181. Elle dépassait, en porte à faux, de la saillie nécessaire et deux contrefiches augmentaient la résistance obtenue. C'est sur cette sablière en porte à faux, en *encorbellement*, comme l'on dit, que vient s'élever le pan de bois. Il convient que la charpente de ce dernier soit disposée pour reporter sur le bout des poutres les charges de la façade, et il convient aussi que cette façade soit allégée le plus possible, ce qu'on obtient en ne lui faisant pas porter les planchers.

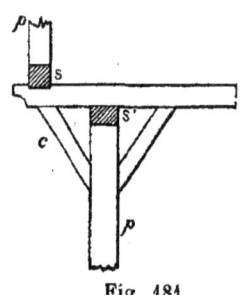

Fig. 181.

89. Instabilité de ces pans de bois. Roulement transversal. — Le peu d'épaisseur de ces pans de bois est un des avantages qu'ils présentent, surtout lorsque le terrain est cher. Mais il en résulte une grande instabilité transversale, et dans les bâtiments d'habitation et même beaucoup d'autres, on ne peut établir de liens avec les planchers comme dans les bâtiments industriels. Ce n'est que par leur liaison avec les murs ou pans de refend que l'on obtient une stabilité suffisante.

Lorsque l'on veut employer ce genre de construction, il faut donc préalablement se rendre compte si par les planchers on peut les relier à une partie de construction dont la stabilité et la durée soit suffisante, ou bien si la distribution des étages permettra d'établir des refends assez rapprochés pour résister au roulement transversal.

Il ne faut pas abandonner à lui-même un pan de bois, dans un étage, sur une longueur de plus de 8 à 10 m., s'il n'est relié à une construction plus stable, et cette longueur serait déjà grande si le bâtiment était simple en profondeur et formé de deux pans de bois parallèles comme façades longitudinales.

Si cependant le cas se présentait d'un bâtiment long sans refends, ou avec des refends très espacés, il serait possible de le contreventer simplement de la manière suivante :

Soit un bâtiment ABCD, fig. 182, formé d'un contour rectangulaire et dont les quatre faces verticales sont en pans de bois. Chacun de ces pans est parfaitement contreventé dans son plan et les poteaux corniers A, B, C, D, placés aux points de croisement de ces pans, sont parfaitement solides.

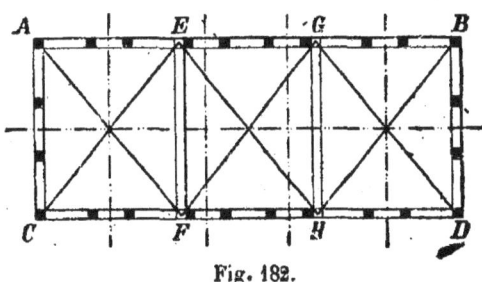

Fig. 182.

Parmi toutes les solives du plancher qui couvre l'unique salle d'un étage on en choisit plusieurs, convenablement placées ; par exemple les solives EF, GH. On leur donne un équarrissage suffisant et on relie leurs extrémités entre elles et aux poteaux corniers par les chaînes diagonales figurées au croquis ci-dessus. Il faut se réserver pour chacune de ces chaînes un moyen de serrage pour régler la tension au moment du montage.

Si les chaînes sont bien posées, elles s'opposeront à toute déformation des sablières AB, CD, ce qu'il s'agissait d'obtenir.

Le point G, par exemple, ne peut s'écarter hors de l'alignement à cause de la tension de la chaîne GD, ni tendre à rentrer parce qu'il entraînerait au dehors son symétrique H, attaché de la même manière.

Ces chaînes se font en fer au bois de 40/6, 40/9, 50/9 suivant les cas et la tension qu'on doit leur demander. Elles sont posées sur les solives du plancher et, par suite, soutenues en tous leurs points. Elles ne gênent pas, car elles se trouvent cachées sous les lambourdes ou le carrelage de l'étage supérieur.

Ce genre de contreventement peut rendre dans nombre de cas des services très sérieux, et il se recommande par sa très grande simplicité et son prix relativement peu élevé.

90. Pans de bois circulaires. — Lorsque les murs sont érigés sur plan circulaire, on sait qu'il suffit d'une très faible épaisseur pour en assurer la stabilité, et, si la destination des locaux le permet, la construction en pans de bois est toute indiquée.

Dans les maisons d'habitation les cages d'escaliers circulaires sont avantageusement construites en pans de bois lorsque dans le voisinage il n'y a à craindre ni la proximité de tuyaux de fumée, ni l'humidité d'une cuisine ou d'un cabinet d'aisances.

La fig. 183 donne en plan la composition d'un pan de bois formant une cage d'escalier en forme de fer à cheval. Il se compose d'un certain nombre de poteaux verticaux portant la charge qui en général est faible. Elle ne se compose guère en effet que du poids propre du pan de bois et de son hourdis, et du poids de l'escalier qui se trouve réparti sur tout son pourtour.

Les poteaux sont plus rapprochés que dans un pan ordinaire,

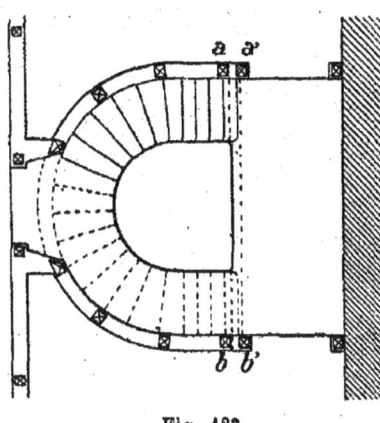

Fig. 183.

parce que les écharpes doivent être moins inclinées pour ne pas exiger de bois trop courbés, de plus il faut choisir la position des poteaux a et a' b et b', pour qu'ils puissent comprendre dans leur intervalle le scellement ou mieux la portée de la marche palière.

Les poteaux étant multipliés, la forme circulaire étant plus stable, l'épaisseur des pans d'escalier peut être réduite. Ordinairement on les limite à 0,14 à 0,16 dans le bas, 0,10 à 0,12 dans le haut ; enduits en plus.

Les sablières ne portant pas plancher se réduisent à une sablière haute à chaque étage, elles sont taillées en plan suivant la forme courbe de l'escalier. Les morceaux se multiplient en raison de cette forme courbe, ils s'assemblent les uns au bout des autres à mi bois, on les consolide par des boulons et par des platebandes de liaison intérieures et extérieures parfaitement ajustées.

91. Pans mixtes. — Lorsque l'on emploie la construction en bois pour établir la façade longitudinale d'une maison, on doit prévoir la destruction possible des pièces de charpente exposées à l'humidité. Il y a donc lieu de modifier convenablement la construction au droit des cuisines, des cabinets d'aisances, ou des autres locaux où l'eau peut être répandue. Il en serait de même si le long d'un pan de charpente on devait adosser une souche de tuyaux de fumée, ou des foyers d'autre sorte dont il y aurait lieu de s'isoler.

La solution est la même dans les deux cas et rappelle celle que nous avons indiquée pour les cas analogues des planchers en bois. On fait des pans en construction mixte, en construisant en fer la portion qui correspond aux locaux humides ou aux cheminées.

La fig. 184 montre en (*a*) la coupe horizontale du pan mixte par un plan coupant tous les poteaux, et le mode d'assemblage choisi. Les deux derniers poteaux en bois *m* et *n* sont doublés par des fers à I, et dans leur intervalle on dispose un nombre convenable de ces mêmes fers. On les met simples ou doubles suivant les charges et on les réunit tous les mètres dans la hauteur par des files de boulons à 4 écrous. En (*b*) la même figure montre l'assemblage entre les deux parties de sablières

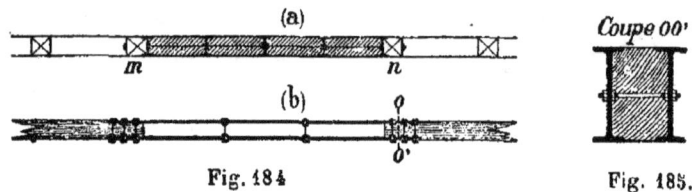

Fig. 184.   Fig. 185.

en bois et la sablière en fer qui est faite de deux fers à I, jumelés, posés de champ et dépassant assez les points *m* et *n* pour être fortement boulonnés avec les extrémités des bois qu'ils prolongent. La fig. 185 donne la coupe suivant *oo'* de la sablière au point d'assemblage.

Pour les assemblages des fers verticaux formant poteaux avec la sablière jumelée, nous renvoyons au chapitre des pans de fer de notre ouvrage sur la charpente en fer.

Les intervalles des fers sont hourdés en matériaux convenables pour résister soit à l'humidité soit à la chaleur, suivant les cas.

92. Pans de bois à poteaux hauts et espacés. — Triangulation par croix de St-André. — On a dans bien des cas à exécuter des pans de bois formés de files de poteaux hauts et espacés, ce qui augmente les bras de levier des efforts qui tendent à dissocier la charpente. Les triangulations par liens deviennent insuffisantes, à moins d'augmenter les dimensions des côtés des triangles qu'ils forment.

On a plus d'avantage à relier ces files de poteaux, premièrement par un ou deux cours de pièces horizontales, moisées s'il est possible, *aa' bb'*, fig. 186; et en second lieu, par des pièces obliques diagonales *ad, bc* pour la première travée, *cb* et *da* pour la seconde. Ces pièces croisées forment dans chaque travée ce que l'on nomme une *croix de St-André*. Au moyen de ces croix de St-André on obtient un contreventement longitudinal beaucoup plus énergique et résistant qu'avec de simples liens, et la charpente qui en résulte est tout à fait rigide.

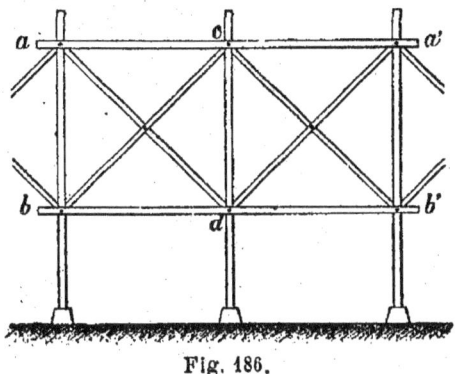

Fig. 186.

Les pièces diagonales sont assemblées avec les poteaux à tenon, mortaise et embrèvement; elles se relient ensemble à mi-bois au point de croisement, et les cours de moises horizontales en maintenant l'écartement absolu des poteaux empêchent les disjonctions des pièces précédentes.

Le point de croisement des croix de St-André est toujours assuré par un boulon.

Un exemple de pan de bois triangulé par croix de St-André est représenté fig. 187. Il s'agit d'un grand hangar composé de trois travées, et le pan de bois en question sépare la nef centrale des bas côtés. Les poteaux vont du sol jusqu'à une sablière supérieure *ab* élevée de 11^m00. Un peu plus bas, une sablière *cd* est nécessaire pour l'assemblage de la charpente des bas-côtés; enfin, plus bas encore, une lisse horizontale formée de deux moises sert à maintenir l'écartement des poteaux.

La triangulation, qui doit s'opposer au roulement du pan de bois dans son plan, se compose d'une série de croix de St-André telles que *gm, hl* qui se répètent dans chaque travée.

Au-dessus, entre les poteaux et la sablière supérieure, il

existe un cours de liens qui concourent bien à la rigidité de l'ensemble, mais dont le but principal est de soutenir la sablière qui porte une partie de la toiture, et de l'empêcher de rondir sous cette charge.

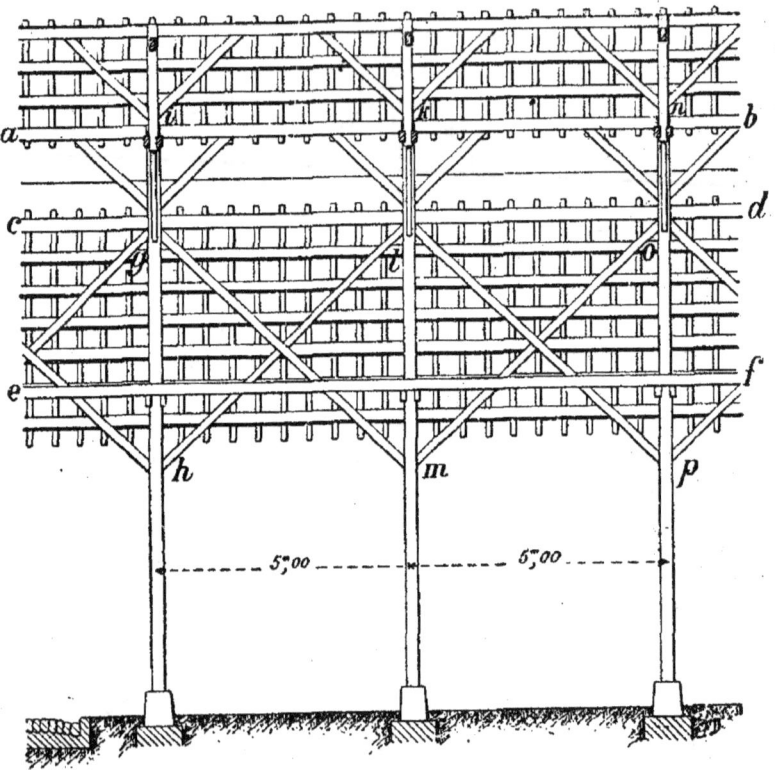

Fig. 187.

Dans cet exemple, les poteaux ont à leur section moyenne 0,20×0,20 ; ils sont espacés de 5,00 d'axe en axe. Les croix de St-André ont 0,16×0,16 ; les deux sablières supérieures 0,24 ×0,12 et les moises de la lisse inférieure 2 fois 0.22 × 0.10.

Un autre exemple de pans de bois contreventé par des croix de St-André est représenté par la fig. 188. Il s'agit de porter un réservoir d'eau à une hauteur de 15m00 du sol, et la construction se compose d'un pylone formé de quatre pans de bois se coupant de telle sorte que toute section horizontale de l'ensemble donne pour plan un carré parfait.

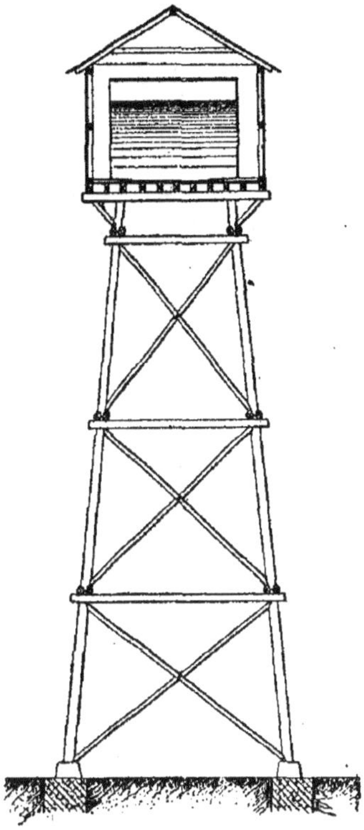

Les pans de bois pourraient être verticaux mais on augmente la stabilité en les inclinant un peu sur la verticale pour augmenter la base.

Chacun de ces pans de bois est formé des deux poteaux d'angle correspondants et qui ont la section nécessaire pour porter leur part de la charge et recevoir en outre les autres efforts extérieurs, en même temps que les entailles d'asssemblages. Ils sont reliés :

1° Par une poutre supérieure destinée à porter les solives du plancher que recouvre le réservoir.

2° Par trois cours de moises qui maintiennent horizontalement, à diverses hauteurs, l'écartement donné aux pièces.

Fig. 188.

Pour rendre leur position relative indéformable, on établit dans chaque trapèze ainsi formé deux pièces diagonales, for-

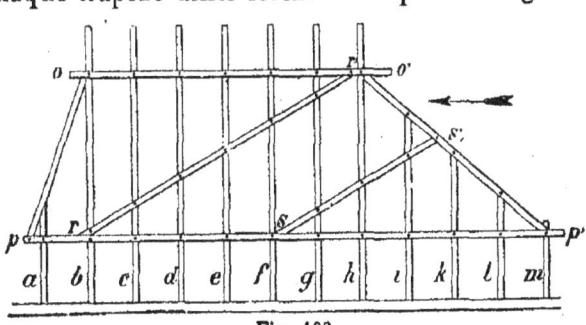

Fig. 189.

mant croix de St-André, solidement assemblées. Le pylone ainsi constitué forme une charpente parfaitement solide et sur la stabilité et l'invariabilité de laquelle on peut absolument compter.

La fig. 189 donne un troisième exemple de grande triangulation, elle représente la palée d'un pont en charpente formant pile au milieu de l'eau. Cette palée est un véritable pan de bois formé d'une série de pieux enfoncés en ligne dans le sol et recépés à un même niveau supérieur, celui qui est nécessaire pour porter le tablier du pont. Les pieux nécessaires pour le pont sont ceux portant sur le croquis les lettres $bcdefgh$, mais comme il y a à résister dans le sens horizontal et dans le plan du pan de bois à la poussée du courant dans les crues, et des glaces des débacles pendant l'hiver, on a augmenté le nombre des pieux de quatre en amont et un en aval.

Ces pieux sont réunis par une lisse supérieure moisée oo' et par une lisse basse pp'. Puis pour rendre les angles invariables et maintenir, par suite, la verticalité des pieux, on a fait une triangulation très rigide par les deux pièces obliques rr', ss', et par deux autres $op\ o'p'$. Les deux premières ont une direction qui donne une résistance convenable aux forces extérieures qui s'exercent dans le sens de la flèche ; il en est de même de op qui agit comme arc-boutant ; quant à $o'p'$, cette pièce est destinée à recevoir obliquement le choc des glaçons de manière à rendre son intensité bien moindre.

93. Pans de bois largement ouverts.

— La rigidité des pans de bois dans leur plan les rend très avantageux à employer toutes les fois qu'il s'agit de remplacer un mur en maçonnerie, percé de grandes ouvertures ou dont la partie basse doit être largement ajourée, lorsque pour ces ouvrages le bois ne présente aucun inconvénient par lui-même. La seule précaution à prendre est de les contreventer suffisamment dans le sens perpendiculaire à leur plan.

94. Cloisons de remplissage.

— On peut encore considérer comme pans de bois les cloisons minces construites en planches ou menus bois, lattées, hourdées et enduites. Ces bois, dont l'épaisseur varie de 0,03 à 0,12, suivant l'importance de la cloison ou la hauteur de l'étage, se nomment des *remplissages*, et la cloison porte le nom de *cloison de remplissage*.

Lorsque les bois sont épais, la construction se fait comme un véritable pan de bois, et avec les mêmes assemblages : une sablière inférieure, une sablière supérieure, une série de poteaux montants assemblés avec les sablières, sauf quelques-uns espacés qui trouvent un scellement direct dans le plancher bas et le plafond, et donnent de la solidité à l'ouvrage. Lorsque la cloison est percée d'une porte, on limite l'ouverture par une huisserie de dimension suffisante pour laisser la place d'un bâti et d'un contrebâti. Plus souvent l'huisserie est rabotée et forme les parements mêmes de la baie ; elle comporte alors la feuillure nécessaire pour loger la fermeture mobile, la porte.

 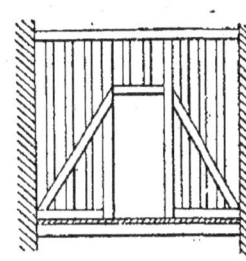

Fig. 190.   Fig. 191.

Ces cloisons s'établissent soit sur une solive spéciale du plancher, calculée pour en porter le poids, soit en travers des solives dont on augmente alors la section d'une quantité en rapport avec l'excédant de charge qui en résulte pour chacune d'elles.

Si les cloisons sont exemptes de baies, la charge sur le plancher est faible en raison de leur rigidité ; il n'en est pas de même si elles sont percées d'une porte, et surtout si cette dernière ne se trouve pas au milieu ; la rigidité n'empêche plus alors la cloison de peser de tout son poids sur la solive qu'elle recouvre. Lorsque la construction est neuve, on prévoit cette charge ; lorsque la cloison doit reposer sur un plancher existant, dont on ne veut pas changer la disposition, on peut atténuer ce poids supplémentaire dans une certaine mesure au moyen de la disposition de l'une ou de l'autre des figures 190 et 191.

Dans la fig. 190 la porte est sur le côté, l'huisserie est placée le long d'un des murs longitudinaux du bâtiment. On établit une écharpe qui vient buter contre l'huisserie au droit du linteau, et forme avec lui une sorte d'arc de décharge qui va porter la cloison en grande partie.

Dans la fig. 191 la porte est au milieu, et l'arc de décharge est formé par le linteau et par deux écharpes symétriquement opposées.

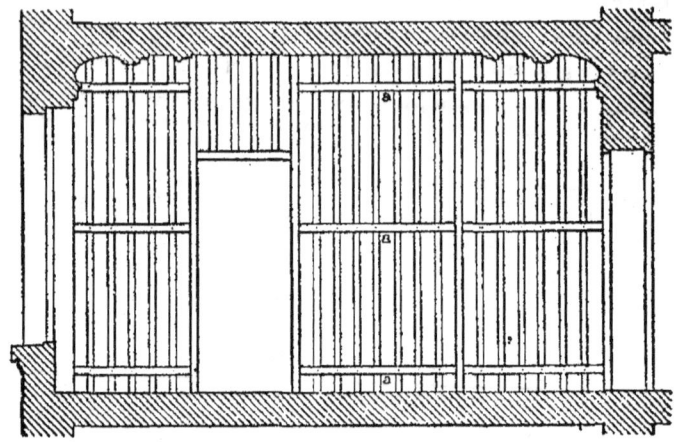

Fig. 192.

Lorsque les cloisons de remplissage sont de faible épaisseur, on les compose d'ordinaire avec des planches refendues, de la hauteur de l'étage, comprises entre trois cours de lisses jumelées, fig. 192; ces dernières sont assemblées, avec les poteaux de remplissage et avec les poteaux d'huisseries; le tout est espacé tant plein que vide, latté, hourdé et enduit des deux faces. Ces cloisons sont des plus solides; elles supportent les clous, résistent aux chocs; mais elles donnent un aliment au feu en cas d'incendie et ne sont pas susceptibles après démolition de fournir des matériaux propres au réemploi.

On remplace souvent avantageusement les cours de lisses supérieur et inférieur, dans ces cloisons, par des lambourdes creusées d'une rainure et que l'on nomme des *coulisses*; la fig. 193 représente la coupe de profil de la section adoptée; la rainure est tirée de largeur à l'épaisseur des planches qui s'y engagent par leurs extrémités. Ces coulisses sont brochées, sous les solives du plafond et sur les solives du plancher, et elles s'étendent dans les intervalles des poteaux de remplissage et d'huisserie de la cloison en s'assemblant par bout avec leurs faces latérales.

Lorsque l'on fait des cloisons en carreaux de plâtre, les bois se réduisent à des huisseries pour les portes, et à des poteaux de remplissage intermédiaires, espacés au plus de 2,00 l'un de l'autre.

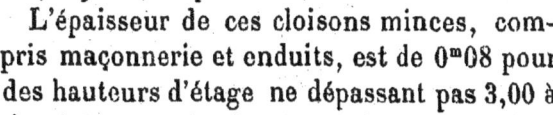

Fig. 193.

L'épaisseur de ces cloisons minces, compris maçonnerie et enduits, est de $0^m 08$ pour des hauteurs d'étage ne dépassant pas 3,00 à $3^m 50$, et d'au moins 0,10 pour les hauteurs plus grandes.

CHAPITRE V

DES COMBLES

§ 1. *Considérations générales.*
§ 2. *Combles en appentis.*
§ 3. *Combles à plusieurs versants.*
§ 4. *Combles mixtes, bois et métal.*
§ 5. *Des lucarnes.*
§ 6. *Décoration de combles.*

SOMMAIRE :

§ 1. *Considérations générales* : 95. Des combles en général. Formes variées des combles. — 96. Divers genres de couvertures et manière de les soutenir. — 97. Poids propres des diverses couvertures. — 98. Evaluation des surcharges de vent et de neige. — 99. Inclinaison des toitures.

§ 2. *Combles en appentis* : 100. Combles à une pente ou appentis. — 101. Appentis en porte à faux.

§ 3. — *Combles à plusieurs versants construits en bois* : 102. Combles à deux pentes. — 103. Combles avec fermes de charpente. — 104. Divers assemblages employés. — 105. Position et écartement des fermes. — 106. Des croupes droites et biaises. — 107. Assemblage des entraits, enrayure. — 108. Assemblage des arbalétriers. — 109. Assemblage des pannes sur un arêtier. — 110. Des chevrons dans une croupe, empanons. — 111. Croupes biaises. — 112. Combles en pavillon. — 113. Inclinaison des croupes. — 114. Des noues. — 115. Comble léger pour portée de 6 m. 00. — 116. Combles pour portées de 8 à 12 mètres. — 117. Combles avec lien et contrefiches. — 118. Combles avec faux entraits. — 119. Fermes en trapèze. — 120. Formes en treillis. — 121. Combles sans entraits. — 122. Combles à entraits retroussés. — 123. Saillies des toits hors mur. — 124. Hangar à trois travées. — 125. Hangar à nef et appentis. — 126. Combles avec points d'appui intérieurs. — 127. Combles relevés. — 128. Combles à la Mansard. — 129. Combles curvilignes, système Philibert Delorme. — 130. Combles curviliques, système Emy. — 131. Couverture des rotondes. — 132. Coupoles construites en bois. — 133. Sheds ou combles en dents de scie.

§ 4. *Combles mixtes, bois et métal.* : 134. Combles mixtes avec entrait seul en fer. — 135. Combles mixtes avec entrait et contrefiches métalliques. — 136. Combles système Pombla. — 137. Combles mixtes, système Polonceau. — 138. Combles légers, système Baudry. — 139. Combles Polonceau à 3 bielles.

§ 5. *Des lucarnes* : 140. Façades de lucarnes en bois. — 141. Raccordement des lucarnes avec les combles.

§ 6. *Décoration des combles* : 142. Combles apparents à l'intérieur. — 143. Exemples divers. — 144. Décoration extérieure des combles.

CHAPITRE V.

DES COMBLES

§ 1.

CONSIDÉRATIONS GÉNÉRALES

95. Des combles en général. — Le comble est le dernier plancher haut d'une construction. Il est disposé pour abriter de la pluie et écarter l'eau en dehors, par l'intermédiaire d'un revêtement imperméable que l'on nomme la couverture. Les matériaux de couverture, ardoises, tuiles, métaux, etc., exigent des inclinaisons plus ou moins fortes pour permettre l'écoulement des eaux en dehors, sans qu'il puisse y avoir aucune infiltration. De là, la nécessité de donner une pente à la surface supérieure de ce dernier plancher qui forme le comble.

Une autre destination des combles est d'abriter la partie haute du bâtiment contre la chaleur de l'été.

Formes variées des combles. —. Les formes extérieures des combles varient beaucoup, la fig. 193 représente quelques unes des plus usuelles. En (1) les combles à une pente, que l'on appelle généralement des *appentis* ; la surface plane de couverture des appentis forme un *pan* ou un *rampant*. En (2) les combles à 2 pentes, à 2 pans ou encore à 2 rampants. Ce sont les combles les plus employés dans les climats tempérés. En (3) les combles à section curvilique. Chaque pan est formé d'une ou plusieurs portions de cylindre dont les directrices sont ordinairement formées par des arcs de cercle. Enfin, en (4), les combles formés par une surface de révolution et que l'on nomme des dômes.

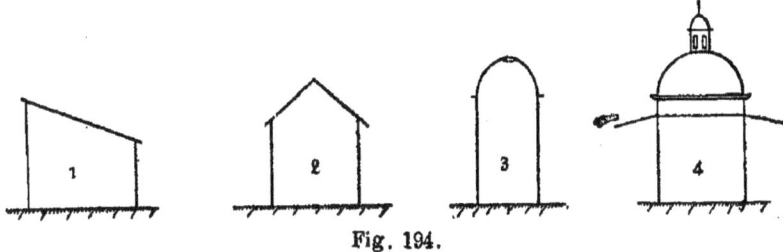

Fig. 194.

A ces formes il convient d'ajouter les combles plats ou presque plats appelés terrasses, employés dans les pays où il pleut rarement.

96. Des divers genres de couverture et de la manière de les soutenir. — Pour composer la charpente d'un comble, il faut partir de la couverture qu'il s'agit de soutenir, et le calcul des dimensions des bois doit tenir compte non seulement du poids propre de cette couverture, mais encore des efforts extérieurs auxquels elle est soumise, comme le poids de la neige qui peut s'y accumuler, et aussi la pression du vent qui s'exercera sur sa surface.

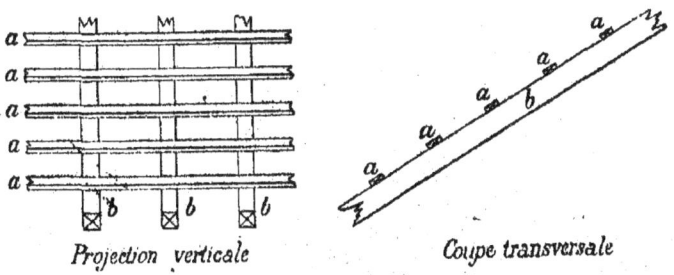

Projection verticale   *Coupe transversale*

Fig. 195.

Les divers revêtements de couverture sont portés presque toujours sur un lattis auquel on les accroche, ou sur un parquet mince sur lequel on les fixe. Le lattis est composé d'une série de tringles en bois minces, refendus, que l'on nomme des *lattes*, ou en bois sciés, que l'on appelle des *liteaux*. Ces lattes (ou liteaux) sont disposées horizontalement, parallèles, équidistantes, dans le plan du pan de couverture. Ce sont les bois *a* de la figure 195. Le plancher mince qui remplace souvent le lattis s'appelle *voligeage*, du nom de *voliges* donné aux planches minces qui le composent et qui ont de 0,013 à 0,020 d'épaisseur. Ces voliges sont posées jointives dans les travaux ordinaires. Dans les travaux soignés, on les assemble à languettes et rainures. Elles sont représentées en *c* dans la figure 196.

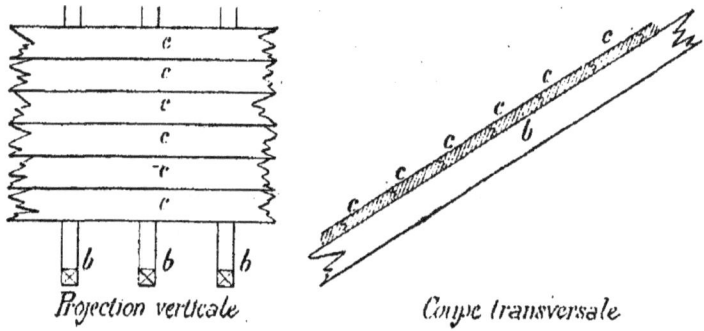

Fig. 196.

Les lattes ou les voliges peuvent porter la couverture et les surcharges, à condition d'être soutenues elles-mêmes tous les 0^m30 à 0^m50, et, comme elles sont horizontales, on les appuie sur des lambourdes espacées comme il vient d'être dit et disposées perpendiculairement, c'est-à-dire suivant la ligne de plus grande pente du rampant.

Ces lambourdes, représentées en *b* dans les fig. 195 et 196, se nomment des *chevrons*. On leur donne ordinairement 0,08 sur 0,08 d'équarrissage, quelquefois $0,07 \times 0,10$ ou $0,06 \times 0,11$. Ces deux dernières sections mises de champ.

Avec ces dimensions, et suivant le poids de la couverture, sa pente, et les surcharges possibles de neige ou de vent, les chevrons ont besoin d'être eux-mêmes soutenus tous les 1^m50, 2^m00 ou 2^m50. La charpente du comble a pour but de créer ces points d'appui pour les chevrons.

97. Poids propres des diverses couvertures.

— Il est utile dans chaque cas particulier de se rendre compte du poids exact de la couverture que l'on projette, parce que les poids peuvent varier dans de certaines limites suivant la solution adoptée.

Ordinairement, lorsque la couverture n'est pas étudiée en détail, on peut compter sur les chiffres suivants :

Tuiles plates à crochets. Poids par mètre carré mesuré suivant le rampant du comble. . . . . . 60 kgs.
Tuiles creuses posées à sec. . . . . 75 à 90 —
— maçonnées . . . . 136 —
Tuiles à emboîtement. . . . . 45 —
Ardoises . . . . 35 à 40 —
Zinc . . . . 10 à 15 —
Cuivre . . . . 8 à 10 —
Plomb (suivant l'épaisseur); pour $2^{mm} 1/2$ et avec les assemblages. . . . . 35 à 40 —

98. Évaluation des surcharges de vent et de neige.

— Les évaluations de la vitesse du vent et de la pression correspondante, par mètre carré d'une surface choquée directement, sont consignées dans le tableau suivant : [1]

DÉSIGNATION DES VENTS	Vitesse par seconde	Pression par mètre carré
Vent faible..........................	2.00	0.54
Vent frais ou brise (tend bien les voiles)....	6.00	4.90
Vent le plus convenable aux moulins......	7.00	6.00
Bon frais (convenable pour la mer)........	9.00	11.00
Grand frais (fait serrer les hautes voiles)...	12.00	20.00
Vent très fort.........................	15.00	30.00
Vent impétueux.......................	20.00	54.00
Tempête.............................	24.00	78.00
Tempête violente.....................	30.00	122.00
Ouragan.............................	36.00	176.00
Grand ouragan.......................	45.00	277.00

1. Aide-mémoire de Claudet, d'après Hutton.

Au moyen de ce tableau et à l'aide des renseignements que donne la pratique, on peut se rendre compte, dans chaque localité, des plus grands vents possibles, de la pression qu'ils exercent sur une surface verticale, et, par suite, de la composante de cet effort qui agirait normalement sur la couverture.

En France, sauf pour les points élevés et le bord de la mer, on néglige le plus souvent l'influence du vent dont la vitesse moyenne n'est que d'environ 7 mètres.

Il n'en est pas de même de la neige. Elle peut s'accumuler sur une épaisseur de 0 m. 50, surtout pour les faibles inclinaisons ; comme elle pèse dix fois moins que l'eau, cette couche peut arriver à peser 50 kilogrammes par mètre carré.

En France, on peut compter sur cette surcharge de 50 kgs par mètre carré de couverture, quelle que soit l'inclinaison de la toiture, pour le vent et la neige réunis, en remarquant que les pans très raides où la neige ne peut tenir sont surtout exposés au vent, tandis que pour les toits très plats le vent n'a pas d'action et c'est surtout la neige qui les chargera.

99. Inclinaison des toitures. — L'inclinaison des combles pour une même couverture varie dans d'assez grandes limites, suivant l'exposition et aussi la qualité des matériaux.

Pour le chaume, il faut une pente de 45 à 50° avec l'horizontale.

Les tuiles plates exigent au moins 45°.

Les ardoises ordinaires clouées demandent au moins 45° et peuvent se redresser jusqu'à la verticale.

Les ardoises agrafées peuvent descendre à 30°.

Le carton goudronné doit être posé sur une surface inclinée au moins à 14° et mieux 20° si l'exposition est mauvaise.

La tuile mécanique bien étudiée peut descendre comme pente à 25°.

Le zinc et la tôle galvanisée peuvent se contenter de 10 à 15°, ou mieux 20°.

Les pentes fortes donnent, la plupart du temps, un meilleur aspect aux bâtiments, mais sont plus dispendieuses comme charpente et comme développement de couverture. Elles assurent, d'un autre côté, un meilleur écoulement de l'eau et une plus longue durée des matériaux étanches qui sèchent plus rapidement.

§ 2.

COMBLES EN APPENTIS

100. Combles à une pente, ou appentis. — Le cas le plus simple de la construction des appentis se présente lorsque le bâtiment à couvrir a une très petite largeur ne nécessitant le soutènement des chevrons qu'à ses extrémités. On les porte alors: en haut (fig. 197) sur une lambourde fixée au bâtiment à hauteur convenable, au moyen de corbeaux en fer espacés de 1,50 l'un de l'autre, et, en bas, sur une sablière surmontant le petit mur de face.

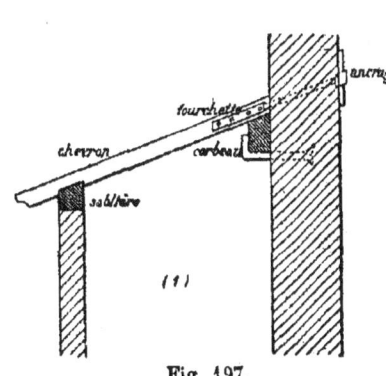

Fig. 197.

Si la pente est forte, on annule l'effet de la composante longitudinale due à l'obliquité, en ancrant de distance en distance un chevron dans le mur le plus élevé.

Ces chevrons sont cloués sur la lambourde et sur la sablière au moyen de grands clous de 0,16 de longueur qui portent souvent le nom de *broches*, d'où l'expression : *brocher les chevrons*.

Si la portée du comble dépasse 2 m. à 2 m. 50, et nécessite un point d'appui intermédiaire, on met au milieu, en travers des chevrons, une file de solives que l'on appelle des *pannes* et sur lesquelles on les fait reposer. Ces pannes ont besoin de trouver elles-mêmes un soutien tous les 3, 4 ou 5 mètres ; et s'il y a à cette distance des divisions dans le bâtiment, on profite des murs ou cloisons de refend pour constituer des points d'appui.

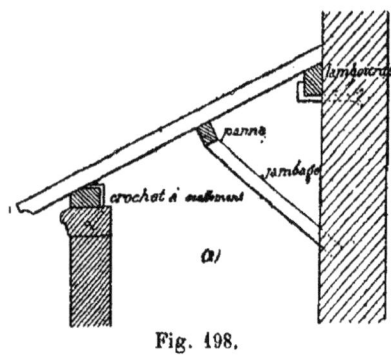

Fig. 198.

S'il n'y a pas de refends aux distances indiquées, on peut mettre de distance en distance une jambette ou contrefiche oblique allant dans le gros mur (fig. 198). C'est un assez mauvais moyen, en raison de l'obliquité de l'effort qui tend à faire déverser la ligne de pannes.

La disposition représentée par la figure 199 est bien préférable : aux points où l'on a besoin de supports pour les pannes, on établit une traverse horizontale scellée, d'une part, dans le gros mur, où elle se trouve ancrée, et reposant, de l'autre bout, sur le second mur. Cette pièce porte, en son milieu, un potelet qui vient verticalement soutenir les abouts des deux pannes voisines. Ces dernières sont elles-mêmes verticales et ont leur face supérieure taillée suivant l'obliquité des chevrons.

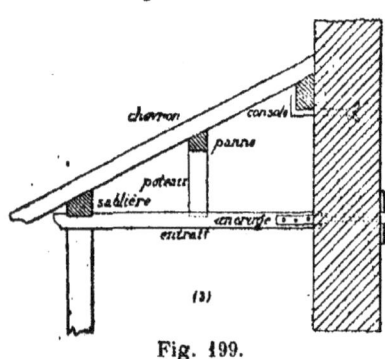

Fig. 199.

La traverse horizontale, qui a pour autre avantage de maintenir invariable l'écartement des murs se nomme un *entrait*. Chaque chevron est ainsi porté sur trois points d'appui, et, pour déterminer les dimensions des pannes, il faut se rappeler que le support du milieu reçoit les 5/8 de la charge totale.

Cette disposition peut convenir pour une portée maximum de 4 m. à 5 m.

Pour une portée de 6 m. à 6 m. 50, l'entrait demande des dimensions trop considérables et on évite de le charger en son milieu. La disposition que l'on préfère alors est représentée fig. 200. En chacun des points où l'on a besoin d'appui on conserve la pièce horizontale, l'entrait; on assemble avec cet entrait une pièce inclinée qui, à son extrémité haute se scelle dans le gros mur et on soutient cette pièce en son milieu au moyen d'une seconde, plus courte, inclinée en sens contraire, et qui s'assemble avec l'autre bout de l'entrait. Ces pièces s'appellent des *arbalétriers*; si leurs pieds sont bien fixés, leur point de rencontre est parfaitement soutenu, et le grand arbalétrier vient supporter les diverses files de pannes de la toiture ; la panne supérieure, que l'on nomme souvent *panne de faîte ou de faîtage*, la panne inférieure, qui s'appelle aussi *sablière inférieure*, et, enfin, les pannes intermédiaires.

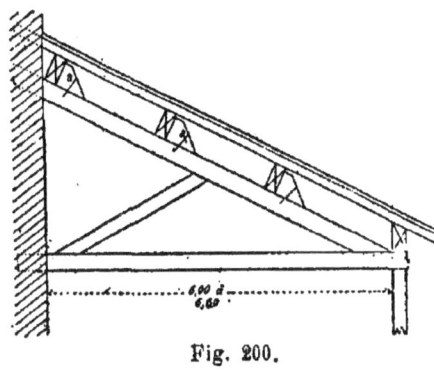

Fig. 200.

L'ensemble de l'entrait et des deux arbalétriers constitue une véritable poutre armée, une *ferme de charpente*.

Si l'entrait a besoin d'être soutenu en son milieu, soit parce la portée augmente encore, soit pour des services supplémentaires qu'on peut être appelé à lui demander, on complète la ferme par un poinçon qui portera en même temps la panne milieu . L'arbalétrier extérieur est alors en deux morceaux.

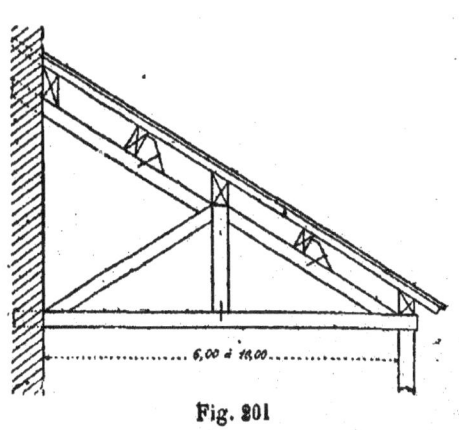

Fig. 201

Les pannes s'établissent perpendiculairement aux arbalétriers ainsi disposés, et on maintient leur dévers au moyen de consoles en bois portées par les arbalétriers, sur la face supérieure desquels on les broche. Quelquefois même on complète l'assemblage par un embrèvement. Ces consoles portent le nom de *chantignolles*.

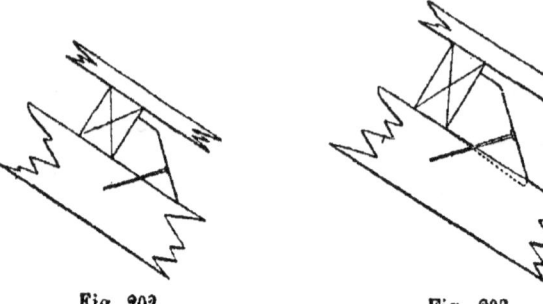

Fig. 202. Fig. 203.

Les fig. 202, 203 et 204 donnent les diverses dispostions que l'on peut donner aux chantignolles. La fig. 202 montre la forme la plus ordinaire qu'elles affectent. La jonction est faite par une ou deux broches. La fig. 203 indique en plus un embrèvement qui est représenté en ponctué, les chantignolles étant d'une épaisseur plus petite que les arbalétriers.

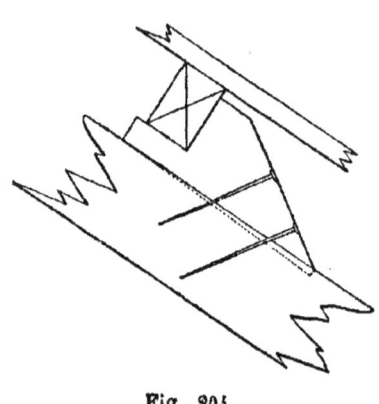

Fig. 204.

Enfin, la fig. 204 montre la forme spéciale que prend la chantignolle quand elle a pour mission, non plus seulement d'*épauler* une panne, mais encore de la soulever d'une certaine quantité au-dessus de la face supérieure de l'arbalétrier.

L'entrait porté (fig. 204), en son milieu par le poinçon, auquel il est relié par une sorte d'étrier en fer, peut être considéré comme posé sur trois appuis de niveau, et est apte à porter des charges que l'on peut facilement déterminer, ou, si elles sont connues, pour lesquelles on peut facilement le calculer. On utilise souvent cette faculté dans les usines pour loger sur les entraits des objets encombrants dont on connaît le poids, et dans les habitations en leur faisant porter les solives d'un plancher léger, appelé *faux plancher*, destiné à recevoir un plafonnage horizontal.

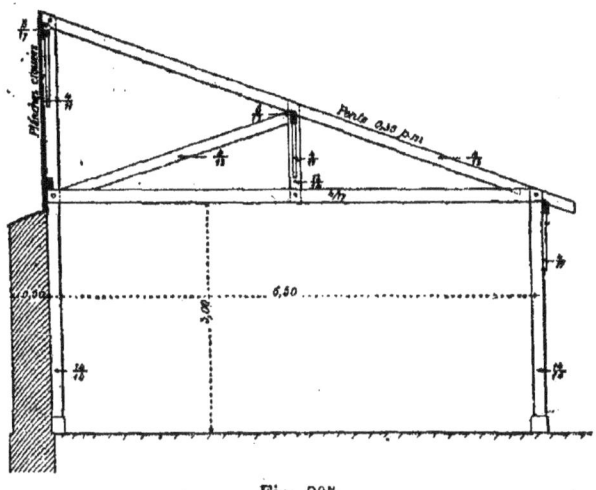

Fig. 205

Les figures 205 et 206 représentent la coupe tranversale et la coupe longitudinale d'un appentis très léger adossé à un mur de clôture. Le mur de face est formé d'une série de poteaux, établis en ligne à un entr'axe de 4^m00. Le mur de clôture étant très bas, l'appentis est porté également de ce côté par une seconde file de poteaux, de longueur appropriée à la pente. Un entrait et un grand arbalétier s'unissent à chaque paire de poteaux pour former la ferme nécessaire au soutien des pannes, et cette ferme est consolidée à l'intérieur du triangle par un second arbalétier et un poinçon.

Le grand triangle étant indéformable, on n'a besoin d'aucune contre-fiche pour s'opposer au roulement de la ferme dans son plan.

Le grand arbalétier forme en même temps chevron ; les pannes sont placées à 0^m11 en contrebas de sa face supérieure ; elles sont au nombre de trois : une, au faîtage, portée par les grands poteaux ; une autre, à l'égout, formant sablière basse portée sur les petits poteaux, et une dernière, intermédiaire, soutenue par le poinçon.

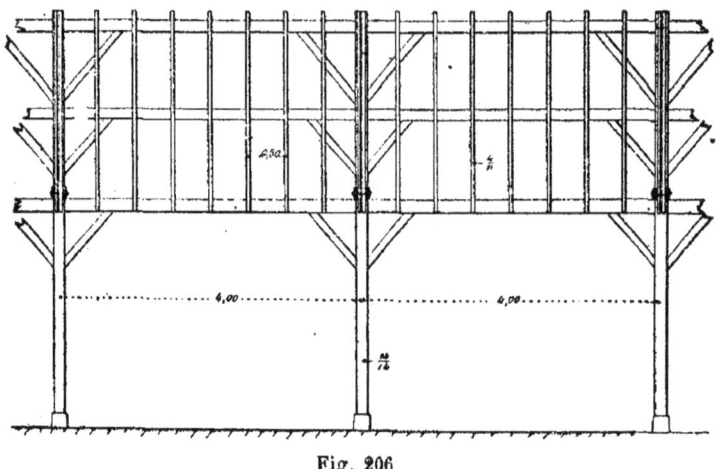

Fig. 206

L'intervalle de deux fermes est divisé en huit parties, pour marquer la place des chevrons intermédiaires. Ces derniers ont 3ᵐ50 de portée environ, mais leur section de 0,04 sur 0ᵐ11 permet, en les faisant travailler sur champ, de leur faire supporter une couverture très légère en ardoises de Montataire.

On a profité des deux lignes de poteaux et de la ligne de poinçons pour établir avec les pannes des liens qui s'opposent au roulement transversal.

Une lisse joint les grands poteaux à la hauteur de l'entrait et elle est dans un même plan vertical que la panne de faîtage.

Elle est utile pour le montage, et, de plus, permet de ce côté de compléter la clôture au-dessus du mur par un revêtement en planches clouées.

Les appentis ne sont pas forcément limités à un rez-de-chaussée, ils peuvent se composer d'un ou plusieurs étages. La fig. 207 représente, en élévation et en coupe verticale, un appentis d'un rez-de-chaussée et d'un étage ; il forme galerie extérieure et dessert le bâtiment auquel il est adossé ; la façade extérieure est formée d'une série de piliers en pierre portant le plancher du 1ᵉʳ étage, ainsi que le comble de l'appentis ; ce dernier, au moyen d'une double sablière, franchit l'intervalle de chaque travée.

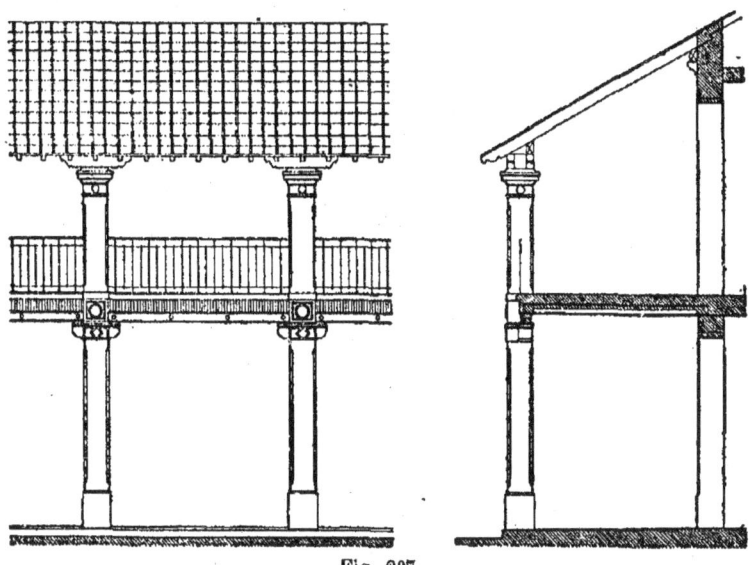

Fig. 207.

101. Appentis en porte à faux. — Les deux figures 208 et 209 montrent de petits appentis se fixant entièrement sur le mur contre lequel ils sont adossés. Une série de potences espacées de 4 à 5^{m}00 servent à porter la sablière. Chacune d'elles est formée d'un entrait scellé dans le mur et d'une contrefiche.

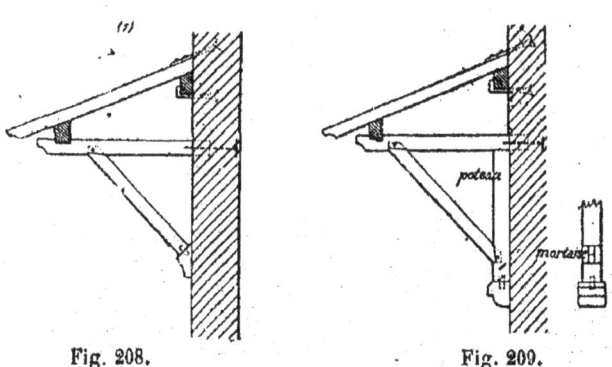

Fig. 208.   Fig. 209.

La contrefiche travaille à la compression; on peut donc la faire reposer sur un corbeau à face inclinée, sur laquelle un simple goujon la maintiendra. L'entrait horizontal travaille à l'extension ; il tend à être arraché de son scellement par la poussée extérieure de la contrefiche. Pour résister à cette poussée on ancre soigneusement le scellement à travers le mur. C'est la disposition de la fig. 208 ; l'entrait et la contrefiche s'assemblent à tenon, mortaise et embrèvement.

La fig. 209 donne une variante de cet arrangement ; le corbeau par sa face supérieure horizontale soutient un potelet vertical, qui reçoit l'extrémité de la contrefiche ; la potence, composée alors de trois pièces triangulées, est plus rigide et plus solide.

§ 3.

COMBLES A PLUSIEURS VERSANTS CONSTRUITS EN BOIS

102. Combles à deux pentes. — Ces combles à deux pentes sont quelquefois aussi appelés à *deux égouts*. La plupart des constructions sont couvertes par ces sortes de combles, qui présentent deux rampants à pentes opposées, une ligne de faîtage suivant l'axe longitudinal, et deux lignes d'égouts au bas des pans de toiture.

Pour soutenir la couverture de ces combles, il faut : 1° Une panne de faîtage au sommet, une sablière de rive sur chaque mur longitudinal, et autant de lignes de pannes intermédiaires que l'intervalle comporte de fois deux mètres. Ce sont ces pannes qui auront à soutenir les chevrons ; les pannes sont disposées suivant des horizontales et les chevrons suivant la ligne de plus grande pente des pans du comble.

Dans bien des cas les chevrons dépassent les parements des murs de face pour éloigner l'égout des murs. La quantité dont les chevrons peuvent ainsi dépasser en porte à faux le parement extérieur du mur, sans autre soutien que leur rigidité propre, est d'après les principes de résistance de 1/4 de leur portée sur deux points d'appui, soit 1/4 de la distance maximum qu'on donnerait aux pannes pour soutenir ces chevrons, ou 0^{m}50 dans les conditions ordinaires.

Combles sur murs. — Dans bien des cas, il y a dans les bâtiments des murs de refend qui les séparent en compartiments pour en faire par exemple des pièces d'habitation. Quand ces refends ne sont pas trop écartés ils peuvent servir à porter les pannes sans autre charpente nécessaire.

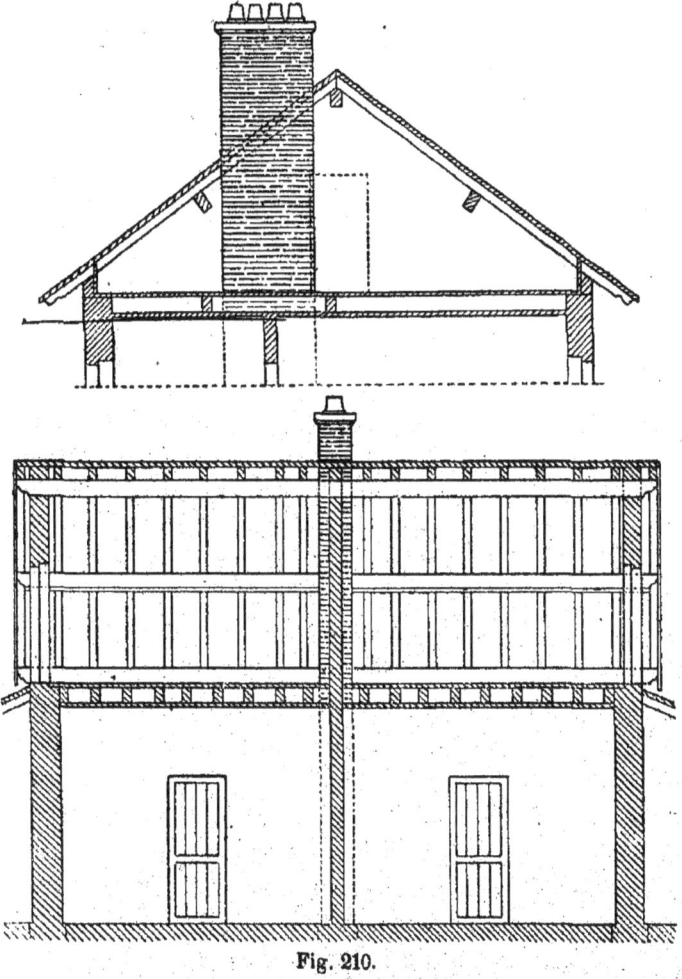

Fig. 210.

La fig. 210 montre, en coupes transversale et longitudinale, une charpente de ce genre appliquée à une maison ouvrière. Les deux pignons et le mur de refend transversal sont à écartement convenable et de force suffisante pour porter les pannes. Celles-ci sont au nombre de cinq : une panne de faîtage, une sablière à chaque égout et dans chaque rampant une panne intermédiaire.

Il faut faire attention aux tuyaux de cheminée qui peuvent se rencontrer dans ces murs de refend, et combiner le tout pour que les bois de charpente soient partout écartés des tuyaux de la distance réglementaire minimum de 0^m16.

Pour une maison de la faible importance de celle proposée, la cloison de refend de 0,15 en briques (0,11 et deux enduits) est bien suffisante pour porter la charpente.

103. Combles avec fermes de charpente. — Si l'on n'a pas de murs à sa disposition pour porter les pannes tous les 3, 4 ou 5 mètres, il faut mettre des poutres ; au lieu de grosses poutres massives, la forme même du toit en triangle isocèle permet d'employer économiquement des poutres armées qui s'appellent alors *fermes de charpente*. Comme on l'a vu, elles sont composées de 2 arbalétriers, d'un entrait et d'un poinçon. C'est la disposition usuelle représentée fig. 211. Le rôle des pièces est celui-ci. Les arbalétriers viennent de chaque côté contrebuter le poinçon et en soutenir la partie supérieure, l'entrait s'opposant à l'écartement des pieds.

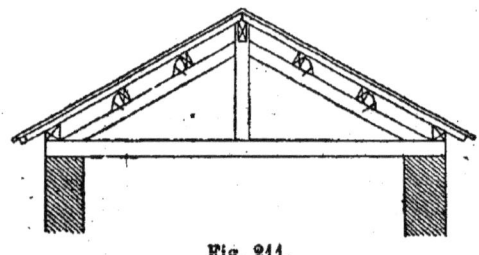

Fig. 211.

De ce fait les arbalétriers travaillent à la compression, tandis que l'entrait travaille à l'extension. Les arbalétriers sont en plus soumis à la flexion, en portant la série de pannes qui portent la couverture.

Le poinçon soutient la panne du faîtage, et, par son pied, le milieu de l'entrait au moyen d'un étrier. Ce point de suspension est très utile à cet entrait, soit pour l'empêcher de rondir sous son propre poids, soit pour l'aider, lorsqu'il sert de poutre, à soutenir les solives d'un vrai ou d'un faux plancher.

104. Divers assemblages des fermes de charpente. — Voici comment s'assemblent les différentes pièces d'une ferme.

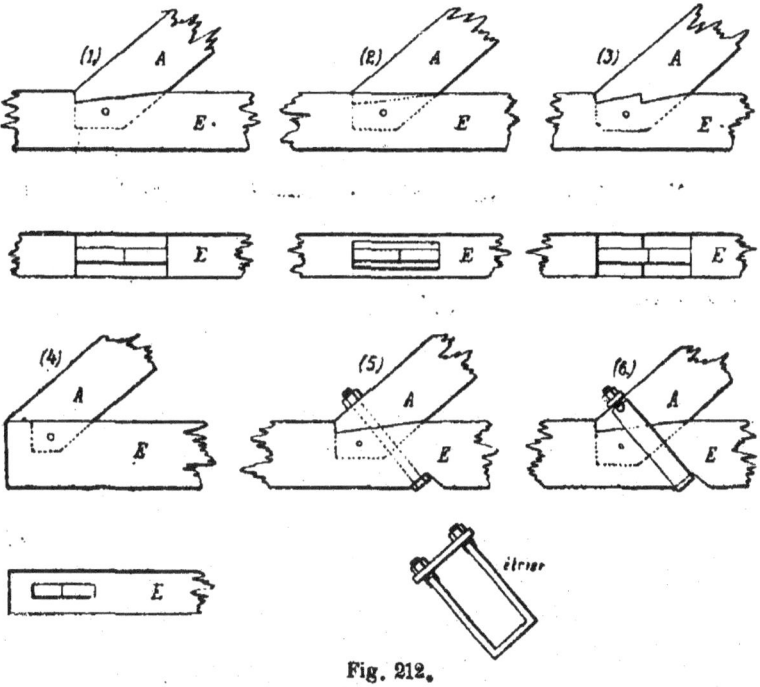

Fig. 212.

L'arbalétrier s'engage à tenon dans l'entrait ; on renforce l'assemblage par un embrèvement dont les croquis de la fig. 212 représentent les diverses dispositions.

En 1, l'arbalétrier et l'entrait ont même largeur et l'embrèvement est taillé sur toute cette largeur.

En 2, l'arbalétrier est plus étroit que l'entrait, l'embrèvement est taillé dans l'entrait sur la largeur seule de l'arbalétrier. Il reste à droite et à gauche une joue allant jusqu'à la face supérieure de l'entrait.

En (3), l'embrèvement est double pour augmenter la surface de résistance à la poussée horizontale. Cet assemblage est surtout employé lorsque la direction de l'entrait s'approche de l'horizontale.

En (4), les deux pièces s'assemblent près de leurs extrémités réciproques et le tenon n'occupe qu'une partie seulement de la surface de contact pour ne pas *affamer* l'entrait.

En (5), l'embrèvement est consolidé par un boulon incliné.

En (6), la consolidation a lieu par le moyen d'un étrier dont on voit à côté le rabattement.

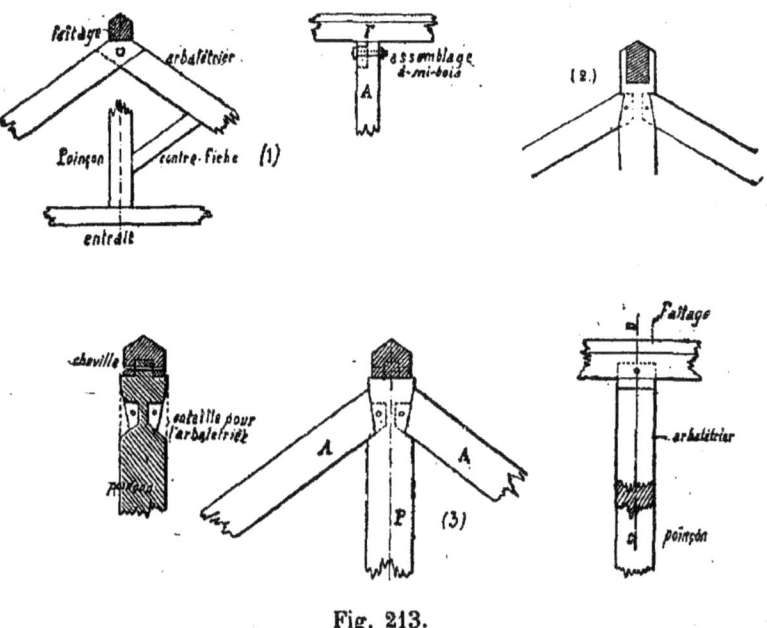

Fig. 213.

Assemblage des arbalétriers au faîtage.—Quelquefois il n'y a pas de poinçon et les arbalétriers s'assemblent à mi-bois l'un avec l'autre, comme l'indique le croquis (1) de la fig. 213. Ils sont coupés l'un et l'autre horizontalement pour recevoir la panne de faîtage. La liaison des deux pièces inclinées est assurée par un boulon.

Dans la plupart des cas, l'assemblage a lieu sur un poinçon

et on emploie pour la liaison un tenon avec embrèvement venant s'engager dans une mortaise convenable du poinçon, fig. 213 (2).

D'autres fois, lorsque les arbalétriers sont peu inclinés sur l'horizontale, on remplace l'embrèvement par une coupe biaise dirigée en sens contraire, jouant le rôle de joint de voussoir, comme il est indiqué fig. 213 (3).

Panne de faîtage. — La panne de faîtage peut porter une mortaise dans laquelle vient s'engager un tenon taillé à l'extrémité haute du poinçon, fig. 213 (3). Elle peut aussi être délardée latéralement et s'engager dans une mortaise ouverte taillée dans le haut du poinçon, fig. 214 (3).

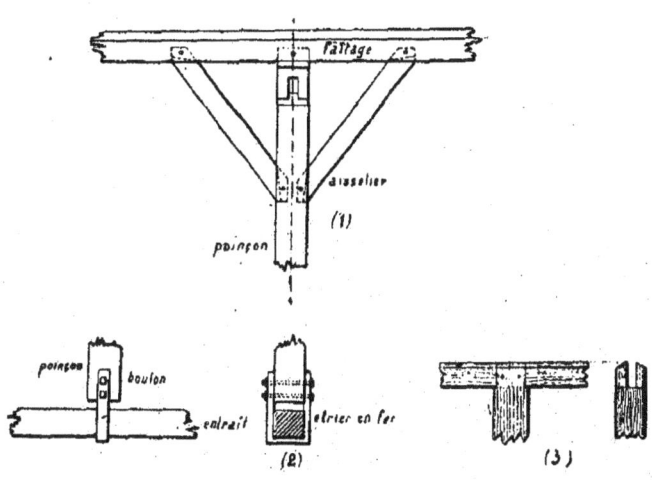

Fig. 214.

La fig. 214 (1) montre la panne de faîtage vue dans le sens perpendiculaire, c'est-à-dire de côté; elle est reliée au poinçon, dans le sens longitudinal du comble, par deux liens inclinés à environ 45°, que l'on nomme des aisseliers. Ils supportent une partie du poids de la panne, tout en assurant l'invariabilité de l'angle droit que forment les deux pièces reliées.

Poinçon et entrait. — L'entrait doit être soutenu en son milieu par la partie basse du poinçon considéré comme support fixe. Si l'on veut faire l'assemblage tout en bois, on peut terminer la pièce verticale par un tenon passant avec clef. Mais plus généralement on emploie un étrier en fer qui embrasse l'entrait, contourne sa section et dont les branches armées ou non d'un talon, suivant la charge, se tirefonnent ou se boulonnent sur les faces latérales du poinçon. C'est l'assemblage représenté en (2), fig. 214. D'autres fois, l'entrait est formé de deux pièces moisées entre lesquelles vient passer le poinçon entaillé à la demande. La fig. 215 représente en (1), (2) et (3) plusieurs dispositions adoptées couramment suivant les cas. En (1) les moises se touchent et sont entaillées ainsi que le poinçon. En (2) les deux sortes de pièces sont encore entaillées, mais les moises sont écartées. En (3) les moises sont écartées à la dimension du poinçon et ce dernier n'est pas entaillé. Dans les trois cas, l'assemblage est assuré par un fort boulon. Lorsque la charge de l'entrait est forte, on préfère les dispositions (1) et (2), en faisant dépasser le poinçon sous la moise avec sa section entière.

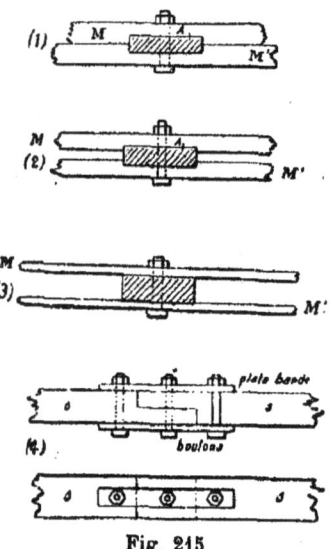

Fig. 215

La fig. 215 (4) représente l'assemblage à mi-bois de deux portions de sablières posées bout à bout sur un mur et dont la jonction est consolidée par une double platebande boulonnée.

105. Position et écartement des fermes. — Les fermes de charpente se placent d'ordinaire dans les trumeaux des bâtiments et, autant que possible, au milieu de ces trumeaux ; leur écartement varie, suivant les cas, de 3 à 5 m., et de cet écartement dépend la section à donner aux pannes.

Si un refend se rencontre, il évite une ferme et soutient les pannes au passage. Il en est de même des murs extrêmes, lorsqu'ils sont disposés en pignons. D'autres fois, le pignon lui-même est formé d'une ferme de charpente.

106. Des croupes. — Croupes droites. Croupes biaises. — Si, au lieu de terminer un comble par un pignon soit en pierre, soit en charpente, ou l'arrête par une partie inclinée, on constitue ce que l'on appelle une *croupe*.

La croupe sera dite *droite* si les murs sont à angle droit et *biaise* dans tous les autres cas.

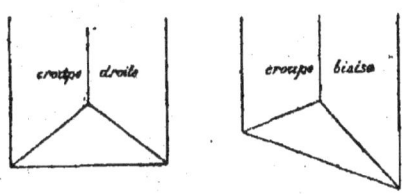

Fig. 216.

La fig. 216 donne en plan la disposition d'une croupe droite et d'une coupe biaise.

Étude d'une croupe droite. — La fig. 217 représente le plan d'un comble terminé en croupe droite. La ligne de faîtage ou de couronnement s'arrête en O. On voit en L'L' la dernière des fermes courantes de long pan. La ferme LL qui passe par le point O est ce que l'on appelle la *ferme de croupe*. En OC on aura une demi-ferme qui est la *demi-ferme de croupe*. En OA et en OB deux autres demi-fermes que l'on nomme les *demi-fermes d'arêtiers*. Ce sont toutes ces fermes et demi-fermes qui sont destinées à porter les pannes du comble.

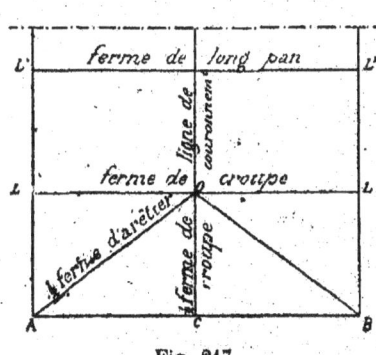

Fig. 217.

La ferme de croupe sera composée, à la manière ordinaire, d'un entrait, de deux arbalétriers et d'un poinçon. Ce poinçon sera commun à cette ferme et aux trois demi-fermes de croupe et d'arêtiers.

Les trois entraits de ces demi-fermes viennent concourir au point O, milieu de l'entrait de la ferme de croupe. En haut du poinçon viennent concourir les cinq arbalétriers.

Les dispositions adoptées permettent de restreindre les assemblages concourants de manière à éviter de trop couper et *affamer* les bois.

105. Assemblages des entraits d'enrayure. — Pour étudier les assemblages des entraits, il faut représenter le plan des entraits, que l'on appelle l'*enrayure*. C'est ce que montre la fig. 218.

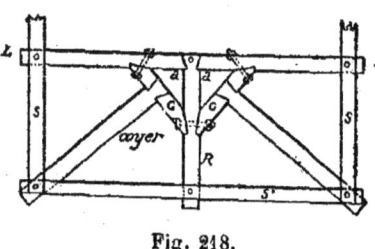

Fig. 218.

On assemble l'entrait de la demi-ferme de croupe avec l'entrait de la ferme de croupe à mi-bois et à queue d'aronde pour l'accrocher et lui permettre de résister à la poussée de son arbalétrier. L'assemblage à mi-bois n'affaiblit pas trop l'entrait, étant entaillé à l'endroit où cet entrait est soutenu par le poinçon. Pour ne pas multiplier les assemblages au même point, on arrête avant le point *a* les entraits des demi-fermes d'arêtiers et on reçoit chacun d'eux par l'intermédiaire d'une pièce oblique, dite *gousset*, avec laquelle il s'assemble à mi-bois et à queue d'aronde.

Les entraits d'arêtiers, que l'on nomme aussi *coyers*, seront donc convenablement retenus, à la condition que les goussets soient eux-mêmes bien fixés aux entraits des ferme et demi-ferme de croupe. Les assemblages de ces pièces se font à tenon, mortaise et embrèvement, de manière à retenir les goussets ; on consolide les jonctions par des boulons dont la traction s'oppose à la poussée des *arêtiers* (c'est ainsi qu'on nomme les arbalétriers d'arêtiers).

Telle est l'enrayure de la croupe droite. La fig. 218 représente encore les sablières de long pan et de croupe qui reposent sur les entraits correspondants et dont les diverses pièces s'assemblent à mi-bois et sont fixées par des boulons.

Dans une coupe on a l'habitude de faire sortir le poinçon du comble ; il passe à l'extrémité du faîtage et sert pour attacher en dehors les épis, paratonnerre et autres accessoires de couverture.

108. Assemblage des arbalétriers. — Il y a à étudier maintenant l'assemblage avec le poinçon des divers arbalétriers dont il vient d'être question. Si on les trace en plan, fig. 219, ils se rencontrent aux points a, b, c, d. On les coupe suivant les plans verticaux ao, bo, co, do, de sorte qu'ils sont en contact à partir des points de rencontre jusqu'au poinçon. Les arbalétriers de la ferme de croupe et celui de la demi-ferme de croupe s'assemblent avec le poinçon à tenon, mortaise et embrèvement. Les deux arêtiers sont seulement appuyés, *déjoutés* comme l'on dit. Leur extrémité est entaillée pour recevoir l'arête du poinçon.

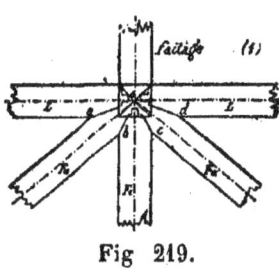
Fig 219.

109. Assemblages des pannes sur un arêtier. — La fig. 220 donne la disposition de l'assemblage des pannes sur un arêtier. La face supérieure de l'arêtier est formée de deux plans parallèles aux deux pans qu'il sépare. C'est sur ces plans que les pannes correspondantes viennent poser. On les réunit par une équerre posée avec des tirefonds ou des clous mariniers et on les soutient par une chantignolle de forme appropriée. Dans les charpentes soignées, on taille comme il vient d'être dit la partie supérieure de l'arêtier suivant deux plans respectivement parallèles aux pans de croupe et de long pan, de sorte que sa section est un pentagone.

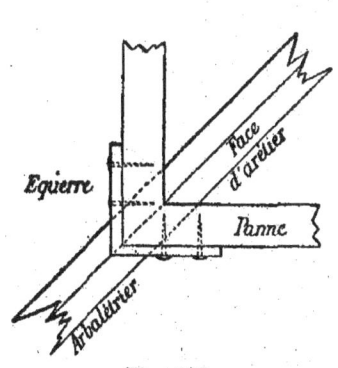
Fig. 220.

Il en est de même quelquefois de la partie inférieure qui forme alors deux faces formant un angle rentrant, fig. 221 (1).

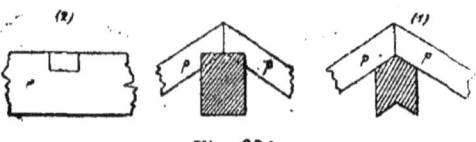

Fig. 221

Dans les charpentes ordinaires, on ne dégage pas les faces inférieures dont il vient d'être parlé et on ne taille les faces supérieures qu'à l'endroit même où posent les pannes ; la fig. 221 (2), donne la coupe de l'arêtier avec l'indication des pannes ainsi encastrées, et, à côté, la vue latérale de l'arêtier avec une des entailles.

109. Des chevrons dans une croupe, empanons. — Dans un comble à croupe, les chevrons sont de deux sortes : 1° les chevrons de long-pan, allant à la panne de faîtage à la sablière et parfaitement soutenus sur toute leur longueur ;

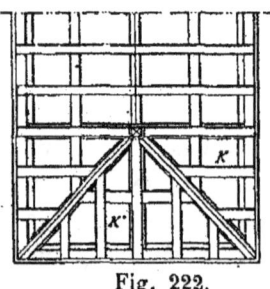

Fig. 222.

2° les chevrons de croupe ou *empanons*, dont la partie haute tombe la plupart du temps entre deux pannes sans y trouver de soutien. On vient porter toutes les extrémités de ces empanons au moyen d'une pièce spéciale dite *chevron d'arêtier*, posée sur les pannes au-dessus des arêtiers et parallèlement à leur direction.

Tous les chevrons d'un pan sont compris entre deux plans parallèles espacés de leur épaisseur, 0,08. Le chevron d'arêtier doit, pour chacune de ses moitiés, être compris entre ces deux plans, de sorte que sa section devrait être un hexagone à angle rentrant, comme le montre en C le croquis (1) de la fig. 223. Les empanons viennent se clouer sur les faces latérales du chevron d'arêtier, comme il est indiqué dans la figure 223 (3).

Les chevrons d'arêtier sont disposés comme les arêtiers eux-mêmes ; les faces supérieures sont délardées pour se trouver coïncider avec les pans qu'ils séparent et on a vu plus haut que leurs faces inférieures peuvent l'être ; mais, plus ordinairement, on s'en dispense pour la plus grande commo-

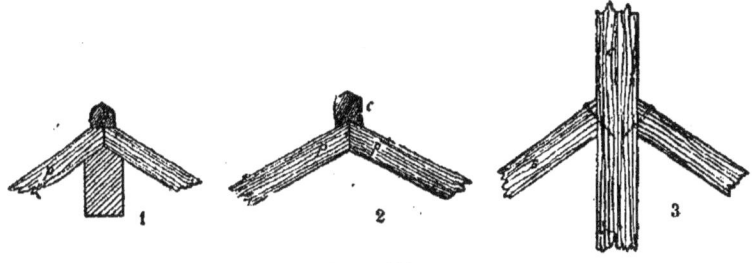

Fig. 223.

dité du travail et par économie. On abat alors l'angle vif que font les pannes à leur rencontre, pour recevoir la partie plate du dessous du chevron d'arêtier.

111. Des croupes biaises. — Les croupes biaises s'exécutent d'après les mêmes principes qui viennent d'être donnés pour les croupes droites. L'épure donne le tracé des divers assemblages d'après le biais.

Lorsque le biais est peu sensible, on met la demi-ferme de croupe perpendiculaire à l'alignement du mur. On y trouve une plus grande simplicité dans la taille des pièces de bois qui la composent.

Lorsque le biais est accentué, on met cette demi-ferme dans le prolongement du faîtage pour égaliser la portée des deux travées de pannes voisines.

112. Combles en pavillon. — On désigne sous ce nom les combles formés de plusieurs croupes. On les construit avec des fermes et des demi-fermes. Il faut, pour en étudier la construction, représenter pour chaque cas l'enrayure que l'on adopte. Le premier exemple de la fig. 224 (1) est un pavillon carré ; pour le couvrir, on établira deux fermes, perpendiculaires entre elles, dont les entraits sont EE et E'E' et qui auront même poinçon. Sur ces deux entraits, on portera quatre goussets, bien reliés, qui serviront à attacher les entraits des quatre demi-fermes d'arêtiers.

Le second exemple de la même figure représente en (2) l'enrayure d'un toit polygonal d'un plus grand nombre de côtés, et dans lequel on a recours à des goussets pour porter les entraits de deux en deux. Mais il reste encore trop d'assemblages au centre lorsque les côtés du polygone sont nombreux.

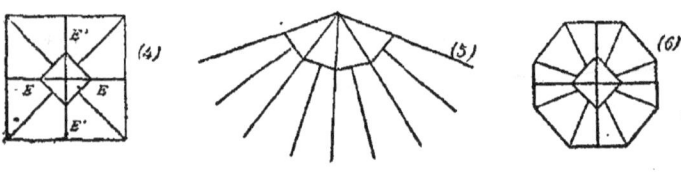

Fig. 224.

Le croquis de la fig. 224 donne une disposition, préférable dans ce cas, appliquée à un pavillon octogonal. Deux fermes rectangulaires servent à porter l'ensemble de la toiture et les goussets qui relient leurs entraits portent chacun les entraits de deux demi-fermes intermédiaires.

Dans ces divers combles, les arbalétriers se traitent, à leur rencontre avec le poinçon, comme on l'a vu plus haut.

113. Inclinaison des croupes. — Au point de vue de la couverture, il serait rationnel de donner à la croupe la même pente qu'aux longs pans, ce qui conduirait au tracé AH de la fig. 225. Il n'en est pas toujours de même au point de vue de l'aspect, et si on considère la construction, il est souvent plus commode de redresser cette pente de manière à établir sur le plein du premier trumeau la ferme de croupe, qui est la partie portante principale de toute l'extrémité de la toiture. On augmente ainsi la solidité, on simplifie la construction et on régularise la portée des pannes.

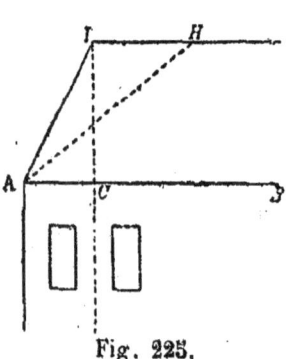

Fig. 225.

CHAPITRE CINQUIÈME

114. Des noues. — On appelle *noue* l'angle rentrant formé par l'intersection de deux pans de toiture.

Si on représente en plan, fig. 226, deux corps de bâtiments se rencontrant à angle droit, il y a production de deux noues OA et OB.

En AC, AB et BD, il y aura généralement des murs pour lier les deux bâtiments, et ces murs montés en pignons serviront de fermes. S'il n'y a pas de murs, on mettra des fermes pour les remplacer; puis, pour couvrir le carré ACDB, on établira deux fermes suivant les diagonales,

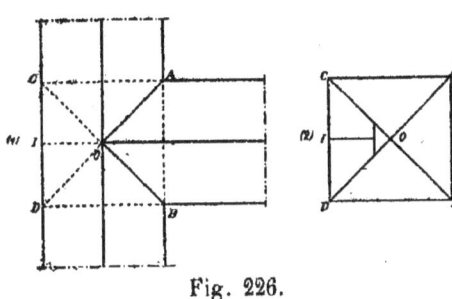

Fig. 226.

et ayant même poinçon O. Il ne manquera, pour former les supports complets des pannes, qu'une demi-ferme en OI. Voir (1) fig. 226. Le croquis (2) indique l'enrayure : un gousset, placé sur les deux entraits des fermes principales, servira à recevoir la tête de l'entrait de cette demi-ferme additionnelle.

Lorsque la rencontre des deux bâtiments forme un retour de direction sans prolongement d'aucun d'eux, ainsi qu'il est représenté en (3), fig. 227, on forme en OA une noue et en OD un arêtier. Si on suppose des murs en AB et en AC, on pourra établir deux fermes principales perpendiculaires, dont les entraits seront

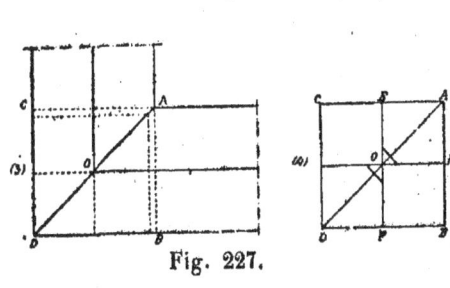

Fig. 227.

représentés dans l'enrayure (4) suivant EF et GH. On aura, pour compléter la charpente, une demi-ferme d'arêtier et une demi-ferme de noue dont les entraits OD et OA porteront sur les goussets supplémentaires.

La dimension du bâtiment en largeur peut obliger, pour

porter convenablement les pannes, à mettre deux demi-fermes supplémentaires OB et OC (5), fig. 228. L'enrayure (6) montre les deux goussets nouveaux qui seront chargés de porter les entraits de ces deux demi-fermes.

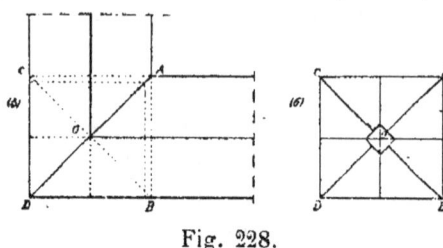

Fig. 228.

Toutes les dispositions qui viennent d'être indiquées pour la construction des croupes sont indépendantes de la composition de la ferme que nous avons supposée formée d'un entrait de deux arbalétriers et d'un poinçon, composition qui correspond à des largeurs de bâtiments de 6 à 8 m. On va voir maintenant comment variera la construction des fermes lorsque les circonstances de portée et autres viendront elles-mêmes à varier.

115. Comble léger pour portée de 6 m. — Les fig. 229 et 230 représentent un hangar économique pour portée de 6 m. et couverture légère en ardoises métalliques de Montataire. Les dimensions des bois sont réduites à leur minimum, vu le caractère provisoire de la construction. De même que dans l'appentis du même genre précédemment décrit (fig. 205, 206) les fermes, tous les 4 m., sont composées de deux arbalétriers en bois minces jumelés, placés de champ, d'un entrait jumelé également, et d'un poinçon. La ferme dépasse en dehors des poteaux, et forme à leur partie supérieure un triangle rigide qui s'oppose à la déformation de l'ensemble dans le plan de la ferme sans qu'on ait à y ajouter des liens. Les arbalétriers forment en même temps chevrons, et d'autres chevrons, de $0,04 \times 0,11$ espacés de $0,50$, sont interposés entre deux fermes pour porter la couverture. Ils sont posés sur une panne de faîtage et deux sablières de rives assemblées entre poinçons ou entre poteaux. La hauteur des chevrons leur permet, vu la modicité de la charge, de franchir la distance de 3 m. qui sépare les pannes.

Le roulement des fermes dans le sens perpendiculaire à

leurs plans ne peut avoir lieu, vu les liens qui relient d'une part le poinçon aux pannes de faîtage et, d'autre part, les poteaux aux sablières de rives. La coupe transversale, la coupe horizontale et la coupe suivant AB rendent compte de ces dispositions.

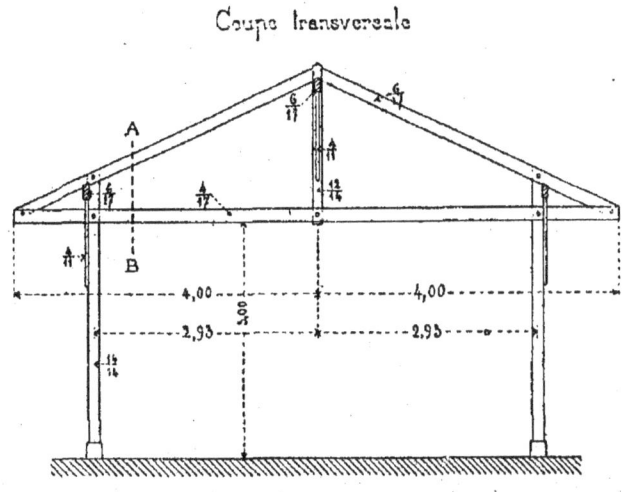

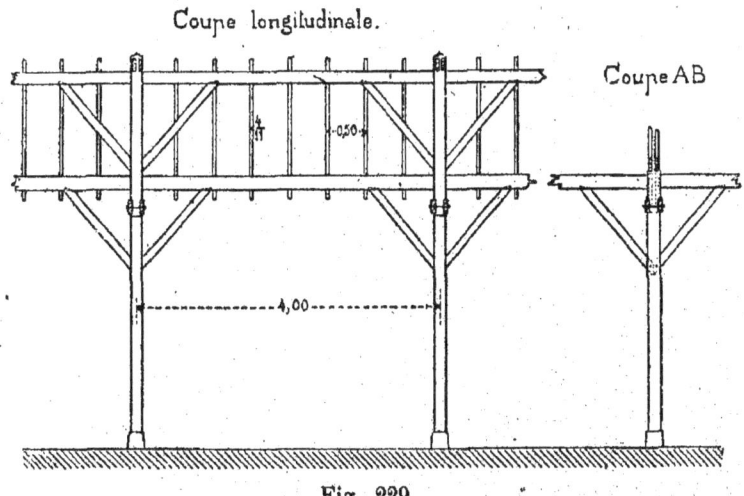

Fig. 229.

116. Combles pour portées de 8 à 12 mètres. — Lorsque la portée augmente, la charge des pannes faisant travailler l'arbalétrier à la flexion amène à de trop gros bois et on a avantage à soutenir l'arbalétrier en un point intermédiaire, au moyen d'une contrefiche assemblée sur le poinçon considéré comme point solidement soutenu.

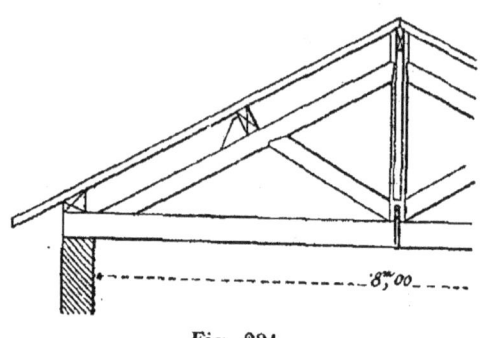

Fig. 231.

La fig. 231 donne l'élévation d'une ferme de comble établie pour soutenir une toiture d'une portée de 8 m., l'espacement des fermes d'axe en axe étant de 3 m. 50. La couverture est en zinc, les chevrons ont une section de 0,08 × 0,08, ils sont espacés de 0 m. 50. La sablière basse a 0 m. 16 de largeur et 0,04 comme plus petite épaisseur. Sa face supérieure est taillée suivant la pente du toit. La panne de faîtage a 0,22 × 0,08, ainsi que la panne intermédiaire. Les arbalétriers sont établis en bois de sapin, comme tous les bois qui précèdent, ils sont formés de madriers de champ de 0,22 × 0,08 ; ils s'assemblent avec l'entrait qui a 0,20 × 0,10 d'équarrissage en bois de sapin, et avec le poinçon qui a 0,15 × 0,15, et qui est en chêne comme cela se fait d'ordinaire. Les deux contrefiches qui viennent soutenir le milieu environ des arbalétriers ont une section de 0,16 × 0,07 (bastaing), et il en est de même des liens ou *aisseliers* qui servent au contreventement transversal de la charpente, et qui forment, en s'assemblant, avec le poinçon d'une part, et d'autre part avec la panne de faîtage, des triangles indéformables. Ces dernières pièces sont en sapin. Le bas du poinçon s'assemble à tenon et mortaise avec le milieu de l'entrait, et un étrier en fer contournant ce dernier le relie à la pièce verticale et prévient la fatigue de l'assemblage et le cisaillement de la cheville qui retient le tenon.

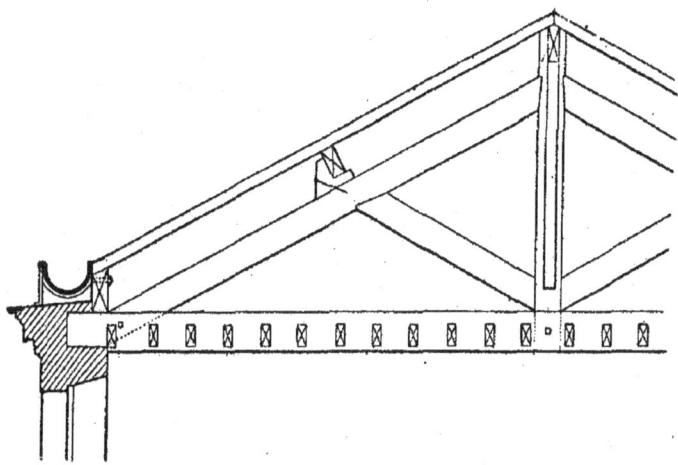

Fig. 232.

La fig. 232 montre une ferme du même genre, de 7 m. 50 de portée, qui ne diffère de la précédente qu'en ce que l'entrait, au lieu d'être isolé, est chargé de porter le solivage d'un faux plancher. Il en résulte une charge supplémentaire qui amène une flexion dans l'entrait et une tension plus grande de cette même pièce ainsi que du poinçon, en même temps qu'une compression plus forte des arbalétriers. Il y a donc lieu de calculer les sections en tenant compte de ces efforts, ce qui conduit à renforcer les pièces de la ferme. L'entrait est formé d'une pièce moisée de 2 fois $0,22 \times 0,19$. Les arbalétriers ont $0,16 \times 0,16$. Ainsi que le poinçon, les autres pièces restent les mêmes.

Les solives du faux plancher sont ordinairement très légères. Pour une portée de 3 m. 30 à 4 m., on leur donne 16/6 et quelquefois $0,11 \times 0,07$ et on les établit à l'espacement ordinaire de 0,33 d'axe en axe pour la facilité du lattis.

La fig. 233 représente un comble du même genre, mais d'une portée plus grande, soit 12 mètres entre murs. Cette portée exige que l'on mette deux pannes intermédiaires entre la panne de faîtage et les sablières. Ces pannes, pour un écartement de fermes de 4 m. et une couverture en tuiles à emboîtement, ont une section de 0,23 × 0,12. Les pièces qui constituent la ferme ont une section plus grande également ; les arbalétriers ont 0,20 × 0,16, le poinçon 0,18 × 0,18 et l'entrait est formé de deux pièces moisées de 2 fois 0,33 × 0,14.

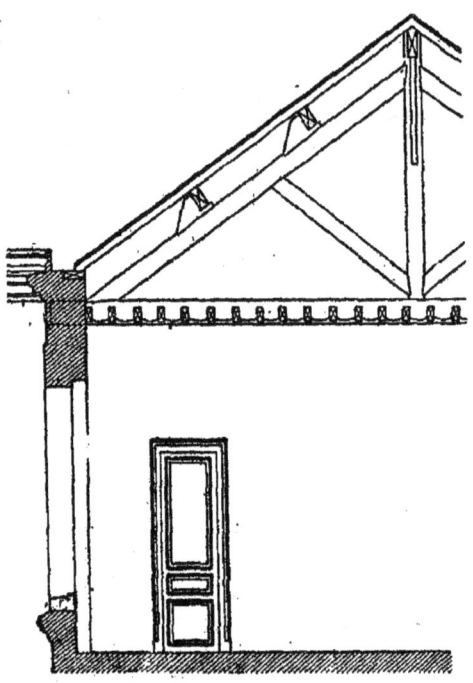

Fig. 233.

Si l'on compare la position des pannes par rapport aux points d'appui de l'arbalétrier, dans les fig. 232 et 233, on trouvera une différence très notable qui influe sur la résistance. Dans la fig. 232, la panne milieu tombe sur l'arbalétrier au point même de soutien ; son effet consiste à augmenter sa compression longitudinale. Dans la fig. 233, le point d'appui se trouve dans l'intervalle de deux pannes et ces pièces non-seulement déterminent la compression de l'arbalétrier, mais encore une flexion dont le calcul doit tenir compte.

117. Combles avec lien et contrefiche. — Lorsque la

portée augmente, on peut facilement trouver un second point d'appui intermédiaire pour chaque arbalétrier. On tierce la longueur de cette pièce et on soutient l'un des points de division, le point C (fig. 234) par un lien qui repose obliquement sur le poinçon, tandis que le second point intermédiaire, le point B, peut être soutenu par un potelet BF, le point F étant lui-même porté par la contrefiche HF.

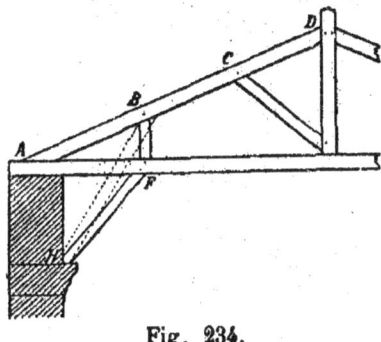

Fig. 234.

Lorsque l'entrait est moisé, c'est-à-dire formé de deux pièces jumelles, on a avantage à remplacer les deux pièces BF et FH par une contrefiche unique BH. La fig. 235 représente un comble de ce genre, de 10 m. de portée, monté sur poteaux et formant ce que l'on appelle un hangar.

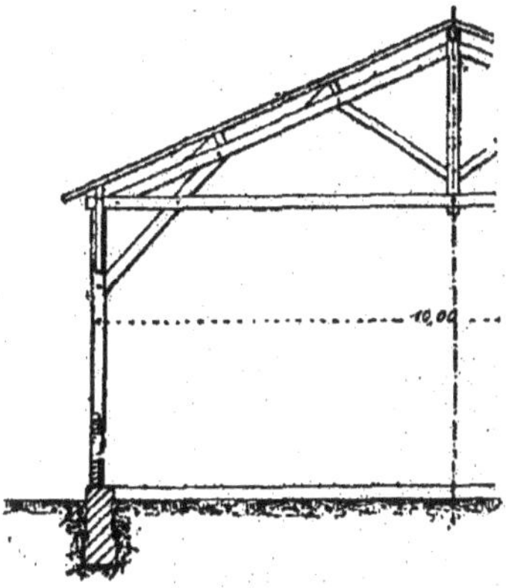

Pour les hangars, la contrefiche est nécessaire, quelle que soit la portée, pour rendre invariable l'angle de l'entrait avec le pan de bois de façade, et tenir le roulement du bâtiment.

La fig. 236 représente la charpente d'un bâtiment d'ateliers pour forges, couvert par un comble de même système

Fig. 235.

pour une portée de 13 m. 80 entre murs et un entraxe de 4 m. 90. Indépendamment des pièces décrites dans les exemples précédents et dont les sections sont appropriées à la portée et à la charge, on a jugé utile de relier les entraits des fermes consécutives par une moise perpendiculaire à leur plan et placée au bas des poinçons. C'est une très bonne disposition à recommander toutes les fois que les bois sont réduits à leur minimum.

Ce comble, de plus, est surmonté au faîtage d'une portion relevée appelée *lanterne* ou *lanternon,* permettant un aérage convenable au moyen de persiennes verticales, ou un éclairage par châssis droits. Cette lanterne est comme un petit hangar dont les fermes correspondent aux fermes de la grande charpente, et dont les poteaux reposent sur les arbalétriers de cette dernière. Le poinçon lui-même est prolongé jusqu'au faîtage et compris, ainsi que les potelets, dans un entrait moisé. Deux sablières et une panne de faîtage supportent les chevrons de ce petit comble additionnel.

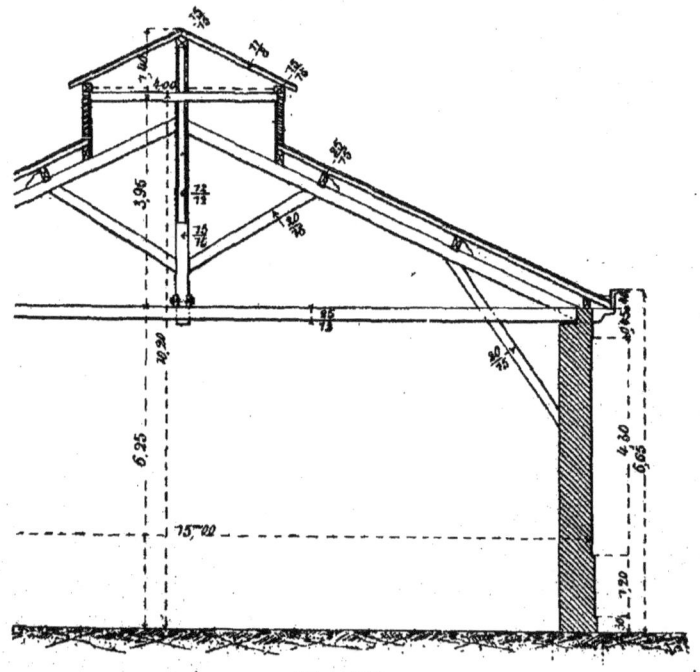

Fig. 236.

Une panne spéciale relie les pieds de potelets et sert à recevoir la partie haute des chevrons de long pan. Entre cette panne, la sablière et les potelets de deux fermes consécutives, il reste un vide que l'on divise par des montants en plusieurs compartiments entourés de feuillures. Ces dernières sont destinées à recevoir les persiennes ou les châssis.

La fig. 237 représente encore une application de ce genre de combles à liens et contrefiches, si généralement employés.

On y voit la coupe transversale du hangar montrant une
ferme en élévation, et, en regard, une façade latérale, la couverture étant enlevée et permettant de voir la charpente. Ce

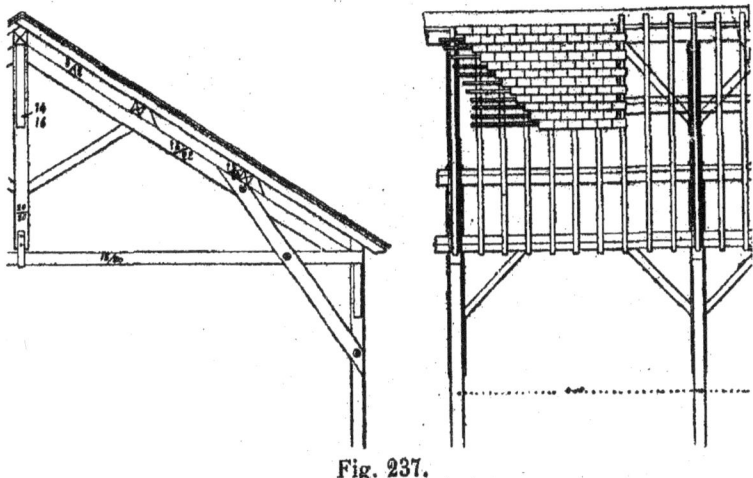

Fig. 237.

hangar a 10 m. 60 de portée et est destiné à couvrir des silos
dans une exploitation agricole. Il ne diffère des charpentes précédentes qu'en ce que toutes les pièces sont simples, sauf la
contrefiche qui est formée de deux pièces moisées; une légère
entaille de ces pièces à la jonction avec les autres bois et un
serrage soigné des boulons d'assemblage donnent une rigidité
suffisante à l'ensemble de cette charpente, établie pour porter
une couverture de tuiles ou d'ardoises.

Autant que possible, dans tous ces combles, on cherche à
obtenir des chevrons d'une seule pièce dans la hauteur du
long pan, c'est-à-dire du faîtage à
l'égout. Lorsqu'on ne peut les obtenir aussi longs, on les fait de
deux pièces, en faisant tomber le
joint alternativement sur chacune
des pannes intermédiaires. Le
morceau du bas, que l'on pose le
premier, est coupé en sifflet et
broché sur la panne.

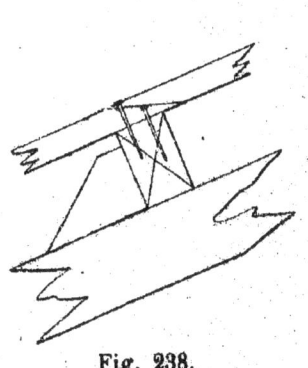

Fig. 238.

Le morceau du haut porte le sifflet inverse et vient s'appliquer sur
le premier, de manière à former

la continuation de son alignement. Cet assemblage est représenté fig. 238.

C'est également au moyen de deux coupes inverses en sifflet que les pannes en prolongement viennent se raccorder en un point soutenu, c'est-à-dire à la traversée d'une ferme.

La figure 239 donne une variante de ce même système de combles, mais pour une portée de 18 mètres. Les fermes, espacées à l'entraxe de 4 m., sont consolidées par liens et contrefiches.

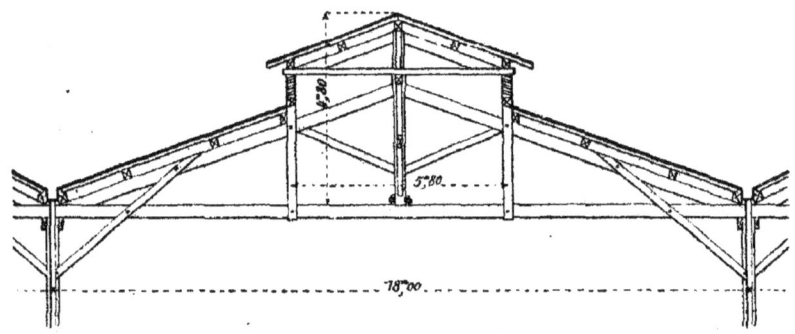

Fig. 239.

L'entrait, les arbalétriers, le poinçon et les liens sont simples. Les contrefiches seules sont moisées. Comme dans la fig. 236, le comble est surmonté d'une lanterne, mais cette fois plus large, 5 m. 80 à l'extérieur des potelets. Ces derniers sont formés de pièces jumelées qui comprennent les arbalétriers du lanternon, ceux du grand comble, et descendent jusqu'à l'entrait en lui donnant deux nouveaux points de soutien. Il en résulte une rigidité bien plus grande de la ferme.

Ce comble se relie à droite et à gauche à d'autres combles de même composition pour couvrir une surface d'ensemble de grande largeur.

118. Combles avec faux entraits. — Lorsqu'un comble soutient par l'extrémité de ses poinçons le milieu d'un faux

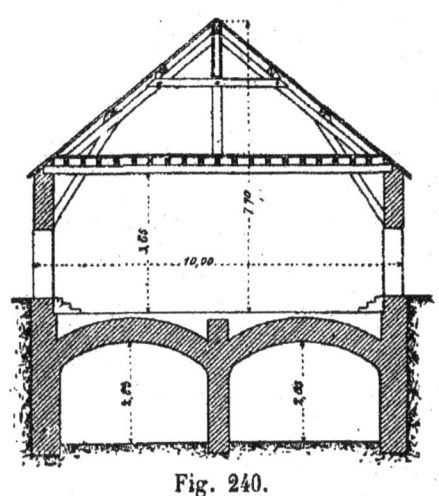

Fig. 240.

plancher, et que ce faux plancher est utilisable en raison de la hauteur qui le sépare de la couverture, les liens qui reportent sur leur poinçon une partie de la charge de l'arbalétrier deviennent gênants en raison de leur obliquité ; on peut les supprimer et, malgré cela, soutenir l'arbalétrier au même point, en les remplaçant par deux moises horizontales, nommées *faux entrait*. Les arbalétriers ainsi reliés au poinçon ne peuvent fléchir ni se rapprocher, en raison de la compression de cette pièce. La fig. 240 représente un bâtiment dont le comble a ses arbalétriers soutenus de la sorte en deux points intermédiaires, l'un au moyen de la contrefiche, l'autre par l'effet d'un faux entrait.

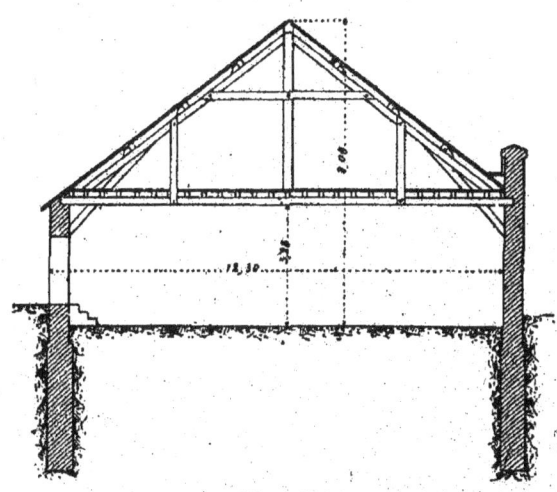

Fig. 241.

On considère l'arbalétrier comme tellement bien soutenu

par le faux entrait que, si pour le plancher on a besoin de points de suspension autres que le poinçon, on les prend sans hésiter aux points de rencontre des arbalétriers et de ce faux entrait, comme le montrent les moises pendantes du comble représenté dans la fig. 241.

L'emploi d'un faux entrait peut encore servir à trouver dans la combinaison des pièces mêmes de la ferme un troisième point d'appui intermédiaire pour l'arbalétrier. On réduit ainsi les dimensions qu'il est nécessaire de donner à la section de cette pièce puisqu'alors elle est portée sur cinq points d'appui de niveau.

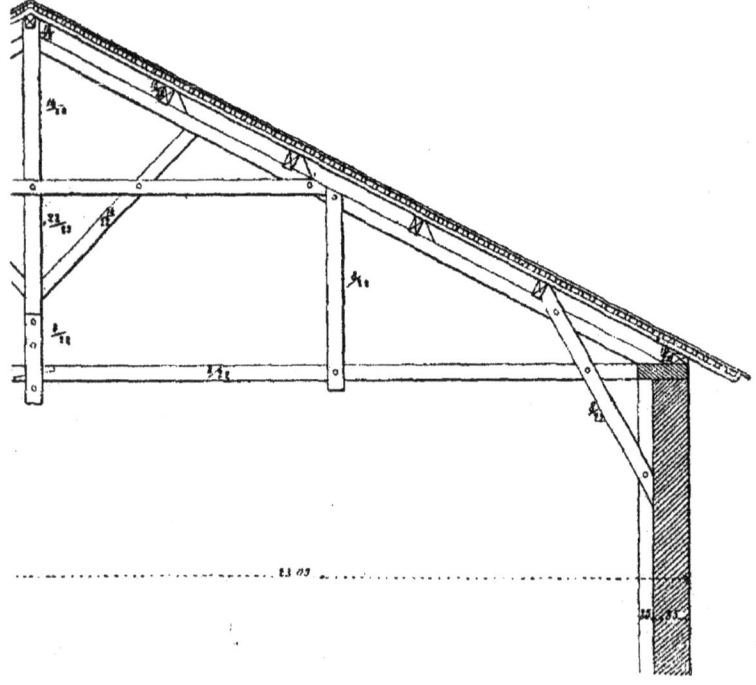

Fig. 242.

Le comble représenté fig. 242 est ainsi composé; et, de même que dans l'exemple précédent, le point soutenu par l'extrémité du faux entrait sert d'attache à une moise pendante qui soutient à son tour l'entrait.

Ce comble, qui a 22 m. de portée, a son entrait formé de deux pièces de bois bout à bout pour former la longueur nécessaire. L'assemblage se fait au moyen d'un trait de Jupiter au milieu de la portée, au point qui est soutenu par la partie basse du poinçon.

Une autre particularité de cet exemple est l'assemblage du comble et du mur.

Au lieu de faire directement la liaison de la contrefiche et du mur au moyen d'un corbeau, on obtient une meilleure attache en portant le comble sur un poteau en bois adossé au mur et avec lequel vient s'assembler la contrefiche. L'assemblage bois sur bois est bien plus solide et rigide que la jonction du bois et de la maçonnerie.

On emploie cette disposition de poteau intérieur adossé au mur lorsque la hauteur de l'espace couvert est considérable ou que la portée de la ferme dépasse les dimensions ordinaires de 8 ou 10 mètres.

119. Fermes en trapèze. — Une disposition quelquefois employée dans les combles en bois, lorsque pour une portée moyenne ils comportent un lanternon, consiste à mettre deux poinçons qui serviront de poteaux de lanternon, et de relier les points de butée des arbalétriers par une pièce horizontale qui se trouve comprimée. Cette pièce et les deux arbalétriers forment une sorte d'arc portant la charge et dont les extrémités sont retenues par l'entrait. La partie résistante de la ferme forme ainsi une figure de trapèze. Quant au lanternon, il se construit sur les deux poinçons à la manière ordinaire (fig. 243). Cette forme de ferme a été souvent employée à la couverture de marchés couverts ; elle peut trouver en pratique d'autres applications.

On l'adopte souvent pour la construction des combles plats de portée restreinte ; la fig. 244 en montre une application usuelle. Il s'agit de la couverture d'un bâtiment de 8 m. de largeur. Les fermes sont espacées de 3 m. 50 environ et sont formées chacune :

1° D'un entrait devant recevoir un faux plancher ;

2° De deux poinçons donnant à l'entrait des supports intermédiaires tierçant sa longueur ;

3° De deux arbalétriers butant aux extrémités de l'entrait

d'un bout, et de l'autre s'assemblant aux sommets des poinçons ;

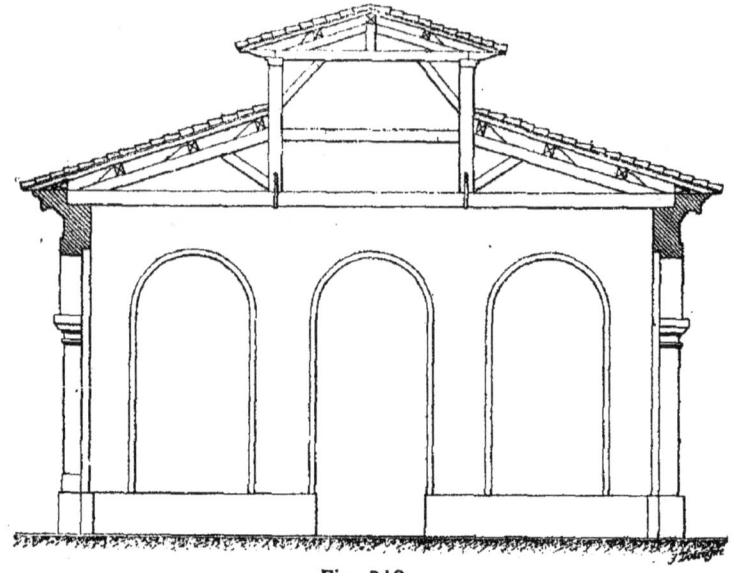

Fig. 243.

4° D'un faux entrait horizontal reliant les têtes des poinçons et contrebutant les arbalétriers. Le trapèze est ainsi constitué et fermé.

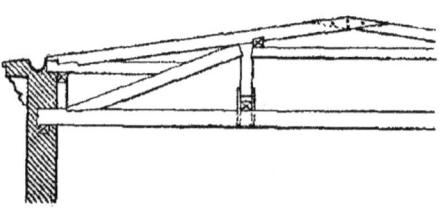

Fig. 244.

Ces fermes portent deux cours de pannes devant supporter les chevrons ; ceux-ci sont d'un équarrissage plus fort qu'à l'ordinaire, 11/8, et ne portent que sur les pannes et les sablières de rives. Au faîtage, ils s'assemblent à mi-bois et la liaison est consolidée par des clous.

Les chevrons qui correspondent aux fermes sont plus forts, 12/12 ; ils s'assemblent au faîtage comme les autres, et leur partie basse se liaisonne avec un blochet relié à l'arbalétrier. Il en résulte une triangulation qui empêche la ferme de se déformer dans son plan.

Dans le sens perpendiculaire, on peut faire le contreventement de la manière suivante : on relie les pieds de poinçons au-dessus de l'entrait par une lisse longitudinale, ce qui maintient leur écartement, et on établit, entre cette lisse et le cours de pannes correspondant, une triangulation par liens allant du poinçon à la panne.

Des étriers en fer soutiennent les entraits en les rattachant aux pieds des poinçons qui doivent les porter.

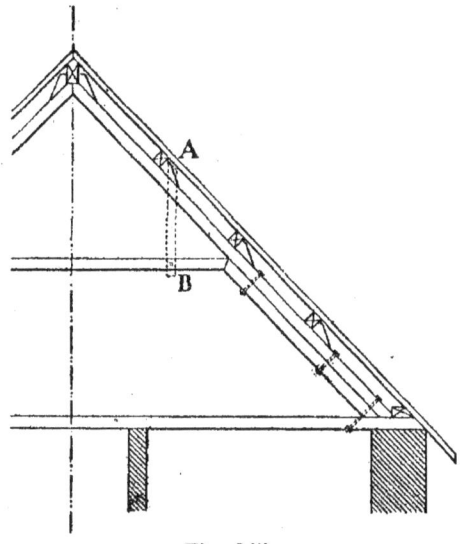

Fig. 245.

La fig. 245 représente un autre genre de combles dans lequel le trapèze forme comme un arc de décharge venant concourir à la rigidité de l'arbalétrier. Dans cet exemple, appliqué à une portée d'environ 12 m., la ferme est formée de trois pièces seulement : un entrait et deux arbalétriers. Ces derniers viennent simplement buter l'un contre l'autre, un tenon ou un simple ferrement formant la liaison. Il n'y a pas de poinçon.

Pour empêcher l'arbalétrier de fléchir sous le poids des pannes, on a établi sous leur moitié inférieure des pièces qui les doublent et que l'on nomme des sous-arbalétriers. Ils leur donnent une rigidité considérable, et leurs têtes sont réunies par un faux entrait qui complète le trapèze. Dans cette ferme, il est bon de fixer le faux entrait aux autres pièces de charpente, soit par une moise pendante, comme celle qui est marquée en ponctuée, en **AB**, soit par des équerres en fer, pour qu'elle ne soit pas autant abandonnée à elle-même.

L'absence de poinçon est motivée par ce fait que l'entrait trouve dans les constructions intérieures du bâtiment les supports dont il a besoin, mais c'est une faible économie qui ne compense pas le peu de liaison et d'homogénéité qui en résulte pour la ferme.

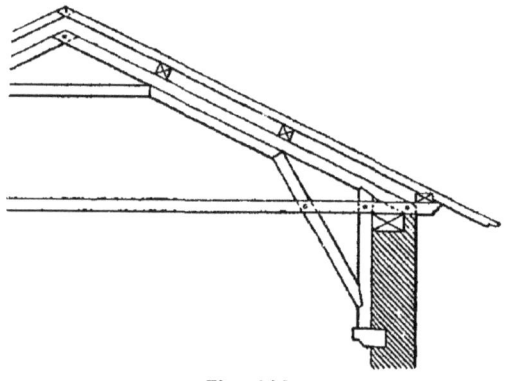

Fig. 246.

La même observation s'applique à la fig. 246, dans laquelle le trapèze est remplacé par un polygone de cinq côtés formant arc de décharge. La pièce inclinée qui double dans ce cas l'arbalétrier se nomme un *sous-arbalétrier*; le sous-arbalétrier doit être relié à l'arbalétrier au moyen d'une série de boulons ou d'étriers.

La fig. 247 représente un comble à grande portée, 24 m., recouvrant une construction industrielle et où cette forme de trapèze est appliquée d'une manière plus rationnelle.

Ce comble est d'abord composé de deux arbalétriers, d'un poinçon et d'un entrait. Un faux entrait vient soutenir le milieu de l'arbalétrier; mais, au lieu d'être moisé comme dans les exemples cités jusqu'ici, il est formé d'une seule pièce venant buter contre deux sous-arbalétriers qui aboutissent à l'entrait et renforcent la partie basse de la ferme. Une contrefiche part du poinçon et donne un point d'appui à la partie haute de l'arbalétrier.

Toutes les pannes sont portées par une série de moises pendantes qui relient les pièces ci-dessus, et comme l'entraxe des fermes est de 6 m., elles sont soutenues par des liens s'appuyant sur les moises et qui viennent les renforcer.

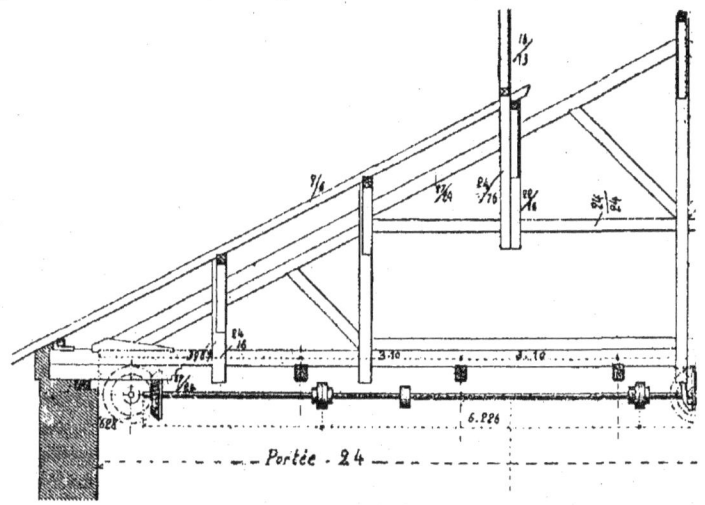

Fig. 247.

L'entrait est rendu rigide en son milieu par une doublure qui vient aboutir à la moise pendante du milieu et se relève en contrefiche.

Des moises pendantes spéciales servent de poteau à un lanternon qui occupe la partie milieu et sert à l'aérage en même temps qu'à l'éclairage de l'atelier.

L'entrait porte une série de pièces de bois longitudinales espacées de 3 m. 10, et qui reçoivent les transmissions transversales.

Le comble représenté fig. 248 est encore établi d'après les mêmes principes très rationnels et l'application en est recommandable.

En raison des proportions du comble et de la pente, on a pu établir deux trapèzes superposés dont les pieds inclinés sont bien portés.

Ces trapèzes viennent correspondre à deux faux entraits superposés et ils sont reliés et parfaitement triangulés par deux moises pendantes de chaque côté.

Les arbalétriers sont ainsi soutenus en deux points intermédiaires et ils peuvent, à leur tour, porter la charge des pannes et de la couverture. Ils ne sont doublés que dans leur tiers inférieur par un sous-arbalétrier qui les consolide et forme le

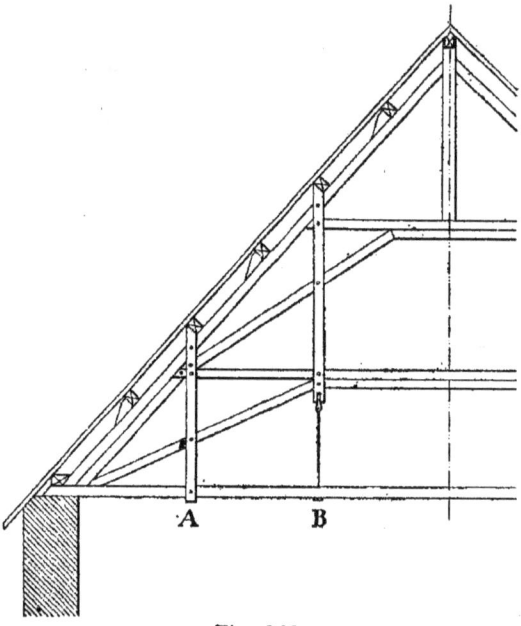

Fig. 248.

support du faux entrait inférieur et du trapèze supérieur. Le poinçon sert à relier les pièces de la partie haute de la ferme, les entraits supérieurs sont soutenus par les pièces horizontales des trapèzes, et l'entrait du bas, s'il n'est soutenu par la construction, peut être porté par les moises pendantes soit directement comme en A, soit par l'intermédiaire d'une aiguille en fer comme en B. Toutes les pièces doublées doivent être rendues parfaitement solidaires ou par des boulons ou par des étriers.

120. Fermes en treillis. — On a fait quelquefois pour les combles d'une portée de 10 à 15 mètres, et dont la pente était faible, des fermes composées d'une sorte de treillis dont les diverses pièces sont les soutiens des pannes.

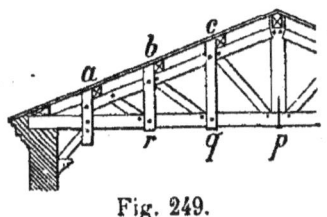

Fig. 249.

Un comble de ce genre est représenté fig. 249 ; des pannes intermédiaires doivent être posées en a, b, c, sur l'arbalétrier qu'il s'agit de soutenir.

Du pied p du poinçon considéré comme point fixe et solide, part une contrefiche qui vient supporter l'arbalétrier sous la panne c. Ce point étant consolidé et considéré comme fixe à son tour, on établit une moise pendante qui suspend le point q ; de ce point une nouvelle contrefiche ira en b. De même, après le point b, on pendra la moise br qui servira à porter à son tour le point a. On a ainsi soutenu tous les points où les pannes viennent charger l'arbalétrier et la ferme est établie comme une poutre en treillis. On diminue sa portée et on la contrevente dans son plan par une contrefiche allant au mur du bâtiment.

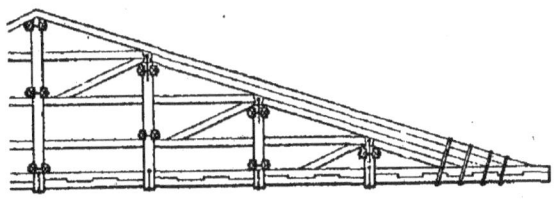

Fig. 250.

On peut former un treillis rationnel d'une autre manière représentée fig. 250 : une série d'entraits horizontaux relient les arbalétriers l'un à l'autre ; des points de liaison partent des moises pendantes et des liens inclinés ; parmi ces derniers, les uns doublent les arbalétriers, les autres, de sens opposés, assurent la triangulation. C'est ainsi qu'était disposé le comble de 40 m. de portée du manège de Moscou, qui a eu une réputation classique avant que la charpente en fer se fût développée. Les assemblages n'étaient pas à recommander, mais la disposition d'ensemble était rationnelle.

121. Combles sans entraits. — On a quelquefois besoin de supprimer l'entrait dans l'établissement d'un comble, soit parce qu'une voûte monte dans la hauteur de la charpente, soit pour disposer d'une hauteur libre déterminée. On cherche alors à établir des fermes formées de triangles indéformables et ayant au milieu une hauteur suffisante pour résister à la flexion considérable provenant de l'absence du tirant. La fig. 251 donne un exemple d'une disposition qui tend à ce but. Au-dessous des arbalétriers sont de grandes pièces inclinées bien attachées à la base, se croisant sur l'axe et bien reliées au tiers supérieur de l'arbalétrier opposé. Une moise pendante réunit ces deux mêmes pièces au tiers inférieur et les pannes s'établissent aux points de croisement ainsi obtenu. Le poinçon dans cet exemple se trouve supprimé et les arbalétiers s'assemblent au faîtage à mi-bois. Les pièces ainsi disposées ont besoin d'être parfaitement assemblées aux points de croisement, non-seulement par des boulons, mais encore par des entailles exécutées avec beaucoup de précision.

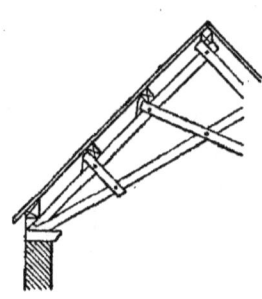

Fig. 251.

La fig. 252 donne une disposition pour une portée plus grande. Le principe est le même, mais les dimensions sont plus fortes et on a pris quelques dispositions complémentaires. Une contrefiche, un poteau et un blochet forment la base sur laquelle reposent les pièces inclinées ; elles appliquent plus bas, sur le mur, la pression de la ferme. De plus, des moises pendantes inclinées relient les piè-

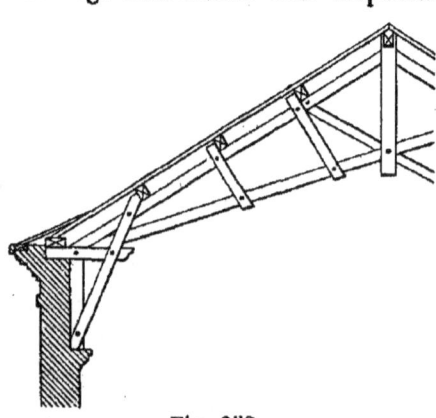

Fig. 252.

ces principales pour rendre l'ensemble plus indéformable. Malgré la plus grande précision dans les assemblages, ces fermes arrivent toujours à pousser les murs, et il est bon de disposer ces derniers pour qu'ils aient une certaine stabilité et, par suite, une résistance convenable ; on y arrive en leur donnant des surépaisseurs appropriées ou en les armant de contreforts.

132. Combles à entraits retroussés. — Les combles précédents se construisent souvent avec entraits horizontaux, placés plus haut que les pieds des arbalétriers, on les appelle alors combles à entraits retroussés. Les arbalétriers travaillent fortement à la flexion et le moment fléchissant maximum a lieu généralement au point d'insertion de l'entrait ; il faut qu'en ce point l'arbalétrier soit assez renforcé pour pouvoir résister à ce moment. Ordinairement, sa section propre ne suffit pas et on cherche à le relier à d'autres pièces intérieures avec lesquelles il puisse former une poutre en treillis de hauteur et de solidité convenables.

Les fig. 253 et 254 donnent des exemples de ces sortes de combles retroussés. Dans la première, des pièces inclinées

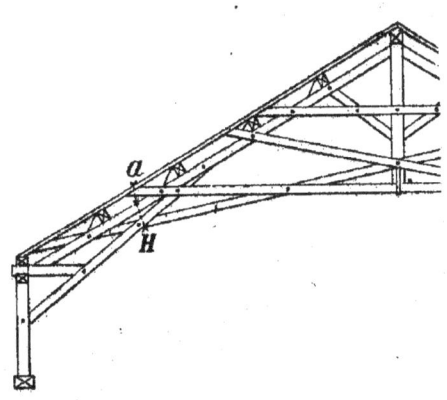

Fig. 253.

partent des pieds des fermes pour aller jusqu'à l'arbalétrier opposé. Symétriques, elles se croisent sur l'axe en passant de

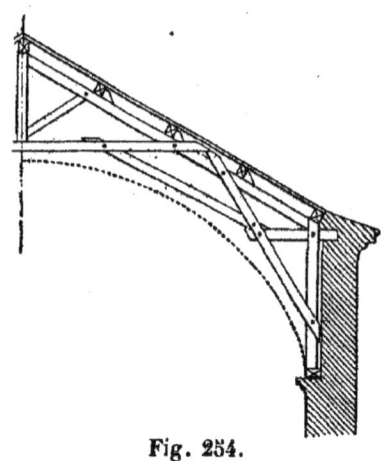

Fig. 254.

chaque côté du poinçon. Ces pièces forment avec la contrefiche, le blochet et l'arbalétrier une poutre de hauteur H qui doit, par sa résistance, supporter en *a* le moment fléchissant. Plus haut, un faux entrait réunit encore les deux arbalétriers, le poinçon et les liens.

La fig. 254 donne un second exemple pour une portée un peu moins grande, la pièce inclinée qui, avec l'arbalétrier, l'entrait et la contrefiche, va former une poutre résistante, ne s'étend que du blochet à l'entrait ; le faux entrait est supprimé. Comme dans l'exemple qui précède, le tout est porté sur un potelet qui descend assez bas et prend sur le mur une position d'autant plus stable. Ces sortes de combles sont employés toutes les fois que la salle à couvrir doit avoir un plafond voûté, ainsi que le montre le tracé ponctué de cette même fig. 254.

123. Des saillies de toits en avant des murs. — Queues de vaches. — On a déjà vu plusieurs exemples de combles dont la couverture et le chevronnage qui la soutient recouvrent les murs et les dépassent à l'extérieur d'une certaine quantité.

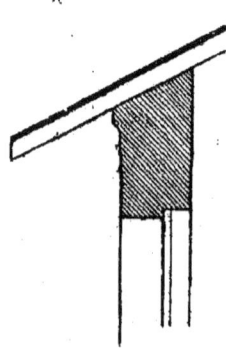

Fig. 255.

Lorsque la saillie est faible, tant qu'elle ne dépasse pas 0 m. 50 à 0 m. 60, c'est-à-dire le porte à faux possible des chevrons, on la forme par les extrémités en bascule de ces chevrons (fig. 255). La précaution à prendre alors consiste à voliger en plein cette saillie, même pour les couvertures où le lattis suffit d'ordinaire, et cela, pour empêcher que le vent ne vienne enlever les tuiles ou les ardoises.

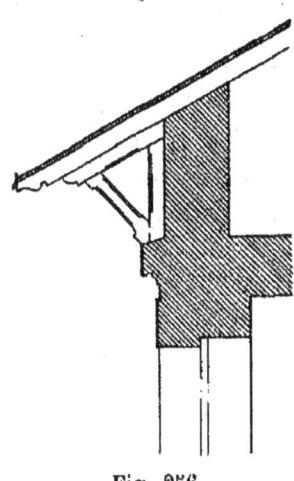

Fig. 256.

Ce voligeage apparent est plus soigné ordinairement ; les frises, tirées de largeur sont rainées et rabotées avant la peinture.

Quelquefois on répartit bien régulièrement les chevrons et on en soutient de distance en distance quelques-uns par des consoles qui n'ont d'autre but que la décoration (fig. 256).

Lorsque la saillie en dehors du bâtiment augmente encore, il faut soutenir les chevrons, et on ne peut le faire qu'au moyen d'une panne supplémentaire que supportent en porte à faux les extrémités prolongées des arbalétriers. Les chevrons pouvant avoir un porte à faux de 0 m. 50 ainsi que les arbalétriers, on obtient une saillie totale de 1 m. à 1 m. 25. De cette dimension jusqu'à 2 m. 50, on est obligé d'aider la bascule de l'arbalétrier par une contrefiche extérieure a développée à la demande. C'est la disposition qui se trouve représentée dans la fig. 257.

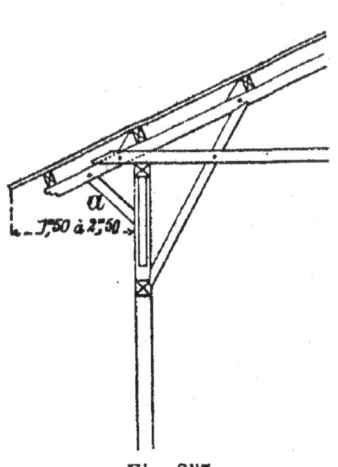

Fig. 257.

La fig. 258 donne une disposition qui permet de couvrir un espace de 4 m. 00 à 5 m. 00 de largeur en dehors du bâtiment proprement dit. Les pannes extérieures sont au nombre d'au moins deux ; les arbalétriers se prolongent pour les supporter, et eux-mêmes ont besoin d'être soutenus non plus en un point, mais en deux. On obtient ces points de soutien : le premier par une contrefiche ;

le second par deux pièces horizontales moisées comprenant entre elles, avec entailles et serrage, l'extrémité de l'arbalétrier, la contrefiche extérieure, le poteau et la contrefiche

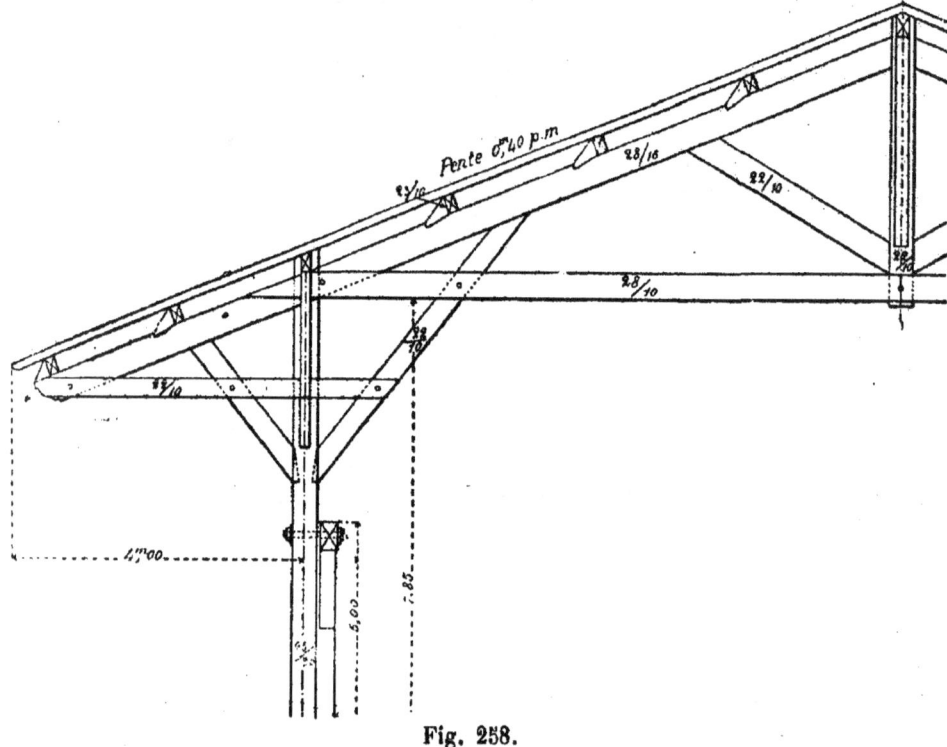

Fig. 258.

intérieure. Ces sortes de blochets ainsi reliés présentent une très grande solidité.

Ces grandes saillies portent souvent dans le langage du bâtiment le nom de *queues de vaches*. Dans l'exemple représenté, la queue de vache a 4 m. 00 de porte à faux, ce qui permet de pouvoir abriter une voiture.

Le hangar auquel elle appartient a une portée de 15 m. 76 entre poteaux.

122. Hangar à 3 travées. — Si la partie latérale à couvrir devient trop importante, on ne peut plus mettre la charpente en porte à faux et on ajoute une ligne de supports latéraux, pan de bois ou piles ou murs continus ; on forme ainsi un hangar à 3 travées sous une couverture d'une seule volée. La fig. 259 représente un comble couvrant un bâtiment bordé de murs, avec deux files de poteaux dans l'intérieur pour soutenir la charpente. La couverture est en tuiles. La nef du

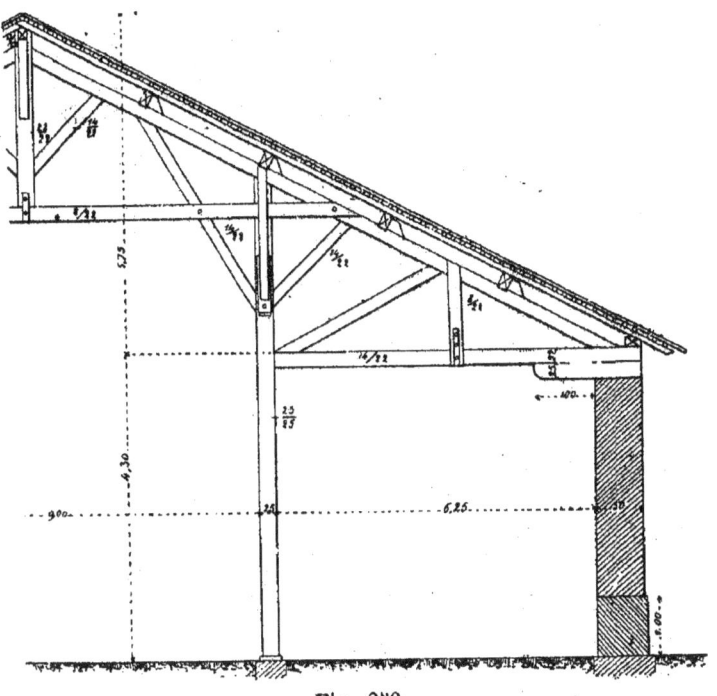

Fig. 259.

milieu a 9 m. 00, chacun des bas côtés 6 m. 25. L'entrait de la partie milieu est plus élevé que ceux de côté. Les files de poteaux sont reliées par une moise à la hauteur de l'entrait inférieur et, dans chaque travée, par une croix de Saint-André qui se trouve comme hauteur comprise entre les deux entraits.

125. Hangar à nef et appentis. — Les fig. 260, 261, 262 et 263 représentent la construction d'un hangar important destiné à former un grand magasin de paille à la Papeterie d'Essonne; il est composé d'une nef centrale de 11 m. 00 de hauteur et de 13 m. 00 de largeur, dont la charpente est posée sur deux files de poteaux espacés de 5 m. 00 l'un de l'autre.

De chaque côté, un peu en contrebas, viennent deux appentis de 11 m. 00 de largeur, dont les fermes sont dans le même plan que les fermes de la nef et se raccordent avec elles ; enfin au dehors des appentis, une saillie se continue en queue de vache et est assez large pour abriter une voiture de paille en chargement ou en déchargement. Les appentis ainsi décrochés présentent l'avantage de permettre l'interruption verticale de la toiture et de laisser un intervalle libre, qui permet l'éclairage ou l'aérage de la partie milieu, sans avoir à établir de chassis dans la couverture.

L'élévation d'une ferme est représentée dans la coupe transversale du hangar (fig. 260).

On a donné dans la fig. 263 la coupe longitudinale par l'axe du bâtiment. On remarquera les grandes croix de Saint-André placées dans le pan de bois formé par chaque file de grands poteaux et qui, dans chaque travée, forment contreventement s'opposant au roulement longitudinal.

Les pignons de ce grand hangar sont garnis d'une clôture en planches dans la partie haute. La fig. 261 donne la forme de cette clôture, et la fig. 262 indique la composition du pan de bois qui doit recevoir les planches. Ce pan de bois est formé : dans les appentis par les bois mêmes de la ferme, mis au même nu, et auxquels on ajoute quelques contrefiches ; dans la nef milieu par les bois de la ferme augmentés de deux traverses horizontales et d'une série de pièces obliques dans les intervalles ; des contrefiches inférieures recevront les planches de la partie basse. Tous ces bois comme les précédents sont au même nu.

La fig. 264 représente encore un hangar avec nef et appentis, avec une variante de construction.

L'entrait de la nef principale est baissé à la hauteur des arbalétriers des bas côtés, de manière à les mieux relier. L'arbalétrier de la nef s'assemble dans le poteau ; une grande contrefiche le relie à ce même poteau beaucoup plus bas, en passant entre les moises de l'entrait et forme un grand triangle de contreventement ; ce triangle est encore consolidé et rendu

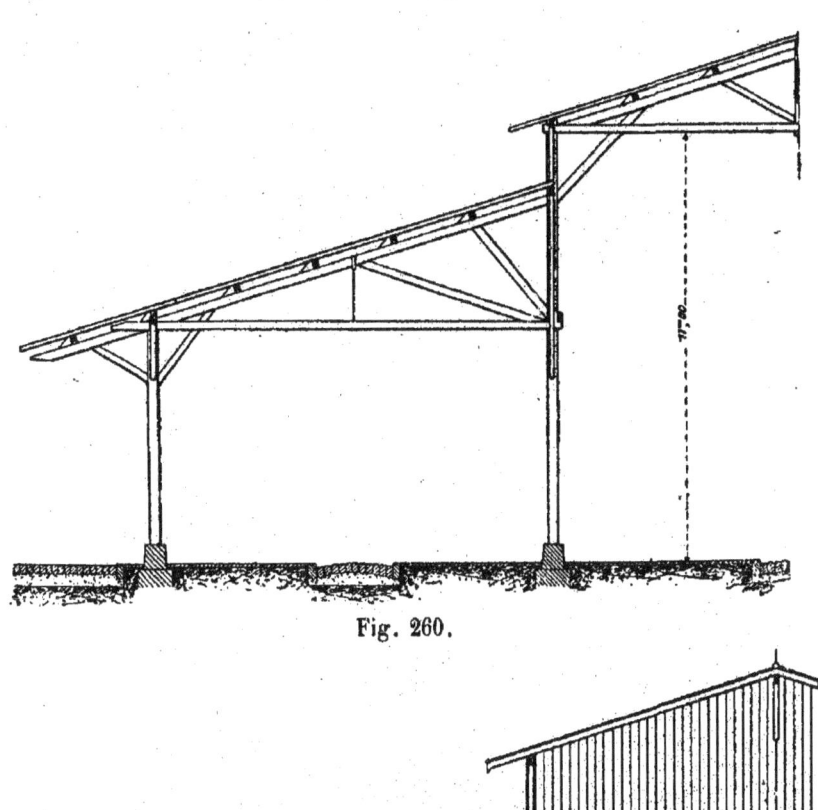

Fig. 260.

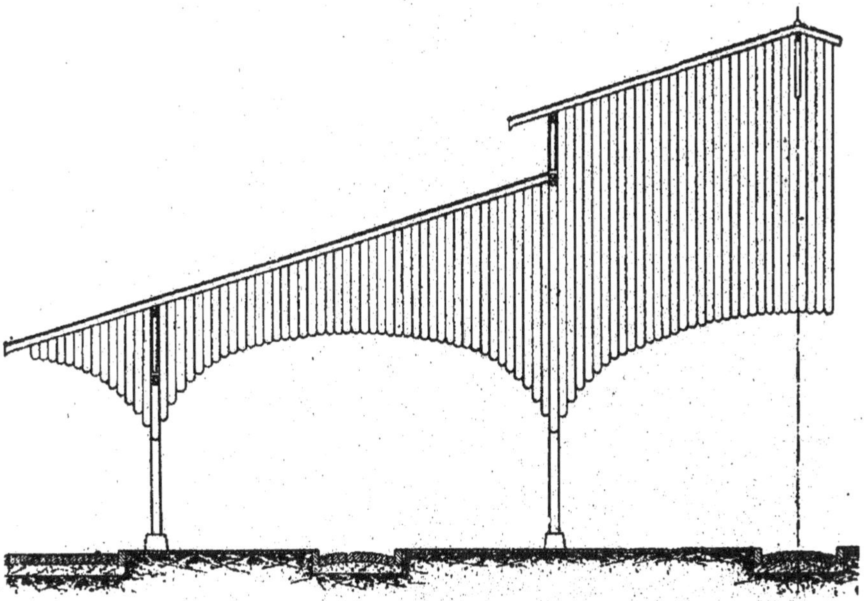

Fig. 261.

plus rigide par une pièce courte, horizontale, moisée qui vient relier à la contrefiche le pied de l'arbalétrier. Cette

DES COMBLES 237

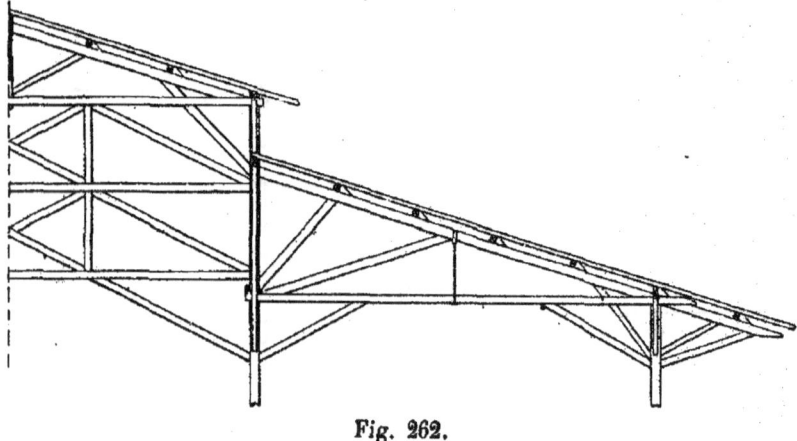

Fig. 262.

pièce A, qu'elle soit en un ou en deux morceaux, se nomme un *blochet*.

La portée du comble de la nef est de 16 m. 00. Celle de chacun des appentis est de 8 m. 00.

126. Combles avec points d'appui intérieurs. — La facilité avec laquelle la poutre armée, formant ferme, franchit de grands espaces permet dans la plupart des cas de la poser sur les murs seuls du bâtiment sans tenir compte des points d'appui qu'elle peut trouver à l'intérieur.

Dans les constructions larges, il est économique de tenir compte de ces points d'appui et de s'en servir.

La fig. 265 donne la coupe transversale d'un bâtiment de moulin dont

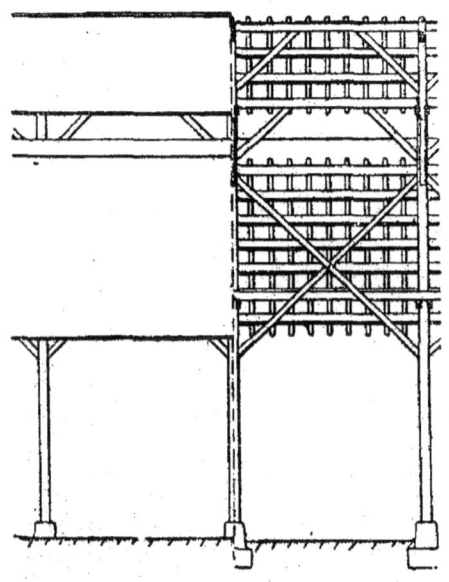

Fig. 263.

on a supprimé la représentation des étages intermédiaires,

et qui montre les planchers portés sur des files de poteaux qui montent jusqu'à l'entrait du comble.

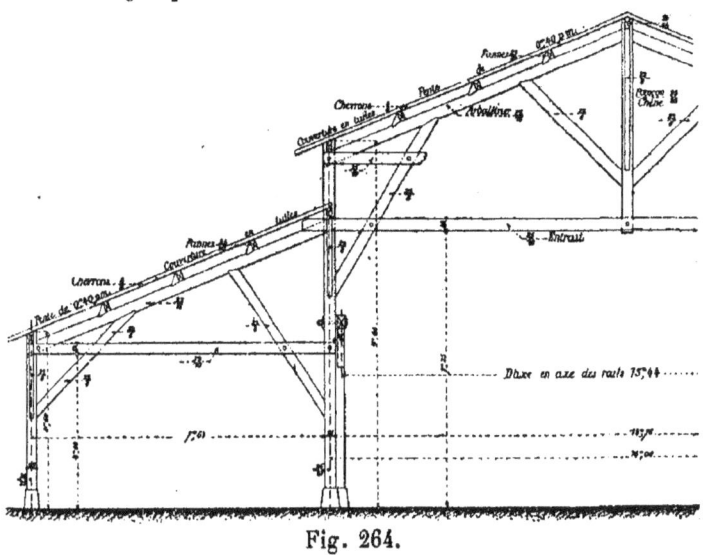

Fig. 264.

On a prolongé ces poteaux jusqu'aux arbalétriers pour en soutenir les différents points, et il en est résulté une grande différence dans les équarrissages des bois et par suite une économie sérieuse.

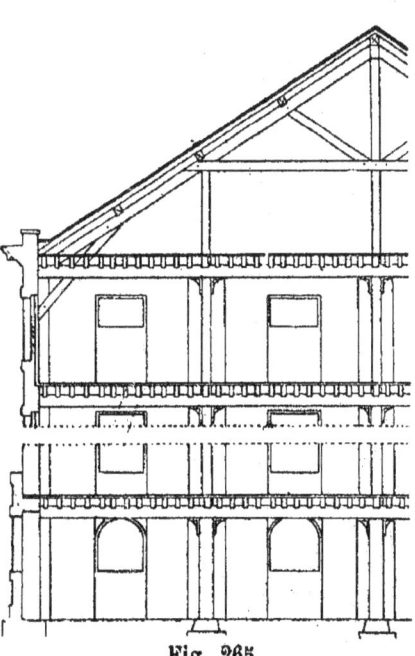

Fig. 265.

La coupe longitudinale de ce moulin a déjà été donnée plus haut (fig. 122).

Un second exemple de l'application de ce principe est donné dans la fig. 266. Elle représente la coupe transversale d'un bâtiment de briqueterie, dans lequel tous les poteaux qui portent le plancher se prolongent jusqu'à la couverture et reçoivent alors les faux entraits et les contrefiches nécessaires pour le soutien des arbalétriers.

On forme ainsi des combles industriels très économiques

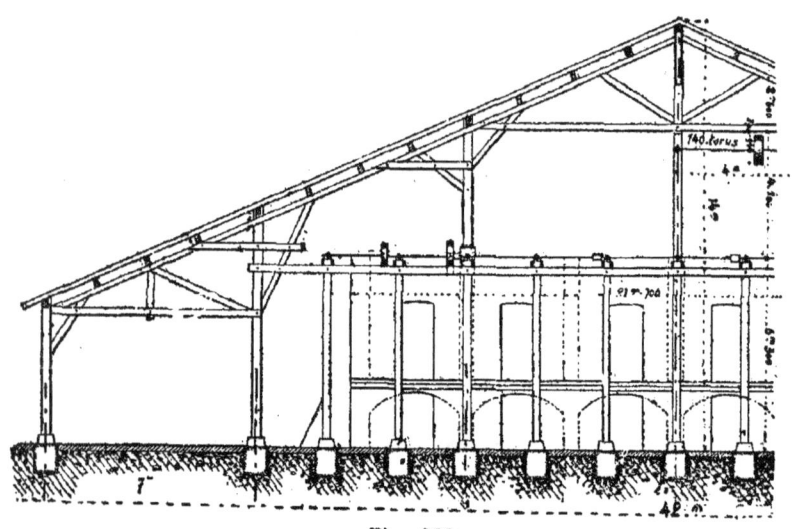

Fig. 266.

pour des portées qui, en l'absence de points d'appui intermédiaires, amèneraient à des charpentes massives d'un prix très élevé.

Un troisième exemple de ces sortes de combles est donné par les fig. 267 et 267 *bis* représentant un grand comble d'usine, recouvrant un four Hoffmann. La portée est de 30 m. 00, et on a établi des poteaux intermédiaires appuyés les uns sur le sol, les autres sur des piles traversant le four et tout-à-fait indépendantes. Ces poteaux sont destinés uniquement à porter le comble et simplifier les combinaisons des fermes en diminuant la distance des supports.

127. Combles relevés. — Pour rendre un grenier plus utilisable, on emploie dans bien des cas une disposition qui prend le nom de *comble relevé*. On relève, en effet, par rapport à l'entrait, toute la partie haute de la ferme. L'arbalétrier ne porte que par l'intermédiaire de la contrefiche et on rend l'angle de ces pièces rigide en formant un triangle indéfor-

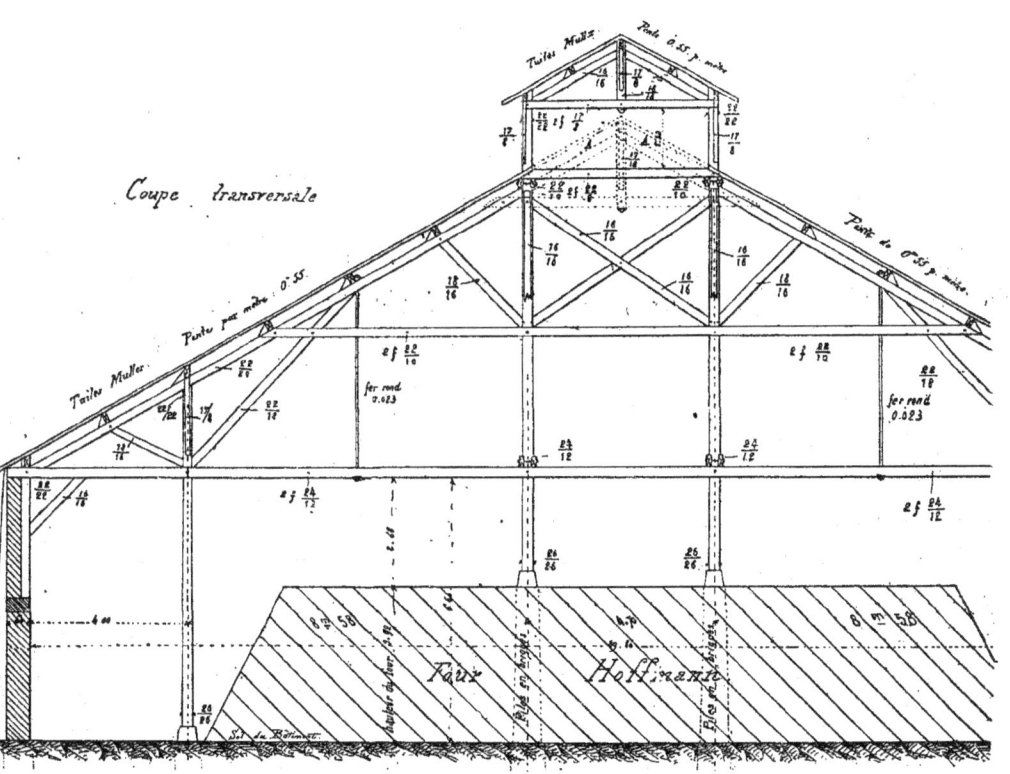

Fig. 267.

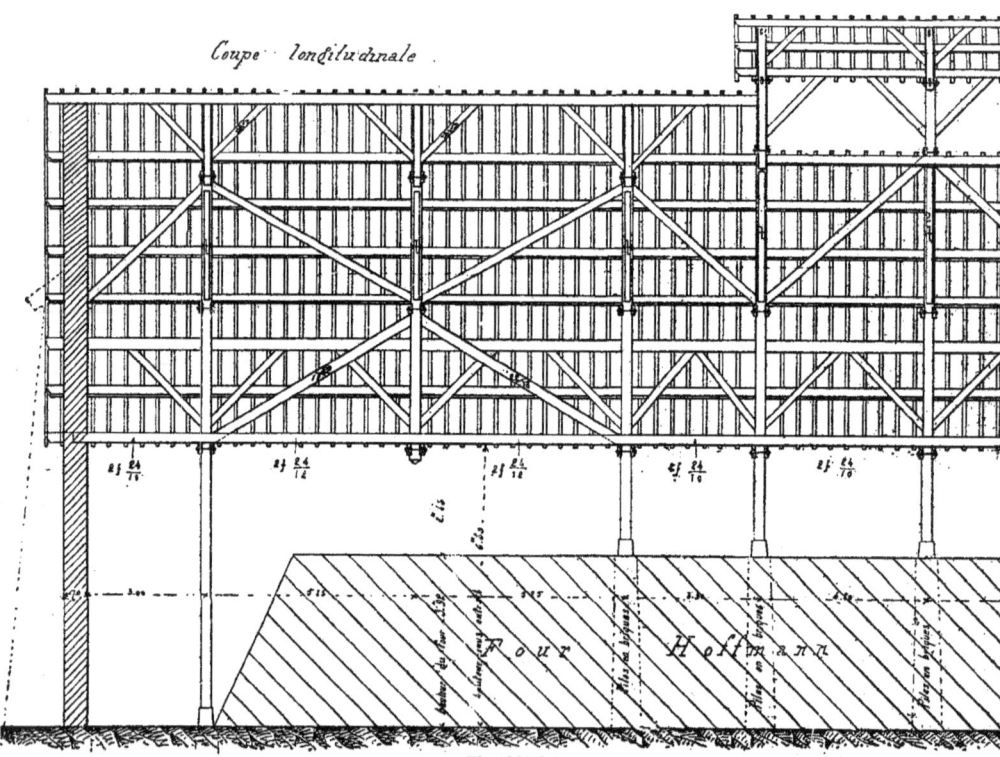

Fig. 267 bis.

mable entre l'arbalétrier, la contrefiche et la pièce horizontale que l'on appelle le blochet.

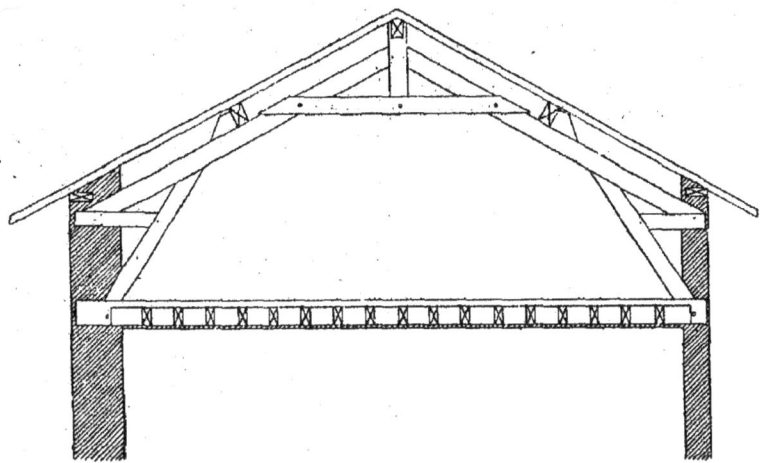

Fig. 268.

Dans l'exemple représenté fig. 268, la portée du comble est faible et le poinçon ne descend pas plus bas que le faux entrait. La poutre est de section suffisante pour porter, sans

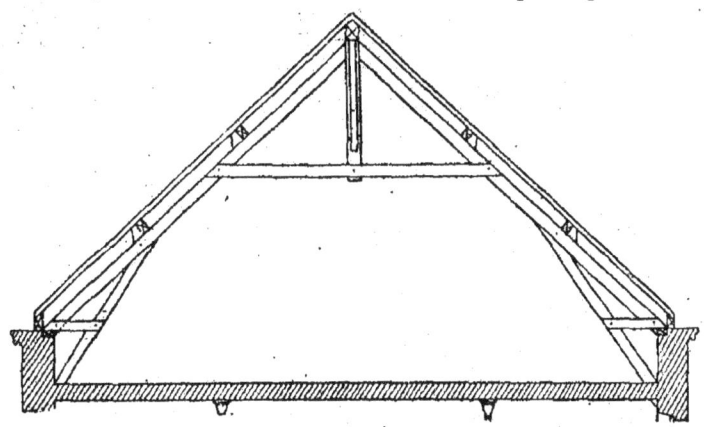

Fig. 269.

point d'appui milieu, le plancher du grenier. Il en est de même du comble de portée plus grande, (11 m. 00), représenté par la fig. 269. Il a une pente plus forte que le précédent et est établi pour une couverture en ardoises.

Un autre exemple d'un comble relevé du même genre est représenté dans la fig. 270. Le blochet n'existe pas et l'arba-

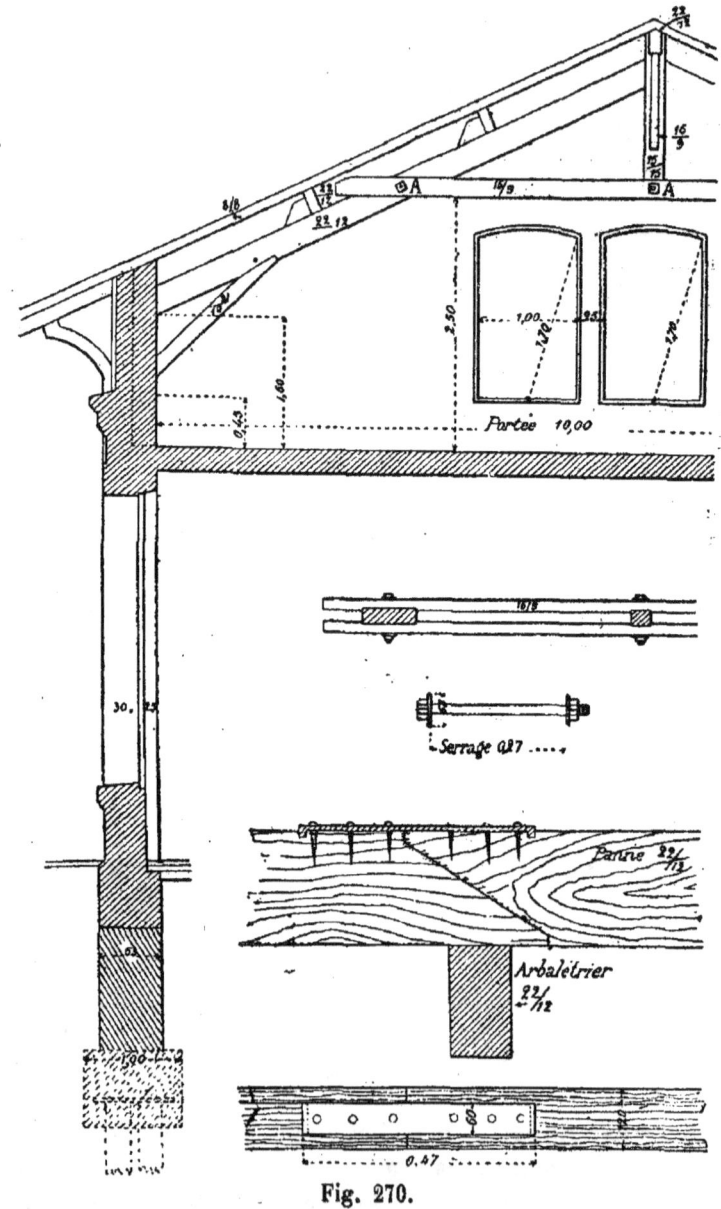

Fig. 270.

létrier ainsi que la contrefiche viennent s'assembler dans un potelet vertical, de manière à former avec lui un triangle indéformable. Il est de plus indispensable que le potelet vienne s'assembler avec la poutre du plancher qui remplit le rôle d'entrait. Dans la construction dont il s'agit, le potelet est logé dans l'épaisseur du mur et est représenté en lignes ponctuées.

La même figure donne le plan de la pièce jumelée qui forme le faux entrait, puis, un boulon de charpente destiné à relier les moises avec les pièces qu'elles enserrent.

Enfin un dernier croquis donne, en élévation et en plan, l'assemblage des pannes sur l'arbalétrier et le joint qui sert à les relier. Ce joint est oblique avec deux crossettes normales. Les deux pannes sont chaînées par une platebande à double talon fixée sur leurs faces supérieures au moyen de clous mariniers, ou mieux de tirefonds.

Fig. 271.

On peut encore relever un comble de la manière suivante, pour obtenir un grenier considérable souvent recherché dans certains magasins ou dans les constructions rurales. Sur l'entrait inférieur (fig. 271) on monte un premier arbalétrier incliné portant un deuxième entrait à la hauteur de 4 m. 00. On maintient l'invariabilité de l'angle de ces deux dernières pièces au moyen d'un lien. On relie l'arbalétrier au mur surélevé au moyen d'un blochet. Enfin sur l'entrait supérieur on met une ferme ordinaire.

Les pannes de cette ferme portent les chevrons qui se prolongent jusque sur le mur où une sablière les reçoit.

Le poinçon de la ferme du haut ne se prolonge jusqu'au plancher que si ce dernier a besoin d'un point d'appui qu'il ne peut trouver sur le sol. Autrement il s'arrête à l'entrait haut.

128. Combles à la Mansard. — Quand on veut augmenter la capacité d'un grenier ou qu'on veut rendre un comble habitable, on lui donne en coupe une forme spéciale que l'on nomme *à la Mansard*.

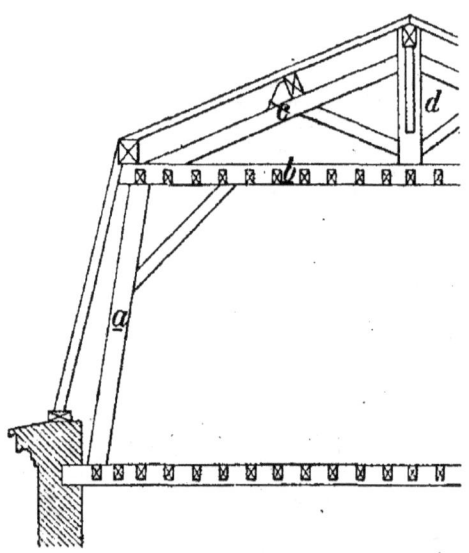

Fig. 272.

Le comble à la Mansard se compose de deux parties : une première, utilisable, à pente extérieure raide, est la plus importante. Sa couverture extérieure se nomme le *bris*; c'est, en effet, un pan qui ne se continue pas jusqu'au faîtage, qui est par conséquent brisé. La seconde partie vient couvrir le milieu du bâtiment, avec une pente bien plus douce, celle qui est nécessaire pour les matériaux de couverture qu'on y doit employer ; elle se nomme le *terrasson*, de terrasse, à cause de sa faible pente.

La construction du comble Mansard se fait de la façon suivante (fig. 272) :

Sur la poutre du plancher inférieur de chaque travée, et servant d'entrait, on monte les arbalétriers de bris *a*, inclinés à la demande, et venant soutenir un entrait supérieur *b*. On rend l'angle invariable au moyen d'une contrefiche. Sur l'entrait supérieur on établit une ferme ordinaire au moyen de deux arbalétriers *c*, d'un poinçon *d* et des contrefiches et liens né-

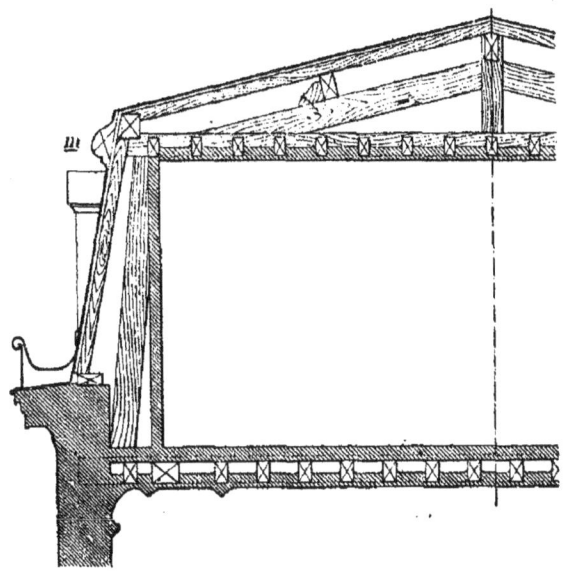

Fig. 273.

cessaires. C'est sur la ferme ainsi composée et représentée fig. 272 que l'on vient poser les pannes. Les chevrons du terrasson portent sur la panne de faîtage et sur une panne inférieure que l'on nomme *panne de bris* ou *sablière de bris*. Dans l'intervalle, on établit autant de pannes intermédiaires qu'il en faut pour que leur écartement ne dépasse pas 2^m.

La sablière de bris est d'un équarrissage différent pour recevoir en même temps les chevrons de la partie raide, qu'on appelle *chevrons de bris* et dont la base repose sur la sablière inférieure. Il n'est pas nécessaire de mettre de panne entre ces deux sablières en raison de la quasi-verticalité des chevrons de bris.

Le poinçon s'arrête d'ordinaire à la poutre du haut ou entrait supérieur; cependant si on avait besoin d'un point d'appui pour le plancher bas, on pourrait le trouver au moyen du poinçon, en donnant aux bois de la ferme une section suffisante.

Lorsque le vide du comble Mansard est réservé à l'habitation on supprime le lien qui réunit l'entrait supérieur à l'arbalétrier de bris, et on le remplace par une forte équerre en fer, à angle arrondi en congé, et coudée sur plat ou mieux sur champ quand on peut la placer ainsi.

De plus on redresse le comble soit partiellement, soit totalement, au moyen d'une cloison légère, verticale, qui part du point de rencontre des deux pièces de bris et qui vient s'appuyer sur une solive du plancher renforcée à cet effet.

Quand on veut orner un comble Mansard, on dispose à l'extérieur, sur le voligeage des bris, et un peu en dessous de la sablière, une pièce de bois saillante et arrondie *m*, fig. 273, que l'on nomme un *membron*. Ce membron forme une sorte de corniche que l'on garnit de feuilles de plomb ou de zinc qui se raccordent avec la couverture.

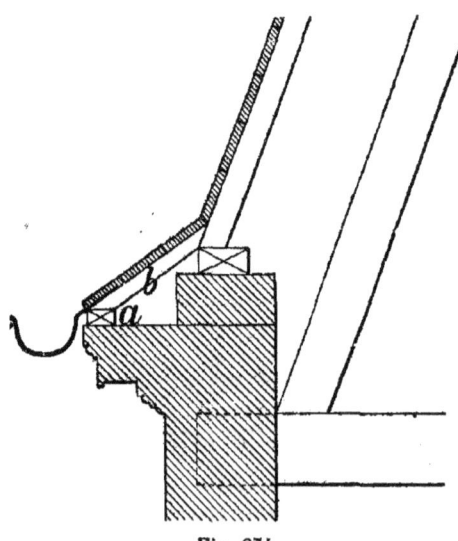

Fig. 274.

Dans les anciens combles à la Mansard, l'eau du comble était recueillie en dehors du bâtiment dans une gouttière pendante portée par des crochets en fer de distance en distance, disposition qui n'est plus guère employée aujourd'hui. Pour que l'eau glissant sur le bris vînt avec moins de vitesse se déverser dans la gouttière sans risque de déborder, on prenait une disposition spéciale pour briser la pente de nouveau, et l'adoucir à la partie basse.

A l'extrémité de la corniche on établissait une sablière a, fig. 274 ; puis, du pied de chaque chevron de bris, on faisait partir un petit chevron b appelé *coyau*, qui par sa base s'appuyait sur la sablière a et dont l'autre bout était taillé en sifflet et cloué sur le grand chevron correspondant. On voligeait la surface des coyaux et on établissait la couverture suivant le profil obtenu.

129. Combles curvilignes système Philibert Delorme. — On a quelquefois donné aux combles la forme d'un berceau cylindrique extérieurement et intérieurement, et on a cherché des combinaisons permettant de donner aux salles à couvrir la forme de voûte ogivale, en excluant la présence d'entraits qui produisent toujours un mauvais effet. Une des solutions les plus employées a été proposée et appliquée par Philibert Delorme. Il multipliait les fermes, les espaçant seulement à la manière des chevrons dont elles faisaient office, c'est-à-dire de 0,80 à 1 m., et il les formait de planches de champ, assemblées deux à deux et ayant assez de largeur pour avoir la rigidité cherchée. Chaque chevron courbe est donc formé de deux épaisseurs de larges planches se recouvrant les joints étant chevauchés, et fortement clouées l'une à l'autre; l'épaisseur est d'environ 0,06. C'est sur ces planches jumelées que l'on découpe les arcs, suivant la courbe que donne l'épure du comble.

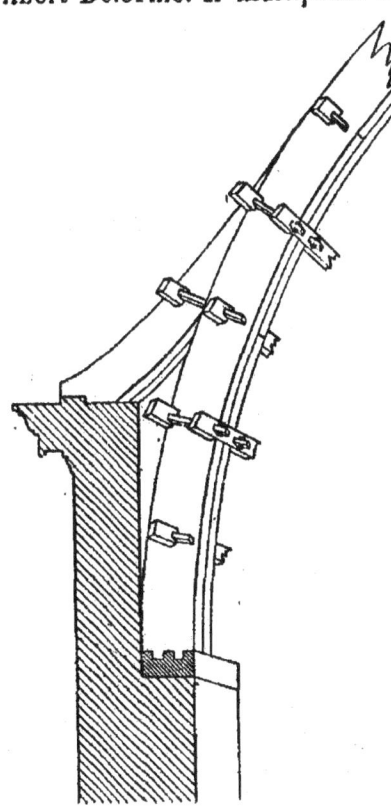

Fig. 275.

Lorsque l'on procède au montage, on relie les chevrons successifs les uns aux autres au moyen d'entretoises garnies de clefs en bois qui les serrent, et ces arcs, dont la base porte sur une sablière horizontale à leur naissance, reçoivent extérieurement le voligeage qui portera la couverture. Ce voligeage a ses différentes frises posées horizontalement, ce qui lui permet de prendre parfaitement le cintre des arcs.

La fig. 275 représente, d'après Léonce Reynaud, le départ d'une ferme de ce genre, appartenant au comble du château de la Muette ; cette ferme, exécutée par Philibert Delorme, avait 20 mètres de portée. La corniche était regagnée par des coyaux cintrés en sens inverse du comble et se rattachant aux chevrons successifs.

Quant à l'intérieur, il pouvait être garni soit avec des planches jointives clouées sur des fermes-chevrons, soit avec un plafond en maçonnerie. Pour établir ce dernier, on clouait transversalement sous les chevrons des lambourdes horizontales formant génératrices de la surface cylindrique du plafond ; sur ces lambourdes, espacées de 0,33 en 0,33, on établissait un lattis cintré, et enfin on maçonnait un hourdis et un enduit suivant le profil adopté.

Malgré la plus grande précision dans les assemblages, il y a toujours une certaine déformation des fermes après la mise au levage, et cette déformation s'accentue avec le temps lorsque les fermes n'ont pas un grand excès de résistance : il en résulte une poussée notable à laquelle les murs du bâtiment doivent résister. Lorsque la portée est grande, il est donc indispensable à leur stabilité ou de leur donner un excès d'épaisseur ou de les armer de contreforts saillants à l'extérieur.

130. Combles curvilignes, système Emy. — On a employé aussi, pour faire des combles ayant à l'intérieur seulement la forme curviligne, le système du *colonel Emy*. Il consiste à composer, pour former chaque ferme, un faisceau de planches de grande longueur cintrées à plat et bien reliées au moyen de boulons et d'étriers. Cet arc vient s'inscrire dans une charpente extérieure composée de deux poteaux contre les murs, de deux arbalétriers, de deux grandes contrefiches et d'un faux entrait. L'arc et la charpente sont reliés par une série de moises pendantes perpendiculaires à l'arc. Dans ce dernier les joints des planches sont chevauchés pour diminuer le moins possible la résistance. Les fermes sont espacées de 3 à 4 mètres et portent les pannes à la manière ordinaire. Il est

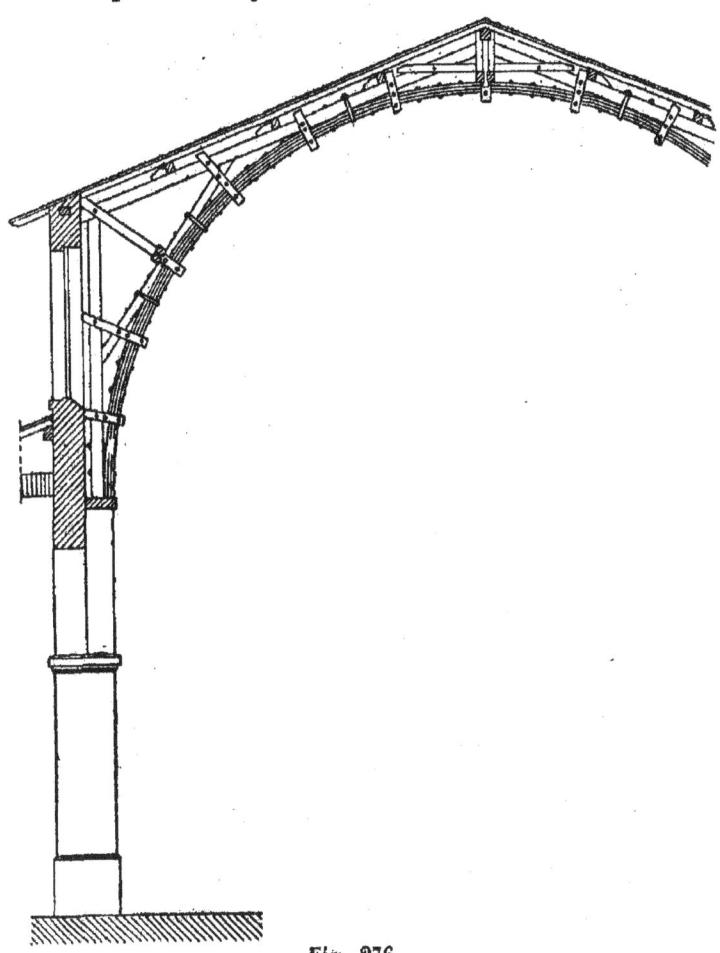

Fig. 276.

nécessaire de donner aux murs un surcroît d'épaisseur pour qu'ils puissent s'opposer à la poussée que ces combles donnent toujours malgré tout le soin possible apporté à leur exécution.

Les fig. 276 et 277 donnent la coupe transversale et une portion de coupe longitudinale d'une salle couverte par un comble système du colonel Emy. Dans cet exemple des contreforts évidés en arc servent de fermes pour les bas côtés, tout en venant contrebuter les arcs en charpente des fermes de la grande nef.

Fig. 277.

Ces sortes de charpentes paraissent très légères et très élégantes ; elles donnent des nefs très évidées et d'aspect très heureux que l'on a souvent appliquées à des constructions de halles, marchés couverts, grands magasins de toutes sortes.

181. Couverture des rotondes. — On a quelquefois à

couvrir des espaces dont la forme en plan est circulaire ou

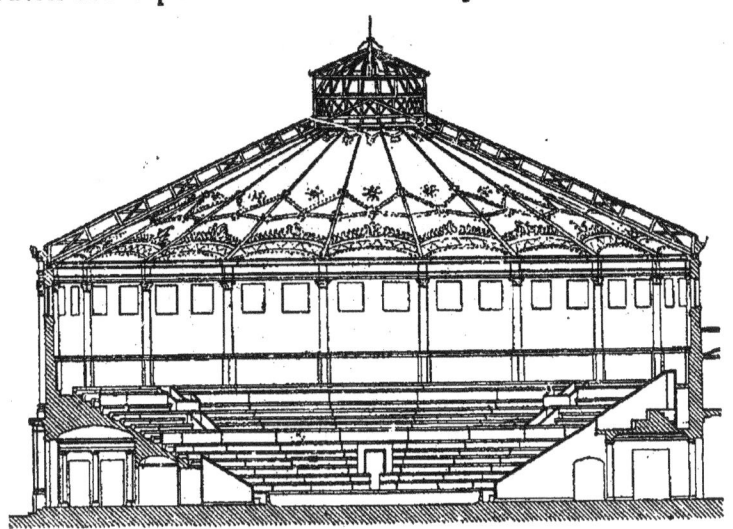

Fig. 278.

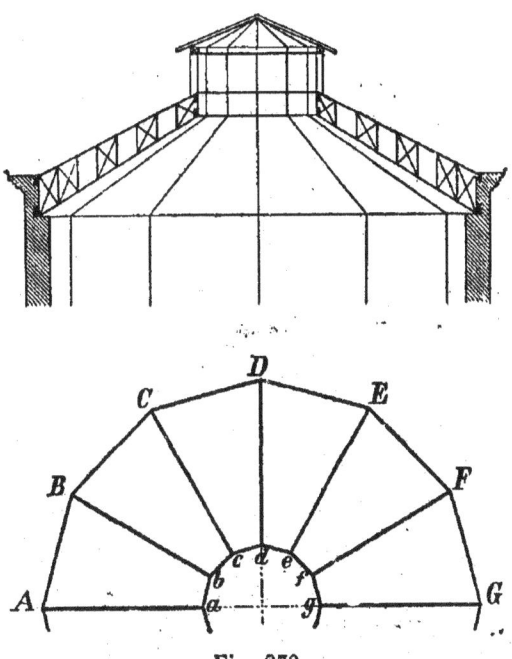

Fig. 279.

polygonale, et on le fait, soit par une charpente de forme conique soit par un toit en pyramide. On obtient ce que l'on appelle une *rotonde*. Un exemple de rotonde est représenté par la fig. 278. C'est la coupe verticale du cirque d'hiver à Paris. Son diamètre est de 49 mètres. L'enceinte est formée d'un polygone régulier de 24 côtés. Sur cette enceinte on a établi une charpente en forme de pyramide d'un même nombre de faces, et ces faces correspondent aux côtés du polygone du mur. Le nombre des faces est suffisant pour produire l'illusion d'une couverture conique et la construction en est simplifiée.

Le principe de la charpente consiste à avoir autant d'arbalétriers que d'arêtes, à faire concourir les arbalétriers au centre, comme le montre le plan de la figure schématique n° 279 ; au lieu d'établir dans la salle autant de tirants que de fermes, on supprime ces tirants et on les remplace par un chaînage extérieur polygonal en fer, qui fait tout le tour de la base du comble ABCD.

Il est évident que si ce chaînage est suffisamment solide, les pieds des arbalétriers ne peuvent s'écarter, et si ces arbalétriers sont eux-mêmes assez rigides, il suffira qu'ils butent solidement au point de concours, pour que l'ensemble de cette charpente soit stable.

Le point de concours unique d'un si grand nombre de pièces ne serait pas commode pour l'assemblage. On le remplace par une couronne $a\,b\,c\,d\ldots$, en charpente, disposée de manière à pouvoir résister à la pression des arbalétriers.

On profite de cette couronne pour établir un lanternon polygonal qui peut servir pour l'aérage en même temps que pour la décoration.

Vu la longueur des arbalétriers, il n'a pas été possible de les obtenir d'une résistance suffisante avec une seule pièce de bois. Il a fallu recourir à la construction d'une poutre armée, de celles que nous avons appelées américaines. Et, comme la charge n'est pas uniformément répartie à cause de la portée variable des pannes, on a dû faire varier la hauteur, qui est à son minimum près de la couronne intérieure et à son maximum près du chaînage extérieur. Les pannes elles-mêmes varient de hauteur avec leur portée, et cette variation suit celle des arbalétriers, ce qui rend la construction fort simple.

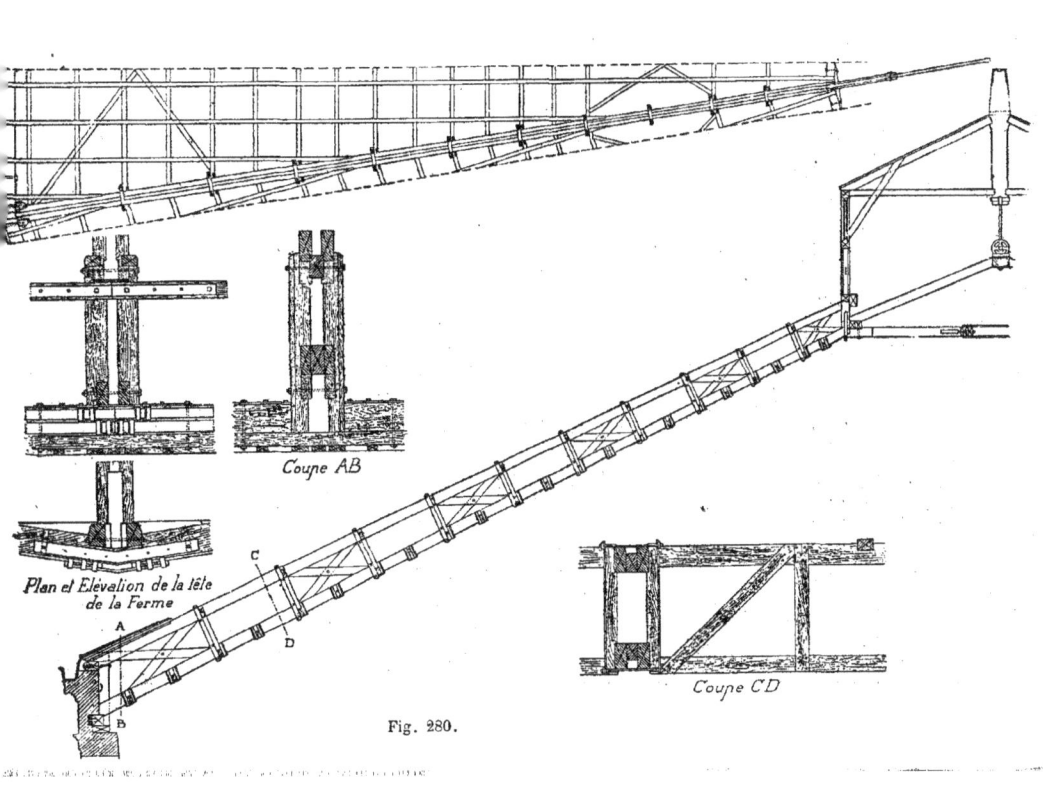

Fig. 280.

La poutre armée américaine est formée de quatre pièces longitudinales en bois, groupées par deux, à une certaine distance verticale maintenue constante par des traverses rapprochées. Les trapèzes qui résultent de l'intersection de ces pièces sont remplis de deux en deux par des croix de St-André. Il résulte de la disposition de ces pièces et de la rigidité des assemblages choisis une poutre unique présentant une section d'un moment d'inertie considérable, d'où une résistance convenable pour la destination.

Tous ces arbalétriers butent en bas contre une couronne polygonale en charpente, formant sablière, formée de deux cours de bois superposés. Ce sont ces bois qui sont chaînés par une double ceinture de fers dont les barres assemblées bout à bout par des traits de Jupiter, sont fortement tendus par le serrage des coins.

A la partie haute, les arbalétriers butent de même contre une double sablière en bois ; mais celle-ci, résistant à la compression, peut avoir des assemblages convenables pour s'opposer à cet effort sans autre consolidation que des platebandes à équerre b, qui assurent leur invariabilité. La fig. 280 donne en différents croquis tous les détails des assemblages : d'abord un arbalétrier vu de côté montrant sa composition, puis une coupe AB près de la naissance, et une coupe CD faite un peu plus loin.

Dans cette même figure est représenté le demi-plan d'un pan trapézoïdal de toiture compris entre deux arbalétriers. Ce plan montre que le nombre des pannes est double du nombre des traverses d'un arbalétrier. La coupe CD donne la composition d'une panne formée d'une poutre à treillis de la hauteur même de l'arbalétrier.

Les chevrons d'un même pan sont parallèles. Deux seulement ont la longueur totale du pan, les autres sont des empanons qui s'arrêtent en sifflet le long de l'arbalétrier.

Enfin, dans cette même figure 280, deux autres détails donnent le plan et l'élévation de la tête de l'arbalétrier. On y voit qu'en plus du chaînage au pourtour les assemblages des bois des sablières sont assurés par des équerres posées à plat sur leur face supérieure.

132. Coupoles construites en bois. — La construction en bois des coupoles n'est plus guère appliquée de nos jours, où le fer donne presque partout des ouvrages plus économiques et plus durables, toutes les fois que la façon entre dans la dépense pour une grande proportion; néanmoins, des cas peuvent se présenter où la construction de dômes en bois serait avantageuse.

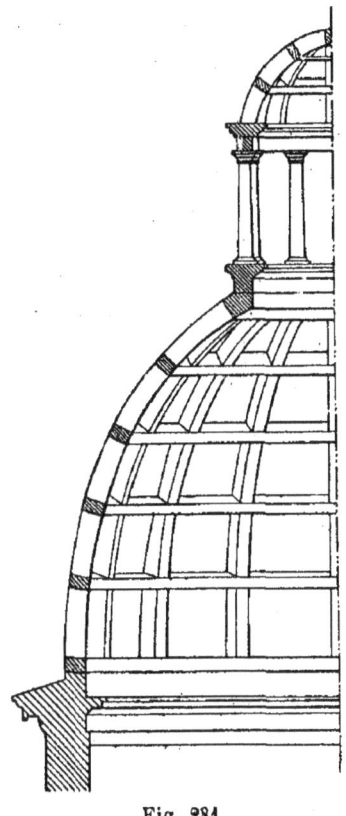

Fig. 281

Dans toutes ces circonstances, que la coupole soit simple ou double, le système de construction qui donne les meilleurs résultats, la plus grande résistance et se prête le mieux à la décoration, est celui représenté en coupe par la fig. 281. Il consiste à construire la coupole par anneaux successifs formés par une série de montants courbes disposés suivant des méridiens, et se rattachant à une sablière circulaire disposée suivant un parallèle.

Il en résulte une grande facilité de tracé, une division toute faite en caissons réguliers et une grande solidité. Les montants sont assemblés à tenon dans les parallèles, et les divers morceaux de ceux-ci sont réunis à traits de Jupiter et donnent des cercles parfaitement chaînés. On assure ces divers assemblages par des ferrements appropriés.

Le dernier parallèle du haut est surmonté d'une plateforme circulaire qui reçoit les colonnettes d'un belvédère supérieur composé de la même manière.

Lorsque la coupole est double, on a quelquefois employé pour la surface extérieure une série de fermes de charpente dont l'arbalétrier extérieur était cintré suivant le méridien de la surface à obtenir, et dont les diverses autres pièces assuraient la rigidité. Mais ces sortes de constructions sont bien plus compliquées que le système précédent, tout en exigeant un cube de bois plus considérable, et, par suite, le système précédent doit leur être préféré.

133. Sheds ou combles en dents de scie. — Dans nombre de locaux industriels il est intéressant d'avoir une lumière abondante répandue aussi uniformément que possible, tout en évitant l'accès direct des rayons solaires qui détruisent cette uniformité. D'autre part, il y a tendance, lorsque le terrain n'est pas cher et que les fondations y sont faciles, à limiter les ateliers à un seul rez-de-chaussée sans élever des bâtiments de plusieurs étages.

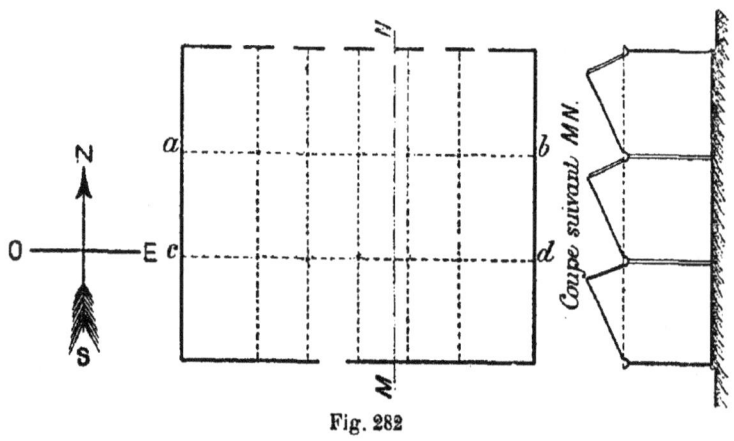

Fig. 282

Combinant ces deux conditions, on a créé pour un grand nombre d'industries de vastes ateliers à rez-de-chaussée, éclairés par le toit seulement du côté du nord, et qui peuvent ainsi s'étendre dans tous les sens pour des agrandissements successifs. Il en est qui occupent de la sorte plusieurs hectares.

Les toitures sont posées sur une série de files de poteaux ou de colonnes, disposées autant que possible de l'est à l'ouest, telles que *ab*, *cd*, fig. 282.

Sur ces files de points d'appui, ainsi que le long des murs parallèles, on dispose des chénaux, portés soit par les colonnes soit par la maçonnerie des murs extrêmes, et on franchit l'espace entre les chéneaux par une toiture à pentes inégales comme l'indique la coupe verticale faite suivant la direction MN (nord-sud). Une pente faible allongée, appropriée à la couverture choisie, reçoit les matériaux étanches, tuiles, etc.; l'autre pente, raide, exposée au nord, est garnie de vitrages de surface suffisante pour donner un éclairage convenable et régulier.

Ces combles à pentes inégales sont nommés aussi *combles en dents de scie* en raison de la forme que donne à la coupe leur profil dissymétrique. On les appelle plus souvent encore de leur nom anglais *sheds*.

L'écoulement des eaux des chéneaux se fait soit par l'extrémité lorsqu'ils ne sont pas trop longs, soit en des points intermédiaires par des tuyaux longeant les points d'appui.

Il est évident que l'orientation au nord n'est pas absolument rigoureuse, mais plus on s'en éloigne plus les parties vitrées doivent être de pente rapide si l'on veut interdire absolument l'accès aux rayons solaires. De même il y a des industries plus susceptibles que les autres, pour lesquelles l'orientation nord est plus désirable.

Il peut se présenter des cas où l'on ait besoin, tout au contraire, de lumière et de chaleur et où il y ait lieu de rechercher l'exposition en plein midi ; telles seraient des applications à certaines cultures de serres, à des magnaneries peut-être.

Les inclinaisons ordinaires des rampants de sheds sur l'horizontale sont de 68° à 80° pour les chassis vitrés et de 20 à 30° pour les toits couverts.

La plupart du temps, l'angle au sommet est de 90° environ ; l'angle droit exact est plus commode pour le tracé et les assemblages, mais lorsque cet angle n'est pas droit il est plutôt légèrement aigu.

Lorsque l'exposition nord est exacte, l'inclinaison du vitrage devrait être déterminée suivant la latitude de la localité, pour que la condition d'absence de soleil soit remplie. Mais d'autres considérations font redresser le vitrage plus verticalement. Ce sont le dépôt des poussières et l'adhérence des neiges.

Les distances des files de supports des chéneaux varient depuis 3m.00 jusqu'à 12m.00. On les multiplie d'autant plus que l'on veut un éclairage plus uniforme, ou lorsque ces supports doivent porter des transmissions nombreuses perpendiculaires à la direction des sheds.

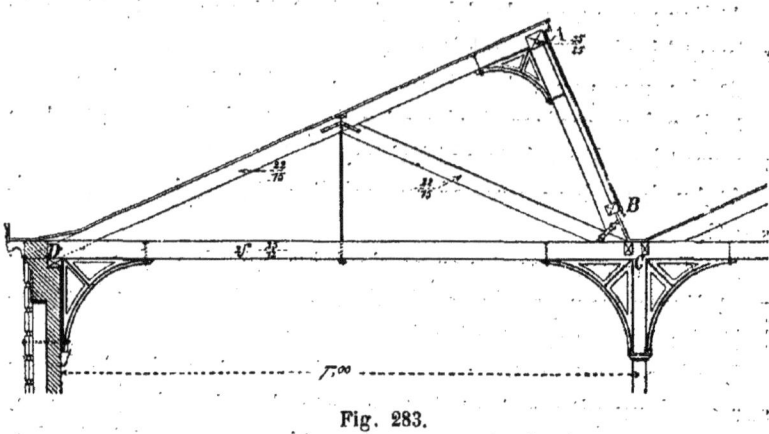

Fig. 283.

Un premier exemple de construction de sheds est représenté par la fig. 283. Ce sont les ateliers du chemin de fer du Nord à Hellèmes. La portée des travées est de 7m.00 et l'espacement des fermes dans le sens longitudinal est de 5m.00.

Chaque ferme est formée par un entrait horizontal reliant les murs opposés et porté tous les 7m.00 par une colonne en fonte.

Deux arbalétriers différemment inclinés aboutissent sur l'entrait aux deux extrémités de chaque travée, et au faitage se coupent à angle droit; l'un correspond à une toiture en tuiles, c'est celui qui a la pente la plus faible, l'autre correspond aux vitrages qui font face à l'exposition du nord. L'arbalétrier le plus long est soutenu en son milieu par une contrefiche inclinée aboutissant sur l'entrait au bas du vitrage ; le point ainsi soutenu peut à son tour, au moyen d'un boulon, supporter le milieu de l'entrait.

Les tracés sont faits pour permettre d'établir les lignes de chéneaux au-dessus de chaque file de colonnes, perpendiculairement aux fermes.

L'angle des entraits et des murs ou colonnes est rendu invariable par une série de consoles en fonte qui sont suffisamment développées pour tenir le roulement du bâtiment dans le plan des fermes.

Les fermes successives d'une même travée sont reliées l'une à l'autre :

1° Par une panne de faîtage A, de 0,25 sur 0,25, déversée suivant l'inclinaison du vitrage.

2° Par une panne inférieure B parallèle à la première.

3° Par deux moises C, chargées de porter le chéneau tout en recevant les pièces intermédiaires.

4° Au droit des murs par une sablière D remplaçant les moises C.

Le contreventement perpendiculaire au plan des fermes peut être obtenu par des croix de St-André, établies d'un arbalétrier à l'autre, entre les deux pièces A et B.

Le vitrage est soutenu au moyen de fers à ⊥ simple vissés sur ces deux pièces A et B et espacés de 0,416 d'axe en axe. La couverture de l'autre pan est portée par une série de chevrons franchissant la portée totale depuis le faîtage A jusqu'à la sablière D. Ces chevrons ont un équarrissage de 0,21 sur 0,034, et sont espacés de cette même quantité 0,416. Ils reçoivent le lattis qui à son tour porte la couverture. L'arbalétrier de chaque ferme fait office de chevron et arase le plan de la couverture.

Un autre exemple de sheds en bois est représenté par la fig. 284. Elle donne les détails d'établissement des ateliers de construction de la Société Decauville aîné, à Corbeil. Ces ateliers sont formés de combles inégaux montés sur colonnes en fonte, mais la disposition serait la même si ces colonnes étaient remplacées par des poteaux en bois.

Les points d'appui espacés de 4 m. l'un de l'autre, reçoivent des fermes de 10 m. de portée. Chacune d'elles est formée de deux arbalétriers à angle droit posés l'un sur l'autre au sommet du triangle et reliés à la base par un entrait jumelé. Deux contrefiches venant s'assembler avec les colonnes plus bas que l'entrait, donnent deux points d'appui intermédiaires à l'arbalétrier le plus long, tandis qu'un faux entrait vient soutenir son milieu en le reliant à mi-hauteur à l'arbalétrier court.

De ce point une aiguille pendante en fer descend jusqu'à l'entrait pour l'empêcher de fléchir.

Les têtes de colonnes portent de plus, dans le sens perpendiculaire aux fermes, des lignes de chéneaux pour l'écoulement des eaux. D'une ferme à l'autre, le chéneau, fait d'une pièce de fonte est assez rigide pour servir de sablière et non-seulement se porter lui-même, mais encore prendre une partie de la charge de la couverture. Pour rendre les assemblages plus commodes, la section de ces pièces est disposée pour recevoir deux tasseaux en bois sur lesquels viendront porter, d'une part, les pieds de chevrons, d'autre part, les extrémités basses des fers à vitrages.

Quatre pannes, dont une de faîtage, sont portées sur le long arbalétrier, à la manière ordinaire ; elles servent à recevoir les chevrons du pan de couverture. Du côté raide la panne de faîtage, d'une part, et une panne intermédiaire de l'autre, servent concurremment avec le tasseau du chéneau à porter les fers à ⊥ qui formeront le pan de vitrage.

Le contreventement dans le sens du plan des fermes est obtenu par les triangles rigides que forment les contrefiches

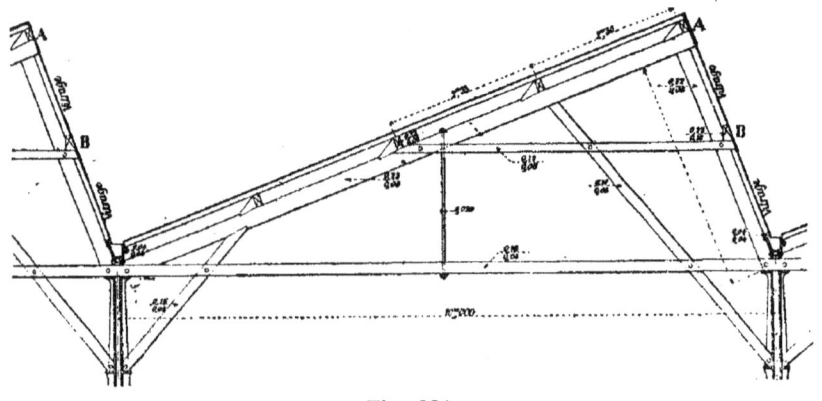

Fig. 284.

avec les arbalétriers, les entraits et les colonnes; dans le sens perpendiculaire par de grandes croix de Saint-André établies derrière les vitrages, et d'une ferme à l'autre entre les deux pannes **A** et **B**.

-- Les dimensions des différentes pièces de cette charpente, établie pour recevoir une couverture en ardoises métalliques de Montataire, sont cotées au croquis de la fig. 284.

On remarquera la forme des colonnes, qui portent les alvéoles nécessaires pour les assemblages des bois; de plus, l'eau des chéneaux peut s'écouler, soit par leurs extrémités s'ils ne sont pas trop longs, soit en plus par un certain nombre de colonnes qui la conduisent à une canalisation souterraine chargée de la mener au dehors.

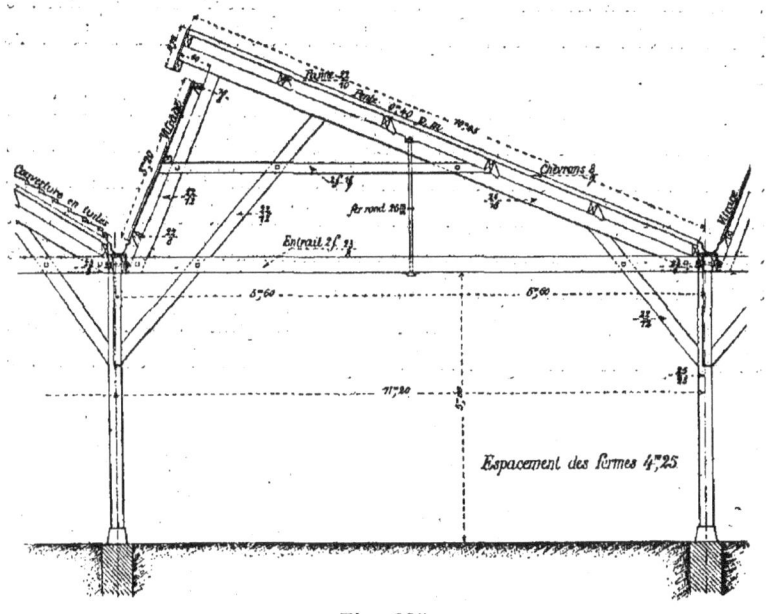

Fig. 285.

La fig. 285 donne la coupe transversale d'un shed du même genre appliqué à des ateliers de produits chimiques. Il présente quelques variantes de construction qu'il peut être intéressant de citer.

Les supports verticaux sont en bois, les chéneaux sont en fonte mince incapable de se porter elle-même dans l'intervalle de deux fermes consécutives. On a dû établir pour les soutenir une sablière jumelée surmontée d'un plancher sur lequel ils sont posés.

Enfin, on a dû modifier la charpente pour obtenir un aérage

constant et énergique des ateliers, tout en adoptant une forme qui ne permît pas aux eaux pluviales d'entrer.

Le grand arbalétrier, ainsi que le pan de tuiles qu'il supporte, viennent dépasser notablement le pan vitré et la couverture se retourne d'équerre au moyen de planches garnies de zinc portées par la panne de faîtage et une lisse inférieure.

Entre cette couverture et le haut du vitrage, arrêté à une distance d'environ 0,75, règne un espace longitudinal libre et couvert par lequel se fait la ventilation demandée.

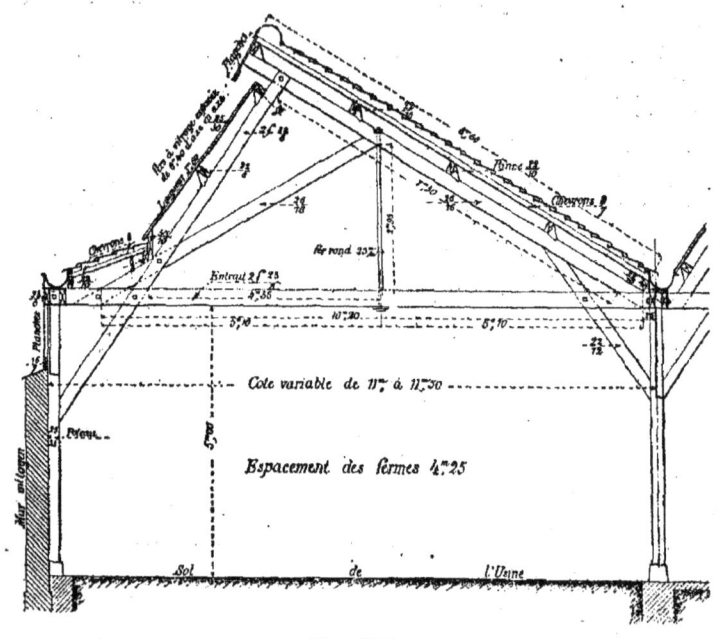

Fig. 286.

La dimension du vitrage de 3,20 de hauteur suffit et au-delà pour donner un éclairage très abondant dans toute la profondeur de chaque travée. Les fers, d'une seule longueur, sont portés par 3 pannes sur lesquelles ils sont vissés; ils sont espacés d'environ 0,40, pour recevoir les vitres qui peuvent être en deux ou trois feuilles dans la hauteur si elles sont en verre ordinaire, ou en une seule feuille si on a choisi des verres striés ou cannelés dont l'épaisseur est d'environ 0,007. Une variante de cette construction, pour la travée qui longe le mur mitoyen, est représentée dans la fig. 286.

Le chéneau se trouve rentré en dedans pour permettre au voisin de pouvoir plus tard, s'il en a besoin, surélever le mur, sans qu'on ait à faire de changement dans l'atelier représenté ici. Le vitrage est également reculé, premièrement pour être à la distance légale de la limite des propriétés, et aussi pour éclairer encore suffisamment en cas de constructions plus élevées dans le terrain voisin.

Pour obtenir ce résultat, la contrefiche fait office de petit arbalétrier; elle se trouve composée d'une moise et enserre un arbalétrier milieu qui vient soutenir le grand au tiers de sa portée.

On a jugé inutile, attendu la manière dont les pièces diverses citées plus haut se trouvaient rapprochées, d'ajouter des faux entraits comme dans les travées voisines.

Le contreventement de ces combles se fait dans le plan perpendiculaire à la ferme au moyen de liens entre poteaux et sablières et, dans l'autre sens, comme dans les combles des ateliers Decauville aîné, par des croix de Saint-André reliant entre deux pannes les petits arbalétriers, dans un plan voisin des vitrages et qui leur est parallèle.

Dans les filatures et les tissages, la dimension des métiers règle les dimensions des travées et la portée est d'ordinaire bien réduite sur les dimensions ci-dessus. Les surfaces d'éclairage sont également diminuées dans chaque travée, et même souvent on ne les établit que toutes les deux travées, ce qui suffit encore amplement.

D'autre part ces ateliers sont chauffés, et ont besoin d'être maintenus à une température constante. Il faut, non-seulement qu'ils soient plafonnés, mais encore qu'il y ait un double plafonnage pour obtenir, par l'emprisonnement d'une certaine quantité d'air, un isolement suffisant.

La construction se fait selon l'un des deux types suivants lorsqu'on l'établit en bois.

La fig. 287, représente le 1er type.

La baie d'éclairage n'existe que sur la moitié inférieure du pan raide, l'autre moitié est couverte en tuiles et correspond à un grenier G, plafonné intérieurement, et fermé du côté de l'atelier par un autre plafond bien jointif. Ce grenier G emprisonne une certaine quantité d'air qui sert de matelas d'isolement et s'oppose au refroidissement de l'atelier. On remplit encore de sciure de bois les intervalles des pièces de bois qui sont immédiatement sous la couverture pour augmenter la protection ; mais il faut prendre toutes les précautions possibles pour que

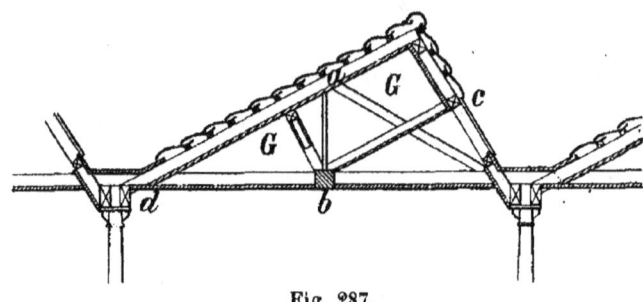

Fig. 287.

la couverture soit bien étanche et cette sciure bien sèche, sans quoi elle constituerait une sorte d'éponge, emmagasinerait l'humidité, et amènerait promptement la pourriture des charpentes voisines.

Quant à la composition de la ferme de ces sheds, elle peut varier de bien des façons, en raison de la petite portée du comble.

Dans l'exemple que représente le croquis, le long arbalétrier est soutenu par une contrefiche en un point a, d'où pend une aiguille qui soutient l'entrait en même temps que la pièce b qui est utile pour le plafonnage de l'atelier ; du point b part une autre pièce perpendiculaire à l'arbalétrier avec lequel elle s'assemble en c, une panne en ce point soutient le milieu des chevrons intermédiaires et concourt au plafonnage du grenier. Les chevrons sont formés de pièces de bois hautes, travaillant de champ et s'alignant avec les arbalétriers.

D'autres solives de même section allant de b en d et de b en c reçoivent le plafonnage de l'atelier.

Le second type indiqué fig. 288 est formé de fermes portant des pannes et ces dernières des chevrons. Un voligeage plein et rainé repose sur ces chevrons et reçoit la tuile, un autre plancher plus épais est fixé à la partie inférieure des pannes et sert de plafond ; l'air interposé entre ces deux surfaces forme matelas d'isolement.

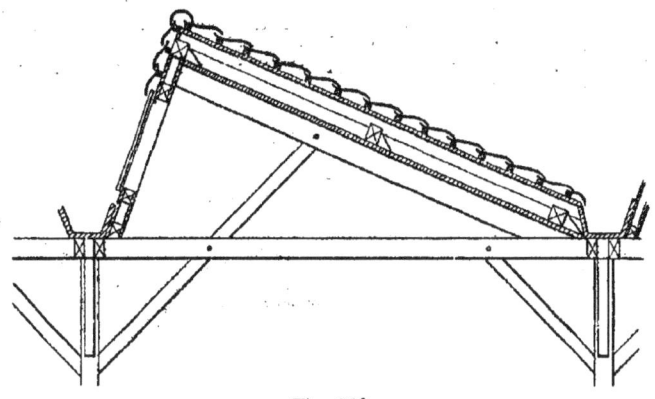

Fig. 288

Le pan raide est formé aussi d'une ossature en bois avec double parement de planches, partout où les vitres ne sont pas nécessaires.

Parfois, on remplace ces surfaces de voliges par des enduits en plâtre et on modifie la charpente pour les recevoir.

§ 4.

COMBLES MIXTES, BOIS ET MÉTAL

182. Combles mixtes avec entrait seul en fer.—Lorsque le fer est devenu d'un emploi courant dans les édifices, on l'a fait entrer dans la composition des combles et l'application la plus immédiate et rationnelle de ses propriétés a été faite à la construction des entraits.

Lorsque le tirant ne porte pas plancher, on remplace parfois la pièce de bois qui le constitue, par une simple barre de fer rond. On laisse en bois les deux extrémités de l'entrait pour faciliter les assemblages avec les autres pièces de bois.

Du poinçon part une aiguille pendante qui vient soutenir le milieu de l'entrait en fer.

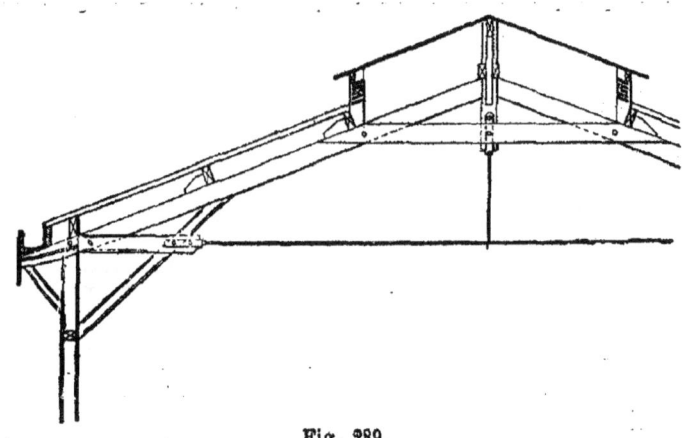

Fig. 289.

Le fig. 289 montre une ferme ainsi composée.

Les extrémités de l'entrait sont terminées par des fourches qui les embrassent et s'y trouvent fixées au moyen de boulons. Cette disposition a l'inconvénient de ne pas permettre de serrer l'entrait à volonté au moment du montage.

Une combinaison préférable est celle représentée fig. 290.

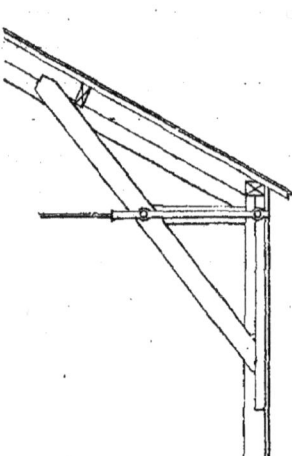

Fig. 290.

Elle consiste à entourer d'une ceinture complète le blochet qui remplace l'extrémité de l'entrait, en y comprenant aussi le poteau et la contrefiche. Les assemblages des bois n'ont pas alors à résister à l'effort de tension, tout entier reporté sur les pièces de fer. La portion de comble représentée appartient à un hangar de 10,50 de portée et dont l'entraxe des fermes est de 4,20.

La ceinture en fer est représentée plus en grand en vue latérale, plan et vue en bout dans la fig. 291. Le fer a comme section 40/10, il est renflé là où les trous de boulons pourraient l'affaiblir. Les deux grandes branches sont réunies à leur extrémité postérieure par une traverse qui passe derrière le poteau, et les angles sont

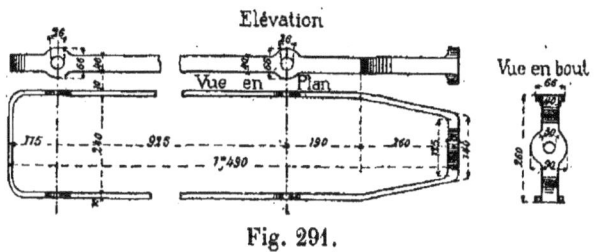

Fig. 291.

arrondis. Il y a parallélisme tant qu'elles s'appliquent sur les bois auxquels on donne la même épaisseur; au moment où elles quittent la charpente les branches se rapprochent jusqu'à une traverse étroite, épaisse et percée en bout d'un trou pour laisser passer le tirant.

Ce dernier est fileté à son extrémité, passe dans l'œil de la traverse et y est retenu par un écrou qui permet de régler la tension et par suite l'écartement des poteaux; l'extrémité de l'entrait est représentée fig. 291bis.

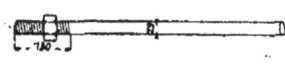

Fig. 291 bis.

L'attache de l'aiguille pendante peut se faire directement sur le poinçon par le moyen d'une fourche soudée à une extrémité de cette aiguille, l'autre bout présentant un œil dans lequel passe l'entrait. Il est préférable de disposer l'aiguille avec une partie filetée à son extrémité supérieure. Ce filetage passe dans une traverse qui fait partie d'une chape suspendue au poinçon et s'y trouve fixée par un écrou, fig. 292. Cette partie filetée permet, au montage, de régler convenablement la hauteur de l'entrait.

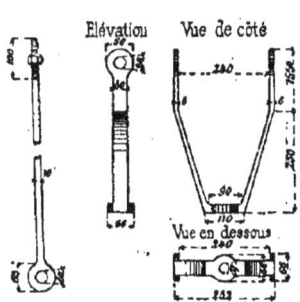

Fig. 292.

L'attache du tirant peut se faire au pied de fermes de bien d'autres façons. Une des meilleures consiste à opérer la liaison au moyen d'un sabot en fonte de forme appropriée.

La fig. 293, représente un sabot très simple recevant le pied de l'arbalétrier d'une ferme, à son arrivée sur un mur, et en même temps l'attache du tirant au moyen d'une partie filetée et d'un écrou permettant le rappel.

Ce sabot est en fonte, la coupe verticale représentée dans la fig. 293 a

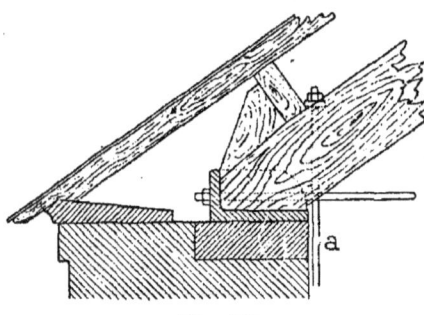

Fig. 293.

la forme d'une simple équerre, et les deux branches en sont réunies par deux joues latérales, dont l'angle extérieur est arrondi suivant le tracé ponctué.

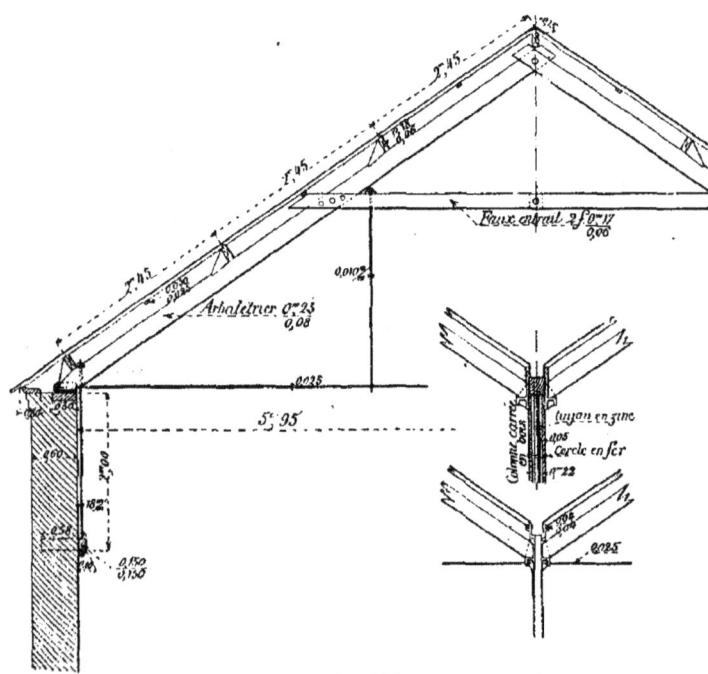

Fig. 294.

Le comble dont ce détail est tiré est ouvert à ses extrémités et fort exposé à l'action des vents ; pour éviter de ce fait un soulèvement, chaque ferme est reliée à une attache fixée plus bas à la maçonnerie par le boulon vertical a. L'ancrage solidarisant le boulon avec la maçonnerie est indiqué fig. 294. De cette façon, le poids de la maçonnerie ainsi intéressée concourt à la stabilité de la charpente.

L'ensemble de cette construction très légère est représenté par la fig. 294, qui montre la coupe verticale du bâtiment et la vue latérale de la ferme. Il n'y a pas de poinçon ; les deux arbalétriers se croisent au faîtage et la panne du haut est posée sur le point de croisement, la portée est de près de 12 m. et, pour cette distance, les arbalétriers ont besoin d'être soutenus en leur milieu. Ce point de soutien est donné par un faux entrait formé de deux pièces jumelées de $0,17 \times 0,06$; des points d'attache de ce faux entrait partent les aiguilles pendantes en fer qui viennent soutenir l'entrait en deux points intermédiaires.

La couverture est faite en zinc très mince et se trouve excessivement légère ; aussi les chevrons sont-ils réduits à leur minimum, ainsi que les pièces de charpente. Pour exécuter ce même bâtiment avec couverture en tuile, la même disposition conviendrait parfaitement, mais il y aurait lieu de renforcer les dimensions des différentes pièces de la charpente des fermes. Il faudrait aussi des pannes plus solides.

L'attache des entraits sur les colonnes intermédiaires est également très intéressante par sa simplicité, elle est représentée dans le détail de la même fig. 294. Des oreilles de forme convenable, fondues avec la colonne, permettent de recevoir l'entrait et de serrer le boulon sur sa partie filetée, et cela avec le jeu nécessaire au réglage. Au-dessus, la colonne présente des alvéoles pour fixer les pieds des arbalétriers, et enfin elle porte le chéneau en fonte qui réunit les eaux des pans de couverture. Une tubulure sert d'assemblage entre le chéneau et la colonne et permet en même temps l'écoulement à travers cette dernière qui fait office de tuyau de descente.

Le chéneau a une résistance suffisante pour servir en même temps de sablière ; il porte, dans des feuillures appropriées, deux tasseaux sur lesquels viennent se clouer les extrémités des chevrons.

La fig. 294 donne une variante de cette disposition, dans laquelle les colonnes en fonte sont remplacées par des poteaux en bois. Ces derniers sont creux et formés de 4 planches, épaisses de 0,05, assemblées et cerclées tous les mètres par des frettes en fer. Ils portent une tête en fonte ayant la forme décrite tout-à-l'heure pour la colonne métallique, et soutiennent une sablière carrée en bois qui les réunit aux autres poteaux de la même file. Le chéneau, exécuté en zinc, est porté également sur cette sablière, et l'écoulement des eaux se fait par un tuyau en zinc passant dans le creux du poteau.

Ces combles très ingénieusement disposés, ont été établis aux papeteries de Huy (Belgique), par M. Thiry, ingénieur.

135. Combles mixtes avec entrait et contrefiches métalliques. — L'exemple suivant montre, fig. 295, un hangar adossé à une construction plus importante et dans lequel l'emploi du fer et de la fonte a été plus étendu. Les supports verticaux sont en fonte, et terminés supérieurement par un sabot disposé pour recevoir l'arbalétrier et la sablière de rive. Ce sabot porte en même temps le point d'attache de l'entrait, en fer rond, qui maintient l'écartement.

Les arbalétriers concourent au faîtage dans un autre sabot que traverse par un poinçon en fer rond, terminé par un filetage et un écrou. Ce poinçon passe à travers la panne de faîtage et l'écrou se manœuvre à la face supérieure de cette dernière, comme il est indiqué dans le détail de la fig. 296. Cette disposition n'est pas heureuse pour le montage. Il eût été préfé-

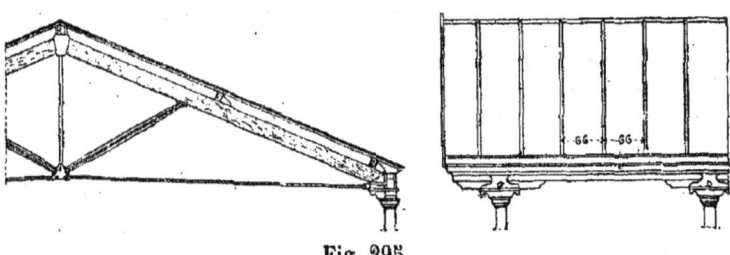

Fig. 295.

rable de réserver dans le sabot la place de l'écrou et de rendre la panne indépendante, son montage se faisant après la pose complète de la ferme.

Le poinçon vient s'attacher à la partie basse à une pièce

formée de deux joues en fer, parallèles, formant alvéoles pour le pied de deux contrefiches, en même temps qu'elles ména-

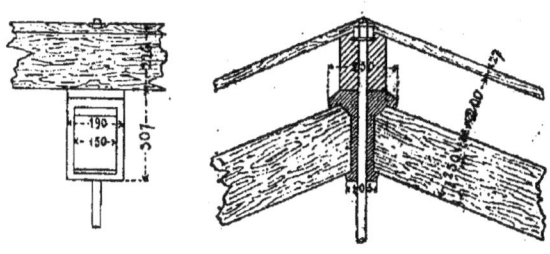

Fig. 296.

gent la possibilité d'attache facile pour les deux portions de l'entrait. Les contrefiches viennent à leur tour soutenir les arbalétriers par des patins inclinés à la demande, qu'on entaille sous la face du bois et que l'on fixe par des tirefonds.

Cette disposition de l'entrait est défectueuse comme celle de la fig. 289, en ce sens qu'elle ne permet pas le réglage de la tension de cette pièce au moment du montage.

A ses extrémités l'entrait se fixe aux sabots de retombée, boulonnés sur les têtes de colonnes.

136. Combles systèmes Pombla. — M. Pombla a imaginé de construire des combles légers en formant les fermes par le moyen de madriers courbés et maintenus dans cette position par des entraits en fer, attachés par écrous sur platebandes aux extrémités des bois.

Lorsque la portée est faible, on espace les fermes de 2m. à 2m.50 et on les relie par des planches longitudinales jointives sur lesquelles on étend une couverture légère.

Lorsque la portée est un peu plus grande, on prend la disposition indiquée par la figure 297, les fermes s'écartent davantage et sont reliées par une série de lambourdes perpendiculaires, de hauteurs variables, permettant d'augmenter la pente au faîtage et d'éviter en cet endroit les fuites venant des assemblages.

Pour des portées s'étendant jusqu'à 12m.00 on peut appliquer ce système de construction à des combles provisoires et couverts de matériaux très légers.

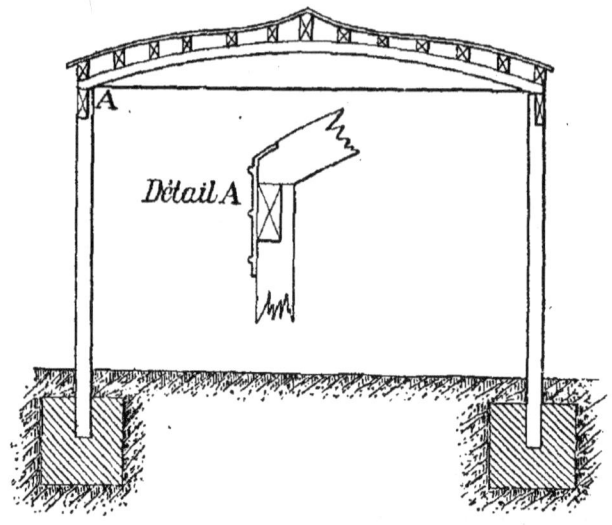

Fig. 297.

Pour des portées de 16 à 20m. M. Pombla construit un type différent représenté dans la fig. 298. Chaque ferme se compose

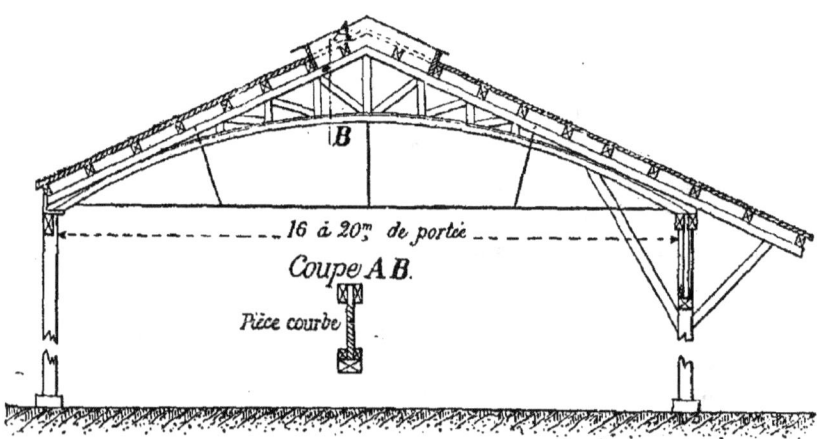

Fig. 298.

d'une pièce courbe doublée de 2 arbalétriers droits et reliée avec eux par une série de potelets et de liens.

L'entrait en fer joue le même rôle que précédemment et il est soutenu dans la longueur par plusieurs aiguilles pendantes. Les fermes sont alors espacés de 4m.50 à 6m.00.

135. Combles mixtes, système Polonceau. — Pour les portées de 16 à 20 ou 24m. on peut obtenir des combles très avantageux en prenant pour arbalétriers les poutres armées avec bielles et sous tendeurs dont il a été parlé au n° 72. On forme ainsi ce que l'on appelle les combles Polonceau, du nom de l'ingénieur qui les a vulgarisés.

L'entrait, au lieu de partir du pied des arbalétriers, se trouve attaché à la partie basse de la bielle qui soutient le milieu de la poutre armée. Il est ainsi légèrement relevé et le comble en paraît plus léger.

La fig. 299 montre la coupe d'une ferme de ce genre ; la pièce de bois est terminée par deux sabots auxquels prennent attache les sous-tendeurs. L'un des sabots est double et forme le faîtage, il est préparé pour recevoir la panne ainsi que l'aiguille pendante, le second sabot est disposé pour se relier avec les matériaux du mur et une console venue de fonte sert à maintenir l'angle invariable. La bielle du milieu est aussi en fonte et sa tête se termine par un patin avec ou sans fourche, qu'il est facile de fixer à la pièce de bois.

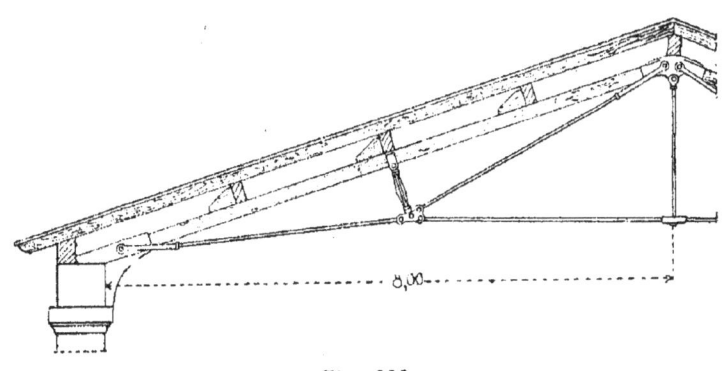

Fig. 299.

Pour que la traction se fasse bien suivant l'axe de la pièce de bois, les extrémités des sous-tendeurs traversent la petite branche d'une véritable fourche qui embrasse le bois et s'y trouvent rappelées par un écrou.

Le point de concours du pied de la bielle, des sous-tendeurs et de l'entrait est l'objet d'un assemblage dont le principe est appliqué dans ces sortes de combles d'une façon générale. Chacune des pièces concourantes est terminée par une tête percée d'un œil, et toutes, d'épaisseur uniforme, sont comprises entre deux joues en tôle, de forme appropriée, et y sont fixées par des boulons.

L'entrait qui réunit les deux pieds des bielles est en deux pièces qui s'approchent l'une de l'autre au milieu du comble, sont filetées en sens contraire et passent dans un double écrou nommé *lanterne*. En tournant la lanterne dans un sens ou dans l'autre, on serre ou on desserre l'entrait et on peut ainsi, au montage, le régler convenablement. La lanterne elle-même est soutenue par l'aiguille pendante qui vient du sabot du faîtage.

Dans l'application de ces sortes de combles, il y a lieu de s'occuper du contreventement qui ne peut s'effectuer à la manière ordinaire. Le roulement dans le sens du plan de la ferme est évité par une console plus ou moins développée, placée au pied de la ferme ; elle rend invariable l'angle que forme l'arbalétrier, soit avec le parement du mur, soit avec le poteau qui le remplace.

Le contreventement perpendiculaire ne peut s'obtenir par des liens, puisque le poinçon est réduit à une simple aiguille pendante sans rigidité. On remplace cette disposition par la suivante : soient AB et CD (fig. 300) les deux murs parallèles d'un bâtiment représenté en plan ; EF, GH, IK, BD sont les fermes successives de la charpente, et MN représente la ligne de faîtage ; on établit dans les plans des chevrons des chaînages en fer qui relient, dans chaque travée, le faîtage d'une ferme P aux pieds des fermes voisines. Ces chaînages sont comme quatre

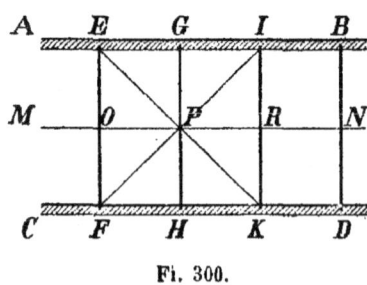

Fi. 300.

haubans qui maintiennent ce faîtage en équilibre et l'empêchent d'une façon absolue de se déverser à droite ou à gauche. On peut les établir sur les chevrons avant la pose du voligeage ou du lattis qui les surmonte. Quelquefois, pour simplifier, on n'établit les chaînages que de deux en deux travées, une ferme bien maintenue retenant ses voisines par la liaison des pannes.

138. Combles légers, système Baudrit. — M. Baudrit

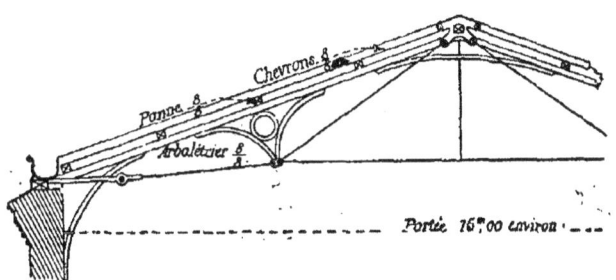

Fig. 301.

a établi sur le principe de construction inventé par M. Polonceau, des combles très légers, pour installations provisoires ou de durée limitée, et pour diminuer la dimension des arbalétriers, en les soutenant d'une façon plus continue, il a modifié la forme de la bielle. Il la compose de deux pièces courbes évasées, reliées par un cercle en fer, ce qui lui donne trois points de contact avec l'arbalétrier ; deux autres pièces courbes existent, l'une au faîtage, l'autre au pied de l'arbalétrier, qui créent encore de nouveaux points d'appui ; de telle sorte qu'il peut établir des fermes de 15 m. de portée avec des bois de 0,08 à 0,10 de grosseur.

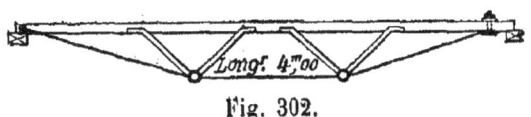

Fig. 302.

Les pannes elles-mêmes sont réduites comme bois et armées comme l'indique la fig. 302. Un sous-tendeur, attaché aux deux extrémités de la pièce de bois, soutient deux bielles en forme de V qui constituent quatre points d'appui intermédiaires, et permettent avec un bois de 0,08 sur 0,08 de franchir la distance, 4 m., de deux fermes successives.

137. Combles Polonceau à trois bielles. — Pour les

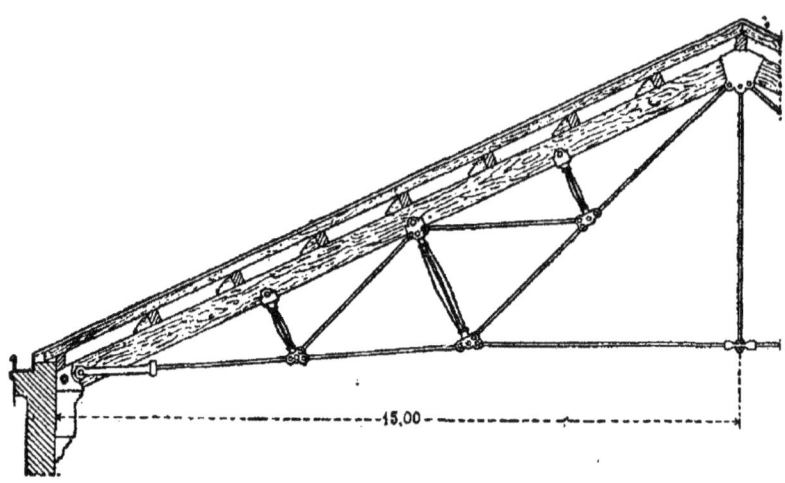

Fig. 395.

portées de 24 à 30 mètres, on emploie le même système Polonceau, mais la porte formant arbalétrier est soutenue en trois points d'appui intermédiaires formés par trois contre-fiches soutenues par des sous-tendeurs, ce qui fait en tout cinq points d'appui bien en ligne.

La fig. 303 donne la disposition de ces sortes de combles. L'entrait, comme dans les exemples qui précèdent, part de la partie inférieure de la plus grande bielle. Il est muni en son milieu d'une lanterne de serrage qui permet le réglage au moment de la pose, et la lanterne est soutenue par une aiguille pendante. Les divers points de concours des bielles et tendeurs présentent l'assemblage entre joues parallèles en tôle, comme il a été dit pour les combles à une seule bielle.

La tension des différents tendeurs se calcule très aisément dans ces sortes de charpentes, de même que la compression des bielles et on en déduit les sections de ces pièces. De même pour l'arbalétrier qui, suivant la position relative des pannes et des points de soutien, peut ne travailler qu'à la compression, ou bien travailler à la fois à la compression et à la flexion.

§ 5

DES LUCARNES

140. Façades des lucarnes en bois. — Les lucarnes sont les fenêtres qui éclairent l'étage des combles. Elles sont formées d'une construction particulière, élevée sur la partie haute du mur de face; elles dépassent le périmètre de la toiture sur laquelle elles forment une saillie, et permettent malgré l'inclinaison de la couverture d'établir des croisées verticales dans les conditions ordinaires.

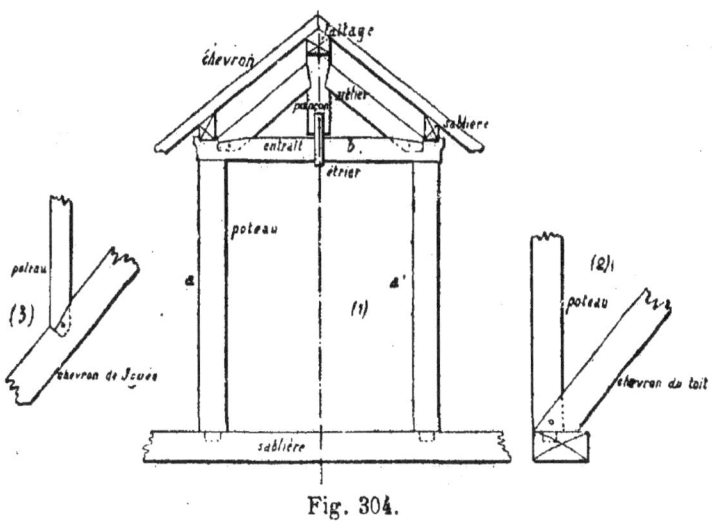

Fig. 304.

Leurs façades se font souvent en maçonnerie, comme on l'a vu dans le volume traitant cette partie de la construction. Elles s'établissent quelquefois en charpente, et se font suivant leurs formes et leurs dimensions de plusieurs façons différentes. La fig. 304 représente la construction d'une façade de lucarne en bois adoptée surtout lorsque la baie est développée : Sur la sablière inférieure du comble, qui est établie sur le mur, on place deux poteaux *a* et *a'*, assemblés à tenon et mortaise à leur pied et montant verticalement jusqu'au linteau *b* de la baie. Ce linteau *b* est l'entrait d'une petite ferme formée de deux arbalétriers et d'un poinçon. Ce triangle forme le pignon de la lucarne ; les poteaux sont assez larges pour recevoir dans une feuillure convenable la croisée en menuiserie et de plus pour former tête de la cloison de jouée qui formera le raccord avec le comble ; le linteau également portera sa feuillure.

De la partie supérieure du pignon partent trois pannes. Deux de rives forment sablières, la troisième fait office de faîtage ; elles supportent les petits chevrons qui couvrent le passage du comble à la croisée.

Lorsque les baies sont moins larges, ou que leur forme s'y prête, la construction se simplifie et au-dessus du linteau le pignon, ou simplement l'entablement, sont pleins et formés de quelques pièces de bois massives et moulurées, superposées l'une à l'autre, de sorte que l'on n'a pas besoin de maçonnerie pour le remplissage des intervalles des bois.

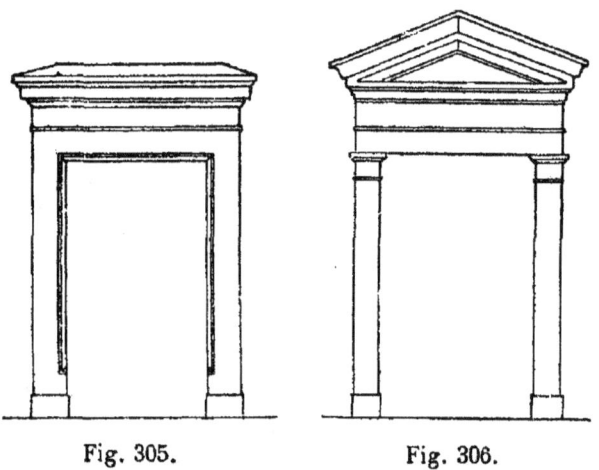

Fig. 305.   Fig. 306.

Les figures 305 et 306 montrent les formes de ces autres genres de lucarnes, qui sont employées de préférence dans les constructions des villes où elles présentent un aspect plus favorable.

141. Raccordement des lucarnes avec les combles.
— Que les lucarnes soient en bois ou présentent une façade en pierre, le raccord avec la charpente du bâtiment se fait toujours d'après les mêmes principes.

Soit une lucarne en pierre représentée en élévation et en coupe fig. 307.

Les piédroits viennent reposer sur le mur d'attique qui surmonte l'entablement de la façade.

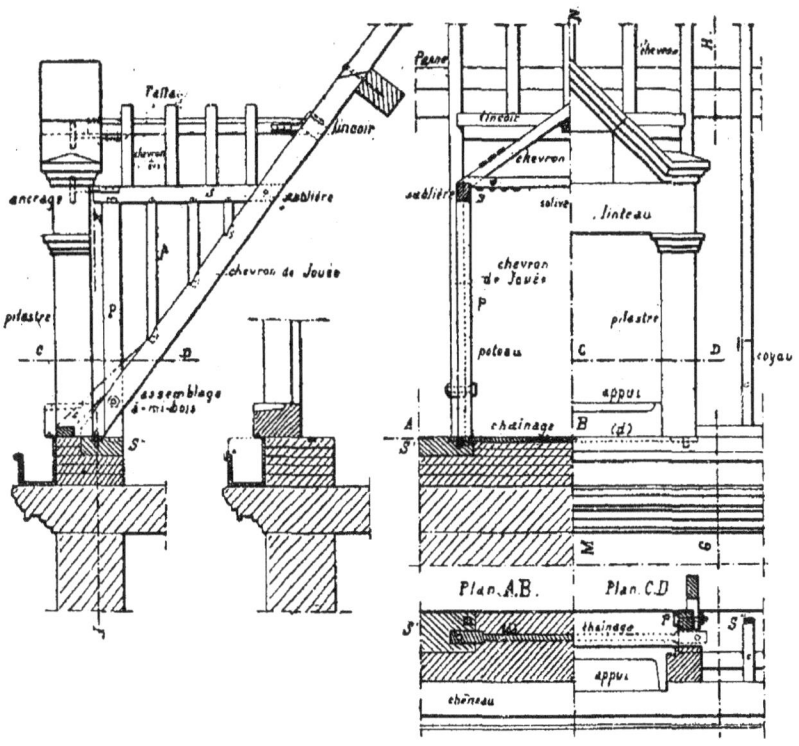

Fig. 307.

La sablière du comble est interrompue au droit de la lucarne et remplacée par une chaîne en fer bien reliée à ses extrémités.

Derrière les jambages sont deux poteaux P, et avec ces poteaux s'assemblent à mi-bois deux chevrons plus forts que les chevrons ordinaires et que l'on appelle *chevrons de jouée*. Une sablière S relie le poteau P et le chevron de jouée, et l'ensemble de ces trois pièces forme un triangle qui rempli, par les potelets *p*, hourdé et enduit, constituera *la jouée* de la lucarne. C'est un pan de bois qui limite du côté de l'extérieur le couloir qui lui donne accès.

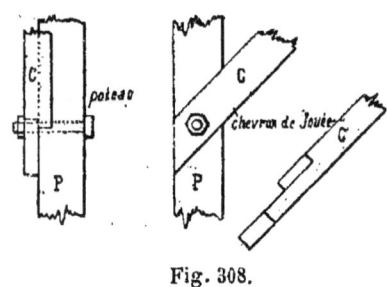

Fig. 308.

Il reste à couvrir l'intervalle des deux jouées. On le fait au moyen d'un petit comble triangulaire qui se raccorde avec le grand comble.

Les sablières de jouée S, S, forment les sablières du comble de raccord; il reste à établir sa panne de faîtage.

Cette panne va se trouver soutenue d'un bout en scellement dans le pignon de la lucarne et d'autre bout sur une pièce transversale appelée *linçoir* portée à hauteur convenable par

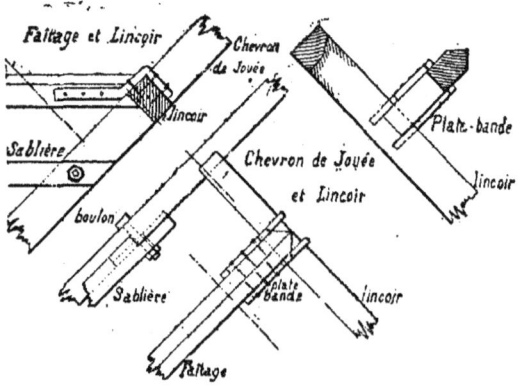

Fig. 309.

les deux chevrons de jouée. Ce linçoir doit avoir les dimensions nécessaires pour recevoir, en outre, le pied des chevrons intermédiaires, arrêtés au-dessus du vide de la lucarne.

Sur la panne du faîtage et les sablières de jouée, on pose les chevrons à la manière ordinaire.

Si le passage doit être plafonné on établit d'une sablière à l'autre une série de petites solives qui porteront le lattis et par suite le plafond.

La disposition de toutes ces pièces est représentée fig. 309. Leurs assemblages se font de la manière suivante :

Entre le poteau et le chevron de jouée, on taille l'assemblage à mi-bois ainsi que le représente la figure et on consolide la jonction par un boulon.

La figure 309 donne les assemblages du linçoir, des chevrons de jouée et de la panne de faîtage du comble de raccord.

Le linçoir s'assemble à paume avec les chevrons de jouée et parfois on consolide l'assemblage avec une platebande.

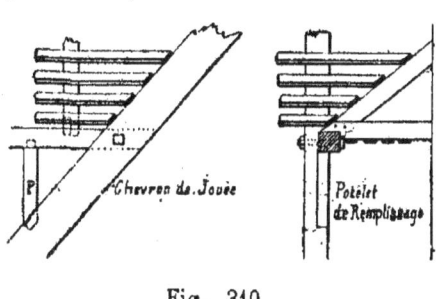

Fig. 310.

Le faîtage présente en bout la coupe convenable pour épouser la forme du linçoir et la jonction est assurée par une platebande coudée qui s'agrafe sur les deux pièces au moyen de tirefonds ou de grosses vis.

On a représenté fig. 310 en élévation longitudinale et en coupe transversale une partie du comble de raccord, montrant le chevron de jouée, la sablière de jouée, un potelet de remplissage, un chevron du comble de raccord et une solive du plafond du passage.

Il est nécessaire d'avoir une dernière solive de ce plafond dans le plan des chevrons, ainsi qu'un chevron incliné qui fera office de noue et recevra les extrémités du lattis.

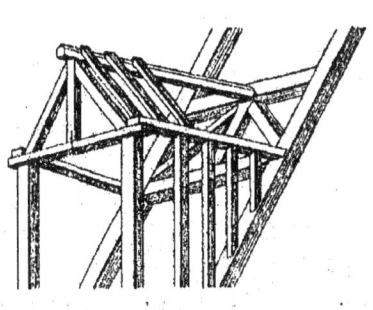

Fig. 311.

Ces pièces formeront avec le linçoir une sorte de ferme, placée dans le plan des chevrons et reproduisant le triangle de la lucarne, ainsi que le montre la vue perspective de la fig. 311 appliquée à une façade de lucarne en bois.

Lorsque la lucarne est large et appartient à un édifice important, les chevrons de jouée sont remplacés par des pièces de charpente de plus fort équarrissage et assemblés avec les pannes. Mais la disposition est analogue et suit les règles indiquées ci-dessus.

L'encastrement du faîtage dans le pignon d'une lucarne en pierre demande quelques précautions. Au lieu de faire un grand trou pour le scellement de la pièce de bois, ce qui diminuerait trop la solidité du pignon, on se contente d'un encastrement de quelques centimètres du bois dans la pierre et on scelle ou l'on ancre une platebande en fer qui prolonge le bois avec des dimensions plus restreintes pour le scellement, fig. 312.

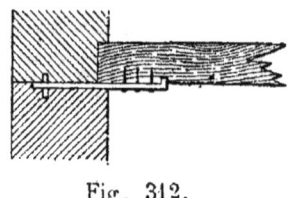

Fig. 312.

§ 6.

DÉCORATION DES COMBLES

142. Combles apparents à l'intérieur. — Lorsqu'une salle importante se termine au comble à sa partie supérieure, et que sa décoration permet la vue de la charpente même, on se contente d'exécuter cette charpente en bois choisis, établis non plus avec flaches, mais à vives arêtes, avec chanfreins réguliers, abattus et arrêtés au besoin, et tous les bois sont blanchis au rabot pour présenter une surface plus régulière et plus unie. Il faut dans ce cas que la charpente soit étudiée pour présenter des combinaisons de formes heureuses et de construction parfaitement compréhensible. On évite les saillies inutiles de pièces les unes sur les autres, les moises par exemple, et on cherche à comprendre tous les bois d'une ferme entre deux plans parallèles en donnant à toutes les pièces la même largeur.

On ne se contente pas de donner aux divers morceaux la stricte dimension nécessitée par la résistance; on tient compte de l'aspect et des proportions de chaque partie, en même temps que de l'effet des répétitions régulières produites dans les travées successives.

Les liens droits sont d'ordinaire remplacés par des consoles, il en est de même des contrefiches. Ces consoles sont formées de bois droits ou souvent de bois courbes assemblés, ou bien exécutées en matériaux métalliques.

Si on doit pour l'harmonie faire l'application d'ornements dessinés, peints ou sculptés, on a soin de les répartir judicieu-

Fig. 313.

sement dans l'ensemble, et de leur donner le caractère d'utilité appropriée.

Les fermes reçoivent les pannes et forment avec elles des caissons auxquels on devra donner les proportions les plus heureuses. Le fond de ce caisson sera formé par le voligeage et on en disposera les frises, soit en simple soit en double couche, avec les épaisseurs convenables pour qu'il ne puisse se voiler ; les frises seront rainées, souvent accusées par des baguettes sur les joints et le dessin du parquet produit ainsi en plafond sera étudié pour produire l'effet le plus agréable ; tous les moyens de mouluration pourront être employés, mais judicieusement et avec modération pour obtenir le meilleur aspect.

Enfin, la peinture permettra par les colorations choisies d'accuser l'ossature et de la faire ressortir des matériaux de simple remplissage. Souvent on se servira de la couleur naturelle des bois employés en l'exaltant par plusieurs couches de vernis transparent remplaçant la peinture.

143. Exemples divers. — Les figures 313, 314 et 315,

Fig. 314.

représentent diverses formes de fermes employés dans les charpentes anglaises, et ayant un caractère ornemental intéressant.

Dans la première (313), la ferme est en arc, elle exerce par le poids du comble une poussée sur le mur, qu'il faut supposer contrebuté par des contreforts latéraux à l'extérieur.

Un petit faux-entrait existe à la partie haute, et le triangle restant entre cette pièce et les arbalétriers est ajouré.

Les arbalétriers sont droits et reposent sur la pièce courbe d'une façon continue, du faux-entrait à la partie haute du mur. Cette ferme de forme ogivale et de proportions élégantes porte une panne de faîte et une panne intermédiaire de chaque côté ; les pannes sont moulurées et assemblées sur le côté des arbalétriers. Elles soutiennent à leur tour sur leurs faces latérales les chevrons, et déterminent ainsi une série de caissons remplis par un voligeage de dessin très simple, les pièces étant horizontales et leurs joints accusés.

La fig. 314 donne une variante qui exige de même, à cause de sa poussée, la présence de contreforts extérieurs ; l'arc est elliptique ou en anse de panier et vient reposer sur des consoles en bois, dont la pièce formant l'hypothénuse a une forme courbe. L'inclinaison du comble est plus faible, la portée de

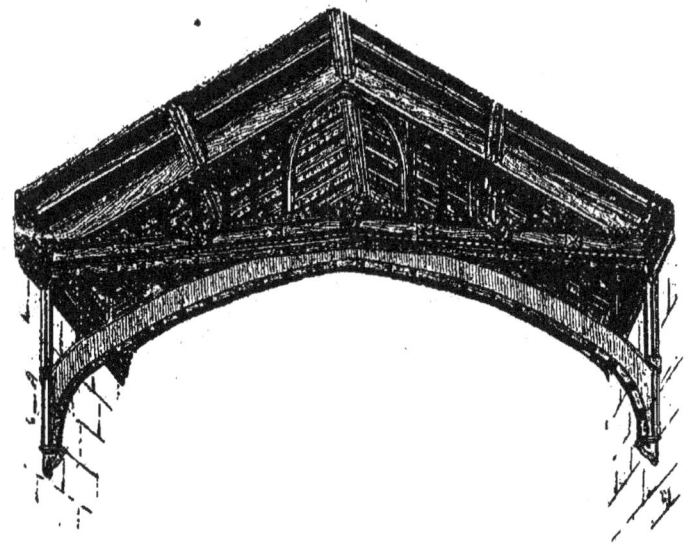

Fig. 315.

la ferme plus grande et les intervalles entre l'arc et les arbalétriers sont ajourés.

La fig. 315 montre une forme différente et d'une disposition très heureuse ; elle permet de se dispenser de contreforts extérieurs et de poser la ferme sur deux murs parallèles sans exercer sur eux de poussée appréciable.

La ferme est composée de deux arbalétriers et d'un entrait et le triangle ainsi formé est rempli d'une dentelle sculptée composée de quelques arcatures légères supportées par des potelets. L'entrait, légèrement surhaussé en son milieu, est soutenu et motivé par un arc venant s'appliquer sur les murs. Le vide entre l'arc et l'entrait est rempli comme celui du dessus de l'entrait.

Quant aux pannes et chevrons, ils sont dans ces trois exemples disposés de même ; ils forment des caissons de forme simple dont le fond est rempli par le voligeage, et les joints de ce dernier sont régulièrement dessinés et accusés par des baguettes.

144. Décoration extérieure des combles. — Dans la plupart des constructions la charpente des combles ne présente à l'extérieur aucune décoration et c'est à la couverture que l'on prodigue les ornements qui doivent décorer le haut de Quelquefois on moulure les abouts saillants des chevrons et

des pannes et ces profils employés varient peu. Ils se rapprochent des exemples donnés dans la fig. 316. L'un donne l'extrémité d'un chevron, au bas d'un égout saillant ; l'autre l'extrémité d'une panne en dehors d'un pignon qui la porte. La doucine est la moulure qui s'approprie le mieux à ces deux cas.

Fig. 316.

La partie de charpente saillante en dehors des murs doit toujours être voligée. Cette volige est souvent blanchie, disposée régulièrement suivant dessins étudiés et peinte ou vernie.

Dans les charpentes des maisons genre chalet, on met souvent aux abouts de chevrons, pour les cacher, une planche verticale avec moulures haute et basse. D'autres fois on la remplace par une série de planches découpées formant ce que l'on appelle un lambrequin.

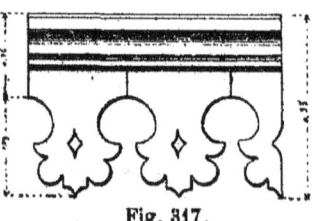

Fig. 317.

Les lambrequins forment soit la ligne horizontale des égouts, soit les rives inclinées du pignon, et les dessins sont arrangés en conséquence. La fig. 317 représente un lambrequin très simple. Les planches découpées sont établies debout l'une à côté de l'autre et clouées sur une autre planche perpendiculaire formant lisse horizontale et attachée directement sur les extrémités des chevrons. Une moulure additionnelle s'établit sur les planches et forme une cymaise ou corniche.

La figure 318 représente un lambrequin plus orné. Les planches sont découpées en haut et en bas et il y a une double moulure, cymaise à la partie haute, astragale un peu plus bas. La lisse inférieure a assez de largeur pour recevoir les clous qui fixent ces deux moulures après avoir traversé les découpages. Lorsque ces lisses sont larges on les fixe aux chevrons par l'intermédiaire d'équerres en fer et de vis.

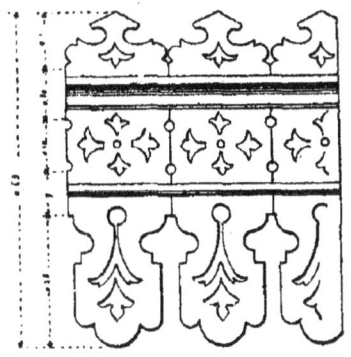

Fig. 318.

La deuxième disposition est moins bonne que la première, en ce qu'elle ne permet pas de protéger le lambrequin par la couverture. On voit encore des exemples de lambrequins découpés et appliqués aux pignons dans les fig. 161 et 319.

Les pignons des bâtiments à charpente saillante sont souvent ornés par des fermes apparentes ornées, posées sur consoles et présentant des combinaisons diverses.

Le plus ordinairement, elles sont formées d'une paire d'arbalétriers portés sur des consoles et munis à leur base d'un blochet horizontal et d'un potelet vertical. Leur sommet est relié par un entrait relevé et un poinçon, et sous toutes ces pièces est inscrit un arc en charpente quelquefois en plein cintre ainsi que le montre la figure 319 tirée de l'album de châlets de la maison Kaeffer.

Les vides des triangles de charpente sont remplis par des bois découpés, les bois sont rabottés avec chanfreins élégis et arrêtés, et un lambrequin suit le contour des égouts et de l'arc.

La figure 320 donne un autre exemple de cette disposition de charpentes avec une forme un peu différente ; la toiture est plus raide et le toit plus aigu ; l'arc est ogival.

Fig. 319.

Des coyaux viennent briser la pente du toit et sont portés sur le blochet ainsi que l'arbalétrier et l'arc. Ce dernier est, de

Fig. 320.

plus, soutenu par deux attaches aux extrémités des pannes, et par une autre attache au sommet avec le milieu du faux entrait. Le poinçon dépasse le faîtage et porte un épi mouluré.

L'ensemble de toute cette charpente est soutenu par deux grandes consoles fixées aux têtes de murs qui encadrent le pignon.

Le tout s'harmonise bien avec le restant de la façade et produit un heureux effet.

CHAPITRE VI

LA CHARPENTE AU CHANTIER

§ 1. *Etaiements.*
§ 2. *Echafaudage fixes.*
§ 3. *Appareils de levage.*
§ 4. *Travaux hydrauliques.*
§ 5. *Cintres.*

SOMMAIRE :

§ 1er. *Etaiements* : 145. Etaiements en général. Divers cas. — 146. Consolidation des berges des fouilles. Batteries d'étais. — 147. Etrésillonnement des fouilles étroites et des tranchées. — 148. Blindage et chemisage des puits. — 149. Etaiement des planchers. — 150. Etaiement des murs. — 151. Soutènement direct des murs, chevalements.

§ 2. *Echafaudages fixes* : 152. Principes de construction. — 153. Exemple d'un échafaudage fixe. — 154. Divers modes de contreventement. — 155. Poteaux additionnels, porte à faux. — 156. Echafaudages sur contre-fiches. — 157. Echafaud en bascule. — 158. Echafauds suspendus. — 159. Exemples d'échafaudages. — 160. Echafaudages horizontaux. — 161. Echafaudages couverts.

§ 3. *Appareils de levage* : 162. Engins de charpente employés dans les constructions. — 163. Des chèvres. Chèvre à trois pieds. — 164. Chèvre ordinaire ou à deux branches. — 165. Chèvre fixe sur ponton. — 166. Pylones de montage ou sapines. — 167. Autre exemple de pylone isolé. — 168. Pylones bas. — 169. Chevalets pour grands sondages. — 170. Chevalets de mines. — 171. Pylones de montage portant chèvres. — 172. Pylones sur pontons. — 173. Des grues. Grues à volée fixe. — 174. Grues à volée variable. — 175. Grues américaines. — 176. Grue sur ponton. — 177. Treuils roulants. — 178. Charpente roulante ordinaire. — 179. Charpente roulante pour la manutention des pierres de taille. — 180. Charpentes roulantes employées dans les constructions. — Disposition de celle de la gare d'Orléans. — 181. Charpente employée à Notre-Dame-des-Champs. — 182. Charpente roulante du collège Chaptal. — 183. Charpente roulante de l'hôtel des Postes. — 184. Charpentes roulantes pour levage de galeries métalliques.

§ 4. *Travaux hydrauliques* : 185. Fondation par pieux. Principes généraux. Bois employés. Sabotage et frettage. — 186. Battage des pieux. Sonnettes à tiraudes. — 187. Sonnette à déclic. — 188. Sonnettes à vapeur. — 189. Emploi d'un faux pieu. — 190. Entures. — 191. Surveillance des battages. — 192. Enceintes continues. Pieux et palplanches. — 193. Disposition des pieux pour servir de fondation à un mur. — 194. Recépage des pieux. — 195. Pose des plateformes sous l'eau. — 196. Arrachage des pieux. — 197. Pieux à vis. — 198. Des batardeaux. — 199. Des caissons. — 200. Murs de quai provisoires en charpente.

§ 5. *Cintres* : 201. Cintrage d'une baie dans un mur. Cintre droit avec pâté. — 202. Cintres pour arcades avec vaux et couchis. — 203. Cintres pour voûtes continues. — 204. Divers procédés de décintrement. — 205. Cintrage des voûtes de caves. — 206. Cintrage des voûtes en plein cintre de petites dimensions. — 207. Pour portées de 6 à 8 mètres. — 208. Pour portées de 8 à 15 mètres. — 209. Pour ouvertures jusqu'à 20 mètres. — 210. Cintres des voûtes en ellipses ou en anses de pannier de 6 à 10 mètres. — 211. Pour portées de 10 à 15 mètres. — 212. Pour ouvertures de 15 à 25 mètres. — 213. Cintres pour voûte en arc de cercle de 8 à 15 mètres. — 214. Pour ouvertures de 15 à 20 mètres. — 215. Considérations générales sur les cintres. — 216. Contreventement des cintres. — 217. Cintres employés dans les tunnels.

CHAPITRE VI

LA CHARPENTE AU CHANTIER

§ 1

DES ÉTAIEMENTS

145. Des étaiements en général. Divers cas. — Les étaiements sont formés de supports provisoires disposés pour obtenir une stabilité momentanée de portions de terrains ou de constructions en souffrance. On les établit en charpente, généralement en bois, quelquefois en matériaux mixtes, bois et fer, et on les applique soit à des terrains dont il s'agit de prévenir les éboulements, soit à des planchers ou des voûtes à consolider, soit enfin à des murs dont on veut modifier la forme ou que l'on doit maintenir dans une position qu'ils ont tendance à abandonner.

Dans tout étaiement, on a à considérer l'étai en lui-même, sa section en raison de la résistance qu'il doit présenter, sa direction qui doit s'opposer au premier mouvement que tendrait à prendre le point soutenu, son mode d'attache supérieur avec les matériaux à soutenir, son point de repos à sa partie extrême et, enfin, la manière dont la pression qu'il apporte sera répartie sur une surface suffisante du corps résistant sur lequel on s'appuie.

146. Consolidation des berges des fouilles. Batteries d'étais. — Les fouilles en excavation et déblais que l'on exécute pour les caves et les fondations des constructions de tous genres sont susceptibles de rencontrer toutes les natures de terrains. Dans bien des cas, la masse est solide et, malgré l'excavation, tient très bien à pic sur plusieurs mètres de hauteur; le bord de la fouille que l'on nomme la *berge* peut alors être taillé verticalement sans danger.

Lorsque le terrain est moins solide, on donne à la berge un certain fruit variant de 1/5 à 1/10, et il résulte de cette forme une stabilité plus grande, mais aussi un cube à fouiller plus considérable et une dépense plus forte.

Il y a enfin des sols que le fruit dont il vient d'être question ne suffit pas à retenir et qui ont besoin d'être maintenus d'une façon plus efficace : tels sont, notamment, les terrains de remblais et certains terrains sablonneux exempts d'argile.

Au fur et à mesure que l'on fait la fouille, il est indispensable d'établir des soutiens en charpente que l'on nomme des *batteries d'étais*, qui doivent retenir la paroi de la fouille dont on restreint alors le fruit.

Les bois employés à ces consolidations sont le sapin et le chêne, d'équarrissage de 0,18 à 0,30, suivant l'importance de l'étaiement et l'effet à produire pour s'opposer au premier mouvement.

Pour que la tête de l'étai puisse soutenir la plus grande surface possible de la paroi de la berge, on la fait buter contre une pièce de bois adossée elle-même à un blindage transversal appliqué sur la surface dressée qu'il s'agit de soutenir.

Le blindage se compose de planches de rebut ou de dosses, assez épaisses, 0,03 à 0,05, appliquées sur la paroi et mises bien horizontalement; leur longueur est de 2 à 3 m. On les établit à distance l'une de l'autre tant plein que vide, si le terrain est assez compact, ou jointives si le terrain tend à s'égrener. Ces planches ou dosses sont représentées par la lettre b dans la fig. 323.

Perpendiculairement à leur direction, on établit une pièce de bois d de 0,08 à 0,20 d'épaisseur, suivant les cas, qui s'appuie sur toutes les dosses et leur transmet la pression des étais e, e', e''.

Pour produire cette pression, le pied des étais doit trouver un point d'appui solide, et dans une fouille de grande largeur ce point d'appui ne peut se rencontrer que dans le terrain du fond de fouille. On y pratique une excavation, on dresse la paroi qui fait face à la berge et on s'arrange de manière que ces deux surfaces se coupent suivant une horizontale en faisant un angle dièdre d'une valeur de 25 à 30°.

Sur cette paroi ainsi obtenue, on applique un blindage formé de dosses horizontales a ; au-dessus et perpendiculairement on pose une semelle c, sur laquelle viendront s'appliquer les pieds des étais.

Suivant les circonstances, on emploie soit un seul morceau de bois, soit deux ou trois disposés en éventail, rarement davantage. C'est le nombre de trois étais qui est représenté dans l'exemple de la fig. 323.

L'étai doit présenter son pied sur la semelle suivant une inclinaison convenable. Pour qu'il ne puisse pas glisser et pour qu'il puisse prendre facilement un mouvement de rotation, on donne au pied deux traits de scie formant un angle dièdre très obtus dont l'arête horizontale o (fig. 321) sert d'axe et s'appuie sur la semelle en s'imprimant légèrement sur sa face supérieure.

La tête de l'étai est disposée d'une manière analogue. Sa direction doit faire, avec la semelle d (fig. 322), un angle variant de l'angle de glissement de bois sur bois à l'angle de 80° environ ; la section du bois est établie comme pour la base par deux traits de scie, inégaux en longueur, déterminant un dièdre dont l'arête horizontale est très obtuse et en contact avec la surface de la semelle.

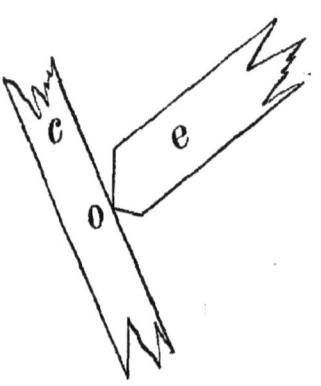

Fig. 321.

Le poids de l'étai suffit pour le maintenir suspendu dans la position initiale qu'on lui donne, mais ne suffit pas pour produire le serrage nécessaire.

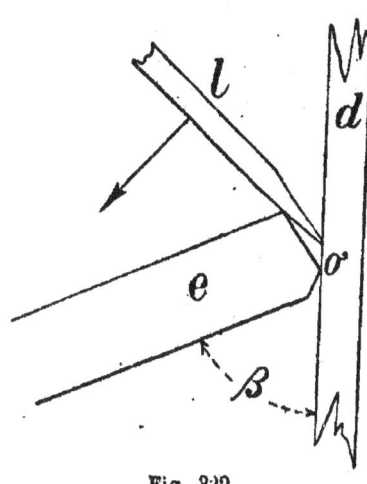

Fig. 322.

On obtient une pression considérable de l'étai sur les deux semelles en abaissant la tête le long de la semelle d par l'effort d'un levier l agissant dans le sens de la flèche, fig. 322 ; plus l'étai ainsi actionné vient à serrer, plus ses arêtes s'impriment dans les semelles de tête et de pied et plus aussi le terrain se trouve maintenu d'une façon ferme et invariable. Le serrage obtenu par le levier est d'autant plus énergique que l'angle β de l'étai et de la plateforme s'approche plus de 90°, limite qu'il ne faut pas pouvoir atteindre.

Quant on met plusieurs étais en éventail, les angles ne peuvent être les mêmes entre les têtes et la semelle de berge, l'étai inférieur est celui qui se trouve dans les meilleures conditions.

On améliore la direction de la pression des deux autres en donnant aux trois étais la plus grande largeur possible, lorsque la largeur des fouilles le permet ; les pièces e, e', e'' sont presque parallèles, et les angles des trois sont plus favorables pour le serrage.

Les semelles qui ont à supporter l'action des arêtes obtuses des étais sont préférablement en bois dur, et lorsque les étais ont la compression voulue, on régularise la pression par des sortes de coins ou de chantignolles, taillées suivant les espaces restés libres entre leurs extrémités et les semelles, et on assure leur position par de grandes broches. Cette précaution doit être prise surtout lorsque les étais sont pour longtemps à demeure ; elle empêche le bois de pénétrer lentement dans la semelle, ce qu'il ne peut faire qu'en perdant de sa compression, en *lâchant*, comme disent les ouvriers.

Le terrain est d'autant mieux maintenu que le blindage s'applique plus exactement sur sa surface. On obtient un contact aussi parfait que possible en coulant du mortier de plâtre dans le joint une fois que le serrage est fait.

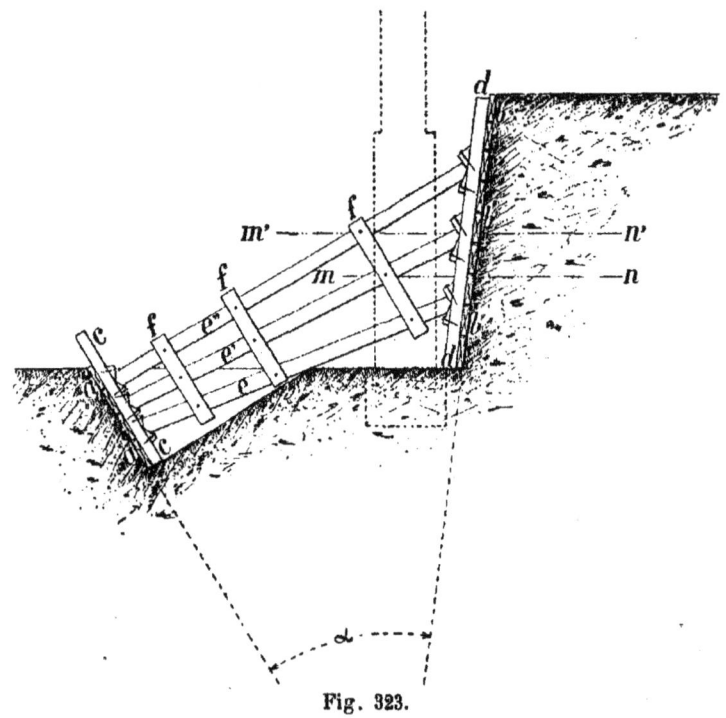

Fig. 323.

On plâtre aussi, lorsque le terrain est ébouleux ou risque de s'effriter, les intervalles libres entre les planches, et aussi le joint entre les semelles et le blindage, et cela aussi bien à la tête des étais qu'à leur pied.

Les trois étais $e\ e'\ e''$ dont il vient d'être question dans la fig. 323 constituent une sorte de ferme qui soutient une longueur de berge de 1 m. 50 à 3 m. suivant les cas. En multipliant les fermes semblables tout le long d'une berge, on la soutient d'une façon tout à fait efficace, et lorsque l'opération est faite avec soin et que la direction des étais et des semelles est convenablement choisie, on peut être assuré d'éviter toute chance d'accident. On peut alors creuser la rigole et monter le mur dont le tracé est indiqué en ponctué.

Quand le mur est monté au niveau mn, sauf à l'endroit des étais qu'on a soin de ne pas engager, on remblaie avec soin et on pilonne entre la construction et la berge pour maintenir cette dernière, et lorsque la maçonnerie est suffisamment prise on dégage l'étai e. Les planches inférieures du blindage restent presque toujours perdues par suite de la difficulté de les retirer.

On bouche au mieux les brèches au droit des fermes et on monte le mur au niveau $m'n'$, on remblaie encore, et on peut alors presque toujours considérer la berge comme suffisamment soutenue pour retirer les étais complètement. On dégage la semelle d et le plus de planches de blindage possible.

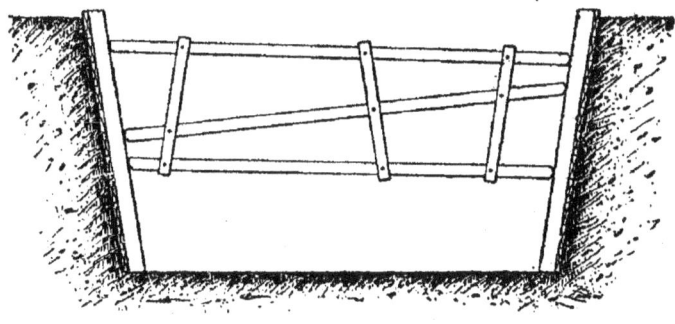

Fig. 324.

On maintient très bien en place les trois étais e e' e'' dans leurs positions relatives en les reliant par des dosses jumelées formant moises, boulonnées ou simplement clouées aux points de jonction.

Lorsque la fouille est de largeur restreinte, de 6 à 10 mètres par exemple, on a avantage, si l'on dispose de bois un peu longs, à étayer l'une par l'autre les berges opposées par des étais traversant la fouille, ainsi que le montre la fig. 324.

On évite les fouilles du fond de l'excavation et on encombre moins le chantier, surtout si on peut laisser une hauteur de 1 m. 50 à 1 m. 80 sous l'étai inférieur, pour faciliter le service du fond de fouille.

147. Etrésillonnement des fouilles étroites et des tranchées. — Pour les fouilles étroites et les tranchées profondes on emploie un système analogue, approprié à la largeur plus faible de l'excavation. On étaie une berge par la berge opposée, au moyen de blindages, de semelles et d'étais courts que l'on nomme des *étrésillons*.

Les blindages sont toujours formés de planches ou de dosses. Les semelles sont plates et ordinairement faites de

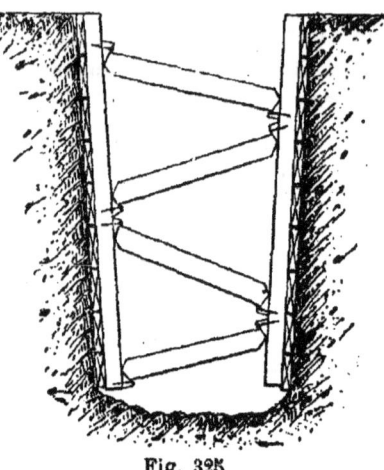

Fig. 325.

madriers pour tenir moins de place, la largeur étant à ménager. Quant aux *étrésillons*, leur section est nécessairement limitée en raison de leur peu de longueur. Dans chaque ferme qui entretoise les blindages, les étrésillons sont mis tantôt dans un sens, tantôt dans l'autre, comme le montre le croquis, fig. 325.

Les fermes successives sont espacées de 1 m. 50 à 3 m. suivant l'absence plus ou moins forte de cohésion que présente le terrain.

Quand postérieurement à l'étaiement on doit, pour compléter la fouille, établir des banquettes latérales, on prévoit la position de certains étrésillons comme hauteur et horizontalité pour leur faire porter directement les madriers qui formeront les banquettes. On simplifie ainsi le travail et on encombre moins la fouille.

148. Blindage et chemisage des puits. — Dans les terrains de remblais profonds on opère souvent les fondations des bâtiments en creusant des puits à travers la couche inconsistante jusqu'au terrain solide, et remplissant ces puits de béton. On forme ainsi sous les points chargés une série de colonnes ou de piles de maçonnerie sur lesquelles on établit la construction projetée.

Lorsque le terrain se tient bien, on peut donner indifféremment à ces puits la forme carrée ou la section circulaire; lorsque le sol n'a pas une consistance considérable, la forme circulaire vaut mieux pour la stabilité et dans bien des cas on est obligé d'avoir recours à des moyens de consolidation spéciaux pour maintenir les berges.

Une des conditions que doit remplir la consolidation est de ne pas obstruer la section du puits pour permettre le service des hommes et des matériaux. On procède alors de la façon suivante. On forme tout autour du puits, dans la portion ébouleuse, un blindage de planches ou voliges verticales jointives a de $1^m,50$ à 2^m de hauteur, et on les maintient serrées contre le pourtour du puits au moyen de cercles en fer b, au nombre de deux ou trois dans la hauteur d'un rang de blindage.

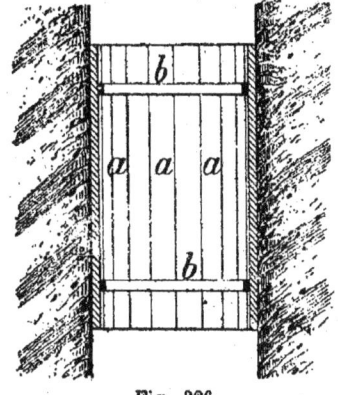

Fig. 326

La fig. 326 représente la coupe longitudinale d'une portion de puits consolidée par un blindage de ce genre. Pour des puits de 1^m20 à 1^m50 de diamètre les cercles sont en fer de $50^m/^m$ sur $9^m/^m$ de section, et, pour que leur diamètre soit approprié à chaque cas, ils sont formés d'une bande de fer cintrée dont les deux extrémités se croisent de 0^m25 à 0^m30 environ.

L'ouvrier qui travaille dans le puits descend des voliges, les place en les maintenant de son mieux. Il amène ensuite un cercle serré à un diamètre plus petit que le puits. Il augmente le diamètre à la demande et maintient convenablement les deux brins croisés du fer au moyen de deux bagues lâches dans lesquelles il chasse à coups de masse un coin effilé en fer.

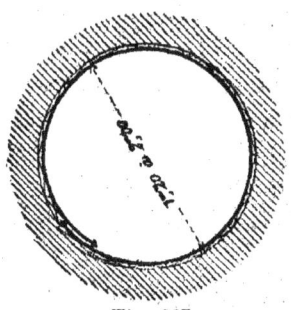

Fig. 327

Enfin il fait prendre au cercle la position horizontale à coups de masse et il a dû juger et régler le diamètre pour obtenir par ce moyen un serrage énergique sur les voliges.

La fig. 327 montre la section transversale du puits, les voliges et le cercle en fer.

Fig. 328.

La fig. 328 montre le croisement des deux extrémités du cercle et les bagues de maintien.

Lorsque le terrain est suffisamment consistant mais risque seulement de s'effriter à l'air, on remplace économiquement le blindage par un simple gobetage en plâtre avec enduit, de $0^m,03$ à $0,05$ d'épaisseur, qui constitue un chemisage assez solide et suffisant dans bien des cas.

149. Etaiement de planchers. — On a souvent à étayer des planchers en bois ou en fer, soit pour leur faire subir des réparations, soit pour éviter que leur charge ne vienne porter sur un mur en souffrance pendant des travaux de réfection.

Le plancher peut être composé de poutres et de solives et les poutres seules peuvent être à soutenir.

A une petite distance de la portée, on établit sur le sol un blindage assez étendu pour répartir le poids sur une surface suffisante, et sur le blindage on pose une semelle S perpendiculaire à la direction de la poutre ; on plâtre le tout pour remplir tous les interstices.

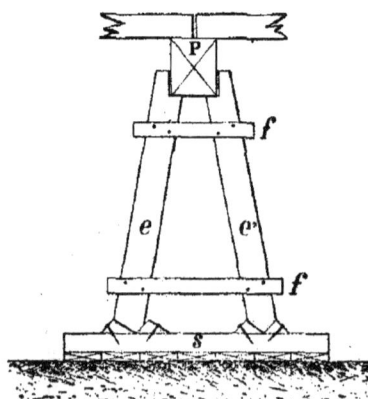

Fig. 329.

La semelle vient porter à son tour les deux étais e et e', inclinés en sens contraire. Ils sont taillés en tête suivant une encoche recevant l'arête de la poutre et une portion de sa sousface. Les pieds sont façonnés avec arêtes obtuses pour permettre le serrage énergique au moyen d'une pince. Enfin, lorsque la poutre est bien soutenue, on maintient l'écartement des bois e et e' avec des dosses ff clouées ou boulonnées, et, si l'étaiement doit durer longtemps, on cale les pieds sur la semelle par des chantignolles convenables.

L'emplacement des étais doit prévoir l'espace nécessaire pour exécuter le travail à faire pendant la durée du soutien.

Si on le juge utile, on met successivement plusieurs fermes semblables dans la longueur de la poutre.

On peut encore avoir à étayer une poutre provisoirement, pour pouvoir momentanément charger un plancher plus que les dimensions de ses pièces ne le permettraient. On le fait avant la charge au moyen de poteaux isolés nommés *chandelles* et que l'on n'a pas besoin de raidir autant que des étais, car ils prendront la charge à la première flexion de la poutre ; la seule précaution est de les couper juste, de leur donner une base solide, et de les fixer de telle manière qu'avant la charge ils ne puissent pas tomber.

On les porte sur une semelle inférieure suffisamment appuyée, on les coupe juste et carrément, on les assujettit en les forçant légèrement à la masse, et on cloue sur la poutre les tasseaux nécessaires pour que la tête ne puisse se déranger dans aucun sens ; on peut en faire de même sur la semelle inférieure.

La fig. 330 donne la disposition ainsi adoptée. En P est la poutre à soutenir, en *s* la semelle inférieure, en *c* la chandelle et enfin en *tt* les tasseaux.

Lorsqu'au lieu d'une poutre on a à soutenir une série de solives, on établit sur le sol une plateforme (fig. 331) perpendiculaire à la direction des pièces du plancher, et on l'assujettit convenablement soit directement sur le sol si sa résistance est suffisante, soit sur un blindage si on a besoin de reporter la charge sur une plus large surface. — Sous les solives et dans le même plan vertical que la plateforme *s*, on établit une semelle *p*, et entre ces deux pièces on serre une série d'étais légèrement inclinés sur la verticale. Leurs têtes et leurs pieds sont taillés en arêtes obtuses. Avant le serrage des étais, on a soin que les plateformes portent bien également pour ne pas déranger la position relative des solives.

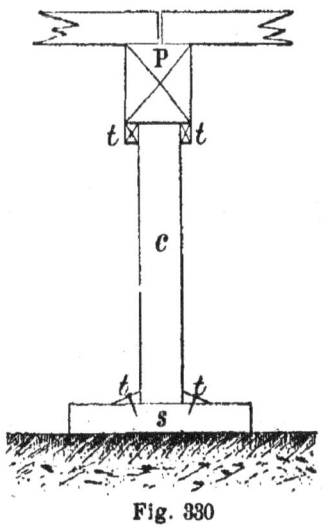

Fig. 330

Les inclinaisons des étais sont opposées pour ne pas créer de composantes horizontales importantes.

Sur le premier plancher ainsi étayé, on peut en étager un second, puis un troisième, et ainsi de suite jusqu'à la partie haute du bâtiment ; on a soin, lorsque les étais se superposent de la sorte, de les comprendre dans un même plan vertical du bas en haut de la construction, et il résulte de leur ensemble une sorte de pan de bois capable de remplacer un mur.

Si l'étaiement est peu important et les charges peu considérables, on mettra la plateforme s' sur le plancher ou le carrelage du 1er étage, tandis que la semelle p portera directement sous l'enduit de plafond du rez-de-chaussée.

Si, au contraire, tous les planchers sont à soutenir, comme pour le cas de réfection complète du mur dans lequel les solives ont leur scellement, la charge totale est très considérable, et il y a lieu de découvrir et de mettre à nu les solives à l'endroit de l'étaiement, et de les comprendre directement entre les plateforme et semelle p et s', ces pièces jouant alors le rôle de sablières du pan de bois d'étai.

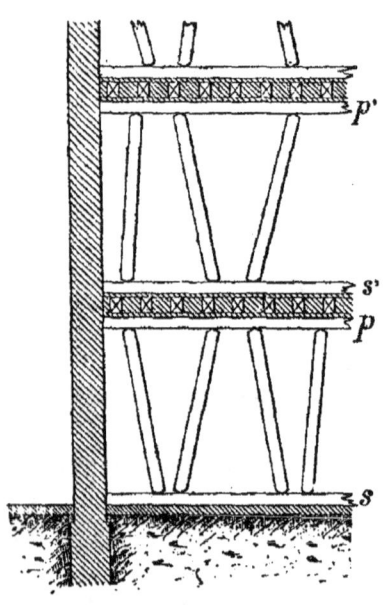

Fig. 331.

Il est d'autant mieux de mettre toutes les pièces d'étaiement dans le même plan vertical que, souvent, on a à les garnir de planches pour isoler le restant des locaux encore utilisables du chantier de réfection du mur.

Il y a lieu également, dans ce cas, en raison de l'importance de la charge, de se rendre compte s'il y a des caves voûtées, de ne pas trop compter sur les voûtes pour appuyer la base des étais du bas sans s'assurer de leur solidité ; tantôt on les remet sur des cintres solidement étayés, tantôt on fait passer les principaux étais à travers la voûte, trouée à la demande, et on les fait reposer sur le sol des caves suffisamment blindé par l'intermédiaire de solides plateformes.

Si l'on doit fouiller le sol pour la réfection du mur à une profondeur considérable, il faut toujours baisser les points d'appui de l'étaiement plus bas que le niveau qu'on doit atteindre, pour ne pas être surpris par les conséquences d'un éboulement de la berge. On y arrive soit au moyen de pieux provisoires descendant assez bas, soit au moyen de puits foncés à la profondeur voulue et remplis de maçonnerie économique.

150. Étaiements des murs. — Les étaiements de murs peuvent avoir pour but de s'opposer à un déplacement du mur hors de son plan vertical, ou d'arrêter une déviation qui a commencé à se produire ; c'est le cas le plus général, celui dont il va être question ici.

Le mur à maintenir est représenté en profil fig. 332. Son parement extérieur est AB, et on suppose que ce parement a pris vers l'extérieur un hors d'aplomb inquiétant. Il s'agit de s'opposer à un mouvement plus accentué.

Aux points qui paraissent les plus favorables *à épauler*, on vient sceller en travers des pièces de bois, telles que CD, placées chacune dans un plan vertical perpendiculaire à la façade. Sur le sol blindé à la demande, on établit dans ce même plan une semelle s, et c'est entre ces deux pièces que l'on vient serrer une, deux ou trois pièces de bois e plus rapprochées en tête qu'au pied.

On a soin que la tête des étais corresponde à la hauteur d'un plancher, qui sera chargé de contrebuter la composante horizontale de la poussée sur le mur, et d'empêcher ce dernier d'être défoncé et comme poinçonné par les bois.

Les différents étais e sont rendus invariables de position par des chantignolles à la tête et au pied, et par des moises boulonnées ou clouées qui maintiennent leur écartement.

On peut mettre ainsi en batterie plusieurs fermes d'étais successives lorsque la portion de mur à maintenir est large, ou superposées si la hauteur hors d'aplomb est considérable.

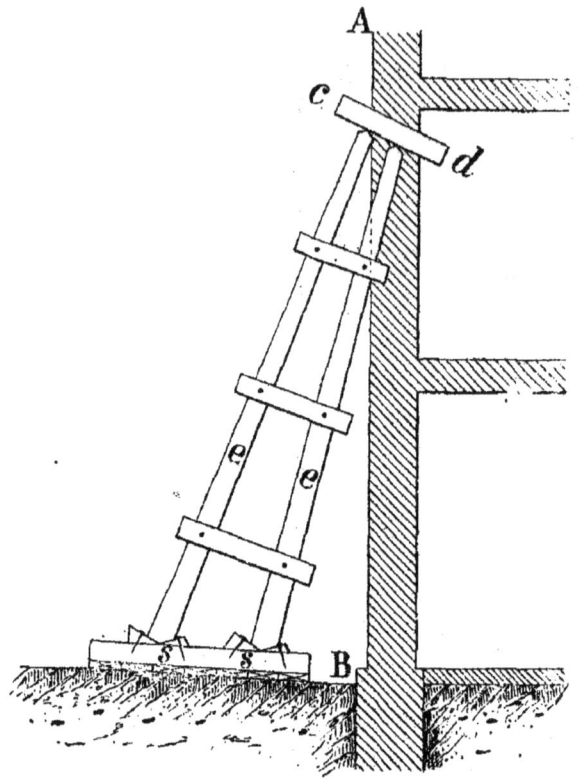

Fig. 332.

Dans les étaiements des façades percées de nombreuses baies et dont l'équilibre est en souffrance il y a à prendre beaucoup de précautions dans la préparation et la pose des étais, et surtout dans le percement des trous destinés au scellement des plateformes supérieures. On rend au mur une certaine cohésion en étrésillonnant préalablement les baies de la partie à soutenir. Cette opération consiste à appliquer contre les tableaux et ébrasements des baies des madriers, que l'on plâtre avec soin pour assurer un contact complet avec les maté-

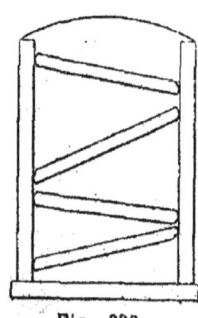

Fig. 333.

riaux du mur, puis à établir entre ces madriers des étrésillons ou étais courts d'inclinaisons opposées, serrés convenablement. Ils s'opposent au rapprochement des piédroits et évitent le mieux possible la dislocation du mur.

Lorsque les façades à étayer sont en pierre de taille, on cherche quelquefois à éviter de percer des trous de semelles dans les trumeaux et on se contente de maintenir par les têtes d'étais les sommiers des baies après les avoir bien soigneusement étrésillonnées, ainsi que le montre la fig. 334.

Fig. 334.

Il y a alors deux étais par baie, disposés presque parallèlement et reliés par une ou plusieurs traverses qui sont alors horizontales.

Mais ce genre de maintien est surtout applicable aux murs quand on veut prévenir le moindre déplacement, plutôt qu'à ceux qui se sont déjà dérangés de leur aplomb et dont la stabilité périclite.

L'étaiement du point de rencontre de deux murs peut se faire soit par une ferme d'étais dans le plan de chacun d'eux, soit par une seule ferme dans le plan bissecteur de l'angle extérieur qu'ils forment.

151. Soutènement direct des murs. Chevalements. — Les étais dont il vient d'être parlé ne suffiraient pas pour porter la partie supérieure d'un mur dont la base est à refaire ou à supprimer en partie pour l'ouverture d'une grande baie. On doit alors porter aussi directement que possible les poids, considérables parfois, des matériaux supérieurs.

Ces poids, compris planchers, sont faciles à calculer dans chaque cas et atteignent souvent 25 à 30.000 kil. par mètre courant du mur, ou 45 à 60,000 kil. par trumeau d'une maison à loyer ordinaire.

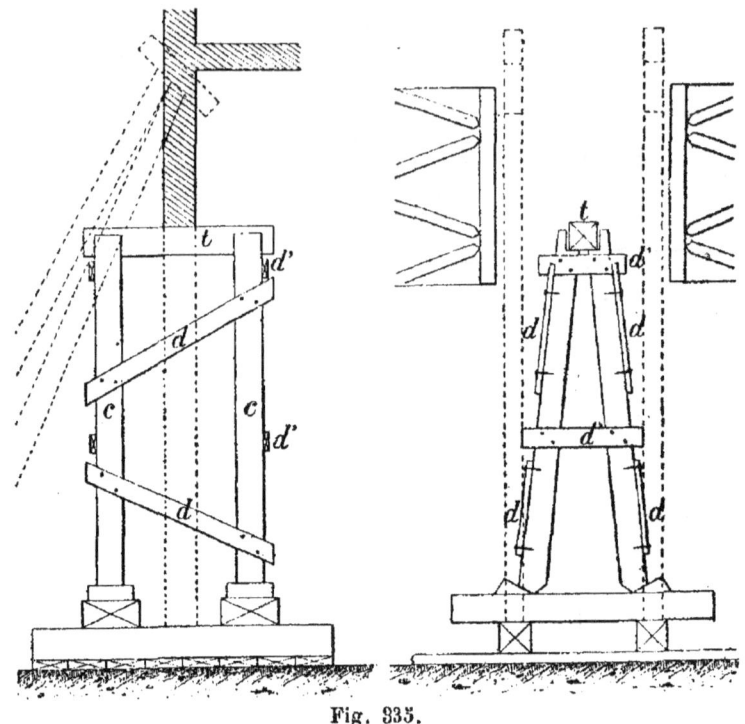

Fig. 335.

On forme alors, pour porter les diverses parties du mur, des chevalets nommés *chevalements* composés : 1° d'une traverse t, qui soutient directement le mur, et 2° de 4 étais ou jambes cc portant la traverse par deux fortes encoches à leur tête, et prenant du pied, c'est-à-dire s'élargissant à la partie basse, pour s'appuyer par des plateformes sur un sol solide ou blindé convenablement. Deux des étais soutiennent la traverse à l'extérieur, deux autres à l'intérieur.

Suivant la largeur de la partie de mur à soutenir et sa composition, on met ainsi en batterie deux, trois, ou même un nombre plus considérable de chevalements.

Lorsque la hauteur des chevalements est grande, on contrevente les jambes par des dosses à 45° fortement brochées dd, qui assurent l'invariabilité des angles et s'opposent au roulement, d'autres dosses maintiennent l'écartement des étais d'un même côté.

Les chevalements sont ordinairement accompagnés d'étais de maintien indiqués en ponctué dans la fig. 335 et qui s'opposent à ce que pendant l'opération le mur puisse s'écarter de sa position verticale.

En raison de la charge considérable à porter, et pour ne pas donner des dimensions transversales trop fortes aux traverses, on est amené à faire ces dernières les plus courtes possible et à rapprocher les jambes du plan du mur. D'autre part, il faut que leur rapprochement ne soit pas tel qu'il empêche le travail de réfection et le passage des poitrails ; de là dans chaque cas une étude spéciale permettant d'arriver à la meilleure des solutions intermédiaires. Parfois même on amène les poitrails au pied du mur, avant la pose des chevalements, ce qui rend souvent l'opération bien plus simple et facile.

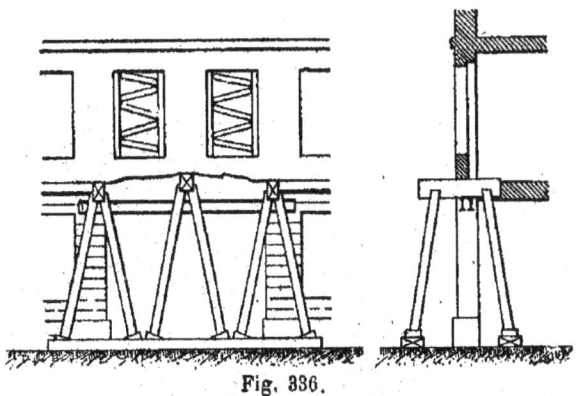

Fig. 336.

La fig. 336 représente un triple chevalement exécuté pour l'ouverture d'une large baie de boutique à la partie basse d'une façade de maison ; l'élévation montre la baie dont préalablement on a exécuté les piédroits, et la manière dont la partie restante est soutenue momentanément par trois traverses solidement étayées. Celle du milieu porte le trumeau complet, celles de côté assurent la stabilité des trumeaux voisins encore partiellement soutenus.

La fig. 334, qui donnait une disposition d'étai, montre en

même temps un chevalement combiné permettant de soutenir le mur sur une grande longueur pour en refaire la partie basse.

Lorsque l'on est obligé d'écarter les jambes des chevalements et d'allonger les traverses, on exécute ces dernières en fer à I qui offrent une plus grande résistance. Ordinairement, on les fait de deux fers à ailes ordinaires jumelés, espacés de 0,20 à 0,25 ; l'intervalle est rempli par une pièce de bois, et le tout est serré tous les 0 m. 40 à 0,50 par des boulons de 0,020. D'autres fois, la traverse est faite d'un fer à larges ailes de 0,22 à 0,30 de hauteur, doublé de chaque côté par des pièces de bois fortement boulonnées et encastrées avec beaucoup de soin ; l'assemblage avec les étais se fait alors bois sur bois et plus parfaitement qu'avec le fer. Ces deux sortes de traverses sont représentées en (1) et en (2) dans la fig. 337.

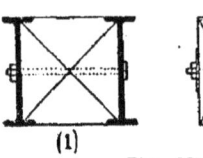
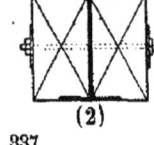

Fig. 337

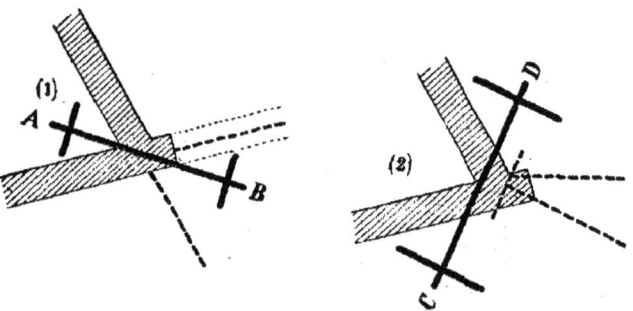

Fig. 338

Lorsque c'est l'encoignure d'un bâtiment qui est à refaire par la base, le chevalement qui doit porter la partie haute peut, suivant les cas, ou bien être placé suivant la direction AB bissectrice de l'angle des deux murs, comme en (1), fig. 338, ou bien avoir sa traverse dirigée suivant CD, comme en (2). On juge dans chaque travail le choix le plus avantageux. Les étais de maintien sont figurés dans les 2 cas suivant les lignes ponctuées.

§ 2

DES ÉCHAFAUDAGES FIXES

152. Principes de construction. — Les échafaudages fixes ne se font en charpente que pour les monuments dont l'exécution doit durer plusieurs années, ou dont les ravalements ornés exigent des ateliers d'une fixité plus grande que celle que peut donner l'échafaud du maçon. On les appelle aussi *échafauds d'assemblages*.

Ils sont toujours d'une grande simplicité, composés de deux lignes de grands sapins montant de pied, l'une à une petite distance de la façade à construire, en réservant l'emplacement de toutes les saillies, l'autre parallèle à une distance de 1 m. 50 à 2 m. de la première et dont les poteaux correspondent à ceux de la première ligne.

La hauteur de l'échafaudage doit dépasser de 2 m. à 2 m. 50 le niveau le plus élevé de l'ouvrage à exécuter.

Ces bois sont reliés dans les deux sens par plusieurs séries de moises étagées et la hauteur de ces moises correspond à la hauteur des planchers dont on aura besoin dans le courant de la construction, et dont il faut d'avance se rendre compte.

Enfin, on opère le contreventement des pans de bois ainsi disposés par des écharpes inclinées dans divers sens ou par des croix de St-André.

La position des poteaux n'est pas indifférente, elle est déterminée par deux considérations, celle de l'écartement et celle de l'emplacement par rapport à l'ouvrage projeté. L'écartement dépend et des bois dont on doit se servir pour les planchers d'échafaud, et des charges que ces planchers pourront avoir à supporter. Ordinairement, on écarte les poteaux de quantités variant de 2 à 3 m. l'un de l'autre dans le sens parallèle au mur à élever. — L'emplacement doit réserver libres un certain nombre de baies pour le passage des matériaux, tout en mettant les poteaux voisins des piédroits de ces baies et du côté de l'ouverture. On peut alors se relier facilement à la maçonnerie à mesure qu'elle s'élève, et profiter de la stabilité qu'elle peut présenter.

De même, les écharpes ou les croix de St-André ne doivent pas s'établir dans toutes les travées, il faut en réserver quelques-uns de libres pour l'introduction des matériaux encombrants.

Il est de toute utilité aussi, à chaque plancher d'échafaud, de ménager une lisse sur les rives du côté du vide pour éviter les accidents, et cette lisse doit être facilement démontable en cas de besoin.

Les bois destinés aux échafaudages doivent avoir le moins d'entailles et d'assemblages possibles, et ceux-ci doivent être très simples. Il faut en effet diminuer la main-d'œuvre pour un ouvrage de peu de durée, et en même temps ménager les bois pour que, le travail fini, ils soient encore utilisables. Aussi, adopte-t-on presque constamment les liaisons par moises et boulons ; les tenons et mortaises sont réservés à quelques contrefiches seulement.

153. Exemple d'un échafaudage fixe. — L'ensemble d'une de ces charpentes d'échafaudage, ainsi que la coupe transversale, sont représentés par la fig. 339. La partie représentée comprend une suite de cinq poteaux de face scellés dans le sol, ou mieux posés sur des plateformes convenablement établies. Ils sont espacés de 3 mètres d'axe en axe et montent d'une seule pièce dans la hauteur nécessaire pour la construction. Quelquefois même, les parties réservées au montage des matériaux s'élèvent de deux à trois mètres au-dessus du restant de l'échafaud, qui ne sert que de chemin de roulement. Deux grandes écharpes partent du pied des poteaux extrêmes pour concourir, quatre étages plus haut, sur le poteau milieu. D'autres écharpes et des croix de St-André complètent le contreventement que l'on établit de préférence dans le pan extérieur, où il est moins gênant.

La coupe transversale montre les deux poteaux d'une travée

qui sont dans un plan perpendiculaire au mur, et qui portent les traverses. Ils sont reliés de plus par des pièces obliques.

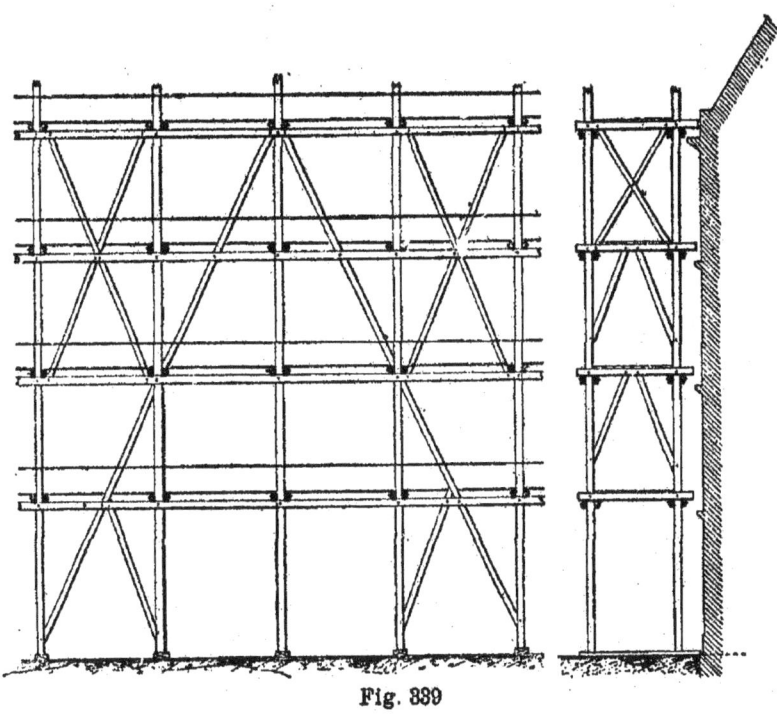

Fig. 339

On remarquera dans cette coupe que l'on évite l'emploi des croix de St-André qui s'opposent à une circulation commode sur les planchers. On se contente de liens et l'on ne met de croix que dans les points où elles ne doivent pas gêner.

154. Divers modes de contreventement. — Un autre moyen de contreventer les échafaudages transversalement consiste à prolonger en dehors les traverses moisées et à reporter la plupart des liens également en dehors, comme le montre la portion de coupe ci-jointe, fig. 340. Cette disposition présente même l'avantage de permettre d'établir un treuil sur un plancher en porte-à-faux pour un montage exceptionnel, si les appareils ordinaires de levage sont insuffisants.

Quand on n'est pas gêné par la place, au devant de la construction projetée ou en réparation, on augmente la résistance au roulement d'une manière pour ainsi dire indéfinie en établissant des pièces inclinées qui accroissent l'assiette inférieure et sont fixées par les moises même de l'échafaudage.

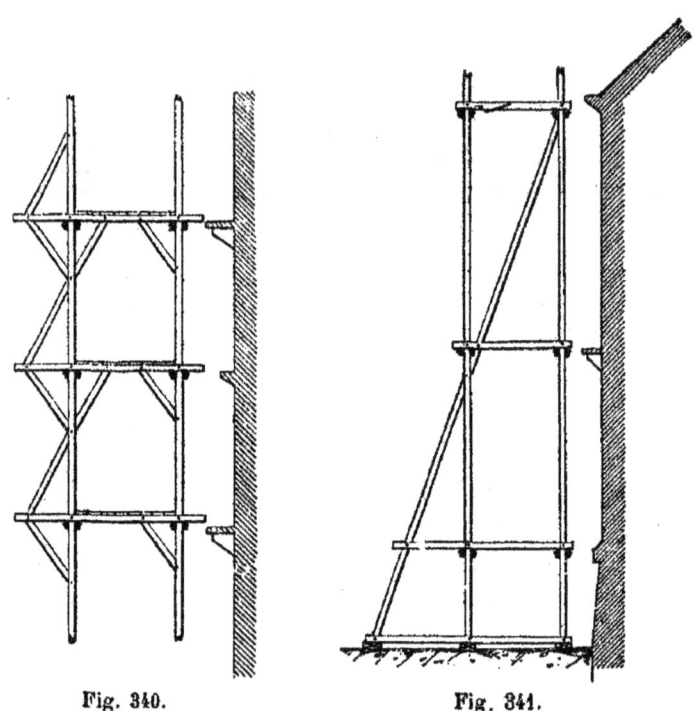

Fig. 340.   Fig. 341.

Si c'est une façade en réparation que l'on doit échafauder et qu'elle ne permette pas de compter sur sa stabilité, on peut employer le même procédé, de telle sorte que l'échafaudage soit complètement indépendant de l'édifice.

La fig. 341 rend compte de cette disposition très recommandable.

Il y a des cas où on peut se relier à une façade en réparation suffisamment stable et y attacher le pan d'échafaudage d'une façon fixe ; le procédé est alors très simple et identique à celui qu'emploient les maçons. On met à l'intérieur des pièces inclinées, serrées entre les planchers par l'intermédiaire de semelles, et on les comprend entre les moises transversales prolongées de quantités suffisantes. Il en résulte qu'en tous les points où l'on a pu prendre cette précaution, l'échafaudage est parfaitement maintenu et ne peut être entraîné en avant. Quant à la distance au bâtiment, elle ne peut diminuer et l'échafaud ne risque pas de se rapprocher, si l'on a eu soin d'interposer quelques étais courts, formant cales d'entretoise, ou si quelques moises transversales viennent s'appuyer sur le parement de la façade

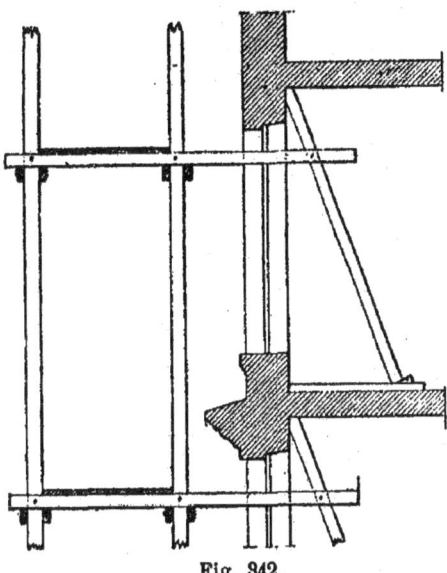

Fig. 342.

155. Poteaux additionnels. Porte-à-faux. — La fig.

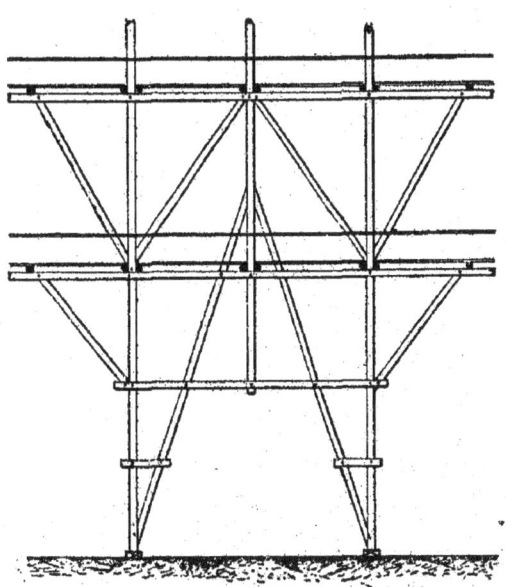

Fig. 343.

343 montre deux dispositions particulières qui sont à employer fréquemment.

§ 2. — ÉCHAFAUDAGES FIXES

La première, c'est le porte-à-faux des planchers au-delà du dernier poteau d'échafaudage. Ce porte-à-faux s'obtient facilement en prolongeant les moises parallèles à la façade et portant leur extrémité par une contrefiche inclinée.

On a soin d'incliner en sens contraire les contrefiches immédiatement voisines pour annuler autant que possible les poussées des composantes horizontales.

La seconde disposition particulière réside dans la suppression d'un des poteaux à la partie basse, soit pour réserver une arrivée de matériaux, un passage ou une construction quelconque. Au moyen de deux écharpes convenablement moisées et reliées, on reporte la charge haute de ce poteau sur les deux poteaux voisins.

156. Échafaudages sur contrefiches. — On peut avoir à faire un échafaudage le long d'une façade sans pouvoir faire une saillie de pied ; on établit alors les poteaux sur une série de potences partant du bas du mur et retenues par la façade à réparer.

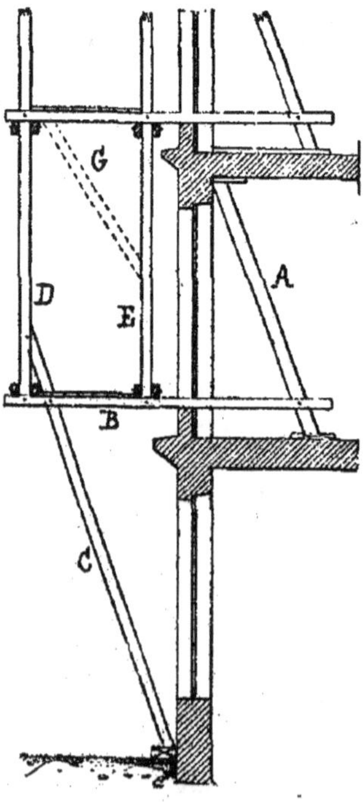

On fait correspondre pour obtenir ce résultat les fermes de l'échafaudage aux côtés des vides des baies, et on assure leur base par une plateforme le long du pied du mur. Au-dessus on établit chacune des fermes, en commençant par une pièce inclinée A, coincée et serrée par l'intermédiaire de deux semelles entre le plancher et le plafond de l'entresol. Appuyée au mur de face, cette pièce est extrêmement solide ; on assujettit vers le bas de ce poteau une moise horizontale B, suffisamment forte et maintenue au dehors par la contrefiche inclinée C posée sur la plateforme.

Fig. 334.

C'est sur la moise B que l'on fait porter le restant de la

ferme, c'est-à-dire les deux poteaux D et E, et l'on termine la charpente à la manière ordinaire.

Pour plus de solidité, le poteau D est assemblé à embrèvement avec la contrefiche C, près de l'endroit où ces deux pièces sont embrassées par la moise B.

Si l'on reconnaît la nécessité de pièces obliques transversales, on les dispose comme il est indiqué (pièce ponctuée G), de manière à ramener la charge sur le poteau E de préférence, et à tirer sur les moises qui relient l'ensemble à la façade.

157. Echafaudage en bascule. — Si l'accès du pied du mur est totalement interdit, on établit ce que l'on appelle un échafaudage en bascule.

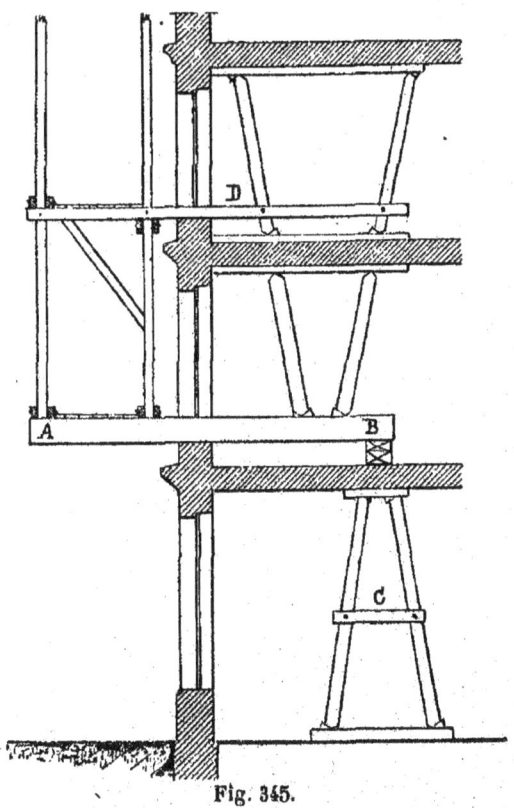

Fig. 345.

On pose au-dessus du rez-de-chaussée, dépassant en porte

à faux au dehors, et cela à l'emplacement de chaque ferme, une grosse poutre AB dont la hauteur et la largeur donnent toute sécurité au point de vue de la résistance, et c'est sur cette pièce que viendra poser toute la charpente correspondante.

Il faut donc préalablement lui donner à l'intérieur de la construction à réparer un encastrement convenable.

On commence par étayer légèrement le premier plancher par le chevalet C, faiblement coincé entre deux plateformes, celle du bas étant suffisamment fondée. On cale la pièce AB sur le plancher, de manière que, placée sur la maçonnerie du mur de face, elle soit bien horizontale, et par dessus on vient serrer des étais qui butent contre une plateforme appliquée au plafond de cet étage ; on raidit de même l'étage supérieur par deux nouvelles pièces. On a ainsi intéressé au moins deux planchers à la résistance de la poutre principale AB.

Sur la partie en porte à faux de cette poutre on monte les deux poteaux de la ferme, et on termine la charpente de la même manière que précédemment.

Une bonne précaution consiste à relier la moise D aux étais du plancher correspondant ; on trouve dans cette liaison une assurance contre le roulement transversal.

158. Échafaudages suspendus. — On peut avoir à réparer la partie haute d'un mur, les moulures d'un entablement par exemple et au lieu d'établir un échafaudage de pied qui reviendrait à un prix élevé on trouve plus avantageux de faire le service par l'intérieur et par la partie haute.

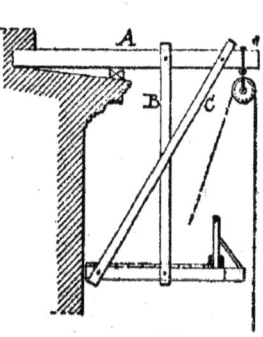

Fig. 346.

On établit pour cela l'échafaudage en bascule représenté par la fig. 346.

Il consiste en une série de fermes portant le plancher d'échafaudage ; chaque ferme est formée d'une poutre horizontale A, de section convenable, scellée dans l'attique et dépassant en porte à faux de $1^m,00$ à $1^m,50$. Cette pièce soutient une pièce parallèle en contrebas, au moyen des deux moises pendantes B et C solidement assujetties.

Si l'échafaudage doit avoir lieu en un point intermédiaire de la hauteur du mur, on peut l'établir comme le montre la figure 347. Deux pièces de bois A et B sont scellés dans le parement d'une façon suffisamment résistante, et traversent au besoin son épaisseur pour s'ancrer à son parement intérieur; elles sont réunies au mur extérieur par une grande moise et leur flexion est évitée par deux contrefiches inclinées C et D, qui travaillent à la compression.

L'échafaudage représenté par la figure 348 est établi sur le même principe mais les contrefiches placées en sens inverse travaillent cette fois à l'extension. Cette dernière disposition est préférable à la première, en ce sens que la pièce scellée ne tend pas à être soulevée, et que le scellement est aidé comme résistance à l'arrachement par le frottement dû à la charge verticale.

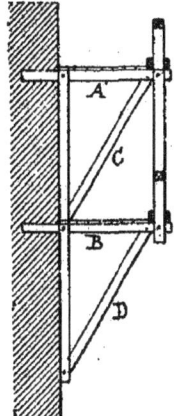
Fig. 347.

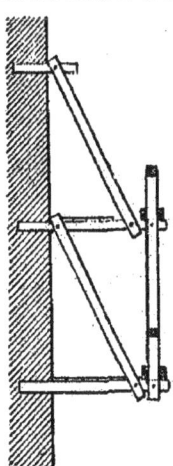
Fig. 348.

159. Exemples d'échafaudages. — A la partie haute des édifices les échafaudages ne doivent prendre de point d'appui que sur des surfaces horizontales, et on doit organiser les contrefiches pour que les mouvements que tendent à produire les composantes horizontales de leurs actions soient contrebalancés par des pressions en sens contraire, et que l'ensemble de l'échafaudage soit en équilibre stable.

La figure 349 représente une portion de l'échafaudage employé à la restauration du Panthéon ; la plateforme qu'il s'agit de soutenir en AB est portée par des fermes composées chacune d'un poteau vertical C, reposant sur une plateforme posée au fond du chéneau, puis par une contrefiche extérieure E portant sur la saillie de l'entablement, et pour contrebalancer la poussée au dehors de cette contrefiche, une autre contrefiche inclinée en sens contraire, et faisant appui sur la plateforme du cheneau vient en D porter la partie arrière de la charpente. L'extrémité de cette dernière s'appuie sur les saillies qui se trouvent en retrait dans la toiture du monument. Les pièces E, C, D, étant longues, sont reliées par une moise qui les croise et les serre en leur milieu.

Malgré ces précautions, on s'arrange pour trouver encore des moyens d'ancrage avec le bâtiment, de manière à empêcher la construction provisoire de pousser au vide.

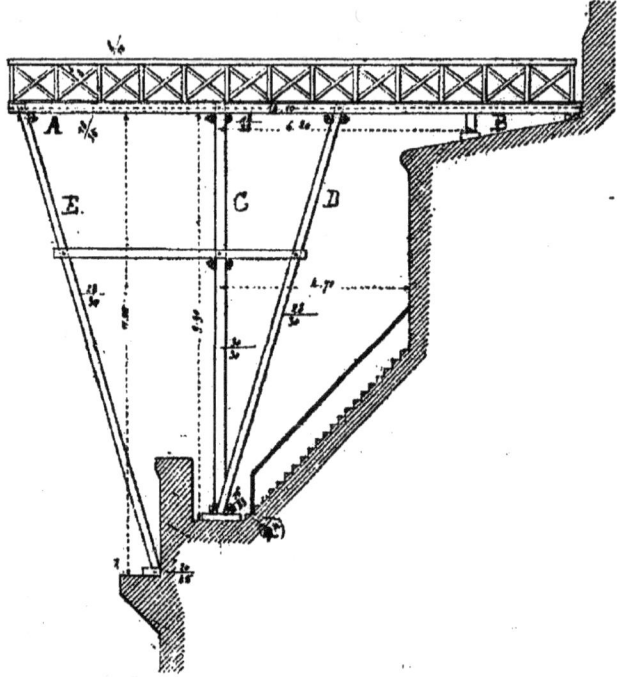

Fig. 349.

La figure 350 représente une autre partie des échafaudages employés à la restauration du dôme de ce même monument. L'une des fermes de cette charpente présente une construction intéressante en raison du petit nombre de saillies disponibles pour porter ses quatre plateformes étagées, et des moyens employés pour éviter le roulement transversal; la troisième plateforme notamment ne trouve aucune saillie à partir du bas pour se fixer, et elle porte directement le poteau de la quatrième plateforme au moyen d'un léger porte à faux.

L'inspection de la figure rend bien compte des dispositions adoptées, qui obéissent toujours aux mêmes principes de construction.

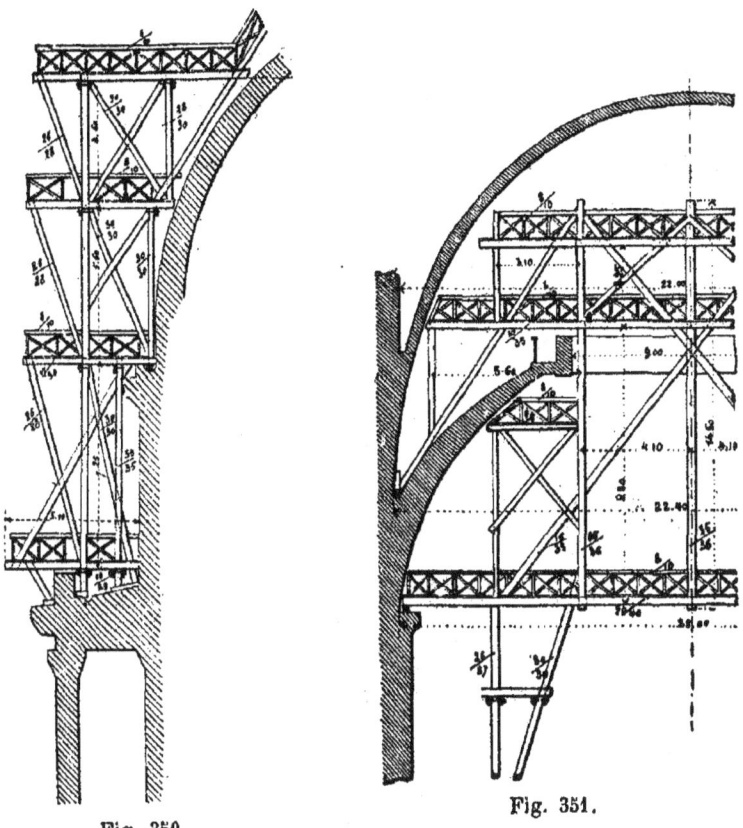

Fig. 350.   Fig. 351.

160. Échafaudages horizontaux. — Les échafaudages ne sont pas toujours verticaux. On a souvent à en établir dont le principal objet est la construction ou la réparation des surfaces horizontales, planchers ou voûtes. Ils consistent alors en des plateformes, souvent étagées, placées aux hauteurs reconnues les meilleures pour les travaux à faire.

Ces plateformes sont plus ou moins étendues suivant les cas.

La fig. 351 donne la disposition prise pour la charpente qui a servi à la réparation intérieure de la double coupole du Panthéon. Chacune des fermes de cette construction est portée par deux poteaux verticaux et deux contrefiches.

Ces dernières sont continuées à travers le vide de la première voûte par deux autres poteaux, et un troisième intermédiaire est soutenu par la charpente elle-même. De grandes croix de Saint-André assurent contre le roulement, tandis que deux contrefiches, butées à la naissance de la seconde voûte, rendent l'ensemble de tous ces bois parfaitement fixe.

161. Échafaudages couverts. — On a fait dans ces dernières années usage de grands échafaudages, combinés pour servir à l'édification de constructions projetées et en même temps à porter une couverture provisoire destinée à protéger le chantier contre la pluie, à éviter le chômage, et même à profiter des journées d'hiver dans lesquelles la température n'est pas trop rigoureuse. La fig. 352 donne l'ensemble de la

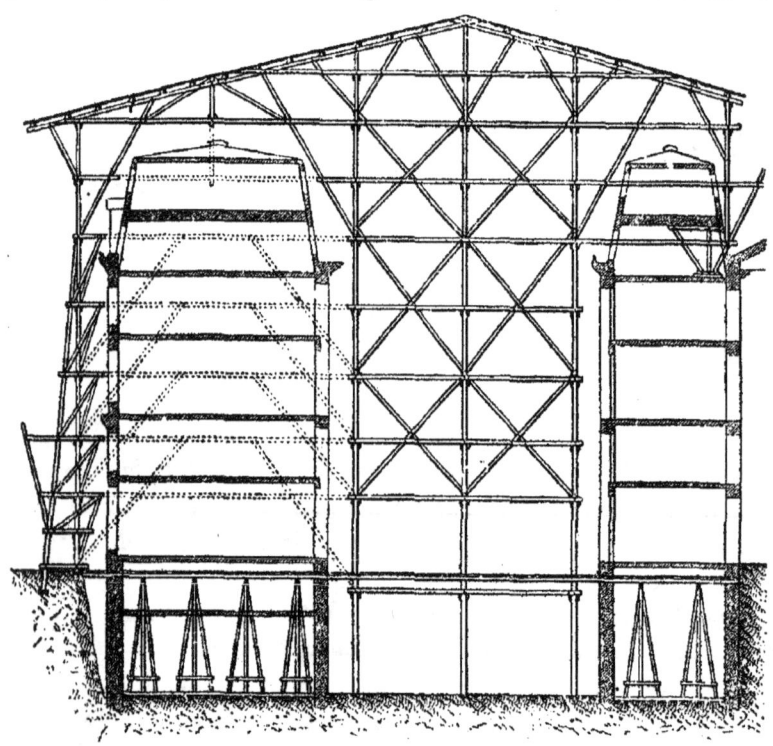

Fig. 352.

charpente qui a été employée dans ce but pour la construction de l'hôtel du Crédit-Lyonnais à Paris.

Le principe de la charpente a été d'élever dans la cour intérieure un fort pylone très résistant et très stable, auquel on a rattaché tout l'ensemble de la charpente. On voit en ponctué les échafaudages qui n'ont duré que le temps nécessaire à un ouvrage partiel et qui étaient successivement enlevés à mesure de l'avancement des travaux.

Ces sortes de charpentes doivent présenter dans leur toiture de larges parties vitrées, et des parois verticales vitrées également pour la majeure partie. Elles conviennent dans tous les cas où la rapidité d'exécution joue un rôle très important, et se complètent par l'installation d'un éclairage artificiel du chantier à la lumière électrique pour les temps sombres et les travaux de nuit.

§ 3

APPAREILS DE LEVAGE

162. Engins de charpente employés dans les constructions. — Nous classerons sous cette dénomination générale tous les appareils de levage, avec leurs dispositions accessoires telles que les échafaudages importants faits en bois de charpente.

Les appareils de levage sont de formes très diverses. On les groupe facilement suivant la manière dont ils fonctionnent.

Ce sont :

Les chèvres qu'on peut se procurer partout et dont l'usage est si répandu.

Les pylones.

Les grues.

Les treuils roulants.

Les charpentes roulantes.

Ces divers appareils fonction-

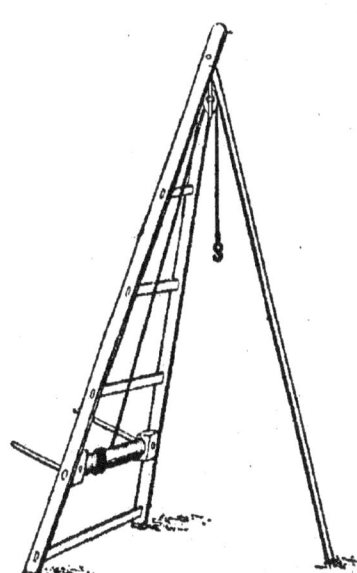

Fig. 353.

nent tantôt posés sur le sol, tantôt montés sur la construction qu'ils aident à exécuter, tantôt enfin établis sur les plateformes d'échafaudages convenablement disposés.

163. Des chèvres. Chèvre à trois pieds. — Une chèvre est une sorte d'échelle triangulaire, large du pied, dont les montants, appelés *bras* ou *bicoqs*, sont reliés par des traverses et se réunissent à la partie haute pour porter une poulie. En bas, ils supportent les tourillons du tambour d'un treuil que l'on manœuvre à l'aide de grands leviers mobiles. La corde du treuil monte à la partie haute de l'engin, passe sur la poulie, et retombe verticalement en se terminant par un crochet.

La position normale de la chèvre est inclinée de manière que le crochet se meuve dans un espace libre pour l'objet à soulever et pour la manœuvre. Pour maintenir la chèvre dans cette position fixe on l'appuie quelquefois sur un troisième pied en bois articulé à la partie haute, et qui de l'autre bout se pose sur le sol.

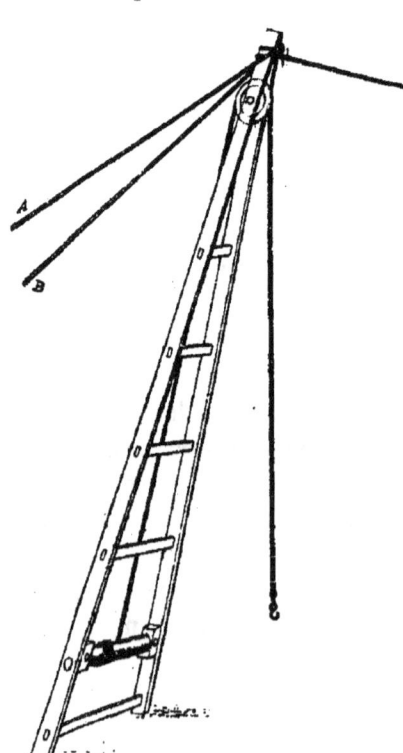

Fig. 354.

On a ainsi *la chèvre à trois pieds* (fig. 353), qui est utile pour élever à peu de hauteur des fardeaux peu volumineux.

164. Chèvre ordinaire ou à deux branches. — Mais la forme de chèvre la plus usuelle est celle dite *à deux branches* (fig. 354), dans laquelle l'inclinaison est obtenue par la tension de deux câbles divergents A et B, faisant office de haubans et amarrés à des saillies solides en arrière de l'engin.

Cette disposition présente l'avantage de laisser tout l'avant de la chèvre libre pour la manœuvre, et on a plus de facilité pour changer la place de l'objet soulevé, soit en déviant de la verticale la corde qui le soutient par un léger effort latéral, soit en changeant l'obliquité de la chèvre, ce qui s'obtient en lâchant légèrement les cordages d'attache.

La flexibilité des amarres, les oscillations qui en résultent, celles qui peuvent provenir des manœuvres, et enfin l'effort du vent pourraient ramener la chèvre à une position verticale, et la renverser en produisant des accidents graves. Aussi est-il indispensable de faire partir du nez de la chèvre un troisième câble de retraite C, amarré en avant, et s'opposant à tout mouvement rétrograde ; on l'appelle souvent le contrehauban. En lâchant ou tendant ces trois amarres, on fait varier dans une certaine mesure la distance horizontale du crochet au pied de la chèvre, c'est-à-dire la dimension qu'on appelle la *volée*.

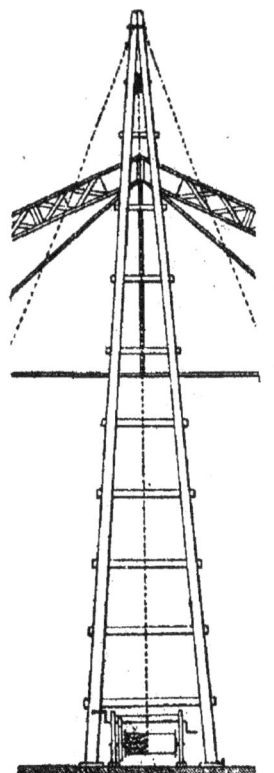

Fig. 355.

Dans le choix des points d'amarrage, il faut, afin d'obtenir la plus grande stabilité de la chèvre, s'arranger pour que la résultante des tensions des câbles passe par l'axe de symétrie des deux bicoqs. Il faut donc que les haubans soient symétriques par rapport à cet axe, et que le câble avant C soit dans un même plan vertical que la bissectrice de l'angle qu'ils forment.

Dans les chantiers ordinaires de charpente, les dimensions des chèvres sont assez restreintes, 10, 12, 15 m. Mais pour des constructions importantes on en exécute de grandes dimensions, 20 à 30 mètres par exemple ; pour ces sortes de chèvres, le tambour en bois est remplacé par un véritable treuil mécanique à deux manivelles, tantôt attaché au bâti de la chèvre, tantôt complètement indépendant.

§ 3. — APPAREILS DE LEVAGE

La fig. 355 montre une grande chèvre de ce genre installée pour le montage des fermes d'un grand hangar métallique de 20 mètres de hauteur.

La hauteur de la chèvre est déterminée par le niveau maximum auquel doit arriver le point d'attache de chaque pièce au point le plus haut de la manœuvre, augmenté de la longueur de câble nécessaire au dessus pour faciliter les divers mouvements.

Les traverses sont assemblées avec les bras par mortaises et tenons passant avec clefs ; il est nécessaire en effet que ces liaisons soient essentiellement démontables, car, en raison de leurs dimensions, les chèvres se transportent en morceaux et s'établissent sur place au chantier de la construction.

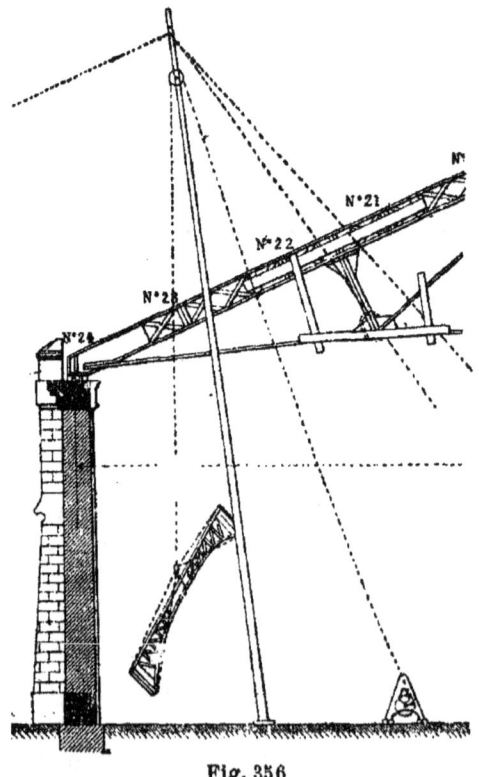

Fig. 356

La fig. 356 représente la même installation que la fig. 355, mais vue de côté et servant, après la pose d'une ferme, au levage des pannes qui la relient à la précédente.

Dans cet exemple on voit sur la ferme qu'on vient de lever plusieurs bois provisoires qui ont servi à lui donner de la liaison et de la rigidité pendant le levage.

Le treuil est isolé de la chèvre, au lieu d'être attaché sur son bâti comme il arrive le plus souvent.

Lorsque le treuil est isolé, il doit être suffisamment ancré dans le sol ou surchargé de matériaux lourds, de manière que la tension de la corde ne puisse pas l'enlever.

La fig. 347 représente une grande chèvre, mise en place dans un chantier, et servant au montage des fermes des cintres d'un viaduc, etc.

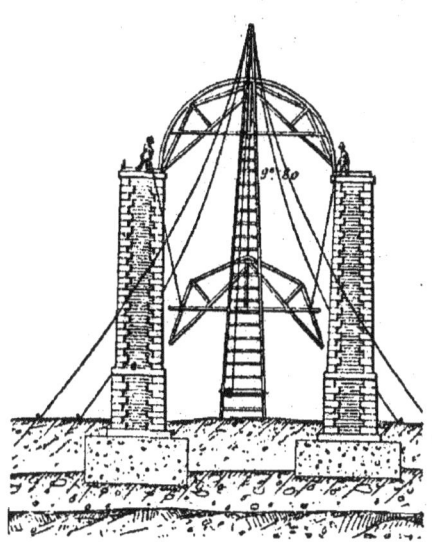

Fig. 347.

Les fermes des cintres sont assemblées à plat sur le sol puis levées d'une pièce en biais dans l'intervalle des piles, de manière à passer facilement ; c'est au moyen de deux cordes que les ouvriers donnent à la charpente au levage les directions et inclinaisons nécessaires pour éviter tous les obstacles.

On manœuvre ces cordes soit du haut soit du bas suivant la plus grande commodité qu'on y trouve.

165. Chèvre fixe sur ponton. — Malgré la possibilité de changer la volée d'une chèvre pendant la manœuvre, on évite autant qu'on le peut d'avoir recours à ce moyen, en raison des dangers qui en résultent ; aussi la chèvre peut-elle être considérée essentiellement comme ayant une volée fixe, et c'est toutes les fois qu'elle peut rendre des services dans cette condition qu'on l'emploie dans la pratique.

Une des applications intéressantes des chèvres est leur adaptation à un bateau comme le représente la fig. 358. L'exemple dont il est question est un engin qui a été très commodément appliqué à l'immersion de blocs artificiels en maçonnerie de

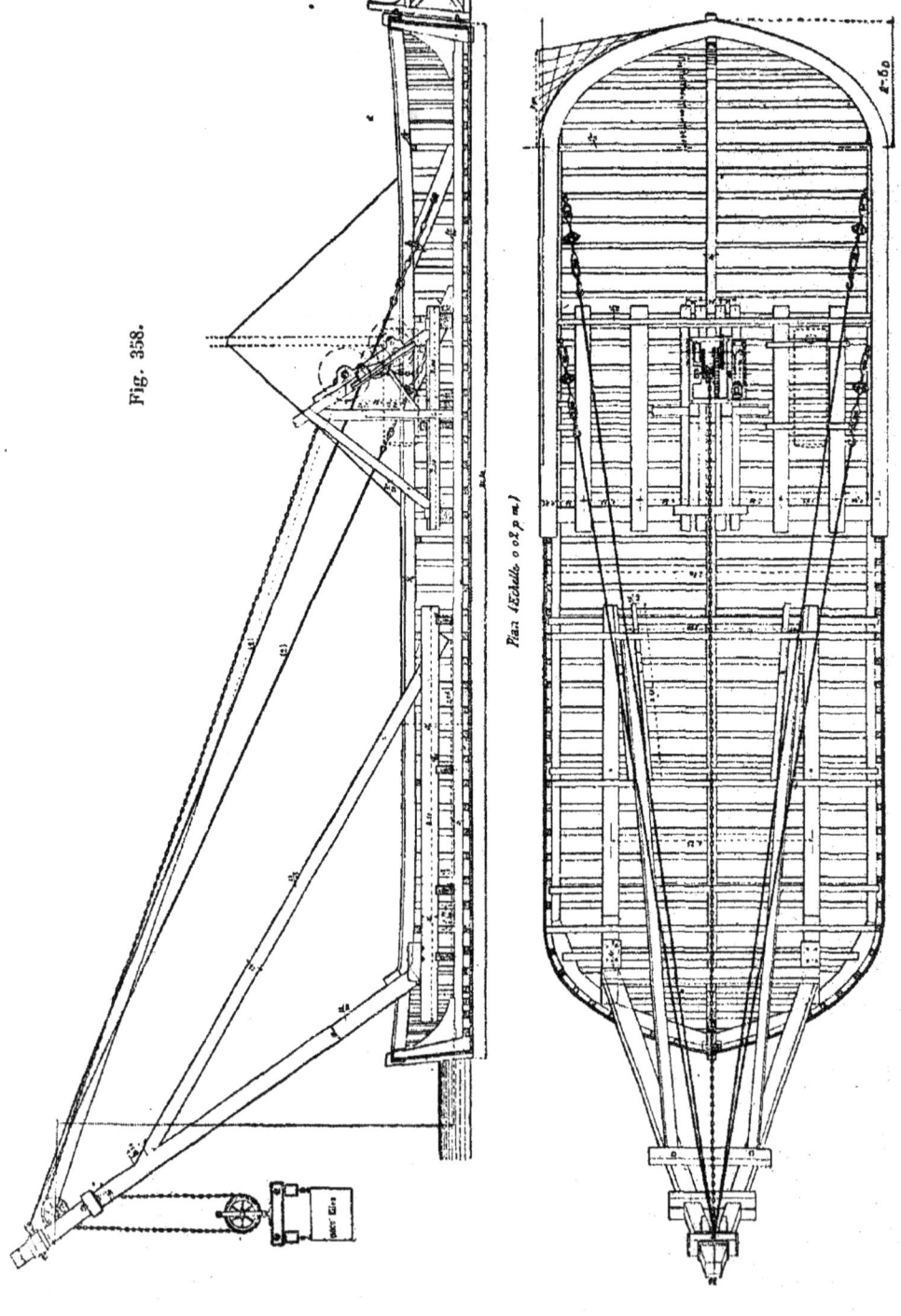

Fig. 358.

15.000 kg., destinés à faire les fondations du barrage de Poses sur la Seine.

La volée de cette chèvre était de 3m. en avant du bateau, et la hauteur de l'axe de la poulie de 8m. au-dessus du niveau de l'eau; les haubans d'amarrage avaient 20 m. de longueur et la fixité de la chèvre était assurée par une contre-fiche en bois d'environ 10 m. de longueur, fixée en arrière, empêchant le mouvement rétrograde et produisant le même effet que les contre-haubans des grues précédentes.

166. — Pylones de montage ou sapines. — Dans les édifices on se sert souvent pour monter les matériaux, de constructions en charpente, provisoires mais solides, qui portent le nom de *pylones* ou *sapines*. Ce sont des tours carrées en bois formées de quatre grands sapins parallèles, scellés dans le sol et montant à 3^{m}00 environ plus haut que le sommet du mur à élever.

Les quatre montants sont reliés tous les 3 à 4^m par des traverses et de plus sur trois faces par des croix de Saint-André, formant triangulation. La quatrième face regardant la construction à élever doit rester ouverte.

Ces sapines s'établissent à 2^{m}50 ou 3^m du parement de la façade des bâtiments, et se relient latéralement avec les échafaudages extérieurs.

A la partie haute

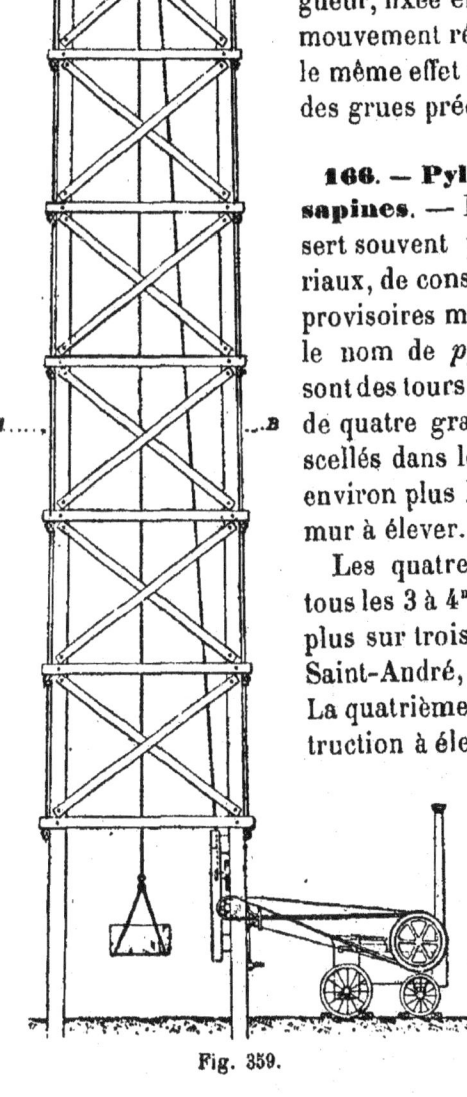

Fig. 359.

sont deux fortes traverses jumelées portant une poulie dans l'axe de la tour, et sur laquelle passe un câble. Ce dernier se termine d'un bout au tambour d'un treuil, soit à bras, soit à vapeur, comme le représente la fig. 359 ; à l'autre extrémité il porte un crochet auquel on attache le fardeau. Le câble est souvent remplacé par une chaîne, qui présente bien plus de durée.

La manœuvre de cet engin est extrêmement simple et commode. Si on suppose que le mur en exécution soit arasé au niveau AB, on enlève les croix de St-André voisines si elles gênent et on établit sur deux faces opposées du pylone des traverses parallèles au mur et attachées avec des cordages. Chaque fois qu'une pierre de taille est élevée, on la maintient un peu plus haut que le niveau AB, on place sur les traverses, et allant jusqu'au mur, plusieurs madriers à plat, en les doublant s'il est nécessaire, et on fait ainsi un pont sur lequel on fait redescendre le fardeau que l'on décroche. Si c'est une pierre, on la pose sur des roules ou rouleaux et on la transporte, par ce pont improvisé à bonne hauteur, sur le mur, en haut duquel on la fait *courir* jusqu'à destination.

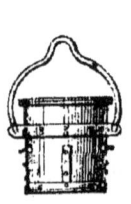
Fig. 360.

Fig. 361.

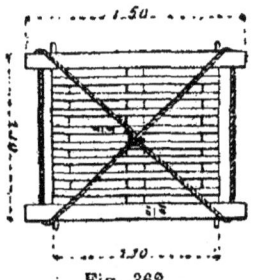
Fig. 362.

On a vu dans l'ouvrage sur la maçonnerie la manière de soulever les pierres de taille au moyen de paillassons et d'élingues. Le mortier peut se monter dans des sceaux en métal, fig. 360, et les petits matériaux soit dans une caisse à jour, fig. 361, soit dans un plateau clayonné, lorsque leur forme permet de les empiler régulièrement et solidement, fig. 362.

Une précaution à prendre est de ne jamais installer le treuil de manière qu'il se trouve au dedans de la sapine ; il faut que les ouvriers n'aient à travailler sous le montage que le moins possible.

167. Autre exemple de pylone isolé. — Dans le pylone dont il vient d'être question, les pièces de bois qui en composent les faces sont verticales ou presque verticales, de manière

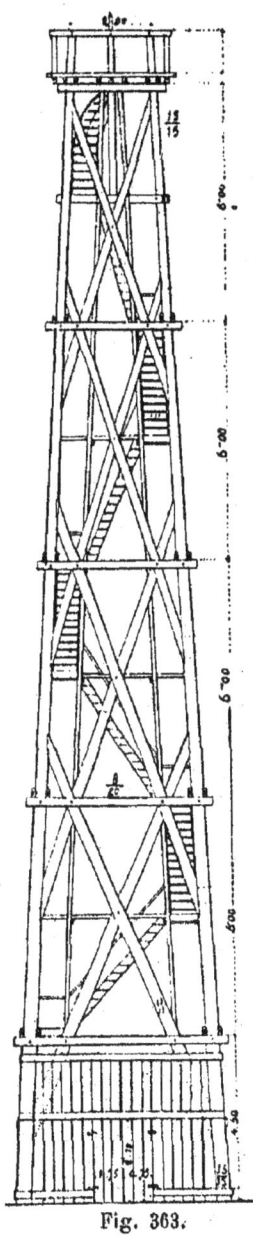

Fig. 363.

à mieux se relier avec les échafaudages voisins.

Si le pylone est isolé, comme par exemple ceux que l'on a élevés pour la triangulation de Paris et dont la fig. 363 donne la représentation, on a avantage, pour offrir moins de prise aux vents et augmenter la stabilité, à incliner largement les faces, à leur donner un fruit d'environ $0^m 06$ par mètre sur la verticale.

Ce pylone est composé de quatre sapins formant les angles d'un carré, et réunis par un treillis de pièces obliques. Ces pièces sont fixées aux montants par des assemblages à tenons, mortaises et embrèvements, et entre elles, aux points de croisement par des assemblages à mi-bois. Toutes ces jonctions sont consolidées par des ferrements et des boulons.

De distance en distance, des pièces horizontales jumelées moisent toutes ces pièces et assurent la solidité de la triangulation.

Au sommet de cet échafaudage isolé se trouve établi le plancher d'une plateforme, à laquelle on accède par un escalier ou échelle de meunier, dont les volées se retournent dans l'intérieur du pylone.

A la partie basse une clôture pleine avec porte ferme l'accès de la construction.

Les assemblages des diverses piè-

§ 3. — APPAREILS DE LEVAGE

ces de charpente composant ce pylone ont été exécutés avec précision, en raison de la durée probable de l'ouvrage. Ils sont représentés dans les figures suivantes.

La fig. 364 donne l'assemblage du milieu des croix de St-André formant le contreventement. On a profité de ce que ces pièces étaient d'un équarissage moindre que celui des poteaux d'angle pour renforcer la liaison. On a mis l'une au parement extérieur des poteaux, l'autre au parement intérieur, de telle sorte qu'au point de croisement les entailles sont moindres que la moitié du bois; et malgré cela toutes les pièces sont facilement moisées par les traverses jumelées.

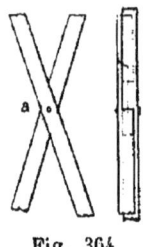

Fig. 364

La fig. 365 donne, dans deux projections verticales perpendiculaires, cet assemblage à l'endroit des moises. Ces dernières sont entaillées légèrement d'une façon précise et la liaison est assurée par des boulons au point de passage. On voit aussi dans cette figure l'assemblage à embrèvement des contrefiches avec les montants d'angle du pylone, et les boulons qui consolident la liaison.

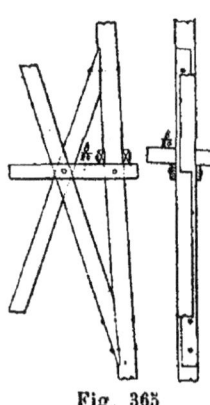

Fig. 365

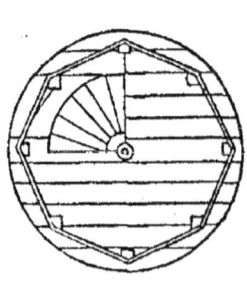

Fig. 366

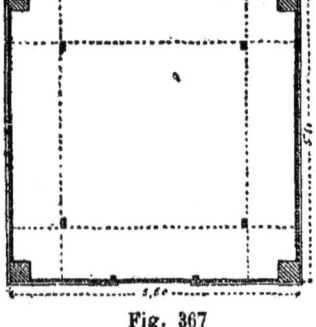

Fig. 367

Le croquis représenté par la fig. 366 montre la plate-forme qui surmonte le pylône ; les madriers qui la composent sont assemblés avec les solives d'un plancher porté sur les traverses hautes, et l'ensemble de cette plateforme a en plan la forme circulaire. Une entaille est préparée pour l'arrivée de l'escalier dont la dernière volée est cintrée et dont les marches sont dansantes.

Le restant de l'escalier est composé d'une série de volées longeant les faces du pylone, supportées, outre les 4 poteaux d'angle, par quatre potelets beaucoup plus faibles que l'on voit réprésentés dans le plan; voir la fig. 367. Ces potelets servent aussi de points d'attache à la balustrade du côté du vide intérieur.

Aux angles sont des paliers carrés séparant les volées et qui donnent des repos dans la montée.

168. Pylones bas. — Les pylones ne sont pas toujours très élevés, on en fait de bas suivant les besoins; la fig. 368 montre

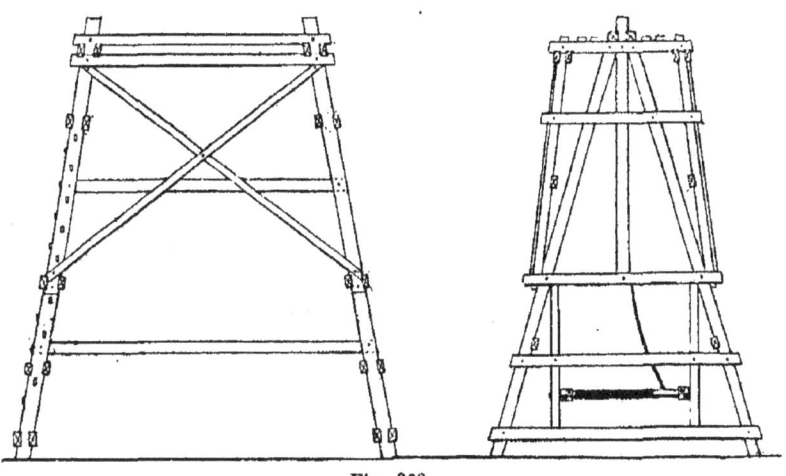

Fig. 368.

par les deux projections verticales un pylone comme ceux qui servent à la réparation ou à la construction de fontaines monumentales, lorsqu'il s'agit de monter, suspendre et mettre en place les motifs milieux d'ornementation. Ce pylone est formé de 4 pans de bois inclinés, laissant en bas le plus d'espace possible pour la manœuvre et entretoisés seulement à la partie supérieure.

Les petits côtés sont composés comme deux chèvres, qui

seraient opposées et séparées par un intervalle ; et chacune d'elles porte des montants verticaux disposés pour recevoir un treuil de manœuvre. De chaque côté sont adossés deux montants plus redressés, pris dans les mêmes moises et supportant une plateforme supérieure. C'est entre les montants d'un même grand côté que sont établies les traverses moisées et de grandes croix de St-André composant le contreventement. Au centre de la plateforme sont deux pièces plus fortes triangulées par liens avec les montants verticaux, portant la poulie de renvoi du cable.

169. Chevalets pour grands sondages. — On se sert, pour l'exécution des grands sondages qui demandent plusieurs années de travail, de grands pylones entourés de planches qui donnent un abri pour le chantier et en même temps un échafaudage en rapport avec la manœuvre des gros outils et des tiges de sondes.

Ces charpentes sont très soignées en raison des manœuvres auxquelles elles sont soumises. Les conditions à remplir sont les suivantes :

Elles doivent porter à la partie haute une poulie à gorge sur laquelle passe le câble de manœuvre commandé par une machine à vapeur. Le bord de la poulie correspond à l'axe du forage et au bout du câble on attache soit les tiges soit les outils. Pour la manœuvre des tiges on a besoin d'un plancher à environ 19 mètres du sol ; pour le maniement des outils on doit avoir un second plancher à 14 m. du sol et ces hauteurs sont augmentées d'une excavation inférieure de 3m. à 4m. qui facilite le travail. Les tiges ayant 20 m. de hauteur doivent pouvoir être accrochées ou décrochées, ou mises en dépôt sans cesser d'être verticales. On allonge donc le pylone de chaque côté, pour serve de magasin ; ces charpentes annexes doivent laisser dans toute leur hauteur un passage complètement libre. Sur chaque plancher sont des chariots se mouvant sur des voies ferrées, et auxquels on attache provisoirement les tiges ou outils pour les amener ou les enlever.

Le chevalet va donc être formé de deux pans de bois, légèrement inclinés, ayant environ 20m. de hauteur au-dessus de

336 CHAP. VI. — LA CHARPENTE AU CHANTIER

l'ouvrage du sous-sol qui est en maçonnerie. Ces pans de bois, représentés en 2 sens par des coupes verticales perpendiculaires entre elles dans la fig. 369, composent un bâtiment de

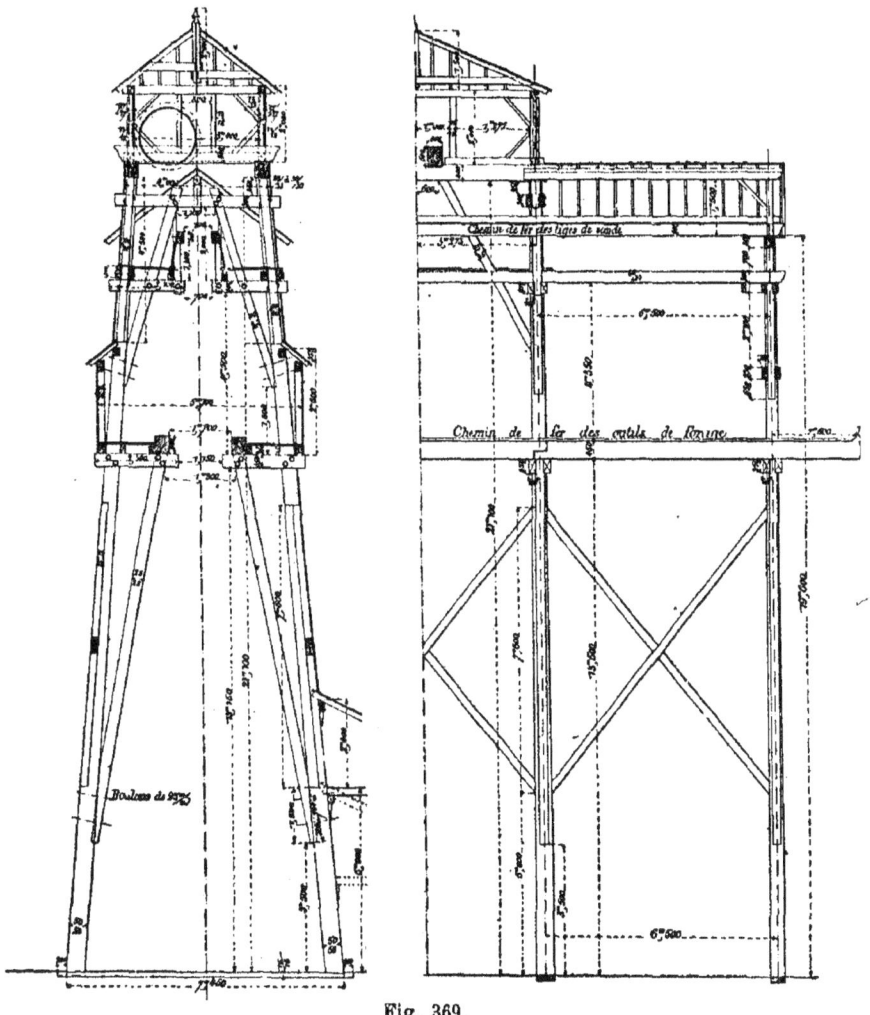

Fig. 369.

trois travées ; la travée du milieu est plus haute que les autres et porte un solide chapeau pour le support de la poulie et un lanternon au-dessus pour recevoir la couverture; les 2 travées voisines sont plus basses et également couvertes.

Les pans de bois en question, bien moisés et contreventés,

chacun dans son plan, ne peuvent être reliés qu'à la partie haute, à 20 m. du sol ; il faut donc qu'ils aient par eux-mêmes toute la rigidité nécessaire pour ne pas varier, tout en soutenant les planchers de manœuvre.

Ainsi que le montre le croquis, ils sont formés de grosses pièces de bois, ordinairement de sapin, ayant au pied un équarrissage de $0,50 \times 0,50$.

Les deux pièces du milieu ne sont moisées qu'à leur partie supérieure, tandis que les poteaux extrêmes formant pignons peuvent être moisés dans toute la partie qui dépasse 10 mètres du sol.

Le plancher inférieur repose à chaque ferme sur une moise soutenue par une très longue contrefiche. A l'extrémité des moises, en porte à faux, se place la grosse poutre qui forme l'une des rives du vide intérieur, et qui reçoit l'un des rails du chemin de fer des outils de forage.

La même disposition se répète, mais avec d'autres dimensions, pour le chemin de roulement des tiges de sonde ; seulement les contrefiches se prolongent à la partie haute pour retrouver la moise de liaison des poteaux ; il en résulte un fort contreventement transversal qui s'oppose au roulement de l'ensemble.

La bonne disposition de cette charpente procure une grande facilité dans les nombreuses manipulations des lourds outils de forage, et peut amener, lorsqu'elle est bien étudiée, une très grande économie de façon en même temps qu'une sécurité absolue dans ces sortes de travaux, toujours très longs à exécuter.

170. Chevalets de mines. — Les chevalets employés au-dessus des puits de mines sont de véritables pylones destinés à porter les molettes qui renvoient les câbles. Ils doivent satisfaire à plusieurs conditions : 1° être d'une solidité à toute épreuve, en raison des fortes charges qu'ils sont appelés à porter, et des tractions supplémentaires dues aux chocs, aux départs brusques, aux variations de vitesse de toutes sortes. Ils doivent être très stables pour présenter une assiette inébranlable aux paliers des molettes.

Enfin ils ont à subir la traction oblique des câbles allant des molettes à la machine motrice.

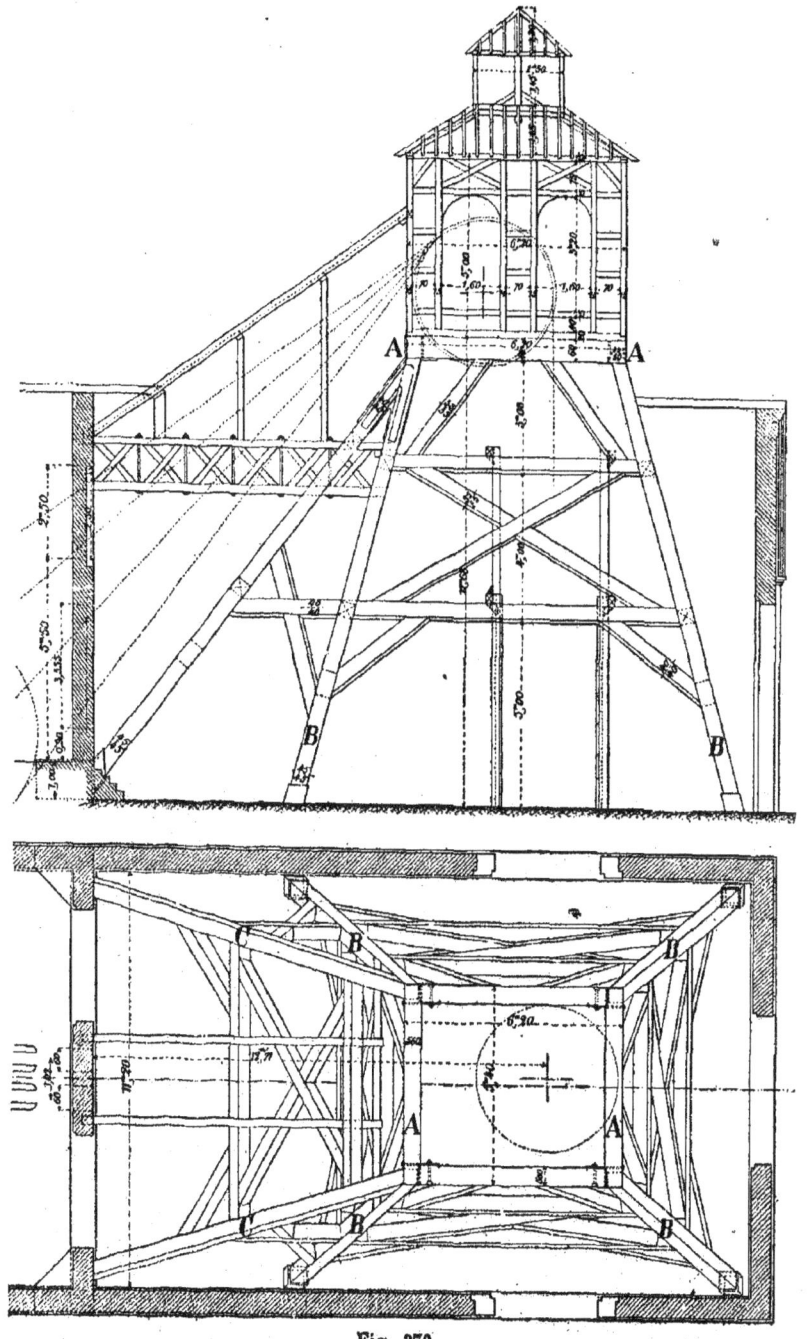

Fig. 370.

Quoique maintenant dans beaucoup de mines on les exécute en métal, il y a encore bien des pays où on les fait encore en bois.

La fig. 370 représente le chevalet d'un puits des mines de Nœux; il est composé :

D'une ceinture supérieure AA, rectangulaire en plan, formée de gros bois de $0.56 \times 0,60$ parfaitement assemblés; de 4 pieds inclinés BB, portant la ceinture supérieure, et dont les bases sont fixées à leur fondation par l'intermédiaire de sabots en fonte; enfin de deux autres pieds plus inclinés CC, formant étais pour permettre à la charpente précédente de résister à la traction oblique des câbles allant à la machine. Toutes ces pièces sont reliées par des assemblages soignés, et ces derniers sont consolidés par de fortes ferrures ; de plus, des pièces horizontales divisent, dans chaque pan, l'intervalle des pièces inclinées. Un contreventement très énergique est obtenue par des liens et des croix de St-André, dans tous les vides où ils ne sont pas susceptibles de gêner.

Le chevalet ainsi composé porte à sa partie haute un petit bâtiment léger destiné à contenir et à abriter les molettes, ou poulies de renvoi des câbles, placées au-dessus du puits. Du côté de la machine, un coffrage incliné, porté par 2 poutres américaines, relie le bâtiment des molettes au bâtiment du moteur, et abrite les câbles dans l'intervalle.

La charpente du chevalet sert égalemet d'attache, au moyen de traverses convenablement disposées, à la partie supérieure des bois verticaux qui servent de guides aux bennes de service chargées de monter et descendre les wagonnets.

Toute cette charpente est fermée par un revêtement en planches que l'on a supposé enlevé dans le dessin pour montrer la disposition et l'arrangement des pièces formant l'ossature de la construction.

171. Pylone de montage portant chèvres. — Enfin les pylones peuvent être plus développés en surface et être destinés à supporter des chèvres pour le levage des grandes charpentes. On se sert généralement de cette disposition pour le point central des grandes rotondes dont toutes les fermes viennent aboutir à un lanternon.

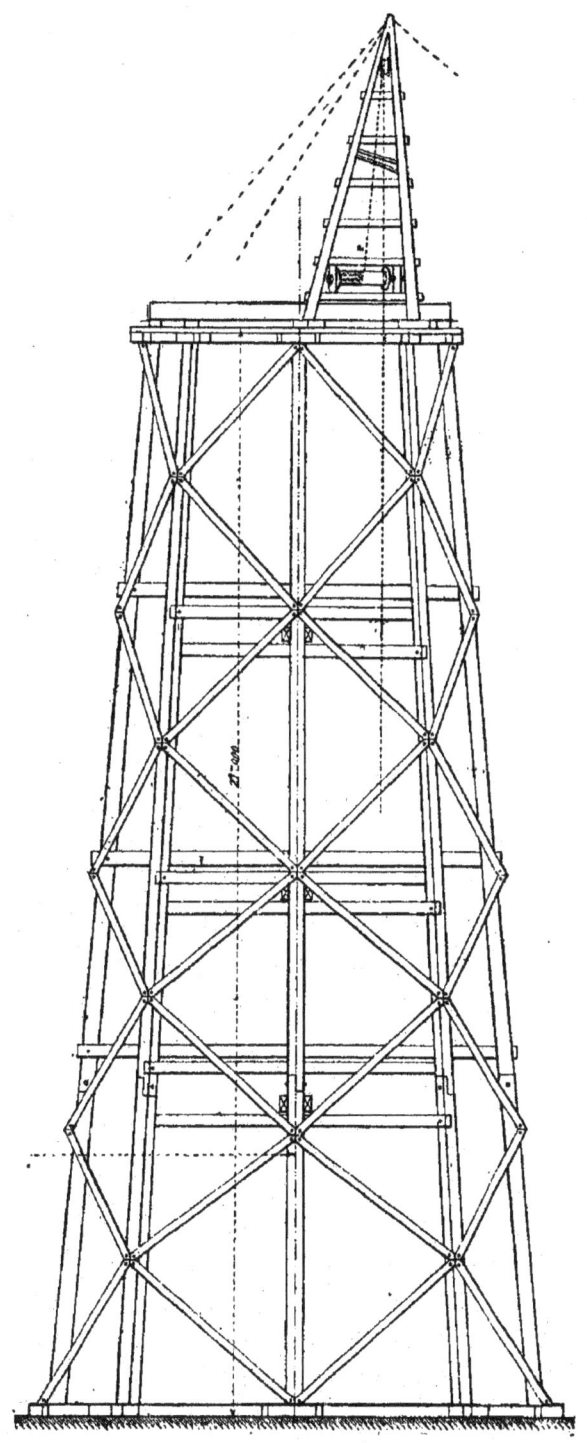

Fig. 371.

§ 3. — APPAREILS DE LEVAGE 341

La forme du pylone participe alors de la forme en plan du bâtiment à élever, elle est polygonale et d'un même nombre de côtés.

La fig. 371 représente le pylone qui a servi au levage d'une grande rotonde à locomotives établie par M. Hallopeau, ingénieur de la Cie de Paris-Lyon-Méditerranée; elle est octogonale (voir son plan ci-dessous).

A chacun des angles du polygone est un montant. Les montants sont réunis par des traverses diamétrales deux par deux ; ces traverses sont moisées et boulonnées ; et dans chacune des faces du tronc de pyramide les deux montants qui la limitent sont contreventés par une série de pièces obliques, correspondant comme points d'assemblage avec les pièces obliques des faces voisines.

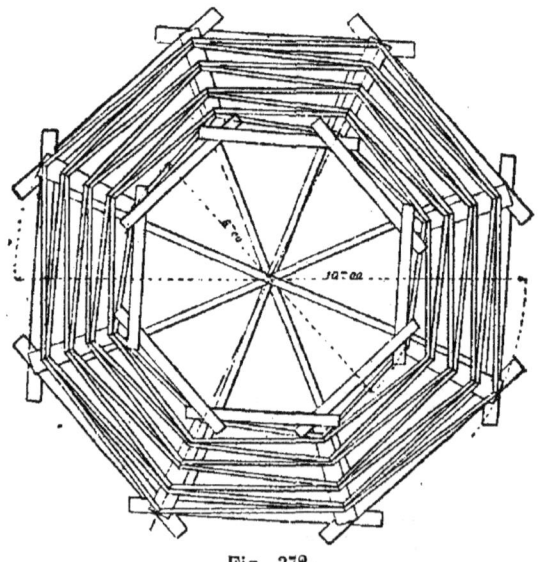

Fig. 372.

Ce pylone, de 21^m,00 de hauteur au-dessus du sol, se termine par une plateforme solide, de large surface, sur laquelle on installe une chèvre convenablement retenue dans les deux sens par des haubans. Cette chèvre sert, concurremment avec une grande chèvre de 30^m,00 partant du sol, à soulever et à mettre en place successivement toutes les demi-fermes de la rotonde. Le pylone, par sa stabilité, sert en même temps à caler et à soutenir la partie haute des fermes, jusqu'au moment où la ceinture basse du lanternon, qui doit recevoir tous les abouts, se trouve complètement montée et assemblée.

Les diverses pièces du lanternon, à leur tour, seront levées et mises en place au moyen de la chèvre de la plateforme, de telle sorte que ce pylone, d'une construction relativement dispendieuse, aura été largement utilisé pour la facilité du montage de toute la charpente et l'organisation des détails de la partie centrale. Cet échafaudage est enlevé à la fin du travail, lorsque la vaste nef a pris sa position d'équilibre.

172. Pylones sur pontons. — C'est d'après les principes de la construction des pylones que l'on construit les charpentes d'échafaudages posées sur deux bateaux écartés, qui servent dans les travaux en rivière, soit à immerger les caissons, soit plus tard, lorsque cette opération est accomplie, à couler le béton qui doit les remplir. Ces charpentes se composent alors : 1° de pièces transversales posées directement sur les bateaux de manière à assurer leur liaison et leur écartement constant ; elles servent aussi à établir, si besoin est, à ce niveau un plancher de service ; 2° de montants et traverses formant chevalets, fortement entretoisés et contreventés, permet-

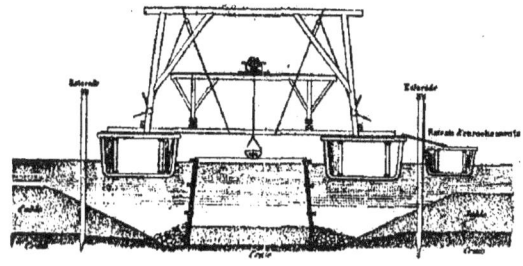 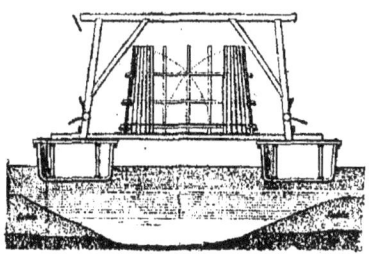

Fig. 373.

tant d'établir à hauteur convenable un plancher supérieur capable de porter les charges que l'on doit manœuvrer ; 3° enfin de planchers mobiles intermédiaires, établis à la demande, pour les besoins du service. Les deux croquis de la fig. 373 indiquent les cas où ces charpentes peuvent rendre des services.

173. Des grues à volée fixe. — Les grues se distinguent

des chèvres par la possibilité qu'elles offrent de donner au fardeau qu'elles sont destinées à soulever un mouvement de rotation autour d'un axe vertical.

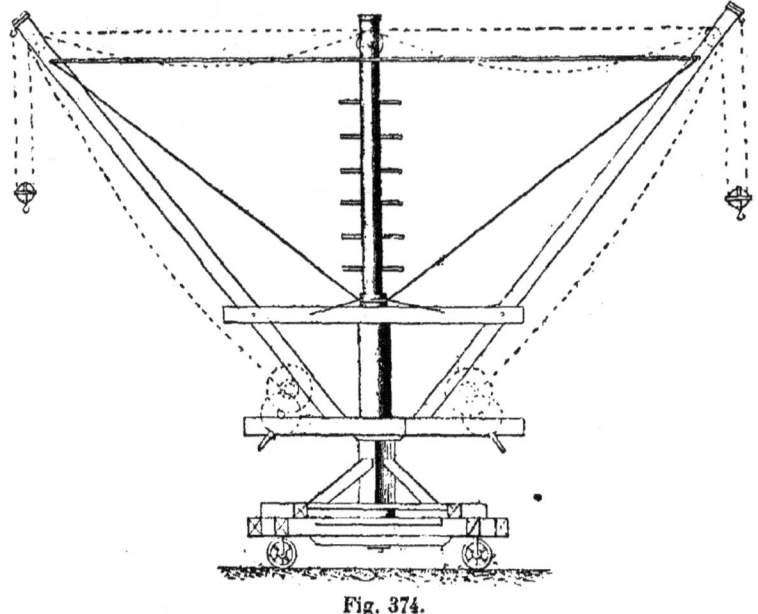

Fig. 374.

Dans les ateliers de construction de machines ou dans les magasins on emploie souvent des grues, dont l'axe est fixé dans le sol et ne dépasse à l'extérieur que d'une faible hauteur. Dans les chantiers on dispose plutôt de grues entièrement construites hors du sol, en raison du peu de durée de leur service, et souvent elles sont montées sur un truc, roulant lui-même sur une voie ferrée. Elles peuvent être simples : elles sont alors composées d'un bras, ou volée, partant de la partie basse de l'axe, et d'un hauban, ou tirant, retenant le haut de cette volée au point où le fardeau doit y être suspendu. Un treuil permet d'élever le fardeau et par un moyen simple on peut donner à l'ensemble un mouvement circulaire d'une partie de circonférence.

La grue peut être double, c'est-à-dire se composer de deux volées opposées reliées l'une à l'autre ; les deux volées peuvent servir simultanément pour faciliter la manœuvre, ou bien l'une d'elles porte un contrepoids équilibrant la moitié du fardeau pour augmenter la stabilité. Cette disposition est surtout adoptée lorsque la grue est montée sur roues et que l'axe n'a pas d'attache supérieure. Tel est l'exemple représenté dans la fig. 374.

174. Des grues à volées variables. — Pour la plus grande commodité des manœuvres, on établit le plus souvent des grues à volée variable.

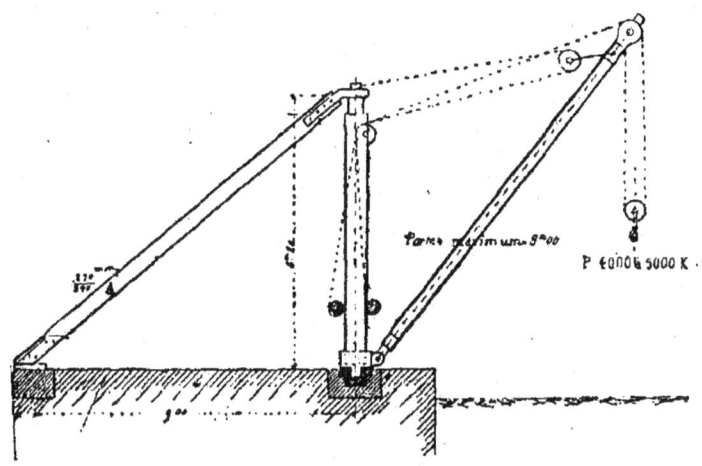

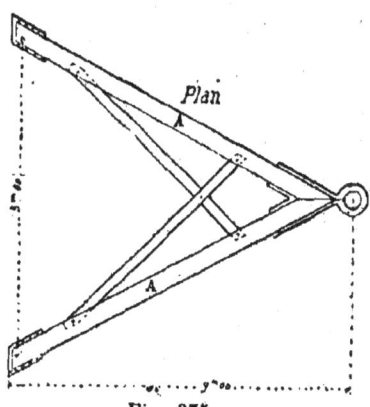

Fig. 375.

Elles sont principalement appliquées au chargement ou déchargement des matériaux, sur le bord d'un canal par exemple. La figure 375 représente une grue de ce genre ; l'axe vertical, formé par une grosse pièce de bois terminée par deux tourillons métalliques, est porté inférieurement par une crapaudine ; dans le haut, il est maintenu par un collier porté par deux pièces divergentes inclinées AA fixées au sol à leur autre bout. La volée est fixée au bas de l'axe vertical par une articulation qui lui permet de tourner dans un plan vertical autour du point d'attache. Son extrémité supérieure est soutenue par une chaîne mouflée dont l'autre bout vient s'enrouler sur le tambour

§ 3. — APPAREILS DU LEVAGE

d'un treuil spécial; la distance du fardeau à l'axe devient donc essentiellement variable, mais dans des limites restreintes.

On peut avec cet engin prendre une pierre sur le bord d'un canal, la soulever et la transporter circulairement de manière à la charger dans un bateau à une petite distance de la rive.

175. Grues américaines. — Dans les chantiers de construction, aux Etats-Unis, on se sert beaucoup de grues à volées variables dont les éléments sont tirés des agrès de marine. Une grue de ce système est représentée fig. 376.

Un mât est posé sur le sol et y est fixé par un scellement ou de toute autre manière. Son axe est maintenu vertical par des haubans, dans 3 directions différentes au moins, et attachés à son sommet.

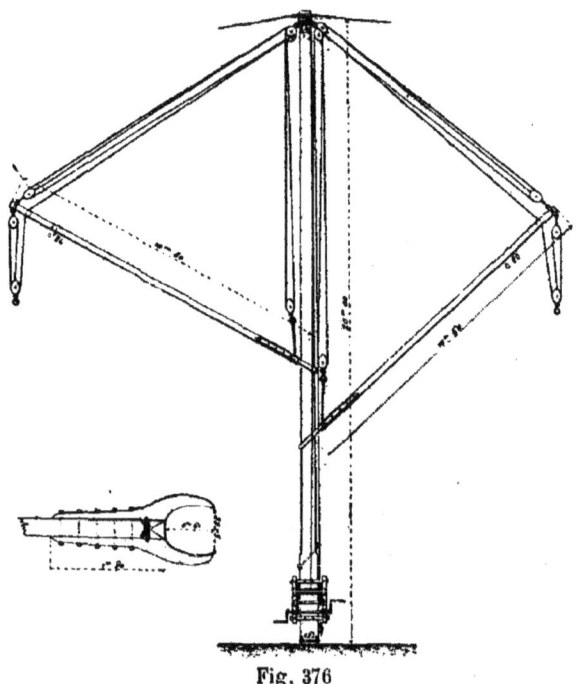

Fig. 376

Une volée inclinée s'écarte du mât tout en le suivant par sa partie basse au moyen d'un enfourchement en fer, et elle est portée à cette extrémité par un palan attaché au sommet de la pièce fixe et dont les cordages permettent de régler sa position.

La partie haute de cette même pièce est également reliée

au sommet par une corde mouflée aboutissant à un treuil inférieur. La position des deux bouts de la volée est donc variable à la demande par une simple manœuvre des cordages.

Enfin le fardeau appliqué à l'extrémité de la volée est suspendu à un palan dont on manœuvre également la corde depuis le treuil. Cette grue, dans l'exemple figuré, a 20 m. de hauteur et la volée 10 m. 50. Les mouvements circulaires sont donnés directement au fardeau par le tirage latéral de cordages convenables. En raison des dimensions ci-dessus, on a une grande latitude dans le mouvement des matériaux et beaucoup de facilité pour leur manutention.

Le détail qui est annexé à la fig. 376 donne à plus grande échelle la représentation de la partie basse du bras de la volée et la manière dont est fait l'enfourchement.

Ces grues se font en Amérique, soit simples, soit doubles, suivant le genre de services qu'on doit leur demander.

Un autre modèle également employé dans le même pays est représenté fig. 377. Il consiste en un mât vertical, fixé en haut et en bas, dans des collier et crapaudine, de manière à pouvoir prendre un mouvement de rotation sur lui-même.

Sur le bras est fixée une volée horizontale moisée, et l'attache est faite par le moyen de tourteaux métalliques; des câbles tendus maintiennent cette pièce dans une position horizontale, et sur sa face supérieure circule un palan qui vient supporter le fardeau ; deux câbles qui arrivent à la partie basse du mât et qui sont actionnés soit par un treuil comme dans l'exemple précédent, soit par un cabestan, permettent de monter le fardeau ou de le faire varier de position sur la volée.

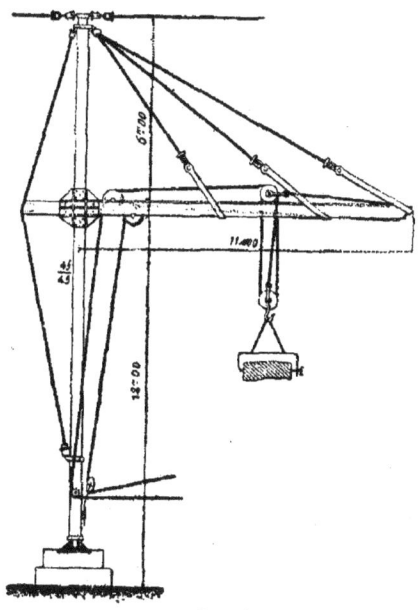

Fig. 377

Le mouvement de rotation qui peut, si les haubans sont convenablement attachés, atteindre une circonférence complète, rend cet engin d'une commodité extrême dans les chantiers pour la manœuvre des pierres, par exemple, en permettant de les mettre en place sur une surface considérable.

Les dimensions de cette grue sont de 18 m. 50 pour la hauteur du mât et de 11 m. pour la volée.

Elle a été appliquée notamment aux travaux du pont de la rivière de l'Est [1].

176. Grue sur ponton. — Les grues peuvent rendre des services dans les travaux hydrauliques, il suffit pour cela de les monter sur bateau. La fig. 378 représente la disposition qu'on peut leur donner dans ce cas.

Au milieu d'un bateau de 20 mètres de long, on établit solidement par sa base une forte pièce de bois, verticale et de section ronde. C'est elle qui servira d'axe à la grue, dont la charpente se compose d'une double volée maintenue par un entrait supérieur. Ces pièces sont jumelées et portent sur l'axe fixe par un pivot à sa partie supérieure et par un collier au niveau de la plateforme du bateau. Au moyen de pièces additionnelles, l'un des côtés se prolonge pour porter les poulies de renvoi et les éloigner de l'axe ; à ces poulies est suspendu un palan avec crochet. Un plancher formant plateforme est lié à la grue et tourne avec elle ; il porte une locomobile chargée d'actionner le treuil de manœuvre. Ce treuil a deux mouvements: l'un permet de soulever le fardeau, l'autre d'orienter la grue ; une variation dans la vitesse suivant le poids et un frein complètent la disposition et permettent tous les genres de marche.

Une grue de ce genre, placée entre un ouvrage en construction et le ponton qui amène les matériaux, permet de décharger ces derniers et des les mettre en place commodément et rapidement [2].

177. Treuils roulants. — Les treuils roulants s'emploient pour lever les fardeaux et les transporter dans une

---

1. Voir, pour plus de détails, les *Nouvelles annales de la construction*, Oppermann, 1887, pl. 16, 17.
2. Cette grue a été construite par M. Muzey, constructeur à Auxerre.

348 CHAP. VI — LA CHARPENTE AU CHANTIER

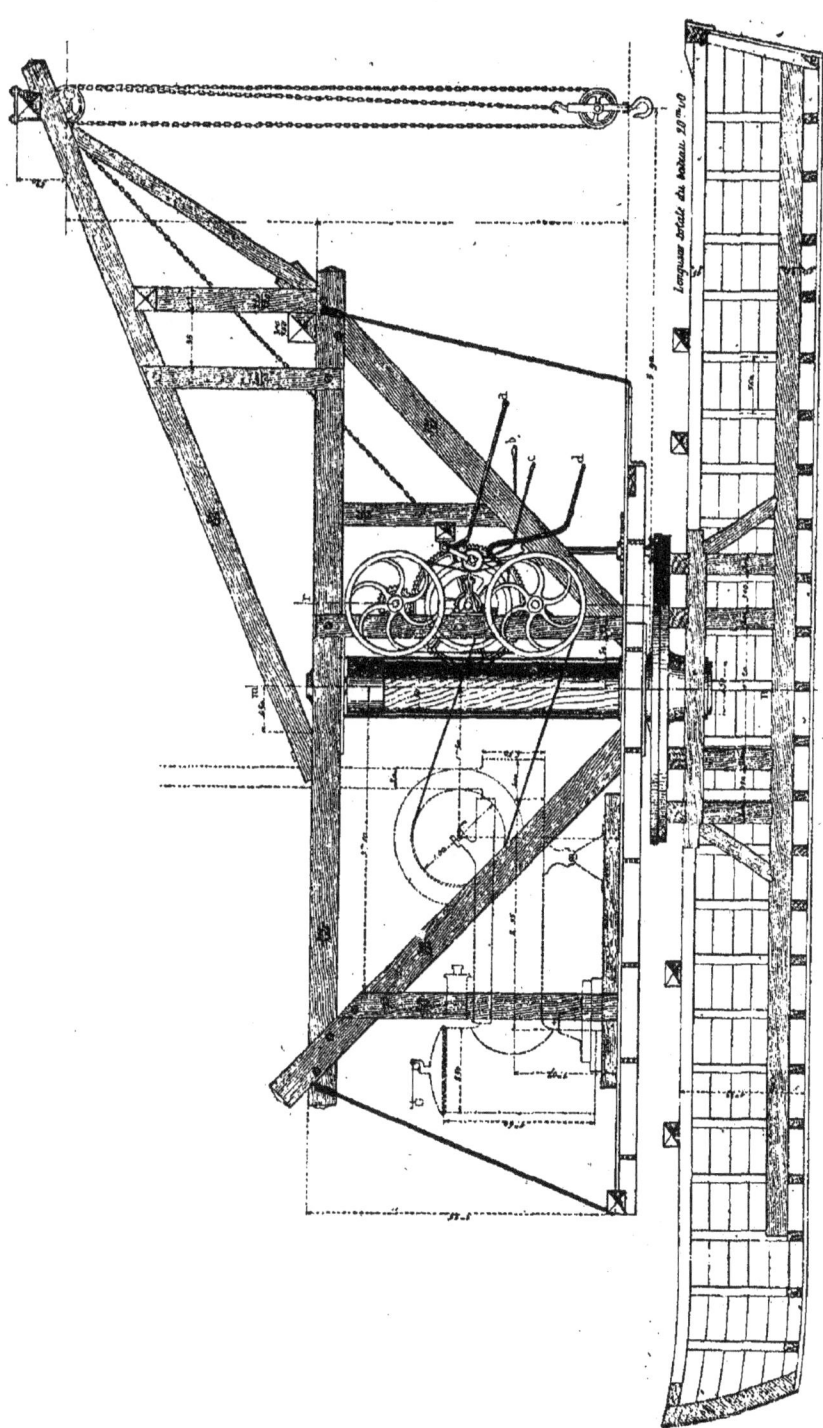

Fig. 378.

seule direction. Pour les matériaux de construction on s'en sert principalement lorsqu'il s'agit de les prendre en un point fixe, sur une voiture amenée à un garage, par exemple, et à les transporter à un autre point fixe, un wagon ou un bateau en chargement. Ils ressemblent aux treuils ordinaires, et n'en diffèrent que parce que leur bâti est monté sur un wagonnet roulant sur une voie ferrée.

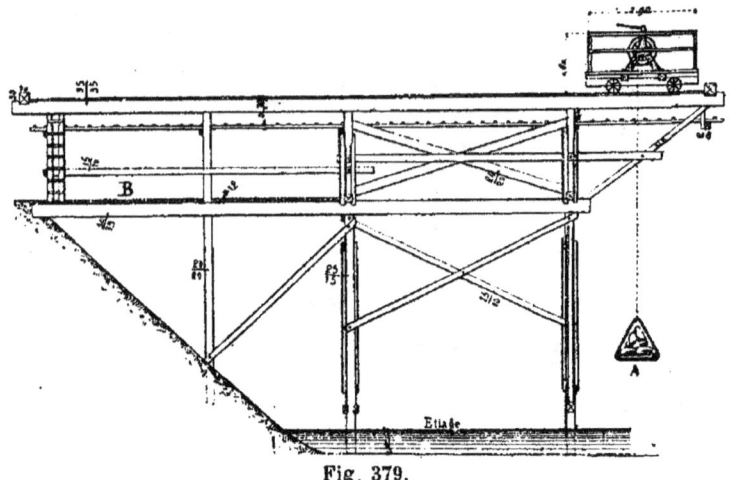

Fig. 379.

On les élève au-dessus de la charge à porter par l'intermédiaire d'une charpente appropriée, et, pour monter le fardeau à moins de hauteur, on compose la charpente de deux fermes parallèles laissant entre elles l'espace libre nécessaire pour la circulation de la charge. Ces fermes ne sont donc reliées qu'en dehors du chemin du fardeau ou en dehors de l'espace dont il doit disposer.

La fig. 379 représente un treuil roulant sur une charpente fixe permettant de charger les matériaux en bateau. Cette charpente s'appelle quelquefois une estacade. Elle se compose d'un plancher au niveau du sol formé de madriers jointifs portés par des longrines, soutenues elles-mêmes par des pieux disposés en chevalets, reliés et contreventés.

C'est sur ce plancher que les voitures amènent les matériaux. Il est indiqué en B dans le croquis précédent.

En contrehaut de ce premier plancher s'en trouve un deuxième, pour porter la voie de roulement du treuil, et cette seconde plateforme s'avance en porte-à-faux en avant des premiers pieux d'une quantité suffisante pour que le treuil, arrivé au bout de sa course, amène le fardeau en A au dessus du bateau qui doit le recevoir.

Des garde-fous entourent la plateforme inférieure pour éviter les accidents dans les manœuvres ; il est souvent très utile d'en garnir également le chemin de circulation de la plateforme du haut.

Des traverses formant butoirs limitent d'une façon absolue les points extrêmes de la course du treuil.

178. Charpente roulante ordinaire. — Si l'on suppose que dans un chantier allongé, comme celui qui correspond à la construction d'un pont, par exemple, on établisse sur des échafaudages convenables deux files de rails comprenant le chantier en question, et qu'on imagine, roulant sur ces rails,

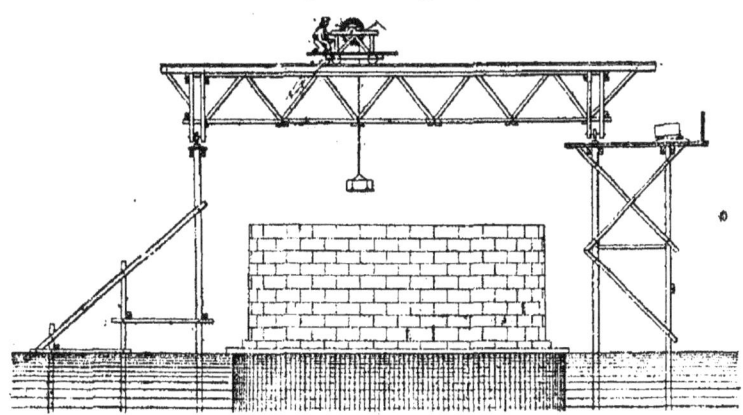

Fig. 380.

une charpente mobile, une sorte de pont transversal, auquel on puisse donner un mouvement de translation bien régulier on aura ce que l'on appelle *une charpente roulante* et quelquefois un *pont roulant*. Cette charpente pourra, chargée ou non, atteindre toutes les parties du chantier. On la complète par un treuil roulant qui peut la parcourir dans le sens transversal, de telle sorte qu'au moyen du double mouvement combiné du treuil et de la charpente, on peut prendre une pierre, un voussoir, un objet quelconque en un point du chantier et le transporter au point où définitivement il doit être mis en place.

Ce genre de charpente, dans sa disposition la plus élémentaire, est représenté dans la figure 380. Elle rend les plus grands services dans nombre de constructions et d'installations. Au moyen d'une poutre armée de hauteur suffisante on franchit facilement de grands espaces, et par le fonctionnement d'un double treuil spécial on commande les galets de roulement. On a soin d'éviter dans ce mouvement les inégalités de translation qui amèneraient des coincements et une mauvaise marche de la charpente. Pour assurer une translation bien parallèle on se sert souvent d'un seul treuil de manœuvre pour les galets des deux extrémités, une transmission spéciale longeant la charpente et faisant faire le même nombre de tours aux galets des deux bouts. Mais d'ordinaire cette disposition n'est pas applicable aux chantiers et est réservée aux charpentes roulantes des ateliers de constructions mécaniques.

La figure 380 donne un autre exemple d'une *charpente roulante* du même genre, parcourant une passerelle de service dans le chantier de construction d'un pont en maçonnerie. La passerelle de service est portée par les cintres mêmes de l'ouvrage projeté, elle porte deux longrines parallèles, sur lesquelles sont fixés les rails de roulement du pont mobile.

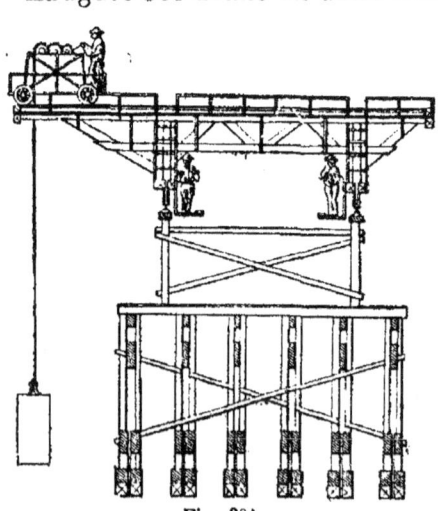

Fig. 381.

Ce dernier est composé d'un bâti formé de deux fermes parallèles placées transversalement à la passerelle, et faisant office de poutres. Ces poutres sont écartées de 1 m. 55 d'axe en axe, et sont maintenues à écartement constant par deux chevalets qui portent les galets de roulement.

Un petit plancher et un treuil servent pour la commande de l'un des galets de chaque chevalet.

Les poutres viennent dépasser par une partie porte à faux la portion la plus avancée de l'ouvrage de manière à pouvoir permettre de prendre en dehors les matériaux de la construction sur des pontons ou dans des chalands.

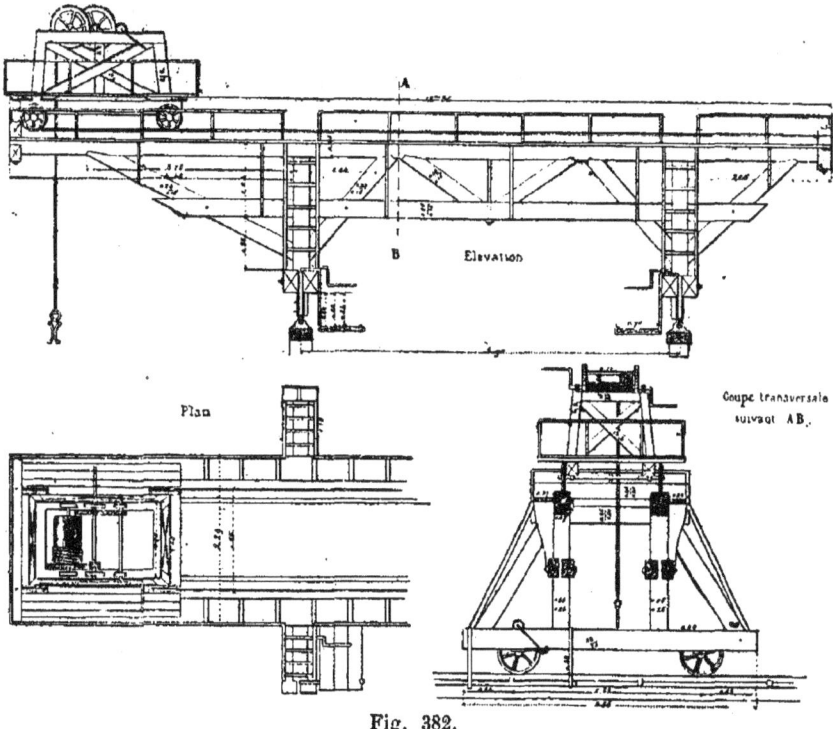

Fig. 382.

Chacune des poutres est formée d'une pièce de bois horizontale supérieure, reliée par des pièces inclinées à deux poinçons verticaux faisant partie des chevalets; une moise inférieure empêche l'écartement de ces poinçons; des liens complémentaires et des boulons verticaux complètent la poutre armée, qui en raison de sa hauteur, 1 m. 24, présente une résistance considérable.

Les chevalets sont formés à leur tour, premièrement par les poinçons dont il vient d'être question ; en second lieu, par des semelles moisées qui reposent sur les axes des galets, et dépassent au dehors de la charpente. Elles servent d'appui à des contrefiches inclinées, qui maintiennent la verticalité des poinçons dans le sens transversal. L'intervalle entre les poutres, au dessus des semelles des chevalets, est libre pour le passage de la charge dans le mouvement du treuil.

Les rails qui servent au roulement de ce dernier sont fixés sur la partie haute des poutres. Tous les détails de cette charpente sont représentés dans les croquis de la figure 381, ainsi que le bâti du treuil formant chariot roulant.

L'ensemble de cette charpente roulante, y compris les porte à faux d'extrémité est de 13 m. 86. Elle a été employée à la construction du pont de Port-de-Piles, et est remarquable par son étude soignée.

179. Charpente roulante pour la manutention des pierres. — Depuis de longues années on se sert de charpentes roulantes de forme analogue à celle qui vient d'être décrite, pour les chargements et déchargements de pierres, soit dans les gares de chemins de fer, soit sur les quais des voies navigables. Une charpente de ce genre est représentée vue de face dans la fig. 383. Elle est appliquée aux carrières de Lérouville pour le chargement en bateau des pierres extraites.

Elle se compose de deux chevalets montés sur galets. Ces derniers roulent sur un chemin de fer parallèle à la berge du canal, et dont la largeur de voie est d'environ 14 m. Les chevalets portent à leur tour deux poutres parallèles portant les rails de la voie du treuil roulant, et ces poutres sont disposées pour pouvoir s'avancer du côté du canal avec un porte à faux de 6 m., ce qui permet de déposer les blocs en un point quelconque de la largeur des bateaux en chargement.

Chaque poutre est faite de deux pièces de bois superposées de 0,32 de hauteur sur environ 0,20 de largeur, jumelées et formant moises, et comme cette section n'est pas suffisante pour pouvoir porter à 14 m. la charge maximum prévue de 10.000 kil., on les a armées au moyen d'un sous-tendeur en fer sur lequel elle repose par l'intermédiaire de cinq bielles en fonte.

La portée est, de plus, diminuée à chaque bout par deux

contrefiches inclinées venant s'appuyer sur les chevalets. Quant au porte à faux qui est considérable, et qui doit résister

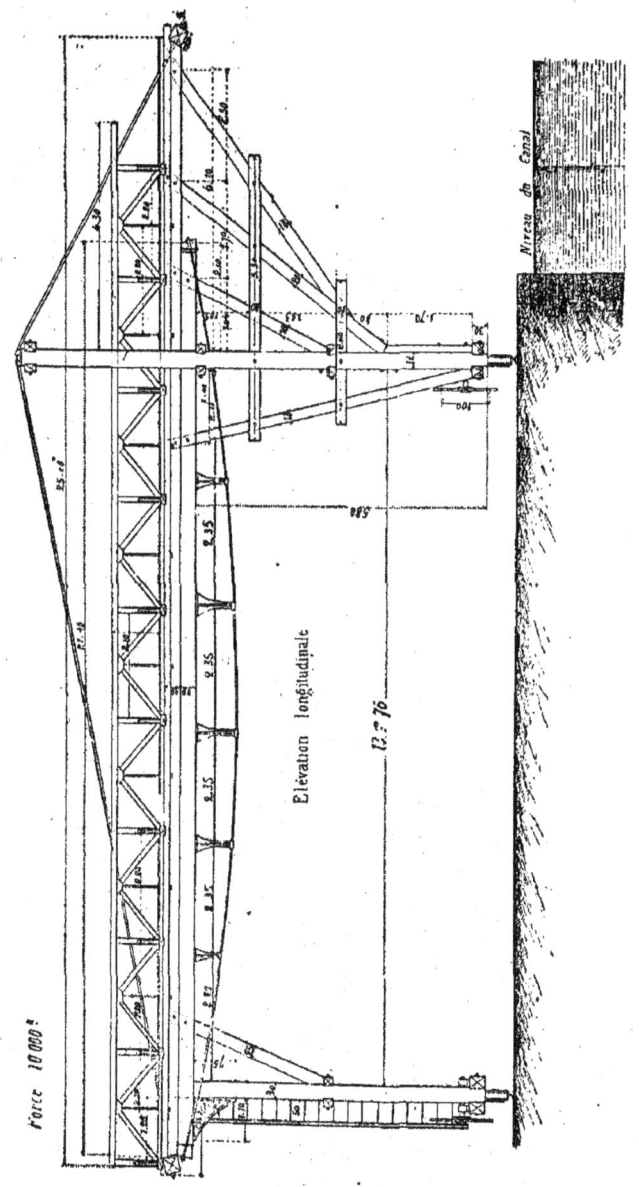

Fig. 383.

à une traction verticale de 10.000 kil., il est soutenu de deux façons : 1° par trois séries de contrefiches moisées, et 2° par la traction d'un tendeur supérieur attaché aux deux extrémités de la poutre, et soutenu à hauteur par le chevalet de rive.

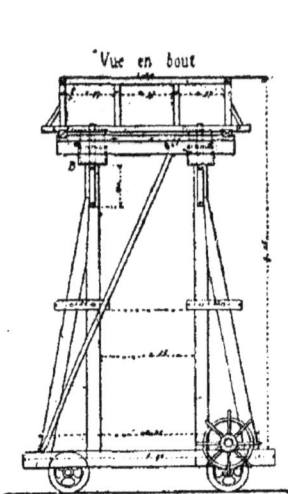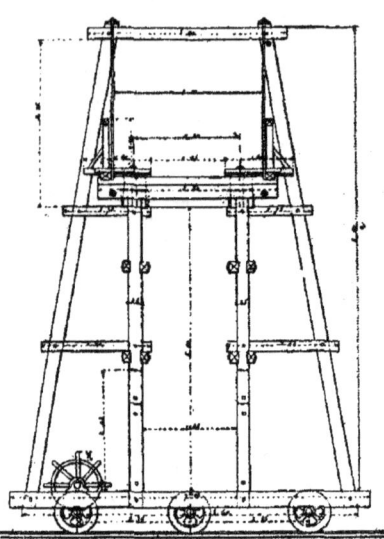

Fig. 384.

Quant aux chevalets ils sont représentés dans les deux croquis de la fig. 384 ; le premier correspond au chevalet le plus éloigné de la rive ; il se compose d'une moise inférieure soutenue sur les axes des galets et d'où partent les deux poteaux soutiens des poutres. La verticalité de ces derniers est assurée : dans le plan du chevalet par deux contrefiches obliques reliées par des moises ; dans le sens perpendiculaire par une contrefiche qui le relie à la poutre, et dont il a été déjà parlé, et aussi par une console en fonte dans l'angle voisin. Ce chevalet porte une échelle pour monter à la plateforme du treuil. Le croquis montre aussi le dispositif de commande de l'un des galets, au moyen d'un volant à manettes, pour faire avancer la charpente.

Le second croquis représente le chevalet de rive. Il a plus de pied que le précédent en raison de la longueur de la semelle moisée qui lui sert de base, et qui s'appuie sur les axes de trois galets ; l'un d'eux est commandé de la même manière que celui de l'autre chevalet.

Sur la semelle et à l'entr'axe des poutres sont les deux poteaux verticaux qui les portent. Leur verticalité est assurée, dans le plan du chevalet, par deux contrefiches inclinées en sens opposés, avec lesquelles ils sont moisés, et qui montent plus haut pour porter les deux tendeurs du porte à faux. Ces contrefiches sont entretoisées à leur partie supérieure par une traverse moisée. Avec cette forme du chevalet de rive et des poutres qu'il supporte, on voit que rien n'empêche le mouvement des fardeaux levés par le treuil, le passage étant complètement libre dès que ce fardeau se trouve élevé au-dessus de la semelle des galets. L'écartement des poutres est maintenu seulement par les poteaux des chevalets, et à leurs extrémités, en dehors du chemin du treuil, par des traverses fortement assemblées.

La plateforme du treuil porte les rails sur lesquels ce dernier se meut, et deux chemins en planches permettent de circuler pour le pousser dans le sens voulu et faire varier sa position. Ces chemins sont accompagnés, du côté de l'extérieur, par un garde fou prévenant la possibilité d'accidents.

180. Charpentes roulantes employées dans la construction. Disposition de celle de la gare d'Orléans. — Les charpentes roulantes trouvent une application très économique dans les grands chantiers de construction, et elles permettent de pousser très activement les travaux en simplifiant le montage des matériaux et utilisant la force des moteurs mécaniques ; une foule de dispositions ont été proposées et appliquées, la forme de la charpente dépendant des données de chaque chantier particulier et de ses exigences propres. Nous allons passer en revue quelques-unes de ces dispositions.

La fig. 385 représente celle qui a été employée à la construction de la nouvelle gare d'Orléans, à Paris.

Sur deux rails espacés de $8^m,00$ l'un de l'autre, et longeant la façade à élever, on a posé une grande charpente roulante ayant la forme d'un bati de sonnette, on y a ajouté à la partie haute une double poutre horizontale portant la voie de fer d'un petit chariot, le tout convenablement soutenu et contreventé. Le chariot dans sa course peut venir au-dessus de l'in-

§ 3. — APPAREILS DE LEVAGE   357

tervalle des deux rails, et, lorsqu'il a enlevé la pierre, il peut l'amener en porte à faux au-dessus du mur à construire.

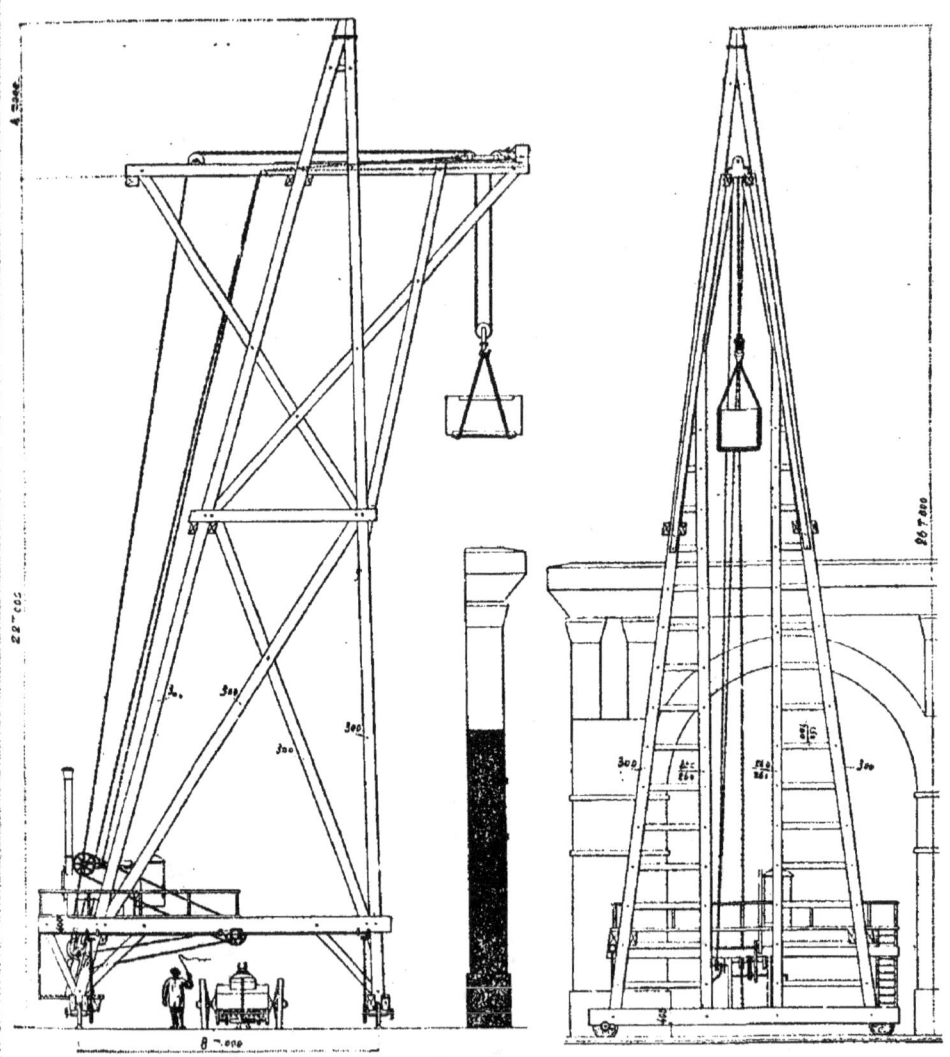

Fig. 385.

Le mouvement du treuil nécessaire au levage et à la descente, ainsi que celui de l'appareil de translation du chariot, sont donnés par une locomobile établie sur un plancher horizontal. Le poids de la locomobile sert à équilibrer le porte à faux des pierres lorsqu'elles se trouvent au-dessus du mur. Un troisième mouvement est commandé également par la machine, c'est celui des deux cours de galets de la charpente qui sont reliés par une même transmission.

Cette charpente a une hauteur totale de 26^m,00 du sol.

181. Charpente roulante employée à Notre-Dame-des-Champs.

— A l'église Notre-Dame-des-Champs à Paris,

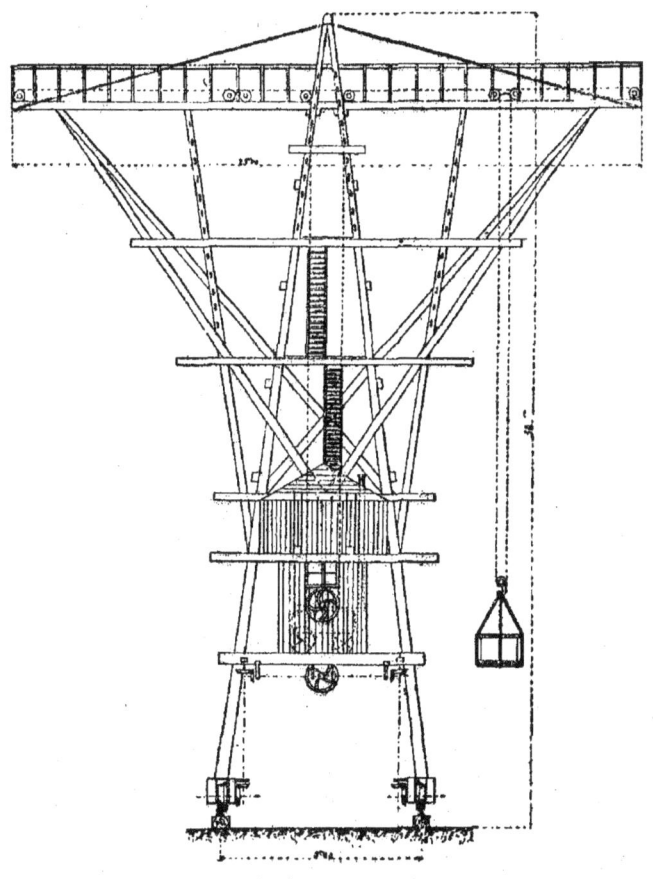

Fig. 386.

on a employé une grande charpente roulante de 30^m,00 de haut et 25^m,00 de largeur, desservant tout le chantier ; elle est représentée dans la figure 386. Un grand bâti en A formant *pylone* est porté, par l'intermédiaire de galets, sur une voie ferrée à l'écartement de 8^m,00. Il soutient une grande plateforme transversale dont les porte à faux sont maintenus par de grandes écharpes, et le tout est convenablement contreventé et moisé.

Une chambre de locomobile est portée en avant et un escalier dessert toute la charpente ; deux treuils parcourent la plateforme supérieure et peuvent travailler simultanément, l'un d'un côté, l'autre sur la seconde face ; le fardeau peut être pris au centre et porté en un point quelconque de la largeur. Ce mouvement, combiné avec le mouvement de translation longitudinale, permet de desservir tous les points d'un chantier de 25 mètres de largeur.

Les mouvements de montée des matériaux, de translation du treuil, d'avancement de la charpente sont actionnés séparément par la machine à vapeur.

Un escalier en charpente permet d'accéder facilement à la plateforme supérieure ; il est utile seulement en cas de réparation, car dans les manœuvres ordinaires toutes les commandes partent de la chambre de la locomobile.

183. Charpente roulante du collège Chaptal. — Lors de l'exécution des travaux du collège Chaptal à Paris, on a employé un pylone roulant qui est représenté, vu de face, et aussi en élévation latérale dans la fig. 387. Ce pylone s'installait successivement sur les planchers déjà faits, pour servir à l'exécution des murs de l'étage au-dessus, il roulait sur les rails d'une voie ferrée de 5 m. d'écartement, était formé de 2 bâtis en A inclinés, concourant en haut, et écartés à la partie basse où ils sont reliés par des semelles posées sur galets.

A ce pylone est attachée une plateforme supérieure transversale débordant le bâtiment, en dehors de chaque façade, de la quantité voulue pour l'amarrage et le levage des matériaux. Des contrefiches inclinées viennent soutenir les porte à faux.

Un chariot parcourt la plateforme et deux treuils à main sont à proximité, l'un pour élever la charge, l'autre pour changer la position du chariot, c'est-à-dire opérer la translation transversale des matériaux. Ceux-ci, une fois élevés au-dessus de la semelle inférieure, trouvent libre pour leur parcours tout l'intervalle triangulaire des deux bâtis. Lorsqu'on ne peut éta-

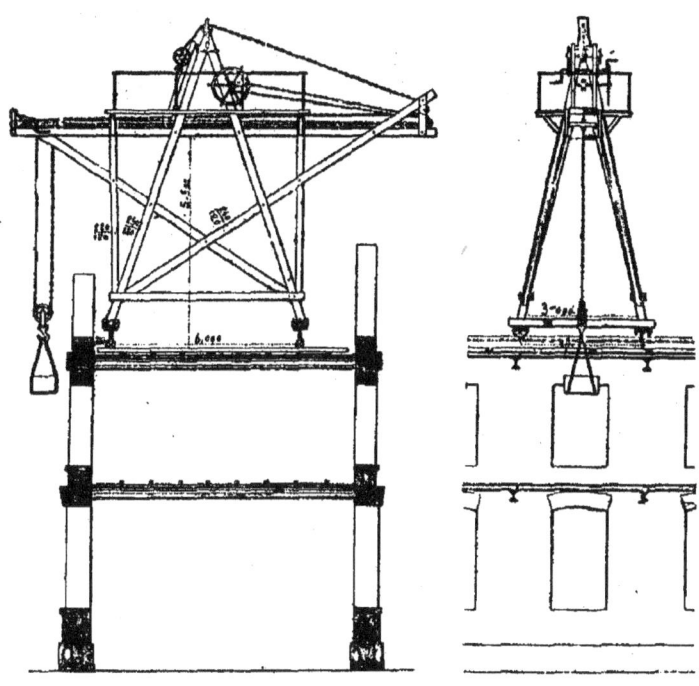

Fig. 387.

blir, faute de place, d'échafaudages extérieurs pour la construction d'un édifice, ce système peut rendre de très grands services.

183. Charpente roulante de l'hôtel des Postes. — Pour la construction du nouvel hôtel des Postes, on a employé une charpente roulante d'un type nouveau, imaginé par M. Bonnet, ingénieur des arts et manufactures. Elle consiste en un bâti de sonnette posé sur galets et dont les deux jumelles seraient écartées. A la partie supérieure, ainsi que le montre la fig. 388, un balancier oscillant est posé sur deux coussinets entre les deux jumelles. Ce balancier porte une poulie à l'une de ses extrémités, et à l'autre est attachée une

§ 3. — APPAREILS DE LEVAGE

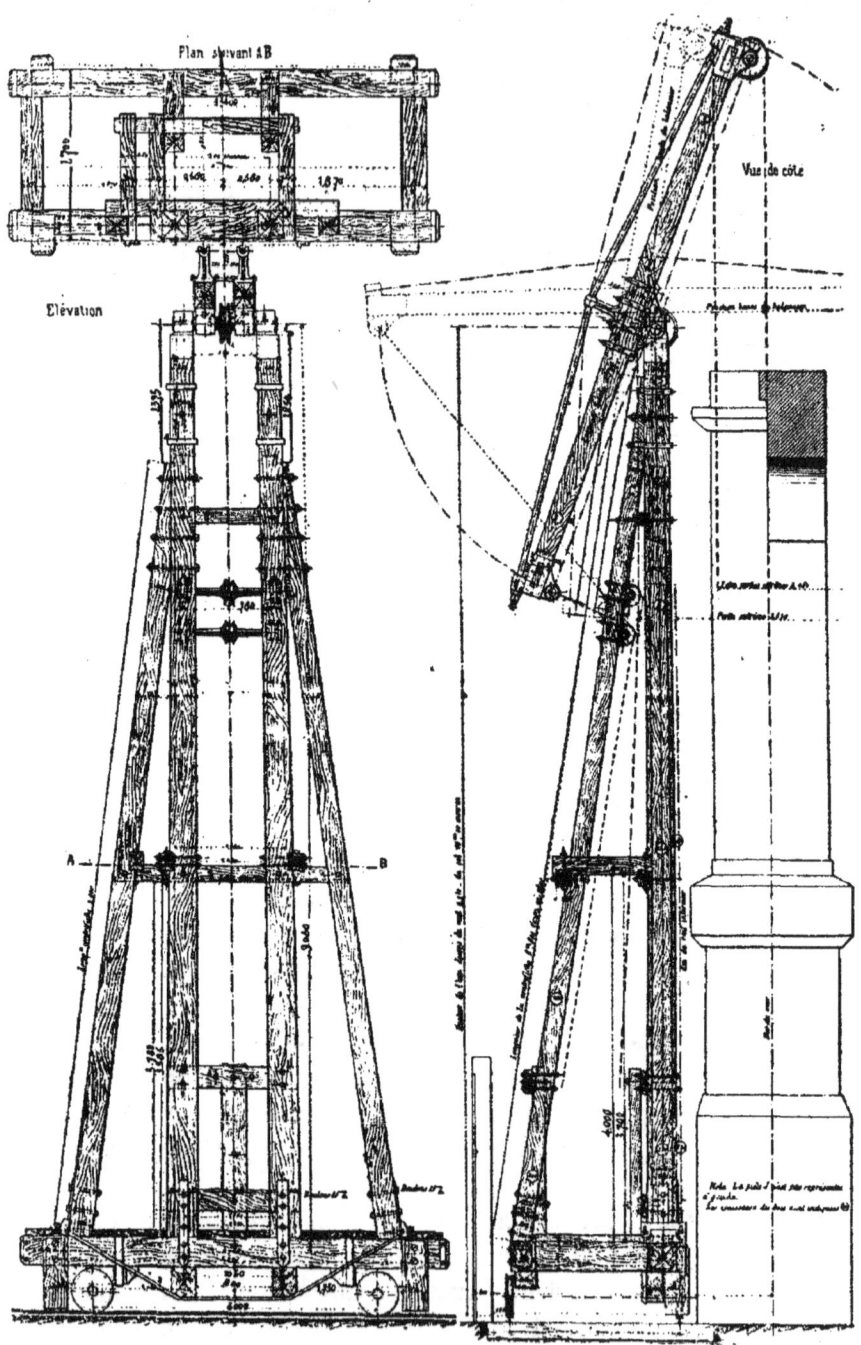

Fig. 388.

chaîne de traction correspondant à un treuil. Sur la poulie passe la chaîne de levage du fardeau, et cette chaîne déviée par un galet situé sur l'axe de rotation est renvoyée au tambour d'un second treuil de manœuvre. Ces deux treuils, ainsi que la commande de la translation de la charpente, sont actionnés par la machine à vapeur locomobile placée sur un plancher dont le poids concourt à l'équilibre. Il est facile de comprendre qu'en combinant ces trois mouvements, on peut prendre, à proximité de l'engin, une pierre de taille et la poser sur le mur en construction ; le mouvement du balancier remplace, mais d'une façon plus limitée, la translation transversale que produirait le chariot d'une des machines précédentes en se mouvant sur la plateforme supérieure. Le chantier a été desservi par deux charpentes de ce genre, une de 13 m., l'autre de 27 m. de hauteur totale.

184. Charpentes roulantes pour levage des galeries métalliques. — Les Expositions universelles ont amené à construire de grandes galeries très allongées et composées d'une grande série de fermes successives identiques, et la multiplicité de ces montages se répétant un grand nombre de fois dans les mêmes conditions a conduit à la construction de grandes charpentes roulantes dont l'emploi devient alors économique. Ce sont de véritables échafaudages posés sur galets et roulant sur voies ferrées. Ils présentent les plateformes nécessaires pour recevoir les chèvres qui lèveront les fermes métalliques ; ils sont prévus pour recevoir momentanément le poids de leurs diverses parties, qu'ils soutiennent à leur emplacement exact jusqu'à l'assemblage de tous les joints ; enfin, ils donnent aux ouvriers tous les planchers nécessaires pour parfaire l'ouvrage dans tous ses détails accessoires, jusqu'à la vitrerie, la peinture, etc.

La fig. 389 représente, en élévation de face et en demi-élévation latérale, une des charpentes roulantes qui ont servi au montage de la galerie des machines de l'Exposition universelle de 1878 ; elle a été établie, sous les ordres de M. Mathieu, ingénieur en chef, par MM. Schneider et Cie, constructeurs au Creusot.

§ 3. — APPAREILS DE LEVAGE

Cette grande charpente avait la largeur totale de la galerie à élever, c'est-à-dire 35 m., et une profondeur longitudinale

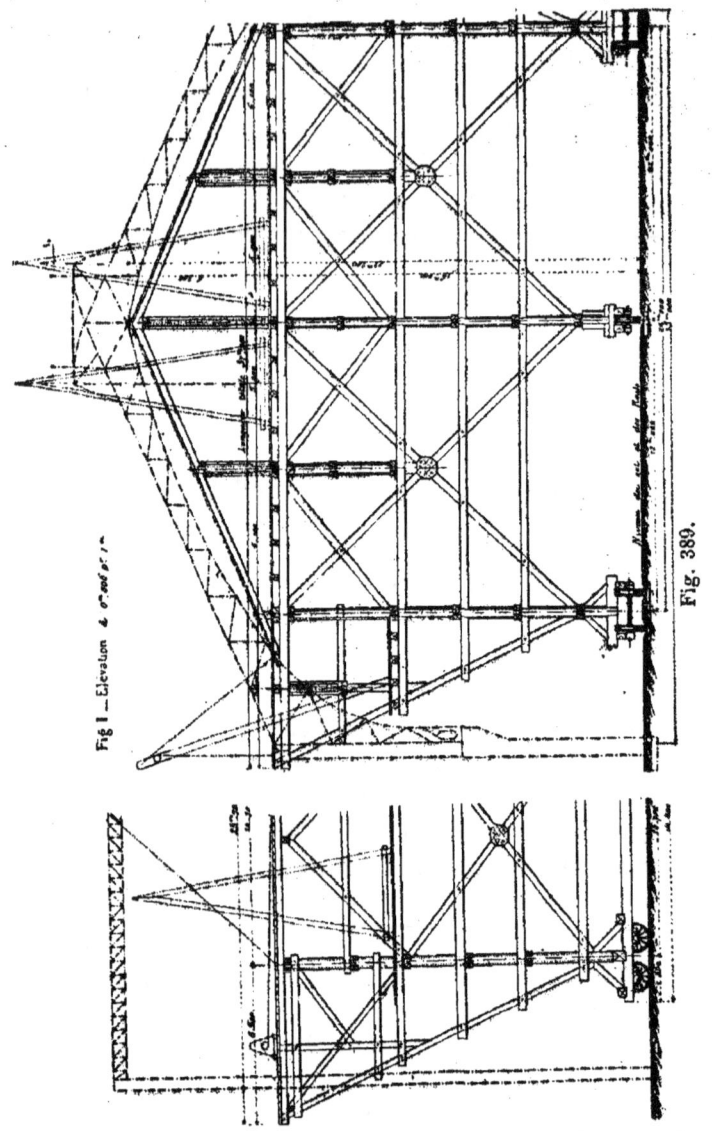

Fig. 389.

de 23 m. 70. Elle était formée de trois chevalets roulants, soutenant deux fermes principales, le tout parfaitement moisé et contreventé à toutes hauteurs, et le complément des dimensions était obtenu par des porte-à-faux sur contrefiches dans toutes les directions. Deux plateformes latérales servaient à supporter les chèvres chargées du levage des poteaux et des pieds de fermes, tandis que plus haut, à 16 m. du sol, une grande plateforme de toute la surface de la charpente recevait les chèvres qui devaient élever les faîtages. Sur cette plateforme, enfin, on élevait un complément d'échafaudage donnant des planchers inclinés suivant le rampant des pans de toiture et permettant l'assemblage des pannes, la pose des chevrons et l'exécution de tous les ouvrages accessoires.

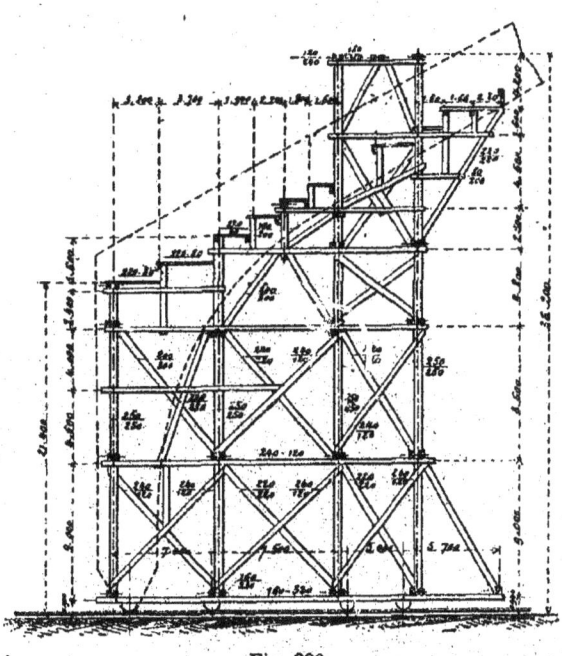

Fig. 390

Pour le montage de la galerie des machines de l'Exposition de 1889, la grandeur de l'édifice a amené à la construction de charpentes roulantes encore plus considérables et dont l'étude complète sortirait du cadre de cet ouvrage ; nous en donnerons seulement les lignes principales, pour montrer jusqu'où on est allé dans ces énormes constructions provisoires en bois qui rendent de si grands services.

Pour le levage de la partie de galerie dont elle avait l'entreprise, la Compagnie de Fives-Lille a employé trois pylones roulants, faisant ensemble, à part les intervalles, les 118 m. de largeur du bâtiment. Le pylone de faitage avait une hauteur totale de 48 m. 60 ; il est figuré en élévation dans le sens longitudinal de la galerie par la fig. 391 ; six lignes de poteaux verticaux partent des semelles inférieures et montent jusqu'à la hauteur qui vient d'être indiquée ; huit cours de moises

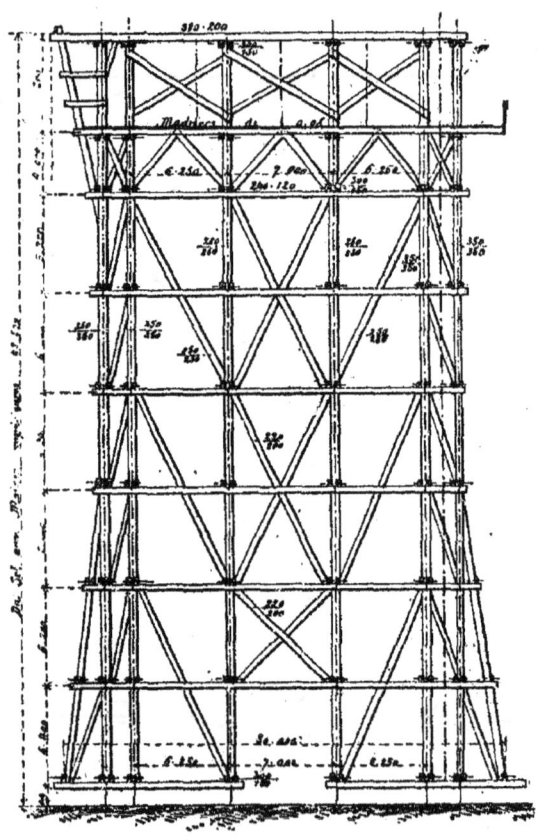

Fig. 391.

les entretoisent dans la hauteur et les grandes croix de St-André figurées les contreventent ; quatre fermes semblables composent le pylone. Elles sont reliées par des moises perpendiculaires aux premières et par d'autres croix de St-André de deux systèmes, les unes verticales et les autres horizontales, de telle sorte que le pylone jouissait d'une solidité absolue malgré le développement de sa charpente.

Les pylones latéraux, étaient moins élevés ; ils atteignaient 36 m. à leur point culminant. Ils étaient montés pour pouvoir opérer la rotation des poteaux pieds de fermes autour de la rotule sur laquelle chacun d'eux prend son appui.

La partie d'arc, basculant ainsi pour venir dans sa position définitive, devait à tout moment trouver un soutien sur le pylone en question.

Ce même pylone comprenait une sapine avec treuil pour opérer, concurremment avec le pylone de faitage, le levage du restant des arbalétriers.

Pour éviter le démontage de ce pylone après chaque levage de ferme, on lui avait donné un mouvement de translation transversale pour le rapprocher du pylone central et le dégager de la ferme qu'il venait de servir à monter, puis tous deux étaient entraînés longitudinalement jusqu'à l'emplacement de la ferme suivante.

Bien entendu, les pylones avaient été étudiés pour présenter à tous moments, et en tous points, les plateformes et planchers nécessaires à tous les travaux complémentaires indispensables au parachèvement de l'ouvrage.

La société Cail, qui a eu à faire l'exécution de la seconde moitié de la même galerie des machines, avait procédé autrement. Elle avait installé une grande charpente roulante, de la largeur même de la galerie, soit 100 mètres environ, composée de 5 pylones reliés ensemble et posés chacun sur 2 rails longitudinaux.

La partie avant de la charpente portait une plateforme transversale à 37 m. du sol, et sur cette plateforme circulait une autre charpente roulante de 26 m. de hauteur.

Nous renvoyons aux ouvrages spéciaux pour l'étude de ces énormes charpentes que nous n'avons voulu qu'indiquer.

§ 4.

TRAVAUX HYDRAULIQUES

185. Fondations par pieux ou pilotis. Principes généraux. Bois employés. Frettage et sabotage. — Lorsqu'on rencontre pour fonder les constructions une couche superficielle de roches insuffisamment résistantes, d'épaisseur d'au moins plusieurs mètres, mais aquifères, on emploie les fondations par pilotis.

Le principe de ce genre de fondation consiste à enfoncer dans le sol des pieux en bois qui traversent la couche trop peu consistante, et vont reposer plus bas sur un sol convenablement solide ; puis à faire reposer la construction sur les pieux ainsi enfoncés et convenablement disposés.

On enfonce les pieux en agissant sur eux, comme avec un marteau, au moyen de masses nommées *moutons,* qu'on laisse tomber sur leur tête d'une certaine hauteur.

Le principe absolu sur lequel repose la fondation par pilotis consiste en ce que le bois constamment immergé se conserve indéfiniment. Il faut donc mettre les bois d'une fondation dans un état d'immersion continue, condition absolue de leur conservation.

La plupart des terrains simplement humides se laissent pénétrer par l'air et accélèrent au contraire la pourriture des bois qui s'y décomposent au bout de peu de temps.

Tous les bois sans exception paraissent être aptes à faire des pieux, du moment que l'on proportionne la charge à leur résistance. Cependant on emploie plus communément le chêne, le pin, l'aulne et l'acacia, ces deux derniers pour les petits pilotis.

Il faut proportionner le diamètre à la longueur ; ordinairement celle-ci ne dépasse pas 25 à 30 fois le diamètre moyen. Il est également nécessaire que les bois soient bien droits, exempts d'aspérités superficielles qui s'opposeraient au glissement dans la traversée des couches de terrain.

On emploie souvent les bois en grume, tout venants, avec la seule précaution d'enlever l'écorce qui augmente inutilement le diamètre et par suite la difficulté de l'enfoncement. On emploie aussi des bois équarris régulièrement, surtout lorsqu'on a besoin de former une jonction latérale par une face plane. Mais on admet de forts chanfreins pour utiliser le mieux possible toute la partie résistante de l'arbre.

*Les pieux ne doivent pas décroître trop rapidement de diamètre. On admet que le diamètre au petit bout ne doit pas être inférieur aux deux tiers du diamètre de l'autre extrémité.

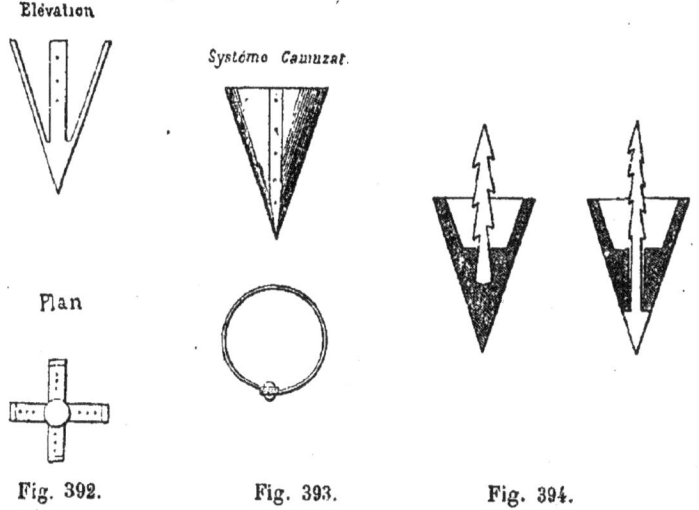

Fig. 392.   Fig. 393.   Fig. 394.

Le bout du pieu qui doit pénétrer dans le sol est ordinairement le petit. On l'affute en pointe pour qu'il s'enfonce plus facilement, et, pour que la pointe ne s'émousse point au premier obstacle rencontré, on la garnit d'un revêtement métallique, dit *sabot*.

La forme la plus ancienne des sabots, encore usitée aujourd'hui, consiste en une pointe de fer, aciérée au besoin, munie de quatre branches fixées au bois par des clous, fig. 392.

D'autres sabots sont formés d'un cornet ou cône en tôle rivée, avec masse de fer soudée pour renforcer la pointe, fig. 393.

Enfin la fig. 394 représente en coupe verticale deux dispositions de sabots en fonte : dans le premier, la pointe est en fonte, et l'intérieur du cône est muni d'une tige ou broche de fer barbelée, chargée de faire la jonction avec le bois ; dans le second, le croquis montre une variante dans laquelle la pointe est en fer aciéré et est soudée à la tige barbelée ; c'est le *sabot avec broche à pointe*.

On prend parmi ces dispositions celle qui correspond le mieux à la nature des terrains à traverser, et dans chaque localité l'expérience indique facilement le choix à faire.

Quelle que soit la disposition adoptée, il y a lieu de poser le sabot avec le plus de soin possible, de manière qu'il soit bien dirigé suivant l'axe réel ou fictif du pieu, de manière à éviter une déviation pendant le battage.

Lorsque les terrains offrent une grande résistance, on redouble de soin pour le sabotage et on augmente la dimension de la face supérieure du culot pour obtenir un plus grand contact avec le bois.

Pour la tête des pilotis il y a également une disposition à prendre.

C'est par le choc d'une masse lourde que l'on enfonce les pieux, et les chocs répétés du mouton fendraient et éclateraient infailliblement le bois si l'on ne prenait la précaution de *fretter* la tête des pilotis. La frette est un cercle en fer de 0 m. 05 à 0 m. 06 de hauteur, de 0 m. 01 à 0 m. 02 d'épaisseur que l'on ajuste sur la tête du pieu taillée à la demande, et que l'on pose à chaud, pour que, par le refroidissement en place, il y ait serrage et adhérence.

On évite que la frette ne reçoive directement le choc du mouton ; pour cela, on la descend de quelques centimètres au dessous de l'arase horizontale de la tête du pieu.

186. Battage des pieux. Sonnette à tirandes. — Le battage des pieux s'effectue au moyen d'engins que l'on nomme *sonnettes*.

La sonnette la plus élémentaire peut rendre de grands services dans nombre de cas ; c'est la sonnette à tirandes.

Elle se compose d'un patin qui sert de base et de deux pièces verticales nommées *jumelles,* convenablement maintenues, et qui doivent servir de guides au pieu à enfoncer ainsi qu'au mouton qui doit le frapper.

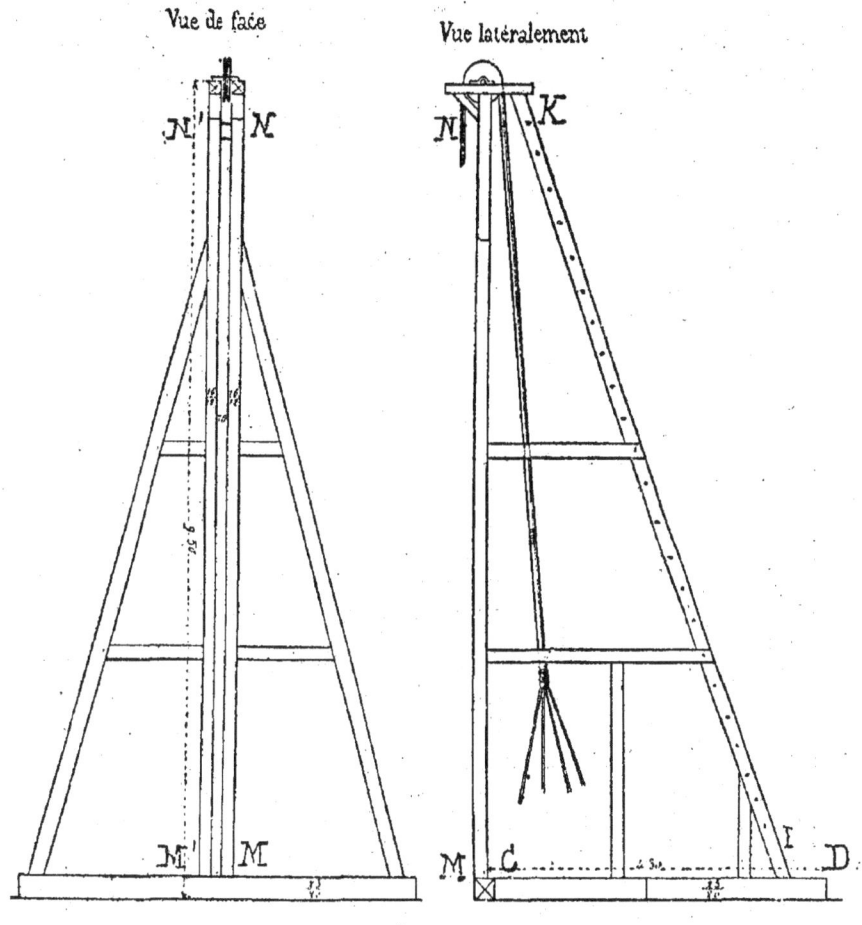

Fig. 395.

Le patin est formé d'un triangle en charpente composé d'une pièce de bois de face AB, d'une seconde pièce perpendiculaire à la première en son milieu CD et deux contrefiches de maintien ee', ff'. Il est représenté fig. 396 en plan.

Sur le milieu de la pièce AB s'élèvent les jumelles MN M'N' fig. 395 qui sont deux pièces de 16/12 environ d'équarrissage et qui ont une hauteur de 7 à 10 m., suivant la longueur des pieux à battre; elles sont maintenues à un écartement constant de 0 m. 10. On fixe l'angle droit qu'elles font avec la pièce AB au moyen de deux contrefiches AG, BH; le plan vertical formé par toutes ces pièces est rendu invariable par un lien incliné IK, nommée *queue*, assemblé d'une part avec la semelle perpendiculaire du patin, et d'autre part avec le haut des jumelles.

La queue est traversée dans toute sa hauteur par une série de chevilles saillantes formant échelons pour permettre d'atteindre facilement le haut de la sonnette, où se trouve fixée la poulie qui reçoit le câble avec lequel on doit soulever le mouton.

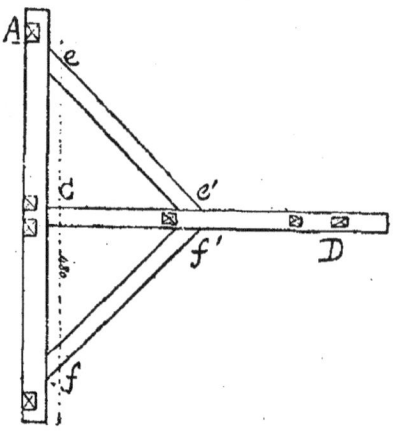

Fig. 396.

Le mouton employé avec les sonnettes à tirandes a un poids variant de 200 à 350 kilogrammes. C'est une masse en bois dur frettée du haut et du bas. Il porte, juste au dessus de son centre de gravité, un anneau qui sert pour l'attacher au crochet du câble. Il doit glisser le long des jumelles et être guidé par elles dans ses mouvements de montée et de descente. A cet effet il porte deux queues en bois avec clefs transversales, ainsi que le montre la fig. 397. La saillie de ces clefs ayant lieu sans serrage à l'arrière des jumelles permet le guidage sans s'opposer aux mouvements de la masse.

Le mouton est donc attaché à l'un des bouts du câble, dont l'autre extrémité se divise en un grand nombre de brins nommés tiraudes qui doivent être actionnés par l'effort des hommes.

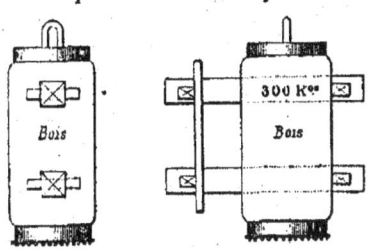

Fig. 397.

Chaque manœuvre peut développer sur une tiraude, en travail continu, un effort de 10 à 12 kil Si on lui demande plus, il faut avoir deux équipes se relayant alternativement. La hauteur de chute est ordinairement de 0 m. 80 à 1 m. Les hommes soulèvent donc le mouton en agissant de haut en bas sur la corde et le laissent retomber de tout son poids sur la tête du pieu. Ils donnent ainsi quarante coups de suite, ce qui constitue une *volée*. On rend les efforts concordants au moyen d'une chanson rythmée, qui permet d'agir en mesure et de produire le plus grand effet utile.

Pour disposer un pieu le long de la sonnette, pour le *mettre en fiche* comme l'on dit, on prépare, s'il est nécessaire, dans le sol un trou préalable exactement à l'endroit qu'il doit occuper, et on le pose sur sa pointe dans la position précise qu'il devra conserver.

On dispose la sonnette pour que le mouton soit bien au-dessus du pieu, dont on amarre la tête aux jumelles par une corde assez lâche pour permettre le glissement. Alors commence le battage.

Une volée dure environ deux minutes, mais, avec le temps perdu aux tâtonnements et installations diverses, il ne faut pas compter sur plus de 50 à 60 volées par journée de dix heures de travail effectif d'une équipe.

Le battage à la tiraude n'est pas rapide parce que le poids du mouton est faible, ainsi que la hauteur de chute ; mais on a une équipe qui est constamment bien occupée, soit au battage, soit aux opérations préparatoires, ce qui est un grand avantage dans les chantiers restreints, lorsque la dimension en section des pieux employés est elle-même modérée.

On admet qu'un pieu de 0,25 de diamètre, qui ne s'enfonce plus que de 0 m. 004 à 0 m. 005 par volée d'une sonnette à tiraudes, avec un mouton de 250 à 300 kil., tombant de 1 m. de hauteur, est arrivé à refus ; si ce refus persiste, on peut le charger de 25,000 à 30,000 kil., soit 40 à 50 kilogrammes par centimètre carré.

187. Sonnettes à déclic. — On peut activer le battage et enfoncer de plus gros pieux en employant un mouton plus lourd et le faisant tomber d'une plus grande hauteur. La disposition de la sonnette est différente et elle porte alors le nom de *sonnette à déclic*. On l'a représentée fig. 398.

Le bâti de la sonnette reste sensiblement construit suivant les mêmes principes, mais le mouton est ici soulevé par un treuil que font marcher six ou sept manœuvres sous la conduite d'un chef d'équipe, l'*enrimeur*.

Lorsque le mouton est arrivé à la hauteur voulue, au lieu de tomber en entraînant la corde, il s'en sépare au moyen d'un instrument appelé *déclic*.

Le treuil doit permettre le déroulage facile de la corde pour qu'elle puisse reprendre sans perte de temps l'anneau du mouton pour la montée suivante.

Les déclics employés dans ces sonnettes sont de dispositions très diverses.

Dans la figure 398 le dernier croquis représente une disposition très fréquemment employée. Le déclic se compose d'un crochet à long manche qui soutient l'anneau du mouton et qui est attaché lui-même au bout du câble de la sonnette au moyen d'un second anneau. La forme du crochet est telle qu'il suffit d'une légère traction opérée par une cordelette maniée par l'arrimeur, sur l'extrémité du manche, pour incliner le crochet et lâcher le mouton.

Un second système, plus généralement adopté maintenant, consiste en une tenaille qui prend entre ses mors l'anneau du mouton. L'une des grandes branches est attachée au câble, l'autre est mobile, et peut être maintenue fermée par un anneau faisant partie d'un levier horizontal manié du bas par la cordelette. Il est facile de comprendre que tant que les grandes branches sont maintenues rapprochées, le mors est fermé et le

374 CHAP. VI. — LA CHARPENTE AU CHANTIER

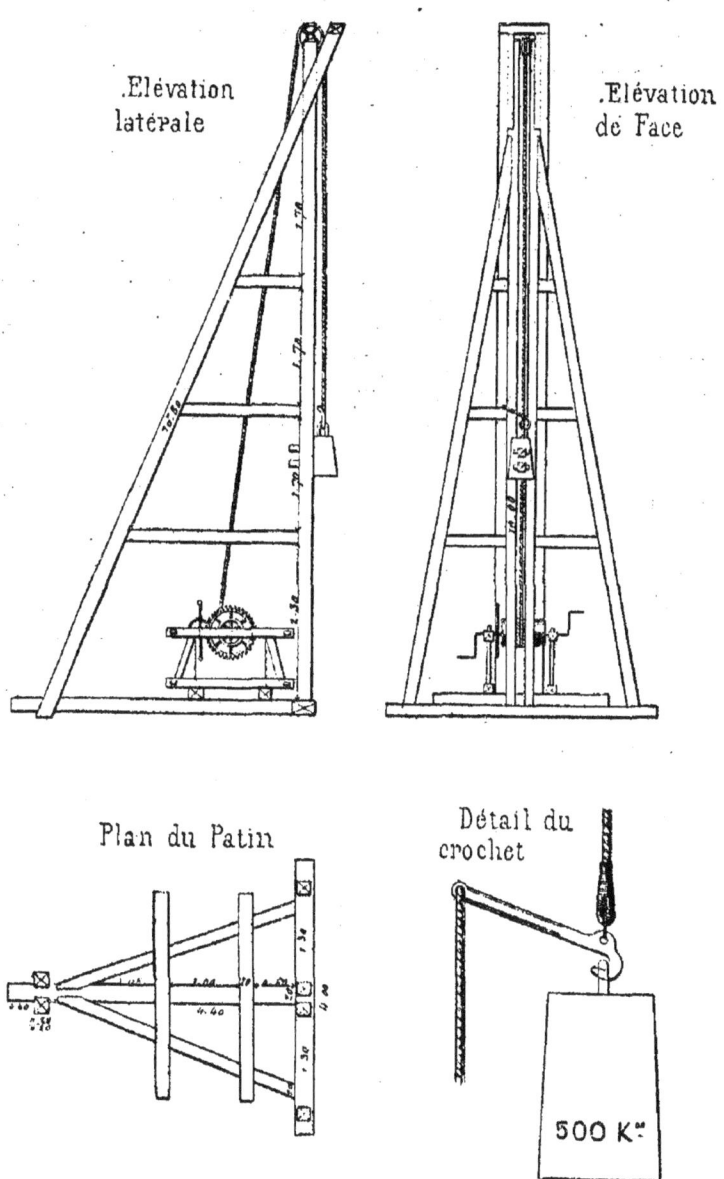

Fig. 398.

§ 4. — TRAVAUX HYDRAULIQUES

mouton ne peut échapper. Mais dès qu'on tire sur la cordelette, on dégage l'anneau, il lâche la branche mobile, le mors s'ouvre et le mouton opère sa chute.

Le bâti des sonnettes à déclic est formé de bois assez forts pour permettre l'emploi des moutons en fonte de 500 à 1.000 kilog. La hauteur de chute peut également être beaucoup augmentée et portée jusqu'à 4 mètres, ou même 5 mètres si le mouton n'approche pas trop du maximum.

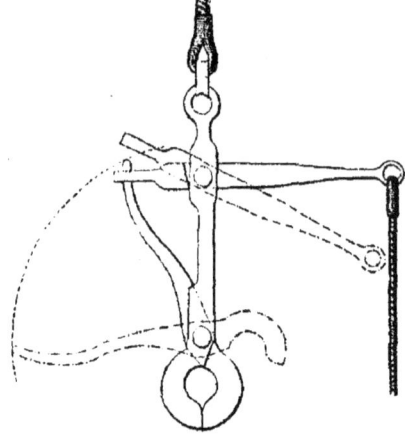

Fig. 399.

On peut régler automatiquement la marche du déclic pour faire tomber toujours le mouton lorsqu'il est arrivé à une certaine hauteur; il suffit pour cela de mettre sur le bâti de la sonnette une broche convenablement disposée, qui agit sur le levier du déclic lorsqu'il est monté à une hauteur déterminée, et qui remplace ainsi la traction de la cordelette. Mais, dans la plupart des cas, il est préférable de manœuvrer le déclic à la main, parce que, suivant la manière dont le pieu se comporte et les obstacles rencontrés, on a à faire varier la hauteur de chute.

En effet, lorsqu'un pieu s'enfonce normalement, on agit par grands coups avec la hauteur de chute disponible; mais, dès que l'on sent une résistance anormale ou que l'on s'aperçoit d'une déviation, il devient prudent de diminuer la chute et de multiplier les chocs.

Du reste, il est toujours préférable de ménager la hauteur et par suite l'intensité des coups, surtout lorsqu'on arrive à la fin du battage et qu'on est près de rencontrer le bon sol. A ce moment, quand la pièce se bute, de trop grands chocs pourraient écraser la pointe et fendre le pieu ; celui-ci continuerait alors à descendre, mais on ne pourrait compter sur sa résistance.

Les sonnettes à déclic ont besoin d'avoir plus de hauteur

que les autres, d'abord parce qu'elles peuvent servir principalement pour des pieux plus longs et plus gros, et en second lieu parce que à la hauteur du pieu, au moment de la mise en fiche, il y a lieu d'ajouter une hauteur de chute plus grande. Elles ont d'ordinaire 12 à 16 mètres de hauteur.

La sonnette à déclic est souvent plus économique que la sonnette à tiraude pour les grands chantiers ou pour le battage de forts pieux. D'autre part, elle ménage moins le bois des pieux, et les équipes des desservants sont quelquefois inoccupées. Il y a lieu, pour faire le choix, de bien peser au point de vue pratique les conditions particulières où l'on se trouve.

On considère les pieux de 0,25 à 0,30 de côté comme battus à refus lorsqu'ils n'enfoncent plus que de 0 m. 004 à 0 m. 005 par coup d'un mouton de 500 kilogrammes tombant de 4 à 5 mètres de hauteur ; ou encore par volée de 30 coups d'un mouton de 500 à 600 kilogrammes tombant de 1 m. 40. On peut alors leur faire porter en toute sécurité 30.000 à 50.000 kil., le bois travaille alors à 40 ou 50 kilogrammes par centimètre carré.

Lorsque dans les mêmes conditions l'enfoncement est encore de 0,04, on admet qu'il ne faut faire porter au pieu que 7.000 à 8.000 kilogrammes.

Dans certains terrains mous formés de vase, il arrive souvent que dans l'intervalle des battages le terrain se serre autour du pieu, en augmentant sa stabilité, mais cette plus grande solidité n'est qu'apparente et disparaît à la reprise de l'enfoncement.

Dans les terrains glaiseux détrempés, au contraire, on arrive après un certain nombre de volées à un refus apparent, et, si on laisse au terrain le temps de transmettre en tous sens la pression que lui communique le pieu, on peut reprendre le battage et l'on obtient de nouveau enfoncement normal.

Enfin, dans ces mêmes couches de glaise l'enfoncement d'un pieu fait quelquefois ressortir du sol les pieux voisins déjà battus, on évite cet inconvénient en enfonçant les bois dans le sol le gros bout en avant.

Dans le sable, les pieux s'enfoncent mal ou même pas du

tout, par les méthodes ordinaires de battage. On peut néanmoins arriver à les faire pénétrer, soit par injection d'eau à la

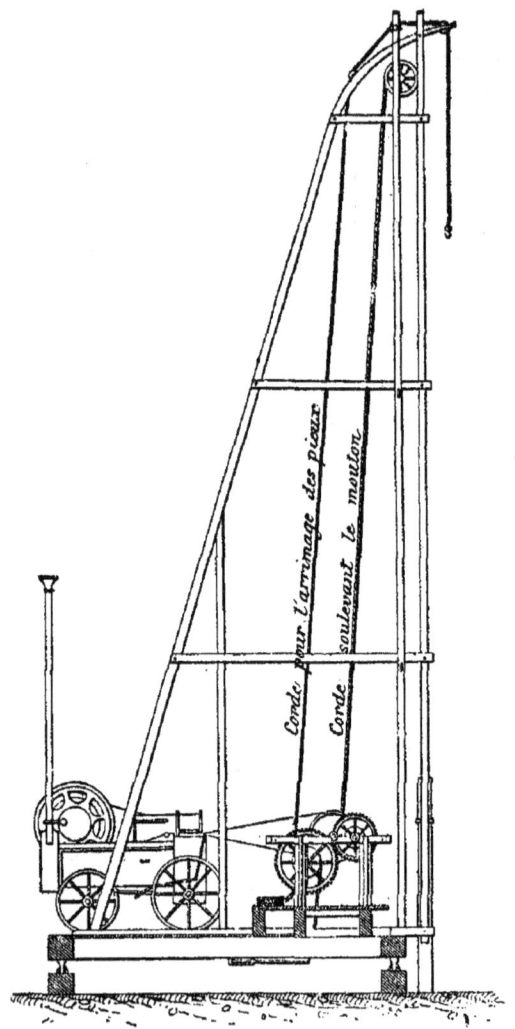

Fig. 400.

pointe, soit par l'emploi de pieux à vis. Mais ces procédés sortent du cadre de cet ouvrage.

188. Sonnettes à vapeur. — Dans les grands chantiers,

lorsque le nombre des pieux à battre est très considérable, on a avantage à remplacer l'action des hommes qui manœuvrent les treuils par l'action plus puissante et plus rapide de la vapeur. On met alors la sonnette sur rails, et on installe sur le plancher du patin une locomobile dont la machine actionne le treuil par le moyen d'une courroie (fig. 400). Il faut, pour que ce moyen soit économique, que l'on n'ait pas souvent à démonter ou à changer de ligne la sonnette, et, pour cela, que l'on ait à battre de longues files de pieux en alignements droits.

Enfin, on a encore appliqué l'action mécanique des machines au battage direct, le mouton étant porté par un piston qui se meut dans un cylindre à vapeur coiffant la tête du pieu (syst. Nasmyth). C'est principalement aux travaux hydrauliques des rivières et des ports que ce système très ingénieux et très rapide est applicable.

189. Emploi d'un faux pieu. — Lorsque la tête d'un pieu disparaît plus bas que le patin de la sonnette, le mouton ne peut plus agir sans risquer de rencontrer la semelle et de désorganiser le bâti, en produisant de graves accidents. On évite tout inconvénient en interposant entre le mouton et la tête du pieu, lorsqu'elle est assez basse, un faux pieu qui reçoit et transmet le choc. Le faux pieu est guidé par la tête le long des jumelles à la manière ordinaire ; il est fretté en haut et en bas et se relie à la tête du pieu par un goujon bien centré.

La transmission du choc est d'autant plus complète que le faux pieu est plus court. Aussi emploie-t-on plusieurs faux pieux successifs, d'abord courts et ne prenant de la longueur qu'à mesure que le pieu principal s'enfonce plus profondément. Lorsque le faux pieu est d'une longueur de 2,50 à 3 m., l'action effective du mouton n'est que la moitié de ce que procurerait le choc direct sur le vrai pieu.

190. Enture des pieux. — Lorsque les bois dont on dispose ou la sonnette que l'on possède ne permettent pas d'avoir pieux de la longueur voulue pour atteindre le bon sol, on commence par battre un pieu, puis on en ajoute un autre par dessus pour en compléter la longueur. Ce pieu additionnel doit être traité comme un faux pieu ; souvent on se contente du goujon centré pour maintenir les deux bois bien en prolongement. Il est préférable de relier les deux pièces par un manchon en tôle bien ajusté, comme l'a fait M. Lechalas aux ponts sur la Loire à Nantes.

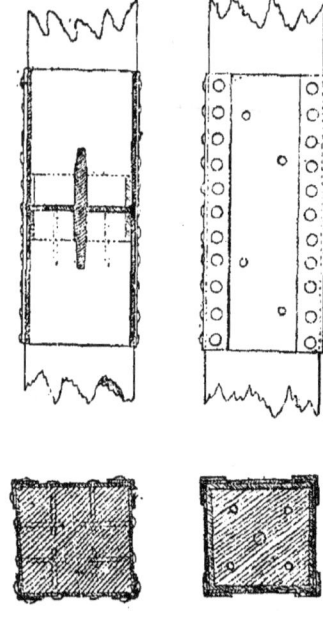

Fig. 401.

La fig. 400 représente en élévation, en coupe verticale et en plan la disposition qui a été employée dans ces ouvrages. C'est un manchon rectangulaire en tôle et cornières qui emboîte chacun des deux morceaux sur une longueur de 0 m. 40 environ. On a bien soin que les sections en contact soient bien perpendiculaires à l'axe général. Ce système a parfaitement réussi, mais il est d'un certain prix.

Si les pieux sont ronds, on emploie un manchon en tôle rivée de même forme.

Quand on veut éviter les entures on emploie des bois de pin et de sapin qu'on peut obtenir jusqu'à une longueur de 20 m. et plus ; mais il faut alors d'énormes sonnettes, plus difficiles à manœuvrer. Ce dernier moyen n'est à recommander que lorsqu'un nombre considérable de pieux permet de créer une organisation spéciale, ou encore lorsque la sonnette peut être montée sur bateau et alors facilement manœuvrable malgré ses grandes dimensions.

191. Surveillance des battages. — Dans une fondation par pilotis, chaque pieu a un rôle spécial et une charge à porter. Il ne faut pas que l'on puisse douter de sa résistance. Tout pilotis douteux doit être remplacé par un ou deux autres convenablement disposés.

Pour qu'on puisse se rendre compte en détail de la solidité de l'ouvrage, il est indispensable de donner sur le plan un numéro d'ordre à chaque pieu et de faire tenir au chef d'équipe, à l'arrimeur, un carnet où chacun a sa place pour noter ses dimensions, les circonstances de son battage, sa profondeur, les enfoncements successifs, les refus obtenus. Ce n'est que de cette façon et en y mettant beaucoup d'ordre que l'on peut savoir si on doit compter d'une façon absolue sur les fondations que l'on établit.

192. Enceintes continues. Pieux et palplanches. — Les enceintes continues reviendraient à un prix trop élevé si on les composait de pieux jointifs. Dans la plupart des cas de la pratique, on obtient une solidité suffisante en les espaçant de 2 en 2 mètres, en les mettant bien en ligne, et en les comprenant entre deux moises laissant libre un intervalle dans lequel on bat des madriers appelés *palplanches*. L'ensemble de ces palplanches dans l'intervalle des pieux forme une série de panneaux plus économiques de bois et d'enfoncement que les pieux qu'ils remplacent,

Les palplanches ont ordinairement 0,08, 0,10 ou 0,12 d'épaisseur, suivant leur longueur et le rôle qu'elles doivent jouer; leur largeur est de 0,22 à 0,25 environ. On les assemble sur leur rive suivant une rainure dite à *grain d'orge* représentée fig. 402. Cette

Fig. 402.

forme a pour but de mieux guider la descente d'une palplanche le long de la précédente. Mais, malgré cette précaution, les panneaux ainsi formés n'ont pas toujours, à cause des accidents de battage, la régularité sur laquelle on voudrait pouvoir compter.

Lorsque les palplanches sont courtes et doivent s'enfoncer en terrain mou, on les enfonce au maillet à deux manches, grosse masse de bois que trois hommes manœuvrent directement.

Lorsqu'elles sont plus longues et que le terrain est plus difficile, on les enfonce au mouton en limitant la hauteur de chute. On doit alors les fretter à la tête, et la frette est faite d'un rectangle en fer que l'on enfonce à force. La pointe inférieure elle-même est munie d'un sabot pour faciliter le passage dans le terrain. Pour le battage des palplanches, on doit préférer l'emploi de la sonnette à tiraudes.

193. Disposition des pieux pour servir de fondation à un mur. — Lorsqu'il s'agit de faire l'application des pilotis à un mur d'une épaisseur restreinte, 0m.70 ou 0m.80 par exemple, on dispose les pieux par paires, transversalement au mur, et on espace les paires suivant la charge, dans le sens longitudinal du mur, de quantités variant de 0^m80 à 1^m50. Il y a lieu de se rendre compte, pour faire cette répartition, si la charge du mur sur sa fondation peut, en raison de sa forme, être considérée comme uniformément répartie, ou au contraire s'il est certains points qui demandent un supplément de résistance.

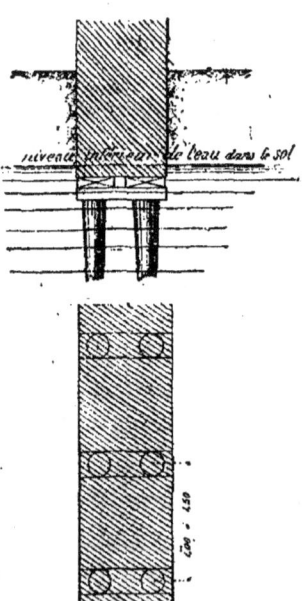

Fig. 403.

La fig. 402 montre en coupe verticale et en plan la disposition ordinaire des fondations d'un mur dans une partie courante. Les pieux battus à refus, on les recèpe bien horizontalement et la hauteur du recépage est déterminée par la considération que *tous* les bois employés soient *toujours* recouverts par l'eau.

On réunit les pieux d'une même paire par des *racineaux*, pièces de bois transversales de 0^m25 à 0^m30 de largeur sur 0^m12 à 0^m20 d'épaisseur et on broche ces racineaux sur la tête des pieux par des tiges en fer placées bien dans l'axe dans des trous très justes percés à la tarière.

Chaque paire de pieux réunis par un racineau forme une sorte de chevalet solide; sur les racineaux on place une *plateforme* formée de longues pièces de bois jointives, à joints croisés, et sur cette plateforme on commence la première assise du mur.

La fig. 404 donne la disposition des pieux de plusieurs murs se rencontrant; on voit qu'aux points de jonction on met quatre pieux, de manière à consolider les endroits importants, et à permettre aussi la liaison avec les chevalets des murs perpendiculaires.

Lorsqu'on a à battre les files de pieux d'un mur, on commence par établir sur le sol, calées à hauteur convenable, deux

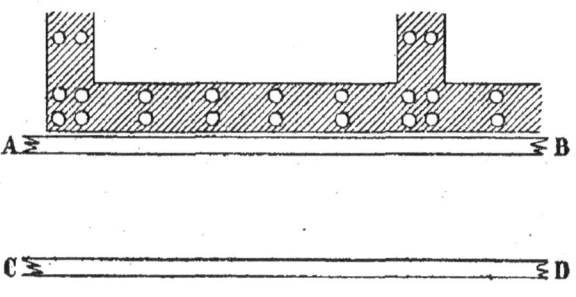

Fig. 404.

pièces de bois AB, CD, sur la face supérieure desquelles on fait glisser le patin de la sonnette. Lorsqu'on a terminé les pieux d'un alignement, on procède de la même façon à ceux d'une autre direction.

Quelquefois on remplace les racinaux à plat par des cours de moises assemblées à entailles sur les côtés des poteaux et assujetties par des boulons; les surfaces d'assemblages doivent alors être assez larges pour porter la charge et les boulons ne doivent pas travailler au cisaillement, ce genre d'efforts devant amener des fentes et des dislocations dans les poteaux.

Lorsqu'une plateforme est bien disposée, on admet qu'elle peut porter avec sécurité toute la charge que sont susceptibles de recevoir les pieux. Il n'y aurait d'exception que si les plateformes travaillaient trop à la flexion dans l'intervalle de pieux trop espacés, il pourrait de plus en résulter des poussées latérales qui ne seraient pas sans danger.

Lorsque le mur est d'une épaisseur plus considérable, chaque chevalet est formé d'un plus grand nombre de pieux reliés par un même racineau et, sur tous ces racinaux bien nivelés, on établit les plateformes.

Souvent, avant de poser les plateformes, on empâte la tête des pieux dans des enrochements noyés dans une tranchée faite pour ce but. D'autrefois encore on remplace les enrochements par du béton. Dans l'un et l'autre cas on peut interposer des fers de déchets qui forment chainages et empêchent les déplacements.

Quand on a à fonder une pile isolée dans un édifice, il suffirait théoriquement de trois pieux pour asseoir d'une façon stable cette sorte d'ouvrage ; mais en pratique il vaut mieux en mettre quatre, ce qui facilite la pose de la plateforme et concorde mieux avec la forme carrée ou rectangulaire de la pile.

194. Recépage des pieux. — Le recépage des pieux dans les travaux de bâtiments se fait d'ordinaire avec la plus grande facilité, eu égard au peu de profondeur sous l'eau à laquelle la coupe doit se faire. Il est rare qu'on ne puisse pas, au moyen d'un léger épuisement, mettre le niveau de coupe à sec et alors procéder à cette opération avec les scies ordinaires.

Dans les travaux de rivière où on a à exécuter ces recépages à une profondeur quelquefois considérable au-dessous du niveau de l'eau, on emploie des engins spéciaux, scies alternatives ou circulaires montées sur bâtis convenables, manœuvrés au-dessus d'un échafaudage extérieur. On les dispose dans chaque cas particulier suivant les circonstances spéciales où l'on se trouve.

Les scies alternatives ont été longtemps le plus généralement adoptées ; elles se composent (fig. 405) d'un chassis sur lequel on monte la scie à la profondeur voulue, et qui vient émerger hors de l'eau ; il se termine par un bâti horizontal avec poignées, et est reçu dans l'intervalle de deux longrines bien dressées formant guides, et qui sont placées sur l'échafaudage extérieur. On a soin que ce dernier soit bien horizontal, de manière que tous les pieux soient recépés exactement au même niveau.

Les scies circulaires, qui paraissaient simplifier le problème, n'ont pas donné les résultats qu'on croyait pouvoir en attendre ; elles sont d'une installation très difficile et l'on arrive avec peine à ce que l'arbre de la scie soit bien vertical, condition indispensable d'une bonne coupe. On doit les monter sur un échafaudage très solide, donner à l'axe vertical une longueur aussi grande que possible et le bien maintenir près de ses extrémités sur un bâti mobile tournant autour d'un axe

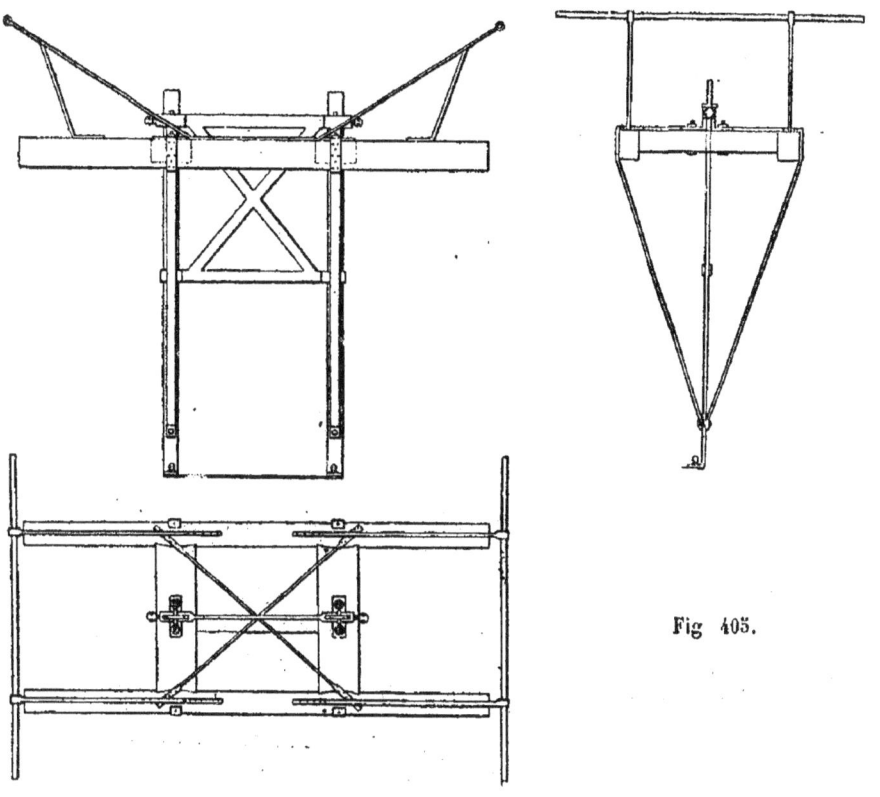

Fig. 405.

bien vertical. Ce sont toutes ces conditions qui sont difficiles à remplir en pratique dans les installations de chantiers hydrauliques.

On est revenu aux scies alternatives, mais en leur donnant une disposition telle qu'elles oscillent dans leur mouvement autour d'un axe ainsi que le montre la figure 406.

Sur un pieu voisin de celui à récéper, ou sur un échafaudage convenable, on fixe par une vis un faux pieu n; il est percé sur les deux faces de trous espacés de 0,05.

Dans l'un de ces trous on place un boulon p, qui servira d'axe d'oscillation. La scie se compose : 1° d'un poinçon percé de trous espacés de 0,01, et dont le diamètre correspond, avec du jeu, au boulon dont il vient d'être parlé ; 2° d'une monture formée de 2 branches articulées avec le poinçon et reliées par une traverse ; 3° de la lame de scie qui a environ 1^{m}30 de long, tendue par le cintre de la monture formant ressort ; 4° de deux perches motrices articulée qq servant pour la manœuvre.

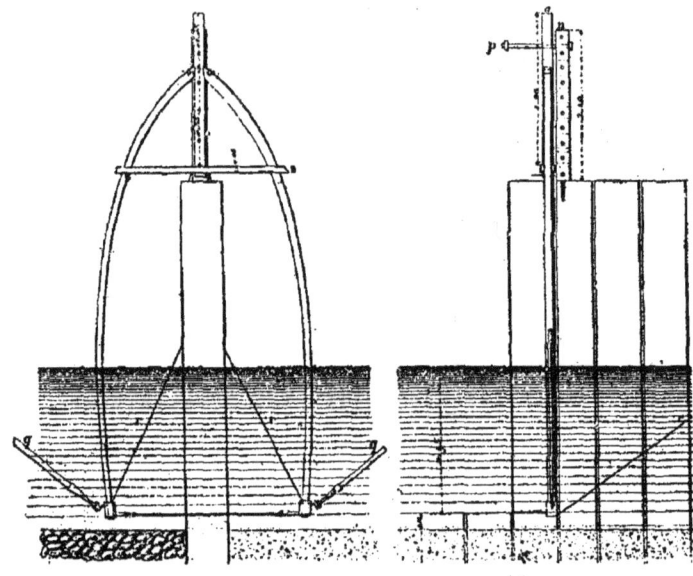

Fig. 406.

Deux cordelettes rr, manœuvrées du haut et auxquelles on donne une légère tension font appuyer la scie sur le trait pour lui faire mordre le bois.

On limite la course à la quantité strictement nécessaire pour l'échappement de la sciure, de manière à obtenir une surface de sciage s'écartant le moins possible d'un plan.

195. Pose des plateformes sous l'eau. — La pose des plateformes qui surmontent les pieux n'est difficile que lorsque ces derniers sont recépés à une certaine profondeur en contrebas du niveau de l'eau. Le problème se réduit à établir une pièce de bois coiffant une ligne de pieux. La première chose à faire est de relever aussi exactement que possible la position en plan des pieux de la ligne, telle que l'a déterminée le battage. On choisit alors une pièce de bois dont la forme lui permettra de s'appuyer sur tous les pieux.

On vient ensuite coiffer la tête de chaque pieu d'un entonnoir en fer blanc surmonté d'un tube que l'on maintient bien vertical, on y introduit une tarière et on perce un trou dans le bois de 0,30 à 0,40 de profondeur. On y enfonce une longue broche de fer qui dépasse le niveau de l'eau. On perce la plateforme de tous les trous nécessaires pour le passage des broches, et on l'immerge en la guidant par celles-ci. Une fois en place cette plateforme, on retire successivement chaque broche et on la remplace par une tige en fer barbelée, de longueur convenable, qui assure la liaison tout en ne dépassant pas le dessus des bois.

On doit s'assurer au moyen d'une lunette, et au besoin d'un éclairage convenable dans l'eau, que la plateforme s'appuie bien exactement sur toutes les têtes de pieux ; dans le cas de la négative, on prend telles dispositions que le cas particulier exige.

On peut encore poser les plateformes avec l'aide de la cloche à plongeur ou des scaphandres.

196. Arrachage des pieux. — Dans les travaux hydrauliques, on est souvent amené à battre en rivière des pieux provisoires qu'il faut enlever ensuite; l'arrachage de ces pieux est une opération longue et difficile. Les petits pieux s'enlèvent par l'action de leviers avec lesquels on les jonctionne au moyen de boulons et souvent de cordages ; on prend pour les leviers un point d'appui sur un ponton ou sur un échafaudage.

Lorsqu'il s'agit de gros pieux, on les saisit au moyen de forts colliers dentés et de chaînes ; la force verticale de bas en haut est obtenue quelquefois par un grand levier agissant sur un chevalet posé sur ponton ; d'autres fois on amarre le pieu au bateau lui-même lesté du côté de l'attache, on déplace le lest et la traction se produit. En même temps, on cherche à l'ébranler en le tirant dans divers sens susccessifs avec des cordages. D'autres fois on peut recéper le pieu le plus bas possible et enfoncer au mouton la souche inférieure par le moyen d'un faux pieu.

197. Pieux à vis. — Les pieux à vis se font quelquefois en bois et c'est à ce titre que nous les signalons ici. La plupart du temps en effet ils sont entièrement métalliques. Lorsqu'on les fait en bois, on arme leur extrémité inférieure d'un sabot en fonte portant une hélice dont le pas et la largeur de l'aile varient suivant la nature du terrain à traverser. La largeur de l'hélice présente ici l'avantage d'une grande surface de pression sur le terrain.

Pour les enfoncer, on les pose en place en les maintenant bien verticaux, on les arme supérieurement d'une grande roue à jante armée de manettes, la simple rotation les fait pénétrer dans le sol à la manière d'une vrille. On les emploie avec beaucoup d'avantage dans nombre de cas où l'usage des pieux ordinaires est complètement impossible. On peut leur donner une position inclinée aussi bien qu'une position verticale.

198. Des batardeaux. — Un batardeau est une digue en charpente et terre, que l'on élève dans l'eau pour isoler un chantier que l'on doit épuiser pour y travailler à sec.

On fait une double ligne de pieux et palplanches avec un écartement en rapport avec la hauteur; puis dans l'intervalle, sur un fond rendu bien propre par un dragage énergique, on foule de l'argile ou une terre argilo-sableuse, et l'on constitue, en fin de compte, un mur à peu près imperméable, au moins pendant un certain temps.

Le mur en terre doit pénétrer de 0,50 à 1 m. dans le sol inférieur solide, pour donner une étanchéité suffisante. La terre est bien pilonnée par couches minces, et on la monte jusqu'au niveau des plus hautes crues possibles.

Lorsque la hauteur est grande et atteint 3 à 4 mètres, il faut multiplier les pieux pour éviter qu'ils ne rondissent sous la pression et ne désorganisent l'ouvrage; il faut aussi dans ce cas augmenter l'épaisseur des palplanches. Ainsi que le montre la fig. 407, les pieux et les palplanches sont maintenus seulement à leurs extrémités.

Il est en effet imprudent de traverser le corroi en terre avec des armatures en fer ou en bois, le moindre tassement de la

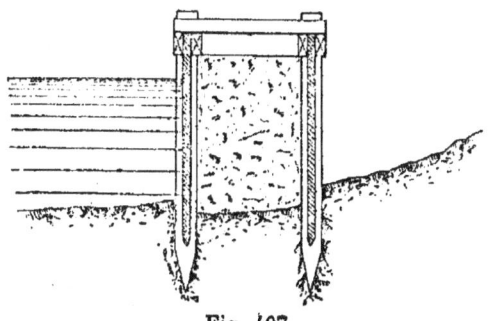

Fig. 407.

terre détermine sous ces pièces transversales des vides qui amènent des *renards* ou fuites d'eau qu'on ne peut pas toujours étancher.

La seule ressource pour augmenter la résistance d'un batardeau est de l'étayer du côté du chantier, et de mettre quelques enrochements à son pied.

On assure quelquefois le contact inférieur du batardeau avec le bon sol, surtout si ce dernier est brisé et irrégulier, par la substitution à l'argile d'une première couche de béton, on y trouve l'avantage que les renards ne s'agrandissent pas facilement et qu'il est plus commode de s'en rendre maître.

199. Des caissons. — Dans la fondation de bien des ouvrages hydrauliques, notamment des piles de pont, lorsque l'on a comme sol un terrain solide, un banc de roche par exemple, on a encore recours à un ouvrage de charpente pour asseoir à la fondation.

On établit un caisson en bois formé de poteaux carrés de 0,15 à 0,20 de grosseur reliés par trois ou quatre cours de moises de 0,20 sur 0,20.

Dans les panneaux vides laissés par ces cadres, on met des madriers jointifs serrés par les moises et on les double souvent en haut d'un second bordage croisant ses joints avec le premier.

§ 4. — TRAVAUX HYDRAULIQUES   389

On obtient ainsi à la partie haute une caisse étanche qui permet, lorsque tout le bas est rempli de béton, de faire un épuisement et d'exécuter à sec les premières assises de la maçonnerie de pierres de taille.

La forme de ces caissons est celle d'un tronc de pyramide quadrangulaire avec inclinaison de 1/10 à 1/5 pour les parois.

On fait aussi des caissons à fond plein dans lesquels on exécute la maçonnerie des premières assises pour les lester, puis on les échoue sur plusieurs rangées de pilotis préalablement battus à place convenable et récépés suivant un plan horizontal déterminé. On continue la maçonnerie à sec en continuant d'épuiser pour absorber les infiltrations.

Enfin, on a fait en bois des caissons destinés à travailler à l'air comprimé ; un des exemples les plus remarquables est le caisson de piles du pont de Brooklyn. Ce caisson de 52 m. de long sur 31 de large est fait avec des bois de Pichpin (Yellow-pine), de 0,30 sur 0,30 d'équarrissage régulier. — La chambre de travail avait 2 m. 70 de haut et son plafond était formé de cinq rangées de bois d'Yellow-pine se croisant à angle droit et fortement boulonnées. — On voit d'ici, vu la surface de ce caisson, l'immense quantité de bois qui a servi à l'exécuter [1].

100. Murs de quai provisoires en charpente. — On a quelquefois à faire des murs de quai provisoires en charpente de bois, malgré leur peu de durée. On les constitue alors au moyen de deux ou trois rangées de pieux parallèles que l'on récèpe au-dessous des plus basses eaux et que l'on moise fortement. On les dipose par lignes perpendiculaires au quai et on forme au-dessus de véritables

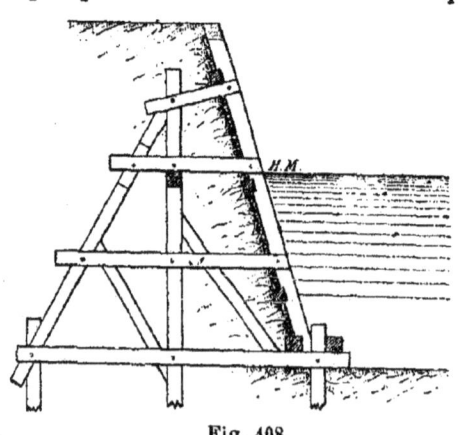

Fig. 408.

[1]. Voir *Ponts en maçonnerie* (Encyclopédie des travaux publics), de Degrand et Resal, II, p. 276.

fermes composées d'un arbalétrier formant le talus du quai et d'une contrefiche inclinée allant rejoindre le pieu le plus reculé dans le remblai ; on relie enfin ces pièces par des moises et quelquefois par d'autres pièces obliques. On cherche ainsi à obtenir une poutre qui puisse résister à la poussée du remblai vers le vide.

Quelquefois on met assez loin dans le remblai d'autres pieux plus courts auquels on relie la tête de l'arbalétrier.

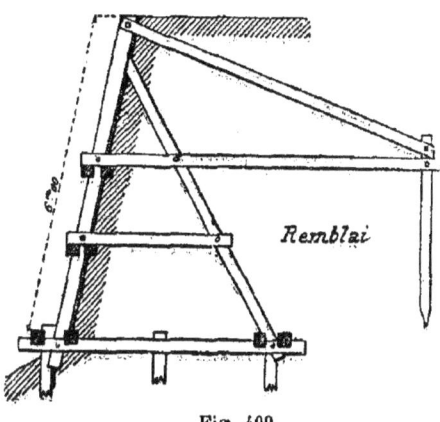

Fig. 409.

Ainsi que le montrent les deux figures 408 et 409, les arbalétriers des fermes successives sont reliés entre eux par des pièces de bois horizontales, quelquefois des moises, dans les intervalles desquelles on met les plats bords jointifs qui retiendront le terrain. En mer, ces quais durent peu ; ils sont vivement attaqués par les tarets. Dans l'eau douce et demi-douce, cet inconvénient n'est plus à craindre et la charpente peut atteindre, sans réparation, dix à quinze années de service.

§ 5

DES CINTRES

201. Cintrage d'une baie dans un mur. Cintre droit avec pâté. — Lorsque l'on veut claver une baie d'un mur, les piédroits une fois érigés, on doit soutenir les matériaux qui formeront l'arc, pendant leur mise en place et le durcissement du mortier.

On arrive à ce soutènement de bien des manières, suivant la dimension en largeur de la baie et la flèche de l'intrados de

§ 5. — DES CINTRES

l'arc. Le cas le plus simple se présente pour les petites portées et les petites flèches, lorsque le nombre des baies à cintrer est restreint.

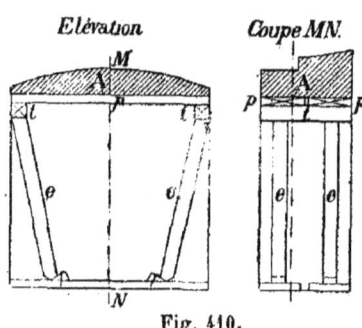

Fig. 410.

On établit sur des étais $e\ e$, et par l'intermédiaire de tassaux t et t, fig. 410, deux madriers ou bastaings p, qui peuvent, même pour les petites longueurs, être remplacés par de simples planches.

Ces bois sont jointifs et forment toute l'épaisseur du mur. Sur leur surface supérieure, les maçons forment un massif ou *pâté* A, avec des matériaux de rebut et un peu de mortier; le plâtre, quand on en a à sa disposition, est excellent pour cet emploi. La face haute de ce pâté a exactement la forme de l'intrados de l'arc, avec feuillure et ébrasement s'il y a lieu.

Quand le massif est suffisamment solide, on vient appuyer dessus les matériaux nécessaires pour construire l'arc. Lorsque ce dernier est exécuté et que la maçonnerie est suffisamment dure, on desserre les étais, ce qui est facile en raison de leur obliquité, tout en cherchant à éviter les secousses qui pourraient détériorer la maçonnerie, et on enlève le pâté et les planches.

Ce procédé n'est à appliquer que lorsqu'on n'a qu'un ou deux arcs à exécuter suivant une même forme.

202. Cintres pour arcades avec vaux et couchis. — Si on a un plus grand nombre de baies de mêmes dimensions à établir, il devient onéreux de refaire pour chacune d'elles la façon du fort pâté de l'exemple précédent, et on a avantage à

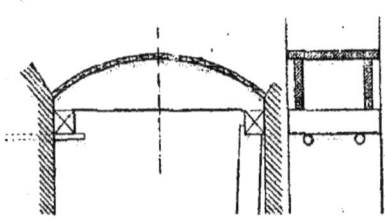

Fig. 411.

compléter en bois un cintre ayant directement la forme de l'intrados. Ce cintre sert successivement à construire les fermetures de toutes les baies de mêmes mesures, il est représenté fig. 411. Il se compose de deux planches verticales découpées à leur partie haute suivant la courbure de l'intrados, et sur lesquelles on vient clouer des planches plus ou moins épaisses suivant le poids des matériaux à porter. Pour les arcs clavés en pierres de taille, on ne s'inquiète pas de la feuillure ni de l'ébrasement que l'on refouille après coup dans la masse au moment du ravalement ; pour la maçonnerie de petits matériaux, on les prépare soit par un pâté partiel façonné sur le cintre fait comme il vient d'être dit, soit par un cintre de forme convenable formé alors de trois planches parallèles et dont la fig. 412 donne la disposition.

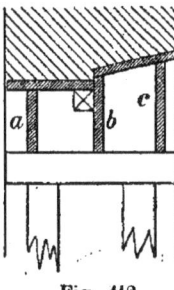

Fig. 412.

La planche a est à l'extérieur distante de $0^m,07$ à $0,10$ du parement du mur ; la planche b correspond à la feuillure ; la planche c se place à $0m.07$ à $0,10$ du parement intérieur. b et c portent les planches de l'ébrasement et sont taillées, pour le soutenir, avec la forme convenable. Quant aux planches du tableau, elles sont supportées par a et par un tasseau cloué avec la courbure nécessaire sur le flanc de b.

On remplace quelquefois les étais par des broches en fer de $0,020$ à $0,025$ de diamètre qui se placent dans les piédroits en pierre percés de trous à la demande.

Dans les exemples qui viennent d'être donnés, les planches sur lesquelles viennent porter les matériaux se nomment les *couchis* et les bois qui les supportent, en les soutenant par leur forme courbe supérieure, sont les *vaux*.

Pour des claveaux en pierre de taille d'une arcade, on se contente souvent des vaux en supprimant les couchis ; c'est la disposition que montre la fig. 413. D'autre fois on espace les couchis en en mettant un seul par claveau. La même figure donne en même temps la manière dont on supporte les vaux dans le cas d'une forte flèche, pour une voute en plein cintre, par exemple.

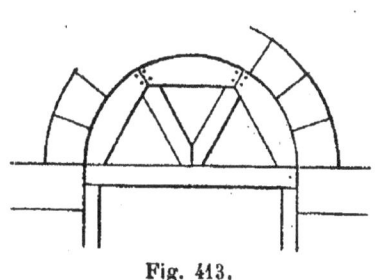

Fig. 413.

Sur les étais de soutien on pose une pièce de bois d'équarrissage suffisant formant entrait, et de son milieu partent deux pièces rayonnantes qui reçoivent les extrémités des vaux ; des entailles dans les rayons assurent un meilleur assemblage.

On renforce quelquefois les vaux pour des portées plus grandes en les composant de pièces d'épaisseur de 0,06 à 0,10 et en les faisant buter l'un contre l'autre, comme le montre la fig. 414. Pour les ouvertures dont il est question, la même figure indique une paire de coins interposés entre les vaux et les étais qui les soutiennent. Ces coins sont alors indispensables pour permettre d'effectuer le décintrement sans risquer d'ébranler la maçonnerie fraîche qui pose sur le cintre.

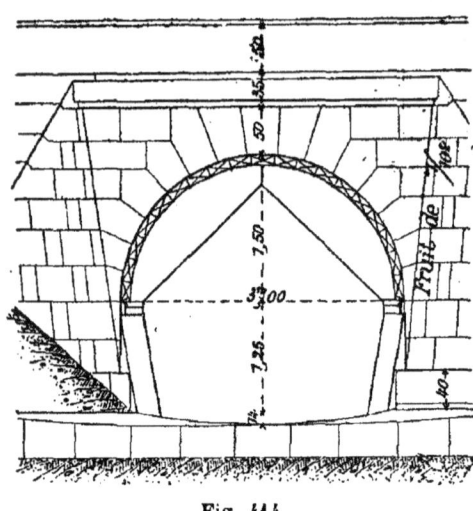

Fig. 414.

Ces coins se font en bois dur, bien savonné ou huilé pour pouvoir glisser facilement lors du décintrement.

Les vaux soutiennent à leur tour les couchis à la manière ordinaire.

La fig. 415 indique une disposition applicable à des arcades plus larges encore. On dispose dans l'épaisseur du mur dont on a monté les piédroits, deux véritables fermes jumelées qui vont soutenir les couchis.

Chacune de ces fermes comprend un entrait e posant sur des étais par l'intermédiaire de coins doubles. Cet entrait sert à empêcher l'écartement de deux arbalétriers $a\,a$ qui portent un poinçon p à leur point de butée supérieure ; en-

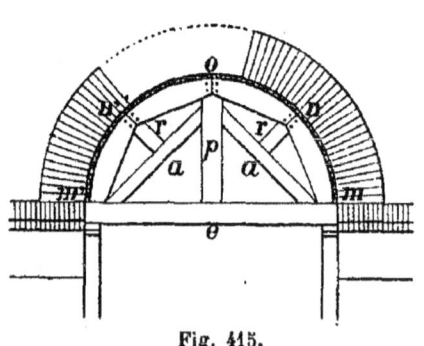

Fig. 415.

fin, deux potelets *r r* s'appuient en rayonnant sur le milieu des arbalétriers. On obtient ainsi des points bien soutenus *m m′ n n′* et *o* qui servent à leur tour de supports aux vaux.

On applique le même principe en multipliant ces points d'appui pour les portées encore plus considérables.

203. Cintres pour voûtes continues. — Lorsqu'au lieu d'une arcade percée dans un mur on a à recouvrir d'une voûte continue l'intervalle de deux murs, comme par exemple pour exécuter une voûte de cave, le principe à suivre consiste à former une surface destinée à soutenir l'intrados au moyen de couchis étroits et longs, juxtaposés, d'épaisseur de bastaing ou de madrier, et à les soutenir tous les $0^m,80$ à 1^m, au moyen de véritables fermes de charpente dont la composition varie avec la portée et la charge, et aussi avec les points d'appui dont on dispose.

Ces cintres peuvent se classer en trois catégories :

1° Les *cintres fixes*, qui peuvent prendre des points d'appui dans l'intervalle des portées ;

2° Les *cintres retroussés*, qui ne peuvent être soutenus qu'aux naissances de la voûte ;

3° Les *cintres mixtes*, que l'on construit comme cintres retroussés, mais avec la ressource de les étayer dans l'intervalle au moment même de l'exécution de la maçonnerie.

Pour les petites portées, les fermes sont de construction simple comme celles que l'on a vues précédemment pour les arcades. Pour les portées plus grandes, elles forment des ouvrages de charpente très importants.

Une ferme de cintre se compose toujours :

1° Des vaux, qui reçoivent directement les couchis ; les vaux sont de longueurs restreintes, 1^m à $1,50$, 2^m au plus, et de dimensions appropriées aux charges à porter ;

2° D'un entrait, qui sert de base à la ferme et repose par ses deux extrémités au moins sur des points fixes ;

3° Des arbalétriers, dont un entrait maintient l'écartement et qui portent le poinçon ;

4° Le poinçon qui devient une pièce fixe pouvant porter charge ;

5° De potelets et contrefiches, pour multiplier les appuis des vaux ;

6° De moises servant, soit à réunir les pièces précédentes pour augmenter leur liaison, soit de faux entraits pour permettre de donner des points de butée et par suite des points de soutien. Elles ont également pour objet d'annuler les composantes horizontales des actions réciproques exercées par les pièces les unes sur les autres, et de n'apporter aux points d'appui que des charges verticales.

204. Divers procédés de décintrement. — Le décintrement, qui a pour objet d'enlever les cintres qui ont soutenu provisoirement une voûte pendant son exécution, est une des opérations les plus délicates de la construction.

Au moment où elle vient d'être faite, la maçonnerie repose en effet complètement sur le cintre et y appuye de tout son poids. Elle ne peut le quitter que si le cintre s'abaisse, et pour que tous les joints prennent charge uniformément, il faut que l'abaissement du cintre se fasse lentement, sans choc, bien graduellement, et bien régulièrement.

Au commencement, la maçonnerie suivra le cintre, le mortier se comprimera et commencera à résister, les claveaux se tasseront et alors seulement, il y aura disjonction. On conçoit les désordres que causerait à la voûte une descente brusque et inégale des supports tant que la maçonnerie ne se sera pas serrée et bandée.

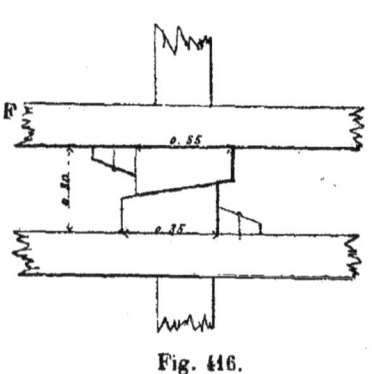

Fig. 416.

Pour obtenir, dans les conditions de sécurité, le décintrement des ouvrages voûtés, on emploie bien des moyens.

Pour les faibles portées on fait usage des coins doubles à faible inclinaison (1/7° ordinairement) comme il est représenté fig. 416. Entre deux sablières, l'une fixe, posée sur un point d'appui solide et l'autre qui porte les fermes de cintres telles que F, on interpose, au droit des dites fermes, des paires de coins, que l'on arrête à position fixe par des taquets.

La voûte une fois construite et fermée, on décale les coins supérieurs et on les fait glisser par petits chocs successifs de manière à desserrer la charpente et faire baisser progressivement les cintres.

Mais lorsque les maçonneries ont une grande étendue, il est difficile d'obtenir une manœuvre régulière de ces engins, qui devraient être partout en même temps desserrés de quantités égales.

On facilite beaucoup la manœuvre en intercalant entre les sablières, dans les intervalles des paires de coins, des verrins à vis qui portent toute la charge dès que les coins sont desserrés, et que l'on peut avec des leviers et une équipe bien dirigée faire baisser de quantités bien égales.

Ces verrins appuient sur les bois par l'intermédiaire de plaques de fonte ou de tôle, de large surface ; ils sont formés de tiges filetées de 0,04 à 0,06 de diamètre, et peuvent donner une course de 0,12 à 0,16. Ils sont représentés fig. 417.

M. Baudemoulin, ingénieur en chef des ponts et chaussées,

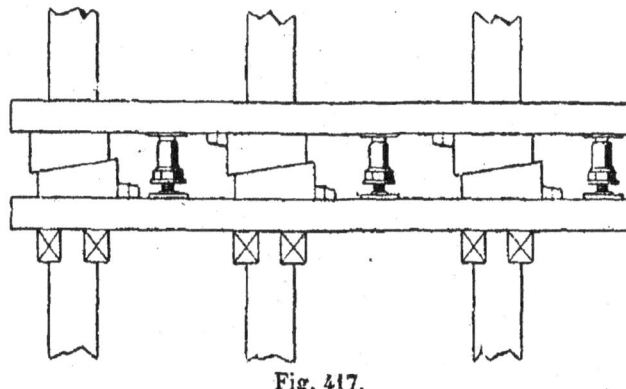

Fig. 417.

a substitué aux verrins l'emploi du sable. Dans les premières applications, ce sable était tassé dans des sacs de forte toile sur lesquels appuyaient les cintres ; le décintrement était rendu facile par des ajutages disposés pour le laisser sortir en quantités déterminées, ce qui produisait l'abaissement des charpentes.

M. Sazilly a remplacé les sacs par des cylindres en tôle, au bas desquels se trouvent les ajutages de sortie. Ils sont remplis de sable, et sur ce sable vient presser un piston en bois qui porte la charpente supérieure.

La fig. 418 représente, en élévation, coupe et plan, une boîte à sable ainsi disposée.

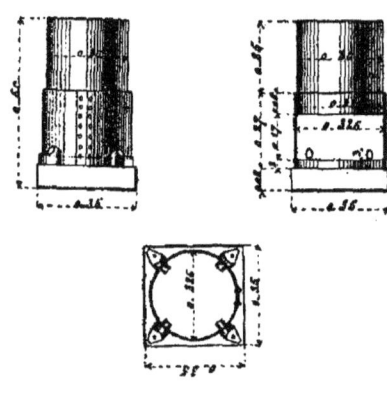

Fig. 418.

Le cylindre en tôle a 0 m. 32 de diamètre intérieur, et 0 m. 25 à 0,30 de hauteur, il pose sur un billot en bois de 0,35 de côté, et au fond on le garnit d'un disque en tôle sur lequel posera le sable.

Au-dessus du disque sont les orifices OO d'écoulement, que l'on bouche pendant la construction.

Enfin, un piston plein vient poser sur le sable pour y trouver son point d'appui et lui permettre de porter les charges supérieures.

Comme on emploie dans ces boîtes du sablon très fin, il faut que les tôles soient bien assemblées et que par aucun joint il ne puisse y avoir écoulement lent du sable, ce qui dérangerait les charpentes.

Lorsque l'on débouche un des orifices de sortie du sable qui se trouvent percés dans la paroi verticale de la boîte, il vient s'accumuler sur l'angle du billot et y forme un cône. Ce cône, si on ne l'enlève pas, s'oppose à l'écoulement du restant du sable ; on peut donc régler comme on veut la vitesse de descente des cintres.

Ce procédé s'est fort répandu dans la construction des voûtes de toutes sortes, surtout de celles des ponts qui ont été exécutées depuis une quarantaine d'années, mais il peut s'appliquer également à des travaux moins importants, tels que de grandes voûtes de caves dans des constructions civiles.

On a quelquefois combiné les boîtes à sable et les verrins en les superposant et les manœuvrant simultanément. Mais on est revenu à l'emploi des boîtes à sable seules, dont l'adoption est générale pour toutes les voûtes un peu importantes.

205. Cintrage des voûtes de caves. — D'ordinaire, dans les édifices civils, la résistance du sol est très grande par rapport au poids des voûtes à porter pendant leur exécution, et peut dans nombre de cas être considérée comme indéfinie.

Aussi pour préparer un cintre peut-on prendre partout appui sur le sol. Lorsque la portée est importante, on établit une série de fermes parallèles entre elles et perpendiculaires à l'axe de la voûte, et on les espace d'une quantité variable de 1 m. 00 à 1 m. 50 ou 2 m. 00 suivant la résistance des couchis dont on dispose.

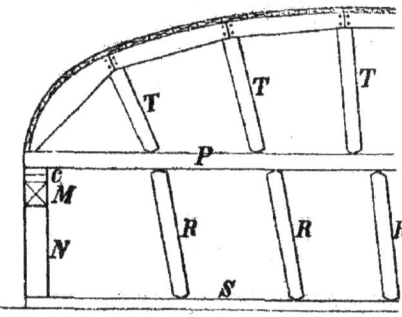

Fig. 419

Chacune des fermes est composée de la manière suivante, représentée fig. 419 : ordinairement on place sur le sol une semelle S bien plâtrée, de manière à appuyer partout également, et on a eu soin préalablement d'enlever la couche supérieure compressible ; verticalement au-dessus, on met une forte pièce transversale P, portée à ses deux extrémités par l'intermédiaire de coins sur une sablière courante M longeant les retombées, et étayées par les poteaux, N. La pièce P est suffisante pour porter la voûte en prenant une légère flexion ; pour plus de sécurité, on l'étaie dans l'intervalle par les bouts de bois R. C'est sur cette pièce, établie à hauteur des naissances, que l'on place les étais T qui correspondent aux extrémités des vaux et que l'on serre en les arrêtant par une cale. Enfin les vaux portent les couchis, dont on régularise la surface supérieure par un peu de mortier de plâtre.

La voûte une fois terminée, on commence par enlever les étais RR ; il en résulte une certaine flexion du cintre et un pre-

§ 5. — DES CINTRES

mier serrage de la maçonnerie, puis on desserre lentement et régulièrement les coins C, de manière à faire baisser progressivement la charpente dont la voûte se détache uniformément, et sans produire d'ébranlements, si l'opération s'est faite convenablement.

Dans chaque cas particulier on modifie la méthode suivant les circonstances, et on pourrait avoir à s'inspirer des méthodes plus complètes appliquées aux ponts et que nous allons passer en revue.

206. Cintrage des voûtes en plein cintre de petites dimensions. — Nous allons donner quelques types de cintres pour des ponts de petites dimensions, en commençant par les formes applicables aux douelles en plein cintre, et en admettant qu'on ne prenne aucun point d'appui intermédiaire entre les retombées.

Pour 4 à 6 mètres de portée et des voûtes légères, on peut se contenter d'établir trois arbalétriers inclinés à 120° l'un sur l'autre, formant par suite des côtés d'hexagone. Sur ces pièces viennent s'appliquer les vaux, par l'intermédiaire de fourrures. Des équerres assurent l'invariabilité des angles.

Le métré d'une de ces fermes représentée par la figure 420 est indiqué par le tableau suivant :

Métré d'une ferme de 5 m. 00.

Désignation des pièces	Nombre de pièces	Longueur	Largeur	Épaisseur ou hauteur	Cubes	Observ.
Arbalétrier............	2	2.40	0.15	0.20	0.144	
Entrait................	1	3.00	0.15	0.20	0.090	
Fourrures.............	2	2.30	0.15	0.17	0.117	
—	1	2.40	0.15	0.17	0.061	
Vaux.................	3	1.50	0.15	0.15/2	0.051	
Ensemble............					0.463	

La fig. 421 donne une partie de la coupe longitudinale de ce même cintre, montrant l'écartement des fermes, les sablières et les appareils de décintrement placés immédiatement sous les retombées des arbalétriers.

On peut, avec des bois plus légers mais plus nombreux et

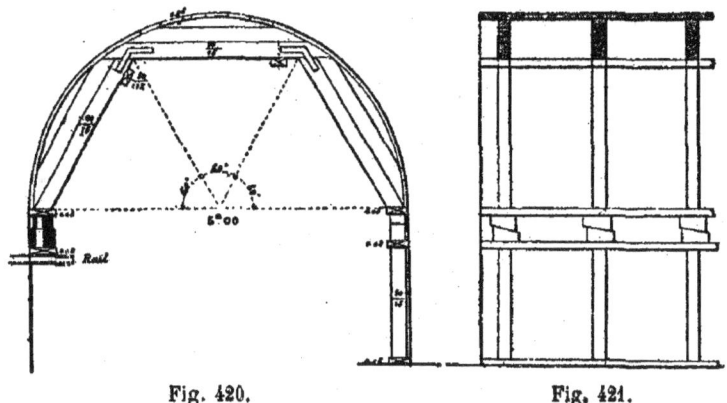

Fig. 420. Fig. 421.

de façon un peu plus compliquée, obtenir le même résultat par la disposition suivante, fig. 422 :

Sur la sablière, portée par les appareils de décintrement,

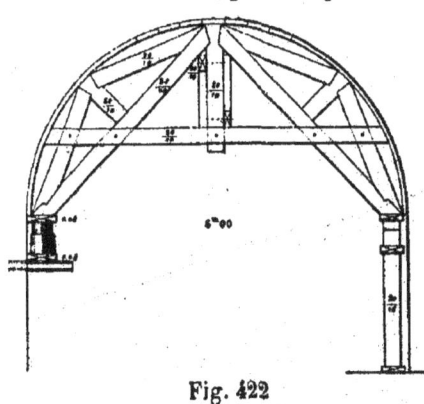

Fig. 422

coins ou boîtes à sable, s'appuient une série de fermes parallèles. Chacune d'elles est composée de 2 arbalétriers, d'un poinçon de butée, d'un entrait relevé, de 2 potelets ou faux poinçons, portés par 4 sous-arbalétriers, et enfin de vaux appuyés sur ces dernières pièces.

L'entrait, formé de 2 moises, réunit les autres pièces et vient serrer la base du poinçon. Cette disposition convient pour les portées de 4 à 6 mètres. L'espacement des fermes varie de 1 m. 25 à 1 m. 80, suivant la nature des matériaux de la voûte, l'épaisseur de cette dernière et l'équarissage des couchis dont on dispose. Le cube employé est un peu plus considérable que dans le cas précédent pour une même portée, mais la ferme

§ 5. — DES CINTRES

est plus stable. La figure indique deux moyens de soutien du cintre, l'un à droite, sur poteaux reposant sur le sol au bas des piédestals, l'autre, à gauche, sur des consoles en fer à I ou en rails, scellées dans la maçonnerie de ces mêmes piédroits, mais presque à la hauteur des naissances.

Le métré d'une ferme de 5 m. 00 est le suivant :

Métré d'une ferme de 5 m. 00.

Désignation des pièces	Nombre de pièces	Longueur	Largeur	Épaisseur ou hauteur	Cubes	Observ.
Arbalétriers............	2	3.40	0.10	0.20	0.136	
Entraits moisé.........	2	4.55	0.10	0.20	0.182	
Poinçon...............	1	1.65	0.10	0.20	0.035	
Faux poinçons.........	2	0.80	0.10	0.20	0.032	
Arbalétriers...........	2	1.65	0.10	0.20	0.066	
—	2	1.80	0.10	0.20	0.072	
Vaux.................	2	1.65	0.10	0.15/2	0.025	
—	2	1.75	0.10	0.18,2	0.032	
Ensemble............					0.578	

207. Pour portées de 6 à 8 m. — Pour des portées de 6

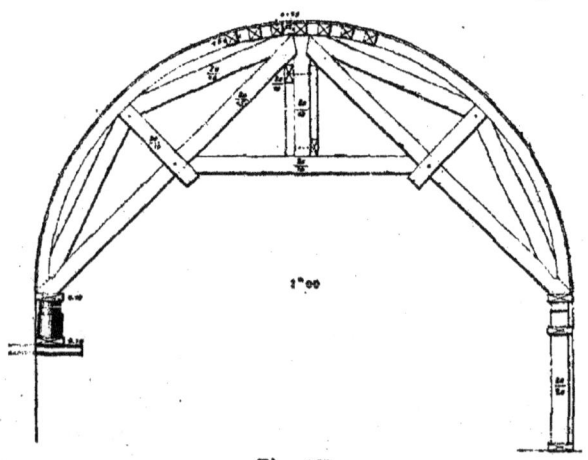

Fig. 423

à 8 mètres la disposition reste sensiblement la même, mais les arbalétriers augmentent de dimensions.

Ces derniers viennent buter contre le poinçon et le soutiennent; ils s'assemblent avec deux faux poinçons, supportés par des sous-arbalétriers.

Tous les sous-arbalétriers forment ainsi, quand les assemblages sont précis, un arc de décharge qui donne beaucoup de solidité à l'ensemble; les deux faux poinçons sont reliés à leur base par un entrait.

Enfin, la verticalité des fermes est assurée par un contreventement, formé de pièces obliques allant du poinçon d'une ferme au poinçon de la suivante.

Le métré d'une ferme de 7 m. 00 de portée, composée d'après le tracé de la figure 423, est le suivant :

Métré d'une ferme de 7 m. 00.

Désignation des pièces	Nombre de pièces	Longueur	Largeur	Epaisseur ou hauteur	Cubes	Observ.
Arbalétriers............	2	4.80	0.15	0.20	0.288	
Entrait................	1	3.30	0.10	0.20	0.066	
Poinçon...............	1	1.60	0.10	0.20	0.032	
Moises pendantes........	4	1.25	0.10	0.20	0.100	
Sous-arbalétriers........	4	2.30	0.10	0.20	0.184	
Vaux.................	4	2.00	0.10	0.15/2	0.060	
				Ensemble............	0.730	

Une autre disposition, qui correspond encore à ces ouvertures de 6 à 8 mètres, est représentée fig. 424, et son tracé est ainsi formé : la demi-circonférence étant divisée en quatre parties, 2 grands arbalétriers partent des naissances et vont aboutir au premier point de division du côté opposé. Ils se croisent donc sur l'axe ; ils butent contre des sous-arbalétriers qui joignent leur sommet à la naissance opposée.

Deux autres sous-arbalétriers complètent le polygone dont il était question dans l'exemple précédent.

Une moise pendante verticale, deux moises pendantes latérales obliques complètent le système.

§ 5. — DES CINTRES

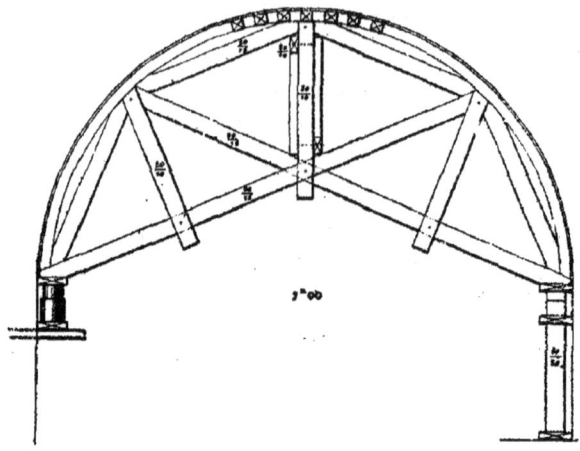

Fig. 424.

Le métré comparatif de cette disposition mieux liée est le suivant :

Métré d'une ferme de 7 m. 00.

Désignation des pièces	Nombre de pièces	Longueur	Largeur	Épaisseur ou hauteur	Cubes	Observ.
Arbalétriers............	2	6.30	0.15	0.20	0.378	
Moises verticales........	2	2.30	0.10	0.20	0.092	.
Moises obliques.........	4	2.10	0.10	0.20	0.168	
Sous-arbalétriers........	4	2.30	0.15	0.20	0.276	
Vaux	4	1.85	0.15	0.15/2	0.083	
Ensemble............					0.927	

208. Pour portées de 8 à 15 mètres. — Pour des ouvertures de 8 à 15 mètres, on peut prendre, en renforçant les bois et en le modifiant légèrement, le tracé de la fig. 423, et on arrive à la disposition ci-contre :

2 fermes triangulaires avec poinçon, formant arbalétriers, partent des naissances et vont au sommet buter contre un poinçon vertical. Une moise horizontale relie le tout et prend le bas du poinçon, tout en soutenant le milieu des deux sous-

arbalétriers inférieurs. 2 contrefiches soutiennent les milieux des deux sous-arbalétriers du haut.

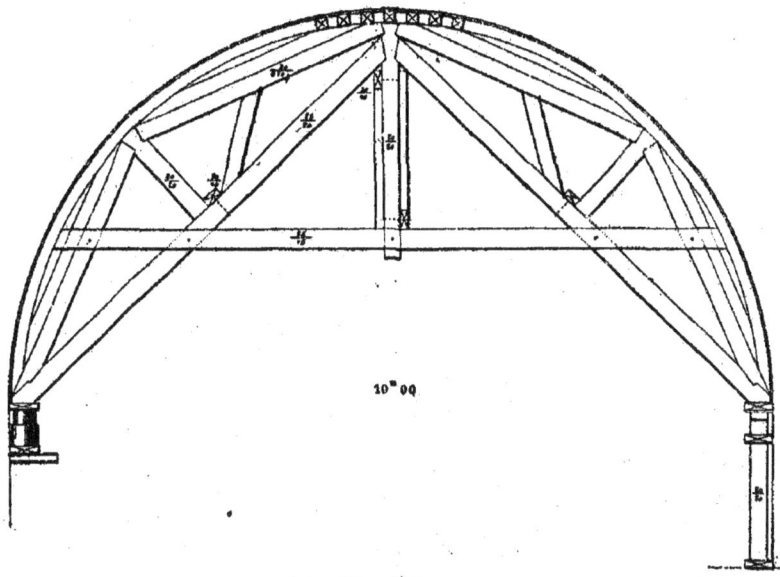

Fig. 425.

Le métré d'une ferme de ce genre, avec les dimensions de bois cotées dans la fig. 425, est le suivant :

Métré d'une ferme pour portée de 10 m.

Désignation des pièces	Nombre de pièces	Longueur	Largeur	Épaisseur ou hauteur	Cubes	Observ.
Arbalétriers............	2	6.75	0.25	0.25	0.675	
Entraits moisés.........	2	8.80	0.15	0.25	0.660	
Poinçon................	1	3.00	0.20	0.20	0.120	
Faux poinçons..........	2	1.50	0.20	0.20	0.120	
Sous-arbalétriers.......	4	3.50	0.20	0.20	0.560	
Contrefiches...........	2	1.30	0.20	0.15	0.078	
Fourrures..............	4	3.20	0.20	0.15	0.384	
Vaux...	4	2.10	0.20	0.14/2	0.118	
			Ensemble...........		2.715	

§ 5. — DES CINTRES

209. Pour ouvertures jusqu'à 20 mètres. — Pour une ouverture de 15 à 20 mètres, on est obligé de multiplier les pièces et d'augmenter leurs dimensions. La fig. 426, rend compte d'une des nombreuses dispositions possibles.

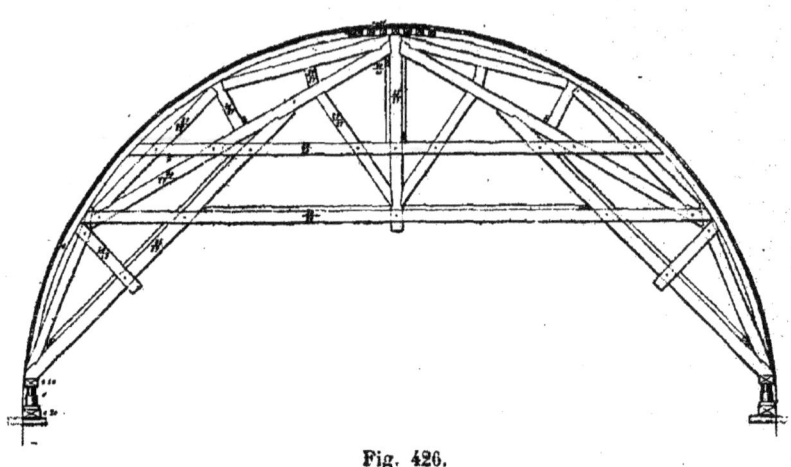

Fig. 426.

On divise la demi-circonférence en six parties égales ; on mène des arbalétriers formant les cordes des premières divisions, et on joint les sommets par un entrait qui se trouve ainsi relevé ; des extrémités de cet entrait partent deux arbalétriers venant buter au sommet contre un poinçon vertical qui va rejoindre l'entrait.

Ces arbalétriers sont assemblés avec un poinçon porté par deux sous-arbalétriers qui complètent les cordes des divisions ; des contrefiches partent des naissances pour aller aux arbalétriers ; d'autres contrefiches partent des poinçons ; des potelets les prolongent pour soutenir le milieu des vaux supérieurs ; un faux entrait est à bonne hauteur pour soulager le milieu de la seconde paire de vaux. Quant aux vaux du bas, vu leur inclinaison ils n'ont pas besoin de soutien supplémentaire.

Le cube de bois d'une ferme devient très important à mesure que la portée augmente, comme le montre le tableau suivant :

Métré d'une ferme de 20 m.

Désignation des pièces	Nombre de pièces	Longueur	Largeur	Épaisseur ou hauteur	Cubes	Observ.
Entraits du bas..........	2	16.90	0.20	0.30	2.028	
Faux-entraits............	2	14.30	0.20	0.30	1.716	
Poinçon.................	1	5.10	0.27	0.35	0.482	
Faux poinçons...........	2	1.40	0.27	0.30	0.227	
Arbalétriers.............	2	9.30	0.27	0.30	1.507	
Arbalétriers inférieurs...	2	10.00	0.27	0.35	0 189	
Sous-arbalétriers........	6	4.50	0.27	0.27	1.968	
Contrefiches.............	2	3.50	0.27	0.27	0.510	
Potelets.................	2	0.60	0.27	0.27	0.087	
Moises pendantes	2	2.30	0.15	0.30	0.207	
Vaux....................	4	4.50	0.27	0.30	1.458	
—	2	3.80	0.27	0.20	0.410	
Ensemble............					10.789	

210. Cintres des voûtes en ellipse ou en anse de panier de 6 à 10 mètres. — Pour des ouvertures de 6 à 10 m. on emploie, avec des modifications convenables dans le tracé, le principe de la fig. 425. La disposition est alors représentée par

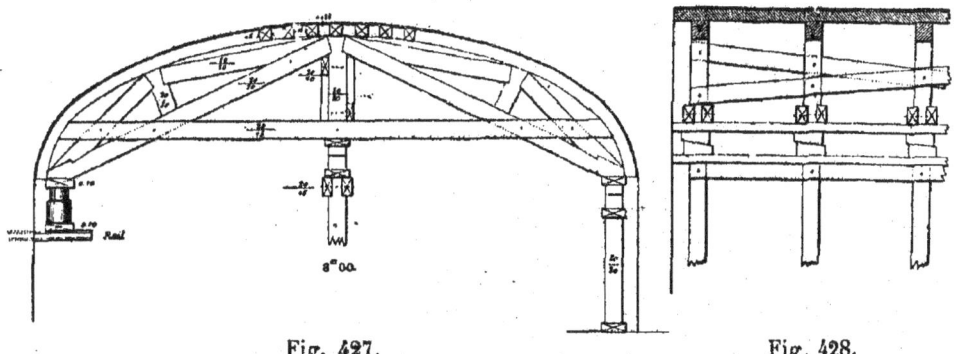

Fig. 427.   Fig. 428.

les fig. 427 et 428. Suivant le rapport des deux axes de la douelle, on prend les appuis aux naissances, ou bien on les descend plus bas, pour donner moins d'obliquité aux pièces qui forment les arbalétriers.

Ces derniers sont reliés par un entrait relevé et surmonté d'un faux poinçon et de deux arbalétriers dissymétriques. Ils viennent buter contre un poinçon vertical, occupant l'axe de la courbe.

Pour une ouverture de 8 m. le métré d'une ferme donne comme cube 1 st. 353.

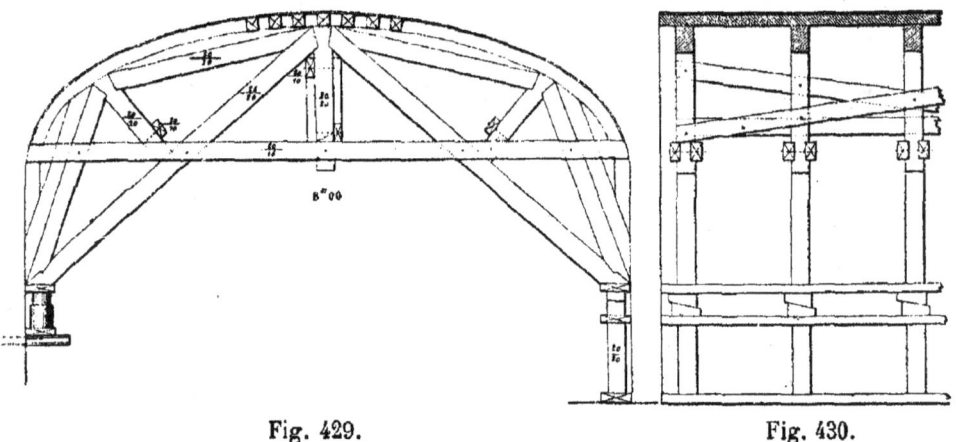

Fig. 429.   Fig. 430.

Les fig. 429 et 430 correspondent au second cas dont il vient d'être parlé, celui dans lequel les points d'appui sont baissés en dessous des naissances, pour redresser les arbalétriers et leur donner plus de force. Cette disposition, qui correspond aux voûtes plus plates et plus chargées, avec une portée de 8 m. et les dimensions de la figure, donne comme cube de bois résultant du métré d'une ferme, 2 st. 003.

211. Pour portée de 10 à 15 mètres. — Lorsque la portée augmente, pour éviter la flexion des cintres, ou des cubes trop onéreux, on cherche des points d'appui intermédiaires, en ayant bien soin de ne se servir de leur aide qu'en les établissant d'une façon très solide sur un terrain suffisamment fixe. On doit en effet éviter tout tassement qui désorganiserait le cintre et la voûte en construction.

La fig. 431 correspond à une disposition applicable aux ouvertures de 10 à 15 mètres. Il y a un seul point d'appui intermédiaire. Si le sol était peu solide, il faudrait, même pour ces petites portées, multiplier ces points d'appui et rendre les charpentes assez solidaires pour que le tassement de l'un n'amène pas la ruine de l'ouvrage.

Dans bien des cas ces points d'appui intermédiaires sont

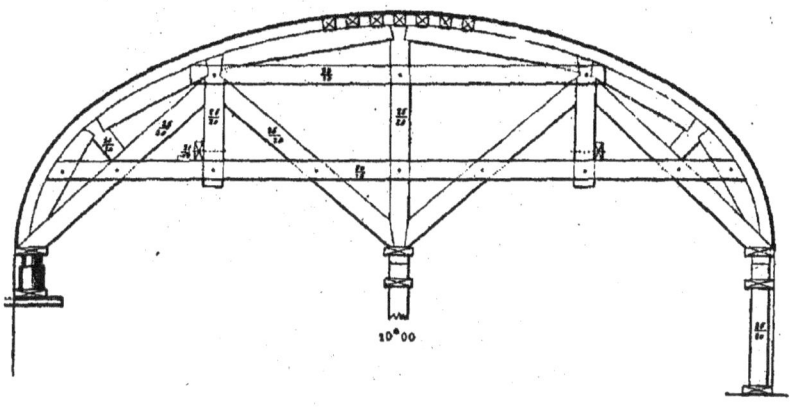

Fig. 431

établis par des pieux, enfoncés à refus jusqu'au sol résistant. Dans les cas où le sol résistant est à la surface d'un terrain découvert, il est seulement surmonté de poteaux debout, réunis pour avoir la stabilité nécessaire et reposant sur des semelles ; on prend toutes précautions pour éviter le tassement qui serait dû à la pénétration des bois debout dans les bois à plat.

Dans aucun cas, il ne faut se servir d'échafaudage comportant de nombreux bois superposés à plat, dont les dimensions transversales varient alors tellement qu'il en résulterait des tassements inadmissibles, qui désorganiseraient l'ouvrage pendant l'exécution.

Le même procédé de décintrement qu'on applique aux naissances, s'emploie aussi, pour la même raison, aux points d'appui intermédiaires.

Le tracé du cintre est rationnel. Des points d'appui partent des arbalétriers, butant dans les poinçons situés dans les intervalles ; le tout est réuni par un même entrait relevé. Entre les poinçons et les naissances un faux poinçon et deux faux arbalétriers remplissent l'intervalle et soutiennent les vaux. Le point d'appui milieu est prolongé par un poinçon central soutenant deux autres faux arbalétriers portés déjà sur les poinçons latéraux. Une seconde moise ou faux entrait, à hauteur des poinçons latéraux, vient encore relier l'ensemble.

Le cube des bois est donné par le tableau suivant :

Désignation des pièces	Nombre de pièces	Longueur	Largeur	Épaisseur ou hauteur	Cubes	Observ.
Arbalétriers............	2	3.30	0.20	0.25	0.330	
—	2	3.00	0.20	0.25	0.300	
Entraits moisés........	2	9.20	0.15	0.20	0.152	
Faux entraits..........	4	5.50	0.10	0.20	0.220	
Poinçon central........	1	2.80	0.20	0.25	0.140	
Poinçons latéraux......	2	1.70	0.20	0.25	0.170	
Faux poinçons..........	2	0.70	0.20	0.20	0.056	
Vaux	2	2.30	0.20	0.22	0.202	
—	2	1.60	0.20	0.22	0.141	
—	2	1.25	0.20	0.22	0.110	
				Ensemble.............	2.221	

212. Pour ouvertures de 15 à 25 mètres. — Pour des ouvertures de 15 à 25 m., si le sol est bon, on peut suivre le

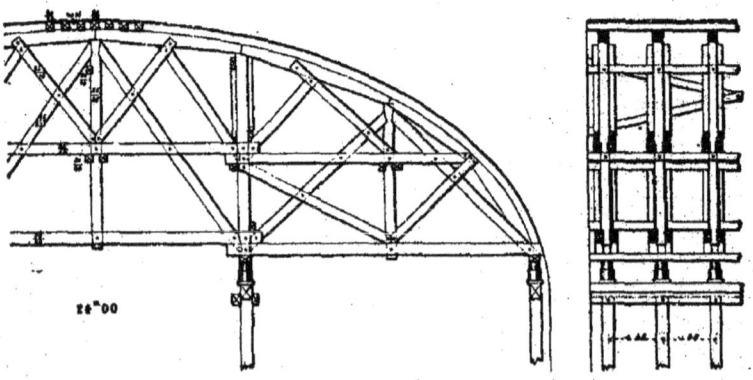

Fig. 432

même principe, mais en prenant deux points d'appui intermédiaires, et le tracé en est représenté fig. 432.

On commence par établir dans chaque travée formée par les intervalles des points d'appui, une ferme triangulaire faite d'un entrait, de deux arbalétriers et d'un poinçon. D'autre part on prolonge chaque point d'appui intermédiaire par un poinçon allant jusqu'à la douelle. Dans la première travée à partir des naissances, on établit deux sous-arbalétriers et un faux poinçon de butée et, dans chacune des autres travées, un seul sous-arbalétrier, mais on le soutient en son milieu par des pièces obliques, qui vont s'attacher sur les poinçons précédents en des points reliés horizontalement par un faux entrait.

Une ferme de 24 m., construite suivant ce tracé avec les dimensions données dans la figure, demande un cube de bois de 13 st. 686.

La fig. 433 représente une ferme de portée analogue, mais avec points d'appui multipliés, dans la partie intermédiaire; ces derniers sont au nombre de 5. Il en résulte une économie de

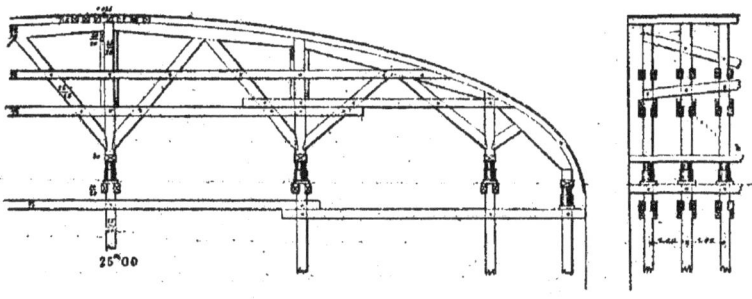

Fig. 433.

matière dans le cintre dont la ferme ne cube plus que 6 st. 853, mais cette économie est à balancer avec les frais d'établissement des supports et de leurs accessoires de décintrement. Dans tous les cas cette solution est à préférer lorsque le sol ne peut présenter une sécurité absolue au point de vue de la résistance. Chaque point d'appui est moins chargé et un tassement isolé a moins d'influence sur la stabilité générale.

Pour la portée de 25 m. le tracé est le suivant : En premier lieu, les points d'appui, prolongés par des pieux ou poteaux, sont reliés par un entrait général au-dessous des appareils de décintrement. Au-dessus ils se continuent en poinçons jusqu'à la douelle. Les vaux sont d'une seule pièce d'un poinçon au suivant, et sont soutenus en leur milieu par des pièces obliques reportant la charge sur les points d'appui ; un double cours de moises relie tout l'ensemble

213. Cintres pour voûte en arc de cercle, de 8 à 15 mètres. — Pour des ouvertures de 8 à 12 mètres, s'il y a possibilité de prendre un point d'appui intermédiaire, le problème à résoudre pour la construction d'un cintre en arc de cercle est très simple : il consiste à établir deux potelets aux naissances et un autre sur le point d'appui milieu. On prolonge ces pièces verticales au-dessus des appareils de décintrement et les extrémités supérieures portent les arbalétriers. Ceux-ci sont soutenus en leur milieu par des aisseliers et des contrefiches qui rejoignent obliquement les points d'appui.

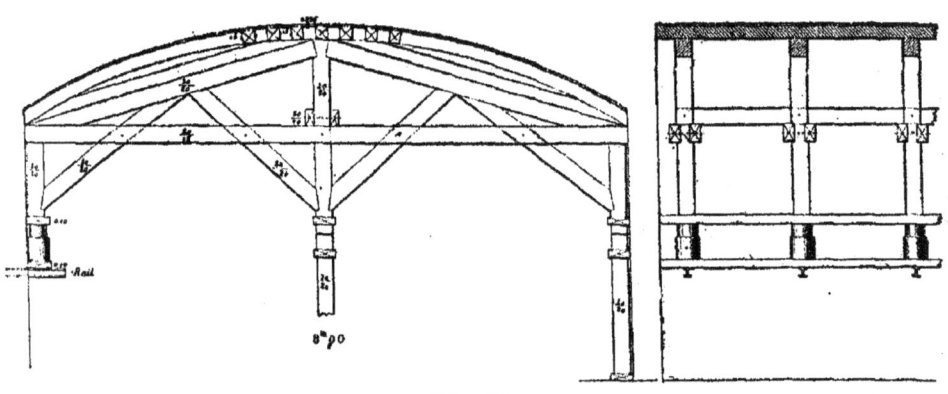

Fig. 434.

Un entrait moisé général annule toutes les poussées horizontales, et pour 8 mètres de portée la ferme ainsi composée cube 1 st. 607 avec les dimensions données dans la fig. 434.

Jusqu'à 15 mètres, on peut encore prendre la disposition de la figure 435. Sur les points de naissance on établit deux arbalétriers venant buter contre le poinçon central qui est la prolongation du point d'appui milieu. Chacun de ces arbalétriers est surmonté de 2 sous-arbalétriers et d'un faux-poinçon, des contrefiches viennent soutenir les milieux des arbalétriers et reporter la charge sur le point d'appui intermédiaire. Enfin un entrait réunit toutes ces pièces.

Pour une portée de 10 m. et les dimensions de bois marquées sur la figure, le cube d'une ferme est de 1 st. 990.

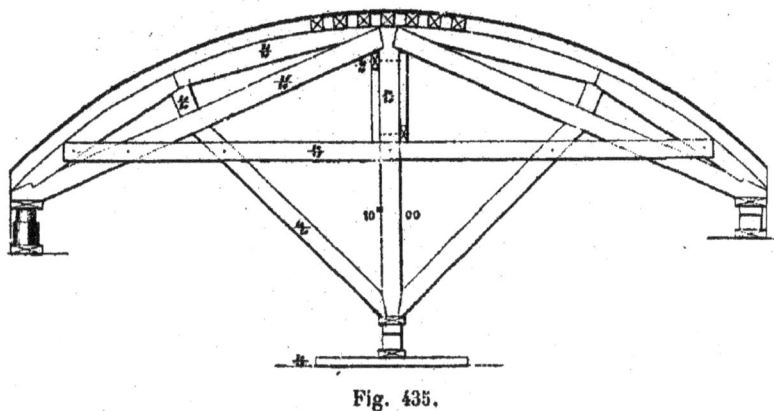

Fig. 435.

Si on ne pouvait trouver de point d'appui milieu, on ferait porter toute la charge, dans chaque ferme, par un triangle unique fait d'un entrait, de deux arbalétriers et d'un poinçon solidement établi, fig. 436 ; on baisserait les points d'appui au-dessous des naissances, pour redresser les arbalétriers et les

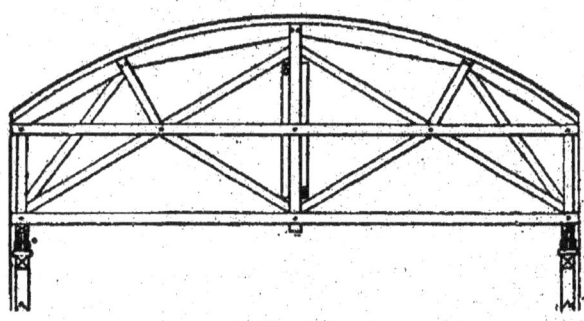

Fig. 436.

rendre plus résistants en diminuant leur compression longitudinale. On soutiendrait leur milieu par des contrefiches prenant naissance au poinçon et on les surmonterait de deux sous-arbalétriers et d'un faux poinçon ; 2 potelets latéraux supporteraient le dernier sous-arbalétrier, enfin un faux entrait moiserait le tout.

§ 5. — DES CINTRES

214. Pour ouvertures de 15 à 20 mètres. — Pour des portées de 15 à 20 mètres, avec points d'appui intermédiaires, on peut former les fermes de cintre suivant le tracé de la fig. 437. Entre les naissances, deux supports équidistants sont reliés par des moises horizontales, entre eux et avec les supports extrêmes.

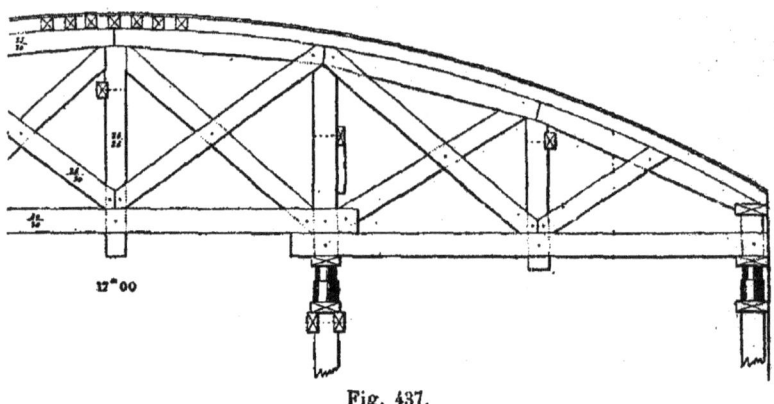

Fig. 437.

Ils sont tous prolongés jusqu'à la douelle par des poinçons. Les intervalles sont divisés en deux parties par d'autres poinçons et ces derniers, qui portent les sous-arbalétriers, sont soutenus par des contrefiches obliques reportant la charge sur les points d'appui ; enfin d'autres contrefiches relient leurs pieds aux sommets des autres poinçons, en se croisant avec les précédentes et formant une sorte de poutre en treillis.

Le cube d'une ferme ainsi construite, avec les sections de bois indiquées à la figure, est pour une portée de 17 mètres de 6 st.600.

215. Considérations générales sur les cintres. Modes d'assemblage. — Les dispositions ci-dessus n'ont rien d'absolu ; elles ne sont données que comme application de principes généraux, qui donnent des solutions spéciales à chaque cas suivant les conditions du programme.

Ces principes se résument dans l'établissement de fermes parallèles, verticales, qui portent les couchis, et chacune de ces fermes est une véritable poutre posée sur deux ou plusieurs appuis et dont la forme supérieure est donnée par la douelle de la voûte. Les éléments de ces fermes sont faciles à combiner par la considération que, là où la ferme travaille le plus, il est facile de lui donner plus de hauteur.

Ce n'est que dans les cintres des grands ponts, dont nous ne nous occuperons pas ici et pour lesquels nous renvoyons à un ouvrage spécial de l'Encyclopédie sur les ponts en maçonnerie[1] que parfois on compose de véritables poutres américaines en treillis pour la confection des cintres. Dans la plupart des cas on forme, dans les intervalles des points d'appui, de simples poutres triangulaires avec arbalétriers, entraits et poinçons ; en multipliant ces armatures avec le plus de logique possible, on arrive à soutenir un grand nombre de divisions de la douelle entre lesquelles les faux arbalétriers sont établis et portent directement les vaux.

La triangulation parfaite est une des conditions essentielles de stabilité des fermes ; c'est par elle que l'on peut s'opposer à tout roulement de ses éléments dans son plan, si les pièces sont solidement assemblées.

Un moisage horizontal énergique doit annuler toutes les poussées, et donner ce résultat d'une charge simplement verticale sur les points d'appui.

L'organisation des diverses pièces doit être telle qu'elles travaillent partout à leur maximum, et à part les faux arbalétriers qui peuvent être exposés à la flexion vu leur peu de longueur ou de portée, on préfère faire travailler les pièces à la compression ou à l'extension, efforts qu'il est presque toujours facile de déterminer ou d'évaluer. On donne alors sûrement aux divers morceaux de la charpente des dimensions en rapport avec leur fatigue.

La question de résistance n'est pas la seule considération qui mène à la mesure des pièces de bois ; il est nécessaire qu'aux points d'assemblages, lorsqu'ils sont faits par entailles, tenons et mortaises, il y ait assez de bois pour que la pièce ne soit pas affamée, et on est souvent conduit (pour avoir des assemblages convenables) à adopter des sections plus fortes que celles auxquelles aurait amené l'étude seule de la résistance aux efforts extérieurs.

1. *Ponts en maçonnerie,* par Degrand et Résal. 1888.

Du reste on évite autant que possible les assemblages à entailles, et toutes les fois qu'ils sont indispensables, on les consolide par des ferrements ; les assemblages qui sont de beaucoup les plus avantageux dans ce genre de charpente sont ceux qu'on peut serrer avec des boulons comme ceux des moises par exemple, et aussi ceux dont les entailles se réduisent à de simples embrèvements.

On doit éviter les bois travaillant à plat et dont les dimensions transversales peuvent varier ; on doit avec soin s'opposer aux pénétrations du bois debout dans du bois de fil pour les dispositions de ce genre qu'on n'aura pu éviter.

216. Contreventement des cintres. — Les cintres doivent avoir une grande stabilité et les diverses fermes qui les composent doivent être parfaitement reliées les unes aux autres, pour pouvoir rester dans leur position bien verticale malgré les efforts latéraux, auxquels elles peuvent être soumises.

Ces efforts risquent de se produire dans la construction elle-même ; ils peuvent dériver d'un tassement et de l'inégalité de charge ou de résistance des supports ; enfin ils peuvent résulter de circonstances extérieures telles que des tourbillons, des inondations, des chocs.

Dans les diverses figures données plus haut on a déjà eu des exemples de contreventements. On les produit, mais en multipliant le nombre et la force des pièces, comme dans les charpentes de combles ; on cherche les séries de pièces qui dans les fermes successives peuvent se trouver dans des plans parallèles à l'axe du cylindre de la voûte, et on les relie soit par de grandes pièces inclinées comme dans la fig. 438, soit par des croix de St-André spéciales à chaque intervalle comme dans la fig. 439.

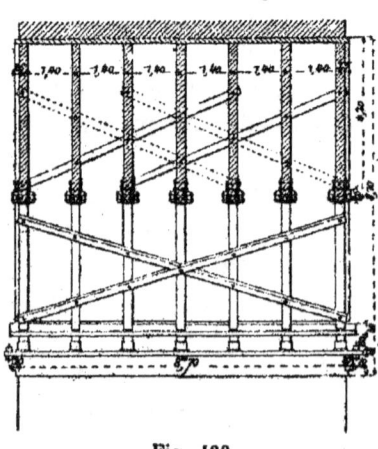

Fig. 438.

Il est indispensable dans ce dernier cas que ces croix de St-André soient les diagonales de cadres fermés, composés par

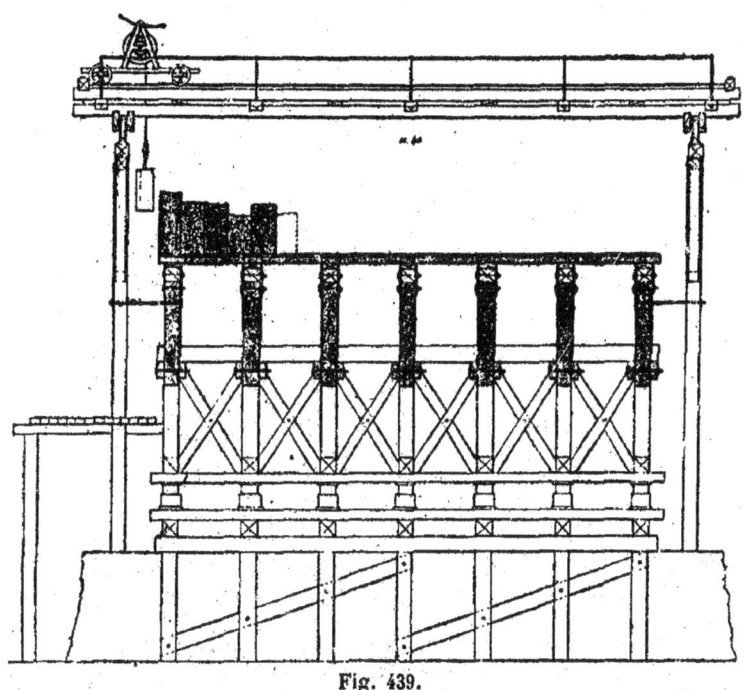

Fig. 439.

les pièces reliées comme montants et par des pièces de liaison horizontales formant traverses.

227. Cintres employés dans les tunnels. — On emploie encore des boisages et des cintres dans la construction des tunnels. Comme composition ils doivent, en raison de l'exiguité des chantiers, être formés de pièces courtes faciles à manier dans un espace restreint. Malgré la précaution que l'on prend souvent d'exécuter les maçonneries par rouleaux successifs, on est néanmoins conduit à donner aux pièces qui composent ces charpentes des équarrissages considérables.

En effet, on doit pouvoir appuyer sur les cintres, avant que la voûte ne soit exécutée, les étais qui soutiennent le terrain mis à nu tout autour et il en résulte des pressions très importantes auxquelles ils doivent résister.

§ 5. — DES CINTRES

Nous ne ferons que représenter la disposition d'un cintre employé à un tunnel de la ligne de Malaga à Cordoue, fig. 440, montrant les fermes des cintres supportant le terrain par un

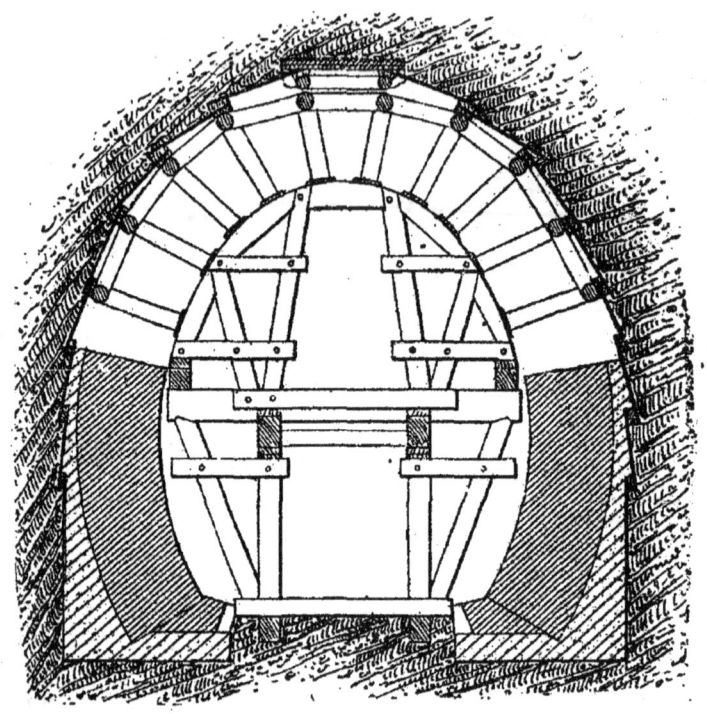

Fig. 440.

boisage approprié, en attendant qu'elles viennent soutenir la maçonnerie.

Ces fermes sont portées au moyen de 4 longrines sur une série de chevalets très forts appuyés sur le terrain inférieur de la galerie.

Les pièces qui reçoivent les vaux sont arrangées en éventail et parfaitement disposées pour résister par compression aux efforts qui leur seront appliqués.

On a fait aussi des cintres avec des cadres partiels tout montés, et qu'il n'y avait qu'à assembler avec des coins à chaque pose nouvelle ; on évitait ainsi une grande main-d'œuvre dans les déplacements successifs. La fig. 441 rend compte de la disposition de ces cadres, qui ont été employés aux galeries de la ligne de Marseille à Toulon notamment et qui ont donné un très bon service. Les pièces qui composent chaque cadre sont fortement réunies aux points de jonction par des ferrures boulonnées, qui assurent leur rigidité absolue, tout en augmentant leur durée.

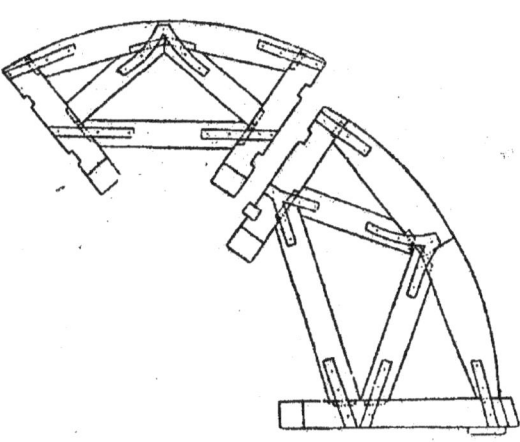

Fig. 441.

CHAPITRE VII

PONTS ET PASSERELLES

SOMMAIRE :

218. Ponts en bois. Considérations générales. — 219. Des culées en charpente. — 220. Des culées établies au-dessus du sol. — 221. Culées perdues. — 222. Culées en maçonnerie. — 223. Points d'appui intermédiaires, palées en charpente. — 224. Brise-glace. — 225. Ponts avec poutres et sous-poutres. — 226. Ponts avec contrefiches. — 227. Passerelles établies sur cintres. — 228. Ponts avec poutres armées. — 229. Ponts américains système Town. — 230. Système Long. — 231. Système Howe. — 232. Palées-pylones en bois. — 233. Ponts polygonaux. — 234. Ponts en arcs.

CHAPITRE VII

PONTS ET PASSERELLES

228. Ponts en bois, considérations générales. — On a exécuté autrefois beaucoup de ponts en bois, et même des ponts de très grande portée. Dans quelques pays où le bois est abondant et d'un prix peu élevé, on en construit encore ; mais presque partout on remplace le bois, pour les ouvrages devant durer longtemps, par de la maçonnerie ou du métal.

Le bois est alors réservé pour les constructions économiques, pour celles qui n'ont qu'une existence temporaire, pour celles enfin qui ne sont que de véritables échafaudages, aidant à l'exécution d'ouvrages plus importants et plus durables.

Les grands avantages du bois sont : son prix peu élevé, la facilité d'obtenir des combinaisons et des assemblages solides, et surtout la rapidité d'exécution. Son grand inconvénient est son peu de durée dans les parties exposées à l'humidité. Ce dernier défaut est surtout grave pour les charpentes de ponts qui sont constamment soumises aux intempéries. Aussi doit-on prendre toutes les dispositions pour les préserver le plus possible de l'humidité, ou pour sacrifier certaines pièces sur lesquelles portera la détérioration et que l'on se réserve le moyen de remplacer facilement sans nuire au reste de l'ouvrage.

Les ponts en bois se composent de véritables planchers, de niveau ou à peu près, que l'on nomme tabliers. Ils portent sur des points d'appui extérieurs que l'on appelle des culées, et sur des supports intermédiaires, qui, exécutés en charpente, prennent le nom de palées.

Quelquefois, et dans les cas où l'ouvrage doit avoir une certaine durée, les points d'appui sont montés d'une façon plus solide, en maçonnerie ; ce sont principalement les culées que l'on a avantage à soigner ainsi, parce qu'elles servent en même temps à contenir les terres ; mais on applique aussi parfois cette construction aux points d'appui intermédiaires et on remplace les palées par des piles.

On réserve le nom de passerelles aux ponts légers qui sont affectés seulement à la circulation des piétons.

On donne le nom de pont de service à celui qui n'a été établi que pour le transport et la manœuvre des matériaux d'un ouvrage d'art plus important.

219. Des culées en charpente. — On fait rarement usage des culées en charpente. Lorsqu'on est amené à les établir, ce peut être ou dans des terrains consistants ou au contraire dans des remblais — dans ces deux cas la disposition est différente. D'une manière ou de l'autre, cette solution ne convient qu'aux ouvrages provisoires.

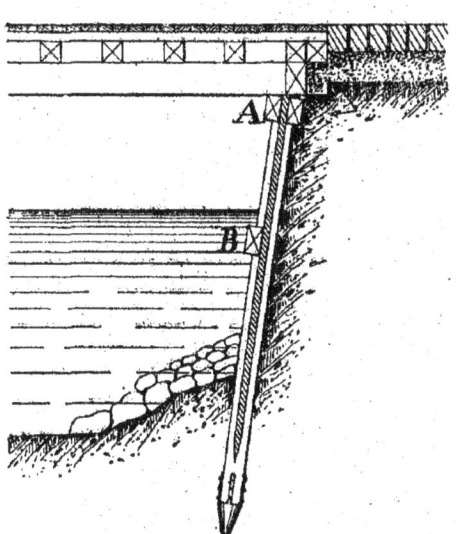

Fig. 442.

Dans les terrains compacts, on bat une série de pieux avec un léger fruit, celui de 1/10 par exemple ; on les répartit convenablement sous les charges et, s'il est nécessaire, dans les parties intermédiaires, fig. 442 ; on les réunit à la partie haute par une double pièce moisée, et enfin, dans les intervalles, on bat les palplanches qui complètent la clôture. On a soin de bien

PONTS ET PASSERELLES

remplir avec un remblai choisi tout l'intervalle resté libre entre cette sorte de pan de bois et le terrain. On pourrait dans certains cas employer avantageusement un mortier économique.

C'est sur la moise supérieure A que vient porter le tablier du pont.

Si la hauteur de la berge est considérable, on donne de la liaison et de la solidité à l'ouvrage en reliant par une pièce horizontale B, au moyen de tirefonds, les différents pieux ainsi que les palplanches de la paroi. On a soin d'assurer, si on le peut, la conservation de cette pièce B en l'établissant au-dessous de l'étiage, de manière qu'elle soit continuellement immergée.

On protège le bas de la culée par quelques enrochements.

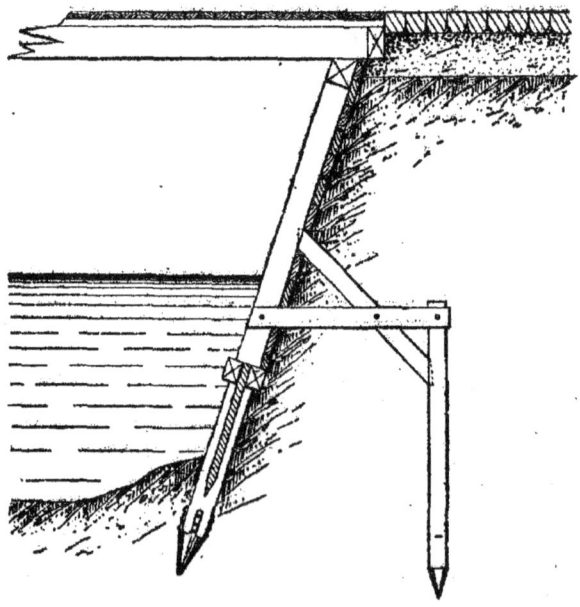

Fig. 443.

Si on a à faire une culée dans un terrain de remblai, on doit redouter une forte poussée de la part de ces terres détrempées, et on établit l'ouvrage de telle sorte qu'il puisse résister à cette poussée. On compose alors la culée de la façon représentée par la fig. 443.

On bat les pieux, légèrement à fruit, comme dans le cas précédent ; on les moise au-dessous de l'étiage, et entre les moises on bat des palplanches.

A 1 m. 50 ou 2 m. en arrière, après avoir déblayé convenablement le terrain, on bat une seconde ligne de pieux que l'on réunit aux premiers, d'abord par une moise horizontale, et en outre par un lien incliné ; on transmet donc en deux points des pieux de paroi les résistances que peuvent offrir les seconds.

On a soin que toute cette charpente d'amarrage, qu'on ne pourra plus tard aller visiter et réparer facilement, soit autant que possible noyée au-dessous de l'étiage pour être constamment immergée, si l'ouvrage doit durer longtemps.

On termine la culée en formant derrière les pieux extérieurs une paroi en bois tirefonnés, contre laquelle on pilonne par couches les terres du remblai. Les parois ainsi construites se retournent en amont et en aval, soit perpendiculairement à la direction de la rivière, soit mieux suivant deux alignements inclinés qui favorisent mieux le débouché.

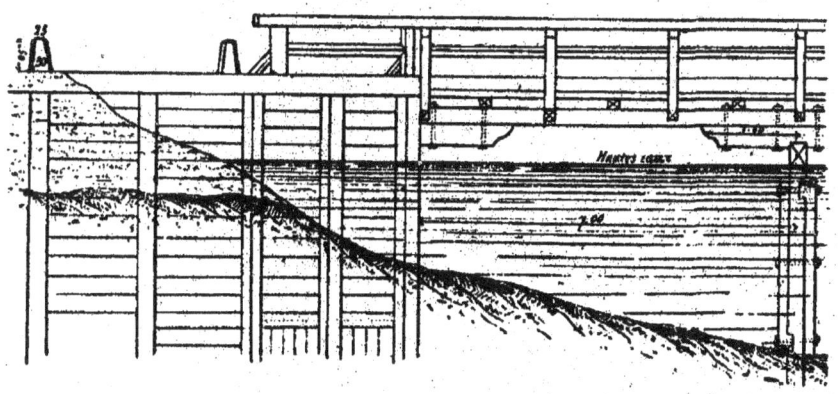

Fig. 444.

La fig. 444 représente l'élévation latérale d'une culée ainsi construite. Dans cet exemple, vu le peu de hauteur de terre à soutenir, les pans de charpente qui forment les parois sont complètement verticaux.

Cette méthode donne des culées parfaitement résistantes,

tout le temps que le bois peut se conserver intact dans ces conditions.

220. Culées établies au-dessus du sol. — Dans les ponts de service élevés au-dessus du sol, les culées n'ont plus pour mission de soutenir les terres; leur rôle se borne à soutenir à hauteur voulue l'extrémité du tablier. Elles se composent alors, fig. 445, de plusieurs poteaux verticaux posés, sur le sol par l'intermédiaire de semelles, ou de pieux battus,

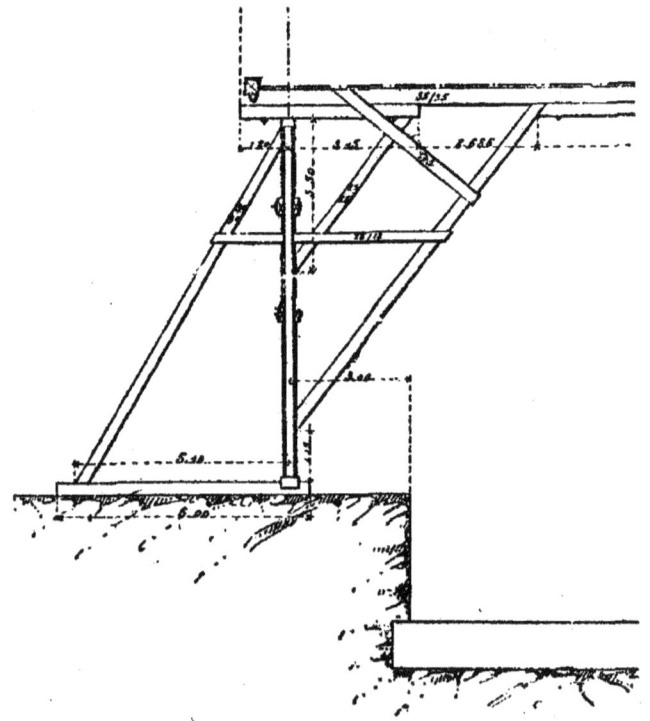

Fig. 445.

et enfoncés suffisamment pour leur stabilité.

Ces bois verticaux forment un pan perpendiculaire à l'axe longitudinal du pont; il faut maintenir ce pan dans sa position et pour cela on le contrevente, dans son plan, par de grandes croix de St-André, et perpendiculairement à son plan, par des étais obliques assemblés avec la semelle, ou réunis par des moises aux pieds des poteaux. On charge au besoin l'arrière des semelles ou moises.

La culée doit souvent aussi fournir d'autres points d'appui au tablier par l'intermédiaire de liens à 45°, disposés en un ou deux cours, qui en même temps assurent l'invariabilité des angles. Lorsque ces liens ont une certaine longueur, on les relie par des moises avec les pièces de la charpente précédente.

221. Culées perdues. — La disposition la plus économique dans la plupart des cas consiste à terminer le terrain à droite et à gauche de l'ouvrage par des talus. On choisit la

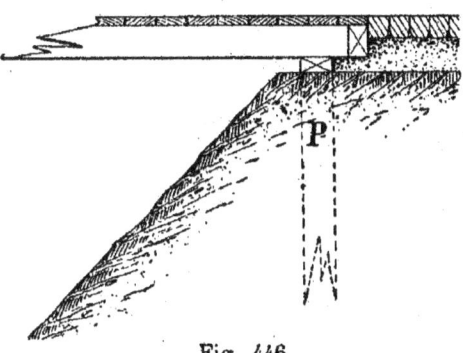

Fig. 446.

pente qui correspond au talus naturel, et on recouvre le sol d'un perré en pierres sèches pour le protéger.

C'est le haut du talus qui est chargé de porter l'extrémité du tablier du pont. Le tablier est allongé de la quantité nécessaire pour atteindre la crête du talus, mais malgré cela l'économie subsiste.

Lorsque le sol du talus est un terrain de remblai, on peut, pour éviter le tassement du point d'appui, faire porter le tablier par quelques pieux P enfoncés dans le remblai et surmontés d'une traverse qui les relie. Ces pieux, hors de l'eau, ont une durée limitée, mais lorsqu'ils sont détériorés, les terres sont suffisamment tassées et résistantes pour porter directement l'extrémité du pont.

Ce genre de point d'appui porte le nom de culée perdue. On en verra d'autres dispositions dans les croquis de ponts qui vont suivre.

222. Culées en maçonnerie. — Les culées en maçonnerie présentent l'avantage d'une durée indéfinie lorsqu'elles sont bien établies. Elles se composent d'ordinaire d'un mur de soutènement qui retient les terres et sur lequel viennent poser les longrines de la charpente des ponts. Quelquefois, lorsque leur solidité est suffisante, en raison de leurs dimensions transversales, on en profite pour y arc-bouter des contrefiches dont la présence sert à simplifier la charpente et à obtenir de l'économie dans la disposition des pièces du pont.

Ces culées doivent avoir une fondation absolument solide, en rapport avec la résistance du sol et l'action des forces extérieures.

223. Points d'appui intermédiaires. Palées en charpente. — Les palées en bois sont ordinairement composées de montants verticaux formant pans de bois, contreventés convenablement. Ces pans de bois se terminent à leur partie haute par une sablière horizontale sur laquelle vient porter le tablier. A la partie basse, ils reposent sur une semelle suffisamment soutenue, ou bien ils s'enfoncent dans la terre où ils ont été battus à la manière des pieux.

Lorsque l'ouvrage doit durer, on compose la fondation d'une ligne de pieux reliés par une moise M formant sablière, fig. 447, le tout s'arrêtant à un niveau aa'. Au-dessus, les pieux P se prolongent par les poteaux Q du pan de bois et ces derniers sont serrés à leur base par un nouveau cours de moises N. Ces moises N sont superposées aux premières, avec lesquelles elles sont reliées par des boulons.

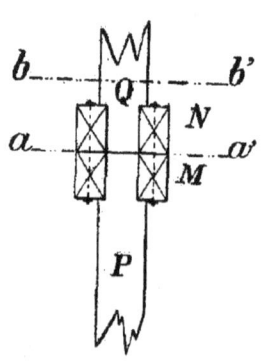

Fig. 447.

Le niveau de l'étiage est représenté par bb', de telle sorte que la plupart des bois sont constamment immergés, et par conséquent dans les meilleures conditions de conservation. Les poteaux Q seuls sont sujets à la pourriture, mais on peut les changer facilement. En résumé, la palée est composée de deux parties ; une *basse palée*, en contrebas de l'étiage, ouvrage d'une durée pour ainsi dire indéfinie, et une *haute palée* exposée aux intempéries, dont on doit rendre l'entretien facile.

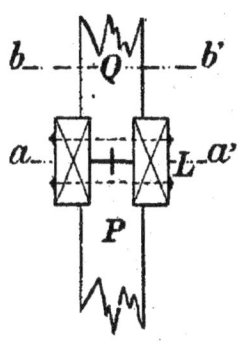

Fig. 448.

Quelquefois on remplace les deux cours de moises superposées M et N, par un seul cours des fortes pièces L, fig. 448, et le joint entre les pieux P de la basse palée et les poteaux Q de la palée haute se fait au milieu de la hauteur de ces pièces L. Un double boulon à chaque croisement assure la liaison des pièces verticales avec les moises.

L'étiage est toujours en bb' pour noyer constamment la plupart de ces bois.

Lorsque le pont est plus important, on donne une meilleure assise au pan de bois de la palée, et on le protège mieux des chocs à la partie basse, en le portant non plus sur une seule file de pieux, mais sur une double ligne.

Les pieux d'une série sont successivement reliés aux pieux correspondants de la série parallèle par des chapeaux qui en font autant de chevalets.

Le recépage des pieux se fait avec soin de sorte que les chapeaux aient leur face supérieure dans un même plan horizontal et c'est sur le milieu de ces dernières pièces que s'établit la sablière du pan de bois de la palée.

Cette sablière est en deux morceaux formant moises, ainsi qu'il est indiqué en (1), fig. 449.

Les poteaux sont en outre reliés aux chapeaux des chevalets chacun par deux liens obliques, qui assurent la fixité des angles et la verticalité de la palée.

En (2), même figure, on a représenté le bas d'une palée, mais pour un ouvrage plus important encore, qui a exigé une triple rangée de pilotis. Le principe de la disposition reste le même.

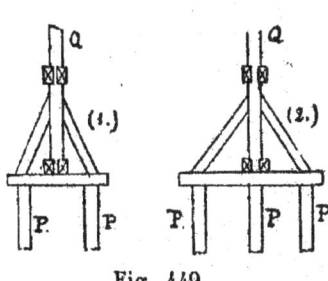

Fig. 449.

Quant à la composition du pan de bois elle est très variable, suivant l'importance du pont, sa largeur, la hauteur du tablier au-dessus du sol, et enfin la distance dont on peut écarter les palées. Le principe à suivre est de faire correspondre exactement les poteaux verticaux du pan de bois avec les poutres longitudinales du tablier, de manière à former le pont d'autant de fermes parallèles, qu'il est bien plus facile alors de combiner, d'assembler et de contreventer.

Le contreventement dans le plan de la palée se fait par des pièces moisées obliques, assemblées aux points de croisement avec les poteaux par des boulons, ainsi qu'on l'a vu au chapitre des pans de bois, fig. 189.

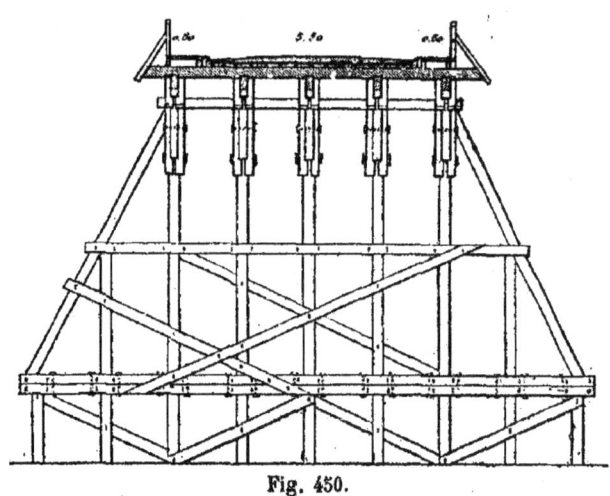

Fig. 450.

Le contreventement peut se faire également au moyen de pièces obliques en deux sens, formant croix de St-André, comme dans la palée représentée dans la fig. 450.

Cette disposition est préférable à la précédente et assure à la palée une triangulation plus énergique.

La fig. 451 donne une travée de l'estacade de l'île Saint-Louis à Paris, formant palée très développée. Elle est montée sur huit pieux, reliés par des moises et prolongés d'une hauteur considérable hors l'eau.

Les pieux nᵒˢ 2 et 3 sont les seuls qui portent la passerelle à la partie supérieure, les autres ne sont là que pour donner de la solidité à l'ensemble et lui permettre de résister à une poussée horizontale considérable.

Les différentes pièces verticales sont reliées par six cours de moises horizontales au-dessous du tablier et aussi par deux cours de pièces obliques qui maintiennent l'invariabilité des angles.

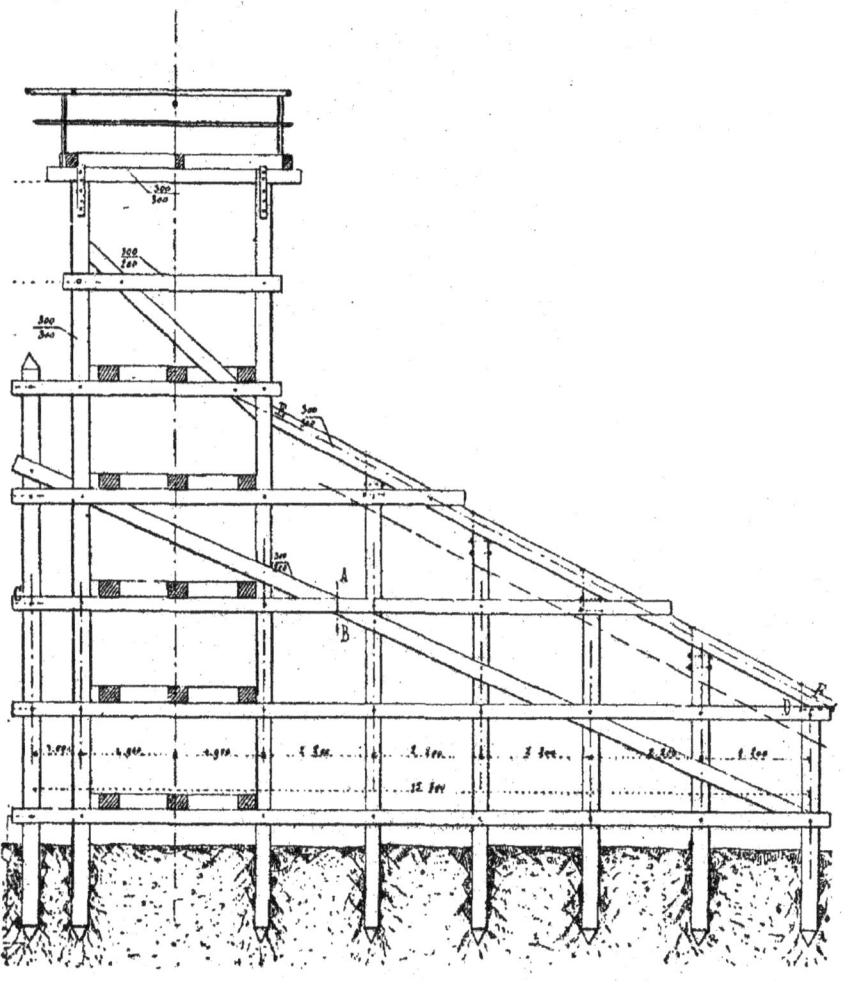

Fig. 451.

Ces palées, dans l'ouvrage de l'île Saint-Louis, sont très rapprochées les unes des autres, ayant pour mission principale de retenir les glaces et de les empêcher de passer dans l'abri qu'offre aux bateaux dans les temps de fortes gelées le petit bras de la Seine. Elles sont reliées les unes aux autres par cinq cours de pièces horizontales perpendiculaires à leur plan et dont la section est indiquée par des hachures.

Tous ces bois sont soigneusement entretenus de peinture au goudron pour soustraire leurs joints, leurs assemblages et leurs parements à l'humidité extérieure.

224. Brise-glaces. — Les figures 189 et 450 montrent que d'ordinaire les palées sont protégées en amont du choc des corps flottants par une sorte d'éperon plus ou moins incliné, que l'on peut doubler d'une pièce de rechange.

Ce genre de protection n'est pas suffisamment efficace pour les cours d'eau torrentiels et pour ceux qui sont exposés à des débâcles de glaces, il faut alors établir en amont des palées, sans liaison directe, ce que l'on nomme des brise-glaces : ce sont des éperons isolés, portés sur deux lignes de pieux en forme de V et soutenus par des tournisses parallèles.

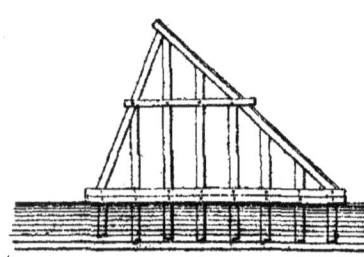
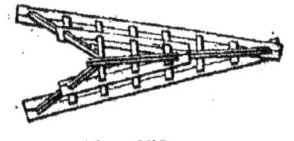

Fig. 452.

Lorsque ces dernières sont un peu longues, on les consolide par des moises, en dirigeant ces dernières dans le sens du courant.

La fig. 452, tirée de l'ouvrage d'Emy, représente la disposition d'un de ces brise-glaces, qui sont toujours établis d'après le même principe.

Les doubles sablières qui terminent les pilotis et les relient à la charpente supérieure doivent toujours être établies au-dessous de l'étiage, en vue de leur conservation, contrairement à ce que l'auteur a indiqué.

225. Ponts avec poutres et sous-poutres. — Les ponts les plus simples pour les petites portées, de 3 à 5 mètres, s'établissent par de simples poutres posées sur les murs-culées et franchissant leur intervalle : suivant la charge, l'espacement

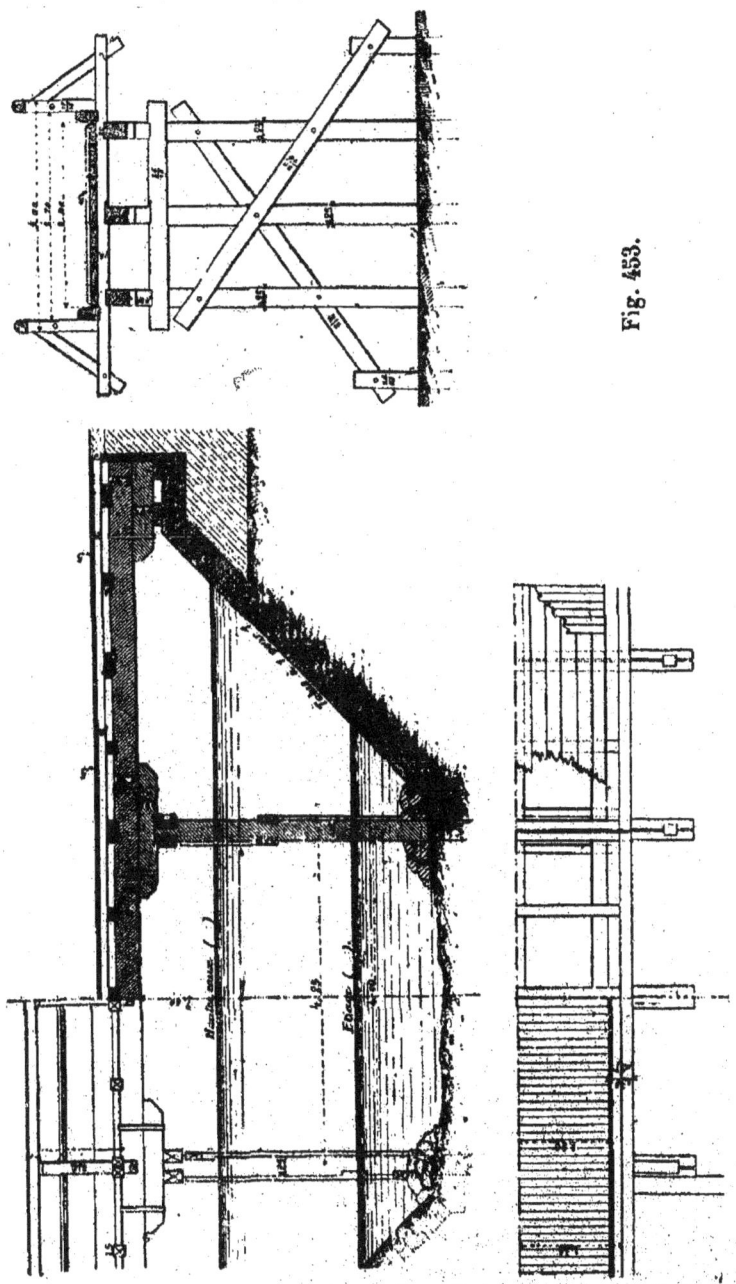

Fig. 453.

des] pièces et la portée, on détermine immédiatement, au moyen des tableaux donnés plus haut (p. 75), la section qu'il convient de donner aux bois.

Pour des ponts de 4 mètres d'ouverture, à culée perdue, on arrive à avoir un évasement supérieur d'autant plus grand que la hauteur du pont est plus considérable, et on est obligé de soutenir le tablier par des palées intermédiaires. La fig. 453 représente un pont de ce genre. Sa largeur est de 2 m. 40, son tablier est formé de trois poutres longitudinales, portées d'une part sur les culées perdues, de l'autre sur les palées, par l'intermédiaire de sous-poutres. Ces pièces ont un équarrissage de $0,20 \times 0,30$. Immédiatement et posées sur ces poutres sont des solives transversales que l'on appelle *pièces de pont* et qui, dans l'exemple figuré, sont espacées de 1 m. 06 d'axe en axe. De deux en deux, les pièces de pont sont formées de bois moisés qui comprennent : d'une part, les montants verticaux du garde-fou et, d'autre part, les contrefiches inclinées extérieures qui assurent sa verticalité.

Sur les pièces de pont, on fait reposer les pièces longitudinales du plancher, qui sont ordinairement des madriers non jointifs en chêne de 0,10 d'épaisseur. Au-dessus, et en travers de ce premier plancher ou *platelage*, on cloue les planches transversales sur lesquelles se fera la circulation des piétons et des voitures. Ce dernier plancher a d'ordinaire 0 m. 05 d'épaisseur et on choisit pour le faire le bois de peuplier qui se fend peu et est bien moins glissant que les autres essences usuelles. La disposition de ce plancher est figurée, à divers degrés d'avancement, dans le plan de la fig. 453.

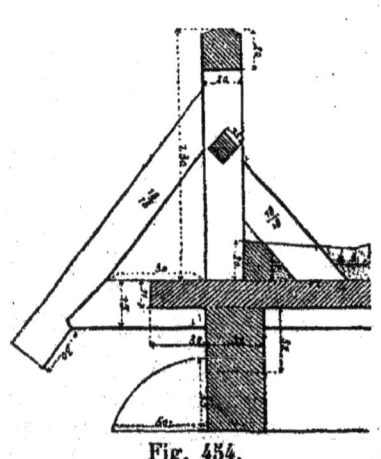

Fig. 454.

Des bois saillants formant bornes protègent les garde-fous du choc des voitures. Ces garde-fous sont faits d'une lisse supérieure arrondie par dessus, reliant les montants dont il a été question, et les intervalles rectangulaires formés par ces pièces sont divisés par des bois horizontaux, posés de manière que l'une des diagonales de la section soit verticale. Le détail d'un garde-fou de ce genre est représenté par la fig. 454.

La coupe transversale du pont est représentée dans la fig. 453, elle contient la vue d'une des palées. Cette dernière est formée de trois pieux de 0,25 × 0,25, correspondant aux trois poutres longitudinales et réunies en haut par une moise qui porte directement des sous-poutres.

Les trois pieux sont réunis par des croix de St-André, rejoignant deux autres pieux plus courts qui concourent à la liaison et augmentent l'assiette.

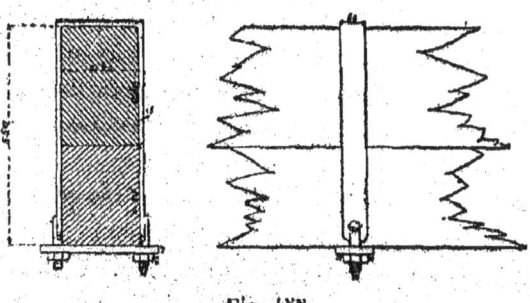

Fig. 455.

La poutre et les sous-poutres sont reliées par des ferrements en forme d'étriers, dont la disposition est représentée par la fig. 455. L'étrier, que l'on nomme souvent aussi une *bride d'embrassure*, est fait en fer de 60/12 ; il est coudé deux fois à la demande, et se termine par deux tiges filetées, dont les écrous se serrent sur une même platebande.

La fig. 456 donne également la disposition d'une passerelle pour piétons d'une portée de 4 m., toujours à culée perdue. La passerelle est établie pour une durée limitée et il n'a été pris aucune précaution pour assurer la conservation du bois.

La construction en est bien plus simple que dans l'exemple précédent. Les poteaux de la palée sont au nombre de deux seulement ; enfoncés dans le sol à la manière des pieux, ils montent à 0 m. 25 en contre-haut de la partie supérieure des pièces de pont.

Ces dernières sont jumelées et forment moises à la partie

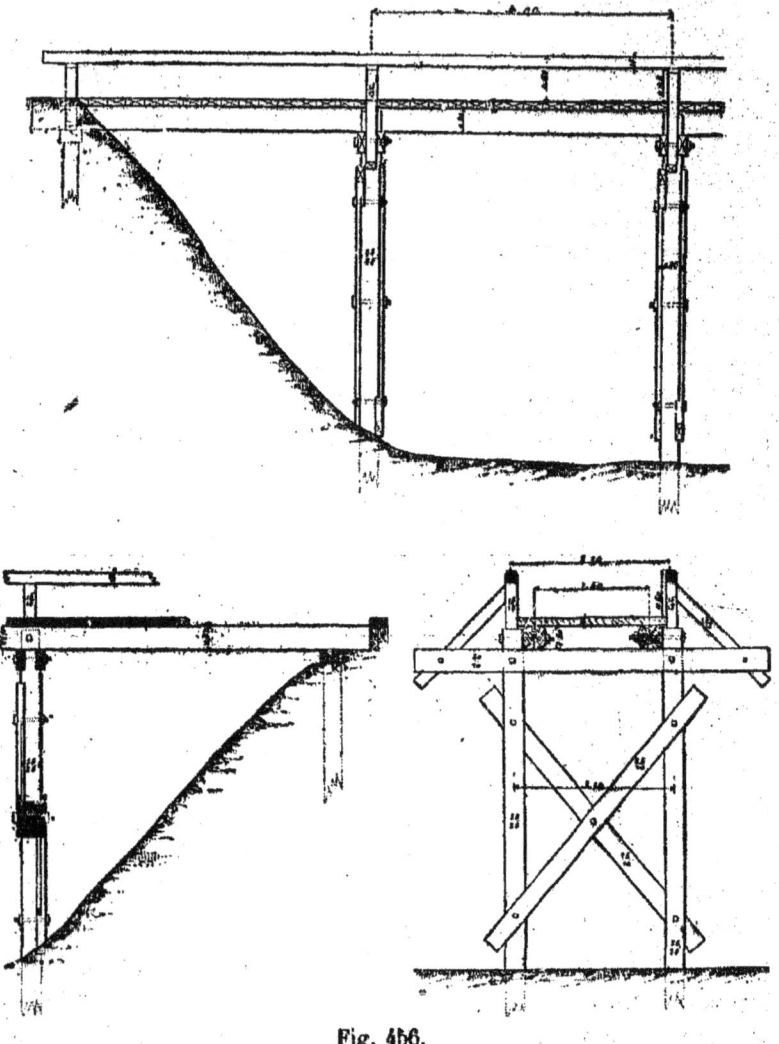

Fig. 456.

haute des poteaux ; elles comprennent ces derniers en même temps que les contrefiches du garde-fou.

Au-dessus des moises transversales sont placées les deux poutres longitudinales, qui recouvrent directement un platelage simple en madriers de 0,10 d'épaisseur. Les garde-fous sont formés de potelets formant la prolongation des poteaux, de contrefiches extérieures inclinées, et d'une lisse longitudinale arrondie à sa partie supérieure.

Les deux poteaux sont contreventés dans le plan de la palée par une grande croix de St-André, boulonnée aux points de croisement et formée de deux pièces simples l'une d'un côté, l'autre au second parement du pan de bois. Une cale, interposée entre ces deux liens, permet de les boulonner ensemble en leur milieu.

La fig. 456 représente ce pont d'abord en élévation longitudinale puis par des coupes en long et en travers en donnant tous les détails de la construction.

226. Ponts avec contrefiches. — Si la portée entre les points d'appui augmente pour atteindre 8 à 10 mètres, on allonge les sous-poutres et on les soutient au moyen de contrefiches butant sur les faces latérales les palées. On peut éga-

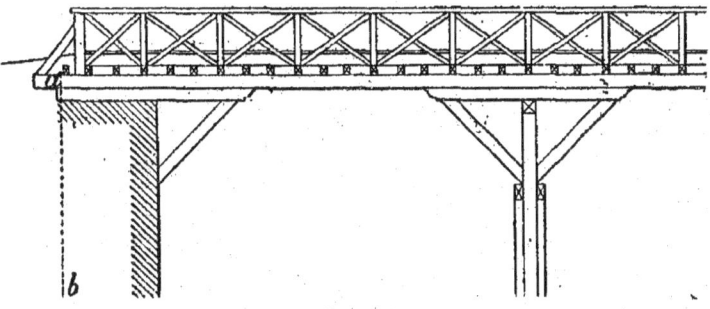

Fig. 457.

lement mettre des contrefiches le long des culées. Il est bon de relier parfaitement les poutres longitudinales avec les sous-poutres par des brides d'embrassure, et de donner aux poteaux ou pieux un excédent de section pour prévoir la flexion que peut leur donner la composante horizontale de la poussée d'une contrefiche en cas de charges inégales des travées successives.

Pour la culée, on allonge les sous-poutres. Afin qu'elles puissent contribuer à la solidité du pont, on produit une sorte d'encastrement au moyen d'un boulon vertical ab, fortement ancré au parement arrière du mur de culée ; dans l'exemple qui nous occupe et qui est représenté fig. 457, la sous-poutre ainsi ancrée s'avance assez en dehors de la culée pour recevoir une contre-fiche dont l'extrémité est soutenue sur la maçonnerie.

Le garde-fou figuré ici est un peu différent des ouvrages analogues précédemment décrits. Il est formé de potelets plus rapprochés, disposés symétriquement avec les points d'appui, et comprenant des rectangles dans chacun desquels on a placé une croix de St-André. Cette dernière forme remplissage et en même temps contrevente la rampe dans son plan. Le contreventement perpendiculaire au lieu d'être formé de contrefiches extérieures peut être obtenu par de fortes équerres en fer coudées sur champ et attachées aux pièces de pont.

Un autre exemple de pont de ce système est celui qui a été adopté par la Cie d'Orléans comme type de passage au-dessus du chemin de fer, et dont nous empruntons le croquis à l'excellent cours de M. Croisette Desnoyers à l'Ecole des Ponts et Chaussées, fig. 458[1]. Les longerons ou longrines s'appuient au sommet des talus sur de légères culées, par l'intermédiaire de sous-poutres convenablement reliées; dans l'intervalle, ils portent sur deux palées formées de poteaux bien fondés et contreventés, et sur leurs chapeaux reposent les sous-poutres; des

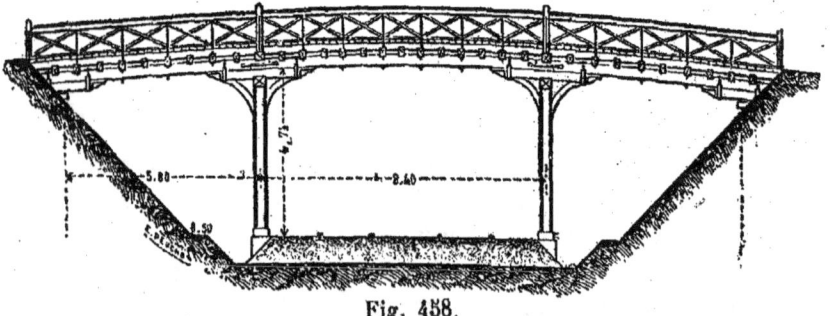

Fig. 458.

contrefiches courbes viennent diminuer dans une mesure convenable l'ouverture des travées. Ces ponts établis avec soin ont duré longtemps. Ce n'est qu'au bout d'une trentaine d'an-

[1]. Dunod, éditeur, 1885, p 270.

nées d'existence qu'on les a remplacés par des ponts métalliques.

La figure 458 montre la courbe que formaient les longrines et qui donnaient un aspect agréable à l'élévation longitudinale. Cette forme avait encore l'avantage d'augmenter la montée dans la travée du milieu.

La fig. 459 est la représentation de la coupe transversale de ce même pont d'après le même auteur. Une chaussée de 4,20 entre bordures, avec largeur totale de 6 m. entre garde-fous et formée par un platelage double, est posée sur les pièces de pont.

Les poutres longitudinales, au nombre de cinq, reposent sur autant de poteaux verticaux constituant chaque palée, et ces dernières s'assemblent sur une semelle inférieure posée sur mur. Le roulement dans le plan de ce pan de bois est évité par le moyen de deux pièces inclinées en croix de St-André, auxquelles on a ajouté deux sortes d'étais inclinés extérieurs qui augmentent la longueur de base de la palée, et s'assemblent avec les semelles mêmes, prolongées à la demande. Les fermes de ce pont pour route sont espacées de 1 m. 465 d'axe en axe.

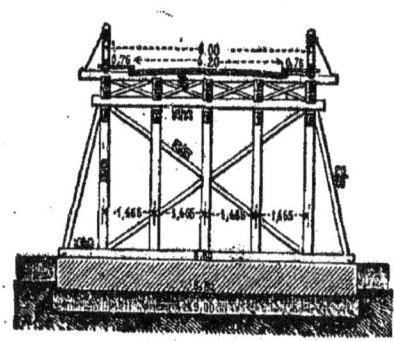

Fig. 459.

Si les contrefiches augmentent de longueur, il est bon de les relier aux poutres longitudinales par des moises pendantes, qui empêchent leur voilement dans un sens; la déformation dans l'autre peut être arrêtée par une pièce de liaison avec les pièces similaires des fermes voisines, surtout si on lui donne une direction oblique sur les bois reliés.

La sous-poutre, au lieu de recevoir deux contrefiches d'un même poteau, peut être établie entre les contrefiches de deux points d'appui successifs.

Il résulte de cette disposition que la sous-poutre et les deux contrefiches forment ensemble un véritable arc de décharge ; il faut alors que les poteaux de la palée soient suffisants pour résister aux excédants de pression latérale dus aux inégalités des charges.

Cette disposition est représentée dans la fig. 460, donnant l'élévation d'une travée d'un pont de service. Elle permet de franchir plus facilement des portées plus grandes et d'éloigner les points d'appui de 10, 12 et 14 mètres.

On peut établir une seconde sous-poutre de longueur réduite et chargée de servir de simple tête au poteau de la palée. On en voit un exemple dans la même figure 460.

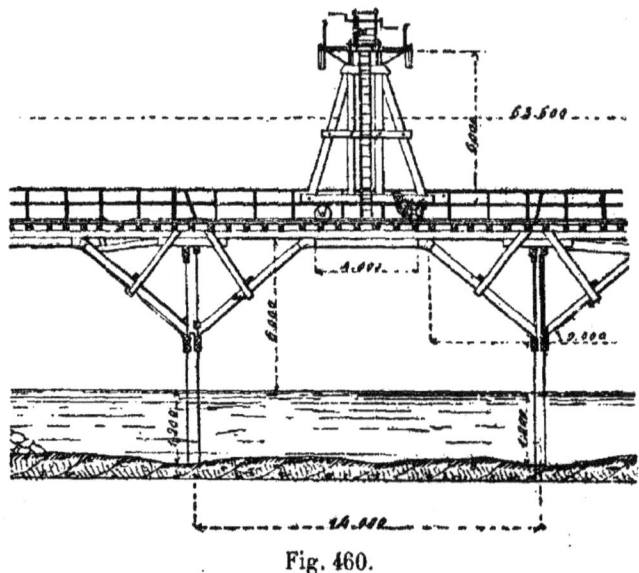

Fig. 460.

Cette même disposition de contrefiches, butant contre une sous-poutre avec laquelle elle forme une arc de décharge, peut s'appliquer au cas d'un pont établi entre des culées en maçonnerie, du moment que les culées sont suffisamment épaisses, ou convenablement bloquées contre un terrain naturel résistant.

Un pont de ce genre de 8 m. d'ouverture est représenté en élévation et coupe longitudinales ainsi qu'en coupe transversale dans la figure 461. Les poutres qui franchissent l'intervalle des culées ont $0,20 \times 0,30$. Elles sont espacées de 1 m. 07 environ; elles sont consolidées par une sous-poutre de $0,20 \times 0,20$, avec laquelle elles sont reliées par les embrassures, et qui a environ 5 m. de longueur. — Ses extrémités, coupées en biais, viennent buter contre la partie haute de contrefiches de même section, dont les abouts partent de la maçonnerie.

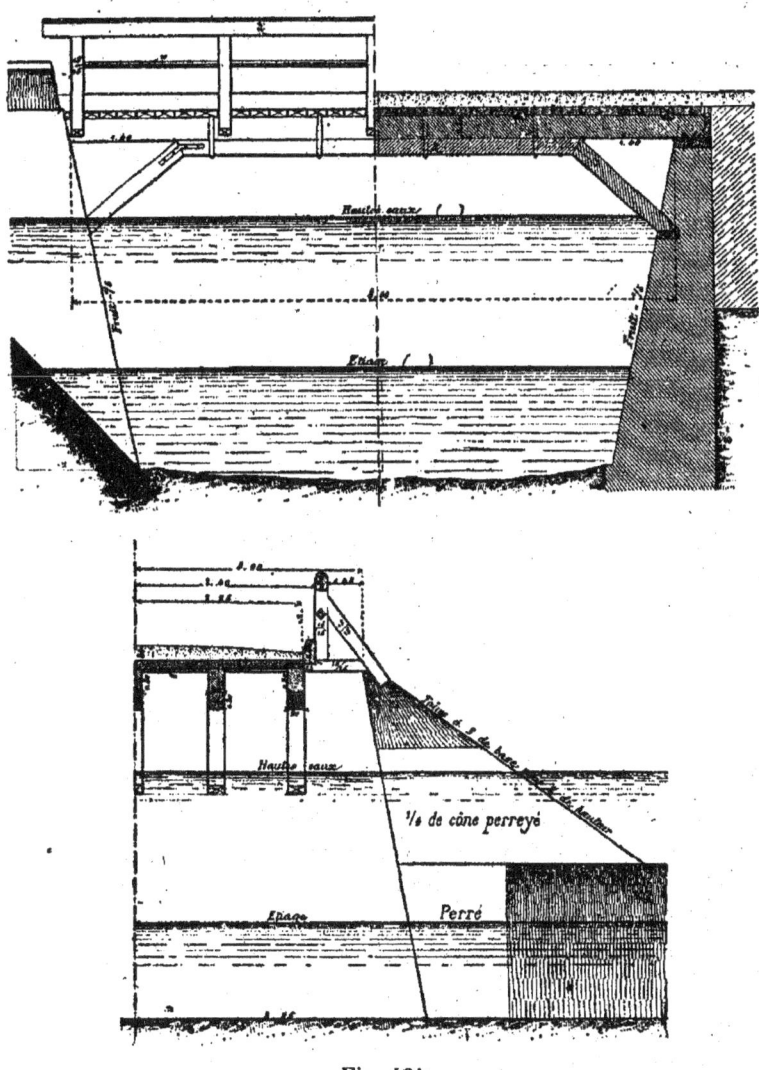

Fig. 461.

Les poutres portent directement un platelage en madriers de chêne de 0,10 d'épaisseur ; à l'endroit des montants de garde-fous, l'un des madriers est renforcé à épaisseur de 0,15 et allongé de chaque côté en dehors, de la quantité nécessaire pour recevoir l'assemblage de la contrefiche inclinée. On remarquera l'assemblage de ces deux pièces, qui est disposé de manière à être à l'abri de l'eau, la contrefiche dépassant la

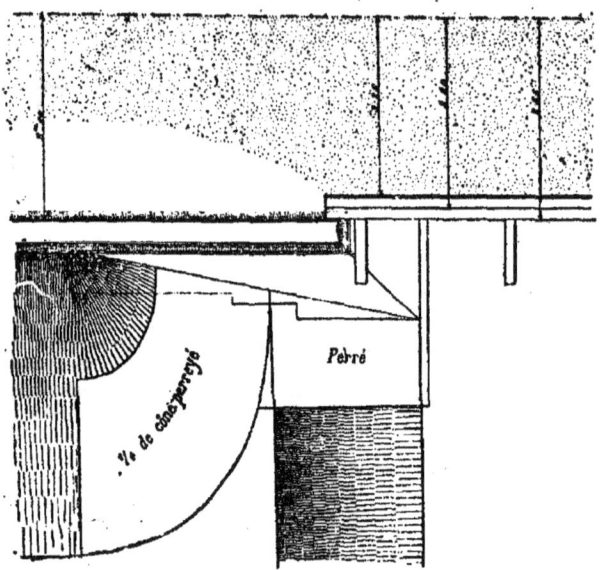

Fig. 462.

poutrelle, et recevant le tenon qui termine cette dernière, dans une mortaise pratiquée dans sa sous-face.

Le platelage dont il vient d'être question reçoit à son tour la chaussée qui est en macadam, contenu entre deux bordures longitudinales adossées aux garde-fous.

La fig. 462 représente le plan de l'ouvrage terminé avec l'indication des travaux de terrassement exécutés aux abords.

Quand on dispose de peu de hauteur pour loger les contrefiches et la sous-poutre, on peut très avantageusement se servir d'une disposition qui est adoptée par le service de la navigation dans ses ponts de halage pour des portées analogues.

La figure 563 donne l'élévation, le plan et la coupe de la combinaison adoptée.

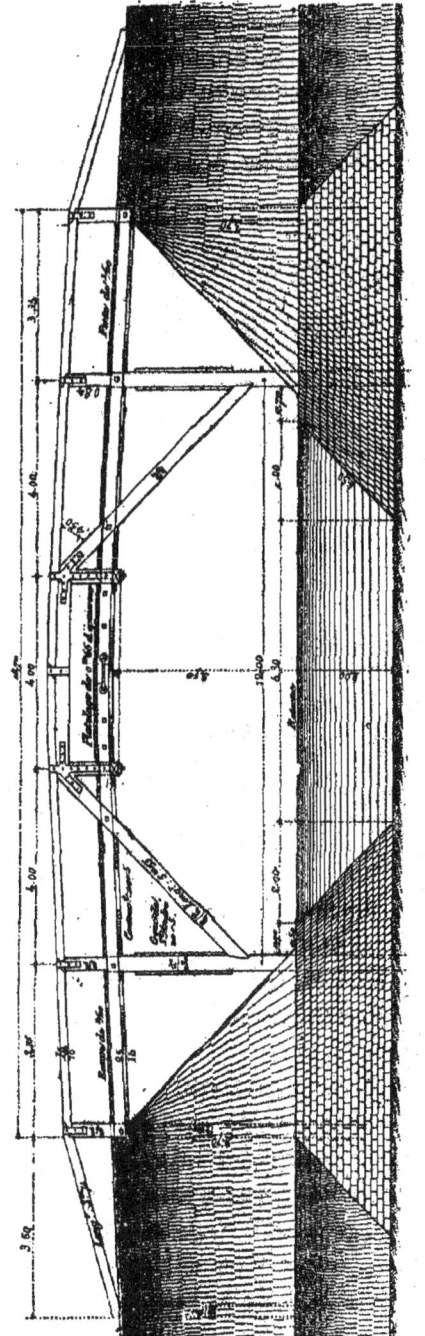
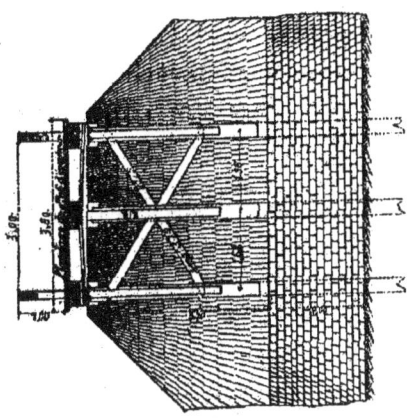
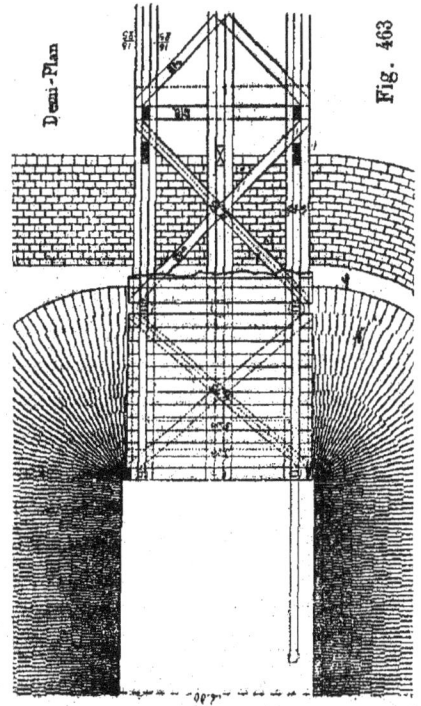

Fig. 463

La sous-poutre est remplacée par une pièce jouant un rôle analogue et relevée dans la hauteur du garde-fou. Aux extrémités deux potelets verticaux font office de poinçons pour relier la poutre longitudinale à l'arc de décharge formé par la nouvelle pièce et les deux contrefiches. Il en résulte une plus grande rigidité pour le pont en même temps qu'une plus grande stabilité pour le gardefou. Ce dernier peut alors se passer des confiches extérieures et les pièces de pont se trouvent limitées à la largeur même du pont.

Les poutres longitudinales sont alors jumelées pour laisser passer dans leur intervalle et enserrer au moyen de boulons l'arc de décharge précédent.

Il y a lieu de remarquer l'assemblage de la pièce horizontale, avec les contrefiches et le potelet, ainsi que la liaison du potelet avec les poutres longitudinales. La réunion de toutes les pièces est indiquée dans le détail de la figure 464, qui donne en même temps la forme de la bride d'embrassure chargée de relier tout l'ensemble.

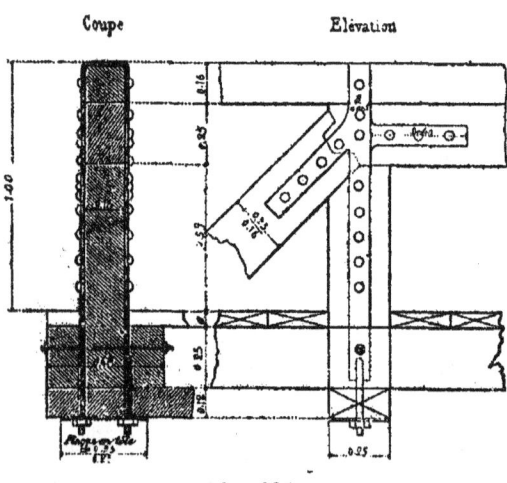

Fig. 464.

Pour des portées de 14 à 20 mètres on peut employer une double contrefiche de chaque côté des poteaux des palées. Les deux contrefiches intérieures correspondent à une première sous-poutre, les deux extérieures viennent buter contre une deuxième sous poutre qui forme avec elles un arc de décharge.

Cette disposition recommandée dans l'ouvrage d'Emy est très fréquemment employée. L'application qui en a été faite au pont provisoire de Poissy est représentée en élévation dans la fig. 465. — Ce pont, de 4 m. de largeur entre garde-fous, est composé de trois fermes parallèles.

Chaque ferme comprend une poutre longitudinale ou longeron de 0,35 × 0,30 d'équarrissage, portant sur deux palées successives, espacées de 14 mètres. Ce longeron est renforcé au droit des palées par une sous-poutre de 0 m. 60 de long et d'une section de 0,30 × 0,30 et dans le milieu des travées par une seconde sous-poutre de même section et de 4 m. 80 de longueur.

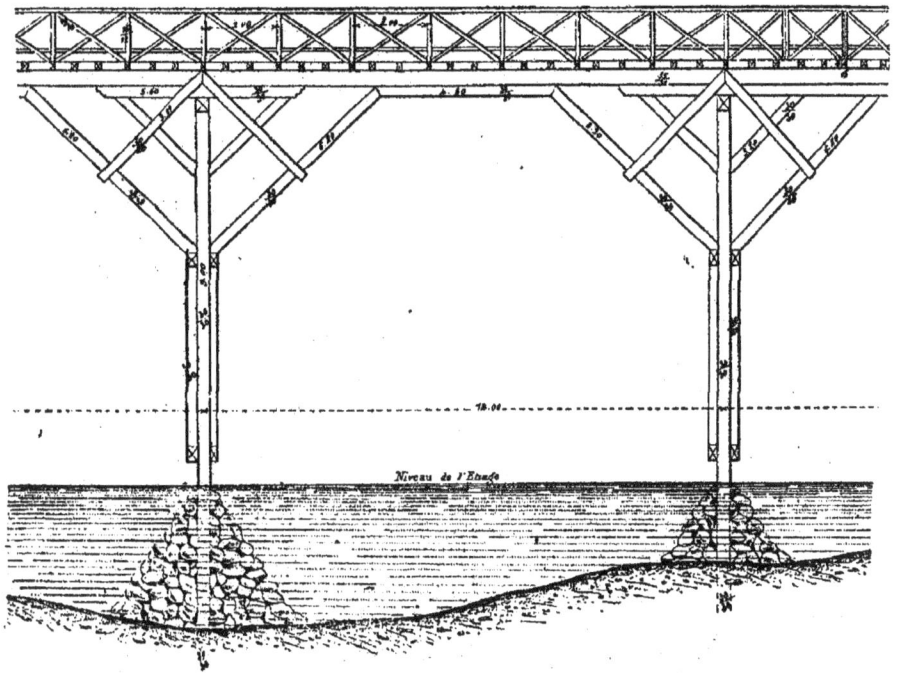

Fig. 465.

Les poteaux de palées sont établis dans le plan même des fermes. Ce sont des pieux de 0,30 × 0,30, battus à refus, et qui sont terminés par un chapeau supérieur sur lequel posent les longerons.

Les contrefiches ont toutes 0,30 × 0,30 elles sont reliées par une moise pendante inclinée à 45° avec le longeron correspondant.

Sur les trois longerons on vient placer, pour compléter le tablier, les pièces transversales appelées pièces de pont; elles ont une section de 0,20 × 0,15 et 4 m. 50 de portée ; elles sont écartées de 0,66 d'axe en axe. Tous les 2 m. l'une d'elles s'allonge en dehors de 0 m. 50 en plus pour recevoir les contrefiches du garde-fou. Sur les pièces de pont s'établit un premier platelage en madriers non jointifs disposé longitudinalement.

Un second platelage, mais transversal et plus mince est disposé en pièces jointives, et vient recouvrir le premier. C'est

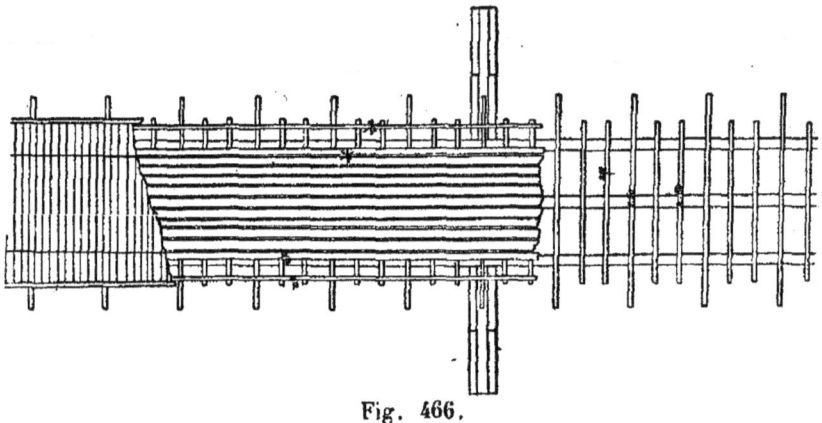

Fig. 466.

celui qui reçoit la fatigue de la circulation et du roulage. On l'entretient et on le change en raison de l'usure.

Le détail du tablier ainsi construit est donné dans la figure 466. Le croquis 467 représente la coupe transversale du pont. Les trottoirs y sont figurés ainsi que la manière dont ils sont établis. Chacun d'eux est formé d'une première poutre longitudinale posée sur les pièces du pont et servant de bordure pour arrêter et guider les roues de voitures. Elle a environ 0,25 × 0,20 d'équarrissage. Une seconde poutre longitudinale de 0,25 × 0,12 est établie le long du garde-fou et sur ces deux pièces ou vient brocher transversalement les madriers qui formeront la surface du trottoir.

Dans cette même figure on voit la composition de la palée. Les trois pieux qui la forment ne présentant pas une résistance suffisante au roulement dans son plan, on en a ajouté deux autres inégalement écartés ; l'un est à 4 m. en amont ; le 2° à 3 m. en aval ; ils reçoivent la partie basse de pièces inclinées formant contrefiches, celle d'amont jouant le rôle d'éperon. En raison de la grande hauteur de ce pan de bois, on en a réuni les pièces à mi-hauteur par une moise horizontale, et le con-

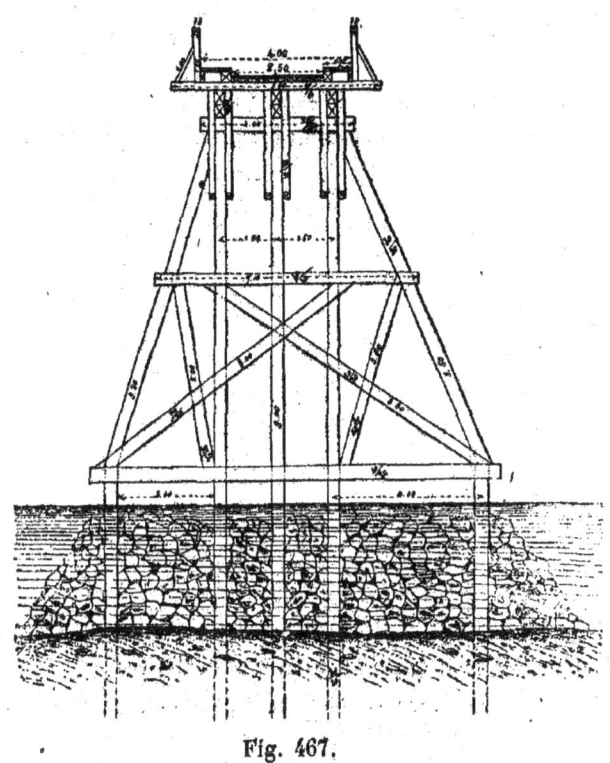

Fig. 467.

trevement se fait par une grande croix de St-André. Pour consolider le milieu des pièces inclinées et leur permettre de résister aux chocs, on a ajouté deux autres pièces inclinées en sens contraire et comprises entre les moises. Il en résulte une triangulation très énergique.

227. Passerelles établies sur cintres. — Les passerelles et ponts de service ne reposent pas toujours sur le sol par l'intermédiaire de palées. Lorsque la hauteur est grande, ou bien dans les cas où on veut réparer des ponts et où les ouvrages conservés présentent des points d'appui plus faciles, on se sert de ces points d'appui dès que l'économie est jugée suffisante. Souvent aussi on se sert des cintres des voûtes eux-mêmes pour supporter les différents points de ces charpentes provisoires. On change ces points d'appui au moment du décintrement en prenant attache sur les voûtes nouvellement faites et sur les maçonneries des piles.

La figure 468 représente l'arche marinière du pont de Gien au moment où on en a fait la réparation en 1872. Le cintre est formé par une charpente retroussée pour ne pas gêner la navigation. Sans recommander la composition de ce cintre qui comporte des pièces dont l'utilité est contestable, le croquis représente la manière très admissible dont le pont provisoire est soutenu au-dessus des cintres. Une première palée porte sur la culée de droite ; elle est représentée dans l'élévation en VX et la coupe en travers VX en donne la composition.

Quatre poteaux montants correspondant aux cintres n°s 1, 3, 4, 6, portent sur une semelle inférieure et viennent soutenir le tablier par l'intermédiaire d'un sablière horizontale haute. Une grande croix de St-André, un morceau sur chaque face du pan de bois, forme contreventement et s'oppose au roulement de la palée dans son plan. Le point d'appui suivant W, est obtenu par une palée oblique qui s'appuie également sur la culée au pied de la palée précédente ; une moise pendante réunit le milieu de chaque poteau de cette palée à la ferme correspondante du cintre. Le troisième soutien K est formé par une palée biaise formée de moises obliques qui comprennent à la fois, dans leurs entailles appropriées, le bois du cintre à la partie basse et les longerons du pont provisoire à la partie haute. Une sous-poutre consolide chaque longeron en ce point. Les poussées dues à l'obliquité de ces deux dernières palées se neutralisent en partie, et cela par l'intermédiaire de cette sous-poutre. Le support qui vient ensuite est établi au point L situé immédiatement au-dessus de la clef ; il est obtenu par un véritable poinçon de la ferme qui se prolonge jusqu'au tablier et s'évase à la partie haute au moyen de deux contrefiches. La coupe en travers ON montre la composition de cette palée faite des poinçons prolongés.

Une palée verticale placée, immédiatement au-dessus de l'appareil de décintrement tout à côté de la pile, monte jusqu'au

CHAPITRE SEPTIÈME

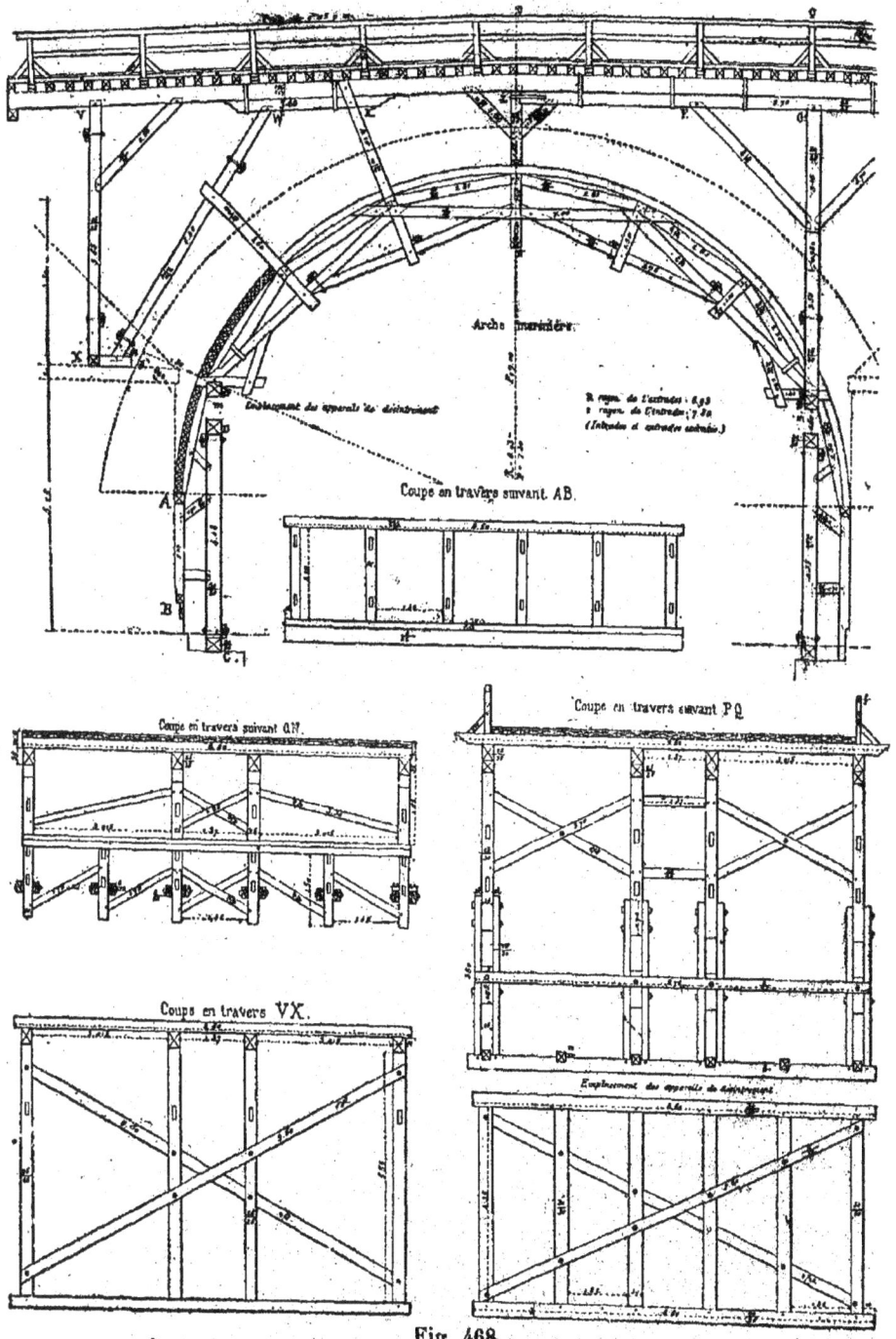

Fig. 468.

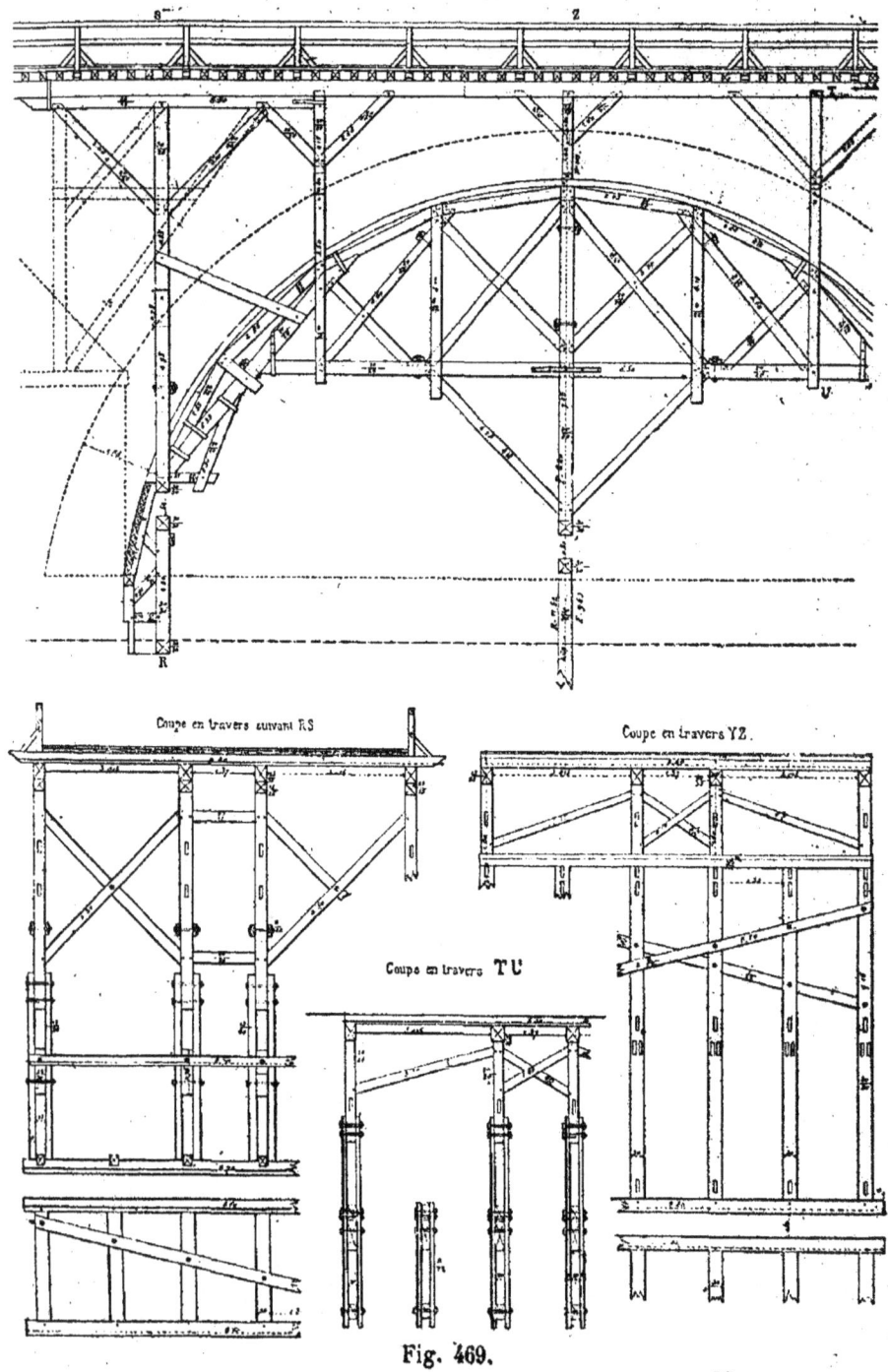

Fig. 469.

tablier et va le soutenir en un point G, tandis que deux contrefiches écartées donnent deux autres points d'appui tels que F. La coupe en travers suivant PQ montre la composition de cette palée. Des moises verticales d'une certaine hauteur prennent à la fois le bas du cintre et le bas du poteau de la palée. Au-dessous des appareils de décintrement, la même coupe montre la palée basse qui va reporter la charge sur une saillie inférieure formée par la fondation de la pile, dont la partie basse est conservée. La coupe en travers suivant AB représente une fausse palée longeant la culée, et portant une faible partie du cintre en-dessous des appareils de décintrement. Il y en a une pareille le long de la pile.

La figure 469 représente la seconde arche de ce même pont de Gien, pour laquelle le cintre est différent et la manière dont la charge du pont provisoire s'y trouve répartie. Trois palées différentes, en dehors de celles qui correspondent aux ouvrages fixes, viennent s'appuyer sur le cintre. Les coupes suivant RS, YZ, et TU en donnent la composition; partout les poteaux des palées reposent sur les fermes, tantôt directement par l'intermédiaire d'une semelle comme en YZ, tantôt serrés par des moises, qui comprennent également les bois du cintre.

Certes, cette charpente du pont provisoire de Gien manque d'unité dans l'étude au point de vue de l'ouvrage spécial exécuté; mais elle était intéressante à donner ici, en raison des moyens très divers qui ont été appliqués aux divers points, et dont chacun eût pu être pris comme principe pour l'ouvrage entier.

Quant à la composition même du cintre de cette dernière arche, elle est encore moins recommandable que celle du cintre retroussé de l'arche marinière, les dernières pièces venant s'enchevêtrer sans former une ferme simple dont la résistance se comprenne facilement.

228. Ponts en charpente avec poutres armées. — Toutes les fois qu'on le peut, on adopte pour la construction des ponts les principes qui viennent d'être indiqués: des poutres simples en bois comme longerons, et des points d'appui multipliés, au moyen de palées. Cependant il est des cas où on veut franchir de petites portées au moyen de bois de faibles échantillons, ou de grandes portées sans points d'appui intermédiaires, on est alors obligé de remplacer les poutres simples par des poutres armées.

L'inconvénient que présente l'emploi des poutres armées dans l'établissement des ponts réside dans la multiplicité de leurs assemblages qui sont exposés aux intempéries, ce qui limite leur durée. Cependant, dans bien des cas, il peut être avantageux de les employer et quelques-uns des exemples ci-après montrent qu'on peut les couvrir pour les préserver de la pluie et de l'humidité, ce qui est une excellente précaution, trop rarement adoptée.

Pour des passerelles légères de piétons, on peut cintrer des

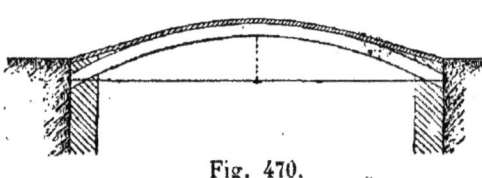

Fig. 470.

bois et les maintenir courbés au moyen d'un entrait en bois ou mieux en fer. Deux poutres parallèles de même cintre reçoivent les planches transversales qui forment le plancher. Ce dernier suit le cintre, sauf aux extrémités où, pour éviter une trop forte pente, on le relève par des coyaux, fig. 470. Si la portée est un peu grande, on soutient le milieu de l'entrait par une aiguille pendante attachée au sommet de l'arc.

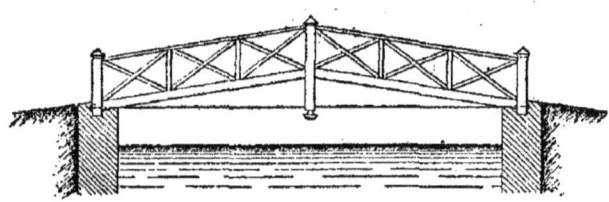

Fig. 471.

On peut remplacer l'arc par deux arbalétriers et un poinçon et on règle la pente de l'arbalétrier pour que le plancher puisse la suivre sans qu'il en résulte une trop grande gêne pour la circulation.

L'entrait peut être soit en bois, soit en fer ; comme dans

l'exemple précédent, il est soutenu au passage en son milieu par la partie basse du poinçon, fig. 471.

Lorsque les culées sont en maçonnerie et peuvent résister à une pression horizontale suffisante qui les appuierait sur le terrain même, on a avantage à remplacer la disposition précédente par celle représentée fig. 472. Cette combinaison utilise la poussée sur les culées, et la réaction qui naît de leur

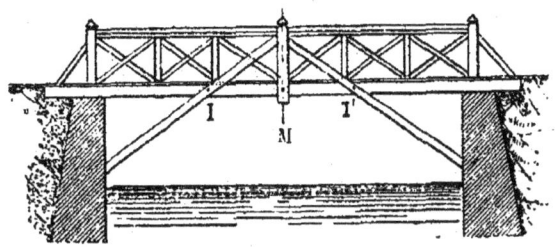

Fig. 472.

part, pour créer, outr le point d'appui M, bas du poinçon les points I et I' de croisement des arbalétriers avec l'entrait relevé qui forme le longeron du tablier.

L'ouvrage du colonel Emy cite un pont construit par Palladio, fig. 473, et dans lequel une bonne partie du garde-fou forme une poutre armée dont l'entrait constitue le longeron du tablier. Aux extrémités de cet entrait viennent s'arc-bouter deux arbalétriers butant eux-mêmes contre deux poinçons séparés

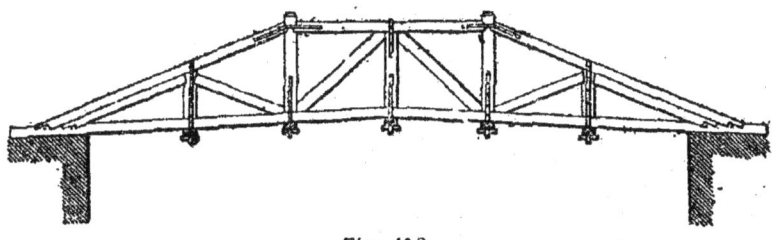

Fig. 473.

par un intervalle et reliés par une pièce horizontale. Chacune des trois divisions égales de ce pont est remplie à son tour par deux arbalétriers et un poinçon secondaire. On a pu ainsi supporter l'entrait en cinq points intermédiaires; les points de soutien étant formés par les extrémités basses de tous ces poinçons.

Une autre disposition employée par Palladio et très recommandable, est une combinaison des deux précédentes.

Le pont, fig. 474, est d'abord soutenu par une ferme dont l'entrait est relevé comme dans la fig. 472, et de plus il se trouve encore raidi et supporté par l'arc de décharge formé par le garde-corps, dont les deux arbalétriers inclinés et l'arbalétrier horizontal qui les relie forment le tracé ; les deux rectangles milieu ont leur vide pourvu d'une deuxième diagonale venant reporter sur le poinçon milieu la charge des poinçons latéraux.

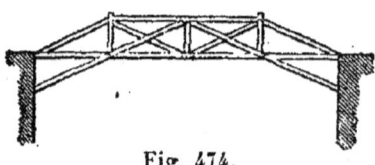

Fig. 474.

Les ponts à poutres armées ne se limitent pas aux faibles portées ; depuis longtemps on en a fait usage pour des ouvertures considérables. C'est en Suisse qu'on en a fait d'abord de très intéressantes applications ; ainsi le pont de Zurich, sur la Limmat, a 39 m. d'ouverture entre les points d'appui.

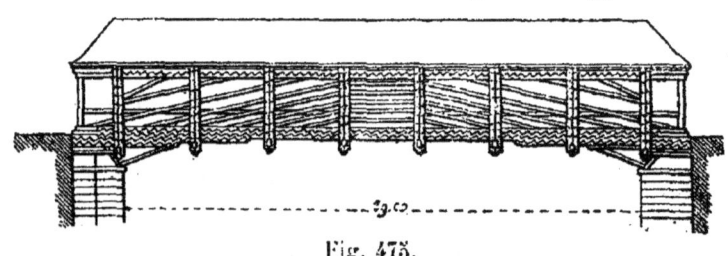

Fig. 475.

Les longrines sont formées de plusieurs pièces très fortes, assemblées à endents et elles s'appuient sur les culées par l'intermédiaire de sous-poutres soutenues par contrefiches.

Cinq étages d'arbalétriers s'étendent d'une extrémité à l'autre de la longrine qui leur sert d'entrait et forment autant d'arcs de décharge. Au-dessus, règne une longrine supérieure et le tout est relié par une série de fortes moises verticales pendantes qui viennent soutenir le tablier. Celui-ci s'étend d'une tête à l'autre et a 5 m. 85 de largeur, avec contreventement énergique. Le pont est couvert par-dessus, ce qui permet encore un fort contreventement des longrines supérieures ; il est fermé latéralement par des planches. La fig. 475 représente, d'après le traité du colonel Emy, cet ouvrage remarquable qui a été construit à la fin du siècle dernier. D'autres ouvrages, plus importants encore, ont été exécutés vers la même époque.

Celui de Schaffouse, construit sur les mêmes principes, avec deux travées, dont la plus grande a 58 m. et celui de Wettingen, sur la Limmat, qui avait 118 m. de portée.

On peut encore ranger dans la catégorie des ponts exécutés avec des poutres armées, les passerelles provisoires du genre

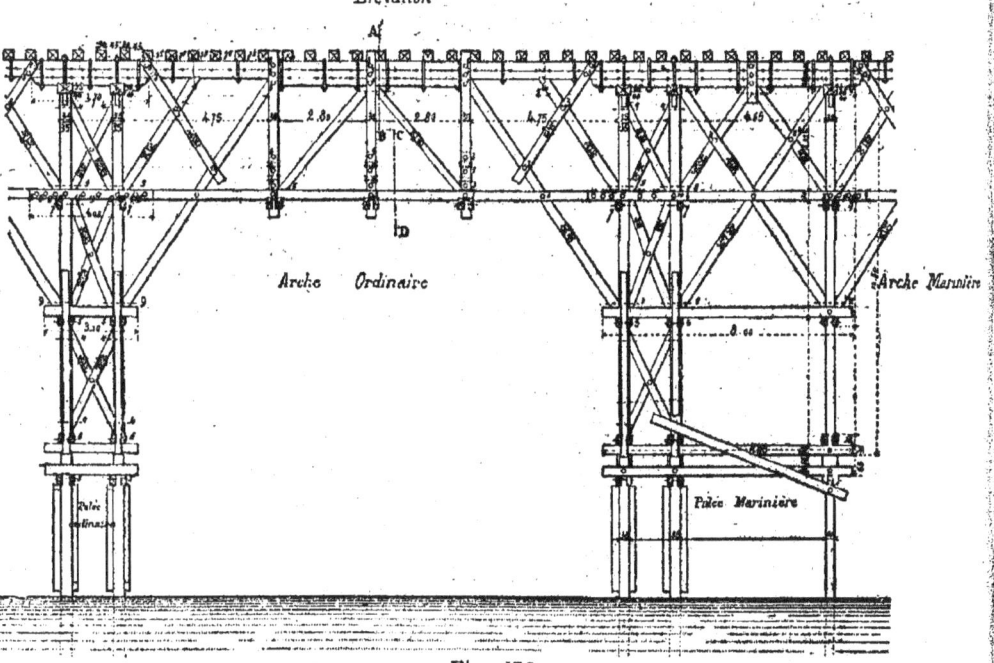

Fig. 476.

de celle de Laversine. Cette dernière a été étudiée et exécutée par M. Forest, ingénieur et la fig. 476 représente l'élévation partielle.

Les palées, au lieu d'être simples, sont formées en largeur par deux lignes de pieux solidement reliés et contreventés. Les pieux se prolongent par des bois montant jusqu'au tablier, et qui, vu la hauteur, sont moisés en leur milieu et reliés par des croix de St-André.

Au sommet de ces pylones passe la double pièce de bois qui forme la partie haute de la poutre, et qui y repose par l'intermédiaire d'une sous-poutre. A 4 m. en contre-bas vient passer la pièce inférieure jumelée, formant moise, et ces deux cours horizontaux sont reliés par des pièces obliques et des pièces verticales.

Les pièces obliques forment contrefiches le long des culées, sur lesquelles elles prennent leur point d'appui inférieur, et elles montent jusqu'à la poutre du haut; elles sont moisées par des pièces obliques en sens contraire. Des liens pendants rattachent le point soutenu à la pièce horizontale inférieure d'où partent deux nouveaux arbalétriers butant contre un poinçon milieu.

Il résulte de la combinaison heureusement étudiée de tous ces bois une véritable poutre armée de 4 m. de hauteur, présentant une très grande résistance en même temps qu'une stabilité absolue.

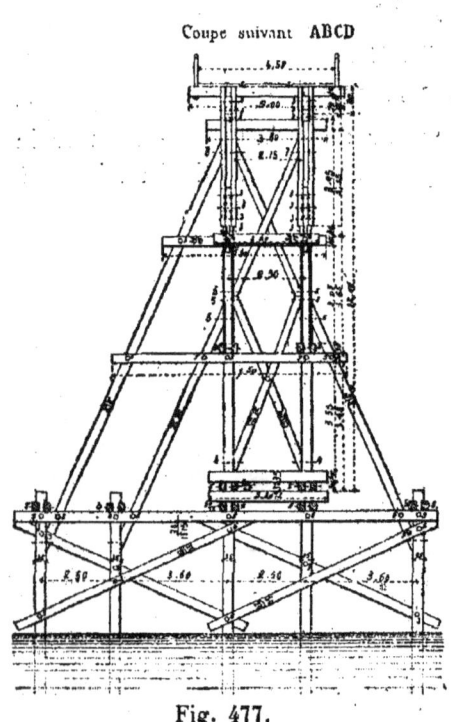

Fig. 477.

La palée, étant donnée sa grande hauteur, 12 m. au-dessus de l'étiage, offre une construction intéressante; sa vue en bout est représentée dans la fig. 476, la fig. 477 montre sa face latérale.

Cinq paires de pieux en ligne sont battus en rivière, moisés à la partie haute et contreventés par de grandes croix de St-André très développées. Sur les pieux n°ˢ 2 et 3, à partir de l'amont, on monte un pylone rectangulaire portant verticalement la passerelle, et deux contrefiches obliques viennent l'épauler du côté de l'aval en s'appuyant sur les paires de pieux n°ˢ 4 et 5 ; une seule contrefiche en sens opposé est disposée de même du côté de l'amont en s'appuyant sur la première paire de pieux.

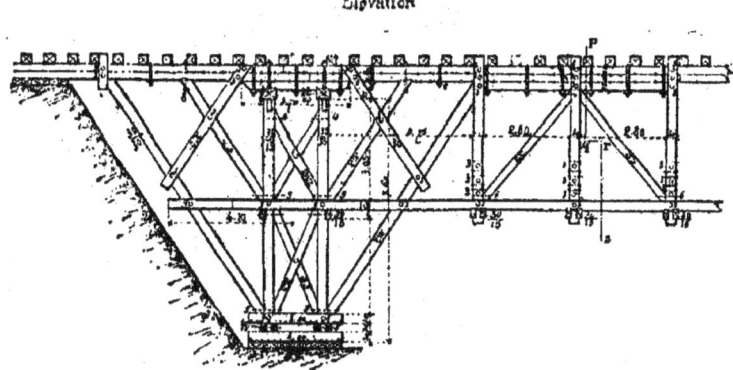

Fig. 478.

La culée est représentée dans la fig. 478. Plus courte que les palées, venant s'appuyer sur une plateforme du terrain plus élevée, elle est formée par un pylone vertical analogue à

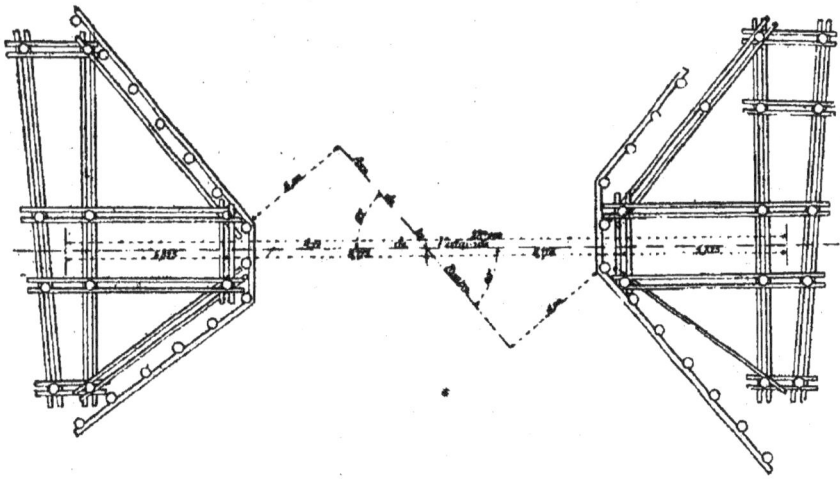

Fig. 479.

celui des palées et reposant sur une série de semelles qui intéressent une surface convenable de terrain. Du pied du pylone partent des contrefiches obliques dans les deux sens : les unes, du côté gauche, sont parallèles au talus du terrain, les autres, à droite, viennent s'assembler avec les poutres ; elles y forment la même disposition d'armatures que celles des palées.

On remarquera que le milieu de la pièce supérieure de la poutre, dans chaque travée est armée d'une sous-poutre qui concourt avec les contrefiches les plus développées à faire un arc de décharge venant soutenir le milieu des travées.

La travée marinière est disposée d'une façon spéciale représentée en plan dans la figure 479 ; le pont est oblique par rapport à l'axe de la rivière et pour guider les bateaux et protéger les deux palées de cette travée, on a établi, par des pieux enfoncés convenablement, un chenal de passage, bordé de madriers horizontaux ; deux pieux avancés le rétrécissent à la demande, tout en permettant de consolider les palées de droite et de gauche.

229. Ponts américains, système Town. — En Amérique, au milieu de ce siècle, on a commencé à exécuter des ponts à poutres droites de grandes dimensions.

M. Town, architecte de New-York, a le premier construit des poutres de grandes portées avec des bois de faibles dimensions. Son système consiste à former l'âme verticale d'une poutre d'un treillis de pièces minces inclinées à 45°, et se croisant dans les deux sens. Ce treillis est compris entre deux cours de bois horizontaux moisés, l'un à la partie haute, et l'autre à la partie basse, le tout parfaitement relié de manière à résister comme s'il n'était composé que d'un seul morceau.

Il en résulte une poutre armée d'une grande hauteur et pouvant, par cette hauteur, présenter un moment de résistance très considérable. Deux poutres armées parallèles forment un pont du moment qu'on les relie par un tablier et qu'on les contrevente convenablement. Or, avec les hauteurs que l'on adopte pour les grandes portées, on peut établir deux tabliers étagés, l'un à la partie inférieure correspondant aux moises du bas, l'autre à la partie haute au-dessus de l'ouvrage. On a ainsi sur le même ouvrage une route et un chemin de fer superposés.

Le pont de Richmond construit dans ce système avait douze

travées de 47 mètres chacune, et une hauteur de poutre de 5 m. environ.

Ce système de poutres américaines, comme on les a appelées, a présenté pour des ouvrages durables de grands inconvénients; mais au contraire, pour des ponts provisoires, il peut rendre des services très remarquables en supprimant la construction de palées difficiles ou gênantes.

On l'a appliqué à la passerelle provisoire établie pendant la construction du pont St-Michel à Paris, et la fig. 480 représente une partie de l'ensemble de cette construction et ses détails d'exécution.

Le pont était porté sur deux culées et deux palées voisines reposaient sur les berges. La portée entre palées était de 46 m. 50, l'ouverture totale étant de 66 m. 50.

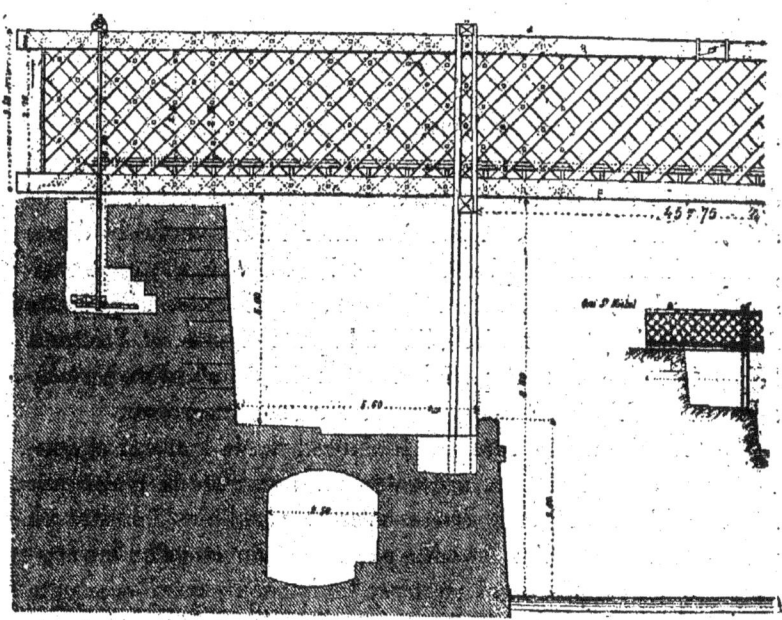

Fig. 480.

La passerelle, de 3 m. de largeur était formée de deux poutres parallèles de 3 m. 50 de hauteur chacune. Les moises du haut étaient faites de deux pièces de $0,40 \times 0,20$ chacune;

celles du bas avaient 0,46 × 0,20 ; les treillis étaient formés de madriers de 0,22 × 0,08 espacés de 0,63 d'axe en axe. Un fort ancrage dans la culée, formait avec la réaction de la palée voisine un encastrement qui augmentait la résistance, tout en assurant la fixité de l'extrémité du pont. Le treillis avait été calculé pour que les pièces de pont, formées également de madriers de champ, eussent la place de se poser sur la moise inférieure, dans l'espace libre laissé par les mailles du treillis.

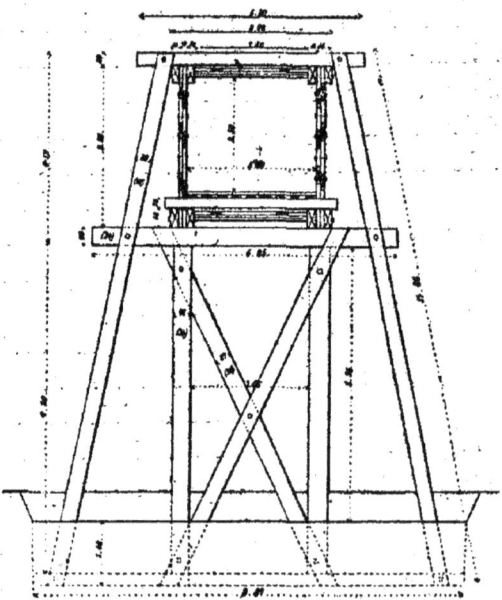

Fig. 481.

La coupe transversale de la passerelle, ainsi que le chevalet formant palée, sont représentés dans la figure 481. On voit, au-dessous des pièces de pont du tablier, des madriers diagonaux à plat, formant de grands contreventements horizontaux avec des traverses spéciales écartées de 5 m. 35 d'axe en axe. Un contreventement en tout identique existe à la partie supérieure et relie les poutres par leurs parties hautes, en formant un caisson continu de 2 m. 50 de hauteur.

La palée est formée d'un pan de bois ainsi composé :

1° Sous les poutres, 2 poteaux verticaux, reposant sur une

semelle inférieure et aboutissant à une sablière haute composée de deux moises. Deux pièces obliques forment le contreventement.

2° Deux étais obliques extérieurs partant de la semelle du pan de bois et aboutissant à une traverse fixée sur le dessus du pont. Ces deux étais se trouvent moisés par la sablière précédente.

Il en résulte que ce chevalet, non seulement porte le pont, mais encore vient s'opposer au déversement des poutres.

Cette passerelle établie avec des bois, qui en location ont coûté 73 fr. (le mètre cube), a coûté 9300 fr. La charge supposée pour les calculs était de 2000 kil. le mètre courant, et le coefficient de résistance a été pris égal à 69 kil. par cm. carré.

La figure 482 donne la composition d'un autre pont du système Town qui a été employé comme pont de service aux travaux du pont de Kehl, la vue longitudinale montre que pour la portée qui était de 20 m. la hauteur de poutre choisie était de 2 m.; les moises étaient des pièces jumelées de 30/15. Les pièces de pont étaient posées sur les

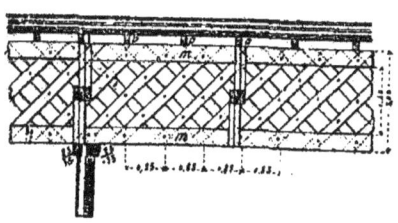

Fig. 482.

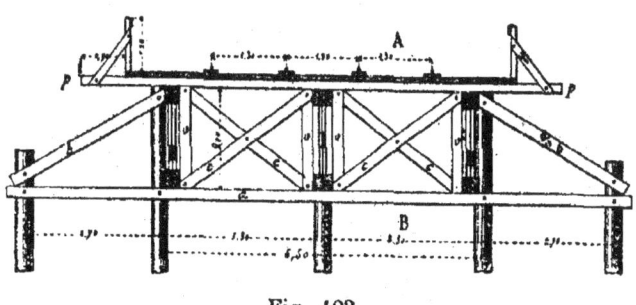

Fig. 483.

poutres mêmes, les débordant de chaque côté et étaient destinées à porter une double voie ferrée. La coupe transversale représentée dans la fig. 483 rend compte de la position des poutres par rapport aux deux voies et la manière dont ces poutres étaient portées sur les pieux de la palée. Un contreventement dans le plan de cette dernière, formé de deux croix de St-André et de deux pièces obliques venait très efficacement s'opposer au déversement des poutres.

Les détails d'assemblage des ponts, système Town, sont presque toujours identiques. Nous donnons, fig. 484, l'élévation d'une partie de poutre d'un pont provisoire de 18 m. de portée.

La poutre a 2 m. de hauteur, le treillis est composé de bois de 3 m. de long, dont la section a 0 m. 20 × 0,03, leur écartement d'axe en axe est de 0 m. 45.

Les moises supérieures et inférieures sont faites de deux morceaux jumelés de 0,20 × 0,12. Le tout est boulonné à tous les points de croisement.

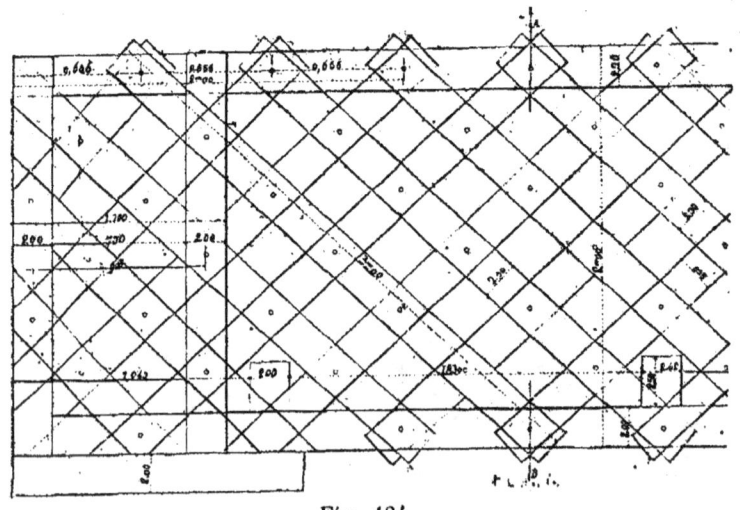

Fig. 484.

Les deux poutres parallèles qui composent le pont sont écartées de 4 m. 20 d'axe en axe.

Les pièces de pont qui portent le plancher sont écartées de 2,03 d'axe en axe; elles sont entaillées à la forme des mailles du treillis et se prolongent en dehors d'environ 1 m. 10 pour recevoir une contrefiche extérieure qui s'oppose au déversement de la poutre.

Des solives longitudinales de 0,17 × 0,17, espacées de 0,70, portent le platelage transversal, de 0,06 d'épaisseur, ainsi qu'il est représenté dans la coupe transversale, fig. 485.

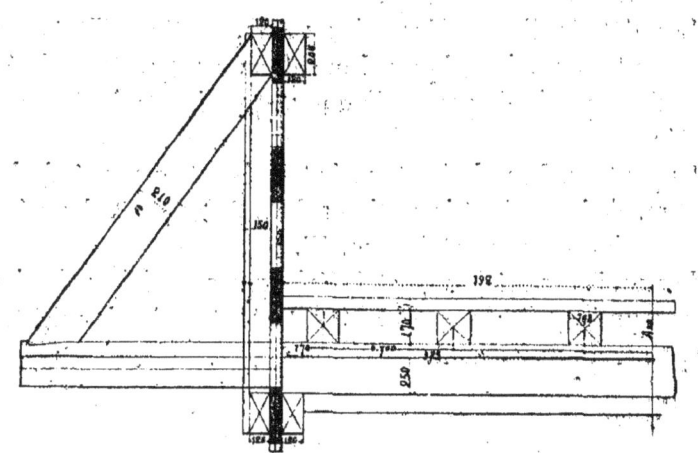

Fig. 485.

230. Ponts système Long. — Un autre ingénieur américain, M. Long, a imaginé une disposition différente pour les grandes poutres en treillis; elle consiste à diviser l'intervalle des semelles moisées hautes et basses en un certain nombre de rectangles verticaux, et à établir la rigidité de l'ensemble par des pièces croisées suivant les diagonales de ces rectangles. On a comme dans les ponts Town la possibilité de pouvoir relier

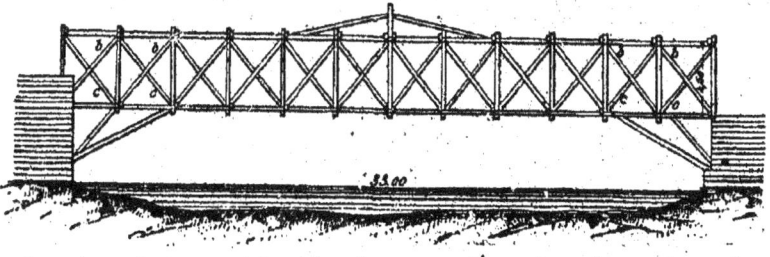

Fig. 486.

et de contreventer les poutres en haut et en bas, mais la supériorité de ce dernier système consiste à avoir des pièces plus fortes, plus solides, plus durables et beaucoup moins d'assemblages.

231. Ponts système Howe. — Le système suivant est encore dû à un américain, M. Howe. Chaque poutre est composée de semelles hautes et basses reliées par un treillis à 45° et par des tirants verticaux.

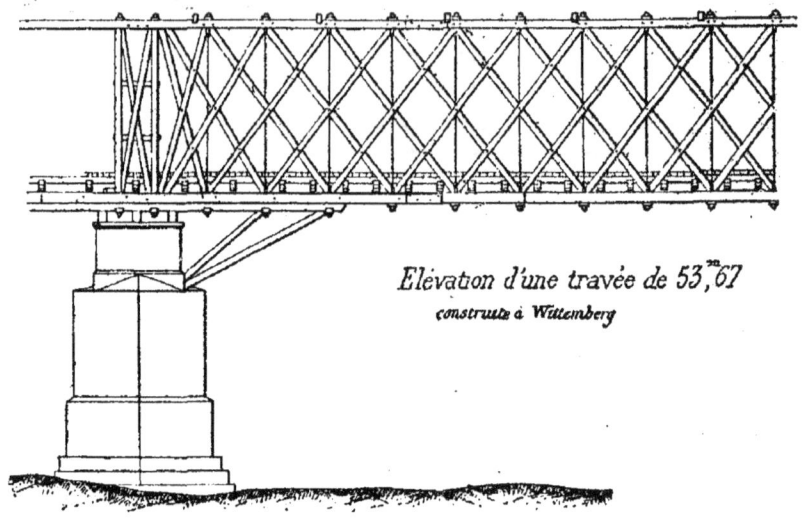

Elévation d'une travée de 53,67
construite à Wittemberg

Fig. 487.

Chaque semelle est composée de trois pièces entre lesquelles passent les tirants jumelés. Ces tirants viennent serrer un poutrage transversal qui relie en haut et en bas les semelles des poutres.

Les pièces obliques sont doubles dans un sens, simples dans l'autre, ce qui facilite leur croisement et elles butent contre des tasseaux que traversent les tirants. On a fait en Europe des applications importantes de ce système, notamment au pont de Poganeck, sur la Save (chemin de fer du sud de l'Autriche), et au pont de Wittemberg, sur l'Elbe. Dans les dernières applications de ce système aux ouvrages américains, on a remplacé avantageusement les tasseaux de butée des contrefiches par des sabots en fonte, qui permettent une liaison parfaite de toutes les pièces en contact.

232. Palées pylones en bois. — On a fait en Amérique, où le bois abonde, une grande quantité de ponts et de viaducs en bois, et beaucoup d'entre eux, constituent des ouvrages d'art excessivement intéressants ; les palées qui les soutiennent ne sont simples que pour les petites hauteurs, mais on en a exécuté qui atteignent des dimensions considérables, et, pour donner un exemple de l'importance de ces charpentes de soutien, nous citerons d'après Opperman (1855), le pont du Por-

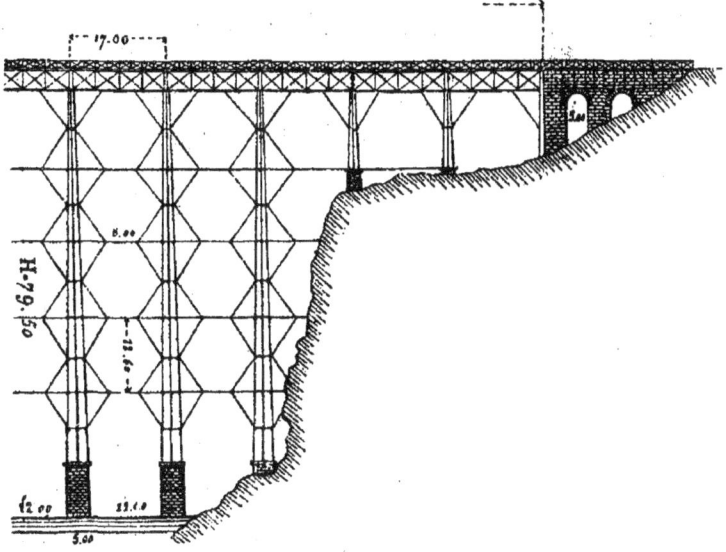

Fig. 488.

tage dans l'Etat de New-York, dont la longueur est de 160 m. et dont le tablier est soutenu par une série de pylones atteignant 80 m. au-dessus du fond de la vallée. La partie basse du pylone est exécutée en maçonnerie sur une hauteur d'environ 10 m., le restant, soit 70 m., est en charpente. Ces pylones sont espacés de 12 m. l'un de l'autre et reliés ensemble à différentes hauteurs par des sablières horizontales qui reçoivent des pièces inclinées ; la fig. 488 représente l'ensemble de ce remarquable travail. La fig. 489 montre plus en détail l'un de ces pylones vu de côté ; il est divisé en tronçons de 6 m. 30 par des moises horizontales et partout contreventé par des croix de St-André.

Dans le sens transversal, trois poteaux correspondent aux trois poutres du pont et portent la charge, deux autres extérieurs, ayant un fruit de 1/7, lui donnent de l'évasement et de la stabilité, concurremment avec le contreventement précité. Les plus gros bois employés ont un équarrissage de 0,30×0,30.

Cet ouvrage a coûté, pont et pylones, 875,000 fr. ; avec l'intérêt de la somme qu'il eut fallu dépenser pour l'établir en maçonnerie, on aurait pu, dit-on, le reconstruire tous les deux ans.

233. Ponts polygonaux. — Si dans un pont analogue à celui de la fig. 460, on veut augmenter la portée ou la résistance, on peut, fig. 490, en dessous de l'armature formée de deux contrefiches et de la sous-poutre, établir un nouvel arc de décharge, fait de pièces se croisant avec les premières et dont la rigidité vient concourir à celle de l'ensemble ; les deux charpentes polygonales étagées qui en résultent sont reliées au longeron correspondant du tablier par une série de moises pendantes, qui servent à transmettre la charge sur les arcs polygonaux ainsi formés.

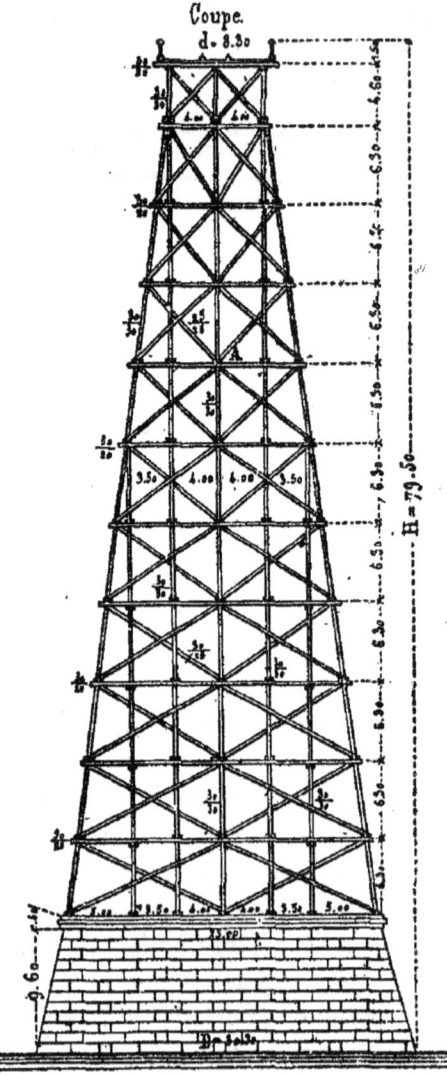

Fig. 489.

De plus, chacune des fermes est entretoisée avec les voisines par des moises horizontales et par des croix de St-André qui empêchent le déversement.

Cette disposition convient pour des portées de 10 à 15 m.; pour des ouvertures plus grandes, on multiplie les côtés des polygones et au besoin le nombre des arcs superposés et on arrive à la disposition indiquée dans la fig. 491.

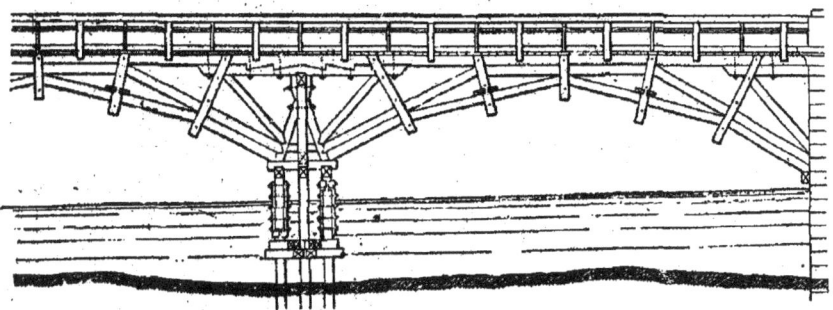

Fig. 490.

Trois armatures superposées successives, dont les joints se croisent, reçoivent par des moises pendantes la charge du tablier supérieur, et reportent cette charge en la transformant en une poussée sur les piles et les culées. Ce système peut aller jusqu'à 20 m., mais au delà, la multiplicité des assemblages ne donne plus assez de sécurité.

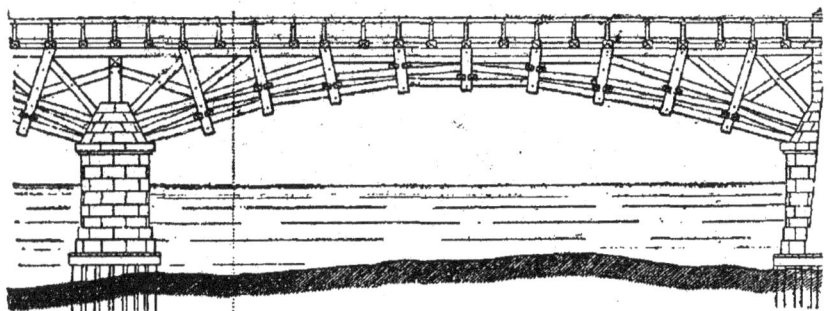

Fig. 491.

L'expérience montre que dans les ponts de ce genre, ainsi que dans les ponts en arcs continus qui vont suivre, on ne doit laisser entre deux travées consécutives aucune liaison en charpente ; il faut absolument monter jusqu'au niveau du tablier la pile en maçonnerie qui les sépare.

234. Ponts en arcs continus. Pont d'Ivry. — La dislocation facile des ponts en arcs polygonaux, en raison du grand nombre de pièces assemblées bout à bout, a amené à la construction de ponts dont les fermes portantes sont formées d'arcs continus, d'une rigidité bien plus grande et d'une plus facile liaison avec le reste de la charpente.

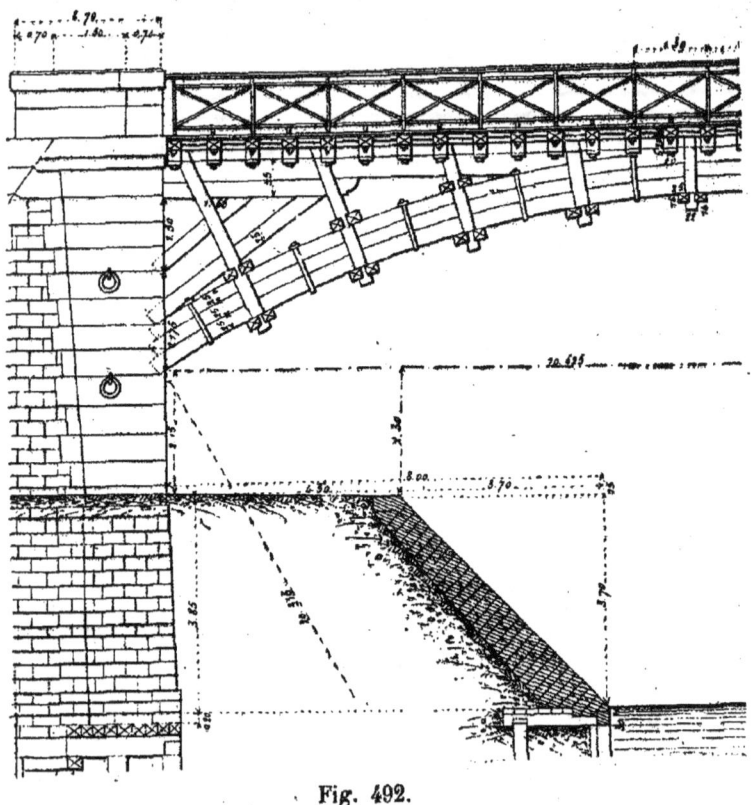

Fig. 492.

L'ouvrage qui est resté le type de ce genre de ponts est celui d'Ivry, fig. 492, construit, avec des dispositions très étudiées et un soin excessif dans l'exécution, par M. Emery, en 1828. Ce pont franchissait la Seine au moyen de cinq travées de 21 à 24 m. d'ouverture. Il était composé de sept fermes dans la largeur, et l'arc de chaque ferme était formé de trois cours de pièces courbes de 4 m. 50 environ de longueur chacune et à joints croisés. Des moises pendantes transmettaient à l'arc la charge du tablier supérieur, tandis que d'autres moises, horizontales cette fois, reliaient ensemble, et par dessus et par dessous, les arcs d'une même travée.

Les longerons du tablier portent, près des maçonneries, sur une sous-poutre convenablement ancrée et soutenue par des contrefiches ; à la clef, ils s'appuient directement sur l'arc et dans les parties de tympans intermédiaires, sur les moises pendantes dont il a été parlé.

Le contreventement est fait par des pièces obliques au niveau de la pièce courbe du bas de l'arc ces pièces viennent s'appuyer sur les moises horizontales inférieures. Ce contreventement est représenté pour un quart du plan dans la fig. 494.

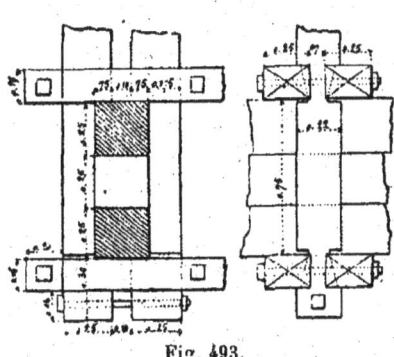

Fig. 493.

On s'est réservé le moyen de serrer ultérieurement les arcs en cas d'un desserrage dû à la dessiccation des bois ; pour cela on a taillé en biseau les encoches des moises pendantes à la rencontre des moises horizontales. Les assemblages de ces pièces sont représentés dans la fig. 493.

Ce pont s'est conservé pendant 53 ans, en raison de ses bonnes dispositions et de son exécution soignée.

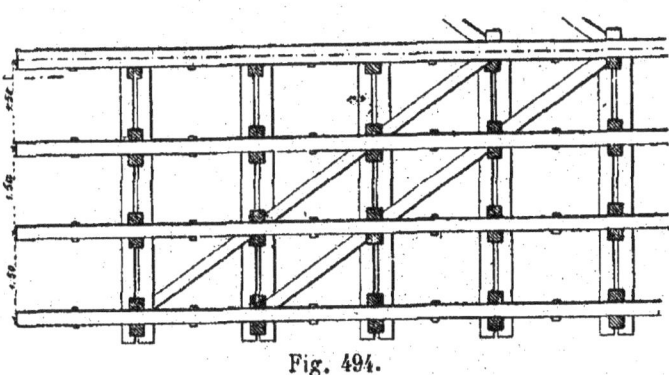

Fig. 494.

On a exécuté en Bavière des ponts composés par des arcs ayant jusqu'à 60 et 62 mètres. Profitant de la possibilité de cintrer à faible flèche des bois résineux non secs par l'application continue d'une charge fléchissante, on a employé pour ces ponts des bois très longs et on a adopté des cintres très surbaissés.

Enfin, aux Etats-Unis, on a fait des ponts dont les arcs, en deux étages parallèles et réunis par un treillis, forment de véritables poutres composées ; il en résulte une grande rigidité et la possibilité de franchir d'une seule volée des ouvertures de plus de 80 m.

CHAPITRE VIII

DES ESCALIERS

SOMMAIRE

235. Des plans inclinés. — 236. Echelles. Escaliers, dimensions des marches. Formule. — 237. Emmarchement, ligne de foulée. — 238. Paliers intermédiaires. Paliers d'étages. —239. Rampants superposés. Echappée. — 240. Cages d'escalier. Formes diverses régulières. — 241. Cages irrégulières. — 242. Tracé d'un escalier. — 243. Balancement des marches.

244. Différentes manières de construire les marches d'escalier. Marches en planches, échelles de meunier. — 245. Marches massives, marches demi maçonnées. — 246. Marches avec semelles et contremarches.

247. Mode de soutien des marches, murs, limons, crémaillères. — 248. Escalier à crémaillère. —.249. Plafond rampant sous l'escalier à crémaillère. — 250. Départ d'un escalier à crémaillère — 251. — Jonction d'une crémaillère et d'un palier courant. — 252. Jonction de la crémaillère et du dernier palier. — 253. Assemblage d'une crémaillère avec un palier d'angle. Bascule. — 254. Variantes de construction des paliers.

255. Des escaliers à limon. — 256. Hourdis et plafond rampant des escaliers à limon. — 257. Départ d'un escalier à limon en bois. — 258. Jonction des limons avec les paliers et demi paliers. — 259. Emploi d'un pilastre de butée. — 260. Escalier à limons superposés. — 261. Fausses crémaillères et faux limons. — 262. Escalier à deux échiffres. —263. Escalier à noyau plein.

264. Des rampes d'escalier ; rampes en bois à barreaux droits.—265. Rampes à balustres. —266. Des rampes métalliques, rampes à pointes. — 267. Rampe à col de cygne pour les escaliers à crémaillère, rampes à pitons. — 268. Des mains courantes le long des murs.

CHAPITRE VIII

ESCALIERS

235. Des plans inclinés. — Le moyen qui paraît le plus simple pour passer d'un niveau à un autre, consiste à établir, entre les deux plans horizontaux correspondant à ces niveaux, un plan incliné. C'est en effet la solution que l'on prend lorsque la distance des deux plans est faible et que le raccord est provisoire, dans les chantiers de construction par exemple.

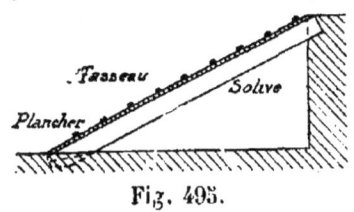

Fig. 495.

— On compose le plan incliné de solives parallèles, posées suivant la ligne de plus grande pente du plan de raccord, et on choisit cette pente de telle sorte qu'on puisse facilement la parcourir sans glisser.

Sur les solives, on met des planches transversales et quelquefois on ajoute sur la surface de ces dernières des lattes horizontales qui facilitent la montée quand elle est raide, mais qu'on évite si le chemin doit être parcouru par des brouettes.

La fig. 495 rend compte de cette construction très simple.

236. Echelles. Escaliers, dimensions des marches. Formule. — Le plan incliné est peu commode dans la pratique, en dehors des cas dont il vient d'être parlé ; il exige pour son développement une place trop importante.

L'échelle, en raison de sa verticalité, n'a au contraire besoin que d'un emplacement restreint. Deux montants en bois, fig. 496, et des traverses nommées échelons, la composent. On a remarqué que la distance la plus convenable entre deux échelons, d'axe en axe, était de 0,32 pour une échelle verticale. Cette mesure est juste moitié de la longueur du pas moyen de l'homme, qui est de 0,64. Au fur à mesure que la position que doit présenter l'échelle s'éloigne de la verticale, cette distance de deux échelons successifs diminue dans les échelles fixes.

Les échelons ont nécessairement des dimensions réduites et pour ne pas rompre sous la charge leur longueur est nécessairement assez faible; c'est ce qui limite la largeur de l'échelle. D'autant plus que la section ronde ou légèrement aplatie est incommode partout ailleurs que dans les chantiers et les ateliers.

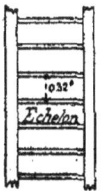

Fig. 496.

Il est infiniment plus avantageux, toutes les fois qu'on le peut, de remplacer les échelons par une série de gradins horizontaux successifs et étagés, qui constituent ce que l'on appelle un escalier, fig. 497.

La partie horizontale ab est la *marche*, la partie verticale bc est la *contremarche*. La largeur l d'une marche est le *giron* la dimension h est la hauteur de la marche.

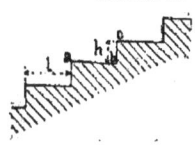

Fig. 497.

Le giron l doit être aussi réduit que possible pour ne pas donner trop de développement à l'escalier; d'un autre côté, il doit être en rapport avec la dimension du pied de l'homme. Les deux valeurs extrêmes sont 0,40 et 0 m. 20. Au-delà de 0m.40 il devient impraticable, et la dimension 0 m. 20 est déjà très incommode. La dimension courante dans les habitations oscille de 0,24 à 0,32.

La hauteur h varie dans des limites restreintes; 0,15 à 0,16 constitue une bonne dimension. Cependant on descend à 0,14 quand l'escalier doit être parcouru par des infirmes, et on ne dépasse pas 0,19 qui donne un escalier très fatiguant.

Mais ces deux dimensions l et h ne varient pas ensemble dans le même sens; plus la largeur des marches est grande, plus la hauteur doit être restreinte, et on a reconnu que l'on pouvait considérer les deux valeurs comme liées par la formule.

$$l + 2h = 0\,\text{m}.64.$$

Si $l = o$ on a $h = 0$ m. 32. C'est le cas de l'échelle.

Si $h = o$ on a $l = 0$ m. 64. C'est l'amplitude du pas de l'homme en terrain horizontal.

Si $h = 0$ m. 16 $l = 0,32$.

Mais cette formule n'a rien d'absolu, elle fournit une première indication que viennent modifier dans de notables limites et le programme à remplir et l'exiguïté du local disponible. Malgré la formule, nombre d'escaliers de maisons ordinaires ont 0 m. 16 à 0 m. 17 de hauteur et 0 m. 25 à 0m. 27 de giron. Lorsque la place ne manque pas, et lorsque l'escalier doit être établi avec luxe, il est bon de se rapprocher des chiffres de la formule.

Lorsqu'on étudie un plan d'édifice, on a à se rendre compte de la longueur que doit prendre la projection d'un étage d'escalier. Si on prend, sauf à les modifier dans l'étude, la hauteur de 0,16 pour chaque marche et la largeur de 0,32, on voit que la longueur de projection est double de la hauteur franchie ; pour un étage complet, il faudra donc trouver une longueur de projection double de la hauteur de cet étage.

237. Emmarchement, lignes de foulée. — Les marches d'un escalier ont une longueur qui est en même temps la largeur de l'escalier.

Cette dimension se nomme l'*emmarchement*.

C'est de l'emmarchement que dépend la commodité et l'ampleur de l'escalier.

La largeur du passage étant donnée, les personnes qui parcoureront les degrés de l'escalier suivront deux chemins constants : soit la ligne *ab*, fig. 498, parallèle à la rive AB et à 0,50 de cette dernière ; soit la ligne *cd*, parallèle à la seconde rive CD et également à une distance constante de 0,50.

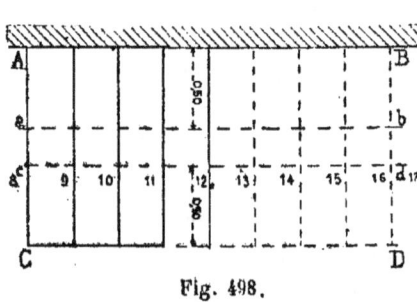

Fig. 498.

Ces lignes *ab* et *cd*, sont dites les *lignes de foulée*.

En les suivant, en effet, on peut trouver un appui continu et un guide sur les rampes dont sont munies les rives AB et CD pour faciliter le parcours.

Lorsque les marches sont parallèles, les deux lignes de foulée sont identiques et ont peu d'importance, la coupe de profil de l'escalier étant constante en un point quelconque. Il n'en est plus de même si les marches successives progressent le long d'une courbe AB extérieure, l'autre rive étant également infléchie suivant la courbe CD.

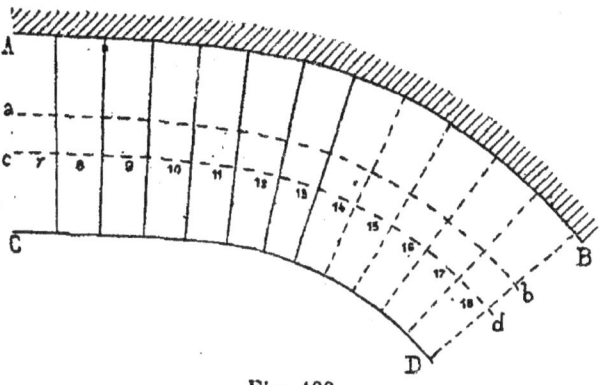

Fig. 499.

Les deux lignes de foulée sont alors ab et cd différentes, et il importe que le profil de l'escalier suivant la ligne de foulée la plus défavorable, ici cd, donne encore des proportions de marches satisfaisantes. Pour tous les escaliers de forme générale courbe, on trace toujours la ligne de foulée intérieure cd et on étudie pour ce passage la forme des marches. Si l'emmarchement est considérable, il est bon de se rendre compte si les largeurs de marches le long de la seconde ligne de foulée ab ne sont pas exagérées.

238. Paliers intermédiaires. Paliers d'étage. — Les degrés d'un escalier peuvent se suivre en ligne droite, comme le montre la fig. 500. Il est bon de ne pas mettre ainsi à la file un trop grand nombre de marches sans interruptions.

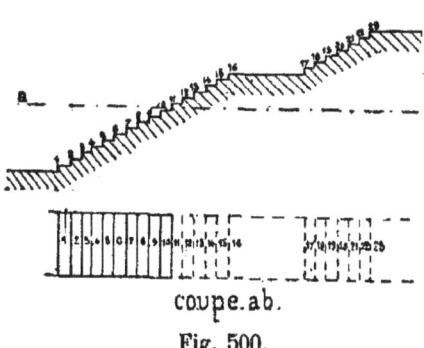

coupe.ab.
Fig. 500.

On divise l'ensemble dont on a besoin pour aller d'un étage à l'autre en un certain nombre de rampants partiels que l'on nomme aussi des *volées*, et on compose chaque volée de vingt marches au plus et six marches au moins. Deux volées successives entre deux étages sont séparées par une surface horizontale d'au moins 1 m. de largeur qui s'appelle un *palier intermédiaire*; les *paliers d'étage* sont les repos qui, correspondant à un plancher, séparent la volée qui y arrive de celle qui en repart.

On trouve à cette disposition plusieurs avantages :

1° On évite la trop grande fatigue qui résulte de l'ascension d'une volée trop longue.

2° On s'oppose au vertige qui saisit nombre de personnes, lorsqu'en descendant elles ont devant elles une série trop grande et ininterrompue de marches consécutives.

Enfin, 3° on diminue la gravité des entraînements en cas de chutes.

Les paliers intermédiaires ont au moins 1 m. de long, le minimum est la largeur même de l'escalier lorsqu'elle dépasse 1 m. ; dans chaque cas particulier, la latitude dont on dispose permet de déterminer la longueur des paliers qui augmentent d'autant la longueur de projection qu'il faut trouver dans le plan.

239. Rampants superposés. Échappée. — Les escaliers de différents étages d'un bâtiment, mis bout à bout, occuperaient une place bien trop étendue et hors de proportion avec la disposition du plan.

Ordinairement, on superpose verticalement les rampants d'escalier, ce qui permet de monter dans un emplacement restreint et évite d'avoir à chaque étage des espaces triangulaires perdus, sous les rampants, dans toute la partie où la hauteur n'est pas suffisante pour pouvoir l'utiliser.

La figure 501, donne le plan suivant MN et la coupe longitudinale OP d'un escalier d'usine ainsi disposé.

Lorsque l'on prend cette disposition, il faut se préoccuper de la distance qui existe entre le dessus d'une marche et le plafond qui est immédiatement au-dessus. Cette distance est ce que l'on nomme l'*échappée*.

L'échappée doit toujours être suffisante pour laisser passer un homme.

Lorsqu'on est restreint, on se contente de 1 m. 95 à 2 m. comme minimum. Dans les escaliers d'habitation, l'aspect exige souvent beaucoup plus. Dans les usines, il faut souvent prendre comme minimum un homme chargé d'un fardeau déterminé.

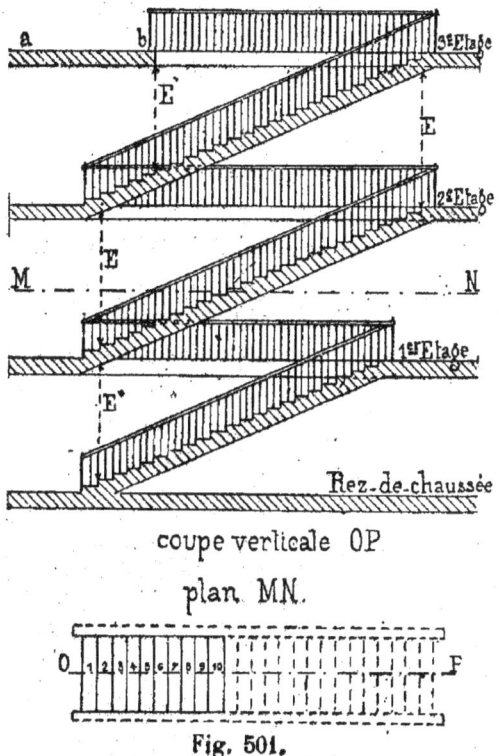

Fig. 501.

Dans tous les escaliers que l'on étudie, on doit se préoccuper de la valeur de l'échappée en tous les points, de manière à être sûr que partout le passage sera largement et convenablement praticable.

L'échappée est constante lorsque les deux rampants ont même hauteur de marche et même giron, car ils sont parallèles ; telle est l'échappée E entre les deux rampants du 2° et du 3° de la figure ci-dessus.

Elle peut se réduire à son minimum en E', si au 3° étage on a besoin d'avancer autant que possible le plancher ab. Elle peut se réduire également à son minimum en E″, si l'on doit refouler le plus possible à gauche le rampant qui mène du rez-de-chaussée au 1ᵉʳ étage.

Ordinairement, pour que l'on ait sous un escalier un passage d'échappée minimum, il est nécessaire que l'on soit monté d'au moins 14 marches.

En effet, 14 marches à 0 m. 16 l'une, donnent. . 2 m. 24
Et si on en déduit l'épaisseur de l'escalier mesurée verticalement, soit . . . . 0 m. 30
Il reste pour le passage libre d'échappée. . . . . 1 m. 94

C'est en effet sous la 14ᵉ marche que l'on place le commencement des escaliers de cave, par exemple, lorsqu'on est gêné et que l'on doit se contenter de l'échappée minimum.

240. Cages d'escalier. Formes diverses régulières. — Rarement les escaliers sont installés directement à même

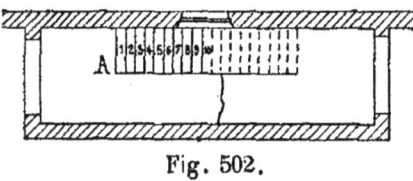
Fig. 502.

les bâtiments. Ce n'est que dans les magasins et les bâtiments industriels que l'on peut rencontrer cette disposition. Presque toujours, les escaliers sont installés dans une pièce aussi restreinte que possible, que l'on appelle une cage, et qui a comme hauteur la hauteur même du bâtiment. Elle est circonscrite par des murs ou pans assez solides pour fournir aux rampants, aux paliers d'étage et aux paliers intermédiaires les points d'appui qui leur sont nécessaires. C'est dans les murs de la cage que sont percées les portes d'accès aux divers locaux desservis.

Si l'on conservait la forme droite, pour le rampant d'un

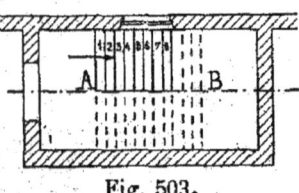
Fig. 503.

étage, la cage devrait avoir une longueur égale à deux fois la hauteur d'étage, plus deux paliers, elle devrait avoir, comme largeur, au moins le double de l'emmarchement pour permettre de venir reprendre au-dessus du point A, le départ de la montée suivante, fig. 502.

On économise une partie de la longueur de la cage en divisant le rampant total de l'étage en deux volées séparées, comme le montre à même échelle la fig. 503.

L'escalier, après être parti du palier d'étage A, arrive à mi-hauteur à un palier intermédiaire B pour revenir sur lui-même à un palier d'étage, situé au-dessus du point de départ A.

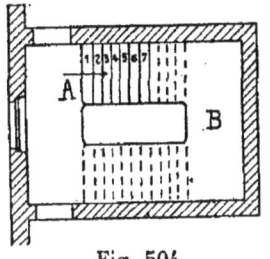

Fig. 504.

Avec cet arrangement, il y a moins de place perdue en paliers que dans l'exemple précédent.

Une forme très fréquente est celle représentée par la fig. 504, qui ne diffère de la précédente qu'en ce que les deux volées du rampant sont séparées par un intervalle libre et vide que l'on appelle *jour de l'escalier*. La cage est plus large de toute la largeur du jour, mais l'escalier gagne en gaîté et en ampleur. On peut voir d'un point quelconque et à travers le jour, les divers rampants des étages ; l'escalier est moins fermé.

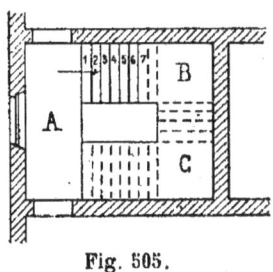

Fig. 505.

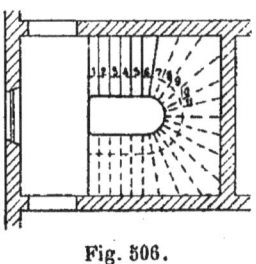

Fig. 506.

On diminue la profondeur de la cage, si le jour est large, en coupant le palier intermédiaire en deux petits paliers B et C, séparés par quelques marches, ce qui diminue d'autant le nombre des volées précédentes. Mais cette petite volée supplémentaire, pour être admissible, doit comporter au moins six marches. Les palées B et C sont des carrés parfaits dont le côté est égal à l'emmarchement adopté (fig. 505).

Les deux paliers intermédiaires peuvent disparaître ; le jour est alors formé d'un rectangle raccordé avec un demi-cercle, fig. 506 ; les marches tournent autour du demi-cercle pour se raccorder avec les marches des volées droites; les premières, de largeur inégale, sont appelées des marches dansantes.

La fig. 507 donne une variante de cette disposition; la cage au lieu d'être rectangulaire, ce qui conduit à des marches d'angle très longues, larges et souvent disgracieuses, est parallèle au jour. Comme lui, elle est rectangulaire avec raccord par demi-cercle, concentrique à celui du jour.

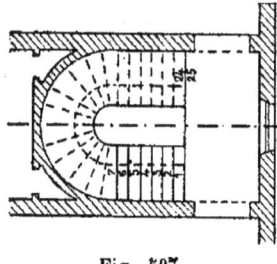

Fig. 507.

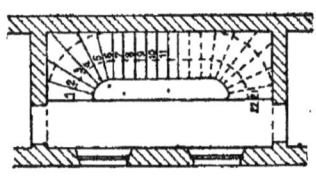

Fig. 508.

Ces dernières formes peuvent se rencontrer disposées dans le sens perpendiculaire, c'est-à-dire le grand côté du rectangle longeant la façade du bâtiment; l'escalier paraît bien plus ample et peut être éclairé par deux fenêtres. C'est une disposition excellente toutes les fois que la distribution intérieure du bâtiment s'y prête.

Bien entendu, on peut arrondir les angles de la cage suivant le tracé ponctué comme dans le cas précédent.

Ces escaliers dans lesquels une portion des marches se développent en tournant le long d'une courbe se nomment des escaliers à *quartiers tournants*; ils permettent de revenir immédiatement au-dessus du point de départ quand on a monté un étage. C'est ce qui a fait donner souvent à l'ensemble des marches d'un même étage le nom de *révolution d'escalier*.

La cage peut être demi-circulaire et alors toutes les marches doivent être dansantes et concourir au centre, l'avantage est d'avoir un jour très développé qui permet un éclairage par le haut au moyen d'un châssis de comble dans le cas où l'éclairage latéral serait nul ou insuffisant.

Dans le même ordre d'idées, on peut adopter une cage com-

31

plètement circulaire ou même elliptique. C'est ce dernier cas qui est représenté dans la fig. 510.

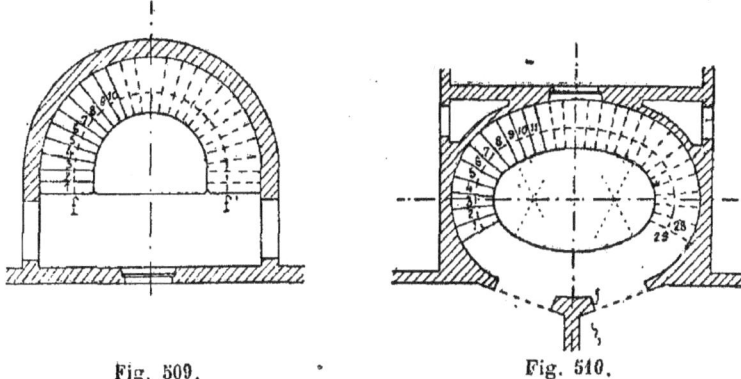

Fig. 509.   Fig. 510.

L'emmarchement est constant pour chaque étage d'escalier, de telle sorte que la courbe du jour est une ligne parallèle à l'ellipse de cage.

La cage peut être toujours circulaire et le jour se réduire de plus en plus. On obtient alors les escaliers à vis ou en colimaçon, incommodes mais rendant souvent des services en raison de leur exiguité, et permettant une communication là où aucune autre forme ne serait possible.

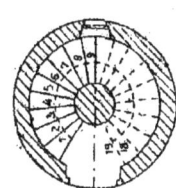

Fig. 511.

Le jour, souvent, est complètement supprimé dans ces sortes d'escaliers et remplacé par un noyau plein qui rend la construction plus facile et plus économique.

Le sens de la montée d'un escalier dépend souvent des données même du problème. Lorsqu'il est indifférent et qu'on peut le faire, il est toujours préférable de monter en ayant le jour à droite. On s'aide alors avec la main droite de la rampe qui le garnit toujours de ce côté.

Le jour est très fréquemment très réduit en raison de l'exiguité du local réservé pour la cage. Cependant, on ne descend pas au-dessous de 0,25, car on rencontrerait alors des difficultés pour l'établissement de la rampe.

241. Cages irrégulières. — Toutes les fois qu'un escalier doit être établi avec luxe, on s'arrange à trouver pour sa cage une des formes régulières ci-dessus, et on lui applique une décoration appropriée. Pour les escaliers secondaires, on se contente souvent de cages irrégulières en forme de triangle, de trapèze ou autres.

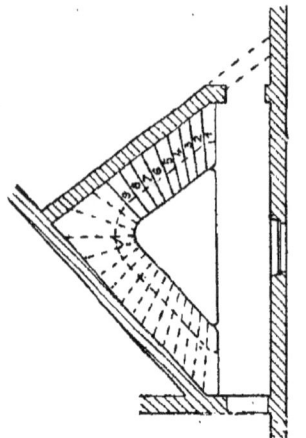

Fig. 512.

Le principe de construction à adopter alors, pour produire l'effet le moins disgracieux, consiste à prendre un emmarchement régulier par étage, et à établir le jour par des lignes parallèles aux parois de la cage. Ces lignes se raccordent par des arcs de cercle de petit rayon. Les paliers ont également partout la même largeur, et on fait danser en conséquence les marches qui viennent y aboutir.

Dans la représentation des escaliers en plan, on suppose toujours qu'à chaque étage le plan de coupe passe de 1 m. 30 à 1 m. 50 au-dessus du sol de cet étage. On représente en traits pleins les marches inférieures au nombre de 10 à 12, les marches du haut de la même révolution n'étant indiquées qu'en traits ponctuées.

242. Tracé d'un escalier. — Quand dans un plan on a déterminé à peu près la forme et les dimensions d'une cage, en se rendant compte de l'emmarchement et de la longueur de projection du chemin à parcourir, il s'agit de procéder à une étude plus précise de l'escalier qui permettra de fixer exactement et définitivement les dimensions de l'ensemble.

On doit suivre plusieurs principes que l'on peut énoncer ainsi :

1° Dans un même escalier, on doit s'appliquer à avoir à tous étages un même emmarchement ; il en résulte une meilleure apparence d'ordre et de bonne organisation, une plus grande facilité d'étude, en même temps qu'une simplicité très avantageuse à l'exécution. Ce n'est que pour l'étage supérieur qui desssert les combles que l'on se départit de cette règle.

2° Dans un même étage, on conserve toujours la même

hauteur de marche ; ce n'est que lorsque l'on est très gêné pour une échappée difficile que l'on abandonne cette règle et qu'on avantage certaines marches aux dépens des autres. Mais cette variation doit être faite insensiblement, d'une façon continue et on ne doit en user qu'avec la plus grande prudence.

3° Lorsque les étages sont inégaux de hauteurs, les paliers et les révolutions d'étages doivent se superposer verticalement ; il en résulte que les hauteurs de marches seules varient, d'un étage à l'autre ; quelquefois on fait varier leur nombre en augmentant leur largeur, lorsqu'il y a un trop grande disproportion. Il peut quelquefois y avoir une marche ou deux qui de chaque côté de la révolution la plus grande, viennent empiéter sur le palier.

En appliquant ces règles qui, sans être absolues, donnent bien *des facilités*, on commencera donc par étudier l'étage qui monte de la plus grande hauteur, et qui par suite contient le plus grand nombre de marches ; c'est lui qui commandera tous les autres.

On trace l'emmarchement, et avec cette dimension la ligne de jour parallèle à la cage, puis une troisième ligne parallèle, celle de foulée à 0,50 du jour.

C'est sur la ligne de foulée que l'on vient tracer la division des marches. Après un tâtonnement indispensable, on arrive à pondérer la forme des paliers avec la projection du chemin en obtenant un nombre de marches, une largeur de giron et une hauteur de degrés convenables.

Il est bon, pour ne pas faire d'erreur, de toujours numéroter les marches d'un étage à partir du palier inférieur et de toujours indiquer à chaque étage la hauteur commune des marches. Cela permet à tout instant de faire de faciles vérifications qui évitent des erreurs.

Lorsque l'étage le plus élevé est ainsi étudié, on procède au tracé de tous les autres successivement ; on se rend compte partout de la valeur de l'échappée et lorsque tout concorde bien comme plan, on a tout avantage à faire le développement de la rencontre des rampants avec la cage. — Ce développement amène à une sorte d'épure dont la figure 513 représente une partie ; elle sert à se rendre compte des défectuo-

Fig. 513.

sités qui pourraient avoir échappé à l'étude, de la hauteur des passages, de la relation des rampants avec les façades, de la hauteur et de la position possible des baies d'éclairage. Comme il est toujours indispensable de la faire tôt ou tard pour étudier l'ornementation de la cage, on a tout avantage à compléter de suite cette étude pour n'y plus revenir.

Ce n'est que lorsqu'on s'est rendu compte, par tous ces moyens, que toutes les conditions auxquelles devait satisfaire l'escalier sont complètement remplies que l'on adopte le tracé pour ne plus y revenir.

Le tracé d'un escalier permet de déterminer la surcharge qu'il devra porter. Il faut supposer sur chaque marche autant de personnes que l'emmarchement contient de fois 0 m. 50. Chacune d'elles est comptée à 70 kg. Il en résulte un poids total par révolution qui permet de calculer les dimensions transversales de toutes les pièces qui composeront un étage.

243. Balancement des marches. — Toutes les fois que dans un escalier un alignement droit est suivi d'un rampant courbe, il y a intérêt à ne pas brusquer la variation de largeur des marches. Cela arriverait nécessairement si on suivait le tracé géométrique, c'est-à-dire si on faisait concourir les marches dansantes au centre du demi-cercle de jour, comme on le voit dans la fig. 514. On préfère changer la direction des dernières marches de l'alignement droit, commencer à les incliner à partir de la marche n° 6 par exemple, et tout en continuant à diviser la ligne de foulée en parties égales, répartir le biais d'une façon continue sur un plus grand nombre de marches.

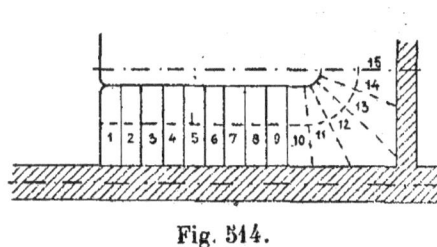

Fig. 514.

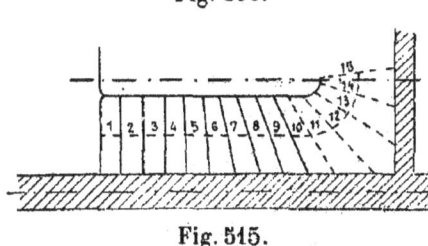

Fig. 515.

La fig. 515 montre la modification ainsi faite sur l'exemple précédent ; on appréciera la différence de commodité qui résulte de ce tracé qui porte le nom de *balancement des marches*.

On a proposé bien des systèmes pour obtenir, par tracé géométrique, cette variation continue dans l'inclinaison des marches ; en pratique on l'exécute au juger, sur le plan d'abord, et ensuite sur l'épure en grand que le charpentier fait dans son chantier pour pouvoir faire la taille des bois.

244. Différentes manières de construire les marches d'escaliers. Marches en planches. Echelles de meunier. — Il va être procédé maintenant à l'étude de la construction en bois de diverses parties constitutives d'un escalier.

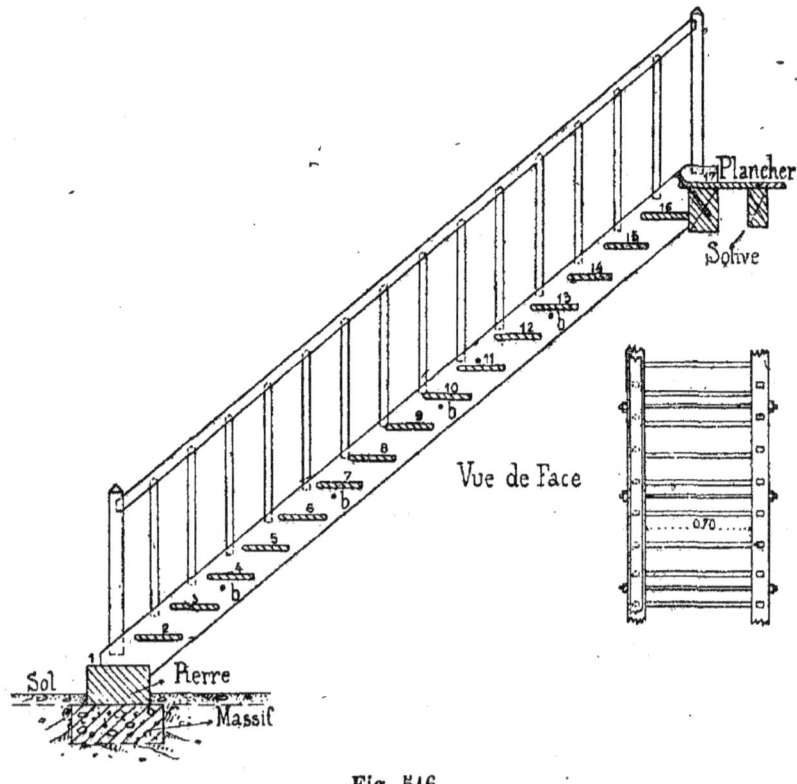

Fig. 516.

Les marches dans des escaliers très ordinaires peuvent être simplement formées par des planches soit en sapin soit en chêne. On fait souvent ainsi les escaliers de greniers ou d'habitations ouvrières et on les forme d'une série de planches successives, constituant un rampant droit que l'on nomme une *échelle de meunier*. Les marches, arrondies sur le devant, viennent s'assembler, comme le montre la figure ci-dessus, dans deux planches verticales qui sont chargées de les soutenir et que l'on nomme des *limons*. Lorsque ces limons s'appuient sur le sol, on interpose souvent une première marche en pierre qui les garantit de l'humidité et augmente leur durée ; à la partie haute ils s'assemblent avec une première solive suffisamment forte et le parquet qui la recouvre forme la marche supérieure d'arrivée. On augmente la solidarité des limons avec la solive palière, par de grands boulons ou tirefonds.

Pour empêcher que par l'usage, les assemblages venant à se desserrer, les limons puissent s'écarter et laisser passer les marches dans œuvre, on les maintient dans la hauteur de l'étage au moyen de deux ou trois boulons qui les serrent sur les marches et s'opposent à toute disjonction.

245. Marches massives. Marches demi-maçonnées. — Autrefois on construisait les marches d'escaliers pleines, massives, d'un seul morceau de bois et on leur donnait la forme que nous avons vu adopter pour les marches en pierre. Chacune d'elles, ainsi que le représente en profil le croquis (1)

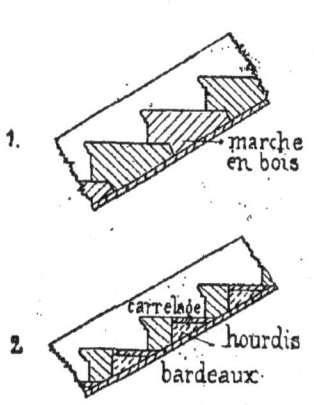

Fig. 517.

de la fig. 517, vient reposer sur celle qui lui est immédiatement inférieure par un joint horizontal de quelques centimètres, et en plus par une crossette inclinée, perpendiculairement au plafond inférieur. Rarement ces marches formaient plafond. On régularisait leur surface inférieure par un lattis augmenté d'un lardis de clous à bateau et par un enduit en plâtre.

Lorsque ces marches étaient soutenues des deux bouts, on ne les maintenait pas autrement,

Lorsqu'elles étaient isolées à l'une de leurs extrémités, on les reliait deux à deux, ou trois à trois, par des boulons qui les maintenaient serrées et s'opposaient à la torsion du bois.

Malgré toutes ces précautions, ces marches massives avaient l'inconvénient de se fendre dans divers sens et de se coffiner ; elles seraient, pour ainsi dire, impraticables maintenant avec la rapidité d'exécution des travaux et l'absence de bois suffisamment secs.

Ces marches en bois sont toujours astragalées sur le devant.

Une autre disposition, qui demandait des bois moins forts et qui servait pour les escaliers secondaires, consistait à réduire les marches à la partie avant, fig. 517 (2) sur une largeur de 0 m. 15 à 0 m. 20 par exemple, et à compléter chaque degré par une maçonnerie de hourdis surmontée d'un carrelage. Un lattis longitudinal cloué sur les bois et passant sur le hourdis servait à maintenir le plafond. Ces deux dispositions, que l'on rencontre encore dans nombre de constructions anciennes, sont complètement abandonnées aujourd'hui.

246. Marches avec semelles et contremarches. — Dans les escaliers modernes, on compose toujours les degrés de deux pièces de bois, l'une horizontale, épaisse, astragalée sur le devant, que l'on appelle la *marche* proprement dite, ou mieux la *semelle* ; l'autre verticale formée d'une planche mince fermant l'intervalle des marches et que l'on nomme la *contremarche*.

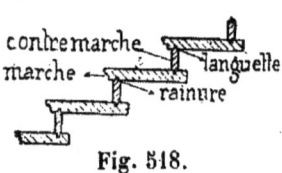

Fig. 518.

La contremarche est assemblée sur la semelle inférieure au moyen d'une languette et d'une rainure, et c'est également à languette et rainure que l'on fait l'assemblage avec le dessous de la semelle du haut. L'avantage de cet assemblage est d'empêcher la planche qui forme la contremarche de se voiler.

Quelquefois l'on se contente d'un assemblage à languette et rainure à la partie haute seulement, la liaison du bas se faisant à plat joint, avec ou sans baguette pour cacher la fente, mais ce second assemblage est moins bon.

La semelle a une épaisseur en rapport avec l'emmarchement. On lui donne 0,054 jusqu'à 1 m., 0,080 jusqu'à 1 m. 50, 0,10 pour une dimension plus forte. Lorsqu'elle est épaisse, on l'évide sur le devant jusqu'en arrière de la contremarche, à la dimension du profil du devant ou du nez de la marche, qui a de 0,05 à 0,06 de hauteur.

Les profils des semelles sont sensiblement les mêmes que ceux qui ont été donnés pour les marches en pierre; la fig. 519 donne quatre de ceux qui sont le plus communément adoptés. La contremarche n'a aucune fatigue; on lui donne d'ordinaire 0,027 d'épaisseur.

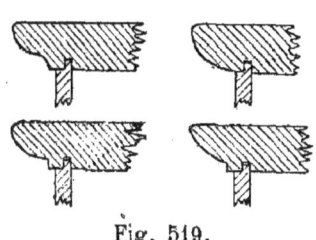
Fig. 519.

Le bois le plus fréquemment employé pour les marches d'escalier est le bois de chêne. On choisit les chênes de France pour les semelles qui ont à supporter une grande circulation. Pour les escaliers de luxe, au contraire, où on recherche surtout des assemblages fins et la beauté du parement, on préfère les bois de Hongrie.

247. Mode de soutien des marches : murs, limons, crémaillères. — Les marches peuvent être soutenues à chaque extrémité par un mur ou pan de bois ou de fer. Elles sont alors parfaitement portées, mais les escaliers qu'on obtient ainsi sont tristes.

L'assemblage dans un mur se fait de deux façons :

Ou bien on scelle la marche de 0,15 environ dans le parement de la maçonnerie; ou bien on ne l'entaille que de 0 m. 02 à 0,03, en la soutenant par une lambourde de forme appropriée, maintenue par des corbeaux en fer entaillés. La face supérieure de cette lambourde est découpée en crémaillère pour recevoir les marches successives et les dimensions de chaque cran sont données par l'épure.

La plus petite épaisseur du bois au fond des crans est d'environ 0,05, les entailles des corbeaux en fer sont faites dans les parties plus épaisses, fig. 520. Cette lambourde s'appelle une *fausse crémaillère*, elle est composée de bois bruts en morceaux de 1 m. à 1 m. 50 et chaque morceau comporte deux corbeaux.

L'emploi de la fausse crémaillère évite de couper complètement le parement des murs, et s'il est avantageux pour les murs en moellons, les murs de qualité inférieure, et les murs minces en briques, il est indispensable pour les pans de bois ou les pans de fer.

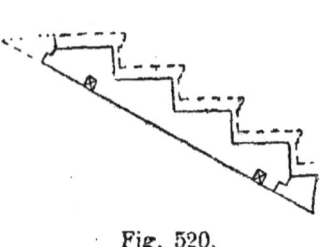

Fig. 520.

Dans les cages d'escalier qui comportent un jour, les marches doivent être supportées à leur extrémité du côté de ce jour ; autrefois, avec les marches massives, on comptait pour les soutenir sur le joint armé de crossettes analogue à celui qui est adopté dans les escaliers en pierre. Avec les semelles actuelles, on les soutient, côté du jour, par une courbe continue en bois, que les charpentiers nomment souvent un échiffre et qui, suivant sa forme, prendra plus particulièrement le nom, soit de crémaillère, soit de limon.

248. Escaliers à crémaillères. — On peut porter les marches d'escalier par une crémaillère continue, ayant extérieurement la forme même du jour, et qui prend par étage deux points d'appui, l'un sur le palier inférieur, l'autre sur le palier suivant. Il faut que la section de cette crémaillère soit suffisante pour recevoir la charge dans l'intervalle de ces deux points de soutien.

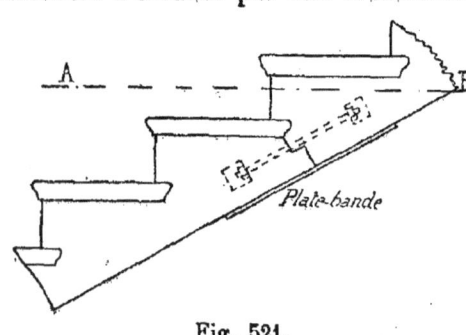

Fig. 521.

La face supérieure de la crémaillère présente les crans nécessaires pour porter les semelles sur un repos horizontal approprié et les contremarches sur une entaille verticale prévue.

L'épaisseur de la crémaillère varie de 0,06 à 0,12, suivant

l'emmarchement et la hauteur de l'étage ; de même la hauteur de la section au fond du cran varie de 0,12 à 0,20, suivant la résistance dont on a besoin.

Les semelles, astragalées en avant, ont leur profil retourné sur le côté et retourné encore en amortissement en arrière. La crémaillère est contreprofilée pour les recevoir.

La crémaillère avec les marches est représentée fig. 521, tandis que la figure 522 représente une partie de crémaillère seule, vue du côté opposé au jour et montre la forme des encoches pour les semelles.

La semelle se pose sur la crémaillère et s'y fixe de deux façons différentes, soit par dessous, au moyen d'une cornière en fer et de tirefonds, ainsi que le représente la fig. 523 (1), soit par dessus, au moyen de trois vis, comme l'indique le croquis (2). Lorsque, de l'autre bout, la semelle se pose sur une fausse crémaillère, elle s'y fixe avec plusieurs broches dont les têtes sont ultérieurement cachées par le stylobate en bois de la menuiserie.

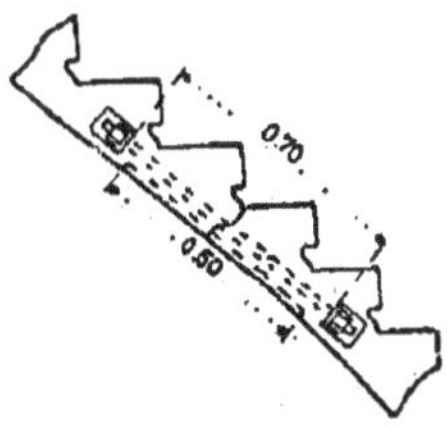

Fig. 522.

La contremarche, dont nous avons vu l'assemblage avec la semelle, doit se relier à la crémaillère ; quelquefois on la fixe à plat sur l'entaille verticale de cette dernière, mais le plus souvent on fait un assemblage d'onglet sur l'angle, ce qui donne un travail beaucoup plus propre en parement. La fig. 524 donne la forme même de cet assemblage, c'est un plan exécuté par une section horizontale correspondant au repère AB de la fig. 521 ci-dessus.

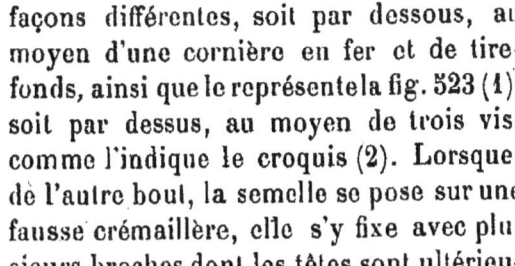

La contremarche est coupée en sifflet, ainsi que l'entaille verticale de la crémaillère, et en raison du jeu angulaire que l'on a pris, les deux pièces ont leur joint directement sur l'arête de contact. Quelques pointes très fines assurent une liaison qui ne peut plus varier.

La crémaillère est nécessairement formée de plusieurs morceaux dans la hauteur d'un étage, et la longueur de ces morceaux varie beaucoup suivant les courbes et suivant les bois dont on dispose.

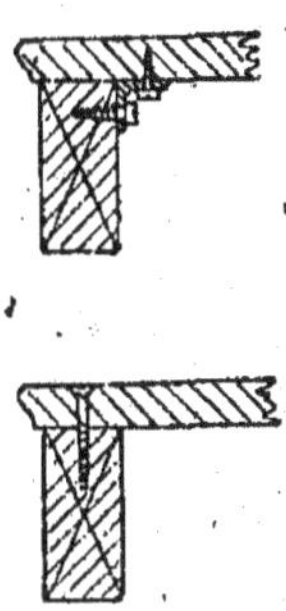

Fig. 523.

Dans les alignements droits, les morceaux peuvent être longs à la condition d'être parfaitement sains, bien de fil et exempts de nœuds.

Les courbes sont débillardées dans des morceaux de bois plus gros et nécessairement courts, il y a donc lieu de faire un assemblage en bout entre ces divers morceaux.

Cet assemblage s'établit de la façon suivante:

A partir du fond d'un cran de crémaillère, on fait partir un joint plat perpendiculaire au rampant et on le brise en son milieu pour éviter le glissement. Les deux fig. 521 et 522 indiquent la trace de ce joint sur le parement du bois ; rarement on le complète par un tenon et une mortaise. Comme la crémaillère peut être soumise en raison de la charge à une tension ou à une flexion, il est indispensable de rendre les morceaux solidaires et on y arrive au moyen d'un boulon à chaque joint.

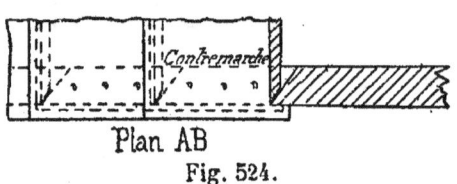

Plan AB
Fig. 524.

Ce boulon est mis dans l'intérieur même du bois, qui est percé de trous de mèche dans la direction convenable pour le recevoir, et deux alvéoles s'ouvrent sur un parement non vu, pour permettre de mettre de chaque côté un écrou de serrage. A l'un des bouts l'un des écrous peut être remplacé par une clavette ; le boulon a 0,018 de diamètre et le serrage sur le bois se fait dans chaque alvéole par l'intermédiaire d'une rondelle. On complète l'assemblage par une platebande en fer de $0,040 \times 0,007$ couvrant le joint en son milieu. Cette platebande est appliquée sur la sous-face rampante, entaillée et fixée avec de fortes vis.

Toutes ces dispositions sont indiquées dans les figures 521 et 522.

Il est indispensable que la crémaillère soit maintenue à écartement constant des murs de la cage de l'escalier, et on considère que le scellement des marches, et leur liaison avec la crémaillère ne sont pas suffisants pour l'obtenir ; il l'est encore bien moins si les semelles sont fixées à la cage par une fausse crémaillère. On complète l'entretoisement par des boulons, à raison de deux ou trois boulons par étage. Ces boulons ont la tête noyée au parement extérieur de la crémaillère, et vont, en traversant le rampant, trouver dans le mur un fort scellement.

Les escaliers à crémaillère dans une cage en maçonnerie portent souvent le nom de *demi-anglais* ou à *demi-onglet* ; ils s'appelleraient *anglais* ou à *onglet* s'ils portaient de chaque côté sur une crémaillère, la cage ne les bordant plus.

249. Plafond rampant sous l'escalier à crémaillère — Le dessous de la charpente d'un escalier à crémaillère est très irrégulier, et d'ordinaire on le cache par un plafond en plâtre.

On procède de deux façons différentes à la construction de ce plafond.

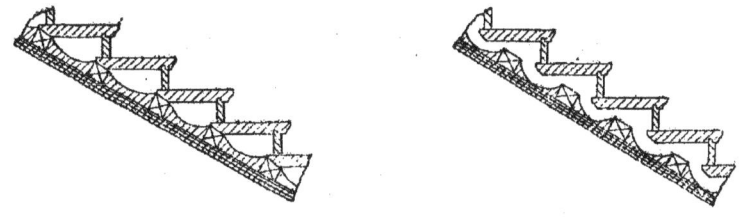

Fig. 525.   Fig. 526.

La première méthode consiste à clouer, en travers du rampant et à l'arrivée des marches, des pièces de bois dont les faces inférieures forment une surface gauche continue, sans jarrets, de forme acceptable ; on les place à environ 0 m. 06 en contrehaut de la sous-face de la crémaillère. Ce sont les *fourrures*.

Sur ces fourrures on cloue des lattes dans le sens perpendiculaire, espacées tant pleins que vides, et ces lattes sont hourdées et enduites, fig. 525.

La seconde méthode s'emploie de préférence lorsque l'on peut craindre que les semelles, en se déjetant par la dessiccation, ne puissent fendre le plafond en maçonnerie ; elle consiste à mettre en place des fourrures de véritables lambourdes transversales, fig. 526, et à les rendre indépendantes des semelles. On latte, on hourde et on enduit comme dans l'autre disposition.

Lorsque l'on veut exécuter un escalier très soigné, on s'arrange à ne poser pendant la confection du gros œuvre que la crémaillère et on remplace les lambourdes par des solives indiquées dans la figure 527. Ces solives, taillées sur l'épure, sont après leur pose garnies de clous à bateau sur les rives et lattées sur leurs sous-faces ; on fait dans leurs intervalles un hourdis plein qui reçoit le plafond à sa partie inférieure. Le

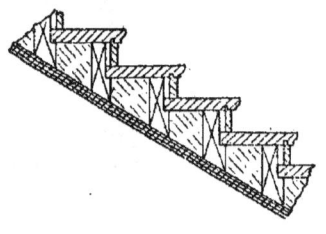

Fig. 527.

dessus, ayant la forme de gradins successifs, sert pour la circulation provisoire du chantier. Ce n'est que plus tard, au moment des installations intérieures, que l'on vient poser les marches et contremarches, qui ont été ainsi préservées des chocs et qui offrent un parement absolument net.

250. Départ d'un escalier à crémaillère. — La fig. 528 représente, en plan et en élévation, le départ, depuis le sol du rez-de-chaussée, d'un escalier à crémaillère. La construction commence par deux marches en pierre pour isoler le bois de l'humidité inférieure et des eaux de lavage. Ces deux mar-

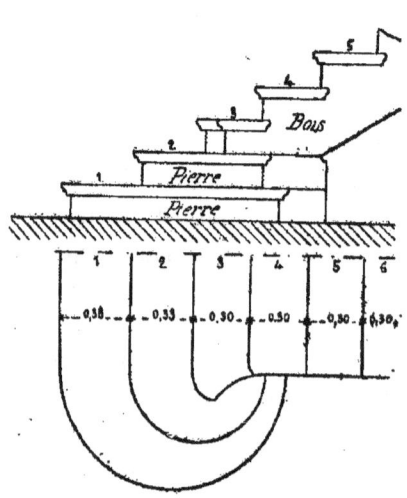

Fig. 528.

ches sont arrondies en volutes concentriques, et la première prend souvent un développement considérable qui donne de l'ouverture et de l'apparence à la montée. Ces deux marches, soutenues l'une sur l'autre, sont parfaitement fondées de manière à pouvoir soutenir convenablement la construction supérieure.

La troisième marche est en bois et sa semelle a une forme légèrement cintrée qui accompagne la courbe des volutes, les autres marches se présentent ensuite successivement avec l'emmarchement prévu.

La crémaillère prend la forme de la marche n° 3 et elle pose directement sur les marches en pierre. A ces dernières on fait venir un appendice de forme convenable, formant socle, et ayant les dimensions nécessaires pour constituer une base solide sur laquelle portera la partie basse de l'échiffre.

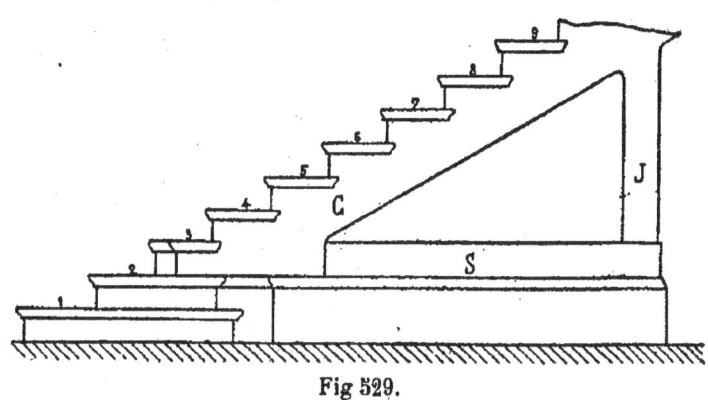

Fig 529.

Souvent on ferme le triangle du dessous de l'escalier, soit parce qu'en raison de sa faible hauteur il est difficile à nettoyer, soit qu'on veuille l'utiliser pour faire sous le rampant une descente de cave.

On modifie alors la base de l'escalier. Le socle qui règne avec la partie en pierre se prolonge en une cloison mince formée de quelque parpaings, et sur ces parpaings se pose la crémaillère additionnée d'un sablière horizontale S que l'on nomme un *patin* ; à son extrémité le patin reçoit un poteau vertical appelé *jambette*, qui va rejoindre la crémaillère. Ces trois pièces, formant un triangle complet, sont reliées ensemble par des assemblages à tenons consolidés par des boulons, et l'intérieur est ordinairement rempli par une cloison en maçonnerie qu'on nomme la cloison d'échiffre.

Cette cloison doit se continuer dans le sous-sol par le parement du mur d'échiffre qui la soutient et qui porte les marches de la montée de la cave, s'il y a lieu.

S'il ne s'agit que de fermer la partie basse, on donne à la jambette une hauteur de 1,00 à 1,50 au-dessus du sol et on ferme de même, par une cloison montée sur parpaing, le retour transversal jusqu'au mur. Si on doit faire une descente de cave, la jambette se double de l'un des poteaux d'huisserie de la porte, et il faut avancer assez cette huisserie pour qu'elle présente une hauteur convenable de passage, 1 m. 95 à 2 m. au moins.

Pour obtenir cette échappée, on doit mettre la première marche de la descente verticalement au-dessous de la 14e marche de la volée du rez-de-chaussée. En effet, 14 marches à 0,16 font une hauteur de 2 m. 24 ; dont il faut déduire la section biaise du rampant, soit 0,28 à 0,30 ; il reste donc juste le minimum de passage, 1 m. 95.

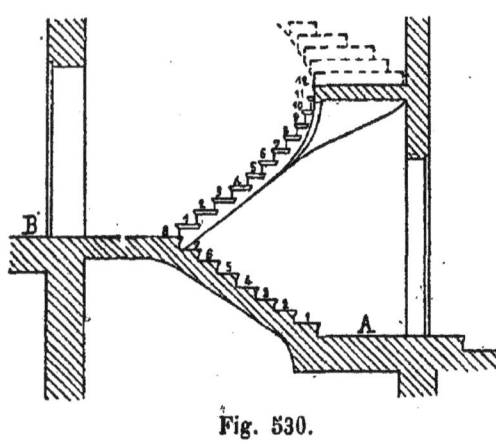

Fig. 530.

Dans certains cas il y a une différence de quelques marches entre le sol A de la cage d'escalier et le sol B du rez-de-chaussée, comme dans l'exemple représenté fig. 130. On fait alors toute cette première montée, (de 1 à 8 dans le cas cité), en pierre, ainsi que le premier palier correspondant au niveau B ; c'est de là que part la révolution qui monte au 1er étage, et qui alors est toute construite en bois.

251. Jonction de la crémaillère et d'un palier courant. — La fig. 531 représente le plan et la coupe verticale par le jour d'un étage escalier à crémaillère. Cette crémaillère, dont les morceaux sont parfaitement reliés, de telle manière qu'elle travaille comme si elle était d'une pièce, soutient toutes les marches et les rend solidaires. Elle prend ses points d'appui aux paliers, que l'on construit suffisamment résistants ; la partie haute de la crémaillère tend à tirer sur le palier du haut au point F d'attache et à presser sur le palier bas au point G. Il est indispensable d'avoir en ces deux points une jonction pouvant résister à ces tension et pression.

La principale pièce du palier est une poutre HI, transversale, tangente au jour, bordant le palier et que l'on nomme la marche *palière*. Elle doit recevoir : d'une part, les différentes solives qui composent la charpente du palier, et, d'autre part, en son milieu, les assemblages des crémaillères hautes et basses des deux étages qu'elle sépare. On remarquera que les actions s'ajoutent. En résumé, en son milieu, elle reçoit de la crémaillère la pression que celle-ci lui amène de tout un étage d'escalier, poids propre et surcharge. Les différents efforts ci-dessus et la portée HI sont les éléments qui déterminent la section qu'il faut lui donner.

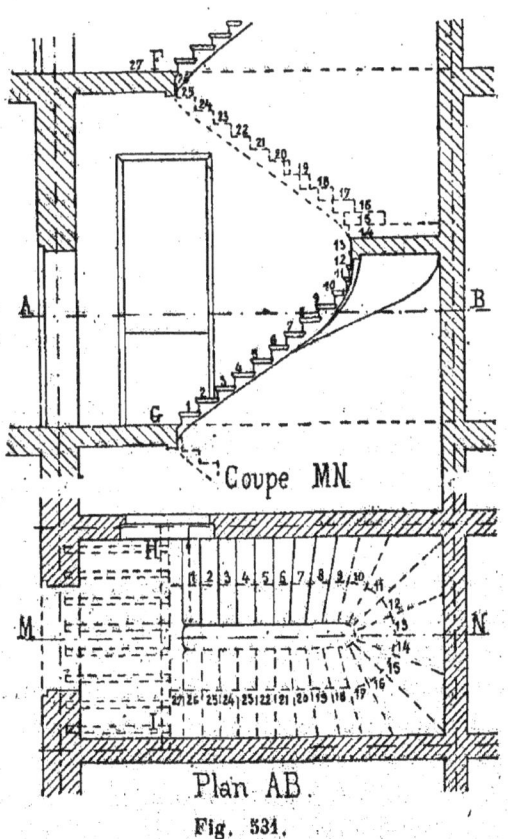

Fig. 531.

La forme de cette marche palière est assez compliquée ; on la taille dans un morceau de bois plus gros que sa section, pour lui faire porter un morceau de crémaillère faisant corps avec elle, en s'arrondissant dans les angles et s'assemblant avec les crémaillères précédente ou suivante. Elle doit former la première marche de la révolution qui descend, et en même temps s'avancer assez pour recevoir la première contremarche de la révolution qui monte, de telle sorte que si on la dessine à plus grande échelle, elle va présenter au milieu, en plan, vue de dessus, la forme de la fig. 532 (1). Le tracé plein est la projection de l'astragale, le tracé ponctué indique les contremarches et le nu de la crémaillère.

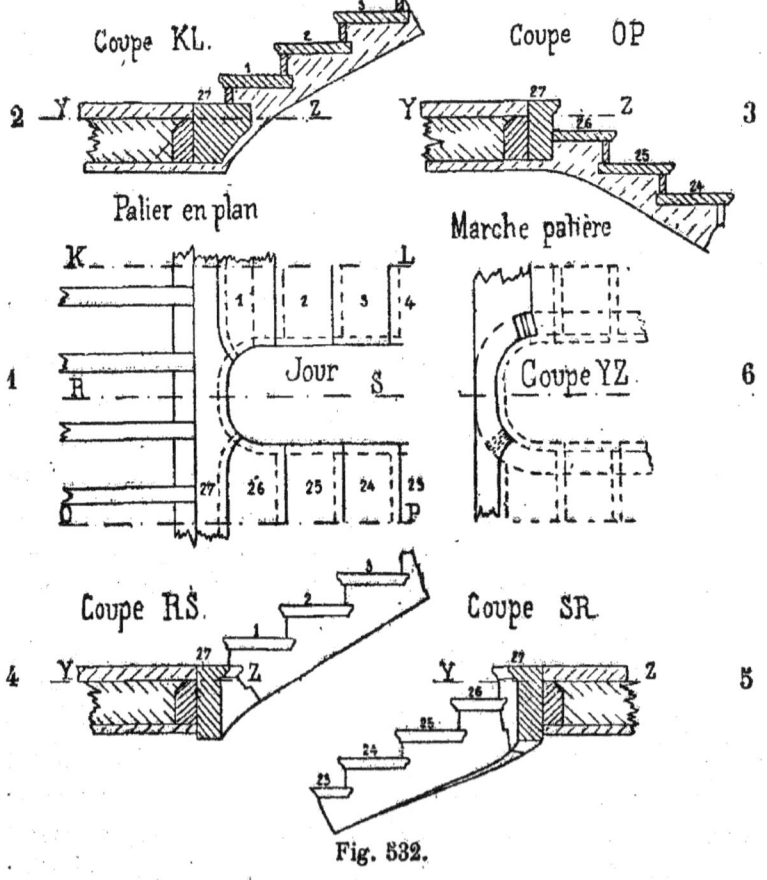

Fig. 532.

Si on fait la coupe suivant KL, on obtient le croquis n° 2. Le plafond du palier et le plafond rampant qui lui fait suite sont souvent séparés par une arête, et le bois doit passer dans l'épaisseur, en laissant en parement la charge de l'enduit qui devra le recouvrir. Il doit s'étendre à droite, assez pour former sol du palier jusque sous la première contremarche qu'il doit recevoir. Enfin, à gauche, il est doublé d'une lambourde qui portera les solives. Si on représente la coupe suivant OP, on a le croquis n° 3. La marche palière doit avoir un nez astragalé du côté de la descente dont elle forme la première marche, elle est bien réduite de largeur pour que son nu de droite forme contremarche ; elle s'arrête en dessous, avant le plafond, pour permettre la charge du plâtre de ce dernier.

La coupe suivant RS est rabattue dans le croquis (4) ; elle est vue du côté de la volée qui monte. La marche palière forme ici sur une petite longueur office de crémaillère ; elle est astragalée à sa partie supérieure et elle descend assez bas pour dépasser le nu des plâtres du plafond de 0,02 au moins, s'il y a un plafond uni, et s'il y a une corniche rampante, de toute l'épaisseur de son profil en plus. La partie qui dépasse est de l'épaisseur même de la crémaillère dont elle prend la place ; le bois, s'il était plus large, serait ramené sur le restant de sa sous-face, en arrière du parement des plâtres.

Dans cette même coupe RS (4), on voit en élévation la partie qui se retourne de manière à recevoir la crémaillère suivante et le joint qui servira à la relier à cette pièce.

Le croquis (5) montre cette même coupe RS, mais vue du côté de la descente, la partie coupée est la même, mais retournée. La partie en élévation montre les marches de la révolution inférieure et le joint brisé qui sépare la marche palière de la 1re crémaillère basse.

Enfin, pour pouvoir bien apprécier la forme de la marche palière et la manière dont elle répond aux conditions exigées, on a fait une coupe horizontale de cette pièce suivant un plan passant au-dessous de l'astragale. Cette coupe horizontale est représentée dans le croquis n° 6. On y voit la différence de largeur de la pièce des deux côtés du jour, et la projection des deux joints brisés qui formeront la jonction avec les crémaillères voisines.

252. Jonction de la crémaillère et du dernier palier.

— La marche palière du dernier palier haut d'un escalier se construit de la même manière que l'arrivée d'une marche palière ordinaire. La fig. 533 représente la partie haute de l'escalier précédent et l'arrivée au dernier palier qui est le degré

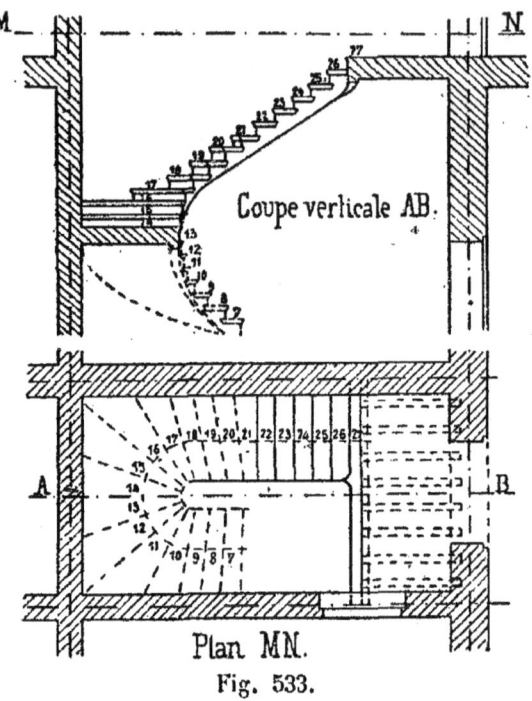

Fig. 533.

n° 27 de l'étage. La marche palière doit porter le palier et doit soutenir le haut de la crémaillère. Elle devra donc :

1° Passer dans l'épaisseur du palier d'arrivée et être recouverte par le plâtre du plafond.

2° Porter une partie de crémaillère avec retour arrondi, pour s'assembler dans la dernière crémaillère haute.

3° Poursuivre le profil de cette crémaillère jusqu'à amortissement contre le mur en retour.

Le problème ainsi posé, voyons comment il est résolu.

Représentons cette arrivée à plus grande échelle, fig. 534 en plan et en coupe verticale.

Le plan (1), vu au-dessus du palier, montre la marche palière avec la lambourde qui la double et les diverses solives qu'elle porte. Du côté gauche, elle est limitée par un trait plein qui indique le rebord extérieur de l'astragale, et par un trait ponctué, en retrait de 0 m. 04 environ, et qui donne le parement extérieur des nus de la contremarche 27, de la crémaillère et de la poutre qui fait suite.

Si on fait une coupe verticale suivant un plan dont la trace soit OP et qui coupe les marches hautes de la dernière révolution, on obtient la fig. 534 (2). La marche palière est astragalée et forme le degré 27 ; elle se termine inférieurement à 0 m. 03 en contre-haut du parement du plafond en maçonnerie. Cette même coupe montre l'arrivée des marches 24, 25, 26.

La coupe verticale faite suivant RS, en passant dans le jour, est la même que celle faite en un point quelconque du restant du palier, celle faite suivant KL, par exemple, puisque la section est constante.

La marche palière est astragalée et elle se termine à la partie basse par une partie saillante de la largeur de la crémaillère, et qui se prolonge longitudinalement. Si la solive palière est plus épaisse, on ne laisse apparente que la largeur correspondant à celle de la crémaillère.

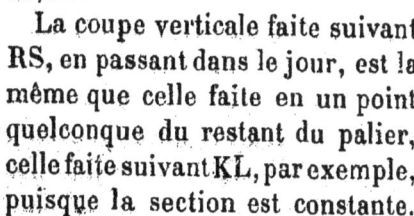

Fig. 534.

Le bois dépasse le nu des plâtres d'environ 0 m. 02 si le plafond est simple, et de la saillie de la corniche en plus s'il est orné.

Dans cette coupe verticale on voit en élévation les marches hautes 24, 25, 26 de la dernière révolution, ainsi que le joint de la dernière crémaillère avec la palière qui la reçoit.

253. Assemblage d'une crémaillère avec un palier.

d'angle. Bascule. — Lorsqu'au lieu de marches dansantes, l'escalier ne contient que des volées droites, les paliers sont, ou de la largeur de la cage, et alors exécutés comme il a été dit ci-dessus, ou réduits à une forme carrée dont le côté est égal à l'emmarchement; ce sont alors des paliers d'angle ou demi-paliers.

Pour les construire on continue à suivre le même principe, qui consiste à établir solidement le palier et on s'en sert pour donner, au passage, à la crémaillère un fort point d'appui.

Celle-ci s'arrondit à l'angle par un quart de cercle qui sert de raccord aux deux alignements d'équerre.

Le palier carré ne trouve de points d'appui dans les murs de la cage que suivant deux côtés adjacents ; on le construit au moyen de ce que l'on nomme une *bascule*.

Une pièce de bois B est établie dans l'épaisseur du palier suivant une de ses diagonales, fig. 534 (1), elle est scellée à ses deux extrémités et on peut lui donner toute la résistance voulue au moyen d'une section appropriée. Elle se nomme la *bascule*. Sur cette bascule on vient appuyer une seconde pièce, dirigée suivant l'autre diagonale du carré et scellée dans l'angle de la cage. Cette pièce, marquée L sur la figure, s'appelle le *levier*; elle se prolonge jusqu'à la crémaillère, avec laquelle elle s'assemble à tenon et mortaise, comme le montre la portion de coupe verticale faite suivant MN.

Pour empêcher la crémaillère de tirer au vide et de se séparer du levier, on consolide l'assemblage par un boulon à tête noyée dans le parement de la crémaillère. Ce boulon est contenu dans un trou de mèche foré dans le levier suivant son axe; il se poursuit sur environ 0 m. 40 de longueur et se termine dans une alvéole qui reçoit la rondelle et l'écrou et qui est accessible sur l'une des faces latérales. Ce boulon s'oppose absolument à la disjonction des deux pièces.

Le croquis n° 3 montre l'assemblage de la bascule et du levier; les deux pièces ne peuvent se superposer, leurs épaisseurs réunies dépasseraient l'épaisseur possible du palier. On les assemble à mi-bois : le levier est entaillé à sa sous-face et la bascule à son parement supérieur.

Si on fait cet assemblage avec précision, on peut obtenir ce résultat, que les pièces ne se trouvent pas affaiblies par leurs entailles respectives ; mais pour cela il faut qu'elles soient serrées dans leurs encoches.

En effet, dans les leviers, ce sont les fibres comprimées qui sont tranchées par l'assemblage, et on les remplace par la partie conservée de la bascule qui peut recevoir cette compression. Il en est de même pour la bascule dont les fibres supérieures comprimées, tranchées par l'assemblage, sont remplacées par la partie de levier qui s'engage dans l'entaille.

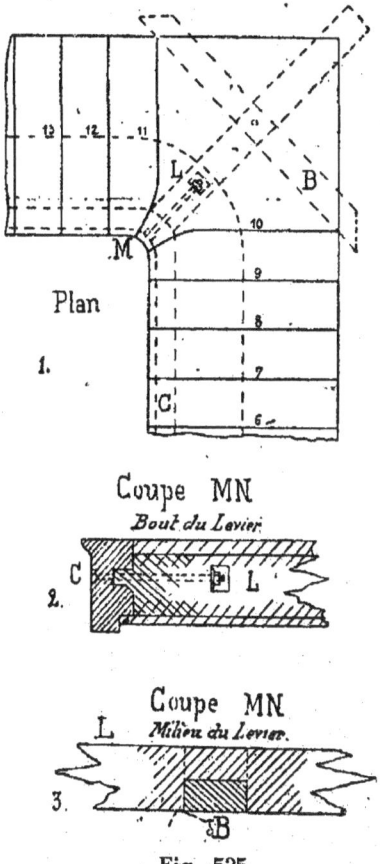

Fig. 535.

En pratique, on compte peu sur ce mode de liaison et on donne aux pièces un fort surcroît de section pour qu'elles puissent, sans fléchir, supporter la charge.

On emploie plus souvent encore une bascule en fer carré de 0 m. 05 à 0,06 de côté, qui présente la même résistance que le bois qu'il remplace et qui exige dans le levier une entaille bien moins haute.

On fait quelquefois aussi usage d'un levier en fer que traverse la bascule dans un trou pratiqué dans l'âme et que l'on renforce par deux équerres qui donnent un point d'appui plus stable, fig. 535.

L'extrémité du levier vient alors s'assembler avec le bois de la crémaillère par deux équerres et des tirefonds.

Toutes les fois que l'échiffre d'un escalier contient une partie droite correspondant à un palier, on doit soutenir la partie horizontale par une bascule, dont on trouve toujours l'encastrement par un moyen quelconque en se rattachant à un second

Fig. 536.

mur ou à un plancher, lorsque la disposition ci-dessus est impossible à réaliser.

251. Variantes de construction des paliers. — Les marches palières sont presque toujours exécutées en deux morceaux : l'un, la pièce de charpente résistante que l'on pose pendant le gros œuvre ; l'autre, correspondant à la hauteur de l'astragale, c'est-à-dire d'une semelle de marche, et que l'on

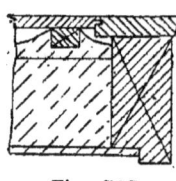

Fig. 537.

peut ne poser qu'au moment des aménagements intérieurs, lui évitant ainsi bien des chocs et des détériorations. Cette semelle, appelée aussi une cerce, parce qu'elle contourne tous les vides courbes ou droits qui accompagnent un escalier, est faite en chêne de choix, de manière à se raccorder comme valeur de bois avec les parquets des paliers.

Ceux-ci se posent à la manière ordinaire sur des lambourdes scellées sur le hourdis, car rarement le dessus des solives est assez régulier et forme un plan suffisamment horizontal pour recevoir le parquet directement.

La semelle du palier, s'il y en a une, la marche palière elle-même, si elle fait toute la hauteur, doivent recevoir avant leur mise en place une rainure, destinée à former assemblage avec les frises du parquet ; sans cela il se forme un joint disgracieux et qui manque souvent de stabilité.

Les marches palières ne reçoivent pas toujours les abouts des solives en bois des paliers, on met souvent ces dernières dans le sens de la longueur du palier.

Il n'y a pas excédant de dépense, en raison de la hauteur, bien suffisante pour la résistance, qu'on est toujours obligé de leur donner dans tous les cas,

Dans les constructions modernes, où on emploie encore des escaliers en bois, on fait la marche palière toujours en bois, mais on la double en arrière d'un fer à plancher avec lequel elle est fortement tirefonnée. Le restant du palier est en fer et les solives sont posées paral-

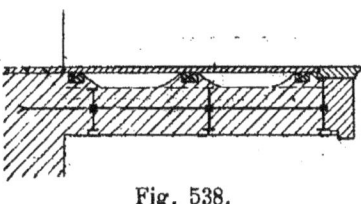

Fig. 538.

lèlement à la première. Elles sont reliées par des boulons d'entretoise ; le tout est hourdé et reçoit le parquet à la manière ordinaire. La fig. 538 rend compte de cette disposition, en montrant la coupe transversale d'un palier ainsi construit.

255. Des escaliers à limon. — L'échiffre d'un escalier, au lieu de présenter les crans d'une crémaillère, peut avoir sa surface rampante supérieure continue et parallèle à sa sousface. Il dépasse les marches en dessus comme il les dépasse en dessous, et porte alors le nom de *limon*.

Le limon reçoit les marches, non plus à sa face supérieure, mais sur le côté, dans des entailles d'encastrement, qui ont le profil de la semelle et de la contremarche, fig. 539.

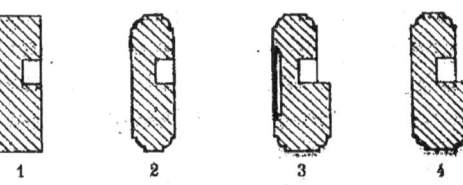

Fig. 539.

Les limons ont une section rectangulaire plus haute que large, fig. 539 (1). Cette forme de la section leur donne une grande résistance à la flexion. Tout en lui conservant, d'une manière générale, la forme rectangulaire, on la modifie légèrement suivant les circonstances ; ainsi on abat souvent les arêtes par une moulure, ce qui amène au profil (2) ; parfois comme en (3) on creuse des panneaux moulurés sur leur parement extérieur ; d'autres fois on bombe le panneau produit par un encadrement à glace (4) ; enfin, pour les escaliers très luxueux, on refouille sur les parties vues de sculptures de tous genres, appropriées à la décoration générale de l'ensemble.

Les limons sont bien supérieurs aux crémaillères comme solidité ; aussi, les emploie-t-on de préférence toutes les fois que l'on a des escaliers importants comme hauteur d'étage, grandeur de cage ou grandes dimensions des emmarchements.

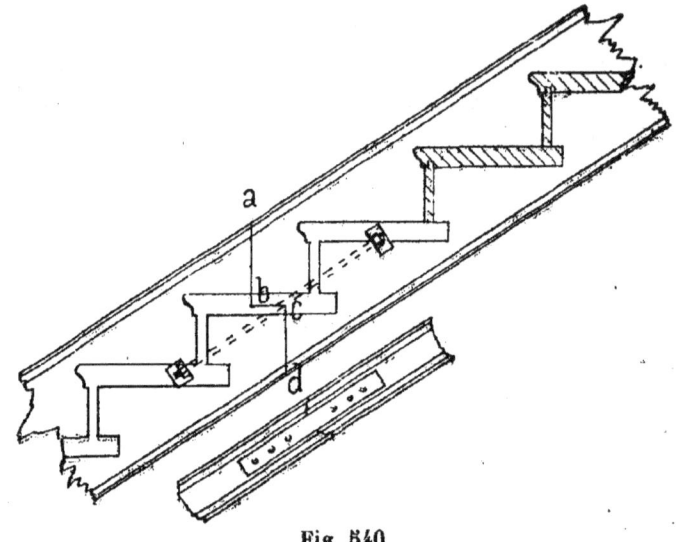

Fig. 540.

De même que pour les crémaillères, on ne fait pas d'un seul morceau le limon d'un étage ; on le compose de plusieurs pièces de bois ajoutées les unes au bout des autres. Les angles droits sont effacés par des arrondis et les morceaux courbes sont courts en raison de la difficulté que l'on a à les débillarder dans des grumes de très fortes dimensions. Les morceaux droits peuvent être longs ; il faut des bois bien sains et dont les fibres soient bien parallèles, et on doit éviter les nœuds.

Le joint de deux limons consécutifs se fait, comme pour les crémaillères, par un trait brisé et la direction de ce trait peut être verticale comme il est indiqué dans la figure, en *abcd* ; le trait de brisure *bc* doit se faire dans l'entaille d'une marche ou en-dessous, pour éviter d'être visible.

D'autres fois les directions des plans de joint sont normaux aux rampants avec crossette perpendiculaire,.

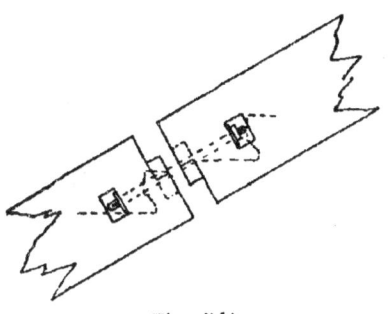

Dans les petits escaliers à limons, le joint est plat, suivant le profil qui vient d'être indiqué, on le consolide par un boulon intérieur longitudinal, exactement comme pour la crémaillère ; on assure le joint par une platebande en fer entaillée et posée au parement de la sousface. La fig. 541 donne le détail de tout cet assemblage.

Fig. 541.

Dans les escaliers importants où le limon a une grande hauteur, on évite une déviation relative des deux pièces mises bout à bout, en les assemblant à tenon et mortaise. Chacune des pièces porte à la fois un tenon et une mortaise, comme il est indiqué dans la fig. 541. On maintient toujours le boulon et la platebande, en leur donnant les dimensions appropriées à la résistance que doit présenter l'échiffre.

256. Hourdis et plafond rampant des escaliers à limon. — De même que pour les escaliers à crémaillère, on plafonne le dessous du rampant des escaliers à limons ; la fig. 542 donne en coupe transversale et en profil longitudinal la disposition de ce hourdis.

A l'arrière des marches, on fixe des fourrures dont la partie basse est coupée en biais à la demande. Sur ces fourrures on cloue des lattes en long, espacées tant pleins que vides ; on hourde et on plafonne ces lattes.

Le limon doit dépasser le plafond de 0,02 s'il n'est pas mouluré. Si son arête est profilée on doit dégager les corps de moulures. Si le plafond lui-même est bordé de corniches il faut encore tenir compte de leur hauteur, de telle sorte qu'il faut prévoir l'existence et les dimensions de tous ces détails, d'avance, pour fixer la hauteur qu'il est nécessaire de donner au limon.

D'autres fois on rend les fourrures indépendantes des marches ; on en fait de véritables lambourdes portées aux deux bouts sur le limon et la fausse crémaillère et on dirige l'une de leurs faces suivant le rampant pour lui faire porter les lattes à plat et faciliter le clouage.

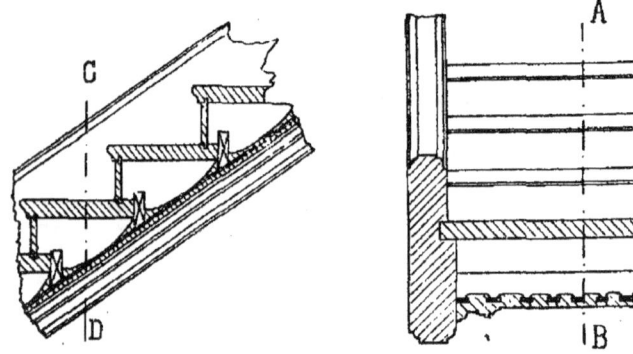

Fig. 542.

On maintient invariable le parallélisme des limons et de la cage en les reliant par de boulons d'entretoises, à raison de deux ou trois par révolution, comme on l'a vu déjà pour les escaliers à crémaillère.

257. Départ d'un escalier à limon en bois.

— Ordinairement deux marches en volutes, formant socle à leur partie arrière, constituent la fondation de l'escalier ; elles reçoivent le limon et isolent le bois de l'humidité du sol et des lavages.

Le limon, dont on voit en plan l'épaisseur apparente, se termine lui-même par une volute cylindrique, dont la forme concorde avec le cintre des marches.

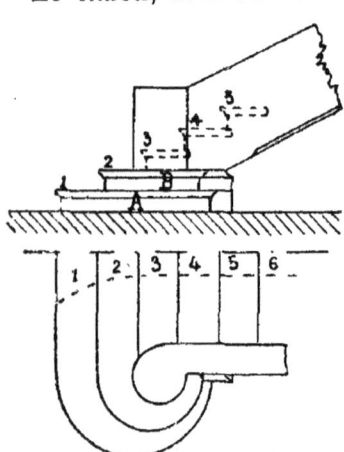

Fig. 543.

Ces marches volutées, qui servent d'entrée à un escalier, ont un giron un peu plus grand que les marches courantes de la volée. Si, par exemple, les marches 3, 4, 5, etc., ont un giron de 0,30, on donnera 0,33 à la marche n° 2 et 0,38 à la marche n° 1.

La sous-face du limon est taillée horizontalement pour former joint avec le dessus de la marche n° 2 en pierre, et avec le socle qui lui fait suite ; un ou deux forts goujons peuvent assurer la liaison et empêcher un déplacement latéral.

De même que pour les crémaillères, toutes les fois que l'on veut fermer l'espace bas qui existe sous les premières marches, on ajoute au limon un patin et une jambette, qui lui donnent une bien meilleure assiette, une plus grande stabilité. Le patin vient se poser sur un muret en parpaings de pierre de la hauteur du socle ; il s'étend jusqu'à la jambette dont il reçoit l'assemblage sur sa face supérieure. Celle-ci est plus ou moins éloignée du départ suivant la hauteur qu'on veut lui donner. Elle se met sous la quinzième ou seizième marche lorsqu'elle doit correspondre à une descente en sous-sol, auquel cas on la double de l'huisserie de la porte de cave. Le limon, le patin et la jambette sont assemblés à tenons et mortaises et ces jonctions sont consolidées par des boulons.

La fig. 544 donne le départ d'un limon orné ainsi établi sur patin et jambette dans toute la partie basse inférieure du rampant. Toutes ces pièces sont ornées de moulures et l'espace triangulaire qu'elles comprennent est rempli par un panneau en bois embrevé dans leurs rives et portant une platebande moulurée.

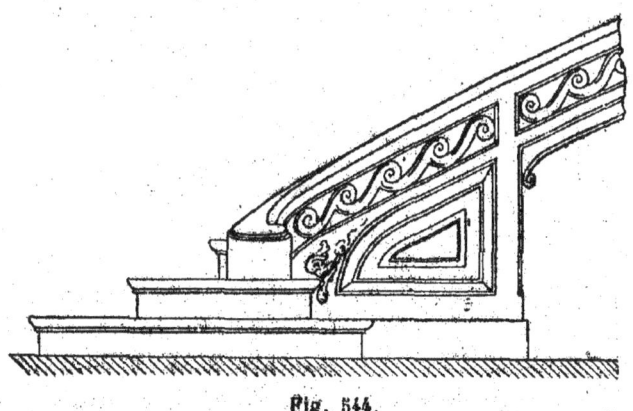

Fig. 544.

On remarquera la manière dont le limon porte sur les deux premières marches en pierrre, en formant un redan de l'une à l'autre ; c'est une variante de la première disposition donnée.

258. Jonction des limons avec les paliers et demi-paliers. — La fig. 545 représente l'arrivée d'un escalier à limons à un palier, et le départ immédiatement après. Le croquis n° 1 donne le plan de l'ensemble. Le palier qui sert d'exemple se trouve placé au milieu de la montée d'un étage dont il forme le degré n° 13. La poutre qui portera toute la construction

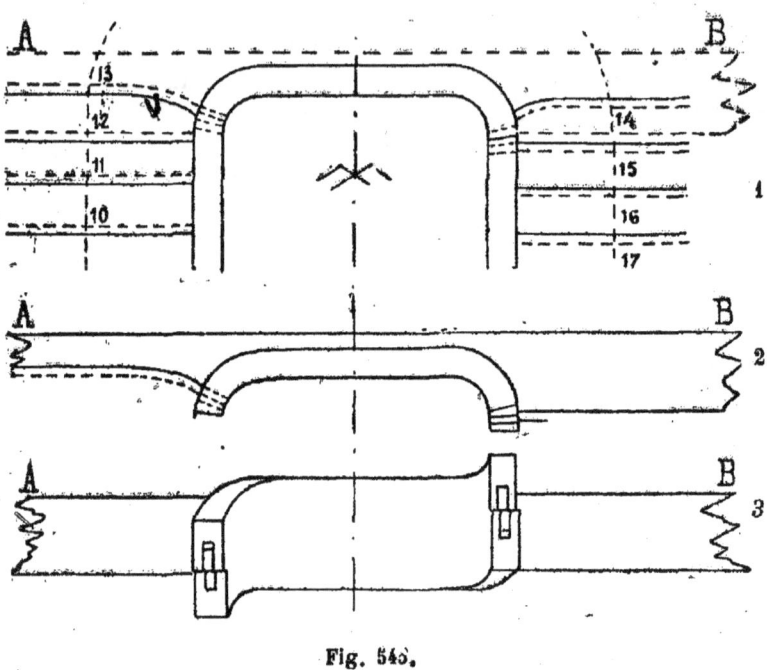

Fig. 545.

va de A en B en traversant toute la cage et trouvant ses points d'appui dans les murs latéraux. Nous l'avons appelée la marche palière. Les conditions qu'elle doit remplir sont les suivantes : 1° du côté de l'arrivée elle doit former la semelle et la contremarche du 13° degré et en avoir le profil précis. 2° Au milieu, elle doit porter dans le même morceau de bois le limon avec ses arrondis et les amorces de raccord. Enfin, 3° elle doit, du côté du départ, être plus large pour recevoir la contremarche du degré n° 14.

La forme appropriée à ces diverses conditions est représentée en plan dans le croquis n° 2 et en élévation du côté du jour dans le croquis n° 3 ; dans les joints de ce dernier croquis on a ajouté des tenons au milieu des raccords.

La face du dessous, dans les parties où le limon ne doit pas paraître, est retaillée pour disparaître sous les plâtres du plafond, en laissant l'espace nécessaire pour l'enduit, soit 0 m. 02 à 0 m. 03.

Si le palier avec lequel on se relie est un palier d'angle ou demi palier, on commence par l'établir solidement, et cela au moyen d'une bascule comme on l'a vu pour les escaliers à crémaillère ; mais ici la nature de l'escalier permet de disposer d'une épaisseur plus grande du palier.

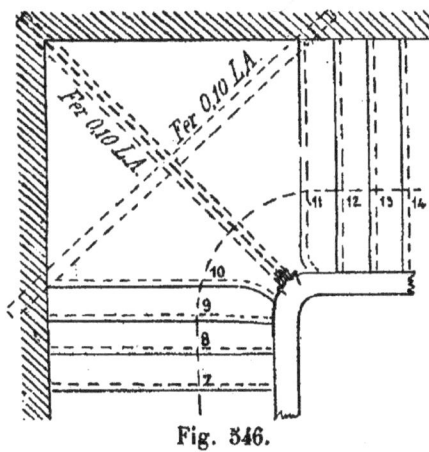

Fig. 546.

On pourrait établir la bascule en bois avec des pièces d'un équarrissage suffisant pour avoir un grand excès de résistance. On a une rigidité bien plus grande avec la construction en fer ; la bascule est formée d'un fer de 0,10 ou 0,12 à larges ailes, et un autre fer de même échantillon forme le levier ; les deux pièces sont superposées. L'extrémité du levier vient s'assembler avec la face intérieure du limon, au moyen d'équerres appliquées avec précision, entaillées et fortement tirefonnées.

La fig. 546 rend compte de tous les détails de cette bascule ; On remplit les intervalles de ces pièces par des remplissages en fers légers qui permettent de hourder le palier complètement et de le terminer comme précédemment.

259. Emploi d'un pilastre de butée. — Au lieu d'arrondir les angles du limon, on peut encore les laisser vifs, et il en résulte une grande netteté dans l'aspect général de l'escalier. On les accuse même alors par des pilastres verticaux tels que P P' P" P'", fig. 547, contre lesquels viennent buter les portions de limons intermédiaires.

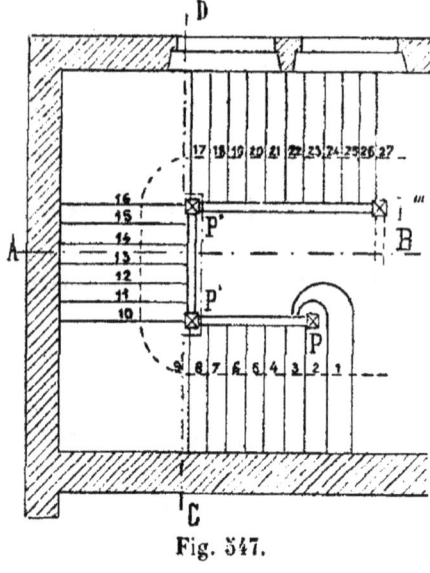
Fig. 547.

Ces pilastres, dans le haut, font partie de la rampe et dans le bas, ils se terminent de plusieurs manières suivant leur position.

Le pilastre P se pose sur la volute de la dernière marche de pierre. Le pilastre P' se prolonge souvent jusqu'au sol en formant jambette comme dans les escaliers déjà vus, et il prend son appui par l'intermédiaire d'un patin sur un soubassement en pierre.

D'autres fois, il est disposé comme les suivantes P" et P'" qui sont suspendus et se terminent inférieurement par quelques moulures en cul-de-lampe.

Les pilastres ainsi disposés font partie des paliers où ils doivent trouver des soutiens, et, en effet, on peut les soutenir par les moyens détaillés déjà des bascules, pour les demi-paliers, et des assemblages directs sur la marche palière pour les grands paliers.

Si les murs sont épais et d'une stabilité suffisante, on peut tenir le limon par lui-même, et lui faire porter les pilastres et les paliers d'angle de la façon suivante.

On établit solidement le pilastre P et le premier limon sur la fondation, de telle sorte qu'ils ne puissent pas glisser et qu'ils soient parfaitement fixes ; de plus, de l'autre côté du pilastre P' on pose une pièce horizontale P'R, fig. 548, s'appuyant sur le mur ; les deux pièces PP' et P'R forment un arc solide qui empêchera le pilastre P' de pouvoir baisser. Il devient donc fixe. Si maintenant le limon qui réunit P' et P", fig. 549 est de même buté à ses extrémités par des pièces horizontales P'S et P"T, le point P' étant fixe, le point P" le devient également par suite de la résistance des murs latéraux. Le quatrième pilastre P'" est parfaitement établi sur la marche palière; en reliant ce pilastre au limon qui y arrive et celui-ci aux pièces précédentes, on obtient un nouveau mode de liaison par traction, qui augmente encore la stabilité de l'en-

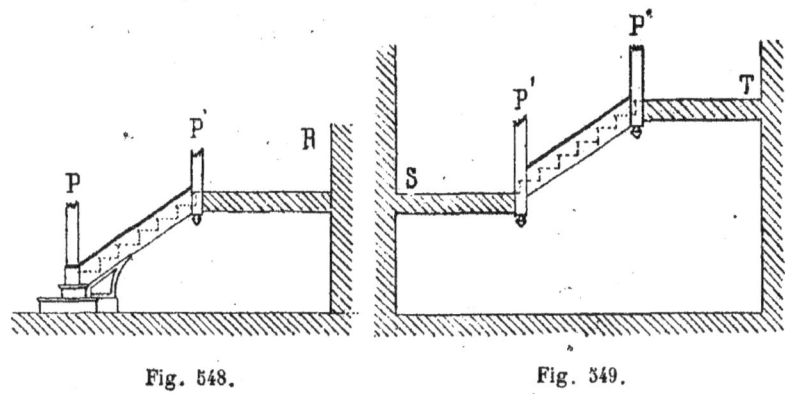

Fig. 548.   Fig. 549.

semble, et pour cela il suffit de relier toutes ces pièces au moyen de forts boulons encastrés.

Enfin, on peut combiner ces assemblages avec l'emploi de bascules pour les demi-paliers, de telle sorte que l'ouvrage achevé est composé de pièces solidaires et d'une rigidité à toute épreuve. Si, maintenant, nous étudions les détails de cet escalier, nous aurons à les représenter à une échelle plus grande.

La fig. 550 montre le plan d'une partie de révolution, qui, comprise entre les poteaux P' et P", avoisine le jour, et, en dessous, la portion de coupe correspondante suivant CD.

Si l'on considère qu'à l'angle du jour il n'y a plus un arrondi suffisant pour que les marches, en s'écartant, permettent au limon de monter d'un degré, on comprendra que l'on est dans l'obligation d'élever brusquement de la hauteur d'une marche le départ d'un limon au-dessus de l'arrivée du limon inférieur. Cette différence de niveau d'assemblage des limons sur deux faces adjacentes d'un même poteau ne produit pas d'effet désagréable, surtout si l'on rachète cette variation par une console G, qui relie le limon supérieur au fût du pilastre. Quelquefois on allonge le fût par le bas et on met une console à chaque limon, les deux consoles appliquées à un même poteau étant inégales.

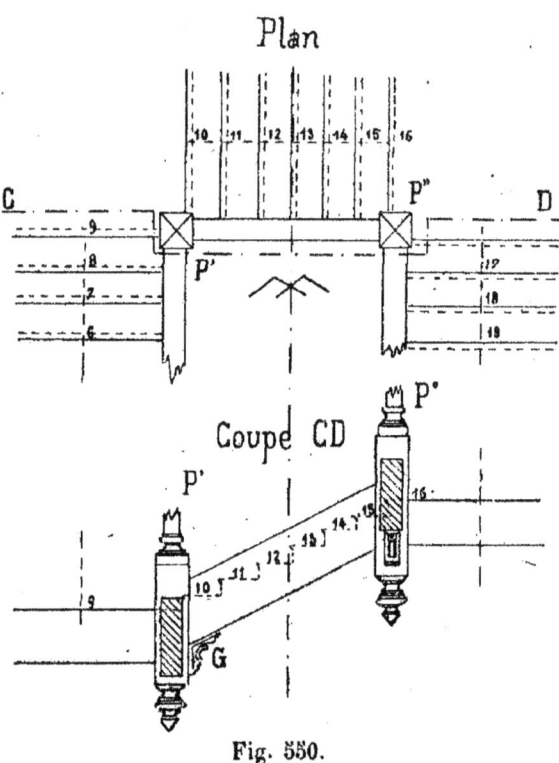

Fig. 550.

La fig. 551 donne l'arrivée à un palier d'un escalier de ce genre; le pilastre P''' est intermédiaire entre le limon rampant et la marche palière. Celle-ci peut être taillée de telle sorte qu'elle porte dans sa section la prolongation du limon le long du palier. Mais, plus généralement, le limon est à part et vient s'assembler sur la face verticale de la marche palière. Les pilastres tels

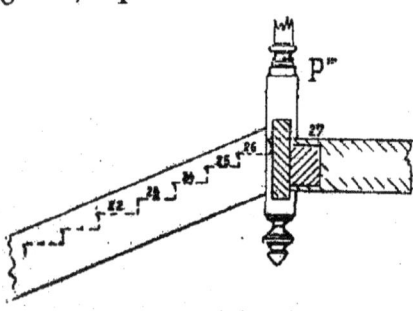

Fig. 551.

que P''' sont entaillés pour se relier à la marche palière et tous les assemblages sont consolidés par des boulons.

Avec les détails qui viennent d'être donnés sur les limons venant buter contre des pilastres, on peut se rendre compte de la construction d'un escalier de ce genre de forme quelconque.

Ces escaliers sont plafonnés comme tous ceux qui ont été vus jusqu'ici et les différents bois de charpente qui, dans la traversée des rampants, servent à l'ossature de l'ouvrage, sont noyés dans les plâtres. Souvent aussi on laisse apparents en dessous, avec saillies convenables, les bois transversaux tels que P'R, P'S, P''T, etc., fig. 550 et 551 ; ils facilitent l'établissement des plafonds dont les raccords aux paliers sont toujours difficiles, tout en créant des caissons motivés dont l'ornementation peut tirer un bon parti.

267. Escaliers à limons superposés. — Le jour des escaliers à limons peut disparaître pour gagner de la place, lorsque l'on est gêné pour la largeur de la cage. On superpose alors les limons qui forment comme un pan de bois milieu portant les marches. La fig. 552 donne en deux croquis le plan d'étages et le plan du rez-de-chaussée d'un escalier ainsi compris.

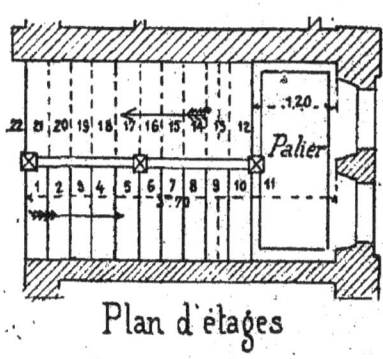
Plan d'étages

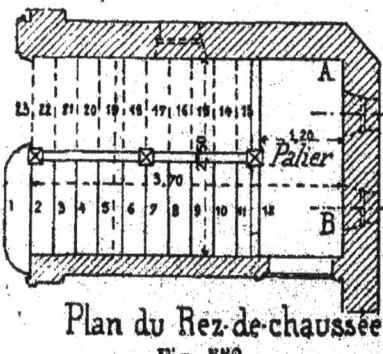
Plan du Rez-de-chaussée
Fig. 552.

Chaque révolution est composée pour un étage de deux volées, inclinées en sens contraire et séparées par le pan de bois dont il vient d'être question ; à mi-hauteur se trouve un palier intermédiaire, ayant comme longueur toute la largeur de la cage.

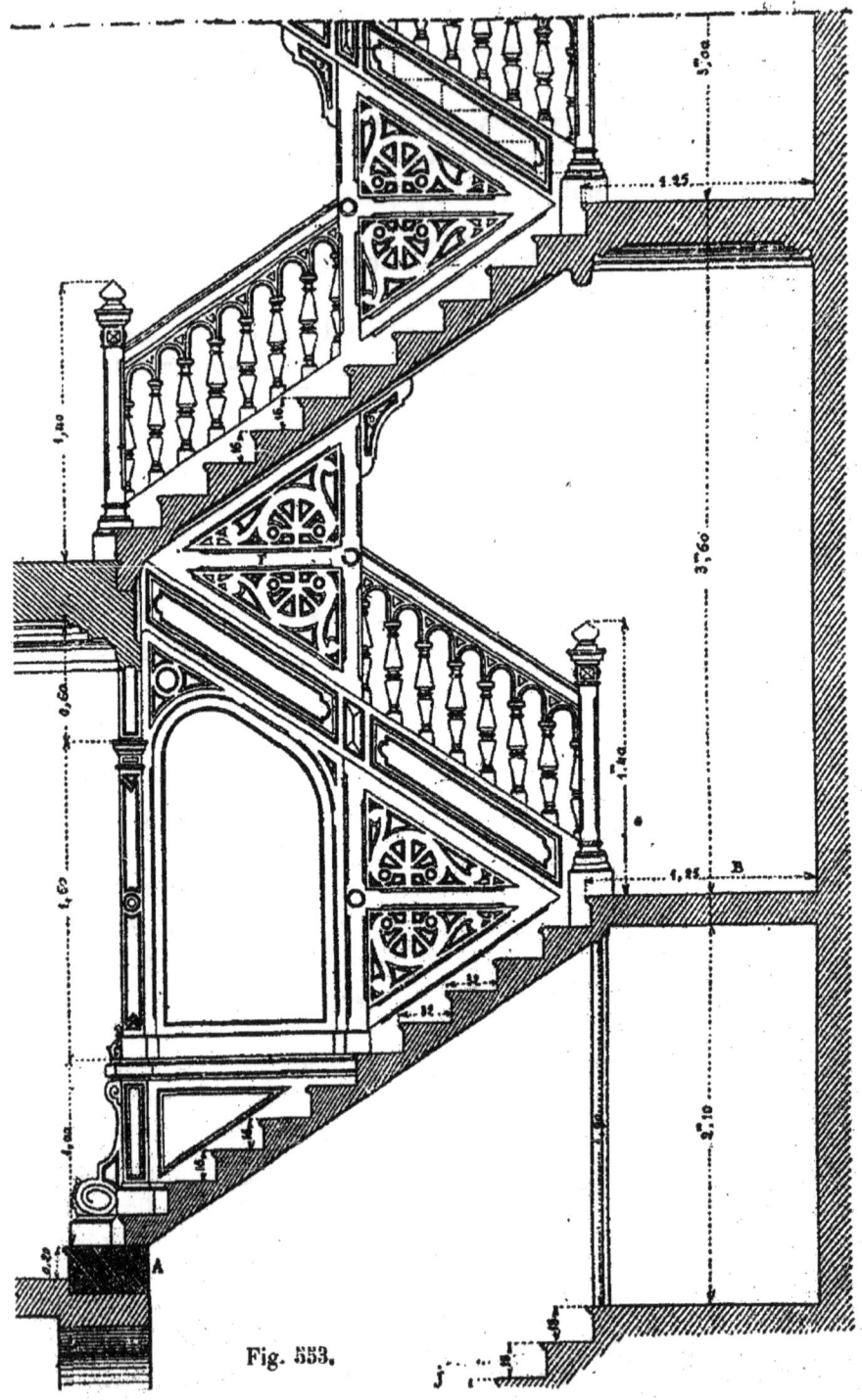

Fig. 553.

Les limons viennent à leurs extrémités buter contre des pilastres de butée analogues à ceux de l'escalier qui précède et qui posent sur la maîtresse marche de chaque palier.

Lorsque le pan de bois est rempli de maçonnerie, il forme cloison complète, l'escalier est établi comme entre murs et l'aspect en est triste comme celui des escaliers en maçonnerie analogues.

Mais on peut construire ce pan de bois de parties complètement ajourées, qui lui donnent alors beaucoup de gaîté.

La fig. 553 donne une coupe longitudinale de l'escalier dont les plans viennent d'être donnés. C'est un escalier étudié par

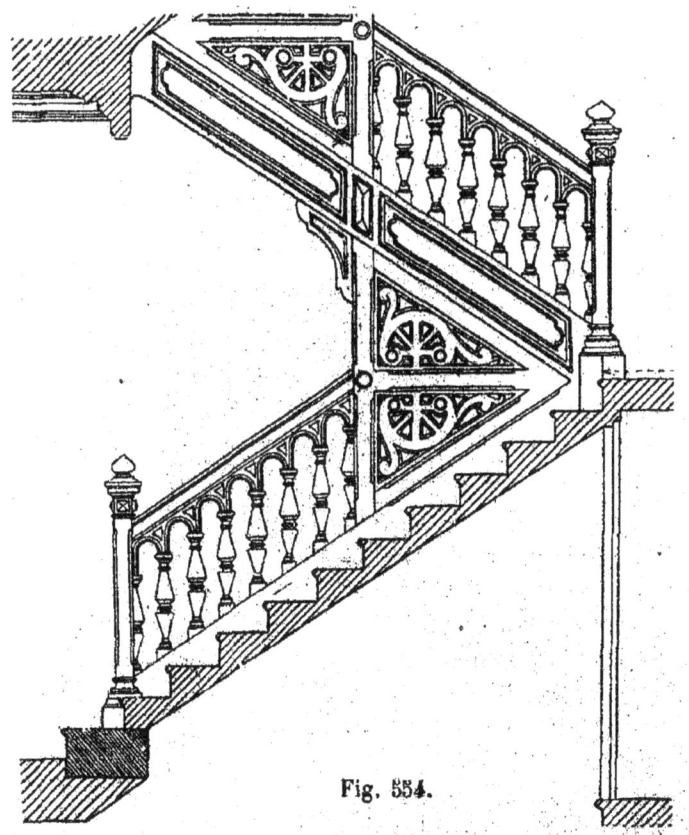

Fig. 554.

M. Friesé, architecte, pour une maison de Cormeilles. Malgré l'absence du jour, le pan de séparation est largement ouvert et le tout est bien ordonné. L'aspect en est gracieux et du plus heureux effet.

Un poteau milieu monte du haut en bas, tout en étant interrompu par les limons ; il forme avec ces derniers des triangles qui sont remplis par des panneaux sculptés à jour et l'espace qui le sépare des pilastres de paliers est garni d'une rampe à balustres. Les limons sont ornés sur leurs faces vues de cadres moulurés et des consoles les relient avec le poteau milieu.

Le pilastre de départ est plus orné que les autres, il est monté sur piédestal avec console avancée ; il reçoit à sa partie haute deux arceaux qui soutiennent la première marche palière et la baie qu'il forme avec le poteau milieu est encadrée d'un bâti mouluré terminé dans le haut par un arc rampant.

Une variante pour départ plus simple est donnée par la fig. 554 ; le pilastre du rez-de-chaussée est identique aux pilastres des paliers d'étages, et il est séparé du poteau milieu par une portion de balustrade de même forme que celles qui suivent.

Dans l'une ou l'autre de ces deux dispositions, l'ossature est bien accusée et parfaitement arrangée, elle fait bien valoir et la construction de l'escalier et celle du pan de bois qui sépare les volées de chaque révolution. Quant aux remplissages, ils sont aussi élégis que possible par leur construction ajourée et élégante.

261. Fausses crémaillères et faux limons. — On a déjà vu l'emploi de fausses crémaillères entièrement cachées, destinées à soutenir le long d'un mur les marches d'escalier et éviter des scellement multipliés. On les emploie aussi pour les escaliers qui ont un limon du côté du jour.

Lorsqu'un escalier coupe une baie quelconque, fenêtre ou porte, qui vient interrompre le mur d'échiffre, on est obligé, dans la traversée de la baie, de soutenir les marches. On le fait quelquefois au moyen d'une crémaillère, plus souvent au moyen d'un limon ; dans les deux cas, la pièce de soutien a en plan la forme du parement du mur qu'elle prolonge et elle se continue assez dans les deux têtes de la maçonnerie pour y trouver un appui et un scellement.

Quoique cette pièce soit apparente et traitée comme l'é-
chiffre de jour, on lui donne, suivant sa forme, les noms de
fausse crémaillère ou de faux limon. Ce dernier est de construction plus commode et se lie mieux au restant de la construction. Aussi l'emploie-t-on de préférence, même quand on
a adopté du côté du jour la forme de crémaillère.

262. Escaliers à deux échiffres. — Les escaliers ne sont
pas toujours adossés des murs de cages; on est quelquefois obligé
de les construire isolés, n'ayant d'autres points d'appui que les
paliers. On porte alors les marches sur deux échiffres, crémaillères ou limons, un bordant le jour intérieur, l'autre le jour
extérieur. Il peut même y avoir un nombre de jours plus considérable si l'escalier se divise en plusieurs volées distinctes dans
le cours d'une révolution.

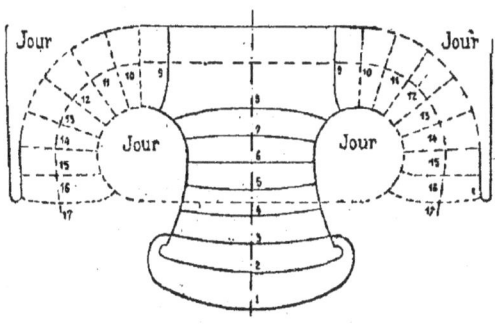

Fig. 555.

La fig. 555 montre un escalier de ce genre, dans lequel la
révolution commence par une volée de large emmarchement
pour se diviser à partir de la neuvième marche en deux volées
secondaires contournant le départ, l'une à droite et la seconde
à gauche. Ces sortes d'escaliers sont souvent employés dans
les magasins de commerce, où ils forment un motif de décoration dont la symétrie s'accorde avec celle du local.

Un autre exemple d'escalier à deux limons est représenté
fig. 556. Cet escalier, tout isolé entre deux planchers, a son
arrivée disposée verticalement au-dessus du départ, mais les

deux portions de la volée s'écartent pour permettre d'obtenir l'échappée nécessaire au passage. Au point où le croisement a lieu, la 3ᵉ marche se trouve sous la 23ᵉ. Ce qui fait 15 marches de différence ; à 0,17 l'une, cela donne 2,55 dont il faut retrancher l'épaisseur de l'escalier, soit 0,25 pour avoir l'échappée : soit 2 m. 30.

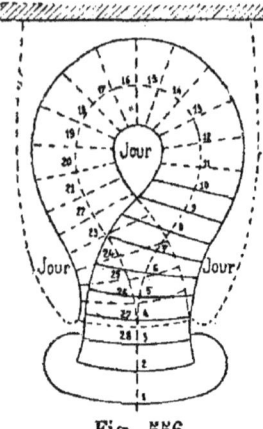

Fig. 556.

Comme il y a un vide de chaque côté d'une marche quelconque, il faut une double rampe pour correspondre au double jour.

Ces escaliers sont évidemment bien moins solides que les autres ; toute la stabilité réside dans les points d'attache et dans la liaison qu'ont entre eux les différents morceaux de l'échiffre.

Il faut donc que les diverses pièces de bois qui composent le limon ou la crémaillère soient parfaitement assemblées et de plus très fortement boulonnées ; car on ne peut prévoir d'avance si telle partie de l'échiffre résistera à la compression ou à la tension. Les platebandes des différents joints doivent être assez longues pour que les vis leur donnent une forte adhérence ; parfois on les réunit toutes ensemble dans une seule et même platebande comprenant plusieurs joints.

On a toujours avantage à profiter des points d'appui extérieurs qui peuvent se présenter pour relier à hauteur convenable le limon extérieur et diminuer le roulement que cette construction conserve toujours d'une façon très notable.

263. Escaliers à noyau plein. — Le cercle de jour peut se réduire à une dimension très restreinte et être remplacé par un montant de section circulaire que l'on nomme un noyau. Les marches sont très effilées et viennent converger sur ce noyau pour y trouver leur encastrement d'assemblage. Elles sont de giron très réduit et par suite très incommodes ; mais on n'emploie ces sortes d'escaliers que dans les cas où la place manque et où un escalier plus développé serait impossible. Ils sont limités au dehors par un échiffre extérieur qui porte toutes les marches et les rend solidaires; de distance en distance,

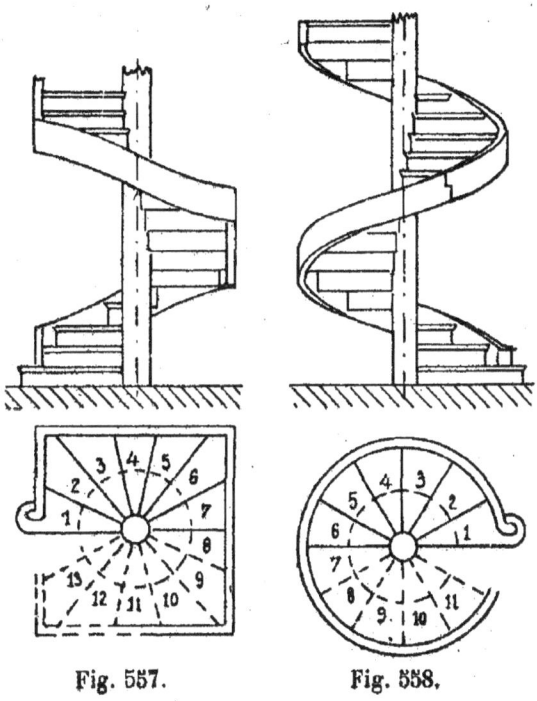

Fig. 557.   Fig. 558.

un boulon relie cet échiffre au noyau pour éviter l'écartement et empêcher la disjonction. L'échiffre peut être établi en forme de limon ou de crémaillère; il peut avoir en plan une forme carrée ou une forme ronde, ainsi que le montrent les deux fig. 557 et 558. L'emmarchement est réduit à son minimum, et il faut au moins, pour l'ouvrage entier, disposer d'un diamètre de 1 m. 40 à 1 m. 50. Le giron est déterminé de telle sorte qu'il y ait au grand minimum 12 marches et mieux 13 ou 14 pour avoir une échappée convenable. Le petit nombre de degrés conduit à une forte hauteur de chacun d'eux, 0,18 à 0,19, souvent 0,20.

La première marche est souvent en pierre pour isoler le bois de l'humidité du sol et des lavages. On consolide la construction par des liaisons avec tous les points solides qui peuvent être à portée, car elle présente toujours une grande flexibilité, malgré le soin que l'on porte aux assemblages.

264. Des rampes d'escalier. Rampes en bois à barreaux droits. — Les garde-corps ou garde-fous que l'on établit le long du rampant des escaliers, du côté du jour, pour éviter les accidents se nomment des rampes. On les fait soit en bois, soit en métal.

Dans les deux cas, on les organise pour éviter toute chute possible, celle des enfants surtout, et on s'arrange de manière que la plus grande dimension des mailles de la construction soit au plus de 0 m. 13 à 0 m. 14.

Fig. 559.

Les rampes en bois sont très rarement pleines ; on les exécute à jour, et la construction la plus simple consiste à établir sur le limon, considéré comme socle, une série de barreaux droits montants, assemblés à tenons et mortaises et reliés à leur partie supérieure par une lisse inclinée, que l'on nomme la main courante.

La hauteur la plus commode pour les rampes d'escalier est de 1 m. mesurée verticalement au droit du nez des marches.

Les barreaux sont bien calibrés ; leurs angles portent au moins des chanfreins arrêtés au ciseau à 0^m10 des extrémités, ainsi que le montre la fig. 559. Ils s'assemblent également à tenon avec le dessous de la lisse ; cette dernière a son profil supérieur disposé pour servir de guide à la main pendant la montée ou la descente ; elle est arrondie sur le dessus, et présente un renflement latéral à la partie haute, pour pouvoir être saisie facilement. En bas, la sous-face rampante est accom-

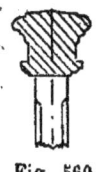

Fig. 560.

pagnée d'une astragale. Une coupe verticale de la partie supérieure de la rampe est donnée dans la figure 560.

Ces sortes de rampes viennent, aux paliers, s'amortir contre des pilastres plus forts, solidement assemblés avec la charpente.

Ces dispositions très simples sont ordinairement appliquées soit à des escaliers de second ordre, soit aux derniers étages des escaliers plus importants. Dans les écoles, où la construction très simple et très économique s'impose, on en trouve souvent des applications ; les règlements qui régissent ces sortes de constructions exigent que les barreaux y soient écartés de 0^m13 d'axe en axe, et que sur le dessus de la main courante, tous les mètres, on fixe solidement des boules saillantes en cuivre ou en fer destinées à empêcher les exercices dangereux de glissades sur les rampes. La fig. 561 rend compte de cette disposition.

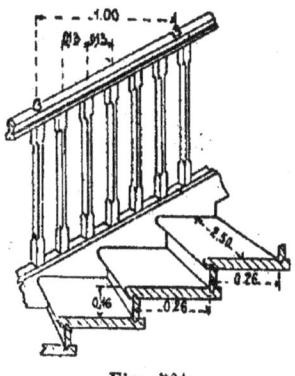

Fig. 561.

Lorsque les escaliers demandent une décoration un peu plus accusée, on peut multiplier les lisses et les gros montants, et produire avec ces pièces et les barreaux verticaux de remplissage des arrangements réguliers ; la rampe de la fig. 562, qui accompagne un perron en bois à l'entrée d'un chalet, est un exemple de cette sorte de construction.

Le limon est surmonté d'une lisse, qui est appliquée sur sa face supérieure ; une seconde lisse formant main courante est établie à 1 m. 00 en contre-haut, parallèlement à la première, et dans l'intervalle il y a encore deux lisses intermédiaires. Ces différentes pièces s'appuient sur les pilastres principaux munis de têtes profilées, et sur des pilastres intermédiaires plus simples et plus courts.

On forme ainsi des parallélogrammes de dimensions variées qui sont alors garnis des barreaux de remplissage régulièrement espacés.

L'effet d'une rampe ainsi disposée est satisfaisant.

Comme on le voit dans la fig. 562, les pilastres principaux ont 0 m. 10 × 0 m. 10 de section ; ils sont établis solidement, car ce sont eux qui assurent la verticalité et la rigidité de la rampe. Les poteaux secondaires ont 0 m. 08 × 0 m. 08 et les barreaux de remplissage des intervalles 0 m. 05 × 0 m. 05.

La lisse inférieure a 0 m. 08 × 0 m. 08 ; elle s'amortit dans les pilastres principaux ; la lisse de main courante a 0 m. 08 × 0 m. 10, cette dernière dimension horizontale ; elle vient également buter contre les pilastres à têtes profilées.

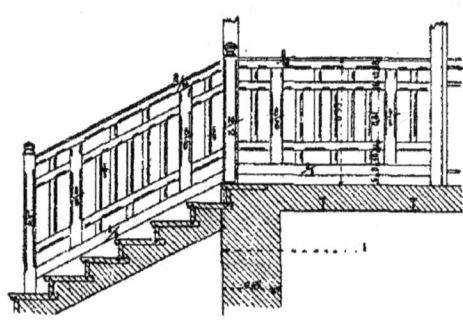

Fig. 562.

Les deux lisses intermédiaires, ont $0^m06 \times 0^m06$; elles sont arrêtées par les trois pilastres et reçoivent dans leur intervalle les barreaux de remplissage. La travée rampante est divisée en trois parallélogrammes ; les deux latéraux sont étroits et ne comportent chacun qu'un barreau ; le panneau du milieu est plus grand, et sa largeur est calculée pour que la division permette un écartement constant des remplissages, et autant que possible donne un nombre impair de ces pièces ; l'étude de l'escalier représenté plus haut a permis de mettre cinq barreaux dans ces parallélogrammes milieu.

De petits barreaux viennent prolonger verticalement un certain nombre de ces pièces dans les intervalles des lisses, tantôt rien qu'à la partie haute, et tantôt en même temps à la partie basse.

Les rampes se font quelquefois avec des croix de St-André remplaçant les barreaux verticaux. On y trouve, en compensation de peu d'avantages, le grand inconvénient de donner des mailles beaucoup plus grandes qu'il n'a été dit, et de ne pas présenter une absolue garantie contre les chutes des enfants.

Les rampes se font en bois tendre, lorsque l'escalier est peu important, et alors il est bon de faire la lisse de main courante en bois autre que le sapin pour éviter les échardes, en peuplier grisard par exemple. Pour les escaliers établis avec plus de luxe l'on emploie les bois durs, le chêne le plus souvent.

265. Rampes à balustres. — Lorsque la décoration devient plus importante, on emploie les balustres pour remplacer les barreaux verticaux et on leur donne toutes les variétés possibles de formes et de profils.

On les pose, à un écartement étudié, sur le limon formant socle, et ils portent la main courante avec laquelle ils se relient. Les assemblages choisis en haut et en bas sont les tenons et les mortaises, qui assurent une solidarité parfaite des pièces et une rigidité absolue de la main courante.

Les balustres peuvent être établis de deux façons différentes. Dans bien des cas, ils ont une section circulaire ; on les obtient au tour, sauf le tailloir du haut et la base qui sont carrés et assez hauts pour pouvoir être taillés obliquement ; ce sont eux qui portent alors le biais du rampant.

Les lignes horizontales des balustres ressautent, dans ce cas, de l'un à l'autre, ce qui produit l'effet de la fig. 563.

Quant au diamètre à leur donner et au profil qui en résulte, il se déduit de l'épaisseur du limon et de l'aspect général que doit présenter la construction. Les escaliers larges exigent des rampes massives, des balustres épais, des mains courantes à l'avenant. Pour les escaliers de faible emmarchement, au contraire, la légèreté est plus obligatoire et les balustres prennent la forme de fuseaux, pour pouvoir se relier à des limons étroits et à des mains courantes de plus faible échantillon.

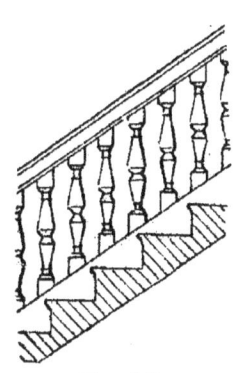

Fig. 563.

Les balustres ne sont pas toujours de section circulaire, on les fait bien souvent de section carrée : ils font alors plus d'effet pour une même grosseur de bois et les profils accusés de tous les angles donnent plus de précision, plus de netteté, mais aussi plus de dureté à l'aspect général.

De plus, quand on ne peut donner une forte épaisseur à la rampe, ils l'étoffent davantage, la vue oblique se faisant suivant un plan diagonal plus large.

La fig. 564 donne la forme d'une rampe dont les balustres ont ainsi une section carrée, elle montre en même temps la manière dont on orne souvent le pilastre de départ. Les quelques sculptures qui l'agrémentent donnent de l'importance à l'entrée de l'escalier, en même temps qu'à l'ensemble de la construction.

Fig. 564.

La seconde disposition des balustres consiste à les déformer de telle sorte que leurs moulures soient toutes parallèles aux rampants et s'alignent alors de l'un à l'autre, suivant le mouvement général. Cet arrangement est convenable pour les rampes massives des escaliers à grands emmarchements. Les balustres sont alors forcément à faces planes ou cylindriques, la section biaise suivant le rampant donnant en chacun de leurs points un carré parfait. La fig. 565 donne la vue d'une rampe ainsi disposée.

On peut diminuer la hauteur des balustres, pour les mieux proportionner dans certains cas, en interposant entre leurs têtes et la lisse supérieure une pièce de bois sculptée formant une série d'arcatures qu'ils viennent alors supporter. On trouve un exemple de cette disposition intéressante dans l'escalier de la fig. 553.

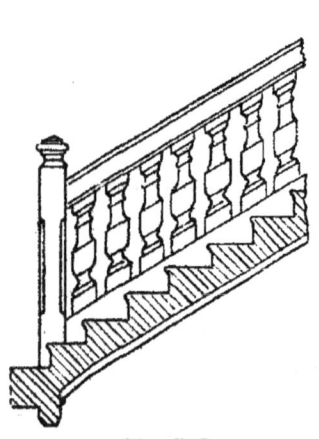

Fig. 565.

Presque toujours, les rampes en bois exigent pour les porter des échiffres disposés en limons ; les crémaillères se prêtent mal à l'adoption des rampes en bois en raison de l'attache inférieure. Pour établir une rampe en bois, sur une volée à crémaillère, on doit prendre une disposition du genre de celle qui peut être représentée par la fig. 562. Dans cet exemple, la rampe peut être supposée portée par des pilastres posés sur les marches et les traversant pour trouver un point d'attache solide inférieure. On perd alors le bénéfice de la crémaillère qui est d'élargir l'escalier du côté du jour. On peut encore porter la rampe sur des consoles comme dans la fig. 566, mais il faut que les volées soient courtes et qu'aux paliers il y ait des arrangements de pilastres complétant la rigidité de l'ensemble. Les consoles en effet, taillées à travers bois, ne présentent par elles-mêmes aucune sécurité.

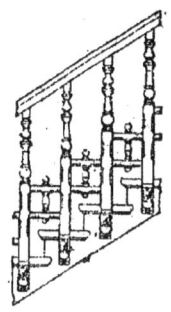

Fig. 566.

266. Des rampes métalliques. — Rampes à pointes. — La grande facilité d'exécuter les rampes métalliques et le peu de place qu'elles occupent, la grande facilité des assemblages et la rigidité qui en résulte les font presque toujours préférer aux rampes en bois, toutes les fois qu'il ne s'agit pas d'une rampe économique ou que la question d'aspect n'est pas en jeu.

Une rampe métallique appliquée aux escaliers en bois est toujours composée d'une lisse supérieure à hauteur de 0 m. 95 à 1 m. 00, au-dessus du nez des marches, et faite d'une bandelette en fer de 0 m. 020 à 0 m. 025 de largeur et de 0 m. 005 à 0 m. 010 d'épaisseur. Elle est portée par une série de montants prenant points d'appui sur le limon ou la crémaillère, et l'ensemble de ces pièces, avec ou sans remplissages, forment des mailles dont la plus grande dimension est de 0 m. 13 à 0 m. 14.

Pour faciliter le guidage de la main, on double la platebande, dite aussi *bandelette*, d'une main courante en bois dur, de dimension et de forme convenables pour être saisie facilement. Le noyer, le merisier, l'acajou, le poirier sont les bois le plus communément employés à faire cette main courante et les profils ordinairement adoptés sont représentés dans la fig. 657. Le n° 1 est ce qu'on appelle le profil *olive*; il s'emploie pour les escaliers de service et ceux de peu d'importance au point de vue décoratif ; les autres sont dits profils *à gorge* et comportent des moulures variées de forme et de nombre, suivant la richesse de décoration que l'on veut atteindre ; souvent même les moulures sont accompagnées de filets ou d'ornements incrustés. Ces mains courantes en bois suivent la bandelette dans tous ses contours ; elles présentent une entaille longitudinale pour la recevoir et la cacher complètement ; elles sont fixées avec elle tous les 0 m. 20 à 0 m. 25 par des vis manœuvrées du dessous et dont les têtes sont fraisées dans le fer.

Le profil à gorge n° 2 est le plus simple. Aucune arête ne se détache, le profil complet est arrondi.

Le profil n° 3 ne s'en distingue que par une légère moulure sur sa surface. Cette dernière ne fait qu'une saillie à peine sensible, qui ne gêne pas la main et malgré cela détache très nettement deux arêtes.

Le profil n° 4 présente deux doucines très plates à sa surface supérieure, et la gorge latérale, refouillée en creux, est accusée par une astragale inférieure.

Lorsque la rampe est importante, ce profil donne à la main courante une largeur trop grande pour qu'il soit facile de la saisir avec la main. On préfère alors lui substituer la forme n° 5, dans laquelle la partie haute, qui sert de guide, a la largeur convenable ; l'excédant de bois est reporté sur la partie basse et

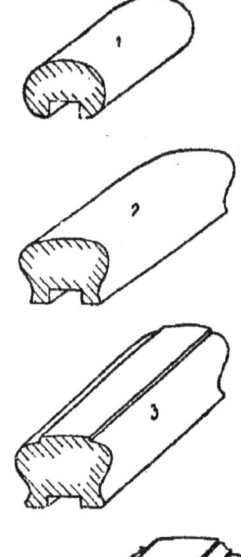
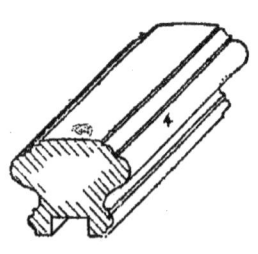
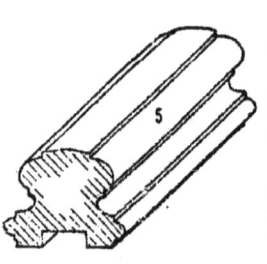

Fig. 657.

donne de la largeur et un aspect luxueux à la main courante.

Toutes ces rampes se polissent avec soin afin que la main glisse facilement et que l'entretien de propreté en soit facile. La plupart du temps même on les vernit, ce qui augmente encore la commodité à ces deux points de vue.

La manière la plus simple de relier les montants verticaux d'une rampe avec un limon, consiste en ce qu'on nomme un assemblage à pointes. Le montant se termine droit par une partie cylindrique bien calibrée, appointée au bas ; il est engagé à force au marteau dans un trou de mèche très juste pratiqué dans la face haute du limon.

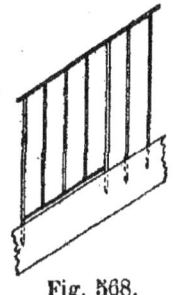

Fig. 568.

Cet assemblage, lorsqu'il est fait avec soin est très résistant.

On peut l'appliquer à tous les barreaux, ainsi que la fig. 568 le représente dans sa partie haute. On préfère, la plupart du temps, ne disposer ainsi qu'un montant tous les 0 m. 50 à 1 m, et faire porter à ces montants les remplissages intermédiaires par l'intermédiaire d'une travers. Cela permet de substituer souvent aux barreaux verticaux de remplissage des panneaux en fonte ou en fer forgé. Cette disposition est représentée à la partie droite de la fig. 568.

267. Rampe à col de cygne pour les escaliers à crémaillère. Rampe à piton. — Pour les escaliers communs dont l'échiffre est à crémaillère, la rampe à pointes se modifie dans sa forme ; les barreaux, ordinairement en fer rond de 0,016, 0,018 ou 0,020 de diamètre, viennent se fixer sur le côté de la crémaillère, pour donner plus d'ouverture et découvrir toute la marche. Ils s'engagent toujours dans un trou de mèche percé très juste dans le bois ; pour cela, le trou étant horizontal,

Fig. 569. ils sont coudés à angle droit près de leur extrémité inférieure, bien calibrés dans la branche horizontale et enfoncés à force. Une rondelle métallique accompagne le joint et lui donne un meilleur aspect ; une astragale en cuivre *a* forme de même collier à chaque barreau, à 0 m, 10 environ en contrebas de la bandelette. On a ainsi la rampe dite à *col de cygne*.

La fig. 569 rend compte de cette disposition par une coupe verticale perpendiculaire à l'échiffre.

Dans les escaliers à crémaillère plus importants, on remplace le col de cygne par des *pitons*. Ce sont des culots en fonte portant une branche en fer filetée horizontale pour s'engager dans le bois et une branche verticale munies d'un goujon fileté, sur lequel on vient visser le barreau taraudé à cet effet.

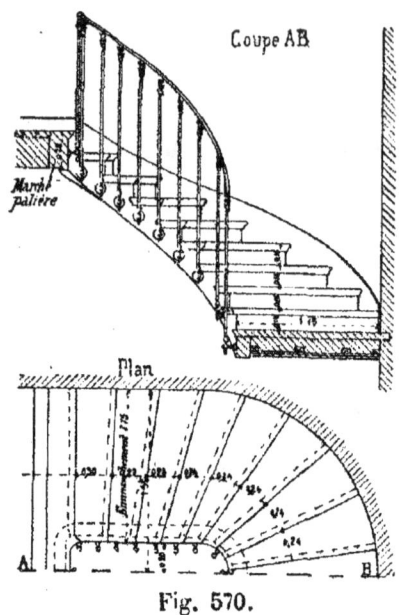

Fig. 570.

Avec cette disposition, on a un premier avantage, celui de visser le piton dans le bois en raison de son peu de volume ; l'assemblage est bien plus solide qu'une entrée forcée.

Un second avantage réside dans la possibilité de donner à cette partie de la rampe, à ce support du barreau, toutes les formes possibles, ainsi que toutes les décorations appropriées.

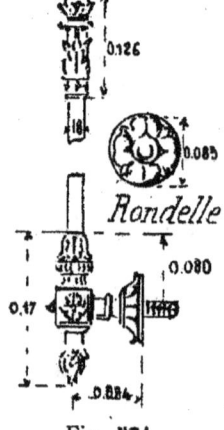

Fig. 571.

La fig. 570 donne l'élévation et le plan d'une partie d'escalier à crémaillère où la rampe à pitons se trouve figurée. La partie haute des barreaux se termine par un chapiteau orné en fonte, sur lequel on fixe la bandelette ; comme en raison des courbes, la bandelette peut avoir des inclinaisons variables en ses divers points, le chapiteau de chaque barreau se termine en haut par une partie de sphère qui se prête, de la même manière, à tous les biais de l'assemblage.

A l'entrée du piton dans le bois, on met toujours une rondelle en fonte que l'on peut caler à la demande, d'une façon peu voyante, et qui permet de faire le serrage en obtenant un piton bien vertical.

La fig. 571 donne le détail d'un barreau de rampe avec son piton, sa rondelle et son chapiteau.

268. Des mains courantes le long des murs. — Lorsque l'on veut trouver un point d'appui le long du mur de cage d'un escalier, en suivant le rampant d'une révolution, on peut s'y prendre de plusieurs façons.

Souvent on se contente d'une grosse corde recouverte de tapisserie et soutenue tous les mètres par des supports en cuivre.

D'autres fois, si on doit établir un soubassement lambrissé, on peut donner à la cymaise du lambris une forme appropriée au guidage que la main doit y trouver.

La figure 572 donne une idée de la forme que l'on peut choisir dans ce cas, et de la disposition du lambris.

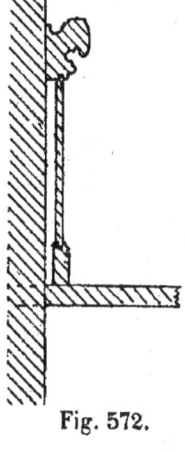

Fig. 572.

Lorsque le mur n'est pas recouvert d'un lambris ou qu'on ne veut pas prendre la forme précédente, on établit sur des supports particuliers scellés au mur et nommés *écuyers*, une bandelette qui suit le rampant à la manière ordinaire et à hauteur convenable, et on la garnit d'une main courante. Ces écuyers sont espacés de mètre en mètre environ.

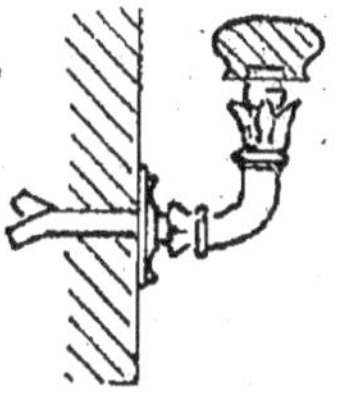

Fig. 573.

La fig. 573 donne la coupe verticale de cet arrangement très fréquemment employé.

CHAPITRE IX

MENUISERIE

SOMMAIRE :

269. Des surfaces exécutées en bois. — 270. Surfaces barrées et emboîtées. — 271. Planchers en planches entières.. — 272. Parquets à l'anglaise. — 273. Parquets disposés à point de Hongrie. — 274. Parquets à bâtons rompus. — 275. Parquets à compartiments. — 276. Parquets sur bitume. — 277. Différents modes de soutien des lambourdes. — 278. Replanissage des parquets.

279. Des surfaces en lambris. — 280. Différentes sortes de lambris. Lambris d'assemblage. — 281. Lambris moulurés. Petits et grands cadres. — 282. Revêtements fixes des murs. — 283. Menuiseries mobiles. Portes diverses en planches. — 284. Portes de communs ou d'écuries. — 285. Portes roulantes des halles à marchandises. — 286. Porte de grange. — 287. Portes d'armoires. — 288. Portes de service et d'usines. — 289. Portes intérieures d'appartement à petits et grands cadres. — 290. Porte percée dans un mur, bâti et contrebâti. — 291. Portes avec attiques et frontons. — 292. Portes extérieures. Panneaux à table saillante. Jets d'eau. — 293. Portes avec panneaux en fonte. — 294. Portes vitrées. — 295. Portes cochères. — 296. Des faux lambris.

297. Châssis vitrés à l'intérieur. — 298. — Croisées à un vantail. — 299. Croisées à deux vantaux. — 300. Croisées avec impostes. — 301. Portes-croisées. — 302. Calfeutrements divers. — 303. Liaison des croisées avec les lambris de revêtement. — 304. Croisées avec volets intérieurs. — 305. Des persiennes et volets extérieurs. — 306 Persiennes brisées. — 307. Persiennes bois et fer. — 308. Persiennes à lames mobiles.

309. Devantures de boutiques. — 310. Législation relative aux boutiques. — 311. Construction d'une devanture. — 312. Devantures avec rideaux en fer.

313. Décoration des plafonds. Corniches volantes.

CHAPITRE IX

MENUISERIE

269. Des surfaces exécutées en bois. — Pour faire des cloisons, des tablettes, certaines portes simples, et tous ouvrages analogues, on prend des bois de sciage des épaisseurs commerciales dont il a été parlé au premier chapitre et qui sont dans bien des pays, pour le bois brut et en millimètres, 10, 13, 18, 27, 34, 41, 54 et 80. Ce sont des feuillets, des planches, des doublettes, des plateaux, etc. On dresse les rives pour que les planches soient tirées de largeur et que leurs bords soient droits, et on les cloue sur d'autres bois disposés d'avance d'une façon convenable. C'est ainsi qu'on a vu l'exécution des revêtements en planches de certains pans de bois. Les parements peuvent être bruts, c'est-à-dire tels que la scierie les a livrés; l'un d'eux peut être raboté d'une face, *blanchi* ou *corroyé* comme on dit. Enfin les deux parements peuvent avoir été passés au rabot.

Les planches peuvent être isolées; jusqu'à 0,22 on les prend dans des madriers, jusqu'à 0,32 dans des bois de Lorraine. Pour des largeurs plus grandes on les assemble, et l'assemblage varie suivant l'usage que l'on en doit faire. Pour des revêtements extérieurs, c'est ordinairement le plat joint; pour des travaux plus soignés ou pour l'intérieur, c'est l'assemblage à languette et rainure.

Si l'ouvrage est au sec et que l'on ait intérêt à ce que les planches ne se disjoignent pas, on colle la languette dans la rainure. On emploie de la colle forte que l'on fait fondre à chaud, on l'étend sur les parois du joint qu'il s'agit de relier et on assemble.

Plusieurs précautions sont à prendre pour assurer le succès de cette opération.

Il faut que la colle ne soit pas trop épaisse et qu'elle soit employée en quantité modérée; il est de plus indispensable que la juxtaposition soit bien exacte et les bois fortement serrés l'un contre l'autre, jusqu'à siccité complète. En hiver il faut chauffer les bois avant d'étendre la colle. Le serrage s'effectue par des serre-joints à vis que l'on manœuvre à la main. Au besoin on fait sécher dans un atelier chauffé pour obtenir un résultat plus prompt.

Pour les bois de fortes épaisseurs, on remplace l'assemblage à languettes et rainures par celui à double rainure et languette rapportée, qui utilise mieux le bois sans exagérer la façon.

Enfin, quelquefois, sur un parement nu, on accuse les joints par des baguettes ainsi qu'on l'a vu au n° 79, fig. 160.

270. Surfaces barrées et emboîtées. — Lorsque le parement du dessous, que l'on appelle souvent le contreparement, peut comporter des saillies sans qu'il en résulte de gêne, on consolide beaucoup une surface de planches rainées en les reliant par des barres saillantes.

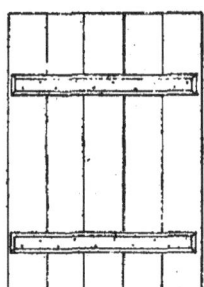

Fig. 574.

La fig. 574 montre cette surface vue au contreparement; les barres sont en bois dur et les têtes des clous du côté des planches.

Les barres peuvent être brutes; elles peuvent aussi être corroyées avec chanfreins sur les bords.

Lorsque le panneau formé par les planches doit se tenir vertical, par exemple lorsque, servant de porte de cave, il doit tourner autour de son arête BC, fig. 575, les assemblages par clous ne sont pas assez solides; à la longue les planches cèdent, les angles des planches avec les barres varient, la porte baisse du nez, comme l'on dit, le point D s'abaisse. On évite cet inconvénient en renforçant les barres *mm'* d'une pièce oblique *e* embrevée avec elles, et formant, avec la barre supérieure m et la planche de rive BC, un triangle dont les angles deviennent indéformables. La barre oblique e se nomme une *écharpe*.

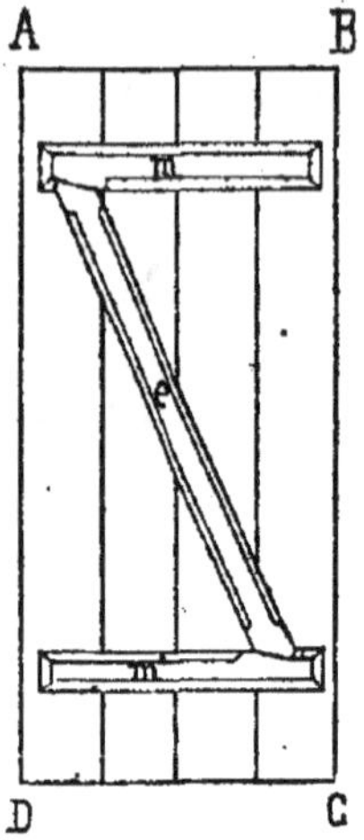

Quelquefois, pour éviter l'écharpe, les barres sont assemblées à queue dans les planches, ce qui donne du raide à l'ensemble et s'oppose au glissement des languettes dans les rainures. Cet assemblage est représenté fig. 576.

Lorsqu'au contreparement il n'y a pas de saillie possible, on assemble les planches à leur extrémité dans une traverse de bois dur, de même épaisseur que le restant de la surface et qu'on nomme une *emboîture*. C'est la pièce f de la fig. 577.

Fig. 575.

L'assemblage se fait avec une rainure dans laquelle s'engagent par languettes les extrémités des planches ; on le colle lorsque la menuiserie doit être employée au sec. On consolide l'assemblage en prolongeant une ou plusieurs des planches par un tenon s'engageant dans une mortaise de l'emboîture et retenu par des chevilles.

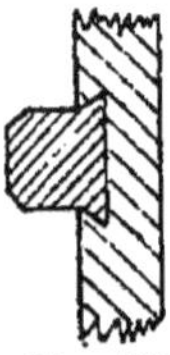

Pour les menuiseries et portes exposées au dehors, à la pluie, on évite de les emboîter à la partie basse ; le joint serait exposé à retenir l'eau et à pourrir rapidement : on emboîte à la partie haute et on barre en bas au parement de l'intérieur.

Fig. 576.

Quand les emboîtures sont plus larges que les extrémités des planchers qu'elles reçoivent, on les nomme des coulisses. On emploie ces sortes d'emboîtures aux parties haute et basse des cloisons en planches pour les retenir au plafond et au plancher, ainsi qu'on l'a vu fig. 193.

271. Planchers en planches entières. — Une des applications les plus importantes des surfaces en planches est la confection des sols en bois. On les nomme *planchers* ou *parquets* ; planchers, lorsqu'ils sont formés de planches larges de 0,16 à 0,32 ; parquets lorsque les planches sont refendues en *frises* étroites de 0 m. 11 au plus.

Les planchers en planches larges ne s'appliquent qu'à certains ateliers, magasins ou greniers; ils présentent l'inconvénient de se voiler, de se coffiner, comme l'on dit, par la chaleur et la sécheresse, parce que le bois *tire à cœur;* ils ont le défaut non moins grave de se rétrécir notablement par les mêmes causes, ce qui au bout de très peu de temps ouvre considérablement les joints. On n'a d'autre moyen d'éviter ces effets fâcheux que d'attendre pour poser le plancher que le gros œuvre soit bien sec ainsi que les enduits, que les chambres soient complètement fermées et abritées, et de n'employer à leur confection que des bois parfaitement secs. On peut aussi employer des bois moins larges, ce qui répartit le retrait sur un plus grand nombre de joints ; chacun d'eux est alors moins ouvert.

Fig. 377.

Les planchers s'exécutent avec des planches dressées et rainées. On les pose soit sur lambourdes, soit sur solives bien dressés, dont les faces supérieures sont exactement dans un même plan.

Fig. 578.

Chaque planche doit être assujettie par un clou au passage de chaque lambourde ; si les bois de supports ne sont pas parfaitement placés, ou si les planches ne sont pas bien tirées d'épaisseur, on règle la surface du plancher au niveau et à la règle, et on interpose sur la lambourde les petites cales nécessaires pour fixer la place de chaque planche. On cloue à l'endroit de la cale et on cache le clou dans la rainure, si on ne veut pas l'avoir apparent (fig. 578).

Les extrémités des planches doivent s'appuyer sur une lambourde ou une solive pour y être soutenus convenablement, et l'assemblage de deux bois bout à bout doit également se faire à languette et rainure.

Les planchers se font en chêne ou en sapin et quelquefois en peuplier. L'emploi du chêne est rare en raison de son prix élevé qui peut comporter une meilleure façon ; le sapin est le bois le plus communément employé pour cet usage ; enfin dans les magasins ou les usines où les ouvriers trouvent de la commodité à circuler pieds nus on préfère le peuplier, le grisard notamment, qui donne la même durée à peu près, coûte légèrement moins et présente l'avantage de ne pas se lever en fibres isolées et pointues formant des échardes et pouvant occasionner des blessures. Le pitchpin fait de très beaux planchers intermédiaires, comme valeur et comme prix, entre le chêne et le sapin.

L'épaisseur le plus communément adoptée pour les planchers est 0,027 pour le bois brut ou 0,025 s'il est corroyé. Si les points d'appui étaient très espacés, on porterait l'épaisseur des bois à 0,034.

272. Parquets à l'anglaise. — Les parquets sont établis en planches refendues nommées frises, et les plus larges ont 0 m. 11 de largeur.

On les établit sur lambourdes en suivant les principes qui viennent d'être donnés pour les planchers : assemblages à rainures et languettes en long et en bout, disposition des joints sur les lambourdes, calage et clouage des rainures. Les arrangements des frises sont très variés ; la fig. 579 donne la disposition la plus simple : les frises sont parallèlement bien serrés les unes contre les autres.

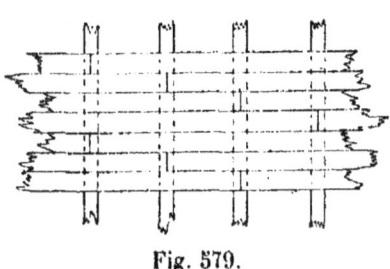

Fig. 579.

C'est le parquet dit à *l'anglaise* ; les joints sont chevauchés et appuyés. On pose la première frise le long d'un mur. On la serre, on la cale, et on la fixe fortement.

On fait de même à la fin du travail pour la dernière le long du mur opposé et on a soin de calfeutrer en plâtre avec soin le joint entre le parquet et les murs ou cloisons au pourtour.

La direction des frises n'est pas indifférente ; le parquet fait bien mieux lorsque les joints sont dirigés vers le jour, perpendiculairement au mur qui contient les fenêtres. On voit alors moins les défauts des frises qui se coffinent après la pose.

Il en est du parquet en frises comme des planchers; les frises éprouvent après la pose un retrait sensible et les joints s'ouvrent au bout d'un certain temps. On évite la grande ouverture de ces joints en multipliant les frises et répartissant le retrait sur un plus grand nombre d'intervalles. La façon du parquet et la façon de pose en sont augmentées, ce qui élève notablement le prix; les frises les plus étroites que l'on emploie couramment ont 0,065 de largeur.

Les frises se déforment aussi dans le sens de la longueur surtout quand leur homogénité n'est pas parfaite et que l'on a admis des nœuds. On diminue cet inconvénient en n'employant que des frises courtes bien assurées et assemblées en bout; on chevauche les joints de deux en deux lambourdes, on les tire au cordeau, de telle sorte que la disposition des frises ressemble à un appareil de coupe de pierre.

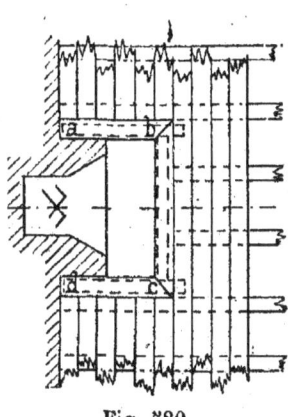

Fig. 580.

Lorsqu'on est arrivé au mur qui contient la cheminée, on doit, avant la pose de celle-ci, préparer son emplacement dans le parquet.

On établit un cadre $abcd$, fig. 580, formé de 3 frises assemblées à onglet aux angles, coupées carrément à l'intérieur et munies de rainures à leur pourtour extérieur. Elles laissent au milieu un vide, d'une largeur égale à celle de la cheminée, et ayant dans le sens perpendiculaire la dimension de la saillie du chambranle, augmentée de la largeur du foyer en marbre qui doit se trouver en avant. C'est dans ce cadre, et sur sa rive extérieure, que viennent s'assembler, comme elles se rencontrent, les différentes frises du parquet voisin.

Le cadre de la cheminée est cloué sur des lambourdes que l'on a scellées immédiatement au-dessous, à la dimension voulue, et l'on a eu bien soin que ces lambourdes ne dépassent pas du côté du marbre, dont elles gêneraient la pose.

Le cadre serait disposé de même si les frises étaient dirigées dans le sens perpendiculaire, ou si la cheminée était disposée à 45° dans un angle.

273. Parquet disposé à point de Hongrie. — Une disposition des lames de parquet, qui se trouve adoptée généralement pour les pièces importantes de nos appartements, est celle dite à *point de Hongrie*.

Elle consiste en une série de bandes parallèles, chacune composée de frises disposées à environ 45°, dirigées alternativement dans un sens et dans l'autre, et se correspondant bien en pointes. Les lambourdes sont établies suivant les lignes de rives des bandes, de telle sorte que les frises se trouvent portées à leurs extrémités, ainsi que l'indique la figure 581.

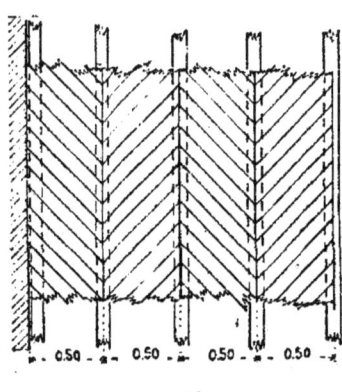

Fig. 581.

Les frises ont au plus 0 m. 10 de largeur, souvent beaucoup moins ; on peut les réduire à 0,065 ; plus elles sont étroites et moins les joints s'ouvrent après la pose. De même la largeur maximum d'une bande est de 0 m. 50, et souvent on lui donne moins ; on peut la réduire à 0,25 à 0,30.

L'épaisseur des frises est ordinairement 0,027 ; le parquet de 0,034 s'emploie rarement ; on ne l'admet que pour les pièces d'une grande fatigue. On réserve le plus beau bois pour les pièces où l'on adopte cet appareil à point de Hongrie. Souvent on prend des bois maillés, quelquefois le bois de refente qu'on nomme du merrain.

L'arrangement des frises à l'emplacement des cheminées doit être tracé avec soin. Le cadre *abcd*, fig. 582, est déterminé par la dimension de la cheminée et exécuté avec des frises de 0,08 à 0,09 de largeur. On prend la ligne de rive extérieure *bc* comme ligne de joint, et on établit le long de ce joint une première bande du point de Hongrie. On partage l'intervalle *ab* en deux petites bandes étroites qui n'ont d'ordinaire qu'environ 0,35 de large; c'est donc à partir de *bc* que l'on fait la division de la pièce pour obtenir un nombre entier de bandes égales, et on pose les lambourdes suivant les lignes du tracé.

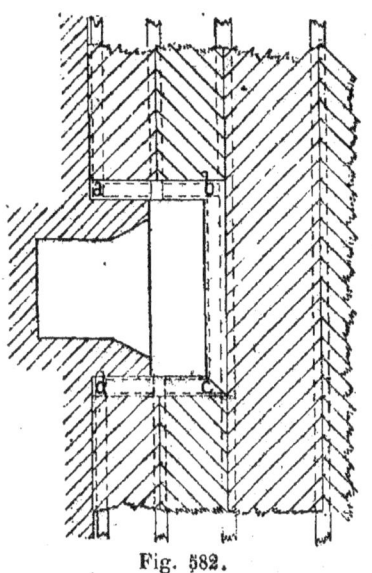

Fig. 582.

Si la cheminée était établie dans le sens perpendiculaire, on s'arrangerait pour que les lignes extérieures *abcd* du cadre de la cheminée correspondent à des joints de bandes, et on ferait la division en conséquence. On mettrait par exemple trois ou quatre bandes dans la largeur de la cheminée.

Très souvent, au lieu de faire buter les frises elles-mêmes le long des parements de maçonnerie de la pièce, on établit une frise en long contre les murs au pourtour, et c'est dans cet encadrement général que l'on vient embrever les frises des bandes.

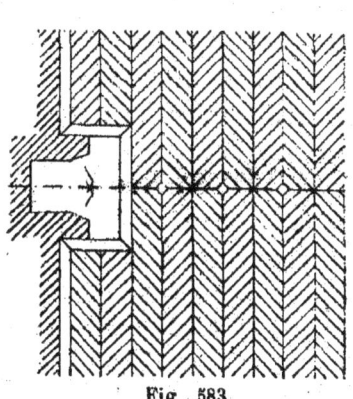

Fig. 583.

Lorsque la cheminée correspond à l'axe d'une pièce, on obtient un effet décoratif agréable en prenant cet axe comme joint et renversant le point de hongrie symétriquement à cet axe, ainsi qu'il est représenté dans la fig. 583. Il en résulte au milieu de la pièce, suivant la ligne d'axe, une série de losanges dont l'aspect rehausse l'appareil du parquet.

On obtient des parquets encore plus luxueux en formant les losanges, dont il vient d'être parlé, sur toute la surface de la pièce.

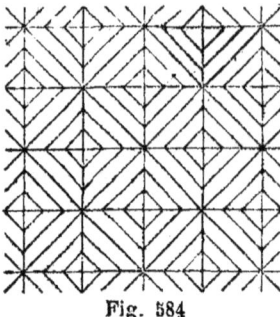

Fig. 584

Il suffit pour cela de diviser la surface en une série de carrés, et de retourner à chaque carré, dans lequel on met un nombre entier de frises, le sens du point de Hongrie, et cela dans chaque bande, fig. 584. On obtient alors le parquet *retourné en tous sens*.

En raison du prix élevé de la façon, on ne l'établit qu'avec des bois de tout premier choix, et maillés autant que possible.

274. Parquets à bâtons rompus. — Le parquet à bâtons rompus diffère du parquet en point de Hongrie en ce que les frises, au lieu d'être coupées en biseau, sont affranchies carrément à leurs extrémités ; elles sont posées de telle sorte que les lignes de séparation des bandes, au lieu d'être droites, sont des lignes en zigzag. La fig. 585 représente un de ces parquets.

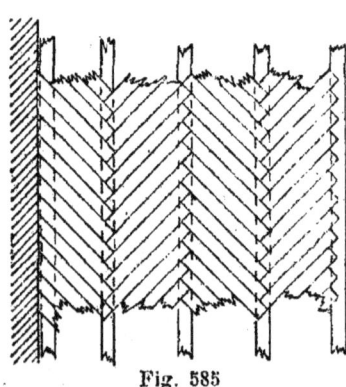

Fig. 585

Dans les pièces luxueuses, quand on emploie l'appareil à bâtons rompus, toutes les rives des frises sont assemblées à rainure et languette tant en long qu'en bout, et il en résulte un prix très élevé de la façon.

Dans les magasins et ateliers, on emploie souvent cette disposition, mais sans rainures, les frises posées à plat joint sur du bitume chaud qui adhère fortement et les maintient convenablement. Il est nécessaire, pour que ces parquets tiennent bien et ne décollent pas, que le bois soit parfaitement sec ; à cette condition, ils sont économiques et donnent un bon usage.

275. Parquets à compartiments. — Les parquets en feuilles ou à compartiments sont formés, non plus de frises isolées, mais de compartiments préparés d'avance, tels que *abcd*, fig. 586. Les frises extérieures principales, quelquefois plus épaisses, sont assemblées à tenons et mortaises. Elles comprennent les autres frises en formant une sorte de cadre, dont ces dernières constituent le panneau. L'arrangement de ce dernier peut présenter les dessins les plus variés. On pose les compartiments sur lambourdes disposées à la demande, en les plaçant les uns à côté des autres. Lorsque ces parquets sont faits en merrain ou en bois débité sur mailles, on obtient un ouvrage très décoratif. Les parquets anciens des grandes salles de réception étaient exécutés de cette manière.

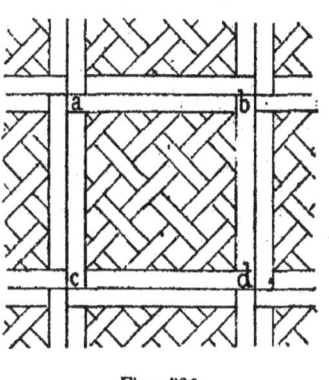

Fig. 586

On fait aussi, avec des bois diversement colorés, des parquets à compartiments que l'on appelle *parquets mosaïques*. On les emploie, soit comme bordures des pièces dont le milieu se trouve appareillé en feuilles, comme dans la fig. 587, soit comme parquet sur toute la surface de la pièce, suivant un semis régulier, comme dans la fig. 588. On peut encore combiner les deux dispositions et avoir un semis entouré d'une bordure, ou faire des dessins spéciaux appropriés aux dimensions et formes des pièces auxquelles on les applique.

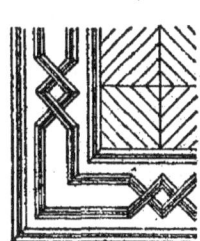

Fig. 587

Ces parquets mosaïques peuvent être portés directement sur les lambourdes, mais la pose de celles-ci devient très difficile, en raison des sens divers et de la précision qu'elle demande. On préfère placer préalablement sur les lambourdes, disposées alors à la manière ordinaire, un parquet de sapin en frises disposées à l'anglaise, et sur

Fig. 588

lequel le parquet mosaïque vient ensuite s'appliquer et trouver tous les points d'appui nécessaires.

276. Parquets sur bitume. — A propos du parquet à bâtons rompus, on a déjà parlé de la pose des frises en plein sur bitume. Pour les parquets rainés et soignés, on procède différemment. Ce sont des lambourdes que l'on vient sceller au bitume. Pour cela on étend ce dernier chaud, non seulement sous les lambourdes, mais encore sur tous les intervalles, de telle sorte qu'il n'y ait, sur toute la surface du sol, aucune solution de continuité.

On isole ainsi le parquet de l'humidité inférieure, tout en lui laissant une élasticité à laquelle on est habitué, et que n'a pas un parquet posé en plein.

277. Différents modes de soutien des lambourdes. — Les lambourdes ont de 0,08 à 0,10 de largeur, 0,04 à 0,10 de haut, suivant les cas, selon la portée. On a vu en maçonnerie le moyen de les fixer sur une aire au moyen d'un scellement, et ce scellement, opéré par deux solins, est consolidé tous les mètres par des chaînes en travers.

Des clous à bateaux, à moitié enfoncés sur les rives, augmentent l'adhérence au plâtre et doublent la solidité du parquet. On peut encore fixer de grosses lambourdes de $0,08 \times 0,08$ ou $0,10 \times 0,10$ sur des murs transversaux. On emploie ce moyen dans les rez-de-chaussées, lorsque la lambourde est fortement exhaussée au-dessus du sol.

On vient de voir la fixation au bitume dont l'adhérence avec le bois est considérable ; on l'applique avec avantage aux parquets voisins du niveau du sol.

Il reste un autre moyen de fixation, c'est le brochage. Lorsque, sur un plancher en bois non hourdé jointif, il y aurait une trop grande épaisseur de hourdis à faire pour monter l'aire à la hauteur voulue, on prend de grosses lambourdes, et on les fixe au moyen de cales appropriées et de clous de 0,16 appelés broches, sur le dessus même des solives. On ajoute même des bois intermédiaires si la hauteur est encore plus grande. On dit alors que les solives sont *brochées* sur le plancher.

278. Replanissage des parquets. — Lorsque les parquets sont terminés et en place, il subsiste au parement vu une grande quantité d'irrégularités, dues à des défauts de cales, à des différences d'épaisseurs de frises, enfin à des inégalités dans la confection des rainures; de plus, la surface est souillée par les travaux de tous les autres corps d'état. Au moment où ces derniers, y compris les peintres, ont achevé leur ouvrage, on procède au *replanissage* des parquets. C'est une opération de rabotage exécutée au racloir dans le sens du bois, qui enlève une légère couche, met en vue du bois propre et fait disparaître toutes les inégalités. Si ces dernières sont trop fortes on commence par les réduire préalablement au rabot. Il ne reste plus qu'à passer la surface à l'encaustique et à la frotter pour obtenir l'état sous lequel on doit livrer l'ouvrage à l'habitation.

279. Des surfaces en lambris. — L'inconvénient que présentent les surfaces de bois exécutées en planches rainées réside dans les variations de dimensions qui s'accusent par la séparation des pièces et la formation de joints ouverts. On n'a d'autre ressource pour les cacher, dans les ouvrages extérieurs, que de les dissimuler par des couvrejoints ou de les accuser avec des baguettes.

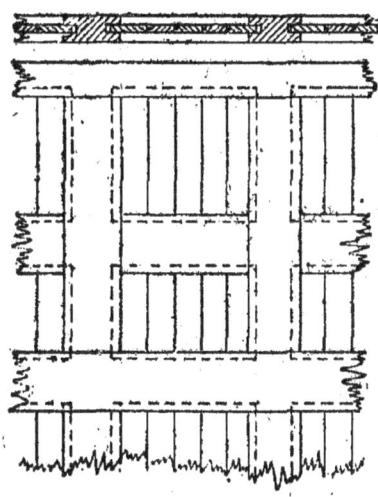

Fig. 589.

Dans les travaux intérieurs, ces couvrejoints et ces baguettes ne sont pas admissibles, et on les évite par une construction particulière que l'on nomme *un lambris*.

Le principe des lambris est de constituer la surface par un quadrillage de pièces de divers sens, d'ordinaire perpendiculaires entre elles, que l'on appelle des *bâtis*, et dont les vides sont remplis par des surfaces secondaires qu'on nomme *panneaux*.

Les bâtis sont assemblés à tenons et mortaises, et, dans chaque maille du quadrillage leur rive est munie d'une rainure profonde, fig. 589.

Le panneau a une épaisseur en rapport avec la rainure et s'y engage à son pourtour, mais sans la remplir. Il est formé d'un certain nombre de frises rainées, collées, mais il peut jouer librement dans la rainure du bâti. Dans cet assemblage des panneaux avec les bâtis, on évite avec soin qu'il n'y ait la moindre trace de colle ; on évite également que le tour du panneau se trouve trop serré dans la rainure du bâti.

Il est évident que le retrait du bois va s'exercer sur les panneaux ; ils vont se rétrécir d'une certaine quantité, et s'engageront moins dans la rainure ; mais l'aspect extérieur ne sera nullement changé ; on n'apercevra aucun joint ouvert comme dans les ouvrages précédents. Tel est le principe des lambris.

280. Différentes sortes de lambris. Lambris d'assemblages sans moulures. — Les lambris se divisent en deux grandes classes : les lambris dont les bois sont unis et que l'on nomme les *lambris d'assemblages sans moulures*, et les surfaces qui comportent des moulures sur les rives, et que pour cela on appelle *lambris moulurés*.

Les lambris d'assemblage peuvent s'exécuter de plusieurs façons et chacune d'elles correspond à des usages différents, suivant les épaisseurs et les positions relatives des bâtis et des panneaux.

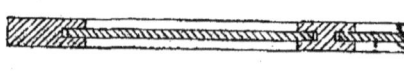

Fig. 590.

La fig. 590 représente la coupe d'une première disposition, dans laquelle le bâti est plus épais que le panneau et fait saillie sur lui aux deux parements. Chaque panneau est alors en creux de un centimètre ou deux en arrière du bâti, comme une glace qui serait encadrée.

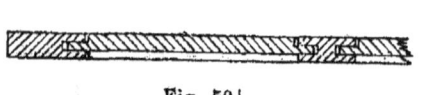

Fig. 591.

On nomme ce lambris, *lambris à glace*, et il est à glace aux deux parements.

Une seconde disposition permet d'avoir des panneaux plus épais, et elle est représentée fig. 591. D'un côté on a toujours la disposition à glace, mais de l'autre le parement du panneau vient coïncider avec celui des bâtis. C'est le lambris à *glace et arasé*.

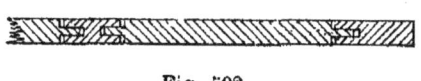
Fig. 592.

Enfin le panneau peut être de même épaisseur que les bâtis et les parements viennent alors s'affleurer fig. 592. C'est le lambris *arasé aux deux parements*. Il est alors impossible d'éviter la vue du joint autour du panneau lorsque le bois vient à se rétrécir. On n'y pare que par la petite dimension des panneaux.

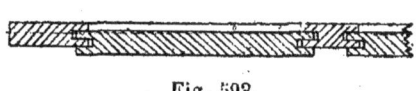
Fig. 593.

La disposition suivante n'a pas cet inconvénient, le panneau a son parement en avant de celui des bâtis ; le lambris est nommé alors à *panneau saillant*, ou encore à *table saillante*, tandis qu'il redevient à glace au contreparement, fig. 593.

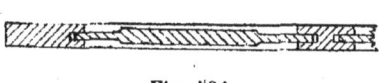
Fig. 594.

On peut faire des lambris à glace aux deux parements tout en augmentant l'épaisseur des panneaux; on ne les amincit à la dimension de la rainure que sur une largeur de 3 à 4 centimètres. On forme ainsi une partie renfoncée, qui fait cadre au pourtour, et que l'on nomme une *platebande* ; elle peut n'exister qu'à un seul des parements, ou bien être ménagée sur les deux faces, comme dans la fig. 594.

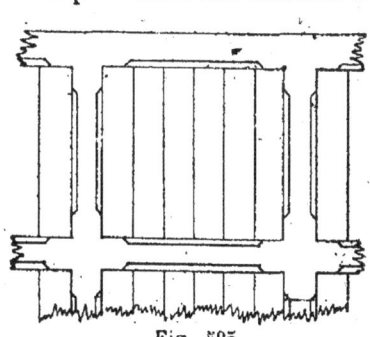
Fig. 595.

Les différents lambris qu'on vient de passer en revue peuvent n'avoir qu'une face vue. On laisse alors brut le contreparement.

On orne quelquefois les lambris à glace de chanfreins sur

les arêtes des bâtis autour des panneaux, et on les arrête au ciseau à 0 m. 10 environ du sommet des angles. On obtient alors l'effet de la figure 595, qui détache bien la construction et lui donne une apparence de force que l'on recherche pour certaines menuiseries.

281. Lambris moulurés. Petits et grands cadres. — Lorsque l'on veut orner de moulures des surfaces de lambris, ce sont les bâtis, c'est-à-dire l'ossature solide que l'on commence à accuser par ce moyen. On pousse donc des moulures sur les bâtis et ces moulures forment encadrement autour des panneaux.

Ces derniers peuvent être à platebande, ce qui orne encore la surface de menuiserie par une ligne de cadre additionnelle.

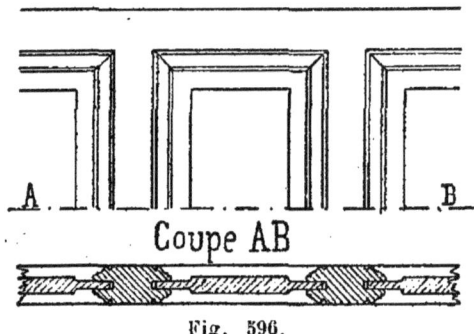

Fig. 596.

Dans leur partie unie les bâtis s'assemblent à tenon et mortaise, et dans la partie moulurée, au moyen d'onglets à 45° dans les angles. La fig. 596 montre en élévation et en plan la forme d'un lambris dit *à petit cadre*.

Si les deux parements du lambris ne correspondent pas à une même destination, on peut avoir un parement à un petit cadre, l'autre à glace, comme le montre la fig. 597. Ce parement à glace peut même être complètement brut s'il est destiné à être toujours caché.

Fig. 597.

La platebande est raccordée par un congé avec le parement du milieu du panneau. On augmente quelquefois la décoration en additionnant le congé d'une petite moulure ; on obtient ainsi la forme représentée en coupe dans la fig. 598.

Fig. 598.

On peut augmenter l'importance de la moulure en la taillant dans une pièce de bois spéciale indépendante des bâtis et comprise entre ce bois et le panneau. On peut alors lui donner une saillie assez forte sur le nu des autres bois, ce qui donne du caractère à la construction. On obtient ainsi une nouvelle espèce de lambris : *le lambris à grand cadre*. La fig. 599 donne en coupe et en élévation la forme que prennent ces lambris à grands cadres et la manière d'assembler ces diverses pièces de bois.

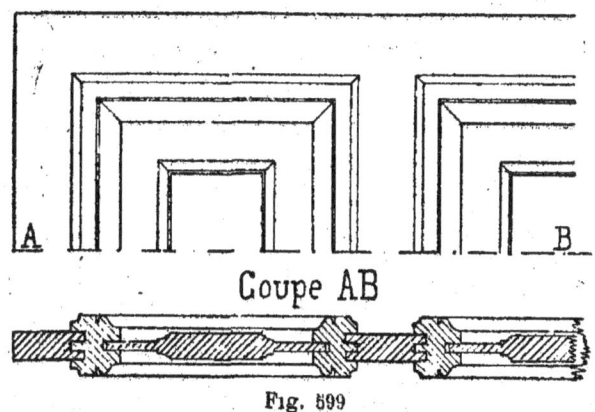

Fig. 599

On remarquera le double embrèvement qui assemble les cadres avec les bâtis ; les morceaux d'un même cadre s'assemblent à plat joint, et comme l'on est susceptible de voir à travers les joints s'ils viennent à s'ouvrir légèrement, on insère dans l'onglet un petit morceau de zinc mince, que l'on place dans une rainure étroite faite d'un trait de scie ; on remplace aussi le zinc par une petite languette rapportée en bois ; ce petit morceau, mis ainsi dans l'angle, se nomme un pigeon. La rive intérieure des cadres porte la rainure profonde dans laquelle doit jouer le panneau.

Les lambris à grands cadres peuvent n'avoir qu'un parement vu, et c'est celui-là seulement que l'on moulure dans ce cas. D'autres fois, les deux côtés sont visibles et alors le contreparement est le symétrique du parement.

289. Revêtements fixes des murs. — Les revêtements fixes des murs s'appellent aussi des lambris, quoiqu'ils ne soient pas toujours construits avec des surfaces que nous avons appelées de ce même nom. Ainsi, on les exécute souvent en frises

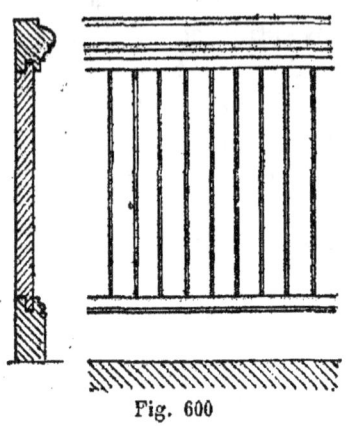

Fig. 600

verticales, comprises entre un socle inférieur, que l'on appelle *plinthe* s'il a 0,10 à 0,11 de haut et *stylobate* s'il a 0,20 à 0,22, et une lisse parallèle supérieure, presque toujours moulurée, à laquelle on donne le nom de cymaise. Les assemblages des frises avec les pièces horizontales se font à languette et rainure, de même que ceux des frises ensemble. La fig. 600 donne le tracé d'un lambris de ce genre d'environ 1 m. de hauteur formant soubassement au pourtour d'une pièce d'habitation.

Si les bois doivent être peints, les joints sont serrés et affleurés; s'ils doivent rester en bois apparent et vernis, on aura avantage, comme aspect, à les accuser par des baguettes sur joints, qui servent de décoration et dissimulent les ouvertures inégales dues au retrait.

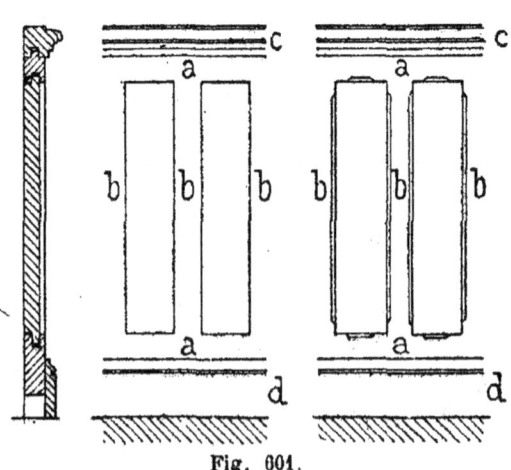

Fig. 601.

Ces lambris formant soubassement s'appellent souvent *lam-*

bris d'appui, tandis qu'on donne le nom de *lambris de hauteur* à ceux qui garnissent les murs dans toute la hauteur de la pièce.

Ces soubassements ou revêtements d'appui sont presque toujours faits en surfaces de lambris ; les plus simples sont représentés fig. 601.

Le bâti est formé de bois horizontaux *aa* que l'on nomme *traverses* et de montants verticaux *bb* ; traverses et montants sont assemblés à tenons et mortaises ; les panneaux, larges ou étroits, suivant les circonstances et l'apparence que l'on veut donner à l'ouvrage, sont embrevés dans une rainure au pourtour des mailles ainsi formées. On complète le soubassement par une cymaise *c*, unie ou moulurée, formant corniche, et une plinthe *d*, faisant office de socle.

Les lambris d'assemblages ainsi employés peuvent être unis si les bois sont de faible épaisseur, comme le premier exemple de la fig. 601 ; on peut les orner de chanfreins arrêtés au ciseau, comme dans le second croquis à droite.

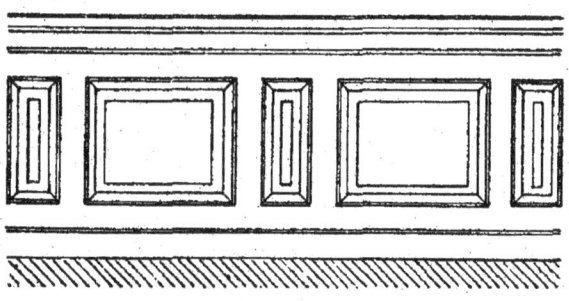

Fig. 602.

La manière de fixer les lambris aux murs qu'ils doivent revêtir est la suivante : Pour pouvoir les poser et les régler de hauteur, on fait dépasser, de distance en distance, un montant par le bas ; il sert de pied et on le scie à la demande ; puis on cloue ou on visse la surface sur des taquets ou des lambourdes, scellées préalablement dans le mur, aux emplace-

MENUISERIE

ments les plus convenables. On dissimule les têtes aux endroits les moins visibles, surtout si le bois doit rester apparent. S'il est destiné à être peint, on les enfonce en retrait du parement, pour pouvoir les recouvrir d'un peu de mastic qui les cachera complètement.

Dans les pièces décorées plus luxueusement, on peut se servir de lambris moulurés. La division des panneaux peut être faite de bien des manières : ou ils sont égaux ou bien, surtout lorsqu'ils sont disposés en long, on trouve un motif de décoration dans une alternance de panneaux longs et étroits.

La fig. 602, qui représente une de ces alternances, montre également l'emploi d'une astragale augmentant l'importance de mouluration de la cymaise.

La fig. 683 donne en ensemble et en coupe à plus grande échelle, avec profils, un lambris de soubassement avec les mêmes arrangements de bois, mais à grands cadres.

La cimaise a pris de l'ampleur, sa hauteur est plus grande ; l'astragale est très saillante et le stylobate qui forme socle a une mouluration également importante ; les profils sont tracés de manière à donner du caractère à ce soubassement.

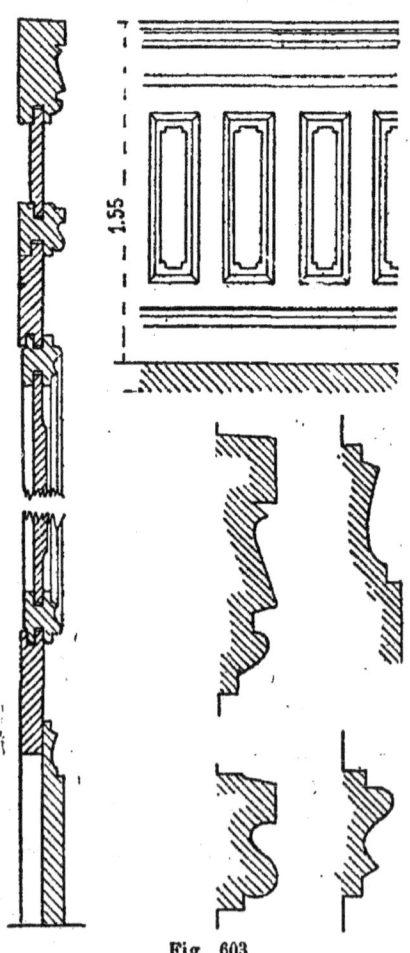

Fig. 603

On peut avoir plusieurs panneaux dans la hauteur, lorsque

l'on veut des panneaux très étroits et que la hauteur du soubassement est considérable. C'est ainsi qu'est représenté, fig. 604, un lambris d'assemblage avec cymaise et socle d'accompagnement, et dans lequel les montants, ornés de chanfreins avec arrêts au ciseau, sont reliés à une traverse intermédiaire ; ils donnent ainsi deux panneaux inégaux dans la hauteur ; le panneau du bas est très allongé, celui du haut se rapproche davantage de la forme carrée.

D'autres fois, entre la cymaise et l'astragale, on laisse la place d'une frise d'une largeur considérable et dans cette frise on établit des panneaux de faible hauteur, mais qui correspondent exactement aux panneaux de la partie basse (fig. 605).

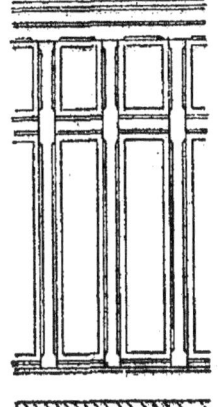

Fig. 604

Lorsque les lambris sont moulurés on peut avoir des moulurations très différentes appropriées aux deux panneaux ainsi superposés.

Il en est de même lorsque l'on a dans un même lambris des compartiments en alternance ; les uns peuvent être à grands cadres tandis que les plus petits sont à petits cadres, voire même à glace ou à table saillante.

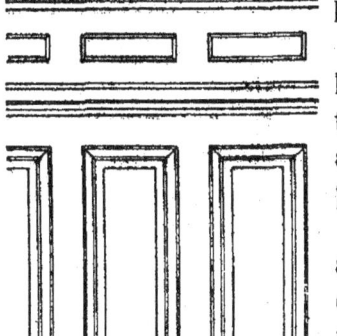

Fig. 605.

Les lambris de hauteur employés dans nos habitations sont rarement d'une seule hauteur de panneaux. Ordinairement on les compose de deux parties, un soubassement et une partie haute. Le soubassement est plus ou moins élevé, mais on lui donne volontiers les proportions d'un piédestal, par rapport à la partie supérieure qui représenterait le reste d'un ordre d'architecture.

Par opposition aux panneaux supérieurs, et pour les faire

valoir en même temps que pour correspondre avec eux comme largeur, ceux du soubassement sont en large. Ils sont entourés d'un bâti formant au pourtour une série de champs qu'on a soin de faire de largeur constante, et ils sont compris entre une cymaise et une plinthe.

Fig. 606.

Les panneaux du haut occupent toute la partie restante de la pièce jusqu'à la corniche, qui sert de couronnement. On a soin qu'ils s'accordent convenablement avec les parties plus ou moins ornées de la construction, les cheminées et leurs annexes, les portes, les croisées, etc.

Leur largeur peut être variable dans une même pièce, à condition que ces variations soient motivées par les dimensions des espaces libres des murs qu'ils doivent recouvrir.

La fig. 606 donne ainsi la disposition d'un lambris de hauteur dans une pièce de réception ainsi que le raccord contre la cheminée.

Le lambris a des profils très simples, et les platebandes des panneaux supérieurs sont retournées aux angles en forme de crossettes carrées, avec rosaces inscrites.

La fig. 607 représente encore un lambris de hauteur comportant des moulures courbes à la partie supérieure. Le soubassement est traité très simplement avec petits cadres autour des panneaux, socle astragale et cymaise.

Les panneaux du lambris haut sont accompagnés de grands cadres moulurés avec partie cintrée près de la corniche; deux crossettes courbes raccordent le cintre avec les côtés verticaux ; entre la corniche et le cintre il reste des tympans que l'on a ornés de tables triangulaires saillantes.

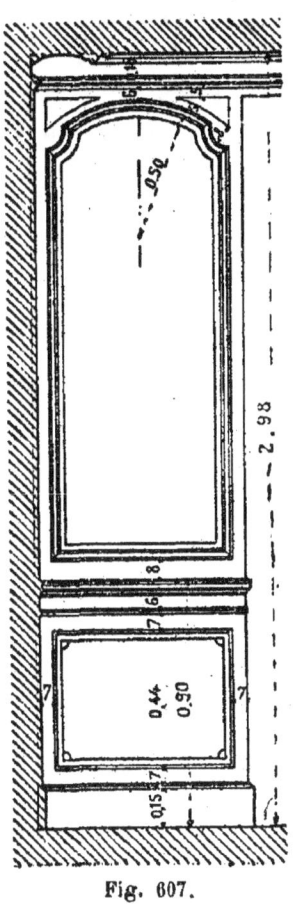

Fig. 607.

Ces lambris de hauteur peuvent rester en bois apparent simplement vernis et ciré. Les seules ornementations possibles sont des parties de bois sculptées que l'on intercale dans les cadres; la valeur du bois et la précision des assemblages en même temps que l'harmonie des proportions sont les éléments de beauté de l'ouvrage, si l'on n'emploie pas de sculptures. Lorsque le lambris doit être peint, on dispose, pour parfaire l'ouvrage, non-seulement des sculptures, mais encore des cartons-pâtes qui permettent une ornementation économique et variée, en même temps que les divers tons de peinture, rehaussés souvent de dorures, achèvent la décoration.

283. Menuiseries mobiles. Portes diverses en planches. — Les menuiseries mobiles comprennent les portes, les croisées, les persiennes, volets, etc. Nous allons passer en revue les principaux types de ces menuiseries, parmi la si grande variété de formes et de composition que l'on rencontre dans la pratique.

Les portes les plus simples sont les portes de caves, de magasins, de communs. Elles sont faites en planches de sapin de 0,027 d'épaisseur clouées jointives sur deux ou trois barres, auxquelles on ajoute, lorsque les dimensions le comportent, des écharpes obliques qui en maintiennent la rigidité ; les barres sont en chêne, les écharpes en chêne ou en sapin.

Pour les caves, l'ouverture de la maçonnerie est de 1 m. 02 ; c'est le minimum de passage ; il y a une feuillure au pourtour pour recevoir la porte, et cette feuillure a 0,03 à 0,04. En tenant compte du jeu à laisser autour de la baie, les dimensions de la porte s'en déduisent. Si la cave n'est pas aérée suffisamment, on écarte un peu les planches l'une de l'autre, en maintenant un intervalle constant de 0,02 à 0,03. La hauteur de ces portes est d'au moins 2 m.

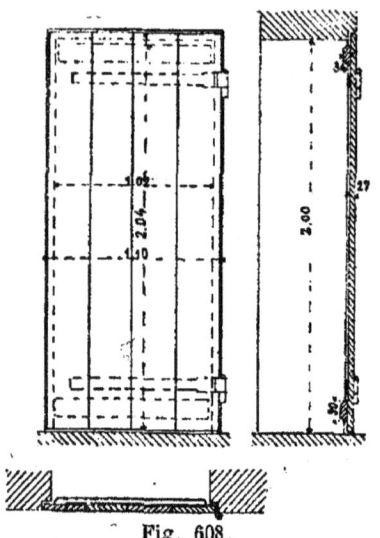

Fig. 608.

On a vu au n° 271 qu'on pouvait remplacer les barres par des emboîtures, soit partiellement, soit en totalité. On a, par ces moyens de construction, tous les éléments pour établir les portes communes dont l'aspect extérieur importe peu.

Dans les portes emboîtées, on peut avoir des planches refendues en frises tirées de largeur, avec baguettes sur joints.

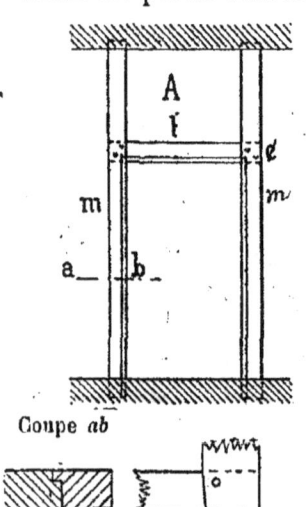

Fig. 609

Lorsque ces portes sont à établir dans une cloison, on les monte dans une huisserie. C'est un cadre formé de deux montants mm (fig. 609), et d'une traverse ou linteau t, assemblés à tenon et faisant un rectangle de la dimension de l'ouverture à réserver.

Le pourtour de la baie offre la feuillure nécessaire pour recevoir la porte, et la rigidité des poteaux sert à maintenir les matériaux de la cloison ; pour cela, on donne à la section du bois la forme tracée dans la coupe ab ; une tranchée de 0,02 dans le poteau accompagnée de deux joues latérales, forme ce qu'on appelle une *nervure* ; les matériaux de maçonnerie s'y engagent et la disjonction n'est plus possible, surtout si on a eu soin d'assurer la liaison de chaque joint par un clou à bateau.

Les matériaux qui remplissent l'espace A viennent peser sur le linteau de l'huisserie. S'ils étaient trop lourds, en raison de la hauteur de la pièce, au lieu d'un simple tenon on relierait la traverse et les poteaux par des assemblages à embrèvement c, qui offriraient plus de résistance.

Pour les cloisons de cave, les bois sont bruts et on fait l'huisserie en chêne. L'épaisseur de la cloison détermine l'épaisseur des bois. Ordinairement, les cloisons sont faites en briques de 0,11 ; la section des poteaux et du linteau est de $0,11 \times 0,11$.

Pour une ouverture très large, on devrait nécessairement augmenter la hauteur du linteau pour lui permettre de résister à la flexion.

284. Portes de communs ou d'écuries.

— Certaines portes de communs, d'écuries par exemple, ont besoin d'être plus soignées et d'avoir un aspect extérieur convenable. On les compose de bâtis d'assemblages solides et disposés pour être le plus possible à l'abri de la pluie. La fig. 610 représente une porte de ce genre. Elle est à deux parties ouvrantes ; ces parties s'appellent vantaux. Chaque vantail est formé de deux montants et de cinq traverses, le tout assemblé à tenons et mortaises ; le nombre des traverses et le peu de largeur de la porte dispensent d'écharpes. Les quatre mailles vides sont remplies : celle du haut par un croisillon et quatre vitres triangulaires, les autres par des panneaux en frises.

Seulement, au lieu d'interrompre les frises à chaque traverse, ce qui déterminerait au dehors un joint horizontal par lequel l'eau pourrait avoir accès, on diminue l'épaisseur de trois traverses inférieures et on fait descendre d'une seule volée les frises jusqu'au sol. Les montants, plus épais que les traverses de l'épaisseur même des frises, sont rainés sur toute leur hauteur pour recevoir leur languette.

Une porte à un seul vantail se construirait de même.

Pour une porte à deux vantaux, il y a à se préoccuper du

joint milieu; il y a toujours un vantail que l'on peut fixer le premier par une barre, une crémone ou deux verrous; ce vantail porte sur sa rive extérieure une feuillure prise sur la

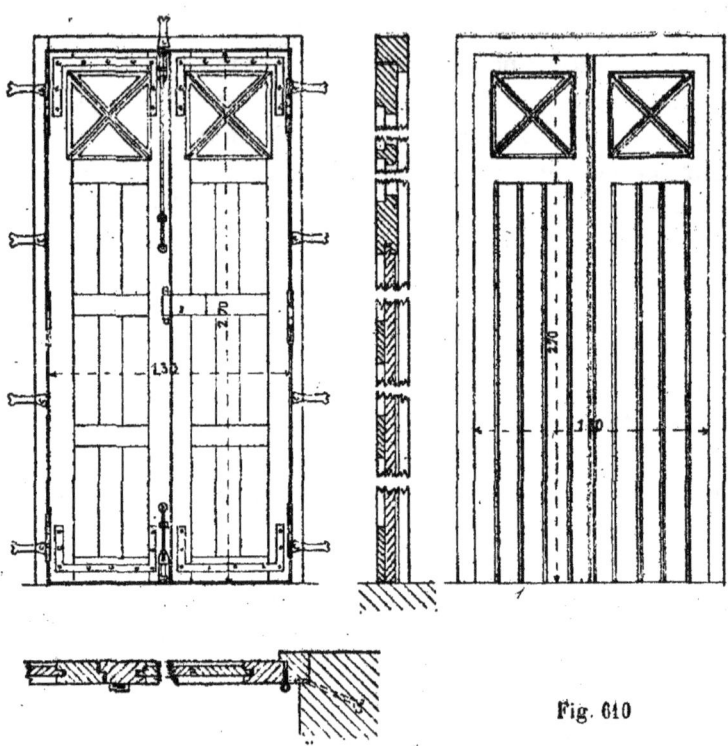

Fig. 610

moitié de son épaisseur et qui a 0 m. 02 environ de largeur; l'autre vantail, qui vient battre sur le premier, a une contre-feuillure correspondante, de telle sorte que le joint brisé qui en résulte, (1) fig. 611, s'oppose au passage de la lumière et de l'air. Si l'on voulait avoir un joint plus hermétique, on ajouterait à chaque vantail une baguette, a (2), fig. 611, formant un couvre-joint et que l'on nomme un *battement*; il en résulte un joint brisé encore plus compliqué, qui augmente d'autant la difficulté que peut avoir l'air à passer.

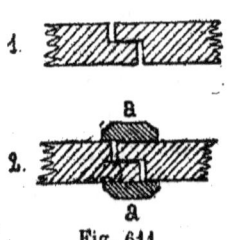

Fig. 611

285. Portes roulantes des halles à marchandises.
— La construction des portes roulantes des halles à marchandises est des plus simples et se trouve représentée par une

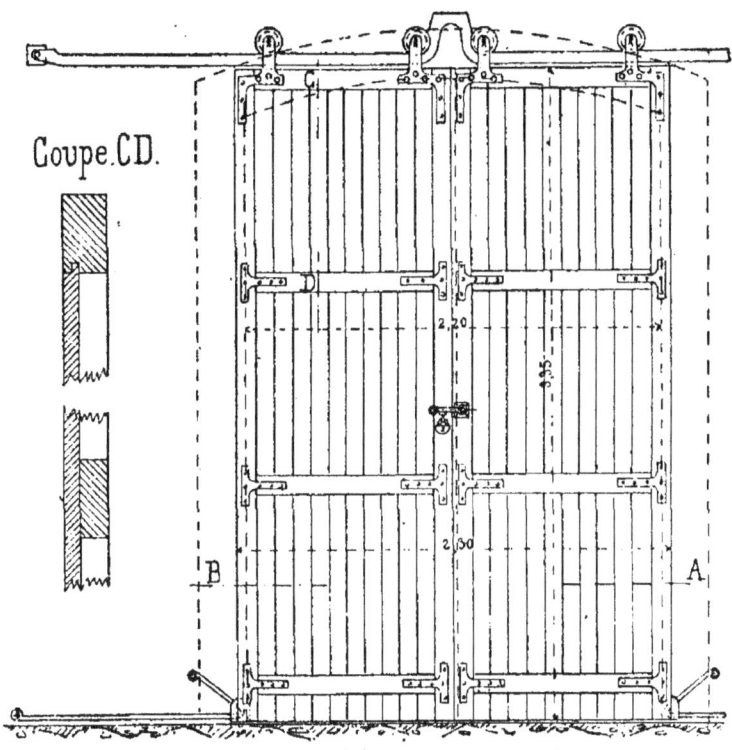

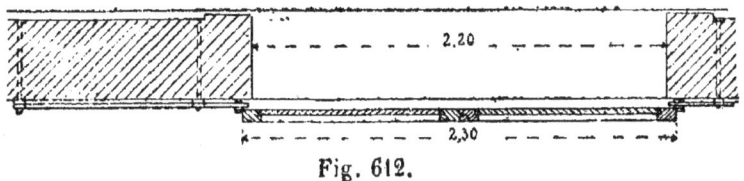

Fig. 612.

élévation arrière dans la figure 612. L'ouverture a 2 m. 20 sur 3 m. 30 à la clef, et elle est fermée par une voûte en arc de cercle surbaissé ; la porte est rectangulaire, à 2 vantaux et placée à l'intérieur. Chaque vantail est suspendu sur deux galets au lieu d'être pendu en porte à faux par une de ses rives verticales.

On compose chaque vantail d'un bâti d'assemblage fait de 2 montants et quatre traverses. Les montants, ainsi que la traverse supérieure, ont 0 m. 10 × 0,06 et les traverses 0,10 × 0,04. La différence d'épaisseur correspond à la dimension des planches de revêtement. Ces planches refendues en frises ont donc 0,10 × 0,02. Elles s'embrèvent dans la traverse du haut, comme le montre le détail GH et recouvrent toutes les autres en descendant d'une seule pièce du haut en bas ; celles de côté s'embrèvent dans les rainures des montants. Il en résulte que la pluie, qui peut venir fouetter contre le parement extérieur de la menuiserie, ne rencontre aucun joint horizontal où pénétrer, et se trouve conduite au sol le long des frises de revêtement.

Cette disposition est applicable à toutes les constructions de ce genre ; elle est la seule à donner un long service. Dans quelques pays, dans un but de décoration, on dirige les frises de revêtement à 45°, dans des sens opposés ; l'effet en est agréable, mais on ne peut adopter cette disposition à l'extérieur à moins que la façade ne soit protégée par un auvent ou un toit saillant. La pluie en effet suivrait les joints en raison de leur pente et viendrait affluer le long d'un montant qui ne tarderait point à avoir ses assemblages hors de service.

Les portes roulantes fatiguent peu et les angles ont peu de chance de se déformer, les efforts latéraux se réduisant à la poussée nécessaire pour l'ouverture et la fermeture. Aussi se dispense-t-on très souvent de contreventer les bâtis au moyen d'écharpes ou de croix de St-André.

286. Porte de grange. — La construction des portes de grange ou de ferme est identique. Seulement, en raison du mode de suspension des vantaux, de leur poids et de leur portée, on est obligé de les contreventer fortement par des écharpes et la direction de ces pièces est choisie pour leur faire reporter, par compression, la charge de la porte sur les supports qui servent d'axes.

La figure 613 représente la vue arrière d'une de ces portes ayant 3 m. 45 de largeur sur 4 m. 30 de haut. Les montants et la traverse supérieure ont 0 m. 15 × 0,07 ; la traverse du bas

0 m. 15 × 0,04 et la traverse intermédiaire 0 m. 10×0,04. Les écharpes ont aussi cette dernière dimension. Les frises ont 0,03 d'épaisseur et 0,15 de largeur ; elles sont rainées, rabottées et assemblées à rainures avec baguettes sur joints. Ce revêtement est en sapin, tandis que le bâti est entièrement en chêne.

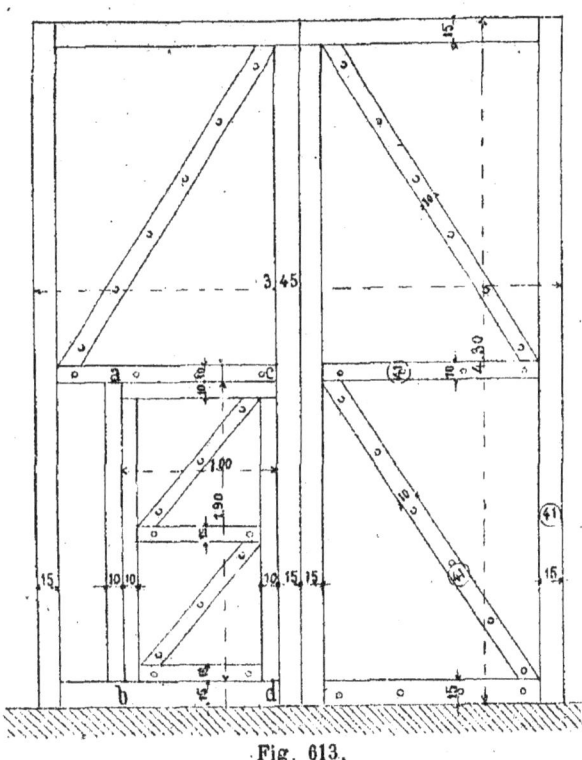

Fig. 613.

Lorsque l'on veut entrer dans la grange sans ouvrir la grande porte, on a à sa disposition une petite porte de piéton, appelée *guichet*, percée dans l'un des vantaux de la grande.

On ajoute au bâti de ce vantail un montant *ab*, qui complète, avec le montant milieu et les deux traverses, un rectangle donnant une baie de 1 m. 90 × 1 m. ; les bois en sont feuillés au pourtour pour recevoir une petite porte. Cette dernière est faite d'un bâti dont les deux montants, les 3 traverses et les écharpes ont une section de 0 m. 10 × 0,04, et d'un revêtement en mêmes frises que le restant de la grande porte, et se raccordant avec les précédentes comme lignes de joints.

On garnit d'ordinaire d'une platebande en fer le seuil du

guichet pour éviter l'usure trop rapide de la traverse basse de son bâti. Le guichet ouvre à l'intérieur ce qui le met à l'abri.

Cette construction est établie, avec bâti en chêne, et revêtement en sapin comme la précédente.

287. Portes d'armoires. — Les portes d'armoires les plus simples sont celles qui sont destinées à être dissimulées sous la tenture; elles sont pour cela arasées à l'extérieur, tandis que la différence d'épaisseur du bâti sur le panneau forme un encadrement à glace au contreparement.

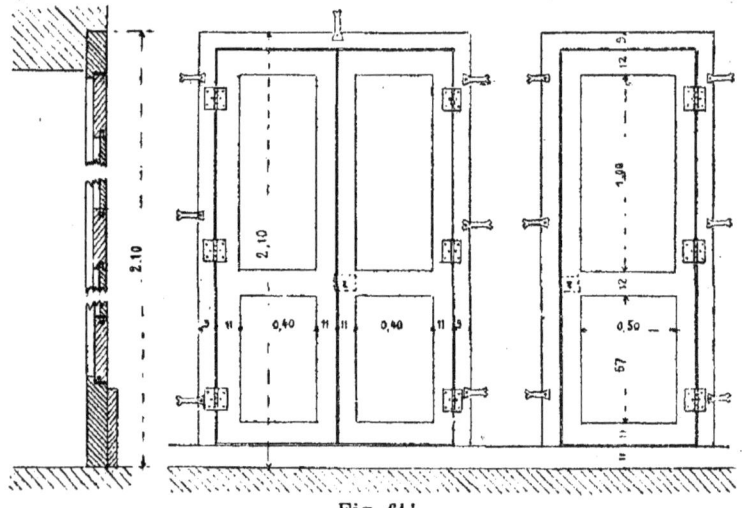

Fig. 614.

Comme dimensions, il est bon de ne pas dépasser une largeur de 0,60 pour un vantail, et de 1,20 pour deux vantaux, et, comme hauteur, 2 m. est une bonne dimension moyenne. Dans ces conditions, les bois du bâti de lambris ont 0,027 × 0,110, et les panneaux sont en bois de 0,018. Le bâti dormant est en 0,034 avec feuillure au pourtour de la baie. Quelquefois on fait la joue de la feuillure plus épaisse en pratiquant une contrefeuillure dans la partie mobile. Ce bâti dormant a les dimensions nécessaires pour clore la baie réservée dans la maçonnerie ; il prend souvent la forme d'une véritable huisserie plate, lorsque ses montants doivent se prolonger jusqu'au plafond pour y trouver leur point d'appui supérieur. Souvent aussi la baie réservée dans le mur est plus grande que la largeur possible pour la porte. On complète cette largeur avec une cloison en planches embrevées avec la rive extérieure de l'huisserie.

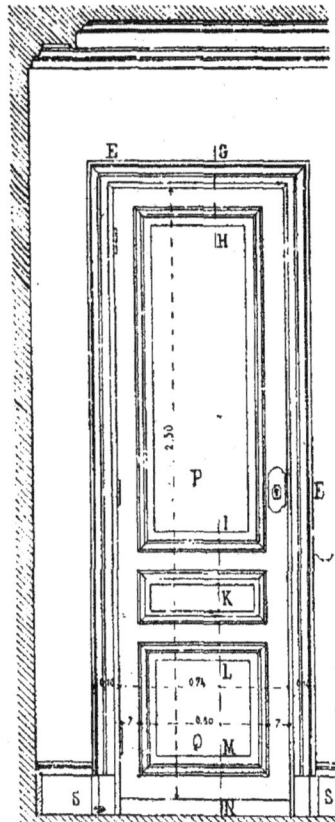

Fig. 615.

Lorsque la porte peut rester apparente et doit être peinte, on la construit en lambris à glace ou en lambris à petits cadres suivant son importance. On ajoute même souvent des plates-bandes aux panneaux. — Le bâti prend de l'importance et de l'épaisseur, et on l'encadre, à une certaine distance de l'arête intérieure, par une moulure fixe, clouée, retournée d'onglet, qui recouvre le joint entre le bois et la maçonnerie voisine. Cet encadrement E fig. 615 se nomme le *chambranle*. Les moulures qui le composent ne descendent pas jusqu'au sol, elles s'amortissent contre une pièce de bois S ayant une section de trapèze et plus saillante que la moulure, et qu'on appelle un *socle;* c'est le socle qui reçoit les chocs auxquels l'encadrement est exposé près du sol.

Les portes d'armoires ainsi construites à petits cadres à l'extérieur sont simplement à glace au contreparement.

On met dans leur hauteur ordinairement deux panneaux P et Q. Celui du haut allongé, celui du bas se rapprochant de la forme carrée Dans bien des cas on ajoute un troisième panneau K interposé, très court et très large et qui produit un effet agréable par son opposition avec l'aspect des deux autres.

La fig. 615 représente l'élévation d'une porte d'armoire ainsi disposée et entourée d'un chambranle mouluré. Elle donne en même temps les détails de la coupe verticale du lambris qui la compose, et des menuiseries fixes qui l'accompagnent.

288. Portes de service et d'usines. — Les portes de service dans les appartements peuvent se faire très simplement ; il est même souvent bon de proscrire toute moulure pour leur conserver leur caractère. On les fait donc avec des lambris à glace et le seul luxe qu'on puisse leur donner consiste dans des chanfreins arrêtés au ciseau sur les arêtes des bâtis qui encadrent les panneaux.

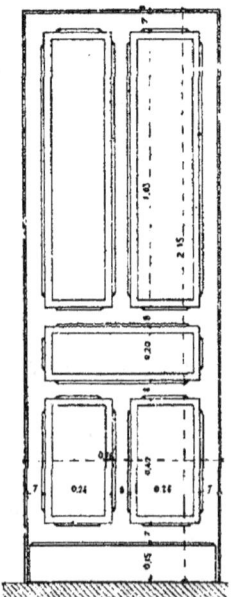

Fig. 616

Il en est de même des portes d'usines ou d'ateliers. Une de ces dernières est représentée fig. 616 ; elle est formée d'un lambris contenant trois panneaux dans la hauteur, le panneau du haut et celui du bas étant jumelés par une traverse verticale milieu. On fractionne ainsi les mailles et les panneaux de remplissage ont moins de retrait, en même temps que le bâti renforcé est plus solide.

Lorsque les portes de service ou d'usines donnent à l'extérieur, on avance souvent le panneau du bas en forme de table saillante à l'extérieur et la platebande peut être remplacée par une pointe de diamant taillée sur la face extérieure.

Dans les appartements, on limite la largeur des portes à un vantail à 0 m. 80 ; au-dessus, il devient incommode de les ouvrir, par suite de l'amplitude de la course que le bras doit fournir; dans les usines, on pousse la largeur des portes à un vantail jusqu'à 1 m. et même 1 m. 05 pour le facile passage des outils, des brouettes et du nombreux personnel.

Les portes à deux vantaux ne peuvent se faire à moins de 1 m. 25, et encore, à cette dimension limite, le passage que donne l'ouverture du vantail mobile est-il très réduit. On adopte une largeur de 1 m. 35 ou 1 m. 40, pour les portes un peu importantes.

Les portes à un vantail ont une hauteur qui est en moyenne de 2 m. 10 à 2 m. 35 ; celles à deux vantaux vont jusqu'à 2 m. 50 et 2 m. 60, pour conserver un rapport convenable avec la largeur.

Dans les appartements, les portes à un vantail ou à deux vantaux se font d'ordinaire avec des bâtis de 0,034 d'épaisseur (0,32 corroyés); dans les usines, on préfère donner aux portes 0,041, et quelquefois plus, pour leur permettre de résister aux chocs et à une manutention rude.

On fait les portes légères, d'importance secondaire, ou établies provisoirement, tout en sapin, bâtis et panneaux. Pour les portes d'un service plus important, on construit le bâti en chêne, les panneaux restant en sapin. Les portes qui doivent recevoir des peintures soignées doivent préférablement avoir leurs panneaux en peuplier grisard ; on évite la résine, le bois se fend moins, à moins de nœuds et se pose plus facilement, mais il faut que la porte serve dans un endroit sec.

On fait maintenant des portes en pitchpin qui sont préférables à celles construites en sapin et donnent un service presque égal à celui du chêne, tout en étant d'un prix notablement moins élevé.

Les portes dont on proscrit les moulures doivent avoir un bâti encadré d'un simple champ chanfreiné, ou bien d'une baguette demi-ronde, de telle sorte qu'il y ait de l'unité dans l'aspect du travail.

280. Portes intérieures d'appartement, à petits et grands cadres. — Les portes intérieures des habitations se traitent de la même façon, comme disposition des panneaux, force et qualité des bois ; la décoration seule diffère. On emploie l'ornementation moulurée et les lambris à petits ou à grands cadres, suivant l'importance de la pièce. Les chambranles eux-mêmes sont moulurés de manière à obtenir l'unité d'aspect de l'ensemble. Ils sont assez saillants pour recevoir l'amortissement des vrais ou faux lambris de revêtement des murs.

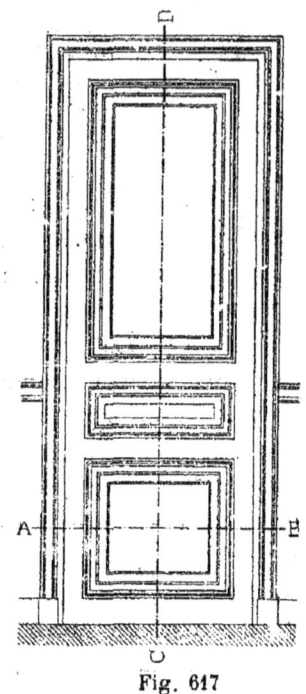

Fig. 617

Le premier exemple est une porte à un vantail et à petits cadres, représentée fig. 617; elle est percée dans une cloison et la baie est formée par une huisserie, dont les rives intérieures sont feuillées à l'épaisseur de la menuiserie mobile. Cette dernière est formée par un lambris à petits cadres en trois panneaux, disposés comme on l'a vu pour les portes précédentes : un panneau presque carré dans le bas, un rectangle court au-dessus, et enfin un panneau long faisant le surplus de la hauteur de la porte. Les arêtes de l'huisserie restent dégagées sur quelques centimètres et le surplus des faces vues est recouvert par un chambranle mouluré fixé par des clous et assemblé avec précision et d'onglet aux angles. La fig. 618 représente les coupes suivant AB et CD de cette porte ainsi construite.

Comme pour les portes de service, on donne à la menuiserie : pour un vantail de 0 m. 68 à 0,80 de largeur et une hauteur de 2 m. 10 à 2,35, et pour 2 ventaux de 1 m. 25 à 1,40 de large et 2 m. 40 à 2,60 de haut; l'épaisseur des bâtis est d'ordinaire de 0 m. 034, et celle des panneaux 0,018 à 0,020 ; la largeur des montants et traverses est de 8,08 à 0.10 et s'augmente de la largeur des moulures.

Ce n'est que pour des portes provisoires que l'on emploie le sapin pour les bâtis; les assemblages trop lâches font baisser les portes, insuffisamment contreventées.

Les portes, chêne et sapin, sont bien préférables et se maintiennent beaucoup mieux ; l'emploi du grisard pour les panneaux est d'un prix plus élevé, mais est à préférer pour les surfaces qui doivent recevoir des peintures soignées ; de plus, le bois se fend moins et ne donne pas de résine.

Les huisseries en sapin, posées pendant le gros œuvre sont très abimées à la fin des travaux ; il faut leur préférer les huisseries en chêne que l'on prend la précaution de protéger, en les recouvrant de tringles provisoires. Les chambranles destinés à être peints sont en sapin. Ceux apparents sont en chêne.

La même fig. 617 peut représenter également une porte à un vantail à grand cadre, puisque les profils seuls diffèrent, et la fig. 619 donne l'élévation d'une porte à deux vantaux, exécutée avec le même genre de lambris. Le détail qui accompagne cette dernière donne le profil, en coupe verticale de ces deux portes.

La porte à 2 ventaux est plus haute, et, pour pouvoir s'harmoniser comme proportions avec les portes à 1 ventail des mêmes pièces, on lui a donné un panneau de plus dans la hauteur, ainsi que le montre l'élévation de la fig. 619 comparée à celle de la fig. 620.

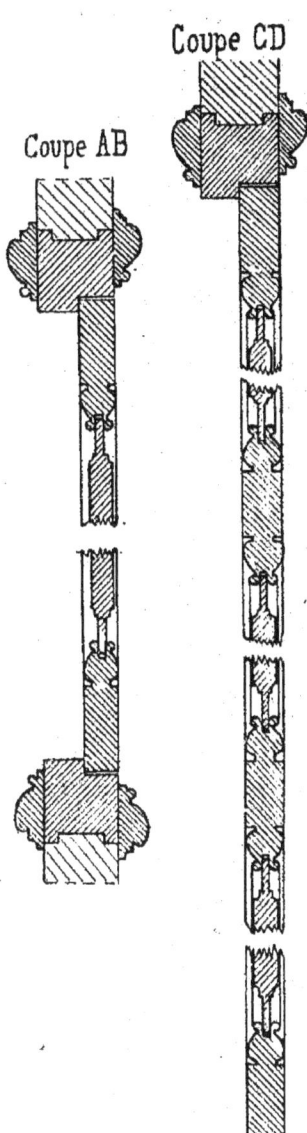

Fig. 618.

On remarquera que dans la coupe GH les cadres des panneaux grands et petits ont tous le profil. Ce n'est pas obligatoire. Bien souvent le profil des cadres les plus développés seraient trop lourds pour les autres, on y remédie en donnant à ces dessins une section plus restreinte appropriée à leurs dimensions.

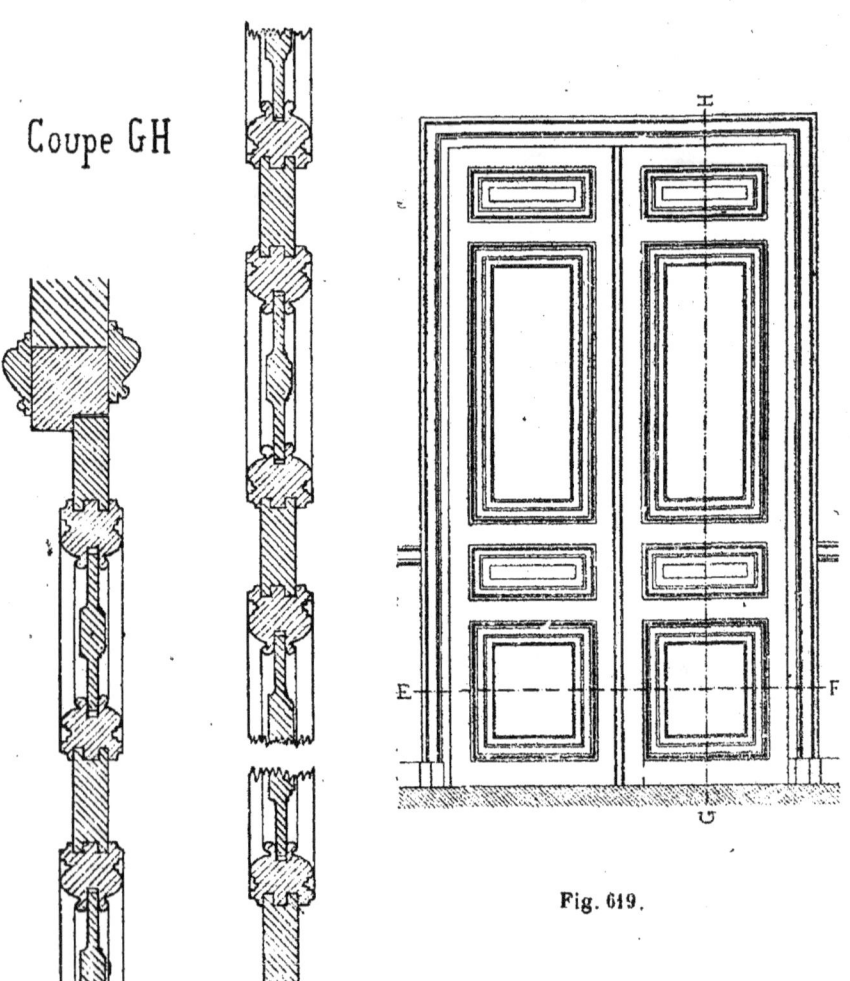

Fig. 619.

Dans une porte à deux vantaux, il y a un vantail qui ne s'ouvre qu'accidentellement et qui se trouve fixé par une crémone ou deux verroux ; il doit porter sur sa rive une feuillure pour recevoir le second vantail qui s'ouvre presque toujours seul. Cette feuillure est faite à mi-bois et exige une contre-feuillure dans le second vantail. De plus, un battement mouluré sur chaque face complète la fermeture, en compliquant d'autant le joint de ces deux parties de la porte.

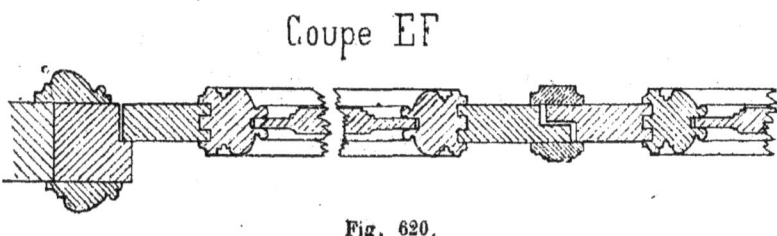

Fig. 620.

La coupe EF de cette porte (fig. 620) donne les détails de cette baguette de battement, ainsi que la disposition relative des deux vantaux.

290. Porte percée dans un mur. Bâti et contrebâti. — Lorsque la porte est à établir dans un mur, au lieu d'une huisserie, on se sert d'un encadrement plus léger, qui a seulement les dimensions nécessaires pour tenir la porte et porter la feuillure, et que l'on appelle un bâti. Il est composé de deux montants de la hauteur de la baie et d'une traverse, le tout assemblé à tenons et mortaises. Ce bâti est représenté dans la coupe horizontale de la baie, fig. 621, par la lettre B. Il est encastré dans le mur de manière à former l'arête et est tenu par une série de pattes à scellement coudées et prises dans la maçonnerie. La feuillure est souvent de la dimension même de l'épaisseur de la porte mobile ; d'autres fois, elle est moins profonde, et on est obligé de dégager une contrefeuillure, de la différence, au contreparement de la porte.

Sur l'autre face du mur, la baie est de même encadrée en bois, au moyen d'un bâti encore plus léger C, qui sert simplement d'arête saillante et que l'on nomme un contrebâti.

Le contrebâti est fixé dans la maçonnerie par des pattes à scellement prises dans le mur comme le bâti, ou par des ferrements plus légers que l'on nomme des pattes à chambranles.

Le joint entre le bâti et la maçonnerie sur la face du mur est caché par un chambranle mouluré qui sert en même temps de cadre à la baie, et dont on assortit le profil à celui des moulures de la porte. Il en est de même sur l'autre face autour du contrebâti ; dans l'épaisseur du mur le tableau peut être simplement enduit, avec maçonnerie apparente, comme dans la fig. 621.

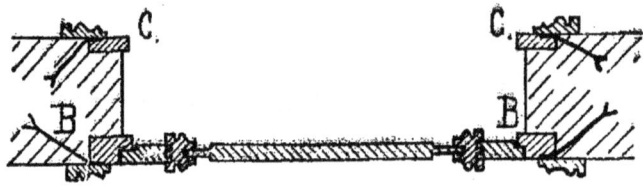

Fig. 621.

Dans des pièces plus importantes il est revêtu de bois : soit sous forme de frises rainées et barrées, comme dans la fig. 622, piedroit de gauche, lorsque le mur est de faible épaisseur ; soit sous forme de lambris à petits cadres, comme au montant de droite, lorsque le tableau est plus large. Dans les deux cas les surfaces de revêtement sont embrevées dans le bâti et le contrebâti, et on les fixe en les vissant sur des lambourdes transversales scellées dans la maçonnerie.

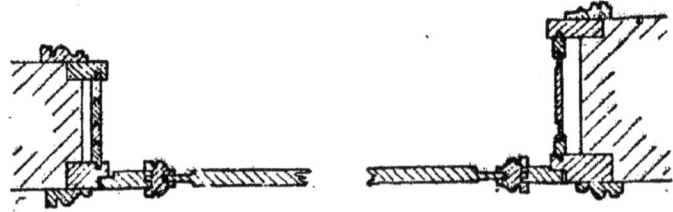

Fig. 622.

Lorsque les portes doivent se relier à un lambris général revêtant la surface complète des murs, comme par exemple celle représentée dans la fig. 623, on est obligé de faire sortir le bâti en dehors du parement du mur, de manière à lui donner la saillie nécessaire pour l'amortissement et l'embrèvement des lambris voisins ; il en est de même du contrebâti. On les fixe alors soit sur des bâtis et contrebâtis en sapin posés d'avance dans la maçonnerie à la manière ordinaire, soit

572 CHAPITRE NEUVIEME

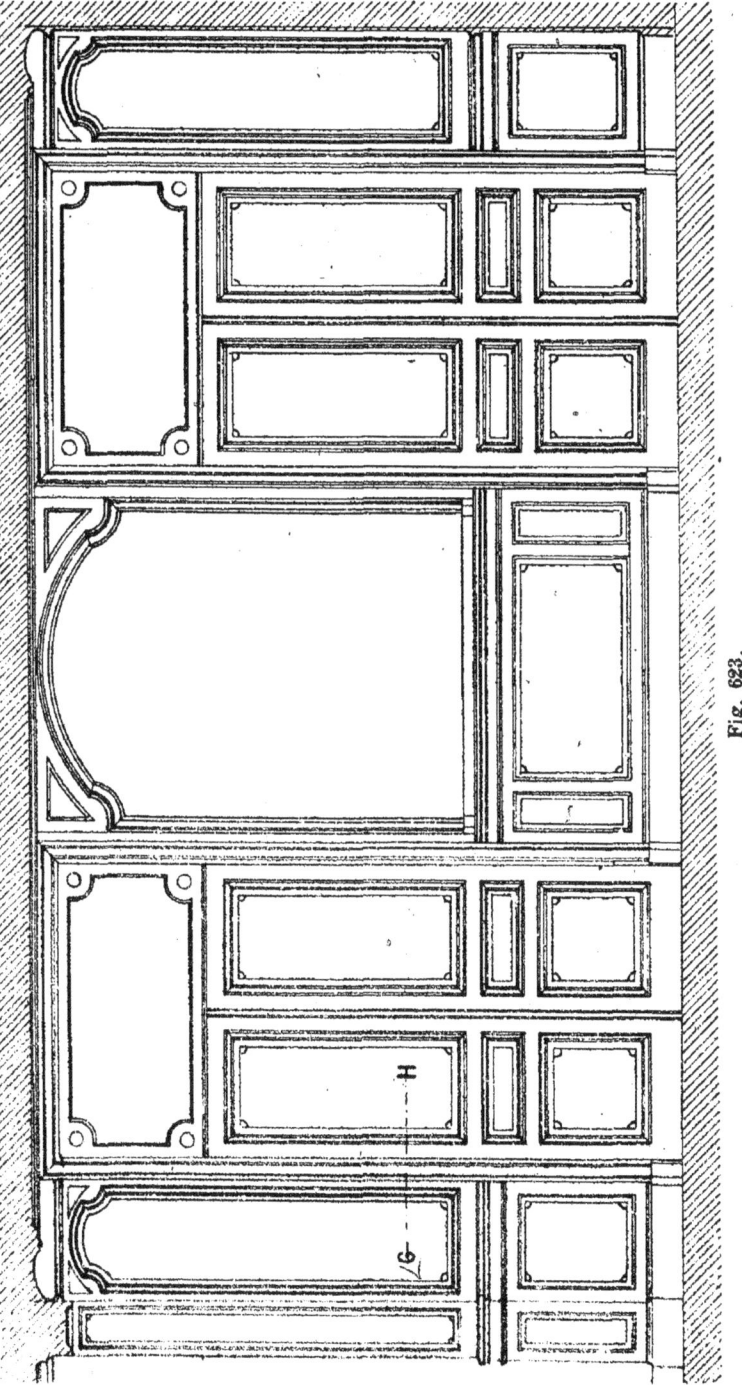

Fig. 623.

sur des taquets ou lambourdes, formant tampons, scellés dans le mur, soit enfin sur des ferrements appropriés tenus de la même manière. Les bâtis et contrebâtis étant plus isolés dans cette disposition, on leur donne une section convenable pour leur assurer la rigidité nécessaire.

La coupe horizontale suivant GH de la construction représentée par la fig. 623 donnera donc le profil tracé dans la fig. 624 le bâti ; est figuré en B ; il peut être d'une seule pièce avec le chambranle mouluré et vient s'appliquer directement sur le parement du mur. Il reçoit les embrèvements du lambris

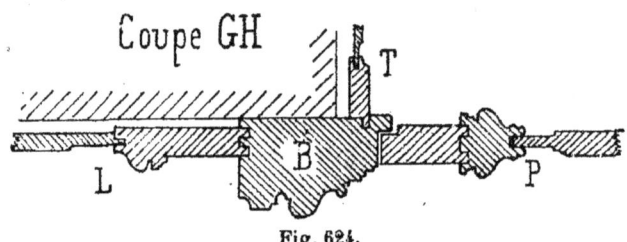

Fig. 624.

de revêtement voisin L, et aussi en même temps dans le sens perpendiculaire ceux des faces du tableau T. Il porte la feuillure pour la porte P, dont le contreparement est légèrement contrefeuillé. Le contrebâti aura la même force et sera disposé de la même manière si la pièce voisine comporte aussi des lambris.

La fig. 625 donne la disposition que l'on pourrait prendre, si la porte devait s'ouvrir à l'intérieur du tableau.

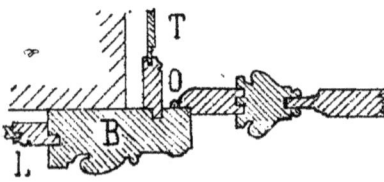

Fig. 625.

B est toujours le bâti portant les moulures du chambranle. L le lambris voisin qui vient s'embréver sur sa face latérale. T le lambris de revêtement du tableau, et enfin P la porte mobile, à grands cadres, renfoncée à la partie arrière du bâti et contrefeuillée sur le parement du devant. O est l'axe de rotation, et dans le tracé il y a lieu de laisser en ce point le jeu nécessaire pour que la porte puisse se développer entièrement et s'appliquer contre le tableau.

291. Portes avec attiques et frontons. — Indépendamment des moulures, on décore souvent les portes d'appartement avec des motifs d'architecture se reliant au cham-

Fig. 626.

branle, tels que des corniches ou même des entablements, complets ou incomplets.

Dans l'exemple représenté par la fig. 626, on voit une grande porte de 1,40 de largeur, dont les deux vantaux sont disposés à la manière ordinaire. Le bâti a une section de 0,15×0,12, et ces dimensions sont nécessitées : premièrement, par l'obligation de recevoir latéralement l'amortissement d'un lambris, et, secondement, par la largeur que l'étude a amené à donner au chambranle d'encadrement. La moulure extérieure de ce chambranle est rapportée, ainsi que le montrent la coupe horizontale qui accompagne la figure 626.

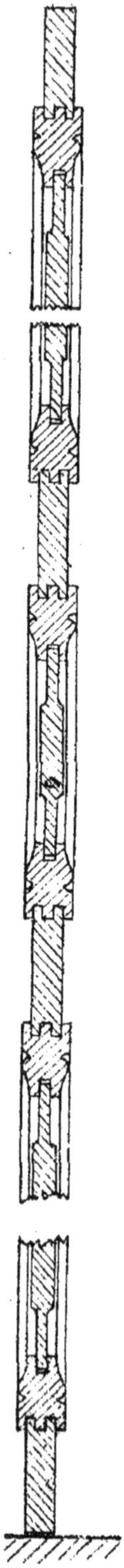

Les deux montants se prolongent au-dessus de la traverse de 0 m. 25 et sont coiffés par une nouvelle traverse moulurée formant corniche. Le chambranle fait office d'architrave : la bande de 0 m. 25 au-dessus, remplie par une surface de lambris à petits cadres, forme la frise que surmonte la corniche. Il en résulte un véritable entablement complet, qui lui-même se termine par un attique, formé de trois planches assemblées.

La coupe verticale rend compte de la construction de cet entablement ; elle est représentée fig. 627.

Quand on dispose de bois bien sec, on peut, ainsi que le montre l'exemple proposé, faire d'une seule pièce moulurée la corniche de la porte. On peut aussi, et avec avantage si l'on n'a que du bois ordinaire, la composer de plusieurs pièces plus petites, assemblées, qui risquent moins de se voiler et de se fendre.

L'entablement qui orne la porte peut être plus important et plus décoratif. La fig. 628 en donne un exemple appliqué à une décoration de salon ; le chambranle de la porte représentée est surmonté d'une moulure contreprofilée de chaque côté et qui complète l'architrave. La frise est très développée ; elle est limitée par une moulure verticale qui prolonge celle du chambranle, et elle est formée d'un lambris avec grand panneau unique, sur lequel on rapporte un médaillon et des guirlandes en carton pâte. Au-dessus est la corniche, réduite à une cymaise, et qui vient côtoyer la dernière moulure de la corniche de la pièce.

Fig. 627.

Cette disposition additionnelle change beaucoup l'apparence de la porte et lui donne de la hauteur, en même temps qu'à la pièce où elle se trouve. Il est nécessaire que la décoration adoptée s'harmonise bien avec celle des autres parties voisines, cheminée, fenêtres, lambris, plafond.

Fig. 628.

La fig. 628 montre la liaison avec les revêtements de hauteur qui garnissent les murs et celle de ces revêtements avec l'ornementation de la cheminée. Les lambris sont très simples, les

MENUISERIE 577

panneaux ont leur platebande dégagée à chaque angle par une crossette carrée, avec rosace au milieu du dégagement ; il en est de même des panneaux de la porte.

Les lambris de revêtement sont divisés dans la hauteur en deux séries séparées par une cymaise ; le soubassement est bas, de manière à faire valoir la partie supérieure.

Fig. 629.

Les moulures principales de l'encadrement de la porte ou de la glace de la cheminée sont ornées de motifs sculptés ou rapportés en carton pâte, et qui s'harmonisent avec ceux des moulures de la corniche du plafond et avec les sculptures de la cheminée en marbre. Il ne restera plus qu'à compléter l'aspect général par des peintures et dorures appropriées et disposées autant que possible pour faire valoir la construction, en accusant de façon convenable les parties principales et les remplissages.

Dans la décoration intérieure des appartements, la saillie de la corniche en dehors de la rive verticale du chambranle ne produit pas toujours un bon effet; elle empiète d'une façon souvent inadmissible sur les tentures ou sur les champs des lambris voisins et les raccords sont difficiles.

On adopte, dans la plupart des cas, une disposition qui a déjà été vue dans l'ouvrage sur la maçonnerie, et qui lève toute difficulté ; elle consiste à renfermer tout l'entablement entre les verticales des rives extérieures du chambranle, prolongées par un léger cadre en moulures. On rétrécit la frise de la quantité nécessaire. On la surmonte de la corniche que l'on peut alors contreprofiler dans l'espace ainsi réservé, et il ne reste plus qu'à raccorder le rétrécissement par deux consoles latérales regagnant la largeur du chambranle.

La fig. 629 donne un exemple de la disposition de cet entablement à laquelle, dans le langage du bâtiment, on donne souvent le nom d'*attique*.

La frise, en menuiserie, est formée d'un bâti extérieur, dont les deux traverses dépassent inégalement les montants: celle du bas, pour recevoir la base élargie des consoles de raccord ; celle du haut, pour former épaulement à la tête de ces mêmes consoles. L'intérieur de ce bâti, mouluré sur sa rive intérieure de manière à former petit cadre, est rempli par un panneau, sur lequel on vient fixer la décoration sculptée qui convient à la pièce.

Dans l'exemple proposé, le lambris existe simplement en soubassement, il présente une disposition décorative un peu différente des précédentes : dans la frise qui règne entre la cymaise et l'astragale, les montants sont décorés de triglyphes saillants, qui accusent la division du lambris et permettent de donner une saillie plus grande à la moulure de la cymaise. Il en résulte une ombre portée plus intense et un lambris plus énergique et plus accentué.

Avec la disposition de cette porte, on voit que l'on n'est plus gêné pour recouvrir les murs voisins de tentures à compartiments, et les champs que l'on pourra avoir à établir autour des panneaux conserveront partout leur largeur constante, ce qui est une des conditions à remplir pour obtenir un aspect satisfaisant.

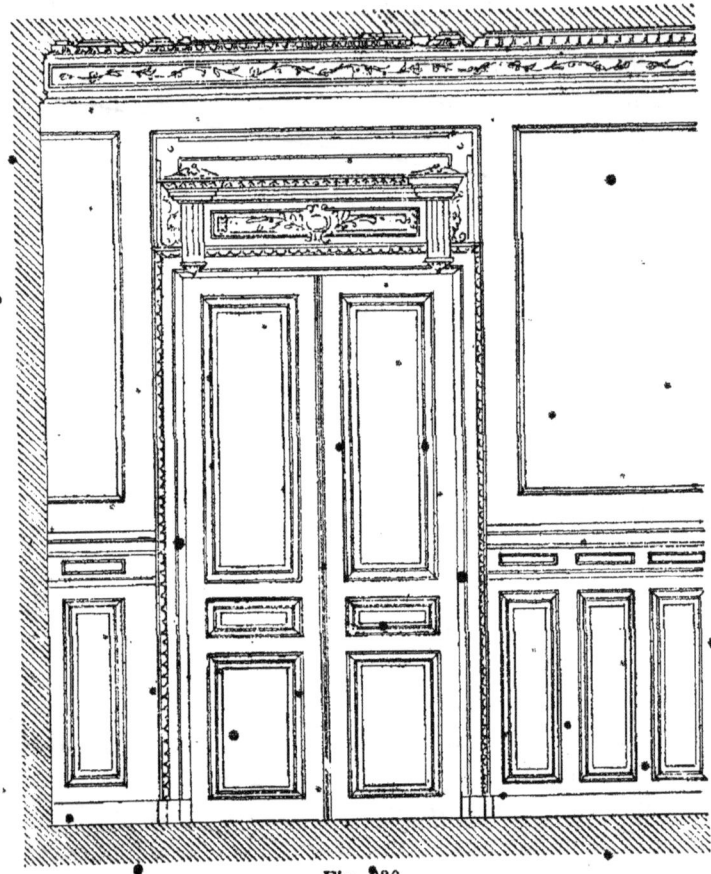

Fig. 630.

D'ordinaire les portes décorées comme il vient d'être dit ont leur menuiserie étendue jusqu'à la corniche; les raccords avec les ornementations voisines sont bien plus faciles à organiser. Cependant, si l'étude mène à des proportions peu heureuses et à un aspect inadmissible, on laisserait un intervalle entre le haut de la porte et la corniche de la pièce. On cherche alors un arrangement qui paraisse naturel et qui se lie bien avec les décorations des parties voisines.

L'exemple de la fig. 630 représente une porte de salle à manger, qui est ainsi arrêtée avant la corniche. Cette porte offre en même temps une variante dans la forme de l'attique.

Deux consoles plates, formant pilastres, viennent s'agrafer sur la traverse du chambranle et reçoivent l'amortissement de ses moulures sur leurs faces latérales. Elles comprennent la frise et viennent soutenir la corniche. Suivant les cas et

Fig. 631

l'aspect que l'on cherche, cette dernière peut être contreprofilée ou non, pour former tête des consoles. Entre le chambranle, la corniche et les deux consoles, la frise est formée par un lambris avec un seul panneau, et reçoit toutes les ornementations appropriées. Le tout se trouve compris dans un cadre plat qui se prolonge dans la largeur du chambranle jusqu'à une petite distance de la corniche. Cette distance a été prise pour largeur d'un champ qui encadre les panneaux de tenture des murailles. Le bas de la pièce est revêtu d'un lambris de soubassement analogue aux précédents.

La fig. 631 donne encore une variante de la forme d'un attique surmontant une porte. La corniche est très réduite de largeur : elle vient couvrir et déborder un médaillon milieu et se trouve contreprofilée et soutenue par de grandes consoles à volutes. Le tout est recouvert de sculptures ou de pâtes reliées et agrafées avec celles de la gorge de la corniche.

L'attique est compris, comme les précédents, dans un cadre plat prolongeant le chambranle de la porte, et dont les rives latérales s'embrèvent avec les bâtis des lambris voisins ; des crossettes courbes, aux angles de ce cadre plat, rappellent les crossettes qui ornent les panneaux des lambris de revêtement. Ce dessin montre, comme les précédents, la grande facilité de raccords que présente cette disposition qui est adoptée d'une façon générale.

292. Des portes extérieures. Panneaux à tables saillantes. Jets d'eau.

— Les portes extérieures ont besoin d'être plus solides, plus résistantes que les autres. On les exécute en leur entier en bois dur, en chêne par exemple, bâti, cadres et panneaux ; on leur donne une épaisseur un peu plus grande, et on cherche dans la disposition des bois à leur communiquer le caractère de solidité qui leur est propre.

La partie haute conserve sa forme de panneaux renfoncés, mais les panneaux de soubassement sont remplacés par une table saillante, qui est moins sujette à garder la pluie dans ses assemblages. Cette table saillante se termine inférieurement par un socle et supérieurement par une corniche plus ou moins incomplète.

La fig. 632 en donne un exemple. Le corps de la table saillante comporte un double panneau également saillant et se termine : supérieurement, par une corniche avec astragale, et inférieurement, par un socle mouluré.

Cette porte, dont la face extérieure est ainsi constituée, a son parement intérieur formé de panneaux entourés de grands cadres. On obtient ce résultat en formant le soubassement de deux lambris convenables, à un parement vu, et accolés par leur contreparement,

Au bas de beaucoup de portes extérieures, surtout celles qui sont très exposées à la pluie, on dispose ce que l'on appelle un *jet d'eau*. La traverse inférieure T est prise dans un bois de plus fort échantillon ; l'excédant d'épaisseur dépasse en dehors et est taillé suivant le profil de la fig. 633. C'est une sorte de doucine qui rejette l'eau en dehors et qui se termine par une mouchette inférieure pour empêcher les gouttes de revenir en plafond sous la pièce de bois. Au-dessous, la traverse reprend l'épaisseur e du bâti ; au-dessus, elle porte la rainure d'embrèvement du panneau P qui, dans l'exemple choisi, est supposé disposé à table saillante, mais pourrait être arasé.

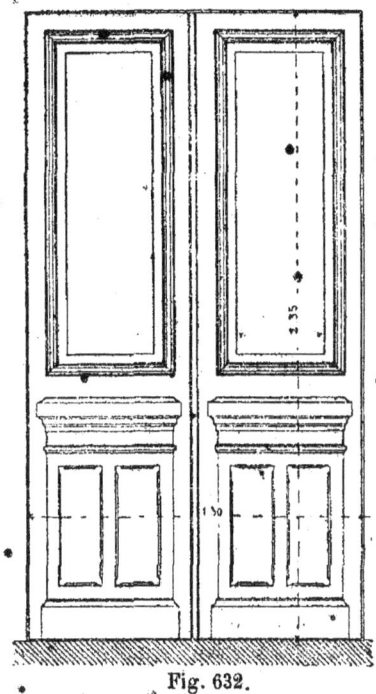

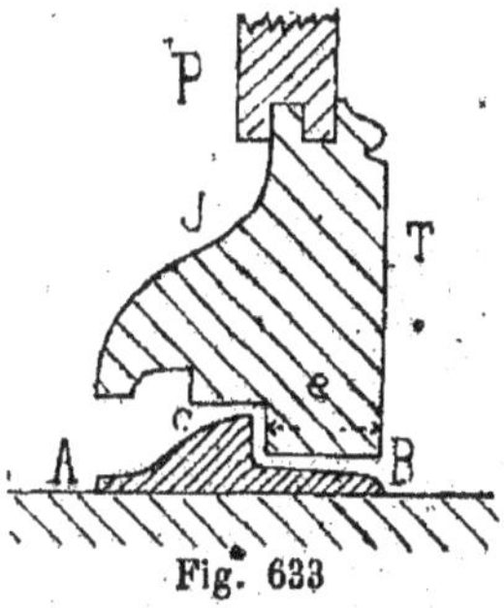

Fig. 632.

Fig. 633.

L'eau ainsi rejetée par la porte a une tendance, par certains vents, à être poussée sur le seuil AB, dans le joint, et à pénétrer dans la pièce. On s'y oppose par un fer C, de profil approprié, fixé sur le seuil à bain de mastic avec des vis tamponnées. Il oppose une barrière à l'eau, a l'avantage de former feuillure et battement à la partie basse, et ne donne, vu son peu d'épaisseur, aucune gêne à la circulation.

293. Des portes avec panneaux en fonte. — Lorsque l'on veut remplacer les panneaux supérieurs d'une porte par des grilles ou panneaux à jour en fonte ou en fer forgé, on commence par se procurer ces derniers, et on établit la porte en partant de leurs dimensions. On les embrève à la manière d'un panneau de bois, en faisant à la demande, la rainure qui doit contenir leurs rives, et on les pose en faisant le montage de chaque vantail.

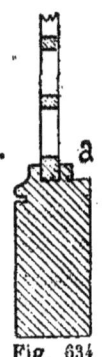

Fig. 634

Dans la forme que l'on donne au bâti pour chaque cas, il faut réserver dans le profil une feuillure a, fig. 634, au pourtour du panneau et à la face intérieure. Cette rainure permet d'établir, soit de suite, soit plus tard, un vasistas en fer rainé, recevant une vitre, pour fermer la baie en arrière du panneau de fonte.

294. Des portes vitrées. — Si le panneau supérieur d'une porte est destiné à recevoir un vitrage, on doit réserver dans les bâtis le profil nécessaire pour recevoir le verre. C'est une feuillure de petite dimension qui est nécessaire pour cela ; on le maintient par quelques clous enfoncés dans le bois et que l'on rabat sur sa rive, et on mastique d'une façon

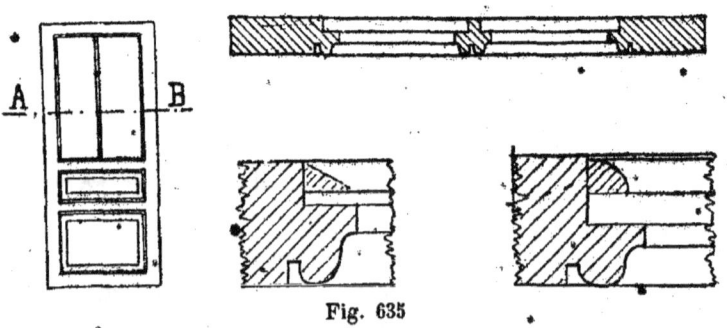

Fig. 635

régulière, de manière à former un solin en pente. L'autre face est entourée d'un petit cadre peu développé. Si le compartiment est trop grand, on le divise par des traverses en bois, appelées petits bois, qui présentent d'un côté la feuillure à mastic, et sur l'autre parement la moulure du cadre, ainsi qu'on le voit dans la fig. 635.

Bien souvent, on remplace dans les portes vitrées, à l'intérieur, le mastic par une moulure en bois, dite *parclose*, ayant le profil d'un quart de rond, par exemple, que l'on cloue en feuillure après la pose de la vitre. Cette parclose est représentée dans le dernier croquis de la fig. 635. Quand cette vitre est une glace, on doit approfondir la feuillure pour tenir compte de la plus grande épaisseur du verre, et aussi pour la parclose qui demande un peu plus de place que le mastic.

295. Portes cochères. — Les portes cochères ne diffèrent des portes déjà vues que par leurs dimensions. Elles sont à deux vantaux et on doit organiser leur construction pour pouvoir dans l'un deux réserver un guichet de hauteur convenable

La fig. 636 donne l'élévation d'une porte cochère. Chaque vantail est formé d'un gros bâti, ayant comme section de bois 0 m.09 d'épaisseur et 0 m. 11 à 0 m. 13 de largeur.

C'est dans ce bâti que s'ouvre le guichet ; il est formé d'une porte ordinaire, à panneaux pleins où à jour entourés d'un grand cadre, et dont la partie basse est faite en forme de table saillante. Comme les bois sont exposés à l'humidité, on compose souvent ces tables de plusieurs épaisseurs de parquets à compartiments. Le tout est compris dans un bâti dont les bois ont environ 0 m. 07 $\times$ 0,11.

Le guichet a environ 2 m. 25 de haut, et 0 m. 90 de largeur. Il est surmonté, dans la partie haute du vantail de la grande porte, d'une corniche posée sur consoles, comprenant une frise moulurée et surmontant un champ simulant architrave. Au-dessus de cet entablement se trouve un panneau garni d'une grille à jour.

L'autre vantail présente la même construction, sauf que tout ce qui correspond au guichet est embrevé et non ouvrant.

Les deux vantaux de la grande porte s'ouvrent *à noix et à gueule de loup*. L'un des montants est arrondi sur sa rive en profil demi circulaire, c'est le *battant mouton* ; l'autre présente en creux la même disposition et vient emboîter le premier ; c'est le *battant gueule de loup*. Les profils sont étudiés pour permettre dans l'ouverture de la porte une rotation et un dégagement faciles. Cet assemblage est très avantageux en ce sens que les deux vantaux sont bien maintenus et ne peuvent ni se voiler ni faire du bruit sous l'effort variable du vent.

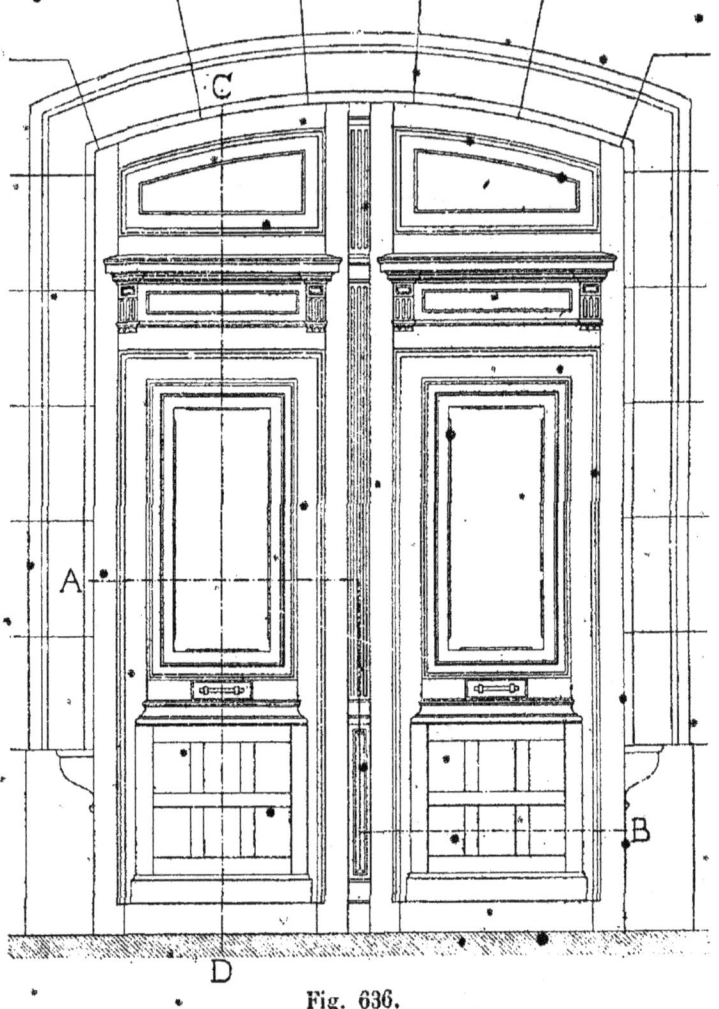

Fig. 636.

La traverse inférieure de la grande porte forme seuil du guichet ouvrant. On la garnit d'une tôle qui prévient l'usure due à la circulation des piétons, et qu'il est bon de poser à bain de mastic pour empêcher l'humidité de pénétrer dans le joint.

La construction des diverses parties de la porte, la disposition des bois, la forme des profils, l'enchevêtrement des assemblages sont donnés en détail dans la coupe CD verticale et dans le plan AB représentés dans les fig. 637 et 638.

Dans la coupe verticale, A est le bâti du grand vantail, BB le grand cadre du panneau supérieur, assemblé par quadruple rainure avec le bâti; C le panneau, qui peut être à jour, en fonte ou en fer forgé. Il est posé en feuillure et une parclose p le maintient. D est une traverse du bâti, D' la traverse suivante; entre les deux s'as- trouvent des remplissages qui ont des formes différentes aux deux parements. À l'extérieur se trouvent :

1° Une corniche composée de deux pièces E et F.

2° Une frise composée d'un lambris à petits cadres, dont les traverses de bâti sont GG' et le panneau H.

3° Deux consoles comprenant la frise, dont l'une est vue de profil en I.

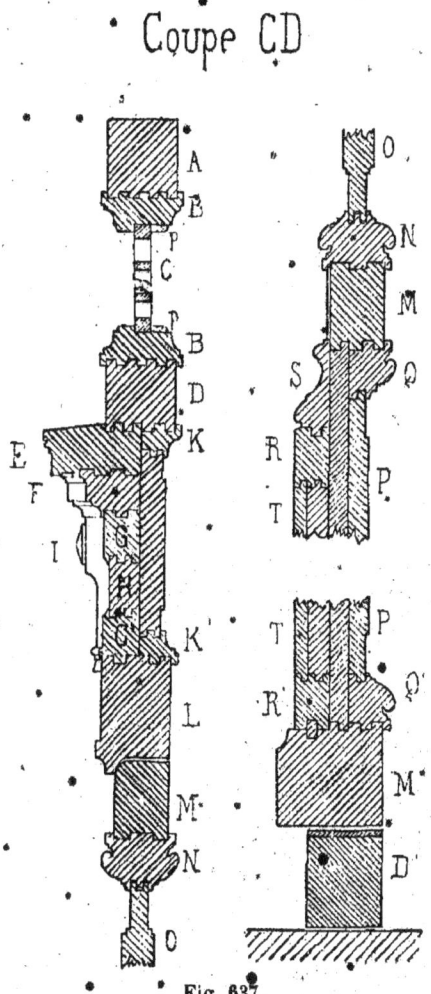

Fig. 637.

Le remplissage dont il vient d'être question est arasé en arrière suivant un plan vertical, pour s'adosser à un remplissage intérieur à grands cadres visible au second parement.

Les traverses de grands cadres sont K et K' et le panneau à platebande L.

La traverse D' forme dormant pour le guichet, et porte une

feuillure pour le recevoir. La saillie de la feuillure est épaulée par un congé et renforcée par une moulure extérieure.

La traverse du bas près du sol est D"; c'est elle qui sert de seuil au guichet.

Cette même coupe CD vient sectionner le guichet dans toute sa hauteur suivant son axe. Elle montre les trois traverses MM'M", qui avec les deux montants de côté forment le bâti. Entre les deux traverses M et M' existe un grand cadre NN entourant un panneau O. Ce dernier porte une plate-bande moulurée. Dans nombre de cas le panneau est remplacé par un panneau en fonte ou en fer forgé. Ici le panneau ayant une épaisseur relativement forte est assemblé avec les cadres par un double embrèvement.

L'intervalle des deux autres traverses M' et M" comprend un double remplissage. Au parement extérieur est un panneau P entouré d'un grand cadre dont les traverses sont Q et Q', ces dernières embrevées dans le bâti. Au parement extérieur est une table saillante composée ; 1° d'un bâti dont les traverses sont R et R'; 2° d'une moulure supérieure S ; 3° d'un panneau T, en frises disposées comme un parquet en feuilles, et doublé à l'intérieur par un autre panneau à frises verticales. Entre les deux remplissages se trouve un panneau U; de telle sorte que toute cette partie de remplissage est complètement pleine. La traverse inférieure du guichet M' est assez large pour former socle de la table saillante. Cette table se trouve, ainsi que ses moulures, contreprofilée de chaque côté, comme le montre l'élévation.

La fig. 638 donne, en deux croquis se faisant suite, la coupe horizontale de cette même porte par un plan brisé, dont la trace sur l'élévation fig. 636, est AB.

La première partie est faite à mi-hauteur dans le vantail qui ne porte pas le guichet ; la seconde partie est établie dans le second vantail à hauteur de la table saillante.

Si on détaille ce plan on trouve : A et A', montants de bâti du vantail de gauche; BB', second bâti intérieur qui correspond à celui du guichet de l'autre côté ; CC' traverses du grand cadre qui entoure le panneau D.

L'autre vantail présente dans la coupe ses deux montants

de bâti EE' portant feuillures pour le guichet. Le guichet coupé également montre ses deux montants GG', son lambris à grands cadres dont les moulures sont H et H', et le panneau I.

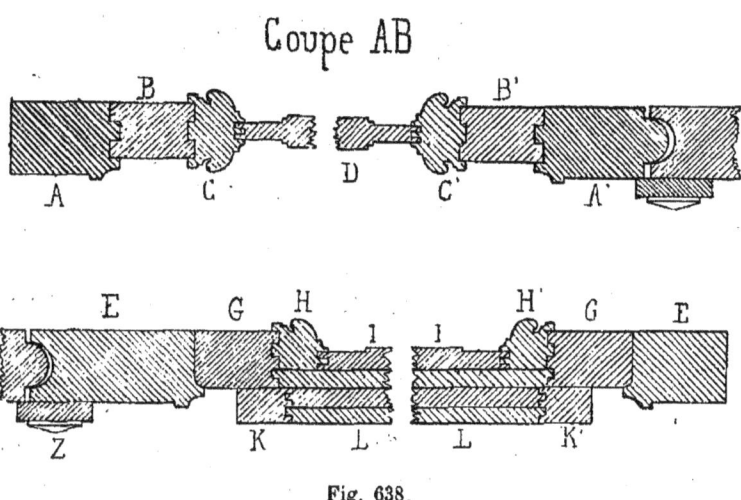

Fig. 638.

A l'autre parement la coupe donne la construction de la table saillante dont les montants sont K et K', le double panneau L, enfin le panneau d'entre deux M.

Les montants des deux vantaux qui se joignent au milieu de la porte, A' et E, s'emboîtent par un assemblage à noix dont la figure donne la forme. A' porte le mouton, E a sa rive en gueule de loup, et on complète l'aspect de la porte en même temps que l'on cache le joint montant, au moyen d'un pilastre vertical Z, qui forme battement, et auquel on donne un profil approprié. Sa forme générale est donnée dans l'ensemble de l'élévation.

Les portes cochères donnant dans des passages aérés, communiquant avec les cours intérieures, n'ont pas besoin de présenter une étanchéité quelconque au point de vue des courants d'air. On les pose directement, sans dormants, dans les feuillures mêmes de la maçonnerie.

296. Des faux lambris. — Par raison d'économie on

cherche souvent à substituer aux lambris de revêtement des combinaisons de moulures en bois, clouées directement sur les murs et produisant, à l'aide d'une peinture appropriée, l'illusion des revêtements complets.

On les appelle des faux lambris et on les exécute d'ordinaire avec les moulures que l'on trouve communément dans le commerce.

On fait le tracé général comme pour un vrai lambris ; la différence ne réside que dans le mode d'exécution.

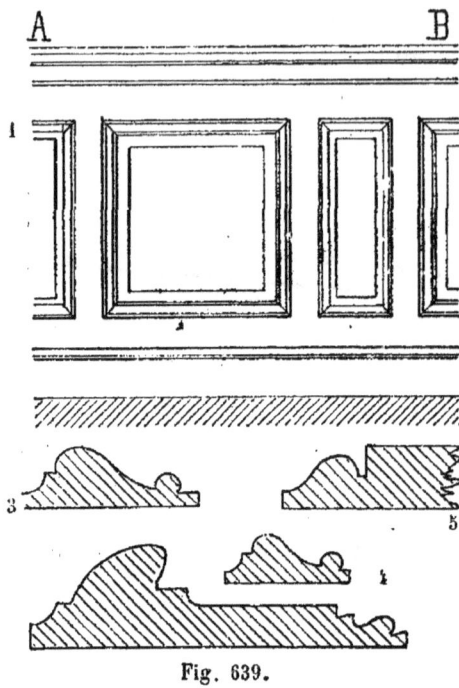

Fig. 639.

Soit par exemple le lambris fig. 639 (1) à exécuter. Le mur par son parement donnera le fond général ; la cymaise AB sera formée par la moulure (2), appliquée à plat et clouée directement sur la maçonnerie. Il en sera de même du socle ou plinthe CD, qui sera fait d'un champ en bois de 0 m. 11 portant une moulure à sa partie haute et figurée en (5) ; enfin les cadres seront obtenus de la même manière, au moyen des moulures (3) et (4), coupées d'onglet et clouées suivant la division régulière des panneaux à reproduire.

Il peut n'y avoir qu'un seul profil, on en met quelquefois deux comme ici, lorsqu'il y a alternance de grands et petits panneaux ; les lignes des platebandes sont obtenues par la peinture.

L'effet produit est loin d'être le même qu'avec de vrais lambris ; on n'a qu'une construction plate qui ne fait illusion qu'à distance. Ce qui choque le plus, c'est que les champs figurant les bâtis sont au même nu que les panneaux sans aucun relief.

Aussi obtient-on un effet meilleur par l'emploi de champs rapportés, figurant bâtis en saillie, les panneaux continuant à être représentés par le parement du mur; la coupe verticale de ce même lambris de la fig.-639, exécuté de cette nouvelle manière, serait représenté par la fig. 640 en élévation et en coupe. De m, en n existe un revêtement en 0,020 d'épaisseur, sur lequel on rapporte la moulure de cymaise o et son astragale a; la rive inférieure du revêtement reçoit l'assemblage de la série des montants et un champ inférieur rs complète les compartiments; les rives de

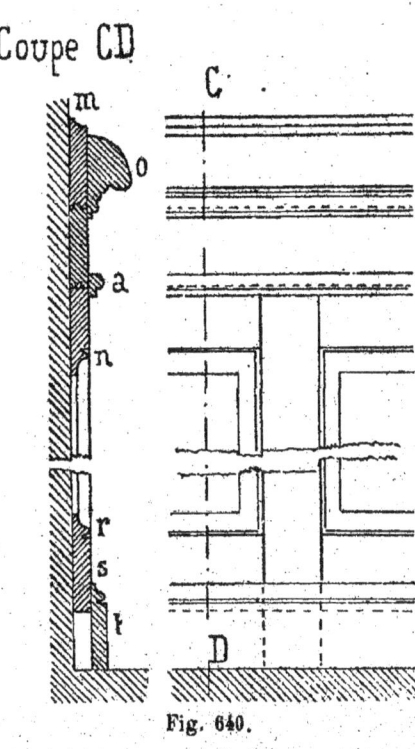

Fig. 640.

ces derniers peuvent être à glace, avec ou sans chanfreins, ou à petits cadres, ce qui est le cas supposé dans le dessin. Enfin une plinthe t termine le revêtement à sa partie basse. Il n'y aura plus qu'à compléter l'illusion avec de la peinture.

Si on voulait produire de la sorte l'effet de lambris à grands cadres, on procèderait d'une manière analogue. On commencerait par établir sur le parement AB du mur, représenté en plan fig. 640 bis, un faux lambris formé de champs rapportés dont M et M' sont deux montants successifs, comme si on voulait simuler un lambris à glace, et autour des panneaux ainsi produits on clouerait des moulures de grands cadres que l'on aurait contrefeuillés à la mesure du champ. Le nu du mur forme toujours le fond des panneaux.

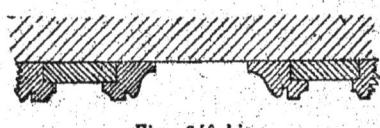

Fig. 640 bis.

297. Des châssis vitrés à l'intérieur. — On a souvent besoin d'établir dans les cloisons qui divisent les habitations des châssis d'éclairage et d'aérage. Ce sont des menuiseries à compartiments recevant des carreaux de verre. La baie qui doit les comprendre est formée par deux poteaux d'huisserie et deux traverses : quelquefois, ce sont les montants même d'une huisserie de porte dont la partie haute doit être vitrée.

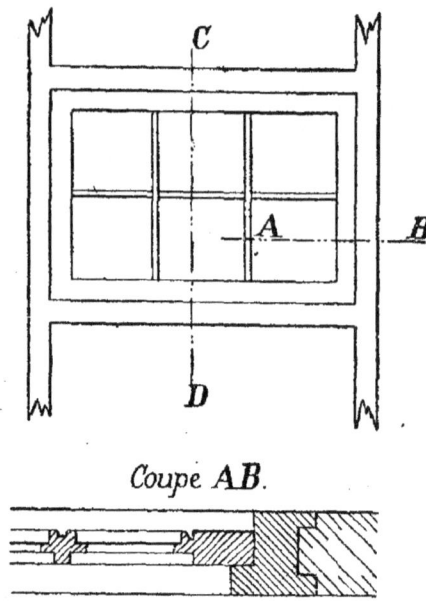

Coupe AB.

Fig. 641

Tout autour de cette baie entourée de menuiseries dormantes est ménagée une feuillure pour recevoir le châssis. Celui-ci est formé d'un bâti rectangulaire dont les montants et les traverses sont assemblées à tenons et mortaises, et qui portent également les assemblages des traverses intérieures dites petits bois, qui divisent le vide en plusieurs compartiments. La fig. 644 donne l'élévation et la coupe suivant AB d'un châssis de ce genre ; les coupes hautes et basses par le plan CD, donneraient le même tracé que la coupe AB.

Si le châssis doit être ouvrant, on laisse entre son bâti et le dormant le jeu nécessaire pour une manœuvre facile et on le fixe avec tous les ferrements nécessaires. S'il doit être fixe ou dormant, on l'assure dans sa feuillure au moyen de huit à dix longues vis.

Si la baie est percée dans un mur d'une certaine épaisseur, on remplace l'huisserie de 0,08×0,08 par un bâti en feuillure, maintenu par des pattes, et dont les montants et les traverses ont seulement 0,54×0,054. Ce bâti porte lui-même au pourtour la feuillure nécessaire à la pose du châssis.

298. Des croisées à un vantail. — Si la menuiserie ouvrante est établie dans la baie d'un mur de face, elle porte ordinairement le nom de croisée.

Si la baie est étroite, on fait la croisée à un seul vantail, c'est-à-dire ouvrant entièrement d'une seule pièce. La maçonnerie, préparée comme l'on sait, présente dans l'épaisseur du mur, autour de la baie, un tableau, une feuillure et un ébrasement.

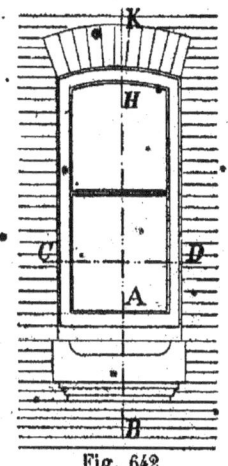

Fig. 642

La feuillure est destinée à recevoir la menuiserie; elle a ordinairement 0 m. 05 de côté.

Dans cette feuillure, on fixe un bâti dormant, qui régularise le pourtour de la baie, et résiste mieux aux frottements et chocs que les arêtes maçonnées. Ce bâti dormant est composé de deux montants et de deux traverses.

Si nous supposons que nous ayons à boucher par une croisée à un vantail la fenêtre représentée par la fig. 642, les deux montants auront le profil indiqué en M et M' dans le plan fig. 643.

Le montant M présente un profil courbe que l'on nomme *à noix* et qui a pour but de mieux serrer le joint avec le vantail

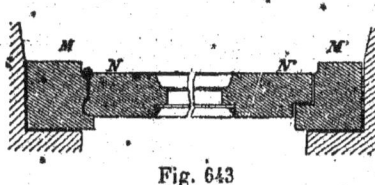

Fig. 643

mobile. Le montant M' présente une simple feuillure dans laquelle le vantail viendra battre.

La partie mobile est elle-même composée d'un chassis formé de deux montants et de deux traverses; et de plus, dans l'exemple cité, elle est séparée en deux compartiments par un petit bois. La coupe horizontale suivant CD sectionne les deux montants N et N', que l'on voit avec leur profil mouluré et leur feuillure à verre.

La coupe verticale est représentée par la fig. 644. Immédiatement dans la feuillure du linteau se loge la traverse m, alors que l'autre traverse du dormant m' vient se poser sur l'appui. — Dans les feuillures de ce dormant se loge le vantail dont on voit les traverses n et n' coupées.

La traverse haute n'a que 0,034 d'épaisseur ; elle est rectangulaire, sauf à la partie basse où elle présente le profil nécessaire au vitrage, et à son encadrement mouluré.

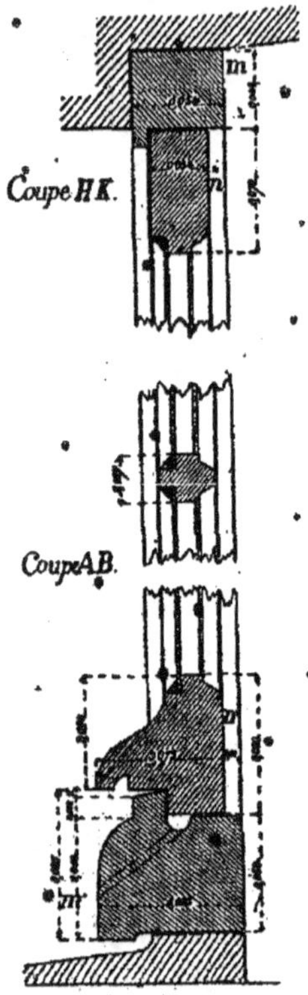

La traverse basse du vantail est plus épaisse, elle a 0,075 et dépasse en dehors, en forme de jet d'eau avec mouchette ; elle présente en dessous une contrefeuillure, pour venir battre dans la feuillure de la traverse dormante m' appelée souvent *pièce d'appui*.

Le profil de cette dernière forme jet d'eau extérieur avec mouchette, pour que la pluie ne puisse passer dans le joint de la pierre ; il fait feuillure et cette feuillure a la forme voulue pour recueillir les eaux qui peuvent se condenser à l'intérieur, les rassembler dans une rigole et les évacuer au dehors par un trou foré dans la pièce d'appui et qui est indiqué en ponctué sur la coupe.

A part la saillie des jets d'eau, tous les bois du dormant sont compris entre deux plans verticaux parallèles espacés de 0,054, et tous ceux du châssis de la croisée sont compris entre deux autres plans analogues espacés de 0,034.

Fig. 644

999. Croisées à deux vantaux. — Lorsque les baies dépassent 0 m. 70 de largeur, on préfère les ouvrir en deux pièces, à deux vantaux comme l'on dit, et le joint est établi verticalement au milieu.

Chaque vantail est disposé comme celui qui vient d'être décrit, soit le long des montants du dormant, soit à sa partie haute dans la feuillure supérieure, soit à sa partie basse avec le double jet d'eau de la fig. 644.

38

Il reste à représenter la jonction des deux vantaux l'un avec l'autre.

Si donc on a à exécuter la croisée à deux vantaux dont l'ensemble est celui de la fig. 645, les coupes AB et HK seront exactement données par le croquis fig. 644; la coupe EF est disposée comme le montre la fig. 646 et la coupe CD, qui lui fait suite, est celle des deux vantaux ensemble.

L'un des vantaux (ici celui de droite, est plus large que l'autre). A son montant N est assemblée, au moyen d'un double embrèvement, une pièce verticale de 0,054 d'épaisseur, qui occupe exactement le milieu de la baie. Sur sa rive extérieure, elle est creusée d'une gueule de loup de 0,034 de largeur. C'est dans cette gueule de loup que vient se loger le montant du second vantail élégi en forme arrondie, et que l'on nomme le battant mouton. Cet assemblage à noix est le plus hermétique; il a l'avantage de se faire avec précision, de permettre,

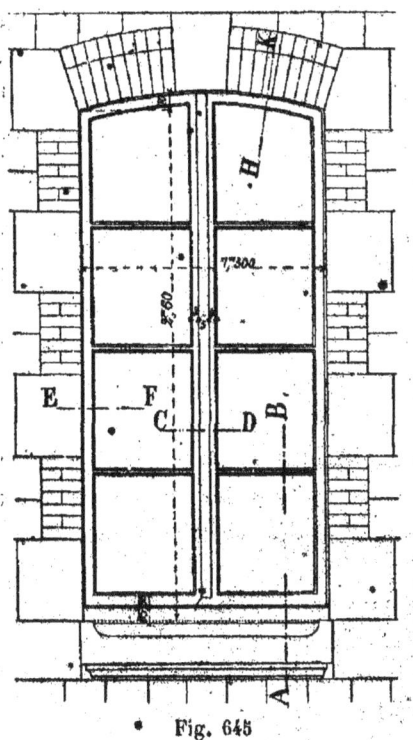

Fig. 645

malgré cela, une rotation facile, et de bien maintenir les deux vantaux l'un par l'autre, de telle sorte que le joint ne puisse bailler par suite du voilement des bois; cela arrivait fatalement avec les anciens joints à doucines, tels que celui représenté fig. 647.

Dans ce joint, les vantaux étaient égaux et les montants du milieu de la croisée étaient taillés dans des pièces de bois d'un seul morceau de plus fort équarrissage que celui des autres pièces du châssis.

Lorsque les croisées sont de plus grandes dimensions, on fait varier convenablement les épaisseurs des bois; au lieu de 0,054 pour le dormant, on met 0,07 à

0,08 ; au lieu de 0,034 pour les vantaux mobiles, on arrive aux dimensions de 0,041 ou même de 0,054.

Les petits bois augmentent beaucoup la solidité des châssis, de telle sorte que, malgré les coupes nécessitées par les assemblages, plus il y a de compartiments, plus le châssis est entretoisé et plus les angles sont fixes. Aussi doit-on conserver le plus possible de ces divisions. Dans les usines, on cherche à multiplier les petits bois pour réduire la dimension des verres. Dans les croisées des appartements importants, au contraire, la tendance est de mettre des vitrages en verre ou en glace de grandes dimensions et de supprimer les séparations ; il faut en tenir compte dans la fixation de l'épaisseur du bois.

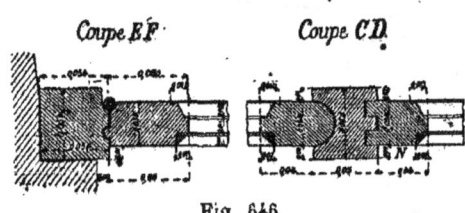

Fig. 646

Une disposition qui paraît excellente à tous points de vue, pour ces sortes de croisées, consiste à diviser chaque vantail en deux compartiments ; l'un, plus petit, à la partie basse plus exposée aux chocs et aux bris, et dont on peut plus facilement remplacer le vitrage, et l'autre grand et allongé comprenant le restant du châssis. Le petit bois qui les sépare s'établit à la hauteur de la traverse de la balustrade et se trouve caché pour le dehors. Avec ce petit bois unique, auquel on peut donner une certaine largeur, on obtient une consolidation notable dans les assemblages des châssis.

Les croisées doivent toujours se faire en bois durs, leur parement extérieur est soumis constamment à l'humidité du dehors, leur parement intérieur à celle de la condensation, de telle sorte que les bois doivent être aussi résistants que possible à la pourriture. On emploie dans nos pays presque exclusivement le chêne pour cet objet, et on a soin de l'entretenir constamment de peinture, et de reboucher toutes les fissures par lesquelles l'eau pourrait pénétrer dans les assemblages.

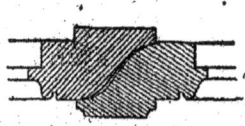

Fig. 647

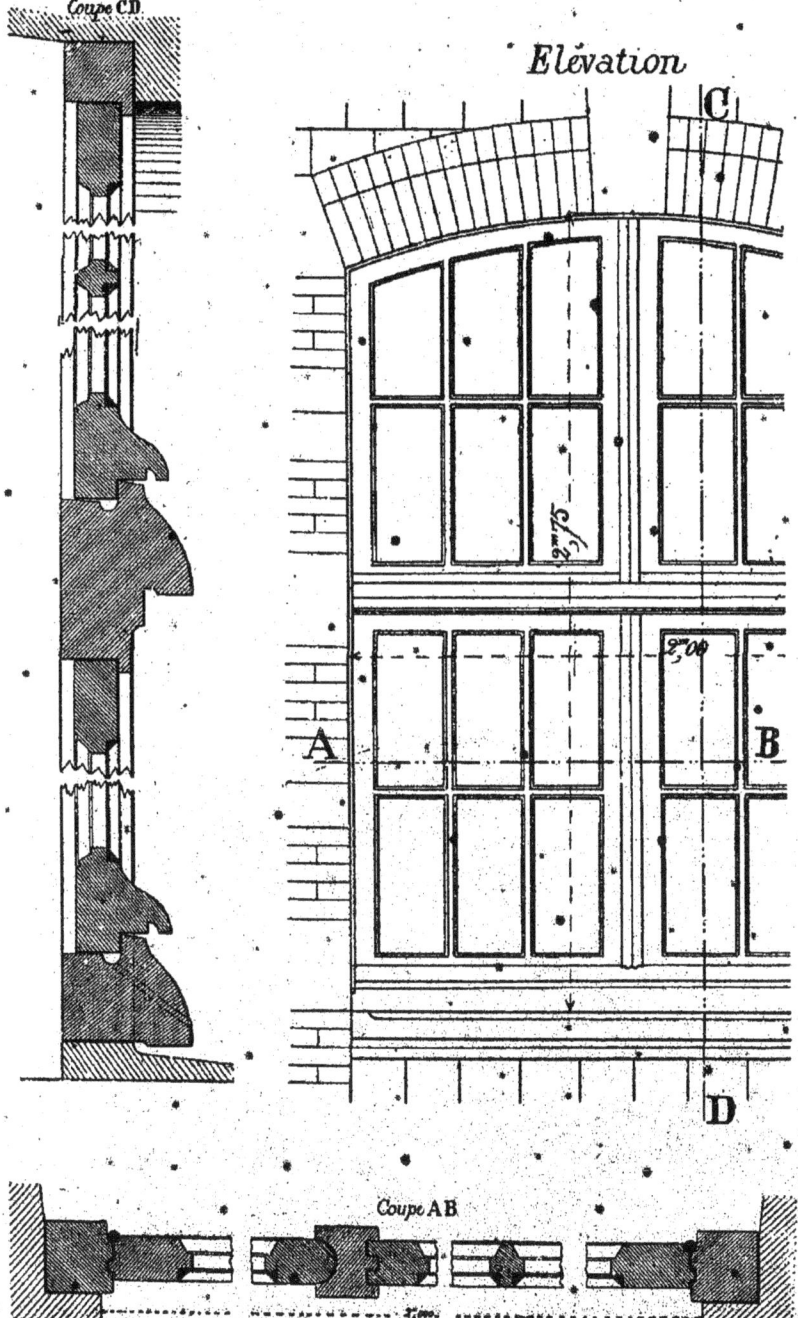

Fig. 648.

300. Croisées avec impostes. — Lorsque la hauteur des croisées est grande, on a souvent avantage à les diviser dans le sens de la hauteur pour réduire les dimensions des parties ouvrantes. On les sépare alors en deux compartiments superposés. Celui du haut se nomme l'imposte ; la séparation est d'ordinaire en bois et fait partie du bâti dormant ; on la nomme la *traverse d'imposte*.

Le profil de la traverse d'imposte doit remplir les conditions suivantes : servir d'appui à la croisée du haut et de traverse haute à celle du bas ; il est bon également de déterminer son profil, de manière à ce qu'il éloigne l'eau le plus possible de la façade inférieure. Toutes ces conditions se trouvent remplies au mieux dans le croquis de la fig. 649, qui représente la portion de coupe suivant CD de la traverse d'imposte de la croisée dont l'ensemble est donné dans le croquis précédent.

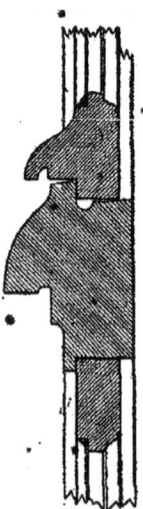

Fig. 649

En même temps que la coupe de la traverse d'imposte, le détail donne le profil de la traverse basse de la croisée supérieure et celui de la traverse haute de celle du bas.

Dans les croisées en plein cintre que l'on veut diviser dans le sens de la hauteur, il convient souvent de faire régner la traverse d'imposte avec la naissance de l'arc ; dans d'autres cas, on l'établit franchement à un niveau inférieur.

Si la croisée est large, on la divise aussi dans le sens de la largeur par un meneau vertical.

301. Portes croisées. — On donne le nom de porte croisée à une croisée donnant sur un balcon et descendant jusqu'à la surface de ce dernier.

La porte-croisée ne diffère d'une croisée ordinaire qu'en ce que, presque toujours, on garnit chacun des vantaux d'un panneau plein à la partie basse, là où les chocs seraient à redouter pour un carreau. On remplace la vitre par un panneau en bois ; l'aspect que présente la porte est représenté par l'ensemble de la fig. 650, et le détail annexé donne le profil de la partie basse de la porte en MN, c'est-à-dire à l'endroit du panneau plein.

Dans cette coupe, A est la section de la traverse du bas d'un vantail, A' la traverse immédiatement supérieure, à 0,40 ou 0,50 au-dessus de la première ; entre les deux, B est le panneau plein, formant table saillante à l'extérieur et au contraire muni de plate-bandes et entouré de petits cadres au parement du dedans. La circulation qui se produit sur la pièce d'appui du dormant, qui est posée sur le balcon, userait bien vite le bois. On la remplace par une pièce d'appui en fonte qui a même forme, donne un meilleur usage et présente

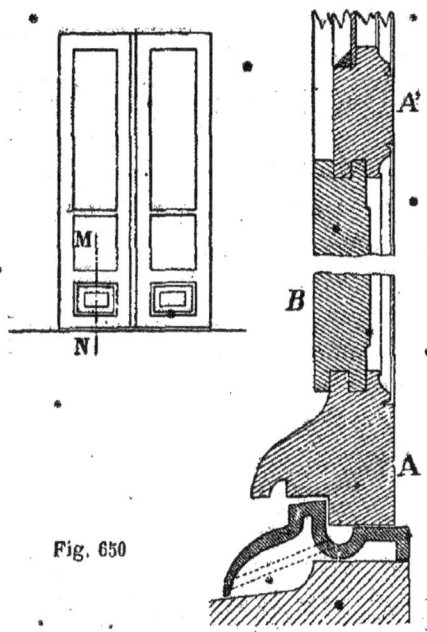

Fig. 650

encore l'avantage d'avoir moins de hauteur que le bois, et par suite de faciliter le passage.

302. Calfeutrements divers autour des croisées. — Le joint qui existe entre le dormant d'une croisée et la maçonnerie doit non seulement être bien rempli de mortier et être bien plein, mais encore être recouvert de bois pour que les ébranlements dus à l'ouverture de la croisée ne viennent pas égrener ce remplissage.

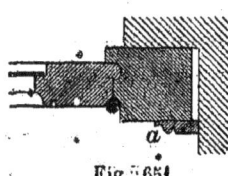

Fig. 651

La première précaution est de clouer sur le dormant, le long des montants et de la traverse supérieure, une tringle moulurée a, fig. 651, qui vient recouvrir le joint en s'appliquant exactement sur l'ébrasement. Les montants de cette tringle de calfeutrement descendent jusque sur le stylobathe de la pièce.

Si l'ébrasement était supprimé et que le dormant fût au nu du parement intérieur du mur, on donnerait de l'importance à la moulure dont il vient d'être question, et on en ferait un véritable chambranle qui viendrait concourir à l'ornementation de la chambre.

Fig. 652

La fig. 652 donne en b la disposition de ce chambranle. Si la pièce avait peu d'importance ou était de service commun, on pourrait économiquement remplacer la moulure b par une baguette demi-ronde c, que l'on nomme souvent une demi-baguette, et que l'on clouerait à cheval sur le joint.

Un calfeutrement qu'il est encore plus important de bien faire, est celui du joint horizontal qui existe entre la pièce d'appui et l'allège et qui est souvent bien mal rempli par la maçonnerie ; les ébranlements dus à la manœuvre de la croisée le dégradent à la longue au point de laisser voir le jour à travers la fente.

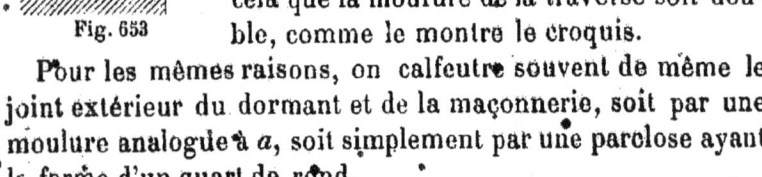

Fig. 653

On le couvre avec une moulure d, fig. 653. On a soin que cette tringle ait le même profil que les tringles de calfeutrement, de manière à les joindre d'onglet et à former avec eux des cadres réguliers. Il faut pour cela que la moulure de la traverse soit double, comme le montre le croquis.

Pour les mêmes raisons, on calfeutre souvent de même le joint extérieur du dormant et de la maçonnerie, soit par une moulure analogue à a, soit simplement par une parclose ayant la forme d'un quart de rond.

303. Liaison des croisées avec les lambris de revêtement. — Lorsque les murs d'une pièce sont garnis de revêtements en lambris, ces lambris se retournent pour recevoir les ébrasements et ils viennent s'amortir contre le dormant de chaque croisée. La fig. 654 donne la disposition qui est le plus généralement adoptée. La division générale des panneaux est tracée de manière à terminer, près de l'angle de l'ébrasement, par un montant un peu plus large que les autres et que l'on moulure sur l'arête. Il dépasse assez l'alignement de l'ébrasement pour recevoir le revêtement en retour qui vient s'embrever dans une rainure normale, et qui, de la même manière, s'assemble avec le dormant.

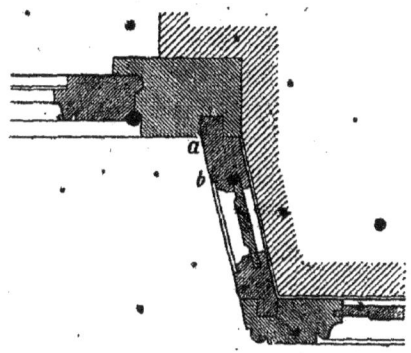

Fig. 654.

Il est indispensable que le montant qui longe le dormant soit assez large et que sa face *ab* soit suffisante pour recevoir l'amortissement du revêtement de l'allège de la croisée, sans que la largeur des champs devienne par trop inégale.

304. Croisées avec volets intérieurs. — On a beaucoup employé les volets intérieurs au siècle dernier, et maintenant on ne les adopte plus que rarement. La fig. 655 donne par une coupe horizontale la manière dont on doit les disposer.

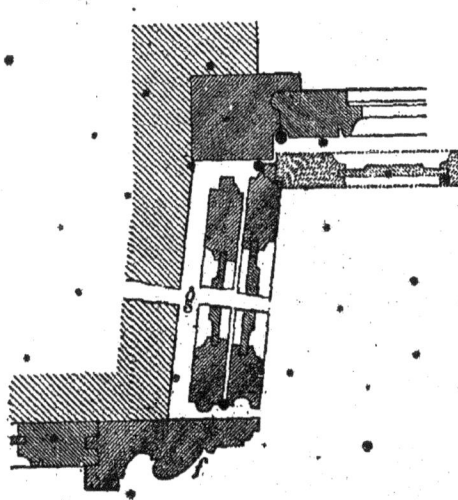

Fig. 655.

Le dormant de la croisée est plus fort et plus large qu'à l'ordinaire, et il fait à l'intérieur une saillie d'au moins 0,02 sur le parement des vantaux. C'est sur ce dormant que les volets sont ferrés, et c'est également lui qui leur servira de battement.

Les volets sont des surfaces en lambris qui ont toute la hauteur de la croisée, et qui sont brisées en deux ou en trois feuilles dans le sens de la largeur pour pouvoir se replier les uns sur les autres et se loger sur l'ébrasement sans le dépasser. Ces volets sont ordinairement à petits cadres à un parement et à glace de l'autre. On met les petits cadres de telle sorte que, lorsque les volets sont ouverts, ils soient au parement apparent.

Leurs rives extérieures sont moulurées sur l'angle, et portent une contrefeuillure pour mieux fermer sur le dormant.

Entre eux ils se joignent à noix pour empêcher la lumière de filtrer dans l'intervalle.

On les fait d'ordinaire en chêne, les bâtis en 0,027 et les panneaux en 0,018 d'épaisseur.

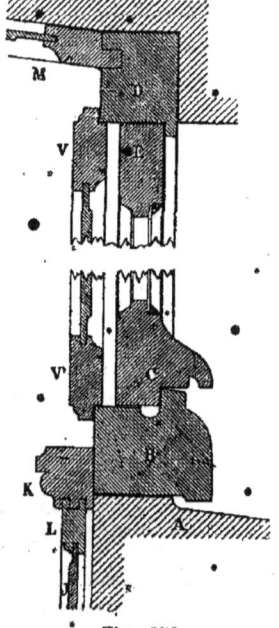

Fig. 656.

Pour ne pas voir la tranche des volets lorsqu'ils sont ouverts, non plus que le vide qui les sépare du mur, on a avantage à avancer de la quantité voulue un chambranle d'encadrement de la baie à l'intérieur, f, autour de l'ébrasement, et à former ainsi une cavité g dans laquelle se logent les volets. Lorsqu'ils sont ouverts on a un ensemble très régulier.

C'est avec le chambranle que viennent alors se raccorder et s'embrever les revêtements des murs de la pièce il faut faire la division des cadres en conséquence.

D'autres fois encore on combine les volets avec les revêtements que l'on a vus précédemment, de telle sorte que c'est quand les volets sont fermés et la fenêtre close que l'ouvrage paraît complètement terminé et produit l'effet voulu.

La fig. 656 donne la coupe verticale de la même croisée que le croquis précédent. Cette coupe montre : en M le lambris de revêtement de la voussure de l'ébrasement, qui vient s'embrever dans la traverse haute du dormant D. E est la traverse du vantail mobile et V est la partie haute de l'un des volets ; il est appliqué sur le dormant par l'intermédiaire de sa contre-feuillure.

Cette même figure donne également le bas de la croisée. A, est la pierre d'appui de la baie. B, la pièce d'appui et en même temps la traverse basse du dormant de la croisée. C la traverse basse du vantail ouvrant.

La partie basse du volet est marquée par la lettre V; comme pour le haut, elle porte une contrefeuillure pour venir s'appliquer sur la traverse.

Dans le même croquis on voit encore en K une cymaise qui surmonte le lambris de recouvrement de l'allège, en L la traverse haute du bâti de ce lambris, et enfin en J, le commencement de la coupe du panneau.

305. Des persiennes et volets extérieurs. — Les croisées ne constituent pas une clôture à cause des vitres; elles n'abritent pas non plus contre la lumière intense ou la chaleur solaire. On complète la garniture d'une fenêtre par des volets ou des persiennes extérieurs.

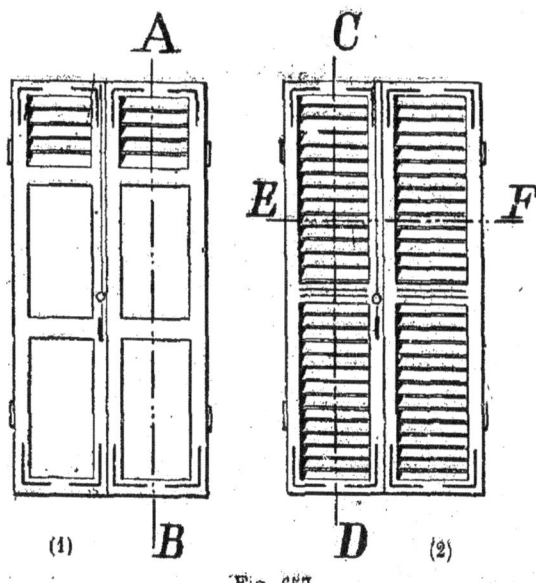

Fig. 687.

Les volets sont des surfaces de lambris qui sont ferrées pour pouvoir tourner autour de l'arête extérieure du tableau de la baie. Ouverts, ils s'appliquent sur le mur; fermés, ils se logent dans une feuillure ménagée au pourtour de la fenêtre, ou bien ils viennent buter contre des battements en fer; la feuillure est préférable, elle évite le passage de la lumière dans les interstices. Les volets se font à deux vantaux pour nos fenêtres d'habitation ordinaire. On les construit en bois dur, ordinairement en chêne, quelquefois avec panneaux en sapin. Les bâtis ont pour les dimensions courantes 0,034 d'épaisseur et une largeur de 0 m. 09 à 0,11 ; les panneaux ont 0,018 à 0,020 d'épaisseur ; ils sont arasés au parement extérieur (lorsqu'ils sont fermés) et à glace au contreparement.

Les volets pleins ont l'inconvénient de ne laisser passer aucune lumière, mais ils forment une bonne clôture lorsqu'ils sont bien installés. Quand la question d'abri est seule en jeu comme il arrive pour les fenêtres d'étages, on les remplace par des persiennes.

Ces dernières ne diffèrent des volets qu'en ce que les panneaux sont remplacés par des séries de lames minces en bois, écartées les unes des autres, inclinées parallèlement en abat-jour, et ayant l'aspect représenté dans la fig. 657 (2).

Les lames se font en chêne, quelquefois en sapin ; elle se croisent verticalement de 0,005 à 0,007, pour empêcher de voir au travers ; leur épaisseur est de 0,012, leur largeur 0,075 et la distance de deux bois consécutifs est de 0,02 mesurés normalement, ou 0,055 mesuré sur la face du bâti, d'axe en axe de bois.

Les lames sont embrevées de toute leur largeur dans une rainure biaise poussée dans le montant ; de plus, elles portent un tenon vers la partie milieu, correspondant à une mortaise de même forme ; on en cheville en certain nombre. Le bâti est en chêne, comme pour les volets ; il a 0,034 d'épaisseur Il est formé de 2 montants, de 2 traverses extérieures et de une ou deux traverses intermédiaires suivant la hauteur.

La fig. 658 donne la coupe verticale suivant GD de l'ensemble de la fig. 657. On voit la forme de la traverse haute h dont le dessous prend l'inclinaison générale des lames.

De même la traverse inférieure K a son dessus disposé parallèlement à cette même direction.

Quant à la traverse intermédiaire *l*, elle a une plus ou moins grande hauteur, suivant la rigidité dont on a besoin pour le vantail; on la raccorde en dessus et en dessous avec le biais des lames. On figure sur ses parements de fausses lames qui continuent celles des panneaux, de sorte que sa dimension verticale est un multiple de la hauteur d'une lame.

La même fig. 657 donne en (1) une disposition applicable surtout aux locaux à rez-de-chaussée et dans laquelle les panneaux du bas sont pleins tandis que le panneau supérieur seul est à lames; c'est ce que l'on appelle un volet-persienne. La coupe verticale AB rend compte de sa construction.

Dans les volets ou les persiennes les deux ventaux viennent se joindre au milieu; l'un porte une feuillure, l'autre la contre-feuillure égale, et ils se ferment comme l'indique la coupe horizontale EF.

Fig. 659.

Pour les baies à rez-de-chaussée formant portes, on fait ce que l'on nomme des portes-persiennes. Elles ne diffèrent pas sensiblement des volets-persiennes, comme construction; leur panneau du bas est quelquefois à table saillante.

Les persiennes lorsqu'elles sont fermées enlèvent beaucoup de jour à la pièce et ne permettent pas de voir au dehors, ce qui rend leur usage assez triste. On les améliore dans certains pays par une disposition très avantageuse. Entre deux traverses et à hauteur d'homme, on réunit toutes les lames dans un châssis spécial qui se loge en feuillure dans le bâti du vantail et on les ferre de manière à pouvoir les ouvrir à tabatière, comme le montre le croquis de la fig. 659.

On peut prendre la même disposition pour le second vantail.

306. Persiennes brisées.

— Le développement des persiennes au dehors présente quelques inconvénients, tels qu'une certaine difficulté de manœuvre ; l'action des vents les fait battre, et enfin elles sont exposées aux intempéries et ont besoin d'être entretenues de peinture avec beaucoup de soin, si on veut prolonger leur durée. On emploie fréquemment maintenant des persiennes brisées. On appelle ainsi celles dont chaque vantail se replie en deux, trois ou quatre feuilles articulées à charnières. Elles coûtent plus cher de premier établissement, mais peuvent se développer sur la surface du tableau de la baie

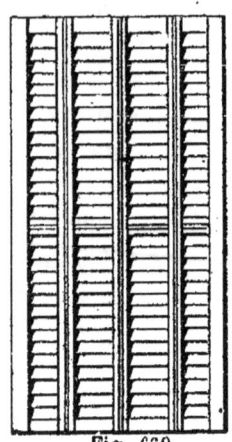

Fig. 660.

et sont plus accessibles. On a de plus l'avantage de manœuvrer un nombre de feuilles, en rapport avec l'atténuation du jour que l'on veut obtenir ; enfin elles sont soustraites à l'action des vents.

Pour avoir un tableau sufisamment développé qui puisse recevoir les persiennes brisées, on supprime souvent tout ou partie de l'évrasement, et la croisée arrive à coïncider avec le parement intérieur du mur. On ajoute au bâti dormant de la croisée une pièce montante additionnelle C, fig. 661, que l'on appelle une

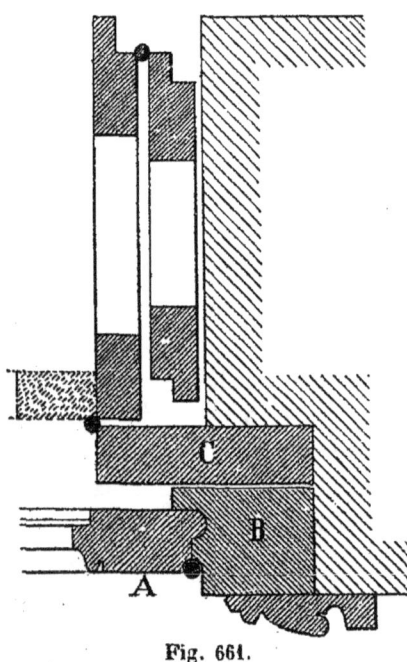

Fig. 661.

tapée ; elle est fixée au mur en même temps que le bâti, et fait sur le tableau la saillie nécessaire pour correspondre à un vantail replié. On pondère toutes les dimensions dans l'étude du tracé pour que dans tous les cas les vitres restent dégagées.

C'est sur la tapée que l'on ferre la première feuille. Pour fermer la persienne, on tire à soi cette feuille, puis on ramène la seconde, qui arrive au milieu de la baie.

On donne à ces persiennes 0,027 d'épaisseur de telle sorte que lorsqu'il y a deux feuilles, avec le jeu nécessaire, il faut compter que les menuiseries prendront 0m06 de chaque côté ; si la baie est plus large, ou si l'on est limité dans la largeur du tableau, on divise le vantail en trois feuilles, ce qui donne une épaisseur de menuiserie repliée de 0,09 de chaque côté.

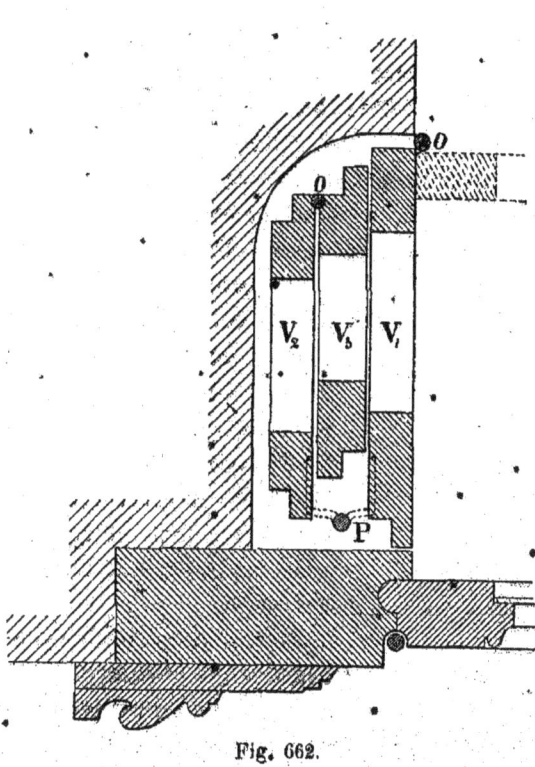

Fig. 662.

L'arrangement dont il vient d'être parlé laisse apparaître au dehors la tranche des feuilles, ce qui du reste ne choque pas, du moment qu'elle arase le nu du mur sans saillie extérieure. On a cherché, dans des constructions plus soignées, à cacher complètement cette tranche; pour cela on a créé dans le tableau une alvéole de forme convenable pour loger complètement la masse des feuilles repliées ; de telle sorte que les persiennes brisées ne font aucune saillie. La seule face vue forme le nu du tableau de la baie.

La fig. 662 rend compte de cette disposition. Il s'agit d'une croisée fermant une baie de 1 m. 25 de large; toute l'épaisseur d'un mur de 0,50 est prise par le tableau et la feuillure, et l'ébrasement se trouve supprimé.

Le vantail brisé en trois feuilles demande une alvéole de 0 m. 10 de profondeur, et cette alvéole ne va pas jusqu'au nu extérieur; l'arête du chambranle extérieur reste intacte et est soutenue par une partie de tableau en maçonnerie de 0,05 au moins. L'alvéole, de ce côté, est creusée en arrondi, pour moins affamer la pierre; elle va jusqu'au bâti dormant de la croisée qui est élargi pour la circonstance et arrive à avoir environ 0,15 de grosseur de bois. Le chambranle mouluré, élargi lui-même, est formé de deux pièces; un premier champ mouluré appliqué directement sur le bâti, et une moulure rapportée au-dessus.

La première feuille de persiennes V_1 est ferrée de manière à tourner autour du point O; la seconde, au moyen d'une charnière coudée, se replie à distance de la première en tournant autour de P. Enfin la troisième, articulée en Q sur la précédente, se loge entre les deux.

La persienne développée se trouve séparée de la croisée par la largeur de l'alvéole, tandis que dans le précédent arrangement elle était presque appliquée contre la croisée, la tapée seule les séparant.

397. Persiennes bois et fer. — On emploie beaucoup aussi pour les persiennes brisées, non seulement des types exécutées tout en fer, et qui sortent du cadre de cet ouvrage, mais des types fer et bois de construction très ingénieuse.

Le bâti est un fer à rainure dans lequel s'engage à force une baguette en bois qui portera les tenons des lames.

On y trouve l'avantage d'une grande solidité, et une notable réduction d'épaisseur, de telle sorte que les persiennes repliées sont plus faciles à loger. La fig. 663 représente, en demi grandeur d'exécution, le détail de ces persiennes : en 1 la coupe verticale d'une feuille, montrant la forme qu'affectent les lames, en 2 la coupe horizontale des montants de bâtis de deux feuilles voisines, montrant la noix de jonction, l'axe de rotation et les sections des fers des bâtis.

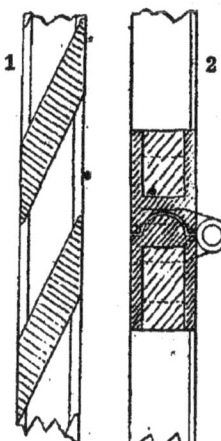

L'épaisseur est réduite à 0,017 à 0,018 et dans 0 m. 09, en tenant compte des jeux nécessaires, on peut loger une feuille de plus que dans le cas des persiennes tout en bois, c'est-à-dire quatre feuilles superposées. Pour trois feuilles il suffit de 0 m. 07. La manière de loger les feuilles en fer et bois est analogue à celle employée pour les persiennes brisées tout en bois. Les deux dispositions le plus généralement adoptées sont représentées dans les deux fig. 664 et 665.

Dans la fig. 664 il y a une alvéole en tableau, comprise entre une cornière montante fixe C à l'extérieur et le dormant de la croisée, que l'on peut faire assez épais pour rendre les persiennes indépendantes du jet d'eau de la

Fig. 663.

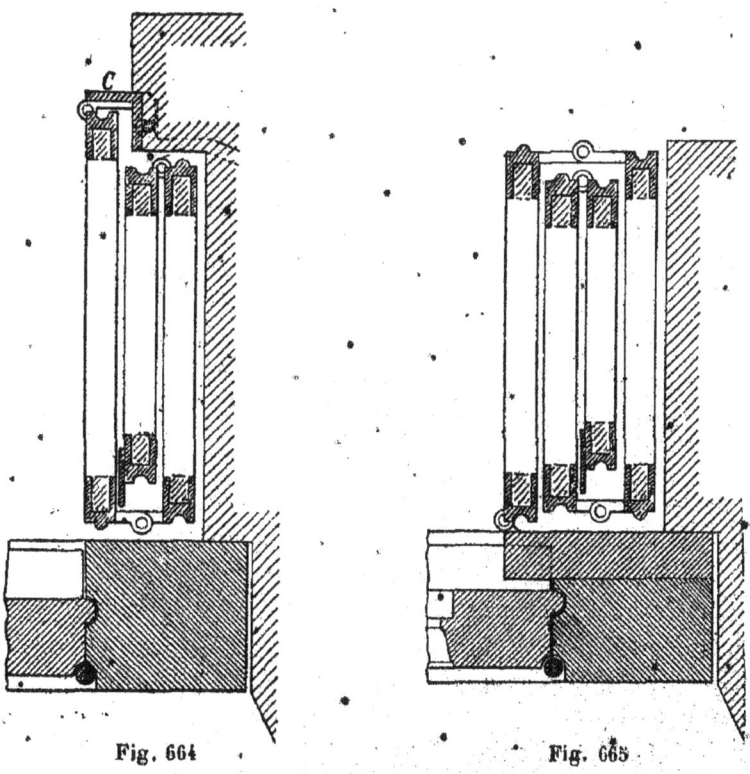

Fig. 664

Fig. 665

croisée. C'est sur la cornière que se ferre le premier vantail ;

quant aux deux autres, ils sont légèrement plus étroits pour trouver place au fond de l'alvéole.

Comme dans l'exemple précédent la feuille extrême de chaque vantail, celle qui arrive au milieu de la baie se trouve repliée entre les deux autres. La feuillure, pour le recouvrement des deux vantaux à leur jonction, est obtenue par une simple bandelette rivée sur le fer du bâti.

La cornière fixe sur laquelle se monte le vantail est peinte dans le ton du ravalement et ne produit aucun mauvais effet.

L'ensemble de ce vantail refermé est indiqué par une vue du tableau, fig. 666 (1).

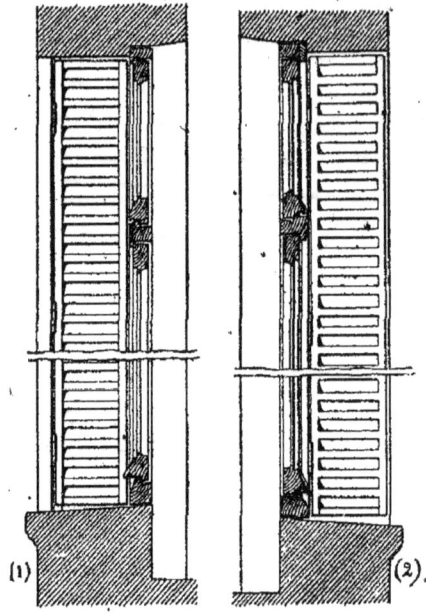

Fig. 666.

Dans la fig. 665, on a à loger 4 feuilles superposées le long d'un tableau très étroit et on ne craint pas de voir, de l'extérieur, la tranche des persiennes repliées, dont l'ensemble demande 0 m. 09. On assemble avec le bâti dormant de la croisée une tapée de dimension convenable et qui vient empiéter sur le ventail vitré tout en en laissant les vitres dégagées. La tapée est refouillée pour le logement du jet d'eau. C'est sur cette tapée que l'on ferre la première feuille de la persienne ; les autres sont repliées derrière, toujours d'après le même système d'enroulement qui a déjà été vu, et au moyen de charnières coudées à la demande. On a soin que les feuilles repliées arasent autant que possible, sans le dépasser, le nu extérieur du mur. L'aspect de cette dernière disposition repliée est indiqué dans l'élévation du tableau de la baie fig. 666, (2).

308. Persiennes à lames mobiles. — Dans les bâtiments

d'usines affectés à des séchoirs industriels, on se sert souvent de persiennes en bois ; on les établit plus grandes, et de lames plus épaisses et plus larges que celles de nos habitations, mais leur construction reste la même. Les lames sont embrevées dans des bâtis que l'on vient rapporter dans les feuillures ménagées dans le bâtiment. D'autres fois, par économie, on les monte directement dans les montants d'un pan de bois léger qui forme la paroi même de la pièce.

On a parfois besoin de faire varier dans ces séchoirs l'inclinaison des lames de manière à régler l'admission ou passage de l'air. On laisse les lames libres de tourner autour d'un tourillon ménagé au bois ou rapporté en fer, et on les réunit, en séries, à des tringles en fer munies de poignées, par des attaches articulées, ainsi que l'indique la fig. 667 ; de telle sorte que, par un simple mouvement vertical donnée à une de ces poignées, on lève ou on baisse de la quantité voulue dix, vingt ou trente lames.

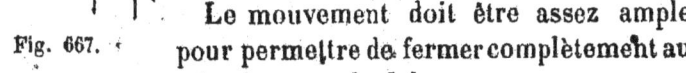

Fig. 667.

Le mouvement doit être assez ample pour permettre de fermer complètement au besoin toute communication avec le dehors.

309. Des devantures des boutiques, dispositions générales. — Les devantures de boutiques se composent toujours d'un bâti général et d'un remplissage, le tout formant une façade composée de trois parties :

Un soubassement, S ;

Le corps principal, C ;

Et l'entablement, E.

Les proportions relatives de ces trois parties varient beaucoup et peuvent s'assimiler à celles d'un ordre. L'aspect d'ensemble est celui représenté par la fig. 668.

Le soubassement a presque toujours la même hauteur. Sa corniche est à 0,70 à 0,75 du sol et correspond à la table d'étalage que l'on établit en dedans. Cette corniche est généralement réduite à une simple cymaise.

La plinthe est en pierre. C'est le seuil de la baie qui avance avec une saillie convenable pour recevoir la devanture, et a un relief d'une hauteur de marche, au plus, au-dessus du trottoir. Entre les deux est le dé, qui est en menuiserie ou en marbre, et dans lequel sont percées les baies B et B', chargées d'éclairer le sous-sol.

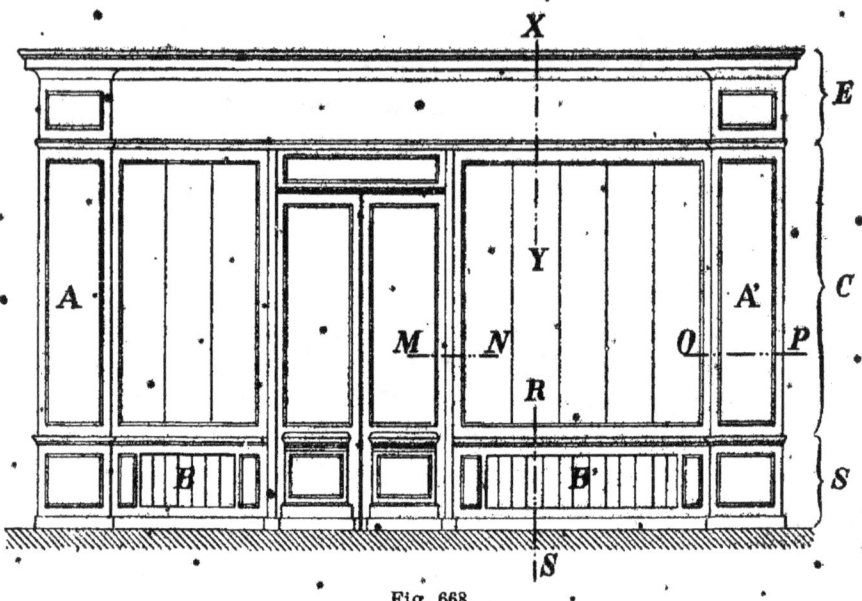

Fig. 668.

Le corps de la boutique comprend les vitrages; il s'étend depuis le soubassement jusqu'au linteau de la baie, pour donner le plus de jour possible.

L'entablement commence par l'architrave qui se réduit à une simple traverse moulurée; il se termine par une corniche en menuiserie, et entre les deux s'étend la frise, que l'on nomme le *tableau* de la boutique, et sur laquelle on met les inscriptions. L'entablement couvre le mur dans la hauteur du linteau, et s'étend au-dessus, en profitant souvent de la hauteur des allèges des fenêtres de l'entresol.

La porte, à un vantail ou à deux vantaux, se trouve placée à l'endroit le plus convenable désigné par l'aménagement de l'intérieur; elle s'étend dans la hauteur du soubassement et du corps au-dessus.

Le vitrage peut se clore par une série de volets-mobiles que l'on enlève ou qu'on replie pendant le jour, et qui se logent dans des caissons formant armoires A et A'..

Telle est la disposition générale d'une devanture de boutique.

310. Législation relative aux boutiques. — Dans la plupart des localités, des règlements administratifs régissent la saillie et la hauteur de ces devantures.

A Paris, une ordonnance du 24 décembre 1883 établit que la saillie des boiseries, y compris tous les bois et toutes les moulures accessoires, ne doit pas dépasser 0 m. 10. Dans cette mesure sont renfermés le seuil, les volets, les pilastres les caissons, mais non la corniche.

Cette dernière ne peut être en plâtre, on doit la faire exclusivement en bois ou en métal, et avec couverture métallique, en zinc par exemple. Cependant on admet des corniches en pierre, dont la queue forme parpaing dans le mur.

La décision du Préfet de Police du 15 février 1890 fixe la hauteur maximum des boutiques à 5 m. 00, en laissant l'administration juge des circonstances motivant des hauteurs plus élevées.

311. Construction d'une devanture. — Le bâti général est formé : des montants d'huisserie de la porte et des montants de caissons, et quelquefois de montants intermédiaires, si la devanture est large ; d'une traverse à hauteur de la cymaise du soubassement et d'une traverse supérieure à hauteur d'architrave. Les montants posent sur le seuil, qui est de 0,16 en avance sur l'alignement. Ils sont en retrait d'environ 0,01 sur l'arête du seuil. Ils sont retenus en bas par des pattes à goujon scellées dans la pierre ; en haut, par des pattes ou des équerres fixées dans la maçonnerie ou sur le poitrail.

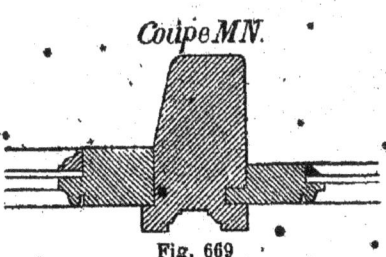

Coupe MN.

Fig. 669

Les montants d'huisserie présentent sur leur face avant un profil mouluré, et sur les côtés les rainures d'embrèvement pour les remplissages, ainsi que la feuillure de la porte. On leur donne une largeur de 0 m. 05 à 0,07 et une profondeur de 0 m. 10 à 0,12. Ils sont représentés en section dans la fig. 669, donnant la coupe horizontale suivant MN.

Les montants de caisson sont simplement rectangulaires ; on les pose de champ devant la façade et on les retient de la même manière que les poteaux d'huisserie. Ils reçoivent en avant la face du caisson, qui est en lambris, avec bâti contrefeuillé, et que l'on ferre comme une porte.

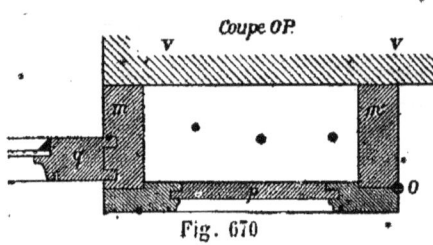

Fig. 670

La coupe horizontale OP, fig. 670, donne la disposition d'un caisson : V est le piédroit de la baie, en maçonnerie, mm' les deux montants, p la façade en lambris formant porte et ferrée en o ; q est le montant du remplissage vitré qui forme la principale partie vue de la devanture.

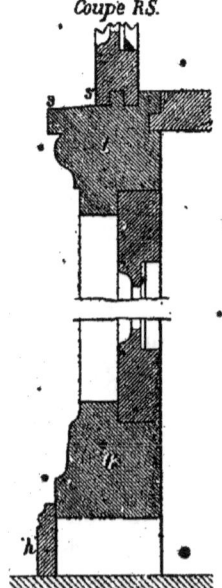

Fig. 671

Les caissons servent, dans les devantures à volets en bois, à loger ces volets quand la boutique est ouverte. Il y a donc à se rendre compte du nombre de volets que chacun d'eux peut contenir, et du nombre des caissons qui sont indispensables.

Le soubassement peut être formé comme le montre la coupe verticale RS, fig. 671 : en haut, une traverse t forme cymaise ; elle reçoit à sa partie supérieure l'embrèvement du pan de vitrage, et à sa partie basse elle porte les feuillures nécessaires pour le châssis ouvrant qui d'ordinaire occupe le dé et doit éclairer le sous-sol.

A l'intérieur, cette cymaise porte la rainure nécessaire pour l'embrèvement du plancher des étalages. Ce plancher est légèrement en pente vers la rue,

Une seconde traverse t' complète le dormant près du seuil. Il est bon qu'elle ne le touche pas pour ne pas retenir l'eau, et que le joint agrandi à 0 m. 03 ou 0,04 soit recouvert par une plinthe extérieure h.

Le tableau de la baie en soubassement est toujours garni d'une grille en fer pour former clôture.

La cymaise doit avoir sur le vitrage principal une saillie ss' de 0 m. 03, destinée à porter les volets pendant que la devanture est fermée.

Le vitrage principal n'offre rien de particulier dans sa construction ; il se compose d'un bâti dans chaque compartiment assez épais pour porter le genre de vitrage adopté. On le laisse d'un seul *volume* si on veut le garnir d'un panneau de glace, ou bien on le sépare en plusieurs compartiments égaux au moyen de montants en fer à T moulurés, qui, quoiqu'en fer, portent le nom de *petits bois*.

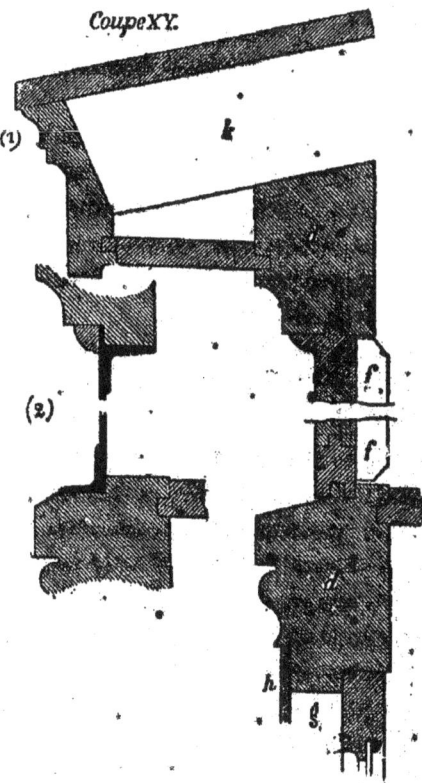

Fig. 672

L'entablement est formé d'ordinaire de deux traverses dd', fig. 672 (1), parallèles, assemblées avec les montants déjà vus. L'intervalle est rempli par la frise, f, ou tableau, sur lequel se mettent les inscriptions commerciales. Au-dessus de la traverse d' se trouve la corniche.

La traverse d fait office d'architrave ; elle est moulurée sur sa face avant ; à sa partie inférieure, elle porte une feuillure pour le châssis du grand vitrage. Sur sa face arrière, elle s'embrève avec le revêtement du plafond du linteau, et enfin au-dessus elle reçoit l'assemblage du tableau.

Cette traverse d doit présenter une feuillure en g pour recevoir la partie haute des volets mobiles ; on lui rapporte une bandelette en fer h en avant, pour empêcher la tête des volets de basculer, en attendant qu'ils soient pris par leurs boulons d'attache.

La frise ou tableau se fait en une surface de frises étroites, rainées, collées et barrées au contreparement. Les languettes sont disposées à la partie haute des assemblages de jonction pour éviter l'humidité. Ces tableaux, exposés alternativement au soleil et à la pluie, ont besoin d'être exécutés avec du bois bien sec, pour éviter les fentes par retrait qui produiraient mauvais effet dans les inscriptions ; il y a donc lieu d'apporter des soins minutieux à leur exécution. Malgré cela, ils résistent assez mal aux variations extérieures ; et depuis longtemps on donne la préférence aux tableaux en tôle. Ceux-ci sont d'une seule pièce, ne jouent pas et résistent parfaitement ; l'épaisseur de la tôle est de 2 à 3 millimètres ; on la raidit au besoin par des cornières, quand les dimensions sont grandes. La fig. 672 (2) représente la variante de la coupe avec l'indication du panneau en tôle. Il est mis en feuillure, fixé au bas par une cornière et des vis, et en haut, en même temps que sur les côtés, il se trouve retenu par une parclose en bois.

La traverse d' porte les moulures de la cymaise inférieure de la corniche ; en dessous, elle reçoit l'embrèvement du tableau, et en avant elle s'assemble avec les bois moulurés qui forment le larmier et la cymaise supérieure.

Elle reçoit à la partie haute une série de chevrons k, qui portent à leur tour le plancher en pente formant voligeage de la couverture qui est en zinc.

Il est bon que le bout des chevrons soit coupé exactement à la demande pour soutenir la corniche en bois.

Telle est une disposition possible d'une devanture de boutique ; la construction varie suivant les dimensions et les circonstances, mais les principes restent les mêmes.

Quant aux volets mobiles, on les fait en lambris ordinaires

arasés à l'extérieur. Ils peuvent s'exécuter tout en chêne; presque toujours les panneaux sont en sapin ; les bois du bâti ont 0,027 d'épaisseur, ceux des panneaux 0,020. On les fait de dimensions variables, 0,40 à 0,50 de largeur. Il faut leur ménager une feuillure sur une rive verticale et une contrefeuillure sur l'autre, pour qu'ils se recouvrent étant en place et qu'on ne puisse voir à travers leurs interstices. Souvent, ils s'enlèvent isolément à la main. D'autres fois, ils sont ferrés à la manière des volets intérieurs ou des persiennes brisées, et ils se replient pour occuper directement leur place dans le caisson.

312. Devantures de boutique avec rideaux en fer. — On remplace très fréquemment les volets extérieurs de clôture par des fermeture en fer à rideaux que l'on manœuvre, soit du dehors soit du dedans, au moyen d'une manivelle actionnant deux vis sans fin ou deux chaînes.

Les caissons servent au passage des vis ou des chaînes, et n'ont plus besoin d'être aussi larges ; on les réduit à 0 m. 25 de dimension transversale.

L'ensemble de la devanture devient plus léger, en même temps que la surface d'étalage est augmentée ce qui est un avantage très appréciable.

La fig. 673 représente l'ensemble d'une façade de devanture établie pour rideaux en tôle. Elle comprend un caisson, une porte et le vitrage qui les sépare.

La construction est établie suivant les principes précédemment formulés. Le soubassement, avec sa cymaise et son socle, comprend les ouvertures de baies qui doivent éclairer le sous-sol. Il est orné de cadres dans les parties qui doivent rester pleines.

Le corps même de la devanture est établi pour recevoir de grandes glaces d'un seul morceau pour chaque division. Les caissons sont réduits à leur minimum, et l'huisserie de porte est moulurée et comprend un imposte fixe au-dessus de la partie mobile.

L'entablement est formé de ses trois parties : architrave, frise et corniche, et les exigences du programme commercial amènent un développement considérable de la frise aux dépends du reste de l'entablement.

La corniche est moitié pierre moitié bois. La cymaise supérieure ainsi que le larmier sont en pierre et ont été prévus dans le gros œuvre de la construction : la cymaise inférieure sert à

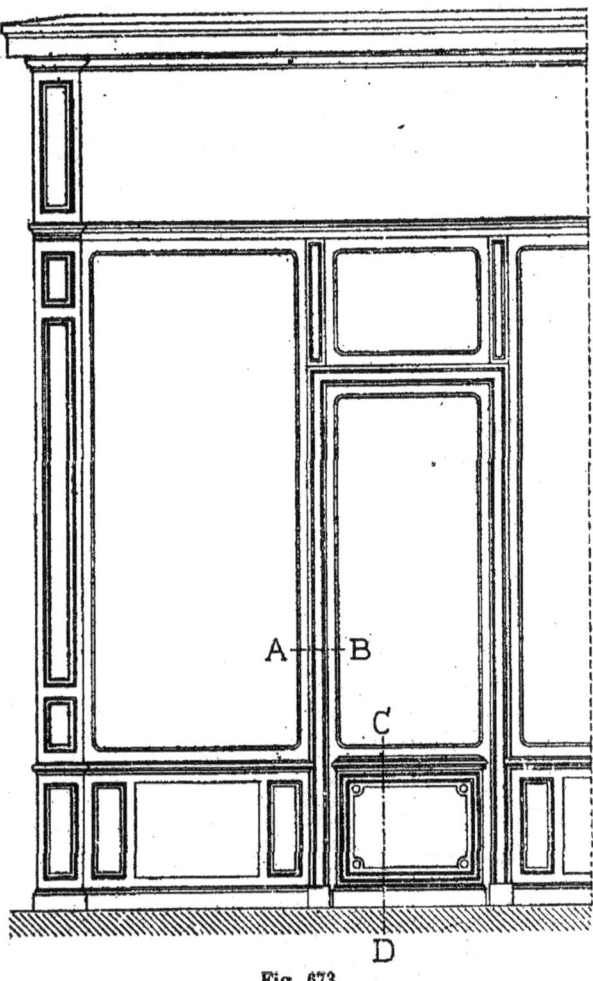

Fig. 673.

relier la partie haute des montants et est faite d'une traverse extrême en bois.

La porte est à petits cadres dans la partie haute et à table saillante dans le bas. Cette table saillante, dans l'exemple pro-

618 CHAPITRE NEUVIÈME

Fig. 674.

posé, est surmontée d'une corniche, terminée dans le bas par un socle et le panneau est entouré de grands cadres.

La coupe horizontale suivant AB, montrant la porte, son huisserie, et le raccord avec le grand vitrage est représentée dans la fig. 674 ; le même croquis donne aussi une coupe verticale du soubassement de la porte indiquant la composition et la mouluration de ce soubassement.

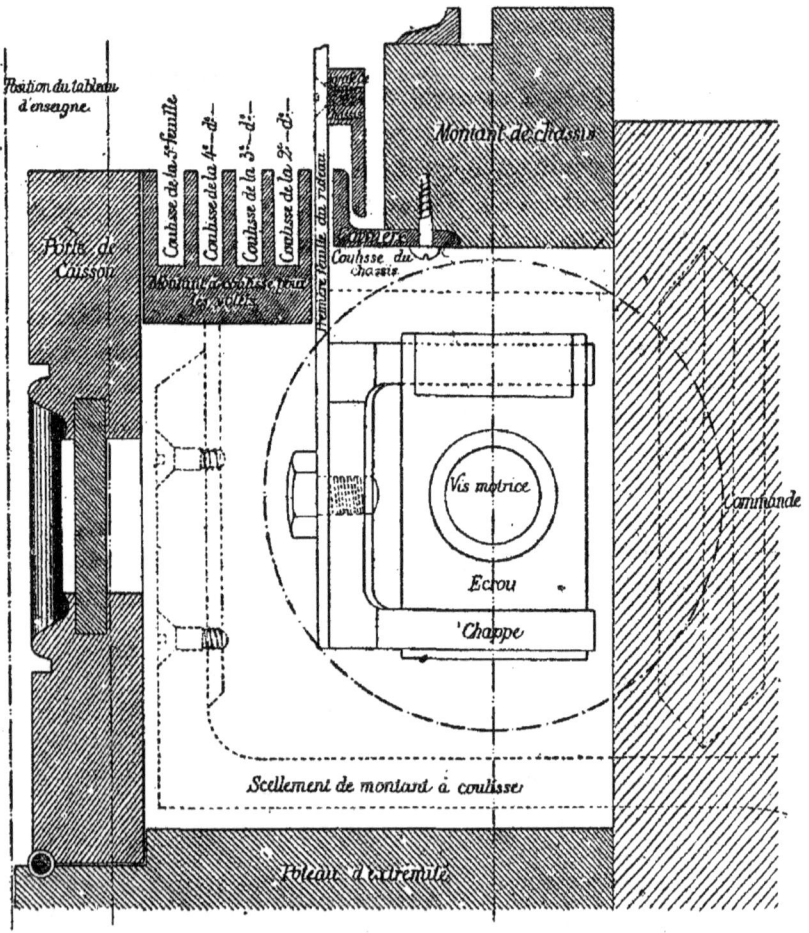

Fig. 675.

On remarquera que la manœuvre de pose des grandes glaces de devanture exige qu'on les mette en place par le dehors; on fait donc autour du bâti une feuillure dans ce sens, et on vient rapporter en avant du vitrage des parcloses moulurées, ajustées d'avance, qui emprisonnent la glace. Ces parcloses se font soit en bois, soit en cuivre mouluré avec âme en bois, et se fixent par des vis.

Le caisson se modifie dans sa construction pour remplir de nouvelles conditions : un de ses montants disparaît et est remplacé en partie par le montant des chassis de vitrage. On augmente en proportions convenables les dimensions des autres bois.

On établit après le montant de chassis une cornière de guidage pour la première feuille du rideau à plusieurs divisions tandis qu'une coulisse en fer, guide les feuilles n°s 2, 3, 4 et 5, ainsi que le montre la fig. 675 en coupe horizontale. La façade du caisson est toujours ferrée en manière de porte, soit pour réparations, soit pour les le graissage du mécanisme.

On fait encore des devantures avec des tôles ondulées en acier formant rideau d'une seule pièce, qui s'enroule dans le creux d'une corniche très développée ; le cadre de cet ouvrage ne nous permet pas de comprendre ces devantures dans notre étude.

313. Décoration des plafonds. Corniches volantes. — La décoration des plafonds au moyen de la menuiserie est presque toujours plus économique que lorsqu'on l'exécute

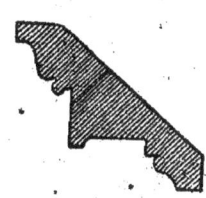
Fig. 676.

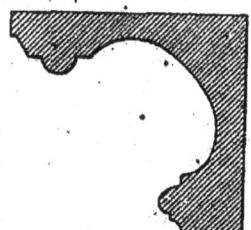
Fig. 677.

en plâtre. Elle est presque généralement adoptée dans les réparations, où elle présente de plus l'avantage d'être sèche aussitôt que posée.

La décoration la plus simple consiste à mettre une corniche

au pourtour du plafond. Cette corniche peut être d'une seule pièce si son développement n'est pas trop considérable, tels sont les profils des fig. 676 et 677, qui ont de 0,07 à 0,08 de hauteur ; d'autres fois, le développement de la corniche exi-

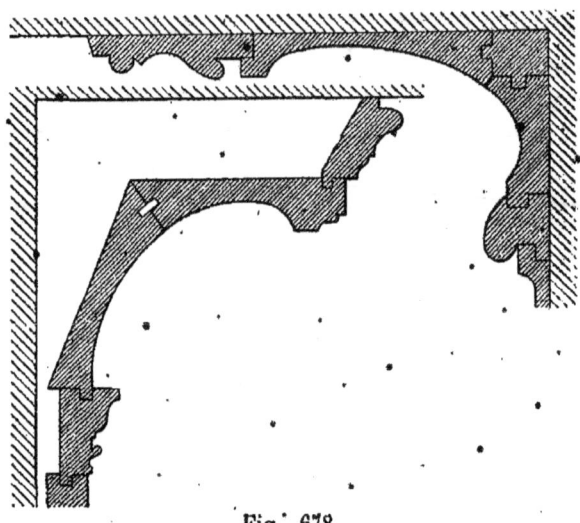

Fig. 678.

gerait de trop gros morceaux de bois et coûterait trop cher si on la taillait dans une seule pièce de bois ; on la compose de tronçons séparés assemblés à rainure et languette et collés

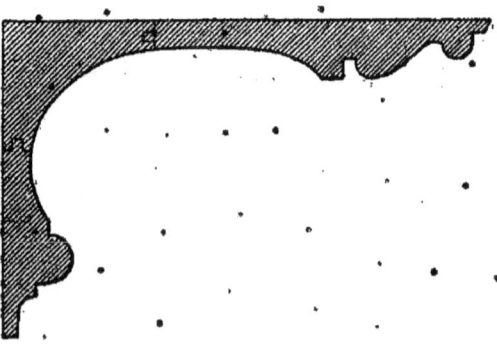

Fig. 679.

dans le joint. On les choisit de telle sorte qu'il y ait le moins de déchet possible de matière ; tels sont les exemples des fig. 678 et 679.

On fait des corniches assez développées et très économiques en les composant de deux parties clouées séparément et à distance au plafond de la pièce. Une partie du nu du plafond compte alors dans le profil.

Ainsi, on peut poser dans l'angle une gorge analogue au profil de la fig. 677, puis à 0 m. 10 ou 0 m. 20 en avant on ajoute une légère moulure qui s'appelle un avant-corps. La fig. 680 représente le profil de la corniche ainsi composée.

Cette moulure d'avant-corps peut dans d'autres cas, au lieu de se maintenir parallèle à la corniche, figurer un cercle ou une courbe elliptique ; le tympan qui en résulte est rempli par des triangles curvilignes formés également de moulures.

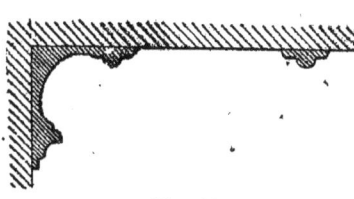

Fig. 680.

On peut exécuter ainsi très facilement, en menuiserie, les formes de décorations de plafonds dont les ensembles ont été donnés dans notre ouvrage sur la maçonnerie, au chapitre de la décoration intérieure.

On obtient des profils plus accentués en employant au plafond de véritables lambris ayant l'apparence soit d'une charpente véritable, soit de caissons enchevêtrés d'une manière régulière. Ces constructions en menuiserie s'exécutent d'après les principes exposés précédemment.

FIN

TABLE DES MATIÈRES

CHAPITRE PREMIER

LES BOIS. — LEURS ASSEMBLAGES

§ 1. — Essences et propriétés des bois.

	PAGES
Essences employées le plus communément	3
Autres bois employés accidentellement	7
Classification. Bois durs, blancs, résineux, fins	9
Densité des bois	9
Défauts des bois	11
Action de l'eau, de l'air sur la substance ligneuse	12
Bois flotté	12

§ 2. — Débit et conservation des bois.

Diverses manières de débiter les bois	14
Dimensions des bois du commerce	16
Cubage des bois. Diverses méthodes	18
Conservation des bois par immersion	20
Injection. Procédé Boucherie	20
Procédé par imbibition	23
Procédé par carbonisation	24
Goudronnage. Peinture à l'huile	24
Dessiccation artificielle	25
Courbure. Différentes manières de l'obtenir	26

§ 3. — Travail des bois. Assemblages.

Ouvriers employés dans le travail du bois	28
Principaux outils des charpentiers	28
Outils des menuisiers	36
Transport des bois	39

	PAGES
Assemblages. Pièces perpendiculaires; pièces superposées.........	41
Pièces horizontales avec pièces verticales.....................	46
Assemblage des pièces obliques.............................	48
Pièces parallèles..	50
Assemblages des pièces bout à bout..........................	53
Assemblages des planches et madriers........................	56
Constructions en charpente, principes. Triangulation.............	56
Exécution des charpentes, dessins, épures.....................	57
Établissement des bois...................................	58

CHAPITRE II

RÉSISTANCE DES BOIS

Divers genres d'efforts auxquels le bois peut être soumis.........	63
Travail à la compression longitudinale........................	63
Tableau des charges produisant l'écrasement des divers bois.......	64
Tableau des charges de sécurité que peuvent porter les poteaux, suivant leurs sections et longueurs........................	66
Compression transversale..................................	67
Résistance à l'extension longitudinale. Tableau pour diverses essences	68
Tableau des efforts de tension que peuvent supporter en toute sécurité les pièces de bois carrées ou rondes.....................	69
Résistance à l'extension transversale, au glissement longitudinal des fibres...	69
Résistance à la flexion. Pièces posées sur deux appuis de niveau...	70
Tableau des charges totales uniformément réparties que peut porter en toute sécurité une pièce de bois quelconque.............	75
Pièces de bois chargées de différentes manières.................	81
Pièces encastrées. Pièces quelconques........................	82

CHAPITRE III

LINTEAUX ET PLANCHES

§ 1. — Des linteaux.

Linteaux de baies ordinaires...............................	87
Poitrail de grande baies...................................	90
Poitrail avec support intermédiaire..........................	92

§ 2. — Planchers en bois.

Planchers formés de solives parallèles	94
Détermination du poids d'un plancher. Poids mort. Surcharges	95
Détails de construction. Emploi des lambourdes	96
Chevêtres et solives d'enchevêtrure	98
Des cloisons à porter par les planchers	101
Règlements des constructions en bois au point de vue des incendies	102
Dispositions isolantes, trémies au-dessous des cheminées	104
Planchers en bois avec enchevêtrures en ferau droit des cheminées	108
Planchers avec toutes enchevêtrures en fer	111
Ferrements employés dans les planchers en bois	113
Planchers en bois avec poutres et solives	115
Quelques dimensions pratiques des poutres	120
Planchers à poutres et solives avec points d'appui intermédiaires. Poteaux	121
Poteaux avec chapeaux en fonte	123
Fondation des poteaux. Poteaux superposés	125
Poteaux d'une seule pièce pour plusieurs étages	127
Redressement d'une poutre cintrée par un long usage	130
Poutres armées	130
Planchers spéciaux avec bois courts	135
Planchers à bois apparents. Planchers ornés	135

CHAPITRE IV

PANS DE BOIS

Des pans de bois en général. Définition	143
Clôtures en bois à claire-voie	143
Clôtures pleines en bois	146
Pan de bois composé d'une suite de poteaux isolés	147
Pan de bois fermé en planches	149
Pan de bois avec remplissage en briques	156
Pans de bois ornés	159
Pans de bois hourdés et enduits	159
Disposition des bois au passage d'une porte cochère	164
Pan de bois lié à des murs	167
Ferrements des pans de bois	167
Principaux assemblages des pans de bois	168
Pans de bois de refend. Pans en encorbellement	170
Instabilité des pans de bois. Roulement transversal	174

626 TABLE DES MATIÈRES.

	PAGES
Pans de bois circulaires	173
Pans mixtes bois et fer	174
Pans à poteaux hauts et espacés. Triangulation par croix de St-André	175
Cloisons de remplissage	179

CHAPITRE V

DES COMBLES

§ 1. — Considérations générales.

Des combles en général. Formes variées	185
Divers genres de couvertures et modes de soutien	186
Poids propres des divers matériaux de couverture	188
Evaluation des surcharges. Vent et neige	188
Inclinaison des toitures	189

§ 2. — Combles en appentis

Combles à une pente, ou appentis	190
Appentis en porte-à-faux	196

§ 3. — Combles à plusieurs versants.

Combles à deux pentes. Sur murs	197
Combles avec fermes de charpente	199
Divers assemblages des pièces de fermes	200
Position et écartement des fermes	203
Des croupes. Croupes droites. Croupes biaises	204
Assemblage des entraits. Enrayure	205
Assemblages des arbalétriers. Des pannes sur un arêtier, des chevrons, empanons	206
Combles en pavillon	208
Inclinaison des croupes	209
Comble léger pour portée de 6 m. 00	211
Combles pour portées de 8 à 12 mètres	212
Fermes avec liens et contrefiches	215
Fermes avec faux entraits	219
Fermes en trapèze	222
Fermes en treillis	227
Fermes sans entraits	229
Fermes à entraits retroussés	230

TABLE DES MATIÈRES.

	PAGES
Saillies des toits en avant des murs. Queues de vaches	231
Hangar à trois travées	233
Hangar à nef et appentis	234
Combles avec points d'appui intérieurs	237
Combles relevés	239
Combles à la Mansard	245
Combles curvilignes, système Philibert Delorme	248
Combles curvilignes, système Emy	249
Couverture des rotondes	251
Coupoles construites en bois	256
Sheds ou combles en dents de scie	257

§ 4. — Combles mixtes, bois et métal.

Combles avec entrait seul en fer	266
Fermes mixtes avec entrait et contrefiches métalliques	271
Combles systèmes Pombla	272
Combles mixtes système Polonceau	274
Combles légers système Baudrit	276
Combles Polonceau à 3 bielles	277

§ 5. — Des lucarnes.

Façades de lucarnes en bois	278
Raccordement des lucarnes avec les combles	280

§ 6. — Décoration des combles.

Combles apparents à l'intérieur	283
Décoration extérieure des combles	287

CHAPITRE VI

LA CHARPENTE AU CHANTIER

§ 1. — Étaiements.

Étaiements en général, divers cas	295
Consolidation des berges des fouilles. Batteries d'étais	296
Étrésillonnement des fouilles étroites et des tranchées	300

TABLE DES MATIÈRES.

	PAGES
Blindage et chemisage des puits	301
Étaiement des planchers	303
Étaiement des murs	309
Soutènement direct des murs. Chevalements	306

§ 2. — Échafaudages fixes.

Principes de construction. Exemples	312
Divers modes de contreventement	314
Poteaux additionnels. Porte à faux	316
Échafaudages sur contrefiches	317
Échafauds en bascule	318
Échafauds suspendus	319
Échafaudages horizontaux	322
Échafaudages couverts	324

§ 3. — Appareils de levage.

Engins de charpente employés dans les constructions	324
Des chèvres. — Chèvre à trois pieds	325
Chèvre ordinaire à deux branches	325
Chèvre fixe sur ponton	328
Pylones de montage, ou sapines	330
Pylones isolés. Pylones bas	332
Chevalets pour grands sondages	335
Chevalets de mines	337
Pylones de montage portant chèvres	339
Pylones sur pontons	342
Des grues. Grues à volées fixes, à volées variables	343
Grues américaines	345
Grue sur ponton	347
Treuils roulants	347
Charpente roulante ordinaire	350
Charpente roulante pour la manutention des pierres	353
Charpentes roulantes employées dans les constructions	356
Dispositions de celles de la gare d'Orléans	357
— de Notre-Dame-des-Champs	358
— du collège Chaptal	359
— de l'hôtel des Postes	360
Charpentes roulantes pour le levage des galeries métalliques	362

§ 4. — Travaux hydrauliques.

Fondation par pieux. Principes, bois, sabotage et frettage	367
Battage des pieux, sonnette à tiraudes	369

TABLE DES MATIÈRES.

	PAGES
Sonnettes à déclic	373
Sonnettes à vapeur	377
Emploi de faux pieux	378
Entures	378
Surveillance des battages	379
Enceintes continues. Pieux de palplanches	380
Disposition des pieux pour servir de fondation à un mur	381
Recépage des pieux	383
Pose des plateformes sous l'eau	385
Arrachage des pieux	386
Pieux à vis	387
Batardeaux	387
Caissons	388
Murs de quai provisoires en charpente	389

§ 5. — Des cintres.

Cintrage d'une baie dans un mur. Cintre droit avec pâté	390
Cintres pour arcades avec vaux et couchis	391
Cintres pour voûtes continues	394
Divers procédés de décintrement	395
Cintrage des voûtes de caves	398
Cintres de voûtes en demi-cercle ou plein cintre, de petites dimensions	399
— — de 6 à 8 mètres	401
— — de 8 à 15 mètres	403
— — de 15 à 20 mètres	405
Cintres des voûtes en ellipse ou en anses de panier, de 6 à 10 mètres	406
— — de 10 à 15 mètres	407
— — de 15 à 25 mètres	409
Cintres pour voûtes en arc de cercle ou surbaissées, de 8 à 15 mètres	411
— — de 15 à 20 mètres	413
Considérations générales sur les cintres	413
Contreventement des cintres	415
Cintres employés dans les tunnels	416

CHAPITRE VII

PONTS ET PASSERELLES EN BOIS

Ponts en bois, considérations générales	421
Culées en charpente	422
Culées relevées au-dessus du sol	425
Culées perdues	426

	PAGES
Culées en maçonnerie	426
Points d'appui intermédiaires. Palées en charpente	427
Brise-glace	431
Ponts avec poutres et sous-poutres	431
Ponts avec contrefiches	436
Passerelles établies sur cintres	446
Ponts avec poutres armées	448
Ponts américains, système Town	457
— système Long	462
— système Howe	463
Palées-pylones en bois	464
Ponts polygonaux	465
Ponts en arcs	467

CHAPITRE VIII

DES ESCALIERS

Plans inclinés. Echelles. Escaliers. Dimensions des marches. Formule	473
Emmarchement, lignes de foulée	475
Paliers intermédiaires. Paliers d'étages	476
Rampants superposés. Echappée	477
Cages d'escaliers. Formes diverses régulières	479
Cages irrégulières	482
Tracé d'un escalier	483
Balancement des marches	486
Différents modes de construction des marches; marches en planches, échelles de meunier	487
Marches massives, demi-maçonnées	488
Marches avec semelles et contremarches	489
Modes de soutien des marches. Murs. Echiffres, limons et crémaillères	490
Jonction d'une crémaillère et d'un palier courant	497
— — et d'un dernier palier	500
Assemblages d'une crémaillère et d'un palier d'angle. Bascule	503
Variantes de construction des paliers	505
Escaliers à limons. Hourdis et plafond rampant	506
Départ d'un escalier à limon	509
Jonction des limons avec les paliers et demi-paliers	511
Emploi d'un pilastre de butée	512
Escaliers à limons superposés	516
Fausses crémaillères et faux limons	519
Escaliers à deux échiffres	520
Escaliers à noyaux pleins	521

TABLE DES MATIÈRES.

PAGES

Rampes d'escaliers en bois à barreaux droits............. 523
  —   à balustres 526
  —   métalliques à pointes................. 528
  —   à col de cygne....................... 530
  —   à pitons............................... 531
Mains courantes le long des murs 532

CHAPITRE IX

MENUISERIE EN BOIS

Des surfaces exécutées en bois........................... 535
Surfaces barrées et emboîtées 536
Planchers en planches entières. 537
Parquets à l'anglaise 539
Parquets à point de Hongrie............................. 541
 Id. à bâtons rompus............................. 543
 Id. à compartiments 543
 Id. sur bitume 545
Différents modes de soutien des lambourdes, brochage 545
Replanissage des parquets............................... 546
Des surfaces en lambris, différentes sortes de lambris..... 546
Lambris d'assemblage sans moulure, à glace, arrasés, à table saillante 547
Lambris moulurés, petits cadres, grands cadres 549
Revêtements fixes des murs............................. 550
Menuiseries mobiles. — Portes en planches 556
Portes de communs ou d'écurie.......................... 558
Portes roulantes de halles à marchandises 560
Portes de granges 561
Portes d'armoires....................................... 563
Portes de service et d'usines............................ 565
Portes intérieures d'appartements à petits et grands cadres. 566
Porte établie dans une cloison, huisserie, bâti et contrebâti, chambranles, socles...................................... 568
Portes avec attiques et frontons 574
Portes extérieures. Panneaux à table saillante; jets d'eau .. 581
Portes avec panneaux en fonte. — Portes vitrées 583
Portes cochères... 585
Des faux lambris 588
Châssis vitrés à l'intérieur.............................. 591
Croisés à un vantail, à deux vantaux 592
Croisées avec impostes. Portes, croisées................. 598
Calfeutrements divers................................... 598

	PAGES
Liaison des croisées et des lambris de revêtement.	600
Croisées avec volets intérieurs.	600
Persiennes et volets extérieurs.	602
Persiennes brisées	605
Persiennes bois et fer.	607
Persiennes lames mobiles	609
Devantures de boutiques.	610
Législation relative aux boutiques.	612
Construction d'une devanture.	612
Devanture avec rideaux en fer.	616
Décoration des plafonds. — Corniches volantes.	620

www.ingramcontent.com/pod-product-compliance
Lightning Source LLC
Chambersburg PA
CBHW071202230426
43668CB00009B/1045